DER KATIONEN- UND WASSERHAUSHALT DES MINERALBODENS

VOM STANDPUNKT DER PHYSIKALISCHEN CHEMIE UND SEINE BEDEUTUNG FÜR DIE LAND- UND FORSTWIRTSCHAFTLICHE PRAXIS

VON

DR. P. VAGELER
PRIVATDOZENT AN DER LANDWIRTSCHAFTLICHEN HOCHSCHULE BERLIN

MIT 34 ABBILDUNGEN UND 1 ÜBERSICHTSTABELLE

BERLIN
VERLAG VON JULIUS SPRINGER
1932

ISBN-13: 978-3-642-90486-8 e-ISBN-13: 978-3-642-92343-2
DOI: 10.1007/ 978-3-642-92343-2

HERRN

PROFESSOR DR. DR. H. C.

O. ECKSTEIN

GEWIDMET

Vorwort.

Motto: Vor uns erglänzt ein Ideal, noch in weiter Ferne aber doch von unwiderstehlichem Reiz: daß die Gesamtheit unserer Kenntnisse von der physischen Welt zu einer einzigen Wissenschaft verschmelze die sich vielleicht in geometrischen oder quasi-geometrischen Begriffen restlos ausdrucken laßt. EDDINGTON.

Die Bodenkunde als selbständige Wissenschaft blickt erst auf wenige Jahrzehnte der Existenz zuruck. Noch ist es kaum in vollem Umfange gelungen, selbst das aus der praktischen Ackerbauerfahrung vorliegende Beobachtungsmaterial, besonders soweit es sich um solches aus Gebieten handelt, die abseits der gemäßigten Zonen liegen, in denen die Wiege der Bodenkunde stand, zu sichten und dem naturwissenschaftlichen Weltbilde unter Verknüpfung der Einzelbeobachtungen zum organischen Ganzen einzupassen. Der Wunsch und die Notwendigkeit der jungen Wissenschaft, über die Systematisierungsarbeit hinaus möglichst bald mit eigenen Resultaten der Forschung aufzuwarten, die die Praxis von ihr als angewandter Wissenschaft verlangte, hat im Gegensatz zu anderen sich auf eigene Füße stellenden Grenzgebieten bei der Bodenkunde zu einem eigenartigen Ergebnis gefuhrt

Es gibt heute nicht nur eine Deutsche, Amerikanische, Russische, Holländische usw. Bodenkunde, was die Problemstellung entsprechend den Bedürfnissen der verschiedenen Arbeitsgebiete anbelangt, sondern identische Probleme werden in den verschiedenen Ländern nicht nur, sondern weitergehend von verschiedenen Forschern im selben Lande oft völlig verschieden aufgefaßt und in Angriff genommen.

Oft ganz divergente Auffassungen und Methoden beherrschen das Lehrbild der Bodenkunde. Trotz des Einflusses der Internationalen Bodenkundlichen Gesellschaft können sich nur wenige Lehrmeinungen einer über einen kleinen Kreis von Fachleuten hinausreichenden Anerkennung erfreuen.

Ein derartiger Zustand, der sich oft in einem Nebeneinanderherarbeiten und der Inangriffnahme von Problemen auswirkt, die letzten Endes solche gar nicht sind und in der Diskussion den Streit um des Kaisers Bart fast zum Normalzustand macht, ist in keinem anderen Zweige der Naturwissenschaften bekannt. Wohl existieren auch dort große Meinungsverschiedenheiten und müssen existieren, weil nur aus ihnen und sachlicher gegenseitiger Kritik der endliche wissenschaftliche Fortschritt geboren wird, der nur selten wie Pallas Athene in voller Rüstung aus dem Haupte eines Genies ins Leben tritt. Aber diese Meinungsverschiedenheiten beschränken sich, wenigstens in der Regel, auf den *Fortschritt* der Spezialauffassungen und ruhen ganz selbstverständlich auf einer breiten Basis gesicherten Wissens, das Allgemeingut auch der größten Gegner in Einzelfragen ist und als solches allgemein anerkannt und geläufig.

Davon ist leider bei der Bodenkunde heute noch keine Rede. Die elementarsten Grundbegriffe scheinen noch im Fluß zu sein. Die heutige Bodenphysik und Bodenchemie haben sich nur teilweise mit der modernen allgemeinen Physik und Chemie entwickelt. Hierin liegt der tiefste Grund des heute noch zu beobachtenden Chaos der Meinungen, das letzten Endes gerade der Praxis teuer zu stehen kommt.

Wenigstens auf einem wichtigen Teilgebiet der Bodenkunde: dem Kationen- und Wasserhaushalt des Bodens, durch ein Zurückgreifen auf die feststehenden Grundtatsachen und Fundamentalgesetze der physikalischen Chemie hier Wandel zu schaffen, ist der Zweck des vorliegenden Buches. Es soll versucht werden, zu zeigen, daß alle, auch die einander widersprechendsten Beobachtungen an Böden sich fast lückenlos dem modernen physikalischen Weltbilde einreihen, dessen folgerichtige Berücksichtigung sie zu einem Ganzen von großer Einfachheit und Übersichtlichkeit des Baues verknüpft und der vorausschauenden Berechnung, dem Ziel aller praktisch-wissenschaftlichen Forschung, zugänglich macht.

Der naheliegenden Versuchung, in größerem Maße mit über die Elementarmathematik hinausgehenden Ableitungen zu arbeiten, ist soweit widerstanden, als es im Interesse der Exaktheit irgend angängig war. Dafür ist das Schwergewicht auf die Herausarbeitung der unmittelbaren Anschaulichkeit besonders aller Grundvorstellungen gelegt, um auch dem physikalisch-chemisch nicht speziell geschulten Leser ein müheloses, lebendiges Verständnis der Zusammenhänge zu ermöglichen. Daß dabei teilweise auf die letzte Exaktheit der heutigen atomtheoretischen und statistischen Grundbegriffe im Interesse der Anschaulichkeit verzichtet, also ein Kompromiß geschlossen werden mußte, liegt auf der Hand. Der dadurch fraglos berechtigte Vorwurf zu großer Popularität auf Kosten der Genauigkeit der Ableitungen wird aber hoffentlich durch die Allgemeinverständlichkeit der verwendeten Darstellung gerechtfertigt.

Berlin, im April 1932.

P. VAGELER.

Inhaltsverzeichnis.

I. Einleitung.

Nimmt man die Landwirtschaft der Erde als Ganzes, d. h. beschränkt den Kreis der Betrachtungen nicht allein auf die bisher in erster Linie untersuchten Böden und Bodeneigenschaften in den gemäßigten Klimaten, so lassen sich sämtliche von der landwirtschaftlichen Praxis an die Bodenkunde als Wissenschaft zu stellenden Fragen in drei Hauptfragen zusammenfassen:

1. Worin bestehen in einem Klimagebiet die Unterschiede „guter" und „schlechter", d. h. produktiver und unproduktiver Böden für die einzelnen Kulturpflanzen in physikalischer und chemischer Hinsicht?

2. Wie und mit welchen Mitteln lassen sich bei gegebenen klimatischen Verhältnissen ungünstige physikalische und chemische Bodeneigenschaften rationell, d. h. mit einem Kostenaufwand, der in vertretbarem Verhältnis zum erzielbaren Erfolge steht, durch Bearbeitung, Düngung und Melioration beeinflussen und verändern?

3. Wie läßt sich bei gegebenem Boden die Ungunst der klimatischen Bedingungen durch Be- und Entwässerung ausschalten, wie ist diese durchzuführen und welche physikalischen und chemischen Maßnahmen verhelfen ihr zum Maximum des wirtschaftlichen Erfolges?

Mit dieser Hervorhebung der physikalischen und chemischen Gesichtspunkte scheint ein Widerspruch gegen die in neuerer Zeit betonte Wichtigkeit biologischer Faktoren im Boden für deren Entstehung und Eigenschaften als Standort, Wasser- und Nährstofflieferant der Kulturgewächse formuliert, der die Bodenbiologie in die Schranken fordern könnte.

Tatsächlich existiert dieser Widerspruch aber nicht. Es kann niemand einfallen, die außerordentlich wichtige Rolle, die die Mikroflora und vielleicht auch die Mikrofauna im Boden für das Gedeihen der Kulturpflanzen und weiter zurückreichend für die Bodenbildung spielt, zu leugnen oder auch nur in Frage zu stellen. Besonders die Mikroflora greift hilfreich oder störend für die Kulturpflanzen in den Kreislauf des Stickstoffes, Kohlenstoffes, Sauerstoffes und Wasserstoffes im Boden ein. Sie ist beteiligt am Umsatz der im engeren Wortsinn mineralischen Bodensubstanzen, an der Zersetzung der Phosphorverbindungen und dem Umsatz der Bodenphosphorsaure, an der Lösung von Karbonaten und Silikaten und ihrer sekundären Fixierung, am Umsatz der Eisen- und Schwefelverbindungen usw. Die Mikroflora des Bodens erheischt ferner als Krankheitserreger ein ganz besonderes Interesse. Aber trotz allem liegt in ihrer Bewertung als bedingender primärer Faktor fur das Gedeihen der Kulturpflanzen, wenn man von den Sonderfällen absieht, wo neu eingeführte Leguminosen eine Impfung mit den an sie angepaßten Knöllchenerregern unbedingt nötig haben, eine Verkennung der tatsachlichen Zusammenhänge, und es ist berechtigt, die Bodenbiologie nicht als ein Hauptproblem der Bodenkunde zu betrachten.

Durchmustert man das vorliegende Beobachtungs- und Untersuchungsmaterial zur Frage ohne Voreingenommenheit, so ist nämlich kein anderer Schluß möglich als der, daß gutes Gedeihen der Kulturpflanzen mit gutem Gedeihen der nützlichen Mikroflora im Boden *Hand in Hand* geht, und umgekehrt die Mikroflora mangelhaft gedeiht, wo die Makroflora leidet. So wenig es aber jemand einfallen wird, aus dieser Sachlage zu schließen, daß das Gedeihen der Kulturpflanzen für das Wohlbefinden der Mikroflora die Bedingung ist, so wenig berechtigt ist trotz oftmaliger Wiederholung der umgekehrte Schluß, daß das Gedeihen der Mikroflora in ihren nützlichen Arten die *Vorbedingung* für das Gedeihen der Kulturpflanzen sei.

Die günstige Entwicklung der Mikroflora kann allenfalls als *Indizium* für die Möglichkeit guten Fortkommens der Makroflora betrachtet werden, aber unter keinen Umständen als ein primärer Grund ihres Gedeihens. Das Gedeihen von Mikro- und Makroflora sind *Parallelen* und nicht mehr, womit die Synergie der Mikroorganismen mit den Kulturpflanzen keineswegs in Abrede gestellt werden soll. Die Kulturpflanzen gedeihen in einem Boden mit gut entwickelter Mikroflora gut, nicht, weil sie auf diese angewiesen sind, wogegen nicht nur alle Versuche mit sterilen Böden im Laboratorium, sondern auch die oft erhebliche Armut der Mikroflora in Böden der heißen Länder sprechen, sondern weil sie genau wie die letzteren aus Zellen lebender Substanz bestehen, die in den Äonen der Erdgeschichte ihre Ansprüche an die Lebensbedingungen im Boden zwar innerhalb der Gattungen und Arten der Lebewesen variiert, aber doch nicht grundsätzlich geändert haben. Höhere Pflanzen und nützliche Bodenorganismen sind beide nur in einem engen Spielraum von Zustandsbedingungen denkbar und können nur innerhalb eines noch weit engeren Spielraumes von Bodenbedingungen in ihrer Gesamtheit zum vollen Ausdruck, d. h. zur Gänze entfalteter Lebenstätigkeit gelangen.

Nur wenn der Wasser-, Luft- und Nährstoffgehalt der Böden sich im ungefähr gleichen Optimum befinden, finden beide Gruppen von Lebewesen gleichmäßig die Möglichkeit des höchsten Gedeihens.

Physik und Chemie des Bodens sind also grundlegend auch für die Mikroflora, wie sie es für die Kulturpflanzen sind, und es heißt das Verständnis der bodenkundlichen Probleme unnötig erschweren, wenn man die Lebensäußerungen der Mikroflora als besonderes, ursächliches Moment in die Betrachtung der Zusammenhänge einführen wollte, denen nur eine, wenn auch unter Umständen wichtige, modifizierende Rolle im Bodengeschehen zufällt.

Warum nachstehend aus der Bodenphysik und Chemie nur der Kationen- und Wasserhaushalt der Mineralböden als Hauptproblem bezeichnet und herausgehoben ist, steht auf einem anderen Blatt.

Der Basen-, schärfer ausgedrückt der Kationen- und Wasserhaushalt der Böden in ihren Beziehungen untereinander und zur wachsenden Kulturpflanze, ist zur Zeit das einzige Bodenproblem, dessen monographische Behandlung nicht nur durch die bereits erdrückende Fülle des vorliegenden Beobachtungs- und Erfahrungsmateriales geboten, sondern auch durch die Möglichkeit berechtigt ist, daß sich die es beherrschenden Gesetzmäßigkeiten bereits weitgehend, wenn auch noch lange nicht erschöpfend, übersehen lassen.

Wohl gibt auch der Kationenhaushalt des Bodens und der damit aufs engste verknüpfte Wasserhaushalt noch genug erst von der Zukunft in enger Zusammenarbeit mit der Atomphysik zu lösende Rätsel auf. Aber wenigstens das Gerüst des endlichen Baues unseres Wissens in dieser Richtung läßt sich doch schon so weit erkennen, daß man es in großen Zügen als bleibend betrachten darf, wenn auch Einzelheiten noch mancher Abänderung unterliegen werden. Sackgassen der experimentellen Arbeit lassen sich bei genügender Berücksichtigung der Zusammenhänge des Ganzen heute schon als solche erkennen, und neue Wege der kommenden Forschung eröffnen sich, die heute unter der Fülle der Einzeltatsachen verschwinden.

Daß dem so ist, hat seinen Grund einmal darin, daß die Kationen im Zusammenhange mit Meliorations-, Düngungs-, Entsalzungs- und Bewässerungsfragen seit LIEBIG im Vordergrunde des Interesses der Forschung stehen. Wertvollstes Beobachtungsmaterial liegt vor, nur scheinbar oft einander diametral widersprechend, das sich dem Beobachtungsmaterial aus dem Gebiete der Kolloidchemie aufs engste anschließt und die Verknüpfung zum Ganzen gestattet, in dem sich alle Widersprüche lösen. Zum andern liegen hinsichtlich der Gesetze oder, wenn man will, Regeln des Kationenhaushaltes und seiner Verknüpfung mit dem Wasserhaushalt der Böden und weiter mit der Wasser- und Nährstoffaufnahme der Pflanzen die Zusammenhänge verhältnismäßig einfach.

Das ist hinsichtlich der Anionen des Bodens leider einstweilen beides nicht der Fall.

Wohl verfügt die Pflanzenphysiologie über ein umfangreiches Erfahrungsmaterial auch in dieser Richtung. Auch seitens der Kolloidchemie ist dem Studium des Verhaltens der Anionen seit langem das größte Interesse entgegengebracht. Soweit es den Boden angeht, ist aber das Material noch sehr lückenhaft. Nur die Phosphorsäure hat als lebensnotwendiger Pflanzennährstoff eine wirklich eingehende Bearbeitung gefunden. Hält man sich die chemisch wohlbekannte Proteusnatur des Phosphorsäureanions, insbesondere seine Tendenz zur Bildung von Komplexverbindungen, vor Augen, so ist es nicht verwunderlich, daß trotz der Unzahl der auf die Aufdeckung des Verhaltens der Phosphorsäure im Boden und aus dem Boden gegenüber den Pflanzen gerichteten experimentellen Arbeiten das bisherige Resultat alles andere als befriedigend ist.

Wohl gibt es eine ganze Reihe von Methoden, den Phosphorsäuregehalt eines Bodens und die Wirkungsmöglichkeit einer Phosphorsäuredüngung auf einem bestimmten Boden zu untersuchen und zu beurteilen. Auch behauptet jede Methode die allein seligmachende zu sein und belegt diesen Anspruch durch praktische und experimentelle Ergebnisse. Aber geht man der Sache auf den Grund, so muß man stets feststellen, daß alle diese positiven Ergebnisse nur in oft sehr beschränkten Bodenprovinzen erzielt sind, also bei Böden mit sehr geringen Abweichungen von *dem* Bodentypus, fur welchen Methoden und Beurteilungsgrundsätze ursprunglich ausgearbeitet waren. Wendet man diese Methoden auf abweichende Verhältnisse an, so ist ein Versagen nahezu die Regel, um so mehr, je größer die Differenz der Bodenbedingungen ist.

Warum das aber so ist, kann begründet zur Zeit noch niemand angeben. Noch fehlt gänzlich das die Erscheinungen verknüpfende Band, das die Sonderfälle vereint.

Das gilt in noch viel höherem Grade als fur das vielbearbeitete Phosphorsäureanion natürlich fur die anderen Anionen in ihrer Beziehung zum Boden, um die sich mit wenigen Ausnahmen überhaupt noch selten jemand gekümmert hat, mindestens nicht, soweit es um die systematische Aufklärung ihres Verhaltens zur Bodensubstanz geht. Die zahlreichen Arbeiten, die über die Anionen mit physiologischer Zielsetzung vorliegen, gehören nur sehr bedingt hierher. Erst in neuester Zeit beginnt sich mit der Aufnahme des Studiums der Kieselsäure als Bodenbestandteil ein erhöhtes Interesse zu zeigen. Zu einer zusammenfassenden Darstellung, die mehr als kompilatorischen Charakter trägt, reicht das Beobachtungsmaterial nirgends aus.

Und das kann nicht verwundern.

Es ist letzten Endes dasselbe schwierige Problem, vor das sich die Bodenkunde bei der Untersuchung der Anionen gestellt sieht, wie es heute zu den nur mit dem äußersten Aufwand alles experimentellen und mathematischen Rüstzeuges zu lösenden Fragen der allgemeinen physikalischen Chemie gehört. Abgesehen vom Cl, das auch bereits variable Valenz aufweist und damit ein keinesfalls einfacher Forschungsgegenstand ist, sind alle Anionen des Bodens, auch wenn man von den komplizierten organischen Verbindungen noch gänzlich absieht, Molekülanionen. Das aber bedeutet, daß mit dem Versuch ihrer Erforschung das Reich der unbegrenzten Möglichkeiten der Variation des Verhaltens im Einzelfalle betreten wird, weil die Möglichkeit der Deformation der elektrischen und magnetischen Felder der zum Molekül gekoppelten Atome Legion und erst in ihren Anfängen zu übersehen ist.

Die Ausschaltung der Betrachtung der Anionen aus den nachfolgenden Erörterungen ist also leider durch die Verhältnisse geboten, und es muß genügen, wo sichere Ergebnisse in dieser Hinsicht verfügbar sind, darauf im Einzelfalle hinzuweisen.

Die dadurch bedingte Lücke in der Beantwortung der eingangs formulierten drei Hauptfragen und damit die Unvollständigkeit der physikalisch-chemischen Darstellung des Bodens ist jedoch tatsächlich nicht so groß, als es zunächst scheinen könnte. Bei allem Zugeständnis der Wichtigkeit der Anionen im allgemeinen und der Anerkennung der grundsätzlichen Wichtigkeit der Phosphorsäure im besonderen wird jedenfalls der Wasserhaushalt des Bodens als wichtigster Hauptfaktor aller pflanzlichen Produktion und alles Mikroorganismenlebens durch die Anionen mindestens nicht wesentlich berührt, seine Darstellung also durch ihre Nichtberücksichtigung nicht beeinträchtigt.

Die Grundgesetze des in dieser Richtung entscheidenden Verhaltens der Kationen sind nachweislich weitgehend unabhängig davon, welches Anion das Kation begleitet. Der Einfluß der Anionen auf den quantitativen Ablauf der Erscheinungen im Boden ist relativ gering. Merklich wird er erst bei den Beziehungen zwischen Boden und Pflanze, weil die lebende Substanz ihm stark unterliegt, was im Einzelfalle zu berücksichtigen sein wird. So bleibt auch ohne Berücksichtigung der Anionen der Darstellung der physikalischen Chemie des Bodens als Kationen- und Wasserhaushalt ein ausreichendes Maß von Vollständigkeit gewahrt, um die Beantwortung der praktischen Fragen vom Ganzen aus in sehr viel weitergehender Weise zu gestatten, als die verwirrende Fülle der nicht verknüpften Einzelfälle und Einzelbeobachtungen es zur Zeit möglich macht.

Die Ausschaltung der Humusböden im engeren Wortsinn, also im besonderen der Moorböden, aus der nachfolgenden Betrachtung erwies sich darum als notwendig, weil bei diesen komplizierten organogenen Böden Verhältnisse vorliegen, die hinsichtlich des Kationen- und Wasserhaushaltes leider noch zu wenig geklärt sind, um auch nur ein vorläufiges Urteil zu gestatten.

II. Problemstellung und Aufgaben.

In der Einleitung sind die drei Grundfragen der Praxis an die bodenkundliche Wissenschaft formuliert, die sich dahin zusammenfassen lassen, daß die Bodenkunde festzustellen hat, worin sich gute und schlechte Böden unterscheiden und wodurch unter gegebenen Verhältnissen ein schlechter Boden in einen guten verwandelt werden und Meliorationsmaßnahmen und Bewässerung zum maximalen Erfolge verholfen werden kann.

Es ist dabei mit den Begriffen „gut“ und „schlecht“ als gleichbedeutend mit „produktiv“ und „unproduktiv“ als mit geläufigen Selbstverständlichkeiten verfahren. In der Regel wird jeder Landwirt bei ausreichenden örtlichen Erfahrungen von der eigenen Scholle mit Sicherheit anzugeben vermögen, welcher Teil seines Ackers Pflege und Düngung mit den besten Ernten lohnt, also „gut“ ist. Jeder Forstwirt kann in seinem Walde genau die die besten Bestände der einzelnen

Baumarten tragenden Böden bezeichnen. Landwirt und Forstwirt werden bei genügender Erfahrung auch durchaus in der Lage sein, *in der Nachbarschaft* einen zur Begutachtung gezeigten Boden auf seinen Ertragswert richtig einzuschätzen. Je weiter das zu begutachtende Objekt aber von der Örtlichkeit entfernt liegt, wo die betreffenden Gutachter ihre persönlichen Erfahrungen gesammelt haben, desto größer wird, wenn man mehrere derartige Urteile zum Vergleich heranzieht, deren *Streuung* werden. Die Gutachten über dasselbe Objekt werden mit steigender Entfernung mehr und mehr auseinanderlaufen. Sie werden schließlich nur noch bedingten Charakter tragen, und verhältnismäßig bald werden die Gutachter, wenn sie ehrlich sind, erklären müssen, daß sie sich nicht mehr in der Lage sehen, ihre urteilende Tätigkeit auszuüben.

Mit der wachsenden Entfernung vom Ort der Gewinnung ihrer Erfahrungen haben sich nicht nur die klimatischen Verhältnisse verschoben. Bodenkundlich ausgedruckt, ist damit nicht nur eine neue *Bodenregion* betreten, wo der Wechsel der Niederschläge, der Temperaturen und der sonstigen auf die Formung der Bodensubstanz wirkenden äußeren Faktoren zu andersartigen, nicht ohne weiteres den Erfahrungen einpaßbaren *ektodynamomorphen Bilaungen* geführt haben. Verschoben hat sich, sehr wahrscheinlich in noch höherem Grade, mit dem Wechsel der Muttergesteine der Charakter des Bodenmateriales als solchen selbst. Unbekannte *endodynamomorphe Einflüsse* machen sich bemerkbar. Die angenommenen Gutachter werden sich infolgedessen, wenn sie ihre berechtigten Bedenken, ein Urteil abzugeben, doch überwinden, unter Umständen in den schärfsten Gegensatz zu Gutachtern aus der betreffenden Gegend setzen, die, wiederum auf *ihren örtlichen Erfahrungen* fußend, zu einer ganz anderen Bodenbeurteilung als die fremden Gäste gelangen durften. Ganz besonders wird das der Fall sein, wenn die Begutachtung nicht am Ort, sondern auf Grund einer *Bodenprobe* zu erfolgen hat, mögen auch deren Begleitangaben noch so genau sein, wenn also die Suggestion der Örtlichkeit fehlt.

So sind, um ein praktisches Beispiel zu geben, indische Weltrekordböden für Zuckerrohr von europaischen Gutachtern auf Grund von Bodenproben als absolut kulturunfähig bezeichnet worden und auf der anderen Seite Böden afrikanischer Herkunft, die praktisch ohne jeden Kulturwert waren, als erstklassige Kulturmedien bonitiert.

Ist ein solch eklatantes Versagen theoretisch und praktisch gut geschulter Gutachter ein Vorwurf gegen diese? Keineswegs! Die Basis ihrer Beurteilung war ihre persönliche praktische und theoretische Erfahrung an einer eng umschriebenen Örtlichkeit, wobei engumschrieben sich auf Provinzen und Länder beziehen kann. Vor ihrem Geiste schwebte das Bild der örtlichen klimatischen Bedingungen in ihrer Gesamtheit und eine ganz bestimmte Vorstellung von den unter den gegebenen Bedingungen mit Erfolg anwendbaren Kulturmaßnahmen und ihren Auswirkungen auf eine gegebene Bodensubstanz. Sehr wahrscheinlich würden ihre Urteile, wenn es möglich wäre, die Böden unter die zugrunde gelegten Verhaltnisse zu versetzen und sie dort zu bewirtschaften, sogar richtig sein. *Und trotzdem war die Bewertung falsch und mußte falsch sein, weil in dem Gutachten dem funktionellen gegenseitig bedingten Charakter aller für den Ertrag des Bodens wesentlichen Faktoren keine Rechnung getragen war und nicht getragen sein konnte, dieses vielmehr seine Basis in einer ganz bestimmten Faktorenkombination als Maßstab, d. h. in einem Momentbild des Begriffes „Bodengüte“ hatte, und damit nur dem Einzelfall gerecht werdenden Charakter trug.*

Die Begründung dieses vielleicht zuerst überraschenden Schlusses ist einfach. Wann ist ein Boden gut, d. h. produktiv, und wann wird er schlecht und unproduktiv genannt? Praxis und Theorie geben heute auf diese Grundfrage dieselbe Antwort. Gut ist ein Boden, wenn er für angebaute Kulturpflanzen das für ihre Maximalentwicklung benötigte Wasser und die zum gleichen Zwecke erforderlichen Nährstoffe, in dem hier behandelten Fall also die benötigten Basen, *zur Verfügung hat.* Schlecht ist er, wenn dieses nicht der Fall ist.

Es ist mit Absicht der Ausdruck „zur Verfügung *hat*" und nicht „zur Verfügung *stellt*" gewählt; denn nur ersterer entspricht der bisher in Praktiker- und Theoretikerkreisen herrschenden *statischen Auffassung* der Probleme des Ackerbaues.

Von wenigen Ausnahmen, wie v. WRANGELL, GRACIE, MATTSON, SEKERA usw., abgesehen, ist sowohl für den Praktiker wie den Theoretiker heute noch der Boden nur ein Wasser- und Nährstoff*reservoir*, aus dem die Pflanzen ihren Bedarf schöpfen. *Nur die Pflanze erscheint als aktiver Teil bei dem Prozeß der Wasser- und Nährstoffaufnahme.*

Noch immer spricht man daher von „*reichen*" Böden mit guten, *wasserhaltenden* Fähigkeiten und legt *Gehalte* und *statische Eigenschaftsziffern* zugrunde, gestützt auf ihre praktischen Auswirkungen *unter bestimmten gegebenen Verhältnissen*, ohne meist in Rechnung zu ziehen, daß diese Auswirkungen durch die abweichenden Umstände sich nicht nur wesentlich ändern können, sondern es sogar müssen. Das aber ist genau das, was oben als Grund des Versagens genereller Bodenbeurteilungen in anderer, abweichender Bodenlage angegeben war.

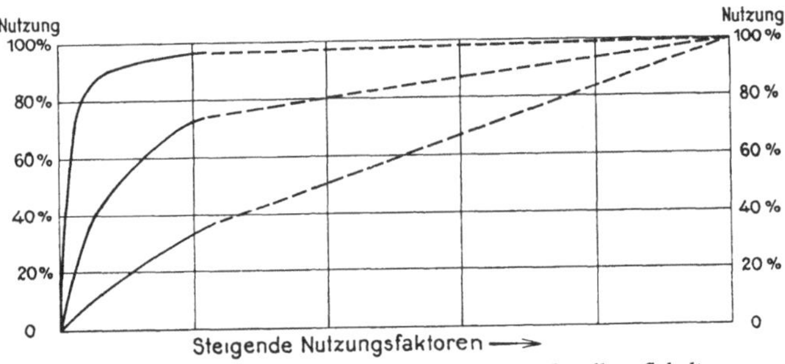

Abb. 1. Verschiedene Möglichkeiten der Nutzung desselben Gehaltes.

Denn was bedeutet es, wenn man, wie bisher fast alle Bodenuntersuchungsmethoden es tun, für die Auswertung ermittelter Analyseziffern sog. „*Grenzzahlen*" für die einzelnen Unterschiede aufstellt, also von einem „guten" Boden eine so oder so beschaffene mechanische Zusammensetzung, eine so oder so hohe wasserhaltende Kraft, eine bestimmte Humusmenge und einen bestimmten Gehalt an zitronensäurelöslichen, wasserlöslichen, wurzellöslichen oder sonst irgendwie definierten Nährstoffen je 100 g Bodensubstanz oder irgendeine andere Maß- oder Gewichtseinheit des Bodens verlangt? Es bedeutet nichts anderes, als daß man die stillschweigende Voraussetzung macht, daß ein gegebener Gehalt des Bodens unter allen Umständen anderswo für die Pflanze ebenso ausnutzbar ist, wie er es im Gebiet der der betreffenden Methode zugrunde gelegten örtlichen Erfahrungen war, daß also bei gegebener Statik die individuelle Wasser- und Nährstoffversorgung der Kulturpflanzen stets die gleiche ist.

Nun enthalten aber alle statischen Angaben über Gehalt und Eigenschaften des Bodens nicht nur nicht ausreichende, sondern überhaupt keine Bestimmungsstücke seines dynamischen Verhaltens. Sie sind im günstigsten Falle nichts anderes als die Grenzwerte der dynamischen Funktion für den Abszissenwert ∞, *sagen aber nicht das allergeringste darüber aus, wie sich im Einzelfall die wirklich verfügbare Menge des betrachteten Faktors gestalten wird.*

An der Hand der Abb. 1 läßt sich dieses ohne weiteres übersehen. Jede „Grenzzahl" für Gehalt und Eigenschaften eines Bodens bedeutet als Gehaltszahl, wie sie heute allein angegeben wird, unter keinen Umständen etwas anderes als nur den Grenzwert T der Funktion, der erst bei *unendlicher Einwirkung* der die Ausnutzung beeinflussenden Faktoren zu 100% erreicht wird. Das heißt, mathematisch ausgedrückt, die Ausnutzungskurve erreicht erst bei dem Abszissenwert ∞ die *Asymptote*, die bei 100% die Ordinatenachse schneidet, was weiter nichts bedeutet, als daß eben von den Pflanzen vom Bodenwasser, Nährstoffen oder um was es sich sonst handelt, nicht mehr ausgenützt werden kann, als tatsächlich vorhanden ist. Und damit ist für praktische Zwecke herzlich wenig gesagt.

Wie schon die wenigen eingezeichneten Ausnutzungskurven zeigen, deren mögliche Zahl bei der Variabilität der die Ausnutzung des Bodens durch die Pflanzen beeinflussenden Faktoren, Klima, Pflanzenart, spezielle Bebauung des Bodens usw. unendlich groß ist, kann der Grenzwert T der Ausnutzungsfunktion $y = f(x)$ auf die allerverschiedenste Weise erreicht werden. Bei gleichem Gehalt kann die jeweilige Momentanlieferung des Bodens an die Pflanzen sehr verschieden sein. Das läßt sich aber unter keinen Umständen aus den Gehaltswerten allein richtig beurteilen, wie es zur Zeit versucht wird. Um das wirklich zu können, ist die Kenntnis der im *Einzelfall* für die Ausnutzung maßgebenden Faktoren erforderlich, die für einen gegebenen Moment, wenn man die integrale Gleichung der Kurve kennt, die Ermittlung des *Effektes in einem gegebenen Zeitraum*, z. B. während einer Wachstumssaison der Pflanzen, gestatten würde. Diese Faktoren setzen sich aus einer Vielheit von Einzelfaktoren zusammen, und zwar sowohl physikalischer und chemischer Natur im Boden als auch physiologischer Natur bei den Pflanzen, um die sich jedoch die mit „Grenzzahlen" arbeitenden Methoden der Bodenbeurteilung prinzipiell nicht kümmern, da sie sich begnügen, nur *einzelne* als wichtig betrachtete statische Eigenschaften festzustellen.

Um überhaupt aus einem Grenzwert oder einer Grenzzahl zu einer Auswertung des Differentials, d. h. zu einer Angabe über den *ausnutzbaren Anteil* eines ermittelten Bodengehaltes an irgendwelchen Stoffen in einem Zeitabschnitt zu kommen, hat man auf Grund örtlicher Erfahrungen die Forderung aufgestellt, daß ein *bestimmter Gehalt* als „ausreichend", „unzureichend" oder „hoch" zu betrachten sei. Das heißt, man hat auf Grund örtlicher Erfahrungen willkürlich weiter nichts getan, als 3 *T-Werte* als „unzureichend", „genügend" und „hoch" ein für alle Male angesehen, unter der stillschweigenden, aber gänzlich unbegründeten Voraussetzung, daß diese Grenzwerte stets in funktionell gleicher Weise bei den einzelnen Böden erreicht werden; anders ausgedrückt, *daß von dem totalen Gehalt stets derselbe Prozentsatz in einer Saison den Pflanzen zur Verfügung steht.*

So nimmt z. B. NEUBAUER als einen die Düngung überflüssig machenden Kaligehalt in wurzellöslicher Form etwa 35 mg reines Kali je 100 g Boden an, entsprechend 0,7 Milliäquivalent K. Das bedeutet je Hektar und Pflugtiefe von 30 cm die Anwesenheit von 1400 kg reines Kali, d. h. eine lösliche Kalimenge, die auf jeden Fall ein Vielfaches von dem ist, was auch die höchste Ernte in einem Jahr überhaupt gebrauchen kann. Bei Annahme größerer Wurzeltiefe der Kulturpflanzen würde sich diese Menge noch wesentlich vermehren, vorausgesetzt, daß die Böden keine Profilunterschiede in dieser Richtung zeigen.

Es ist mit diesem Wert zunächst überhaupt nichts anzufangen. Die *örtliche Erfahrung* hat aber gezeigt, daß bei dem örtlich gegebenen mitteldeutschen Klima und bei mitteldeutschen Bodenverhältnissen bei einem Gehalt von diesem Ausmaße an Kali tatsächlich die Kalidüngung in der Regel nicht mehr wirkt, daß also, da sich die Kaliaufnahme der Kulturgewächse unter den gegebenen Bedingungen pro Saison auf einer ganz bestimmten Höhe bewegt, ein *ganz bestimmter Prozentsatz* dieses Kalis *als effektiv nutzbar zu betrachten ist.* Die rein örtliche

Erfahrung ist damit zu der stillschweigenden Annahme verallgemeinert, daß dieser Prozentsatz *unter allen Umständen* der gleiche bleibt, und daß man aus dem an sich gar nichts besagenden *Gehalt* die *Kalilieferung* des Bodens an die Pflanzen beurteilen kann.

Auf wie außerordentlich schwankendem Grunde diese Annahme errichtet ist, hat schon die Abb. 1 gezeigt. Jeder Endwert kann auf die allerverschiedenste Weise erreicht werden, und genau dasselbe gilt für alle Zwischenwerte. Es ist tatsächlich keinerlei Grund dafür anzugeben, warum auch nur in zwei Fällen die unendlich mannigfaltige Kombination der die Ausnutzung bedingenden Faktoren gerade die gleiche, also auch die Ausnutzbarkeit des Bodengehaltes dieselbe sein sollte. Es ist sogar nicht nur nicht wahrscheinlich, daß das der Fall ist, sondern im höchsten Grade unwahrscheinlich. Nur *innerhalb desselben Bodentypus*, was seine Entstehung und seinen Profilbau und vor allen Dingen die herrschenden klimatischen Verhältnisse anbelangt, kann innerhalb gewisser Grenzen die Nutzbarkeit ähnlich sein. Tatsächlich haben sich denn auch sämtliche mit Grenzzahlen arbeitenden Methoden für die Gebiete, in welchen sie festgestellt waren, in der Regel bewährt, wie z. B. die NEUBAUER- *und die Aspergillus-Methode*, die *Methode der relativen Löslichkeit* von LEMMERMANN, die Methode von DIRCKS für Phosphorsäure usw., aber ausnahmslos haben alle diese Methoden bei der Anwendung auf stark vom Ausgangstypus abweichende Böden versagt.

Der Grund hierfür liegt darin, daß unter abweichenden Boden- und klimatischen Verhältnissen, also abweichenden Nutzungsfaktoren, die Aufnahme der Nährstoffe zwar nicht absolut wechselt, aber *prozentisch* sich ändert, d. h. *die Grenzzahlen praktisch etwas ganz anderes besagen, als in den Bodenprovinzen, für die sie entwickelt sind.*

Diese Gedankengänge sind an sich nicht neu. Sie werden in gewissem Maße auch schon von den Grenzzahlen benutzenden Methoden selbst anerkannt. Einer der wesentlichsten, die Nutzungsfaktoren und damit die Auswirkungsgröße beeinflussenden Momente ist die Verschiedenheit der Bewurzelung und Energie der Nährstoffaufnahme, also die *Individualität* der Kulturpflanzen. Der einfachste Versuch zeigt, daß sie unter keinen Umständen bezüglich ihrer Wachstumsansprüche über einen Kamm sich scheren lassen, von der Zusammensetzung ihrer Asche, die dasselbe lehrt, noch abgesehen. Folgerichtig geben denn auch fast alle mit Grenzzahlen arbeitenden Methoden für die einzelnen Kulturpflanzen *verschiedene* Gehalte des Bodens an den betreffenden Nährstoffen als notwendig an. So werden z. B. verlangt auf 100 g Bodensubstanz von

	Methode	für Getreide		fur Leguminosen		fur Ruben		fur Kartoffeln	
		mg K.	mg P_2O_5	mg K.	mg P_2O_5	mg K.	mg P_2O_5	mg K.	mg P_2O_5
1. NEUBAUER	wurzellöslich	13—24	4—6	19—35	4—9	19—39	5—7	28—37	5—6
2. NICKLAS .	Aspergillus	wie NEUBAUER für Kali!							
3. KÖNIG . .	1 proz. Zitronensäure	16	25	16	25	16	25	16	25
4. DIRCKS. .	$CO_2 + CaCO_3$	Testzahl: 8 $\approx$ 0,3 mg P_2O_5				—	—	—	—
5. NEMEÇ . .	wasserlöslich	—	1,5—3,0	—	—	—	3,5—4,3	—	2,0—2,5

Die großen Unterschiede der für die einzelnen Kulturpflanzen geforderten Gehalte der Böden sprechen für sich selbst.

Es ist von besonderem Interesse, diese Ziffern der neueren Autoren mit alten Daten, die auf Salzsäureauszügen des Bodens basieren, zu vergleichen. W. SCHÜTZE (6) gibt für diluviale Sandböden die folgende Anordnung der forstlichen Ertragsklassen nach dem Gehalt der Böden an Nährstoffen:

Löslich in kochender Salzsäure:

Ertragsklasse	Kalk %	Magnesia %	Kali %	Phosphorsäure %	Humus %
I	1,8876	0,0484	0,0457	0,0501	0,892
II	0,1622	0,0716	0,0632	0,0569	0,555
II/III	0,1224	0,0981	0,1235	0,0464	1,401
III	0,0963	0,0800	0,0392	0,0388	1,825
IV	0,0270	0,0505	0,0241	0,0299	1,524
IV	0,0433	0,0438	0,0215	0,0236	1,429

WOHLTMANN (7) gibt die folgenden Grenzzahlen für Deutschlands Kulturpflanzen und mitteldeutsche Böden an:

O	Sehr reich Raubbau zulässig	Reich Schwach P_2O_5 Bedürftig	Gut. P_2O_5 Ersatz	Mäßig. Ersatz von P_2O_5 und K_2	Arm. Ersatzbedürftig	Sehr arm. Sehr bedürftig	Beschränkt ackerbaufähig
N . . . . Löslich in kalter HCl	> 0,3	0,2 – 0,3	0,1 – 0,2	0,06 – 0,1	0,03 – 0,06	0,02 – 0,03	0,02
CaO + MgO . . .	> 3,0	1,5 – 3,0	0,5 – 1,5	0,25 – 0,5	0,1 – 0,25	0,05 – 0,10	0,05
P_2O_5	>0,25	0,15 – 0,25	0,1 – 0,15	0,07 – 0,1	0.04 – 0,07	0,02 – 0,04	0,02
K_2O	> 0,2	0,15 – 0,2	0,1 – 0,15	0,06 – 0,1	0,03 – 0,06	0,02 – 0,03	0,02
Löslich in heißer HCl:							
K_2O	0,5	0,4 – 0,5	0,2 – 0,4	0,12 – 0,2	0 08 – 0,12	0,05 – 0,08	0,05

THOMS (8) klassifiziert die Böden des Dongater Kreises in den Baltischen Provinzen wie folgt:

Gehalt an	Bester Boden		Mittel Boden		Geringer Boden	
	Krume	Untergrund	Krume	Untergrund	Krume	Untergrund
CaO .	0,336	1,352	0,214	0,265	0,165	0,371
P_2O_5 .	0,152	0,119	0,113	0,084	0,089	0,067
K_2O	0,157	0,168	0,138	0,158	0,115	0,144
N .	0,179	0,059	0,166	0,046	0,159	0,056

Diese alten Zahlen haben heute bei anderen Beurteilungsgrundsätzen keine praktische Bedeutung mehr, sind aber sehr lehrreich dafür, wie verschieden selbst bei Zugrundelegung von Bauschanalysen, wie es Auszuge mit starker Salzsäure sind, in den verschiedenen Gegenden der notwendige Nährstoffgehalt, schärfer präzisiert, die prozentische Ausnutzung desselben, bewertet wird. Hier liegt der Versuch vor, zwar nicht der *Individualität der Pflanzen, aber der des Bodens* durch entsprechende, *regional verschiedene Wertzahlen* gerecht zu werden. Sehr bezeichnenderweise im Sinne der obigen Ausführungen bezieht THOMS sogar schon den Untergrund in sein Bewertungsschema ein. Der Zwang dazu ist die praktische Erfahrung, daß jeder Boden sich in verschiedenen Klimaten verschieden verhält und am gleichen Orte auch die Profilgestaltung wichtig ist. Diese alte Klassifizierung bestätigt damit die Auffassung, daß Grenzzahlen niemals generelle Bedeutung und Wert haben können, mögen sie sich beziehen auf welche Bodeneigenschaften sie wollen, auch wenn man von der Individualität der Kulturpflanzen absieht.

Ein Ausweg aus dieser Kalamität wäre der, für alle Bodentypen der Erde durch irgendeine Methode ermittelte individuelle Grenzzahlen festzustellen und so mit regional verschiedenen Werten zu arbeiten. Bei der unendlichen Vielgestaltigkeit der Böden und dem Wechsel der örtlichen Bedingungen ist das eine fast unlösliche Aufgabe. Sie wird völlig undiskutabel, wenn man bedenkt, daß auch die Profilgestaltung der Böden weitere Nuancen in das Bild hereinträgt. Jede Grenzzahl hat, da sie sich auf gewisse Standardbedingungen der Bewurzelung bezieht und nur durch eine solche Festlegung der Bezugsgrößen überhaupt einen Sinn hat, ihre Berechtigung in dem Moment verloren, wo die Bewurzelungstiefe auf Grund abweichender Profilgestaltung des Bodens wesentlich von der zugrunde gelegten Norm abweicht. Das ist in ganz besonderem Maße in den ariden Gegenden der Erde der Fall, wo Salzhorizonte im Boden die Bewurzelungstiefe von Fall zu Fall verändern, Salzhorizonte dazu, die nicht etwa dauernd in derselben Tiefe verharren, sondern sich durch den Einfluß von Kulturmaßnahmen: Entwässerung, Bearbeitung und Bewässerung oftmals nicht nur von Saison zu Saison, sondern in derselben Saison im Boden verschieben. Experimentell allen diesen Umständen bei der Aufstellung von Typengrenzzahlen Rechnung zu tragen, erscheint als vollkommen ausgeschlossen.

Wenn eine allgemeine Beurteilungsmethode für Bodengehalte und Bodeneigenschaften überhaupt denkbar ist, kann sie es nur dann sein, wenn sie den relativen Standpunkt, den alle Methoden bis heute anerkennen, völlig verläßt. Die Untersuchung darf sich nicht nur auf die Feststellung von Gehalten und Eigenschaften beschränken, sondern muß möglichst die funktionellen Beziehungen der einzelnen Faktoren untereinander klären, um auf diese Weise *zu absoluten individuellen Leistungswerten* des Bodens zu kommen. Die Aufgabe der modernen Bodenforschung ist also nicht sowohl die Ermittlung, wieviel Prozent der Boden Wasser halten kann, oder wieviel Nährstoffe er in irgendeiner Form enthält, sondern die *Feststellung, wieviel Wasser und Nährstoffe bzw. für den vorliegenden Fall Basen er während einer Saison unter den gegebenen individuellen Verhältnissen einem gegebenen Gewächs tatsächlich zur Verfügung stellen kann. Als Maßstab des Ermittelten ist dabei nicht etwa eine Grenzzahl des Gehaltes des Bodens, sondern der tatsächliche absolute Bedarf des betreffenden Gewächses an Wasser und Basen anzulegen.*

An die Stelle der statisch-qualitativen Bodenbewertung, wie sie heute allgemein üblich ist, ist also, um zu einer allgemein gültigen Lösung zu kommen, die dynamisch-quantitative Begutachtungsweise zu setzen, die durch gründliche Berücksichtigung der physikalischen und chemischen Fundamentalgesetze und ihre Auswertung in funktioneller Verknüpfung der Einzeldaten den Einzelfall mit Sicherheit zu behandeln gestattet.

Als Anlauf in dieser Richtung, in welcher wohl jeder Bodenkundler den endgültigen Fortschritt seiner Wissenschaft erblickt, sind ganz allgemein schon alle modernen Bestimmungsmethoden der Bodennährstoffe zu bewerten, welche ausgesprochen die Ermittelung der für die Pflanzen *aufnehmbaren* Stoffe zum Ziel haben. Nur sind sie auf der qualitativen Vorstufe stehengeblieben, weil sie den letzten Schritt zur quantitativen Auswertung in absoluten Zahlen im Vergleiche zum Pflanzenbedarf nicht gewagt haben und als *Teiluntersuchung* des Bodens auch gar nicht wagen konnten. Das gerade ist aber der springende Punkt.

Die in einem Boden verfügbaren Nährstoffe lassen sich im Einzelfalle nur dann angeben, wenn man die Gesamtheit der Nutzungsfaktoren kennt, die sich aus den Standortsbedingungen und den Ansprüchen der Pflanze ergeben. Kann man diese Faktoren nicht alle erfassen — und hier ist Vollständigkeit in der Tat eine Unmöglichkeit — so muß man als ihren Gesamtausdruck einen brauchbaren *individuellen Modul* zu bestimmen suchen, der die spezielle Nährstofflieferung oder die spezielle Wasserlieferung bei Kenntnis der Gehaltszahlen und Pflanzenansprüche für den Einzelfall zu berechnen gestattet. Daß man die Profilentwicklung des Bodens dabei mit Rücksicht auf die verschiedene Dicke der nutzbaren Schichten mit in Rechnung setzen muß, versteht sich von selbst.

Es ist das große Verdienst MITSCHERLICHS, auf die Notwendigkeit der funktionellen Auffassung der Ernährungsvorgänge der Pflanzen im Boden als erster nachdrücklich hingewiesen zu haben. MITSCHERLICHS *Wirkungsfaktoren c sind in der Tat nichts anderes als solche geforderte Gesamtmoduln für den speziellen Fall der Düngerwirkung*, Moduln allerdings, die an einem prinzipiellen Fehler kranken, den man dem Autor von vielen Seiten zum Vorwurf gemacht hat und den er sich durch Einfuhrung neuer modifizierender Konstanten in seine Gleichungen neuerlich auszuschalten bemuht: an der Annahme der Konstanz, d. h. ihrer *Unveränderlichkeit*. MITSCHERLICH (9b) schreibt: „Sie (die Wirkungsfaktoren) sind unabhängig vom Klima, unabhängig von physikalischen Bodeneigenschaften, unabhängig von den anderen im Boden befindlichen Pflanzennährstoffen, ja auch unabhängig von den inneren Wachstumsfaktoren der Pflanzen, also auch von der Pflanzenart."

Ein den Nutzungsverlauf irgendeines Bodenstoffes einschließlich des Wassers beeinflussender Modul *kann* aber nicht allgemein konstant sein, weil er der Ausdruck *individueller* Bodenverhältnisse und Standortsbedingungen ist, die von Ort zu Ort wechseln. In der gesamten physikalischen Chemie ist die Annahme eines generell konstanten Moduls bei wechselnden Versuchsbedingungen eine glatte Unmöglichkeit, und es erübrigt sich, auch nur ein Wort darüber zu verlieren.

Dafür ist es aber interessant, zu untersuchen, wie im Beginn seiner Arbeiten MITSCHERLICH dieser fundamentale und folgenschwere Irrtum unterlaufen konnte, der so viel experimentelle Nachprüfungen nötig gemacht und so hitzige und teilweise in überflüssigem Maße persönliche Kontroversen entfesselt hat, wie es sonst für keinen ähnlichen Fall in den Naturwissenschaften bekannt ist.

Nach Zurückweisung der LIEBIGschen Anschauung, daß der Ertrag des Feldes der Steigerung des im Minimum vorhandenen Vegetationsfaktors proportional sein kann, daß das LIEBIG*sche Gesetz vom Minimum* also in seiner ursprünglichen Form haltbar ist, die sich mathematisch als $y = a + b \cdot x$ (y = Gesamtertrag, a = Ertrag, der vom Felde auf Grund der bereits vom im Minimum befindlichen Faktor anwesenden Menge erzeugt wird, x = Menge des Minimumfaktors, b = Proportionalitätsfaktor) ergibt, schreibt MITSCHERLICH (9a):

„Ist der Verlauf des Gesetzes also nicht geradlinig, sondern mitbedingt durch die anderen Vegetationsfaktoren, so ist die einfachste Annahme, die man machen kann, die folgende: Der Geschwindigkeitszuwachs im Ertrage (y) mit dem am meisten im Minimum vorhandenen Faktor (x), ist proportional dem jeweiligen, am Höchstertrage (A) fehlenden Ertrage. Und in der Tat folgt das Gesetz vom Minimum der Gleichung:

$$\frac{dy}{dx} = (A - y)\,c$$

oder integriert:

$$\log (A - y) = k - cx \,.\text{“}$$

In der gemachten Grundannahme steckt, wie auch bereits von anderer Seite betont und erkannt ist, der Mißgriff, der zur falschen Aufstellung der grundlegenden Differentialgleichung führte. Denn dieser Satz macht die doch erst *festzustellende* Beziehung zwischen dem Ertragszuwachs und der Steigerung des bedingenden Faktors, in diesem Falle der Düngung, axiomatisch zur „einfachsten Annahme" und damit zum Grunddogma des Ganzen. Tatsächlich ist gerade die funktionelle Abhängigkeit von y das, was erst einmal experimentell zu klären war. Wie GERLACH und RIPPEL bereits betont haben, bestand nicht der geringste Grund, diese sog. „einfachste Annahme" irgendwie berechtigt erscheinen zu lassen, die sogar von vornherein der Gipfel der Unwahrscheinlichkeit war. Die grundlegende Gleichung MITSCHERLICHS ist einfach die Gleichung der Kinetik der monomolekularen Reaktion, die sich durchaus nicht ohne weiteres auf das komplizierte System Boden—Pflanze übertragen läßt.

Die Aufgabe wäre es gerade gewesen, die *Schwankungen* des Wirkungsfaktors *c* unter dem Einfluß verschiedener Bedingungen zu studieren. Statt dessen wurden die prinzipiellen Funktionszusammenhänge *a priori* stabilisiert.

Das Ergebnis war bei der Verwischung aller feineren Unterschiede der Beobachtung durch die logarithmische Form der Gleichung beim Arbeiten mit zunächst nicht sehr verschiedenem Bodenmaterial ganz *zwangsläufig* der *Satz von der Konstanz der Wirkungsfaktoren*, der damit ein Hineinpressen von Versuchsresultaten in eine von vorneherein gegebenen Matrix bedeutet. Es bedurfte dazu nicht etwa, was natürlich gänzlich ausgeschlossen ist, einer besonderen Vergewaltigung des Versuchsmateriales. Denn wenn die *ungefähre* Kurvenform gegeben ist, lassen sich bei Verwendung von zwei Konstanten, wie die MITSCHERLICHsche Gleichung sie zeigt — *c* und *k* — ungefähr alle Versuchsergebnisse mit „praktisch ausreichender" Genauigkeit in logarithmischer Form darstellen, wie auch schon von verschiedenen anderen Seiten betont ist. Der für die Berechtigung dieses Vorgehens angeführte Grund, daß auch die mathematische Analyse BAULES zu einer Konstanz des Wirkungsfaktors *c* führt, ist in der Tat ein solcher nicht, da BAULE bei gegebenen Prämissen notwendigerweise zu einem anderen Endresultat gar nicht kommen konnte. Der Fehler steckt gerade in den Prämissen selbst und war durch mathematische Beweisführung in keiner Weise aufzuklären.

Mit der Feststellung, daß Beigabe von Na den Wirkungsfaktor des K wesentlich erhöht, hat übrigens von allen speziellen Modifikationen abgesehen, MITSCHERLICH selbst seine eigenen Prinzipien schon als unhaltbar erwiesen und die *Plastizität des Wirkungsfaktors* unter dem Einfluß der Standortsbedingungen grundsätzlich zugegeben.

Eine besonders gründliche experimentelle Widerlegung der Konstanz von *c* haben ganz neuerlich KLETSCHKOWSKY und SHELESNOW gegeben (9c), die zu den folgenden Schlüssen gelangten: „1. Die Wirkungsfaktoren *c* des Stickstoffes und der Phosphorsäure haben sich nicht als konstant erwiesen. Sie schwanken vielmehr in folgenden Grenzen: Der Wirkungsfaktor der Phosphorsäure (je nach der Stickstoffgabe) von 2,34—18,2 (in g/Gefäß) und die des Stickstoffes (je nach der Phosphorsäuregabe) von 0,430—4,283 (in g/Gefäß).

2. Die Änderung der Wirkungsfaktoren beider Elemente folgt der Regel von RIPPEL über die Verschiebung der Konstanten. Je ungünstiger für die Erreichung des Höchstertrages die sonstigen Bedingungen sind, desto größer ist der Wirkungsfaktor."

Daß diese Hypothese a priori von der Konstanz der Wirkungsfaktoren sich als ein bei der zukünftigen Behandlung aller funktionellen Probleme unter allen Umständen zu vermeidender Mißgriff erwiesen hat, ändert jedoch nichts an dem großen Verdienste MITSCHERLICHS, auf die überragende Bedeutung der funktionellen Verknüpfung aller Erscheinungen im Boden hingewiesen und damit den *dynamischen Standpunkt* gegenüber dem statischen betont zu haben.

In derselben Richtung bewegt sich die Auffassung v. WRANGELLS, wenn sie die *Nachlieferung* von Phosphorsäure als wichtigstes Moment am Phosphorsäurehaushalt des Bodens bezeichnet, was, da nicht zum Thema gehörig, hier nur erwähnt sei. Ferner haben VAGELER und WOLTERSDORF (10) auf die praktische Bedeutung der Umtauschfunktion der Basen für die Beurteilung der Düngungsbedürftigkeit der Böden und der Wirkung einer gegebenen Düngung aufmerksam gemacht. SEKERA (11) hat bezüglich des Bodenwassers mit Entschiedenheit den Weg der dynamisch quantitativen Auffassung durch die Schaffung des Begriffes des „dynamisch" verfügbaren Wassers und der „Regenkapazität" der Böden beschritten. Mit dem letzteren Ausdruck meint der Autor diejenige Regenmenge, die unter Berücksichtigung des Profilbaues ein gegebener Boden vom Regen in für die Pflanzen aufnehmbarer Form zu fassen vermag. VAGELER und ALTEN (12) haben neuerlich den Gesamtfragenkomplex der dynamisch quantitativen Bodenbeurteilung an der Hand eines umfangreichen Untersuchungsmateriales bis in alle Einzelheiten für den Sonderfall arider Tropenböden erörtert.

Was die dynamisch quantitative Betrachtungsweise von allen bisherigen Erörterungen unterscheidet, ist die Möglichkeit, die für die statische Betrachtungsweise nicht bestand: *Wasser- und Kationenhaushalt des Bodens* unter allen individuellen Bedingungen als *einheitliches Problem der physikalischen Chemie* zu behandeln, um so die *allgemeinen*, die *Lieferung* von Wasser und Basen bedingenden Gesetze als Ausdruck der funktionellen Verknüpfung der Einzelfaktoren: Bodenbau, Niederschlagshöhe, Pflanzenart usw. zu finden, deren Kenntnis auch den extremen Einzelfall zu behandeln gestattet.

Wohl ist sich niemals auch der Statiker darüber im unklaren gewesen, daß ohne Wasser alle noch so guten Gehaltszahlen des Bodens an Basen usw. ohne Bedeutung sind, weil ohne Wasser die Pflanzen eben überhaupt nicht wachsen. Es sind ferner, wie jedes Lehrbuch der Bodenkunde und Düngerlehre zeigt, schon lange die *direkten* von den *indirekten Düngerwirkungen*, die in der Regel in einer Beeinflussung der *physikalischen* Eigenschaften des Bodens durch die Düngung bestehen, unterschieden worden. Die Berücksichtigung der individuellen Auswirkungen des *Ionenantagonismus* im Boden und gegenüber der Pflanzenwurzel nimmt einen steigenden Raum aller bodenkundlichen Erörterungen ein.

So steht die *Kalkfrage* und die Verwendung des Kalkes in seinen verschiedenen Formen als Meliorationsmittel zur Verbesserung des Bodens seit langem im Vordergrund des Interesses (13). Der Antagonismus des Na- und Ca-Ions im Boden und in der Pflanze bildet ein ständig wiederkehrendes Forschungsobjekt besonders in den ariden Klimaten (14). LOEWS Kalkfaktor (15) hat den Antagonismus von Ca und Mg, EHRENBERGS (16) Kalkkaligesetz den Antagonismus von K und Ca als wichtig betont. NOLTE (17) hat auf die Bedeutung der „*Harmonie der Nährstoffe*" im Boden nachdrücklich aufmerksam gemacht, und ECKSTEIN, JACOB und ALTEN (18) haben wertvolles experimentelles Material über den Kationen- und Anioneneinfluß in antagonistischer Richtung auf Böden und Pflanzen geliefert. RUSSEL (19) hat eine pflanzenphysiologisch-bodenkundliche Synthese der Wasser- und Kationenprobleme in meisterhafter Form gegeben. WIEGNER (20) und GEDROIZ (21) haben den Stand des bodenkundlichen Wissens vom kolloidchemischen Standpunkt aus zusammengefaßt, von zahlreichen Einzelarbeiten, die auch vom Spezialisten nicht mehr in vollem Umfange übersehen werden können, abgesehen.

Aber stets ist bisher die Behandlung der Probleme nur qualitativ erfolgt oder, wenn sie quantitativ gerichtet ist, ist sie auf den Einzelfall beschränkt. Schon so geht der hohe Grad der ursächlichen Verknüpfung des Wasser- und Basenhaushaltes der Boden, die für das Pflanzenleben von grundlegender Bedeutung ist, sei es, daß es sich um landwirtschaftliche Nutzpflanzen, um Forstkulturen oder die natürliche Flora handelt, mit völliger Schärfe als logische Folgerung aus den Beobachtungen hervor.

Eine *allgemeine* quantitative Verknüpfung aller Tatsachen zur Gewinnung von generell gültigen Gesichtspunkten, die die zahllosen einzelnen Beobachtungen zu einem organischen Ganzen verbindet, das auch die extremsten Fälle und scheinbaren Ausnahmen vom normalen Verhalten der Böden umfaßt, und damit das kostspielige und langwierige Experimentieren im Einzelfall nur noch zur Probe aufs Exempel macht, ist jedoch bisher nirgends gegeben.

Sie soll im nachstehenden versucht werden, und zwar unter Zurückführung aller Erscheinungen im Boden auf die Grundgesetze der physikalischen Chemie, wie sie sich als Ergebnis der modernen *Quanten- und Relativitätstheorie* und der DE BROGLIE-SCHRÖDINGER-HEISENBERGschen Theorien der Materie heute darstellen.

Es soll versucht werden zu zeigen, nicht nur was längst bekannt ist, *daß* gleiche statische Bedingungen in verschiedenen Böden hinsichtlich des Basen- und Wasserhaushaltes mit sehr verschiedenem dynamischem Verhalten und damit sehr verschiedener Produktivität der Böden Hand in Hand gehen und verschiedene Kultur- und Meliorationsmaßnahmen der Praxis als richtig erfordern, sondern weitergehend, *warum* das der Fall ist. Es soll ferner versucht werden, zu zeigen, wie selbst die extremsten Einzelfälle durchaus keine dem Zufall unterliegenden Ausnahmen sind, sondern denselben allgemeinen Gesetzmäßigkeiten unterworfen sind, wie die sog. normalen Böden und sich wie diese aus den Daten der modernen bodenkundlichen Untersuchungen mit praktisch ausreichender Genauigkeit beurteilen lassen.

Dabei werden sich verschiedentlich als logische Konsequenz der Grundzusammenhänge neue Gesichtspunkte für praktische landwirtschaftliche Maßnahmen ergeben, die die bis heute meist geübte *Feldversuchspraxis* nur zufällig auffinden kann. Denn diese Versuchspraxis muß sich, wenn sie nicht auf Durchführbarkeit verzichten will, stets auf die *einfachste* Fragestellung beschränken und kann selbst diese einfachste Fragestellung mit Rücksicht auf die beschränkte Parzellenzahl jedes Versuches und den Wechsel der Bodenverhältnisse auf kurzen Abstand nur teilweise und unvollständig in Angriff nehmen. Sie ist also gegenüber der funktionellen physikalisch-chemischen Betrachtung, die an keine solche Rücksichten gebunden ist, von vornherein erheblich im Nachteil, und diese letztere scheint berufen, dem Experiment ihrerseits neue Wege und Möglichkeiten zu weisen.

Daß bei einem solchen ersten Versuch der Darstellung eines so umfangreichen Gebietes, wie es der Kationen- und Wasserhaushalt des Bodens ist, von einer neuen Basis aus vieles subjektiv ist und sein muß, liegt auf der Hand. Daß der beschrittene Weg, mag er in Zukunft auch noch so sehr durch neue Erfahrungen modifiziert werden und sich verbesserungsfähig erweisen, zum endgültigen Ziel der weitergehenden Nutzbarmachung der Bodenkunde als angewandte Wissenschaft als bisher für die landwirtschaftliche Praxis führt, und zwar schließlich in einem Grade, wie etwa physikalisch-chemische Gesichtspunkte die Grundlage der modernen Industrie und Technik bilden, ist aber mindestens zu hoffen.

III. Die physikalischen Grundlagen.

1. Der Boden, ein polydisperses System.

„Boden ist ein Gemenge von pulverförmigen festen Teilchen, Wasser und Luft, welches versehen mit den erforderlichen Pflanzennährstoffen als Träger einer Vegetation dienen kann.“ Das ist die Definition MITSCHERLICHS für den Begriff Boden (22), 1913.

„Der ganze Boden ist eine feste Dispersion und gehorcht, quantitativ abgestuft, den von der Kolloidchemie oder Dispersoidchemie bisher erkannten Dispersitätsgesetzen. Die Auswertung dieser Erkenntnis ermöglicht eine ziemlich reinliche ökonomische Zusammenfassung vieler Tatsachen, die bisher unverbunden nebeneinander standen,“ schreibt 4 Jahre später WIEGNER (20, Vorwort).

Beide Definitionen trennt nur eine kurze Zeitspanne. Bei oberflächlicher Vergleichung könnte man sogar geneigt sein, die WIEGNERsche Definition für eine bloße Umformulierung der MITSCHERLICHschen zu halten. Dennoch liegt zwischen beiden Definitionen eine Welt der Entwicklung der Auffassung, nicht nur, weil in der ersten der Charakter des Bodens als *Pflanzenstandort* einseitig scharf betont wird, während er in der letzteren als selbständiges Forschungsobjekt eigener Art erscheint, obwohl auch dieser Unterschied schon bedeutungsvoll genug ist. Viel schwerwiegender ist, daß WIEGNER hier zum erstenmal die *Aktivität des Bodens als Individuum* hervorhebt, nämlich als eines Mediums, das den Gesetzen der Kolloidchemie *gehorcht*.

Vom passiven Standort und Nahrstoffreservoir wird der Boden damit zum aktiven *Gegenspieler der Pflanzen*, der mit gleichen Waffen wie die Pflanzen den Kampf mit diesen um Wasser und darin dispergierte Ionen führt. Mit vollkommen gleichen Waffen sogar. Auch die Pflanze als Ganzes und im besonderen die Wasser und Nährstoffe aufnehmende Wurzel ist nichts anderes als ein *kolloides System*, das mit dem kolloiden System Boden um Wasser und Ionen konkurriert. Sie ist ihm in einer Hinsicht überlegen durch die ständige Erneuerung der für die Aufnahme freien Krafte infolge der schnellen Fortführung der eingefangenen Ionen und des Wassers im Saftestrom und ihre Verarbeitung in der Pflanzenzelle. Sie ist andererseits wieder unterlegen durch den an enge Zustandsbedingungen gebundenen Charakter als lebende Substanz.

Die Bezeichnung des Bodens als *feste Dispersion* besagt, daß das Charakteristikum des Bodens seine Zusammensetzung aus einer pro Maß- oder Gewichtseinheit mehr oder weniger großen Zahl von Teilchen fester Substanz ist, die, je nachdem der Boden trocken ist oder nicht, an Luft oder Wasser oder beides grenzen, die in den Hohlräumen zwischen den festen Teilchen sich befinden, in welchen auch die Pflanzenwurzeln und Mikroorganismen sich entwickeln. *Der Boden ist also stets ein*, wenn man mit GIBBS die verschiedenen Aggregatzustände als *Phasen* bezeichnet, *mindestens zweiphasiges, in der Regel ein dreiphasiges System*, bei welchem es nicht immer leicht zu entscheiden ist, welche Phase als Dispersionsmittel und welche als dispers zu betrachten ist. Gewöhnlich ist das letztere jedoch, wie die WIEGNERsche Definition es angibt, die feste Substanz oder feste Phase.

Die Mehrphasigkeit sichert an sich schon dem System Boden eine gewisse Vielfaltigkeit möglicher Reaktionen und Gleichgewichte. Diese erhöht sich weiter ins unendliche durch seinen Charakter als *polydisperses System* mit einer großen Zahl von „*Bestandteilen*", vorwiegend anorganischer, aber namentlich in den Krumenschichten der Böden oft auch in großem Umfang organischer Natur: mineralische und Humussubstanzen, die die feste Bodenphase bilden.

Eine in Einzelteilchen aufgeteilte — dispergierte — feste Substanz kann sich, wenn man von ihrer chemischen Natur absieht, von einer anderen im wesentlichen nur durch die *Zahl der Teilchen* unterscheiden, in die die Masse oder Gewichtseinheit zerlegt ist. Diese Teilchen können alle von der gleichen Größe sein. Dann hat man es mit einem *monodispersen System* zu tun.

Jeder Blick auf die Zusammensetzung des Bodens nach Korngrößen lehrt, daß der Boden als solches nur ganz ausnahmsweise bezeichnet werden kann. Nur einzelne Wustensande, wie der sog. Millet-seed-Sand der lybischen und arabischen Wüsten, und vereinzelte, durch das Wasser sortierte Fluß- und Küstensande bestehen wenigstens angenähert aus gleich großen Bestandteilen. In weitaus der Mehrzahl der Fälle finden sich in jedem Boden alle möglichen Korngrößen der Teilchen vor, vom Stein und groben Sandkorn von mehreren Zentimetern oder doch Millimetern Durchmesser bis zum feinsten Partikel, den das sogenannte Tonteilchen bildet, das seinerseits in stetigem Übergang mit der Größenordnung der Molekule von 10^{-8} cm = 1 Å Durchmesser verknüpft ist. Ein sich aus Teilchen verschiedener Größe zusammensetzendes System aber ist ein sog. *polydisperses System*.

Die Unterscheidung der einzelnen Klassen disperser Systeme nach der Teilchengröße ist durchaus konventionell. Man bezeichnet Dispersionen mit einem Teilchendurchmesser der dispersen Phase von weniger als $10 \cdot 10^{-8}$ cm als *Molekulardispers*, von $1 \cdot 10^{7} - 1 \cdot 10^{4}$ cm als *Kolloiddispers*, von mehr als $1 \cdot 10^{4}$ cm als *Grobdispers.*

Zur Klasse der Molekulardispersionen gehören, wenn das Dispersionsmittel eine Flüssigkeit ist, die *Lösungen* im gewöhnlichen Wertsinne, also auch die *Bodenlösung* oder, was dasselbe ist, das *Bodenwasser*, das ja niemals reines Wasser ist. Ihre Grenze gegenüber der nächsthöheren Klasse, den Kolloiddispersionen, ist durchaus nicht scharf. Kolloide Lösungen reichen an der Teilchengröße der dispersen Phase gemessen, häufig ins Größengebiet der Moleküle hinein. Auf der anderen Seite gibt es zahlreiche Molekülarten, besonders organischer Verbindungen, von welchen jedes einzelne Molekül einen größeren Durchmesser als $10 \cdot 10^{-8} = 1 \cdot 10^{-7}$ besitzt, also automatisch ins Gebiet der oben definierten Kolloide sich einreiht. Man hat solche Stoffe wohl auch „eukolloidal" genannt. Dazu gehört im Boden ein großer Teil der organischen Substanzen oder Humusstoffe.

Die zeitweise vertretene Auffassung, daß Stoffe kolloidaler Aufteilung von Molekulardispersionen durch die Zusammensetzung aus *mehreren* Molekülen sich unterscheiden, ist also nicht haltbar. Die kolloide Partikel, oft aus nicht ganz ersichtlichen Gründen die „*Mizelle*" genannt, kann sowohl aus einem, wie aus mehreren, wie auch aus vielen Molekülen bestehen. Sie kann auch den Charakter eines einzelnen *Ions* haben, d. h. eine oder mehrere ungesättigte Ladungen besitzen. Ebensowenig trifft nach dem heutigen Stande der Kenntnisse die ebenfalls lange in Anlehnung an den Entdecker des kolloiden Zustandes der Materie, GRAHAM, herrschende Anschauung zu, daß Kolloide stets *amorphe* Körper wären, h. d. in ihnen die Atome oder Moleküle der Substanz regellos zusammenlägen, im Gegensatz zu den eine feste Anordnung der Substanz in *Raumgittern* zeigenden *Kristallen.* Die heute mögliche photographische Aufnahme mit Röntgenstrahlen nach LAUE-SCHERRER-DEBYE (23) zeigt, daß viele unbestreitbare Kolloide *Kristallstruktur* haben, d. h. ein Raumgitter besitzen, während umgekehrt eine ganze Reihe schon makroskopisch als kristallin sich präsentierender Stoffe, z. B. Hämoglobin, Vitelline usw. (24), mit Röntgenstrahlen trotzdem keine Linienspektrogramme geben. KATZ (25) erklärt diese Erscheinung so, daß das Gitter dieser Kristalle nicht regelmäßig genug ist, um Kristallinterferenzen zu geben (so daß hochgradiger Röntgenasterismus vorliegt), obwohl sich äußere, ebene Begrenzungsflächen ausbilden. Ein sehr wichtiger Gesichtspunkt, der bei den späteren Erörterungen noch eine Rolle spielen wird.

Das Fehlen von Linienspektrogrammen im Röntgenlicht ist also noch kein sicherer Beweis der amorphen Struktur einer Substanz, deren Möglichkeit im übrigen VON WEIMARN (26) weitestgehend überhaupt in Abrede stellt.

Kolloidal ist kein chemischer, sondern nur ein Zustandsbegriff. Der Ausdruck bezeichnet weiter nichts als einen *Grad der Dispersion* in den oben angegebenen Grenzen, deren obere ungefähr da gezogen ist, wo die *deutliche* BROWN*sche Bewegung* (Wärmebewegung) des Einzelteilchens unter den Stößen der umgebenden Moleküle *wegen seiner zu großen, aus großer Masse resultierenden Trägheit aufhört.* Vor allem ist das der Fall wegen seiner im Verhältnis zu den Molekülen großen Oberfläche, *die das Auftreffen vieler sich gegenseitig kompensierender Molekülstöße* in der Zeiteinheit gestattet. Das letztere ist eine wohlbekannte, grobsinnliche Erfahrung. Ein schweres Gewicht kann von einem Haufen Arbeiter nicht dadurch in Bewegung gesetzt werden, daß jeder nach Belieben ihm in irgendeiner Richtung einen Stoß versetzt, sondern nur dadurch, daß alle gleichzeitig in einer Richtung stoßen oder ziehen. Und das tun die Moleküle nicht.

Jede Substanz muß sich prinzipiell zu kolloidaler Größe der Teilchen zerkleinern oder vergröbern lassen. Tatsächlich ist es, wenn auch nicht immer leicht, gelungen, dieses Ziel zu erreichen, sogar bei Wasser und Eis.

Die *Korngrößenklassen* der Bodenteilchen werden nach der international angenommenen ATTERBERG-*Skala* heute wie folgt unterschieden:

>2 mm Durchmesser	Steine
2 –0,2 ,, ,, ...	Grobsand
0,2–0,02 ,, ,, .	Feinsand
0,02–0,002 ,, ,, . . .	Silt oder Schluff
<0,002 ,, ,, . .	Ton

Substanz in kolloidaler Verteilung ist danach im Boden, wenn man von organischen Resten absieht, nur in der Tonfraktion < 0,002 mm zu suchen. Vorausgesetzt natürlich, daß es bei der Untersuchung gelungen ist, die Fraktionen gründlich zu trennen, so daß nicht etwa kolloidale Häutchen an gröberen Körnern hängengeblieben sind. Die *Hauptbodenklassen* enthalten von Partikeln dieser Größenordnungen die folgenden Anteile (27):

Mechanische Bodenklassifikation.

Klasse I: Sandboden mit mehr als 50% Grobsand:

	Benennung	Symbol
Untergruppe 1. mehr als 75% Grobsand	Sand	Sa
,, 2. ,, 25% Mittelfraktion	Silt-Sand	Si-Sa
,, 3. ,, ,, 25% Ton	Ton-Sand	T-Sa
,, 4. keine Fraktion über 25%	Lehm-Sand	L-Sa

Klasse II: Siltboden mit mehr als 50% Mittelfraktion = Feinsand + Silt:

	Benennung	Symbol
Untergruppe 1. mehr als 75% Mittelfraktion	Silt	Si
,, 2. ,, 25% Grobsand .	Sand-Silt	Sa-Si
,, 3. ,, ,, 25% Ton.	Ton-Silt	T-Si
,, 4. keine Fraktion über 25% . .	Lehm-Silt	L-Si

Klasse III: Tonboden mit mehr als 50% Ton:

	Benennung	Symbol
Untergruppe 1. mehr als 75% Ton.	Ton	T
,, 2. ,, 25% Grobsand .	Sand-Ton	Sa-T
,, 3. ,, ,, 25% Mittelfraktion . .	Silt-Ton	Si-T
,, 4. keine Fraktion mehr als 25%	Lehm-Ton	L-T

Klasse IV: Lehmboden, keine Fraktion über 50%:

	Benennung	Symbol
Untergruppe 1. jede Fraktion zwischen 30 und 37,5% . . .	Lehm	L
,, 2: 37,5–50% Grobsand	Sand-Lehm	Sa-L
,, 3: 37,5–50% Mittelfraktion	Silt-Lehm	Si-L
,, 4. 37,5–50% Ton	Ton-Lehm	T-L

Daß nur ein relativ geringer Teil selbst der feinsten Tonsubstanz < 0,002 mm = < 2 μ in das Bereich der kolloidalen Größenordnung nach der obigen Definition fällt, liegt auf der Hand.

Die heute allgemein vertretene Anschauung, daß *für die Eigenschaften eines Bodens in physikalischer Richtung weitgehend und in chemischer praktisch vollständig sein Gehalt an kolloidal verteilter Substanz maßgebend ist,* könnte danach als eine Überschätzung der letzteren erscheinen. Tatsächlich ist das aber durchaus nicht der Fall.

Was für die Reaktion einer Substanz allein wichtig ist, ist die sog. *Oberfläche,* besser aus unten zu erörternden Gründen ausgedrückt: *Die Grenzfläche der festen gegenüber der umgebenden flüssigen oder gasförmigen Phase,* und zwar bezogen auf die Volum- oder Gewichtseinheit der Substanz als *spezifische Phasengrenzfläche.* Denn nur wenn sie sich berühren, können zwei Phasenbestandteile miteinander reagieren.

Hier zeigt nun ein Blick auf die nachstehende OSTWALDsche (28) Tabelle, wie außerordentlich sich die Grenzfläche mit dem Grade der Substanzzerkleinerung vermehrt.

Grenzflächenwachstum eines Würfels bei zunehmender dezimaler Zerteilung.

Seitenlange	Anzahl der Wurfel	Gesamte Oberflache
1 cm	1	6 cm²
1 mm	10^3	60 ,,
0,1 mm	10^6	600 ,,
0,01 mm	10^9	6000 ,,
1 μ	10^{12}	6 m²
0,1 μ	10^{15}	60 ,,
0,01 μ	10^{18}	600 ,,
1 μμ	10^{21}	6000 ,,
0,1 μμ	10^{24}	60000 ,,
0,01 μμ	10^{27}	600000 ,,
0,001 μμ	10^{30}	6 km²

Die Phasengrenzfläche weniger Gewichtsprozente kolloidal verteilter Substanz in einem Boden, ja schon weniger Bruchteile von Gewichtsprozenten, ist um ein Vielfaches größer als die Phasengrenzfläche des ganzen Restes, so daß die Einschätzung des Kolloidanteiles des Bodens als wesentlichen Trägers alles Bodengeschehens und seiner wichtigsten Eigenschaften durchaus berechtigt ist, weil ja nur an Phasengrenzflächen, ohne weitere Zertrümmerung der Substanz, Reaktionen sich abspielen können. Denn nur hier ist, wenn man unter Reaktion die Einwirkung auf das umgebende Medium und dessen Rückwirkung auf das Teilchen versteht, die Möglichkeit dazu gegeben.

Wie sich die Grenzflächenentwicklung der festen Bodenteilchen für die einzelnen oben unterschiedenen Korngrößenklassen je Gramm Substanz gestaltet, wenn man, um überhaupt eine Berechnung zu ermöglichen, die einzelnen Teilchen als kugelförmig annimmt und für jede Korngröße jeweils den mittleren Durchmesser in Ansatz bringt, lehrt folgende, nach den Formeln ZUNKERS (29) aufgestellte Tabelle (spez. Gewicht der Bodensubstanz = 2,6):

Durchmesser mm	Korngrößenklasse	Mittlerer Durchmesser mm	cm² Phasengrenzflache je g
2—0,2	Grobsand	0,53	44,6
0,2—0,02	Feinsand	0,053	445,8
0,02—0,002	Silt	0,0053	4458
0,002—0,000001	(Roh-)Ton	0,0000077	2990000
0,0001—0,000001	Ultraton	0,0000023	9890000

Die Angaben sind naturgemäß am ungenauesten für die feinste Kornklasse kleiner als 2 μ Größe, die, wie wohl nach dem obigen nicht besonders betont zu werden braucht, sich noch viel mannigfaltiger zusammensetzen muß, als es die gröberen Kornklassen tun. Denn jede dieser gröberen Kornklassen umfaßt nur die Variationsmöglichkeiten einer einzigen Zehnerpotenz, z. B. 0,2—0,02 mm = $2 \cdot 10^{-2} - 2 \cdot 10^{-3}$ cm Durchmesser, während die Tonfraktion für die Variabilität die Spanne 0,002—0,000001 mm = $2 \cdot 10^{-4} - 1 \cdot 10^{-7}$ cm (s. o.) bietet.

Daß diese logische Annahme durch die Tatsachen gestützt wird, beweisen die Untersuchungen SVEN ODÉNS, JOSEPHS (30) u. a. über die Zusammensetzung der Tonfraktion, die die Existenz aller möglichen Korngrößen zwischen 0,002 mm und der molekularen Größenordnung experimentell erwiesen haben. Trägt man diesem Umstand einer möglichen starken Beteiligung allerfeinster Partikelchen mit entsprechend ungeheurer Grenzflächenentwicklung Rechnung, so verschwinden den dadurch gegebenen Grenzflächenausmaßen gegenüber die aller anderen Bodenkomponenten ins Nichts, da, wie leicht nachzurechnen ist, die absolute Grenzflächenentwicklung je Gramm feinster Substanz sich auf Zehntausende von

Quadratmetern beläuft. Der ausschlaggebende Einfluß der feinsten Bodenanteile auf das gesamte Kräftespiel im Boden tritt damit in noch größerer Schärfe hervor.

2. Der Bau der Substanz und die Grenzflächen.

Es ist oben darauf hingewiesen, daß der allgemein gebräuchliche und scheinbar keiner Definition bedürftige Ausdruck „Oberfläche" mit besonderer Absicht vermieden ist. Wohl spielen Oberflächen und Oberflächenkräfte heute noch eine sehr wichtige Rolle nicht nur in der Kolloidchemie, sondern auch in der allgemeinen Physik, besonders des flüssigen Aggregatzustandes. Der Begriff der *Oberflächenspannung* als das jeder Oberfläche innewohnende Bestreben, sich zu verkleinern, ist allgemein bekannt. Bezeichnet man mit e die Arbeit, welche zur Bildung einer Oberfläche O erforderlich ist, so ist die Oberflächenspannung γ eines Stoffes (31)

$$\gamma = \frac{e}{O}. \tag{1}$$

Die Oberflächenspannung ist bei allen Stoffen verschieden, da sie im engsten Zusammenhange mit ihren molekularen Eigenschaften steht. Sie nimmt ziemlich genau proportional der Temperatur ab und verschwindet dicht beim kritischen Punkt. Die Abnahme beträgt in der Nähe der Zimmertemperatur bei den meisten Flüssigkeiten mit genügend weit entferntem kritischen Punkt 1—3‰ je Grad Celsius.

Bodenkundlich interessant ist besonders die *Oberflächenspannung des Wassers*, die bei 20° C 72,53 dyn/cm beträgt. Anschaulich ausgedrückt bedeutet das, daß sich an einer 1 cm breiten Wasserlamelle von beliebiger Länge, wie sie sich zwischen 2 Drähten leicht herstellen läßt, ein Gewicht von 148,2 mg aufhängen läßt.

Nennt man den Radius eines eine Wassersäule tragenden Meniskus, wie er z. B. in einer vollkommen benetzbaren Kapillarröhre sich bildet, r (in Millimetern gemessen) und betrachtet, was für bodenkundliche Zwecke ausreichend genau ist, das spezifische Gewicht des Wassers als 1, so ist die Länge der getragenen Wassersäule H, auch *kapillare Steigröhre* genannt:

$$H = \frac{14{,}82}{r}\,\text{mm} \tag{2}$$

bei 20° C Temperatur.

Nach WEINBERG (34) ist für alle Temperaturen zwischen 0° und 70° C $2\gamma = 15{,}406\,(1 - 0{,}001975\,t°)$.

Die Höhe einer Wassersäule, die durch einen Meniskus im Boden gehalten werden kann, wenn diesem kein seinerseits ziehender Meniskus oder andere Zugkräfte im Boden gegenüberstehen, die Wassersäule vielmehr unten in eine freie Wasserfläche übergeht, ist also leicht zu berechnen, wenigstens unter der vereinfachenden Annahme, daß der Boden nur aus kugeligen Teilchen besteht.

Man hat diese Höhe der getragenen Wassersäule als *kapillare Steighöhe* des Bodens bezeichnet, d. h. der Höhe gleichgesetzt, bis zu welcher sich Kapillarwasser über den Grundwasserspiegel erhebt, und als eine der wichtigsten Größen der Bodenphysik betrachtet, die maßgebend für die Bewegung des Bodenwassers sein sollte. Daß das nur sehr bedingt der Fall ist und die reinen kapillaren Erscheinungen im Boden tatsächlich nur ausnahmsweise bei voller Wassersättigung des Bodens (wenn er also als Pflanzenstandort kaum mehr geeignet ist, weil die Pflanzenwurzeln ohne Luft nicht leben können) eine größere Rolle spielen, wird weiter unten eingehend zu erörtern sein.

Die Oberflächenspannung, die allen Körpern zukommt und ihre Oberfläche zu verkleinern trachtet, ist nach OSTWALD (32) der *Intensitätsfaktor der sog. Oberflächenenergie erster Art*, als deren *Kapazitätsfaktor die absolute Oberfläche des betrachteten Stoffes* erscheint. Daneben unterscheidet dieser Autor noch eine *Oberflächenenergie zweiter Art* mit entgegengesetzten Vorzeichen, die also die Oberfläche zu *vergrößern* sich bestrebt. Da ungeheure Oberflächen- bzw. Grenzflächenentwicklung das Charakteristikum des kolloidalen Zustandes der Materie ist, in welchem mithin eine sehr große *Konzentration von Oberflächenenergie* in der dispersen Phase stattfindet, haben viele Forscher darin das *wesentliche Merkmal der Kolloide* überhaupt gesehen. Man hat folgerichtig zunächst versucht, *alle* Erscheinungen, die die Materie im kolloiden Zustand kennzeichnen: Anlagerung oder Abstoßung von Massenteilchen aus der angrenzenden Phase, gewöhnlich positive oder negative *Adsorption* genannt, die vielfältigen elektrischen Erscheinungen, die an Grenzflächen zu beobachten sind usw., als alleinigen Ausfluß der *Grenzflächenkräfte als Oberflächenkräfte* zu deuten und hat die ganze Kolloidchemie als „*Kapillarchemie*" bezeichnet. Die Reaktionen der Kolloide sind in der Tat wenigstens in gewissem Maße auf diesem Wege mathematisch beherrschbar geworden, nicht immer, ohne daß man sich, wie z. B. in der von QUINCKE, HELMHOLTZ, PERRIN, SMOLUCHOWSKI u. a. vertretenen Hypothese der sog. „*elektrischen Doppelschicht*", zu speziellen Annahmen gezwungen sah, die dem reinen Begriff der „Oberflächenenergie" bereits fremd waren.

Die Vertreter dieser sog. *physikalischen Auffassung der kolloidalen Reaktionen* begnügten sich, wie PAULI sich ausdrückt (33), „mit der bloßen *Beschreibung* einer Seite der Erscheinungen, statt eine genetische Erklärung zu geben". Im bodenkundlichen Lager führte diese Auffassung in Überspannung der grob sinnlichen Vorstellungen von dem Charakter der als wirksam betrachteten Oberflächen zu einer teilweisen Überschätzung der *Kapillarerscheinungen,* als Ausdruck von Oberflächenkräften, und zu dem Versuche, die *absolute Bodenoberfläche* aus der Anlagerung von Wasser (9a) zu berechnen. Diese Bestrebungen haben teilweise das Bild des wichtigen Wasserhaushaltes des Bodens nicht nur nicht geklärt, sondern eher verwirrt und zu abwegigen Folgerungen geführt.

Um ein besonders markantes Beispiel vorweg zu nehmen: sehr viele Tone, denen nach dieser Auffassung infolge ihrer außerordentlich feinen „Kapillaren" laut der obigen Gleichung (2) enorme Steighöhen des Wassers zukommen müßten, zeigen in der Natur und im Experiment genau das Gegenteil, nämlich sehr kleine oder gar keine Steighöhen. Die Vernachlässigung dieses Umstandes führte zu teilweise falschen Formeln von bedenklicher Auswirkung bei der Lösung praktischer Aufgaben der Dränagetechnik.

Die kapillarchemische Auffassung der kolloidalen Erscheinungen erinnert mit ihrem nur beschreibenden Charakter frappant an die Hypothese des geozentrischen Weltsystems, das die Erde als den Mittelpunkt des Weltalls ansah. In äußerst komplizierten Vorstellungen von der Bahn der Planeten vermochte auch dieses den Beobachtungen beschreibend gerecht zu werden, war also „richtig". Zum vollen *Verständnis der Gesetze* des Weltalls und zur Einsicht in ihre lapidare *Einfachheit,* die die vorausschauende Berechnung der Himmelserscheinungen aus dem *kausalen* Zusammenhange heraus ermöglichte und zum entscheidenden Fortschritt führte, verhalf der Astronomie aber erst der *Gravitationsbegriff* und damit die Anerkennung des heliozentrischen Weltsystems.

Daß bei der Kolloidchemie im allgemeinen und ihrer Anwendung auf die bodenkundlichen Probleme im besonderen eine durch DUCLAUX, PAULI, MATULA u. a. angebahnte Auffassung zum *ursächlichen* Verständnis der Erscheinungen in ähnlichem Umfange erfolgreich sein dürfte, zeigt schon allein das Bild des Bodens, wie es die moderne Theorie der Materie zu entwerfen erlaubt.

Man stelle sich vor, daß man im Besitze eines Mikroskopes sei, dessen Vergrößerung sich nach und nach beliebig bis zum Billionenfachen steigern ließe, wobei bei den stärksten Vergrößerungen auch die *Erregungszustände des Äthers*, um den *Raum* mit diesem Namen zu nennen, sichtbar werden sollen.

Ein solches ideales Instrument existiert zur Zeit nicht, und es ist schwierig, zu sehen, wie es überhaupt jemals möglich sein sollte. Um einem Mikroskop eine derartige auflösende Wirkung zu geben, wäre es notwendig, im „Licht" mindestens der HESSschen kosmischen Strahlen zu arbeiten, woran einstweilen jedenfalls nicht zu denken ist, wenn auch die Aufnahme von Linienspektrogrammen der Kristalle mit Hilfe von Röntgenstrahlen schon ein großer Schritt auf diesem Wege ist. Doch das nur nebenbei.

Wenn unter ein solches ideales Mikroskop, dem außerdem ein besonders *weites Gesichtsfeld* zukommen müßte, ein Stückchen feuchter Boden gelegt würde, würde der Betrachter, wie EDDINGTON sich in einem ähnlichen Zusammenhange ausdrückt, „das Reich der Schatten betreten", nämlich das *Reich der objektiven Welt jenseits aller grobsinnlichen Begriffe und Vorstellungen.*

Was damit gemeint ist, läßt sich am besten mit den Worten EDDINGTONS (35) sagen, mit welchen er seine Vorlesungen über „Die Natur der physischen Welt" in *Edinburgh* einleitete.

"I have settled down to the task of writing these lectures and have drawn up my two chairs to my two tables. Two tables! Yes; there are duplicates of every object about me — two tables, two chairs, two pens.

One of them has been familiar to me from earliest years. It is a commonplace object of that environment which I call the world. How shall I describe it? It has extension; it is comparatively permanent; it is coloured; above all it is *substantial.* By substantial I do not merely mean that it does not collapse when I lean upon it; I mean that it is constituted of 'substance' and by that word I am trying to convey to you some conception of its intrinsic nature. It is a *thing*; not like space, which is a mere negation; nor like time, which is . . . Heaven knows what! But that will not help you to my meaning because it is the distinctive characteristic of a 'thing', to have this substantiality, and I do not think substantiality can be described better than by saying that it is the kind of nature, exemplified by an ordinary table.

Table No. 2 is my scientific table. It is a more recent acquaintance and I do not feel so familiar with it. It does not belong to the world previously mentioned — that world which spontaneously appears around me, when I open my eyes, though how much of it is objective and how much subjektive I do not here consider. It is part of a world which in more devious ways has forced itself on my attention. My scientific table is mostly *emptiness.* Sparsely scattered in that emptiness are numerous electric charges rushing about with great speed; but their combined bulk amounts to less than a billionth of the bulk of the table itself. Notwithstanding its strange construction it turns out to be an entirely efficient table.

There is nothing substantial about my second table. It is nearly all empty space, pervaded, it is true, by fields of force, but these are assigned to the category of 'influences', not of 'things'. *Even in the minute part which is not empty we must not transfer the old notion of substance.* In dissecting matter into electric charges we have travelled far from that picture of it which first gave rise to the conception of substance, and the meaning of that conception — if it ever had any — has been lost by the way."

Wie EDDINGTONS Tisch würde unter dem gedachten idealen Mikroskop der feuchte *Boden wesentlich in leeren Raum* sich auflösen. Was bei etwa millionenfacher Vergrößerung dem Auge des Beschauers sich bieten würde, würde mit einem Schlage nicht mehr ein Gemisch von festen Teilchen, Wasser und Luft sein, auch nicht, wie jedes gewöhnliche Mikroskop es zeigt, ungeheur vergrößerte kristalline und amorphe Massen Substanz, von dem Weltmeer eines Wassertröpfchens auf dem Objektträger umspült, sondern ein völlig unentwirrbares Durcheinander in rasender Bewegung einherwirbelnder Massenpunkte im leeren Raum, in welchem jede Möglichkeit, fest, flüssig und gasförmig zu unterscheiden, zunächst verschwunden wäre. Kein menschliches Auge vermöchte den Einzelteilchen zu folgen, und wenn sich alle Aufmerksamkeit darauf konzentrierte, von ganz wenigen, ganz langsamen Partikeln abgesehen. *Die Geschwindigkeit der* BROWN*schen Molekularbewegung,* die uns die Illusion *der Temperatur einer Substanz* verschafft, ist von der Größenordnung der Schnelligkeit moderner Militärgewehrgeschosse.

Nennt man die mittlere Geschwindigkeit des Massenteilchens u, seine Masse m, die *absolute Temperatur* vom absoluten Nullpunkt $-273°$ C gezählt T, die AVOGADROsche Zahl, die die Anzahl der Teilchen in der Grammolekel angibt $(6{,}06 \cdot 10^{23})$ N, und die allgemeine Gaskonstante (im Energiemaß gemessen $8{,}313 \cdot 10^7$ erg) R, so ist die *durchschnittliche* Geschwindigkeit der Massenteilchen bei der Temperatur T $(T = t°\,\mathrm{C} + 273)$

$$u = \sqrt{\frac{3 \cdot R \cdot T}{N \cdot m}}\ \mathrm{m/sec}. \tag{3}$$

$N \cdot m$ ist das *Molekulargewicht* M der Substanz in Gramm. Der Ausdruck $\sqrt{3 \cdot R}$ entspricht dem Multiplikationsfaktor $1{,}579 \cdot 10^4$ oder, da $1\ \mathrm{m} = 10^2\ \mathrm{cm}$ ist, $157{,}9$. Die *mittlere Partikelgeschwindigkeit in* m/sec ist also einfach

$$u = 157{,}9 \cdot \sqrt{\frac{T}{M}}\ \mathrm{m/sec}. \tag{4}$$

Für die wichtigsten, später interessierenden Ionen des Bodens ergeben sich damit z. B. für die Temperatur von 20° C entsprechend 293° T (absolute Temperatur), die folgenden Geschwindigkeiten der ungerichteten Wärmebewegung, die nicht mit der gerichteten Bewegung geladener Teilchen zwischen Anode und Kathode in einer elektrolytischen Zelle zu verwechseln ist, bei angenommener freier Beweglichkeit:

Kationen		Anionen	
H^+	2700 m/sec	OH^-	648 m/sec
Na^+	553 ,,	Cl^-	458 ,,
K^+	426 ,,	SO_4^{--}	268 ,,
Mg^{++}	542 ,,	CO_3^{--}	347 ,,
Ca^{++}	418 ,,	NO_3^-	332 ,,

Schon aus diesen Zahlen tritt die quantitative *Sonderstellung des Wasserstoffions* deutlich hervor, das wegen seiner geringen Masse an Geschwindigkeit alle anderen Ionen um ein Mehrfaches übertrifft, ein sehr wichtiger Umstand, auf den später zurückzukommen sein wird.

Es versteht sich von selbst, daß in einem gegebenen Volumen nicht alle als frei beweglich gedachten Massenteilchen oder *Korpuskeln* genau die mittlere Geschwindigkeit u haben können. Vielmehr kommen alle nur möglichen Geschwindigkeiten zwischen 0 und ∞ vor, wobei sich die Geschwindigkeiten um ein *Häufigkeitsmaximum* zusammendrängen. Diese Häufungsstelle, d. h. die *wahrscheinlichste Geschwindigkeit* α liegt nach dem MAXWELLschen *Gesetz der Geschwindigkeitsverteilung* in Gasen bei

$$\alpha = u \cdot \sqrt{\frac{2}{3}}. \tag{5}$$

Wie sich die Geschwindigkeitsverteilung für einen Beispielsfall gestaltet, sei an einer von EGGERT (36) für Stickstoff bei Zimmertemperatur berechneten Tabelle gezeigt:

Geschwindigkeitsbereich cm/sec (W)	Häufigkeit %	Geschwindigkeitsbereich cm/sec (W)	Häufigkeit %
$0 < W < 10^4$	1	$5 \cdot 10^4 < W < 7 \cdot 10^4$	24
$1 \cdot 10^4 < W < 3 \cdot 10^4$	25	$7 \cdot 10^4 < W < 9 \cdot 10^4$	7
$3 \cdot 10^4 < W < 5 \cdot 10^4$	42	$9 \cdot 10^4 < W < \infty$	1

$$\alpha = 4{,}12 \cdot 10^4 \text{ cm}$$
$$u = 5{,}06 \cdot 10^4 \text{ ,,}$$

Was bei solchen Korpuskelgeschwindigkeiten auch bei stärkster Vergrößerung allein erkennbar wäre, wäre nur die Tatsache der *Bewegung*. *Verschwunden wäre jede Unterscheidungsmöglichkeit fester, flüssiger oder gasförmiger Substanz und damit die Illusion der Oberfläche nicht nur, die tatsächlich überhaupt nicht existiert, sondern auch der Grenzfläche als zweidimensionales, scharf definiertes Gebilde.*

Was wir Oberfläche oder Grenzfläche nennen und mit dem Begriff der „Festigkeit" verbinden, ist nur eine subjektive Sinneserfahrung im Bereich der groben Massen und kein Begriff, der auf die Grundphänomene der molekularen Welt übertragbar wäre

Es erhebt sich nun die Frage, worin denn das *objektive* Korrelat der grobsinnlich gefaßten Grenzfläche besteht, das doch in irgendeiner Weise vorhanden sein muß, um die Illusion des festen, flüssigen und gasförmigen Zustandes in gewöhnlicher Ausdrucksweise zu erzeugen.

Ein naheliegender Weg, diese Frage zu klären, wäre scheinbar der, die Bewegung der Korpuskeln in unserem Präparat zu verlangsamen. Da sie proportional der absoluten Temperatur verläuft, ist das an sich eine einfache Aufgabe. Es würde genügen, das Präparat *abzukühlen*, wie es heute ohne Schwierigkeit bis in die Nähe des absoluten Nullpunktes $-273°$ C geschehen könnte. Eine nähere Überlegung zeigt aber sofort, daß dieser Weg nicht gangbar ist. Weil alle Teilchen in *Bewegung* sind, handelt es sich offensichtlich im vorliegenden Fall nicht um statische, sondern um *dynamische Gleichgewichte*, die bei der Äquivalenz von Molekularbewegung und Temperatur sich durch die Abkühlung *verschieben* mussen. Schnell würde bei der Abkühlung das Wasser zu Eis erstarren, also auch einen „festen" Körper, noch dazu mit Raumgitter, bilden, womit der Zweck der Abkuhlung, durch Verlangsamung der Molekularbewegung den *Unterschied* von fest und flüssig beobachtbar zu machen, verfehlt würde. Schließlich würde sogar die Luft dasselbe Schicksal des Erstarrens teilen und sich auch in einen festen Körper verwandeln, so daß damit nicht einmal mehr Gas und feste Substanz unterscheidbar wäre.

Es bleibt also nichts anderes übrig, als eine *Zeitlupenaufnahme*, die die Bewegungsvorgänge zu verfolgen gestattet. Wie würde sich dann das Bild gestalten?

Auch bei 1000fach verlangsamter Wiedergabe würde *Bewegung* der durch im Verhältnis zu ihrem eigenen Durchmesser ungeheure Räume getrennte Korpuskeln noch immer der beherrschende Eindruck sein. Aber nunmehr würden sich sehr charakteristisch *Unterschiede in der Art der Bewegung* der Teilchen zeigen, die vorher die hohe Geschwindigkeit nicht wahrzunehmen gestattete.

In einem Teil des, wie gesagt, äußerst ausgedehnt zu denkenden Gesichtsfeldes schössen die Teilchen in verhältnismäßig viel freiem Raum, um ihre Achse sich drehend, vollkommen regellos durcheinander. Eines stieße in kurzem Zeitabstand an das andere, und zwar in einer sehr seltsamen Weise. Nie käme es nämlich zu einer völligen Berührung, wie wir sie z. B. bei karambolierenden Billardkugeln aus der grobsinnlichen Welt kennen. Schon lange, ehe die Teilchen sich berühren, findet eine *Bremsung und Ablenkung* statt, so, als wenn ein jedes von ihnen von einem elastischen, unsichtbaren Panzer umgeben wäre, der langsame, und daher mit geringer lebender Kraft ausgestattete, sich bewegende Teilchen einander weit vom Leibe hält, schnell gegeneinander bewegten Teilchen mit größerer kinetischer Energie dagegen eine größere Annäherung gestattet.

Physikalisch ausgedrückt heißt das, daß der *Wirkungsquerschnitt eines Korpuskels ein verschiedener je nach der Schnelligkeit der Relativbewegung der kollidierenden Teilchen ist,* ein Beweis, daß es sich selbst bei den kleinsten Bausteinen aller Substanz in keiner Weise um ein „festes" Substrat mit irgendwelchen an den landläufigen Begriff der Oberfläche anknüpfenden Eigenschaften handelt.

Für Atome und Moleküle untereinander gilt ein nur in verhältnismäßig engen Grenzen schwankender sog. *„gaskinetischer Wirkungsquerschnitt"*, der sich *der Größenordnung nach* für die hier interessierenden Kationen aus dem *Abstand der Ionen oder Moleküle in Kristallen berechnen läßt,* unter der Annahme, daß in diesen die Partikel fest aneinandergepackt liegen.

Grimm (37) teilt die folgenden *Ionenabstände* der wichtigsten Kationen in 10^{-8} cm (Ångströmeinheiten), berechnet für Na · Cl-Gitter bei verschiedenen Anionen mit. Zum Vergleich sind die effektiven *Durchmesser der Ionen,* die nach anderen Methoden ermittelt sind, danebengestellt.

	Ionenabstand	Durchmesser		Ionenabstand	Durchmesser
Li	2,019—3,007	1,04—1,66	Mg	2,110—2,539	0,88—1,56
Na	2,310—3,232	1,58—1,96	Ca	2,384—2,957	1,44—2,12
K	2,664—3,527	1,82—2,66	Sr	2,552—2,986	1,74—2,54
Rb	3,291—3,668	2,12—2,98	Ba	2,748—3,192	2,12—2,86
H (Proton) 2,54		$\sim 10^{-4}$	Elektron Θ		$\sim 10^{-5}$

Der Durchmesser des Wirkungsquerschnittes ist also stets merklich größer als der tatsächliche Durchmesser der Ionen als welcher der Durchmesser des die äußerste Elektronenbahn umhüllenden Kreises bezeichnet ist.

Gegenüber dem kleinsten bisher überhaupt bekannten Massenteilchen, dem *Elektron,* mit dem Atomgewicht $5{,}5 \cdot 10^{-4}$, schwanken die Wirkungsquerschnitte der Korpuskeln in sehr viel weiteren Grenzen, je nach der *Geschwindigkeit des Elektrons,* wobei zu berücksichtigen ist, daß die Masse des Elektrons ihrerseits eine Funktion dieser Geschwindigkeit ist, mit welcher sie sehr schnell ansteigt. Wegen seiner Kleinheit kann im Gegensatz zu den Atomionen das Elektron tief in den Mikrokosmus der Atome eindringen und evtl. darin sogar eingefangen werden.

Da man Elektronen in einem elektrischen Felde nahezu jede beliebige, genau kontrollierbare Geschwindigkeit bis in die Nähe der Lichtgeschwindigkeit: $3 \cdot 10^{10}$ cm · sec^{-1} erteilen kann, sind die damit angestellten Messungen besonders interessant. Sie gestatten die Aufnahme einer *Wirkungsquerschnittskurve als Funktion der Elektronengeschwindigkeit.* Eingehende Untersuchungen darüber hat Brüche (38) angestellt, nach denen in *Abb. 2* die Wirkungsquerschnitte der *Edelgase* im Vergleich zu ihrem gaskinetischen Querschnitt wiedergegeben seien.

Der Wirkungsquerschnitt *WQ* ist dabei in cm^2/cm^3, die Geschwindigkeit in $\sqrt{\text{Volt}}$ ausgedrückt. Zur Umrechnung ist zu berücksichtigen, daß

$$1\,\text{Å} = 0{,}3\,\sqrt{WQ\,\text{cm}^2/\text{cm}^3}\,,$$

und

$$1\,\sqrt{\text{Volt}} = 0{,}60 \cdot 10^8\ \text{cm/sec} \quad \text{ist.}$$

Das Charakteristische dieser Kurven ist, daß die *WQ* von teilweise über, teilweise unter den gaskinetischen *WQ* liegenden Werten mit steigender Elektronengeschwindigkeit bis zu einem etwa bei 0,8 $\sqrt{\text{Volt}}$ liegenden Minimum sinken, um dann, je nach dem Edelgas, verschieden schnell zu einem ebenfalls verschieden gelagerten Maximum zu steigen und erneut abzusinken.

In dem bisher betrachteten Raum des Präparates haben alle Teilchen offensichtlich fast *nur kinetische*, d. h. *Translations-* und *Rotationsenergie.* Es handelt sich, da das *Charakteristikum der idealen Gase* ist, also um einen *Gasraum,* d. h. eine *Luftblase* in dem betrachteten Bodenpräparat.

Nach einer Seite zu häufen sich die sich bewegenden Massenpunkte. Die zwischen den einzelnen Zusammenstößen liegenden freien Wegstrecken sind entsprechend kürzer, und bereits tritt zeitweise so etwas wie ein *erster Ansatz von Ordnung* ein, indem sich die Teilchen zu Gruppen mindestens vorübergehend vereinigen und nur noch um Ruhelagen vibrieren, obwohl die Bewegung im ganzen

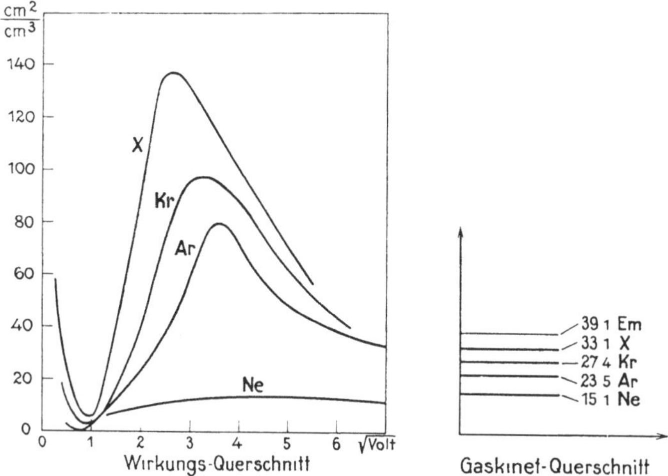

Abb 2 Querschnittskurven der Edelgase (nach E. BRUCHE).

noch ebenso ungeordnet ist wie vorher. *Hier befinden wir uns in der flüssigen Phase, die durch keine scharfe Grenze, wenn auch durch eine nur ziemlich schmale Übergangszone vom Gasraum geschieden ist.* Denn die *schnellsten Teilchen der flüssigen Phase,* nämlich diejenigen, die um die *Verdampfungswärme* energiereicher sind als der Rest in der Flussigkeit, durchbrechen dauernd die Grenzschicht und machen sie dadurch unbestimmt. Die Flüssigkeit verdampft ständig, während, wenn der Raum abgeschlossen, sie also mit ihrem Dampf im Gleichgewicht ist, in genau dem gleichen Ausmaße aus dem Dampfraum Moleküle in das Bereich der flussigen Phase zuruckkehren.

Wiederum nur unscharf, wie die gasförmige von der flüssigen Phase durch eine Zone der Teilchenhäufung, mit dauerndem Austausch der Insassen, nunmehr von der flüssigen Phase geschieden, hebt sich dann ein Gebiet prinzipiell *gänzlich verschiedener Teilchenbewegung* ab, wo keinerlei ungeordnet bewegliche Korpuskeln außer einigen Elektronen sich finden. In den zum Kerndurchmesser von der Größenordnung 10^{-12} cm $= 10^{-4}$ Å ungeheuren Ionenabständen von mehreren Ångströmeinheiten liegen hier die *Kerne der Atome,* von ihren Elektronen umrast, an feste Plätze gebannt. Die unregelmäßige Wärmebewegung ist nun generell in eine *Oszillation um feste Schwerpunktslagen* übergegangen, pendelartige Schwingungen, die jeder Kern mit ungefähr der gleichen Amplitude wie der Nachbar, aber in verschiedener Phase, vollführt. Die Hälfte des Energieinhaltes ist nunmehr für das Mittel aller Teilchen *potentionelle Energie.* Die Energiesumme ist um die *Schmelzwärme* geringer, als sie für dieselbe Substanz bei derselben Temperatur im flüssigen Zustande sein würde.

Die gegenseitige Anordnung der Kerne ist dabei entweder unregelmäßig: das ist das Charakteristikum der *amorphen Substanz*; oder sie ist von einer sehr großen Regelmäßigkeit nach für jede Substanz verschiedenen Gesetzen: das ist das *Raumgitter der kristallinen Substanz,* von welchem für einige einfache Verbindungen *Abb. 3* eine Vorstellung gibt.

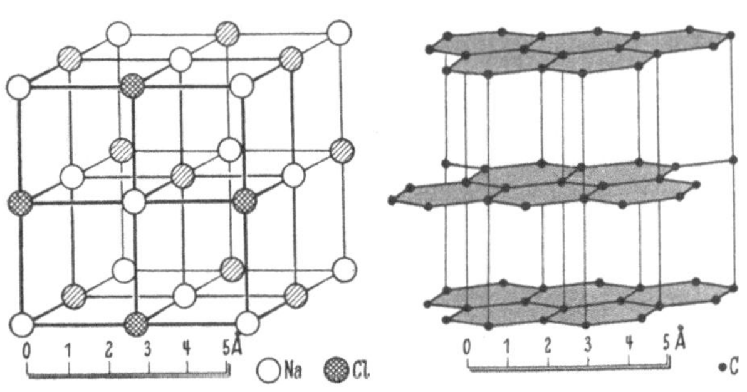

Abb. 3. Raumgitter von NaCl und C

Auch das engste Raumgitter hat, wo es an die flüssige Phase grenzt, nicht die allergeringste Ähnlichkeit mit dem, was man unter „Oberfläche" oder „Grenzfläche" versteht. Allenfalls könnte man es als ein außerordentlich weitmaschiges Netz von Massenpunkten bezeichnen, zwischen denen der Raum ohne jede Materie ist, wenn man von den Bahnelektronen absieht.

Alle als möglich denkbaren Wirkungen können selbstverständlich nur an die *Netzpunkte* anknüpfen, da sie allein Materie enthalten. Der dazwischenliegende Raum hat eine Wirkungsmöglichkeit nicht oder nur insofern er die an die Netzpunkte geknüpften *Kraftfelder* enthält.

Der Begriff der Oberfläche oder Grenzfläche als Kapazitätsfaktor der Grenzflächenenergien ist also unhaltbar, da, wie schon die obige Tabelle der Ionenabstände in Gittern zeigt, die Flächeneinheit sehr verschieden viel wirksame Punkte enthalten kann. Grenz- oder Oberfläche im gewöhnlichen Sprachgebrauch existieren tatsächlich nicht, und damit fällt selbstverständlich auch der Begriff der Grenzflächenenergien als Energien eigner Art.

Was als solche beobachtet wird und sich in seinen Auswirkungen berechnen läßt, ist weiter nichts als die Wirkung der im Raum mehr oder weniger regelmäßig verteilten *Massenpunkte,* die gar nichts mit der Verteilung über die *Fläche,* aber alles mit der Individualität der einzelnen Partikel als Teile des Ganzen zu tun hat.

3. Die Grenzflächenkräfte.

Die beiden einzigen Bausteine jedes Massenpunktes, mag er ein Ion, ein Atom oder ein Molekül sein, *sind Protonen und Elektronen, die Atome der positiven und negativen Elektrizität,* die selbst wohl nur als *elektromagnetische Wellenpakete* aufzufassen sind. *Nur elektrische, und, da die Elektronen in schneller Bewegung sind, magnetische Felder haben also tatsächliche Existenz. Die sog. Gesetze der Oberflächenkräfte sind nur eine komplizierte Umschreibung der einfachen elektrischen und magnetischen Kraftgesetze:*

1. Entgegengesetzt geladene Massen oder entgegengesetzte Pole ziehen sich an, gleich geladene Massen und gleiche Pole stoßen sich ab.

2. Die Kraft der Anziehung und Abstoßung ist umgekehrt proportional dem Quadrat der Entfernung (COULOMB*sches Gesetz*).

Die sog. VAN DER WAAL*schen Kräfte,* die letzten Endes von gleicher Natur sind, können hier außer Betracht gelassen werden.

Daß diese einfachen Annahmen, die jedermann sich mit Hilfe von ein paar geladenen Holunderkugelchen und 2 Stabmagneten ohne weiteres selbst eindringlich vor Augen fuhren kann, tatsächlich genügen, um allen Erscheinungen gerecht zu werden, zeigt schon die *Anordnung der Substanz* in unserem Präparat, nunmehr bei vollständigem, durch Herausnahme eines Momentbildes aus unserem Zeitlupenfilm erzeugtem *Stillstand aller Bewegung*, wobei jetzt die Vergrößerung des Idealmikroskopes auf ihr höchstes Maß von etwa dem 10^{13}fachen linear ein-

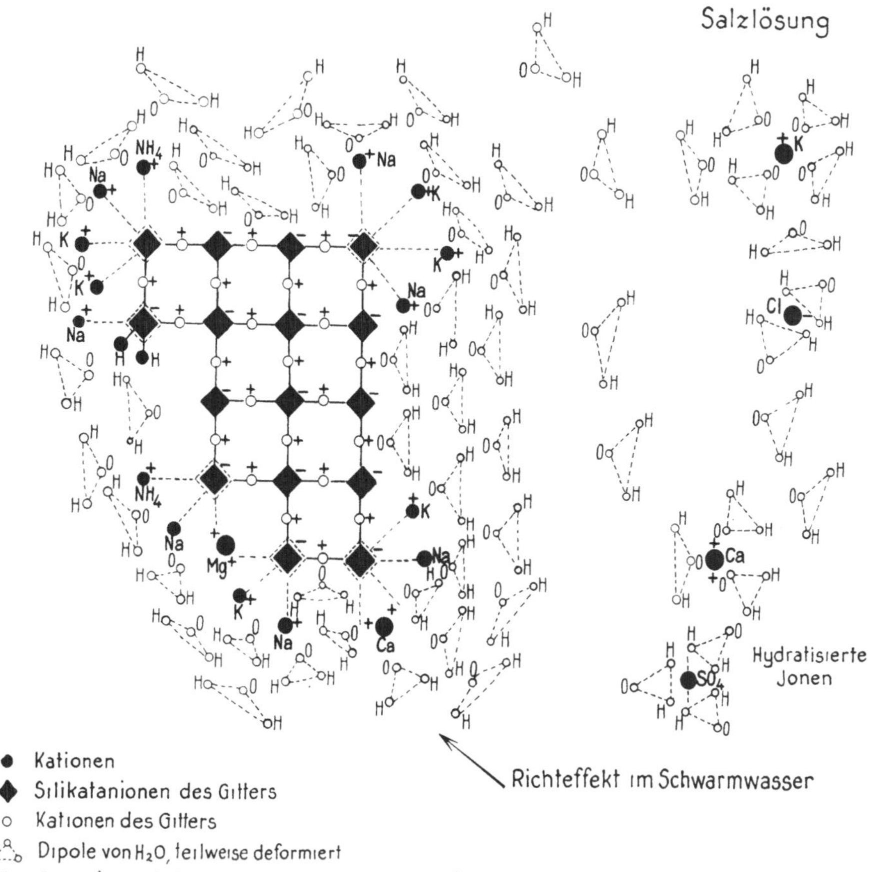

Abb. 4. Gitterrest kolloidaler Größenordnung mit angelagerten Kationen und verdichtetem Schwarmwasser. Schematisch $\sim 2 \cdot 10^8 : 1$

gestellt sei, so daß es möglich ist, auch die *Ladungsverhältnisse* der einzelnen Teilchen zu unterscheiden.

Wie das dann sich bietende Bild aussehen würde — und es ist, wie sich auf anderem Wege als durch direkte Beobachtung nachweisen läßt, durchaus keine Phantasie, sondern eine sehr genäherte Beschreibung der realen Tatsachen — zeigt *Abb. 4*.

Dargestellt ist ein Kristallteilchen kolloider Größenordnung, das das regelmäßige Gitter aus positiven und negativen Ionen noch vollkommen bewahrt hat.

Dabei zeigt sich zwischen den Ecken, den Kanten und den Flächen des Kristallteilchens ein sehr wichtiger *Unterschied der elektrischen Kraftverteilung.* Denkt man sich die nach oben und unten, vorne und hinten, rechts und links, also in den drei Richtungen des Raumes wirkenden Kräfteanteile durch je eine *Kraftlinie* dargestellt, so ist für alle *in der Netzebene* liegenden Ionen als Wirkung nach außen jeweils nur *eine* solche Kraftlinie verfügbar, die je nach der Ionenladung positiven oder negativen Charakter trägt. Alle *Ionen der Kanten* des Kristalles haben noch 2 Kraftlinien verfügbar, alle *Eckenionen* dagegen 3, *d. h., die Kanten, in noch sehr viel höherem Grade aber die Ecken eines Kristalles, sind Punkte höheren Potentials.* Das *elektrische Feld* hat in ihrer Umgebung nach außen hin eine *größere Dichte,* während gleichzeitig das Innenfeld entsprechend geschwächt ist.

Ecken und Kanten eines Kristalles oder sonstigen Massenpartikels sind also für das Kristall als Ganzes Punkte verminderter Resistenz, weil unter dem Einfluß der größeren Außenfeldstärke der Angriff von außen kommender, entgegengesetzt geladener Teilchen hier am stärksten einsetzen muß. Denn der Ausgleich der stärkeren Ladung bedeutet die stärkere Abnahme potentieller Energie des Systems und damit den *Übergang desselben in einen Zustand größerer Wahrscheinlichkeit,* den der zweite Hauptsatz der Thermodynamik für alles Geschehen ebenso unerbittlich fordert wie die Krümmung des EINSTEIN-MINKOWSKIschen vierdimensionalen, unbegrenzten, aber endlichen Raumes alle Massen durch „*Gravitationswirkung*" zueinander zwingt.

Der Ausgleich elektrischer Ladungen ist der Grund der altbekannten Erscheinung, daß alle Kristalle oder Massenteilchen überhaupt *stets von Ecken und Kanten aus sich lösen* und jeder Riß oder Sprung in fester Substanz zum Ansatzpunkt des Zerfalles, der Verwitterung usw. wird.

Geladene Teilchen sind nun aber nicht nur Ionen, sondern auch Moleküle mit natürlichem oder induziertem Dipolcharakter. Darunter ist das Folgende zu verstehen (39):

In jedem elektrisch neutralen Molekül sind zwar die negativen und positiven Ladungen ihrer *Zahl* nach kompensiert, aber durchaus nicht notwendig den von diesen Ladungen ausgehenden *Kräften* nach. Das letztere kann nur dann der Fall sein, wenn die *Kraftschwerpunkte* der *Protonen* und *Elektronen* zusammenfallen. Ist das nicht der Fall — und das ist bei Molekülen fast die Regel —, so müssen auf eine diesen Molekülen genäherte elektrische Ladung diese positiven und negativen Bestandteile je nach ihrer Entfernung, weil umgekehrt proportional zu deren Quadrat die Wirkung abnimmt, verschiedenen Einfluß ausüben. Das Molekül wird sich darum bestreben, sich so in das Feld der genäherten Ladung einzustellen, daß seine, der genäherten Ladung *entgegengesetzte* Ladung dieser möglichst nahe kommt und die gleichnamige Ladung sich entfernt. *Das Molekül wird sich also so verhalten, als ob es zwei elektrische Pole von entgegengesetztem Vorzeichen hätte.* Es ist ein *natürlicher Dipol.*

Fast alle anderen Moleküle, die nicht natürliche Dipole sind, unterliegen aber ebenfalls dem Einfluß eines elektrischen Feldes. Ihre Ladungen befinden sich nur im dynamischen Gleichgewicht und sind nicht starr miteinander verkettet. Unter dem Einfluß eines äußeren Feldes muß sich also der Bau des Moleküls in verschiedenem Maße *deformieren,* was einer *Verlagerung der Kraftschwerpunkte* entspricht. Auch dadurch wird das Molekül praktisch wie ein Dipol sich verhalten, der allerdings dieses Mal kein natürlicher, sondern durch die Induktionswirkung des Feldes erst erzeugter ist. Man hat es mit einem sog. *induzierten Dipol* zu tun.

Die *richtende Kraft,* die in einem elektrischen Felde auf Dipole gegenüber der die Orientierung zerstörenden Wärmebewegung einwirkt, ist abhängig von der *Stärke des Dipols.* Diese ist nach geläufigen elektrischen Gesetzen gegeben durch das *Dipolmoment,* das Produkt aus dem Abstand der Schwerpunkte der positiven und negativen Ladungen und der Größe dieser Ladungen.

Estermann (39) und Gerlach (39) teilen die folgenden Dipolmomente μ einiger Stoffe mit; ausgedrückt als $\mu \cdot 10^{18}$.

Wasser, flüssig	0,59	HCl, gasförmig	1,03
„ gasförmig	1,78	CO_2, „	0,30
Äthylalkohol, flüssig	1,72	SO_2, „	1,76
„ gasförmig	1,74	NH_3, „	1,53
Diäthyläther, flüssig	1,04	O_2 „	0,00
„ gasförmig	1,14	N_2 „	0,00

Auch von äußerlich elektrisch neutralen Molekülen gehen also noch immerhin recht erhebliche Kräfte aus, wenn sie auch bei weitem nicht so stark sind wie die einer freien Ionenladung, die ein Vielfaches dieser Restkräfte beträgt, wobei als wichtigster *Unterschied zwischen Ionen und Dipolen* immer im Auge zu behalten ist, daß ein Ion nur *einen* Pol, d. h. nur *eine* Ladungsart, ein Dipol dagegen *zwei*, d. h. *zwei* verschiedene Ladungsarten zu gleicher Zeit repräsentiert. Daß besonders komplizierte Moleküle unter Umständen *mehrere Polpaare* aufweisen müssen, also *Quadrupole* usw. sind, liegt auf der Hand.

Damit ist ein für das Verständnis des Kräftespieles zwischen fester Substanz und Flüssigkeit, also zwischen Bodenteilchen und Bodenlösung, grundlegend wichtiger Punkt berührt.

Das stark, aber *einseitig geladene Ion* benötigt zur Kompensierung seiner Ladung eine gleich große Gegenladung. Eine solche wird es in der geschlossenen Gittergrenzfläche nicht finden, wo abstoßende und anziehende Kräfte bei der regelmäßigen Verteilung der Ionen im Gitter sich, in molekularen Entfernungen angeordnet, die Waage halten. Erst recht wird das nicht der Fall sein, wenn es sich bei den Kristallen um ein *Molekülgitter* handelt, wo die Gitterpunkte mit Molekülen, statt mit Ionen besetzt sind, in dem daher überhaupt nur deren Dipolmomente zur Verfügung stehen. *Günstigere Bindungsverhältnisse für Ionen finden sich schon an den Kanten, aber ganz besonders an den Ecken der Gitterflächen* der Ionengitter, wo die Restladung des die Ecke bildenden Ions nicht weitgehend durch die entgegengesetzten Ladungen der Nachbarionen kompensiert ist.

Hier werden also jeweils die entgegengesetzt geladenen, in der Lösung vorhandenen Ionen sich häufen müssen, und der angelagerte „*Ionenschwarm*", wie Wiegner (43) sehr treffend sich ausdrückt, wird sich besonders um die Ecken mit entgegengesetzter Belegung konzentrieren, mit der sich die einzelnen Ionen der Lösung ins *dynamische Gleichgewicht* setzen, soweit der Gegenzug etwaiger entgegengesetzt geladener Kontrahenten in der Lösung es gestattet.

Überwiegen nun im Kristallgitter oder in der amorphen Masse kolloidaler Größenordnung Ecken mit gleicher Ladung z. B., wie es bei den meisten Bodenteilchen der Fall ist, mit negativer Ladung, so muß eine solche Substanz, wenn auch natürlich nicht ausschließlich, so doch vorzugsweise die entgegengesetzt geladenen Lösungsionen anziehen, wie es die Abb. 4 zeigt. Die Substanz besitzt eine ausgesprochene *elektrische Polarität* und damit die Fähigkeit zur *polaren oder Ionensorption* neben der *apolaren*, durch die Dipolmomente bedingten Sorption ganzer Moleküle [Michaelis u. Rona (40a)].

Das ganze Massenteilchen verhält sich dann, wie Mattson (40b) *sich ausdrückt, „wie ein polyvalentes Ion", im Fall der meisten Bodensubstanzen wie ein polyvalentes Anion mit negativer Ladung. Der ganze Prozeß der Anlagerung von entgegengesetzt geladenen Ionen wird damit zu der, wenn auch durch das große Mißverhältnis zwischen Anion und Kation modifizierten, Parallele einer chemischen Reaktion, die letzten Endes auch nur der dynamische Ausdruck zweier entgegengesetzter, an Massenteilchen haftender Ladungen ist.* In erster Linie ist dabei an eine Parallele zu der sog. *koordinativen Bindung* zu denken, deren heute in immer weiterem Umfange sich als fruchtbar für das Verständnis der chemischen Erscheinungen erweisende Gesetze als erster WERNER (41) kennen gelehrt hat. Dabei dürfte allerdings nach den Forschungsergebnissen der neuesten Zeit einer *Richtung der Valenzkräfte im Raum* größere Bedeutung zuzuschreiben sein als es WERNER tut, der in der *chemischen Affinität* nur eine vom Zentrum des Atoms *gleichmäßig* nach allen Seiten wirkende anziehende elektrische Kraft sieht.

Von dieser letzteren Annahme aus wäre es nicht ohne weiteres zu verstehen, wie Raumgitter sich nicht nur bilden, sondern sich auch aus geeigneten, d. h., die sie aufbauenden oder strukturell ähnliche Ionen enthaltenden Lösungen wieder ergänzen, Kristalle also „ausheilen" können. Noch weniger ist ohne die Annahme von Richtkräften verständlich, daß z. B. durch Druck deformierte Steinsalz- und andere Kristalle langsam wieder in die alte Form unter Regenerierung des Gitters zurückkehren (163).

Die Tendenz zur regelmäßigen räumlichen Anordnung, im Grenzfalle also zur Gitterbildung, liegt mithin bereits in den Ionen, weil die gegenseitige Lage mit stärkster Anziehungsmöglichkeit bevorzugt wird, da sie eine Abnahme der potentionellen Energie der betrachteten Korpuskeln bedeutet. Dieser sog. „*Richteffekt*" ist wie der Angriff aller Reaktionen an exponierten Stellen der festen Substanz eine Folge des zweiten Hauptsatzes der Thermodynamik, welcher besagt, daß alle Vorgänge in der Welt stets in der Richtung einer *Vergrößerung der Entropie* verlaufen oder, was dasselbe ist, dem *wahrscheinlichsten Zustand* zustreben. Der wahrscheinlichste Zustand ist aber unter allen Umständen der eines vollkommenen Ausgleiches aller in einem System vorhandenen Kräfte. Es war das Lebenswerk L. BOLTZMANNS (44), den zweiten Wärmesatz seiner Rolle als Naturgesetz zu entkleiden und auf seinen wahren Rang als *Wahrscheinlichkeitssatz* zurückzuführen, in welchem die *Entropie* nunmehr als *proportional dem Logarithmus der Wahrscheinlichkeit* des Zustandes erscheint.

Auf die sehr große Bedeutung des durch die Volumenverhältnisse modifizierten (164) Richteffektes der Ionen und Moleküle, also ihre Tendenz, sich in ganz bestimmten Lagen besonders fest aneinander zu schließen, für die bodenkundlichen Probleme der chemischen Meliorationen, wird weiter unten im einzelnen einzugehen sein.

Die Größe der zwischen geladenen Korpuskeln wirksamen Kräfte elektrostatischer Natur läßt sich ganz allgemein durch die einfache Formel

$$K = \frac{a}{r^m}$$

erfassen, in welcher K die Kraft, a das Maß der Ladung bzw. des Dipolmomentes und r den gegenseitigen Abstand der Teilchen bedeutet.

„m hat im Falle von freien Ladungen den Wert 2, im Falle Ion und Dipol den Wert 3, im Falle Quadrupol und Ion den Wert 4, im Falle Dipol—Dipol den Wert 6 usw." [PAULI (44)].

Die sehr viel stärkeren Kraftwirkungen von Ionen aufeinander im Vergleich zu Dipolen, auf die oben nur in qualitativer Richtung aufmerksam gemacht war, finden damit ihren quantitativen Ausdruck.

Stets muß sich die energieärmste Verbindung als die wahrscheinlichste bilden, und das ist, wenn dazu durch die Existenz stärkerer freier Ladungen im dispersen Teilchen überhaupt die Möglichkeit besteht, unter allen Umständen die polare Sorptionsverbindung: Kolloidion—Gegenion.

„Die Abhängigkeit (der wirkenden Kräfte zwischen zwei geladenen Teilchen) vom Abstand bedeutet, daß die Kraft, die im Abstande eines Moleküldurchmessers wirkt, im Falle freier Ladungen 2mal so groß ist wie im doppelten Abstande der zweiten Molekülschicht, im Falle der Einwirkung von Ion und Dipol 4mal so groß, im Falle der Einwirkung von Dipol auf Dipol 64mal so groß. Die Kraft sinkt also im letzten Falle in zwei Molekülabständen auf 1,5%. Wenn diese Kräfte nun schon in der ersten Moleküllage nicht sehr stark sind, wird sich ihre Wirkung nur auf die unmittelbare Umgebung entsprechend einer monomolekularen Schicht erstrecken. Es ist immerhin möglich, daß von der ersten Molekülschicht etwa infolge der besonderen Ordnung ihrer Teilchen wieder neue Kräfte ausgehen, andererseits ist zu berücksichtigen, daß die COULOMBschen Kräfte der freien Ladungen schon durch eine Schicht entgegengesetzt geladener Ionen abgeschirmt werden können" [PAULI (l. c.)].

Die Verbindung Kolloidion—Gegenion kann man mit DUCLAUX-PAULI als *Kolloidsalz* oder *Kolloidelektrolyten* (44, S. 72) betrachten. Ist das Gegenion ein Proton, also H^+, so hat man es mit einer *Kolloidsäure* oder, wie PAULI sich ausdrückt, mit einem *Acidoid* zu tun, das sich in der Tat genau wie eine wenig dissoziierende Säure verhält. Ist das Gegenion OH^-, so hat man es mit einem *Basoid* zu tun,

Auf das in Abb. 4 dargestellte Beispiel angewendet, hätte also ein Kolloidanion negativ geladene Eckionen, mindestens im Überschuß, so daß eine negative Totalladung resultiert, ein Kolloidkation dementsprechend positive Überschußladung. Zunächst scheint kein Grund vorzuliegen, anzunehmen, daß ein negatives Ion als Eckion oder, allgemeiner ausgedrückt, als am stärksten *exponiertes Ion* irgendwie bevorzugt sein sollte. In der Tat sind sowohl Kationen wie Anionenanlagerungen an kolloidale Teilchen bekannt, was darauf hinweist, daß auch exponierte Kationen am Kolloidteilchen als Vermittler der Bindungen aus der Umgebung auftreten. Fast jedes Kolloidsalz hat also in gewissem Sinne *ampholytischen Charakter* (66). Bisher ist ein *reines* Kolloidkation, ebenso die Existenz eines reinen *Basoides* mit nur OH^- als Gegenanion noch nicht nachgewiesen, während es sehr viel wenigstens *fast* reine Azidoide, also Kolloidanionen gibt, die im Boden besonders durchaus überwiegen. Der Grund dieses eigenartigen Verhaltens der Materie ist mindestens für eine ganze Reihe von Silikaten nach der Auffassung von GOLDSCHMIDT (129) geklärt.

„Das Prinzip der Silikatstrukturen, das, wie oben erwähnt, von F. MACHATSCHKI zuerst aufgestellt worden ist, beruht einerseits auf der Erkenntnis, daß die Siliziumpartikeln stets von vier tetraedrisch angeordneten Sauerstoffpartikeln umgeben sein mussen, andererseits auf der Beobachtung, daß in vielen Silikaten anscheinend auch Aluminium in solche Gitterpositionen eingehen kann, in welchen es, analog dem Silizium, durch vier Sauerstoffpartikeln tetraedrisch umgeben wird. Dem Aluminium kommt zwar die maximale Koordinationszahl 6 gegenüber Sauerstoff zu, es kann jedoch auch mit der Koordinationszahl 4 auftreten. Wird nun in einem Gebilde aus Silizium-Sauerstoff-Tetraedern ein Teil des vierwertig positiven Siliziums durch das nur dreiwertig positive Aluminium ersetzt, so muß die negative Ladung des Silizium-Aluminium-Sauerstoffgebildes fur jede eintretende Aluminiumpartikel um je eine Einheit vergrößert werden. Während beispielsweise das räumliche Netzwerk von Silizium und Sauerstoff im Quarze die Ladung Null trägt, also elektrisch neutral ist, besitzt das entsprechende Silizium-Aluminium-Sauerstoff-Netzwerk der Feldspate und der Feldspatoide einen Überschuß an negativen Ladungseinheiten, der genau gleich der Anzahl der am Netzwerke in Viererkoordination beteiligten Aluminiumpartikeln ist. Dieser negative Ladungsüberschuß muß durch Einlagerung positiver Ionen kompensiert werden, damit ein bestandfähiges elektrisch neutrales Gebilde entsteht. Als solche positive Ionen kommen vor allem jene der Alkalimetalle und des Kalziums in Betracht. Die Anzahl eingelagerter Alkaliionen oder Kalziumionen ist nun bedingt durch die Forderung der Valenzbilanz und ist daher eine solche, daß auf jedes Aluminiumatom je ein Ion eines Alkalimetalles oder auf je 2 Aluminium-Atome je ein Kalziumion entfällt."

„Nur in einer Beziehung unterscheiden sich viele Silikate von den Ionengittern, etwa des Steinsalztypus, nämlich durch den Umstand, daß die komplexen Anionen sich mit unendlicher Ausdehnung kettenartig, bandartig oder in Form ebener oder räumlicher Netze durch den ganzen Kristall ununterbrochen hindurchziehen und daß derart beispielsweise in den Kristallgebäuden der Feldspate die Kationen in ein zusammenhängendes Anionengerüst eingelagert sind. Die Silikate und Alumosilikate sind im allgemeinen ganz typische Ionengitter, ungeachtet des Problems, ob die komplexen Anionen selbst wieder aus ionenähnlichen Gebilden aufgebaut sind, oder ob valenzartige Bindung zwischen Silizium und Sauerstoff eine für unsere Betrachtungen wesentliche Verzerrung der Partikeln bedingt."

Die Folge dieses speziellen Baues der Raumgitter der Silikate ist, daß bei Zertrümmerung eines Kristalles notwendig nur eines der fest im Ganzen verankerten Anionen als exponiertes Ion stehenbleiben kann, während das Kation automatisch in die Rolle des nur angelagerten Gegenions gedrängt wird.

Die Gesamtheit des mindestens für die polaren Sorptionserscheinungen nur einen Ballast der reagierenden exponierten Ionen bildenden Kolloidteilchens kann man mit PAULI (44, S. 78) als den *Neutralteil* des Kolloidteilchens bezeichnen. Exponiertes Ion und Gegenion bilden zusammen den *ionogenen Anteil*, der in seine Komponenten sich aufspalten, also *dissoziieren* kann. Dabei bleibt naturgemäß als Teil des Gitters oder Gitterrestes das Anion am Neutralteil, dem es die Ladung gibt, haften. Der Neutralteil verleiht ihm durch seine große Masse eine bedeutende *Trägheit* im Vergleich zum schnell beweglichen Gegenion, also wesentlich einem Kation; ein für das Verständnis des quantitativen Ablaufes der kolloidchemischen Reaktionen sehr wichtiger Umstand, auf den FREUNDLICH (92, S. 280) nachdrücklich hinweist.

Es bleibt nunmehr noch das *qualitative Verhalten der Dipole* gegenüber den kolloiden Teilchen und etwaigen gelösten Salzen usw. in der Lösung zu erörtern.

Die für Dipole oder allgemeiner Moleküle verfügbaren elektrostatischen Kräfte liegen ihrem Ausmaß nach, wie oben auseindergesetzt ist, weit unter den den Ionen zukommenden Kräften. Dafür aber können an einem Dipol oder mehrfachen Pol stets beide Ladungsarten, positive und negative Potentiale, in Wirkung treten. *Im Gegensatz zum Ion ist also jeder Dipol (Quadrupol usw.) prinzipiell unabhängig von der Polarität eines mit ihm reagierenden Stoffes. Jede noch so gestaltete Grenzfläche muß im Ausmaß der verfügbaren Kräfte Dipole anlagern können. Das ist das Wesen der apolaren, d. h. keinen Ladungssinn bevorzugenden Sorption,* die sich auch an Molekülgitterflächen zeigt.

Die direkte Anlagerungswirkung wird sich dabei zwar nur auf eine geringe Schichtdecke beschränken, weil die verfügbaren Kräfte klein sind. Aber durch ihre doppelte oder mehrfache Polarität kommt den Mehrfachpolen *die Möglichkeit der Assoziation* zu, d. h., sie können sich so gegeneinander einstellen, daß jeweils ihre entgegengesetzt geladenen Pole in nächster Nachbarschaft liegen. Es tritt also bei ihnen ein sehr ausgesprochener Richteffekt auf, der sich theoretisch bis in die Unendlichkeit erstrecken kann und praktisch da ein Ende findet, wo die Energie der Wärmebewegung den Effekt der richtenden Kräfte überwiegt.

Der starke Dipolcharakter der hier allein interessierenden flüssigen Phase: Wasser bringt es mit sich, daß nicht etwa nur die Phasengrenzflächen, sondern alle ein elektrostatisches Potential besitzenden Massenteilchen sich mit angelagerten Dipolen des Wassers wie mit einem Mantel umgeben. Man nennt diese bodenkundlich grundlegend wichtige Erscheinung *Hydratation*, die sich sowohl auf kolloide Teilchen und ihre Gegenionen, wie auf Ionen im Wasser erstreckt.

Das Ausmaß dieser Hydratation, d. h. die Menge des von dem einzelnen Ion mitgeführten Wassers, ist in erster Linie von der *Ladungskonzentration der Ionen*, d. h. ihrem Potential abhängig, das bei gleicher Ladungsgröße um so stärker ist, je kleiner der Ionenradius oder -durchmesser ist.

Nach den elektrostatischen Grundgesetzen ist für eine Kugel — und als solche kann man für den vorliegenden Zweck das einzelne Ion in erster Annäherung betrachten — das Potential

$$P = \frac{\text{Elektrizitätsmenge}}{\text{Kapazitat}} = \frac{e}{C},$$

Ferner ist $C = D \cdot r$, d. h., dem Radius der Kugel r in Zentimetern gemessen, multipliziert mit der Dielektrizitätskonstanten D des Mediums, also

$$P = \frac{e}{D \cdot r}.$$

Die Durchmesser der bodenkundlich wichtigsten Ionen sind oben mitgeteilt. Es müssen sich also die von den einzelnen Ionen im Maximum mitgeführten Wassermengen, vorausgesetzt, daß keine Begleitumstände die volle Hydratation verhindern, worauf sofort zurückzukommen sein wird, in umgekehrtem Sinne wie die Ionenradien oder Ionendurchmesser abstufen:

$$\text{Hydratation Li} > \text{Na} > \text{K} > \text{Rb} > \text{Cs}; \ \text{Mg} > \text{Ca}$$
$$\longrightarrow \text{wachsender Ionenradius}$$

Die absoluten Werte der Hydratation unterliegen zur Zeit erneut der wissenschaftlichen Diskussion, da die Frage, wieviel von der *Abnahme der Ionenbeweglichkeit im elektrischen Felde* mit abnehmendem Radius (in cm^2/sec/Volt)

$$Li^+ \ 3{,}5 \ \ Na^+ \ 4{,}6 \ \ K^+ \ 6{,}4 \ \ Rb^+ \ 6{,}7 \ \ Cs^+ \ 6{,}8$$
$$\longleftarrow \text{abnehmender Ionenradius}$$

auf die Dicke der mitgefuhrten Wasserhülle und wieviel auf die Hemmung durch die polarisierten Wassermoleküle zurückzuführen ist, noch nicht entschieden ist. Die älteren und neueren Messungen laufen weit auseinander, ohne jedoch prinzipiell an der Reihenfolge der Ionen bezuglich der Hydratationsstärke etwas zu ändern.

Jedes Äquivalent fuhrt bei voller Hydratation die folgenden Molekülmengen Wasser mit:

	Li	Na	K	Rb	Cs	Mg/2	Ca/2	H
Nach alteren Messungen . .	100 120	60—70	12—17	14,0	13,0	20,0	14,0	(8—20)
Nach neueren Messungen (43) .	27,1 27,6	18—18,4	11,5—11,6	?	?	?	14,1	1,0
Hydratationswarme in Kal je Mol (46)	(127)	94,0	75,0	70,0	64,0	229,5	174,5	247,0

Den Hydratationswerten in Mol H_2O ist in der letzten Reihe die zugehörige *Hydratationswärme der Ionen* beigefügt. Diese ändert sich im selben Sinne wie die Hydratation, was seinen Grund darin hat, daß durch den mit dem Kraftausgleich verbundenen Übergang von potentioneller in kinetische Energie diese, d. h. *Warme* in Erscheinung treten muß, und zwar in einem Betrage, der der

Differenz zwischen der Gitterenergie und der Lösungswärme für das betreffende System entspricht (44, S. 46).

Sowohl bezüglich seiner Hydratationsgröße wie seiner Hydratationswärme nimmt das Wasserstoffion oder Proton, wie es oben bereits für die Schnelligkeit seiner Wärmebewegung betont ist, ebenfalls eine ausgesprochene Sonderstellung ein. Die Hydratationswärme ist enorm, die Hydratationsgröße nach den neuesten Messungen außerordentlich gering. Der Größenunterschied der älteren und neueren Messungen bedeutet aber kaum einen Widerspruch.

Die älteren Schätzungen der H-Ionenhydratation beziehen sich auf sorbierte, d. h. schon festgelegte Protonen, während sich die neuen Messungen auf das Proton in Lösungen beziehen.

Hier muß es wegen der ungeheuren Geschwindigkeit seiner Wärmebewegung seine Wasserhülle, die ihm an sich wegen seines geringen Durchmessers und damit seiner extrem hohen Ladungskonzentration zukommt, *durchschlagen.* Es bleibt nur mit *einem* Wassermolekül verbunden als *Hydroxoniumion* H_3O bestehen, das einen symmetrischen Bau aufweist, um an einem trägen Anion fixiert erneut seinen Wassermantel auszubilden.

Es ist sehr wahrscheinlich, daß entsprechende Verhältnisse wie beim Proton, wenn auch in abgeschwächter Form, auch bei den übrigen Kationen vorhanden sind. Mit zunehmender Geschwindigkeit dürfte die Hydrathülle der freien Kationen sich verringern oder, was dasselbe ist, die Hydratation der Ionen dürfte einen starken *Temperaturkoeffizienten in negativem Sinne* besitzen und sich mit steigender Temperatur vermindern. Messungen darüber scheinen noch nicht vorzuliegen, dürften aber kaum ein anderes Resultat als das erwartete ergeben.

Der Grund für diese Annahme ist darin zu sehen, daß mit steigender Temperatur die Sorptionsvorgänge mit größerer Energie verlaufen, die Anlagerung von Ionen im Gegensatz zu der von Dipolen also einen, wenn auch kleinen positiven Temperaturkoeffizienten besitzt, wenigstens innerhalb gewisser Grenzen (s. u.). Ein solcher ist vom elektrostatischen Standpunkt aus aber nur zu verstehen, wenn das Potential der Ionen erhöht wird, was nur durch Wegfall eines Teiles der die Ladungen kompensierenden Dipolhülle geschehen kann.

Eine solche Reduktion der Hydratation kann nun noch auf anderem Wege eintreten. Mag man die älteren oder die neueren Hydratationsziffern zugrunde legen: auf jeden Fall sind zur vollen Hydratation der Ionen sehr erhebliche Wassermengen oder, was dasselbe ist, eine sehr erhebliche Verdünnung der Lösung erforderlich. 1 Mol H_2O entspricht 18 cm³ Wasser. Die volle Hydratation ist, wenn man als begleitendes Anion z. B. Cl mit einer Hydratation von 10 H_2O annimmt, nur möglich, wenn auf jedes Äquivalent der einzelnen bodenkundlich wichtigen Kationen die folgenden Wassermengen in Kubikzentimetern kommen, die Lösungen also die folgenden Normalitäten besitzen:

		Na	K	Mg/2	Ca/2
Ältere Messungen (Mittelwerte)	cm³ H_2O	1350,00	414,00	540,00	432,00
	Normalität	0,74	2,41	1,82	2,30
Neuere Messungen (Mittelwerte)	cm³ H_2O	507,00	387,00	?	434,00
	Normalität	1,97	2,57	?	2,30

Sobald die Lösungen konzentrierter sind, kann von einer vollen Hydratation keine Rede mehr sein. *Das bedeutet, daß das Potential der Korpuskeln bei höherer Konzentration gesteigert ist und sie damit vom hier vertretenen Standpunkt aus eine erhöhte Reaktionsfähigkeit besitzen.* Ganz besonders fühlbar muß sich dieser von VAGELER (47) sogenannte „*Konzentrationseffekt*", auf den auch PAWLOW (166) aufmerksam macht, bei den stark hydratisierten Kationen wie Na machen. Es wird darauf sowie auf die Frage des Einflusses größerer Verdünnung bei der Erörterung der quantitativen Verhältnisse der polaren Sorption im einzelnen zurückzukommen sein, da diese Verhältnisse bodenkundlich von größter Wichtigkeit sind.

Wird in einem Kolloidsalze enthaltenden System die Lösung, im Boden also die Bodenlösung, sehr konzentriert, so daß sich das Hydratationsbestreben der Lösungsionen aus der Lösung selbst nicht mehr befriedigen kann und der osmotische Druck der Lösung uber den osmotischen Druck des Schwarmwassers steigt, dann muß dieses fur die Hydratation der Außenionen in der Lösung mit in Anspruch genommen werden *Die kolloiden Teilchen werden dehydratisiert*, eine wohlbekannte Erscheinung bei den sog. *Salzböden*, in welcher der Grund ihrer auffallenden *Krümelstruktur* zu suchen ist.

Auf zwei Punkte ist im Anschluß an die bisherigen qualitativen Erörterungen noch mit besonderem Nachdruck hinzuweisen.

Die am festen Partikelchen zur Verfügung stehenden Kräfte sind *endlich.* Sie werden bei polarer Sorption, die im Boden überwiegt, durch die Gegenionen, und zwar die Kationen, in Anspruch genommen, können also nicht außerdem noch Wassermolekule in nähere Bindung zum festen Teilchen heranziehen. Eine direkte Wasseranlagerung kommt demnach nur fur die Massenpunkte der Gitternetzebene oder in alter Ausdrucksweise, die eigentliche Phasengrenzfläche oder Oberfläche in Frage. Sie muß jedoch bei den geringen dort zur Verfügung stehenden Kräften äußerst geringfugig sein. Wohl aber müssen die den Ionenschwarm bildenden Kationen mit ihrer meist sehr großen Hydratationswärme (s. o.), wenn ein Kolloidsalz, also ein Bodenpartikelchen, ins Wasser kommt, sofort ihr Hydratationswasser anlagern, soweit es ihre nach Absättigung der Teilchenladung noch freien Restkräfte gestatten. Das muß mit ganz besonderer Energie aus *Wasserdampf*, der ein mehrfach höheres Dipolmoment als das Wasser in flüssiger Form besitzt, geschehen (s. Tabelle S. 29).

Diese Verdichtung von Wasser aus Wasserdampf nennt man beim Boden gewöhnlich seine *Hygroskopizität.* MITSCHERLICH und andere nehmen an, daß sie ein Maß der Oberflachenentwicklung des Bodens sei.

Es braucht nach den gemachten Ausführungen kaum mehr betont zu werden, daß diese Annahme nur sehr bedingt richtig ist. *Die Wasseranlagerung von Kolloidsalzen kann nur sehr wenig mit der Oberflächenentwicklung der Teilchen, muß aber alles mit der Zahl und, da die Hydratationsgroße der einzelnen Ionen sehr verschieden ist, mit der Art der angelagerten oder, wie man sich ausdrückt, der den Sorptionskomplex bildenden Ionen zu tun haben.* Daß tatsächlich nicht nur qualitative, sondern sogar sehr enge quantitative Zusammenhänge in dieser Richtung bestehen, wird unten gezeigt werden. Hier sei nur erwähnt, daß von diesem Standpunkt aus die dem Verständnis vom Gesichtspunkt der Oberflächentheorie unuberwindliche Schwierigkeiten bietende Wirkung chemischer Meliorationsmittel auf dem Boden ohne weiteres sich erklärt, da als ihr wichtigstes Moment die *Änderung der Komplexbelegung*, speziell der Austausch hochhydratisierter Ionen wie Na, gegen schwachhydratisierte wie K oder Ca erscheint. Daß derselbe Gedankengang mutatis mutandis für die „*Benetzungswärme*" des Bodens gilt, die in der Hauptsache auch nur die Hydratationswärme der Schwarmionen sein kann, versteht sich von selbst (s u.).

Der zweite wichtige Punkt, der hier noch zu berühren ist, ist der folgende:

Das Hydratationswasser der Schwarmionen, das man kurz als *Schwarmwasser* bezeichnen kann, kann wegen der Abstoßung gleicher Ionenladungen unter keinen Umständen irgendwelche nicht zum Komplex gehörige Ionen enthalten, d. h.

keine löslichen Salze. Es bildet mithin das, was TROFIMOW (48) als die „*salzfreie Wasserhaut*“ der kolloidalen Teilchen bezeichnet, ein Umstand, der für die Beurteilung der Konzentrationsverhältnisse der Bodenlösungen von Wichtigkeit ist. Auch hierauf wird bei Erörterung der quantitativen Verhältnisse eingehend zurückzukommen sein.

Abb. 4 gibt die gesamten besprochenen Verhältnisse der Ionen- und Dipolverteilung als Momentbild wieder, also im Zustand einer Ruhe, die tatsächlich nicht existiert.

Wie oben ausgeführt ist, befinden sich alle Teilchen in verschiedenartiger, aber allgemein sehr starker *Bewegung*. Schon allein aus dieser Tatsache folgt, daß *nur dynamische Gleichgewichte in dem betrachteten System Kolloidteilchen—Bodenlösung* vorliegen können. In die *Wirkungssphäre des Kolloidteilchens* gelangende Dipole des Wassers können Kationen des Schwarmes herausstoßen, d. h., das Kolloidsalz kann sich, wie oben bereits betont ist, spalten, dissoziieren, wobei das Maß der Spaltung aus Wahrscheinlichkeitsgründen von dem Mengenverhältnis von Kolloidsalz und Wasser abhängen muß, anders ausgedrückt, von der Verdünnung des dispersen Systemes, wie jede elektrolytische Dissoziation[1]. Es kann ferner eine teilweise *Hydrolyse*, d. h. die Bildung von Azidoid und Base, erfolgen.

Ist die umgebende flüssige Phase, wie es im Boden stets der Fall ist, schließlich kein reines Wasser, sondern eine Salzlösung oder die Lösung einer Säure oder Base, so werden Kationen aus der Lösung Kationen aus dem Schwarm herausstoßen oder diese letzteren können durch den Zug der Lösungsanionen entführt werden, wobei dann Lösungskationen an ihre Stelle im Schwarm treten. Im *Gleichgewichtszustande* des Systemes wird dieser Kationenwechsel nach beiden Richtungen hin in dem gleichen Ausmaß erfolgen, so daß die Zusammensetzung sowohl des Schwarmes wie der Lösung im Mittel als *stabil* erscheint. Das wird aber nur so lange der Fall sein, als sich nicht in der Bodenlösung das *Verhältnis der Lösungskationen untereinander verschiebt*. Ist das der Fall, so muß sich ein neues, den veränderten Verhältnissen angepaßtes Gleichgewicht einstellen. Es findet das statt, was man als den *Kationen- oder Basenumtausch* des Bodens bezeichnet, der zu einem *Wechsel der Komplexbelegung*, aber natürlich, da das Bindungsvermögen der Kolloidteilchen ein begrenztes, die *Sorptionskapazität* T für Kationen also wenigstens in ziemlich weiten Grenzen *konstant* ist, nicht zur Extraanlagerung von Kationen an die kolloidalen Teilchen führt. Auf Einzelheiten wird unten einzugehen sein.

Da, wie gezeigt, das Verhalten der festen Teilchen zum Wasser sehr weitgehend von der Kationenbelegung der Komplexe abhängt, erscheint der Wasserhaushalt des polydispersen Systemes Boden damit, wenn man von der Art der Teilchenlagerung zunächst absieht, durch seinen Basenhaushalt bedingt und ist nur von diesem aus in seinen Einzelheiten zu verstehen.

Zum Schluß bleibt noch übrig, das *qualitative Verhalten kolloidaler Teilchen untereinander*, soweit es bodenkundlich interessiert, kurz zu erörtern.

Entgegengesetzt geladene „Mizellen“ oder, wie man besser sagt, *Primärteilchen*, also Kolloidanionen und -kationen, können sich, wo sie zusammentreffen, unter dem Zug ihrer elektrostatischen Kräfte genau so zusammenlagern, wie es Kolloidionen mit ihren Gegenionen tun. Es werden sich so kolloidale Einheiten höherer Ordnung, d. h. größeren Masseninhaltes, sog. *Sekundärteilchen* bilden, durch deren Zusammenlagerung ein Teil der exponierten Ionen an der Berüh-

[1] Eine Erörterung, inwieweit an Stelle dieser älteren Auffassung zweckmaßiger die moderne Anschauung der vollständigen aber in ihrer Auswirkung gehemmten Dissoziation zu setzen ist, würde hier zu weit führen.

rungsfläche von weiterer Wirkung auf das umgebende Medium ausgeschlossen ist, was als eine „*Oberflächenverkleinerung*“ des Systemes erscheint. Da dieser Ladungsausgleich vom Verhältnis der sich begegnenden entgegengesetzten Ladungen abhängt, muß er *periodisch* erfolgen, d. h., es treten ***Fällbarkeitszonen*** auf, außerhalb derer eine Sekundärteilchenbildung nicht eintritt.

Als Beispiel seien einige von SIMAKOW (70) ermittelte Zahlen angegeben. In Wasser haben die Teilchen reiner Eisen- und Aluminiumhydroxyde überwiegend positive Ladung, sind also fast reine Basoide, die Teilchen reiner SiO_2-Sole dagegen haben negative Ladung, sie sind Azidoide. Fügt man derartige Sole in verschiedenem Mengenverhältnis zusammen, so ergibt sich das folgende Bild:

	Molekularverhältnis $Fe_2O_3 : SiO_2$						
	1 : 2,5	2 : 2,0	1 : 1,50	1 : 1,25	1 : 1,0	1 : 0,75	1 : 0,50
$FeOH_3$-Sol . cm^3	2,00	2,00	2,00	2,00	2,00	2,00	2,00
SiO_2-Sol. . . „	0,50	0,40	0,30	0,25	0,20	0,15	0,10
Wasser . . „	0,50	0,60	0,70	0,75	0,80	0,85	0,90
	Unvollständige Koagulation		Vollständige Koagulation			Keine Koagulation	

Unter *Koagulation oder Flockung* ist dabei das *Zusammenlegen der Primärteilchen zu Sekundärteilchen und Einheiten höherer Ordnung zu verstehen*, das zur Bildung *größerer*, als Einheit wirkender Teilchen führt. Wenn die Primärteilchen sich in einem Wasservolum dispergiert befinden, wo sie infolge ihrer Kleinheit nur mit unendlicher Langsamkeit zu Boden sinken, so macht ein solches „*Sol*“ den Eindruck einer *Lösung* des Kolloides und kann unter Umständen unbegrenzt lange haltbar sein. Findet aber eine Zusammenlagerung der Primärteilchen über ein gewisses Maß hinaus statt, so sinken die vergrößerten, und damit pro Volumeinheit durch *Ausschaltung großer Teile der Wasserhülle* schwereren Teilchen schneller zu Boden, sie *koagulieren* oder *flocken aus*. Es entsteht ein *Koagel*. Die Untersuchung von Solen ist also ein sehr bequemes Mittel, um sich den Einfluß der verschiedenen chemischen usw. Faktoren auf das Verhalten der Teilchen untereinander deutlich vor Augen zu führen.

Eine Sekundärteilchenbildung wird auch dann erfolgen, wenn Azidoide und Basoide zusammentreffen oder Azidoide und basoide Stellen benachbarter Mizellen sich berühren, wobei dann nach dem Schema

$$[K^-]H^+ + K^+](OH^-) = [K^- K^+] + H_2O + 13{,}8\ \text{cal}$$

sich Wasser bildet.

Der stark exotherme Charakter beider Vorgänge: des Ladungsausgleiches zweier freier Kolloidionen und der Reaktion zwischen Azidoiden und Basoiden, der einen erheblichen Energieverlust des Systemes bedeutet, bringt es mit sich, daß derartige Reaktionsprodukte nur durch einen ebenso großen Energieaufwand, also verhältnismäßig sehr schwer, wieder in ihre Bestandteile zu zerlegen sind. Derartige Sekundärteilchen sind oft *irreversibel*, d. h. nicht durch Verdünnung zu trennen. Sie sind nicht sowohl als Koagele, denn als *Agglomerate* oder Koaleszenzen und als solche, wenn es sich um anorganische Stoffe handelt, oft als Vorstufe von *Konkretionen*, d. h. Mineralneubildungen des Bodens zu betrachten, in denen sich unter dem Zug der Richtkräfte die Ionen und Moleküle mit der Zeit zu Gittern anordnen. Die Koaleszenz braucht sich dabei nicht auf einzelne Primärteilchen zu beschränken. Auch Teilchen größerer Ordnung können in dieser Weise verschmelzen.

Kolloidsalze, besonders solche, deren Belegung im wesentlichen aus hochhydratisierten Kationen wie Na besteht, können diese Erscheinung nicht zeigen, solange ihre Komplexbelegung unverändert bleibt. Ihre zufälligen Zusammenlagerungen, z. B. durch starken Wasserentzug, können zwar als Ganzes den Eindruck unter Umständen sogar sehr fester Körper machen, wie z. B. trockene Brocken und Schollen von Na-Ton, und sich als hochgradig *plastisch* erweisen (s. u.). Durch einfache Wasserzufuhr nehmen sie aber die ursprüngliche Verteilung in Primärteilchen wieder an. Diese Zusammenlagerungen sind *reversibel.* Zur Bildung höherer Einheiten unter tatsächlicher Verkleinerung der Totaloberfläche, d. h. dauernder Ausschaltung exponierter Potentialpunkte, kommt es bei ihnen nicht.

Wird einem aus solchen Teilchen bestehenden System jedoch das Salz eines mehrwertigen Kations, z. B. ein *Ca-Salz oder Al-Salz,* zugeführt, dann *klammern die mehrwertigen Kationen unter Verdrängung der Na- oder sonstigen einwertigen Ionen die Teilchen weitgehend aneinander* (71), indem sich jede Valenz mit je einer anderen zu *verschiedenen* Primär- oder Sekundärteilchen gehörigen Valenz verbinden kann. So entstehen, wie im obigen Falle, wenn auch auf anderem Wege, *irreversibele Sekundärteilchen und Teilchen höherer Ordnung* von großer Stabilität, die jedoch in der Regel lockerer zusammengelagert sind als die Koaleszensen, und nur ausnahmsweise, wenn überhaupt jemals, zur Gitterbildung führen. Daß Kolloidionen mit mehrfacher freier Ladung dieselbe Rolle wie zweiwertige Ionen spielen können, liegt auf der Hand. Damit ist der Grundvorgang der wichtigen *Krümelbildung* des Bodens gegeben. Die Verdrängung klammernder zweiwertiger Kationen in coagulierten Komplexen durch einwertige Kationen, besonders wenn diese stark hydratisiert sind, wie Na führt folgerichtig umgekehrt zur *Zerstörung der Sekundärteilchen,* also zur *Aufteilung oder Peptisation* des Systems.

Das wesentliche Moment bei allen Erscheinungen der *Koagulation* oder *Flockung* ist letzten Endes nicht die „*Oberflächenverkleinerung*" durch Bildung von Sekundärteilchen aus Primärteilchen, wie man gewöhnlich sagt, sondern der Verlust der Teilchengruppe an Hydratationswasser durch weitgehende Kompensation der von den Teilchen ausgehenden elektrischen Kräfte durch Ionen mit ihrer starken Ladung, die *zur Verringerung der für die Bindung der Dipole des Wassers verfügbaren Kräfte* und damit eben zum relativen *Wasserverlust der Teilchen führt.* Die geringe Hydratation der mehrwertigen Ionen verringert dabei zu gleicher Zeit in sehr wesentlichem Maße auch das Schwarmwasser gegenüber speziell dem Na-Ion mit sehr hoher Hydratation. Ein solcher relativer Wasserverlust ist gleichbedeutend mit einem Steigen nicht nur des absoluten, sondern vor allem auch des *spezifischen Gewichts des Sekundärteilchens,* das damit eben im Wasser nunmehr schneller zu Boden sinkt, also ausflockt, wie es das durch bloße Konzentrationserhöhung der Lösung dehydratisierte Teilchen (s. o.) auch, wenn auch langsam, tut. Ostwald (72) hat auf diesen Zusammenhang mit besonderem Nachdruck hingewiesen.

Hinzu kommt aber noch etwas anderes. An Teilchen, deren exponierte Ionen vollkommen durch Gegenionen abgesättigt sind, herrscht das elektrokinetische Potential 0, d. h. abstoßende oder anziehende Kräfte, die der Gravitation entgegenwirken könnten, bestehen an solchen Teilchen nicht. Ein Potential 0 ist nur dann möglich, wenn keine Abdissoziation der Gegenionen stattfindet. Wie weiter unten eingehend zu erörtern sein wird, sind aber die Kolloidsalze um so stärker dissoziiert, je stärker die Hydratation der Gegenionen ist, also in der Reihe $Li > Na > K > NH_4 > Rb > Cs$, wogegen die zwei- und mehrwertigen Kationen in nur verschwindendem Maße abdissoziiert sind. Durch den Ersatz eines einwertigen hochhydratisierten Ions der Komplexe durch ein niedrig dissoziiertes mehrwertiges Ion findet also nicht nur eine Dehydratation der zusammengeklammerten Teilchen und damit ein Steigen des spezifischen Gewichtes des Teilchens als Ganzes statt, sondern auch eine sehr wirksame *Entladung*, d. h. eine Verringerung des der Gravitation entgegenwirkenden *elektrokinetischen Potentiales*, womit die zwischen den einzelnen Teilchen vorhandenen Abstoßungskräfte sich vermindern.

Daraus erklärt sich die sog. „SCHULTZE*sche Wertigkeitsregel*", die besagt, daß die *Sorption und die Koagulationswirkung von Kationen mit steigender Ionenladung zunimmt.* Ganz allgemein verhält sich das Koagulationsvermögen der zweiwertigen zu dem der einwertigen Ionen wie 20 : 1 und mehr.

Im einzelnen wird auf diese Fragen bei der Behandlung der kolloidalen Teilchen des Bodens zurückzukommen sein. Hier seien nur einige Ziffern von GEDROIZ (21) mitgeteilt, die die sehr *verschiedene „Flockungswirkung" der einzelnen Kationen* besonders deutlich illustrieren.

Der *Schwellenwert der Koagulation,* d. h. die unter den gewählten experimentellen Verhältnissen zu zur Zusammenlagerung ausreichender Dehydratisierung und zum deutlichen Auftreten der Klammerwirkung führende Konzentration verschiedener Kationen in Form von Chloriden, ausgedrückt in Normalität gegenüber einem Tonsol von < 0,0005 mm Teilchengröße, lag bei den folgenden Werten:

Einwertige Kationen				Zweiwertige Kationen		Dreiwertige Kationen	
Li . .	0,0250–0,0125	K .	0,0250–0,0125	Mg .	0,0012–0,0005	Al .	< 0,000125
Na .	0,0150–0,0125	Rb .	0,0125–0,0050	Ca . .	0,0012–0,0005	Fe .	< 0,000125
NH_4 .	0,0250–0,0125	H . .	0,0010–0,0005				

Die sehr verschiedene Festigkeit der gebildeten Flocken oder Sekundärteilchen zeigt GEDROIZ an dem folgenden Versuch. Mit verschiedenen Kationen gesättigte Böden wurden mit Wasser geschüttelt und nach verschiedenen Zeiträumen die pro 10 cm³ abpipettierter Flussigkeit enthaltenen Gewichtsmengen Trübung, die also den nichtgeflockten Teilchen entsprechen, festgestellt. Das Ergebnis war das folgende:

Es fanden sich in 10 cm³ überstehendem Wasser Gramm nichtgeflockter Substanz:

	Nach 24 Stunden	Nach 7 Tagen	Nach 7 Monaten	
Na-Boden	1,980	1,921	1,826	Einwertige Ionen
NH_4- „	0,716	0,446	0,140	Einwertige Ionen
K- „	0,319	0,176	0,040	Einwertige Ionen
Mg-Boden	0,365	0,025	—	Zweiwertige Ionen
Ca- „	0,195	0,014	—	Zweiwertige Ionen
Ba- „	0,011	0,001	—	Zweiwertige Ionen
Al-Boden	—	—	—	Dreiwertige Ionen
Fe- „	—	—	—	Dreiwertige Ionen
H-Boden	0,232	0,020	0,016	H

Die verschiedene Resistenz der „Krümelbildung" unter dem Einfluß der verschiedenen Kationen ist deutlich.

Daß bei den Flockungs- und Klammererscheinungen *das die Kationen begleitende Anion,* für welches bei dem ampholytischen Charakter aller Netzebenen ebenfalls, wenn auch zurücktretende Wirkungsmöglichkeiten bestehen, nicht ohne Einfluß ist, versteht sich von selbst. Dieser Einfluß ist nach den gleichen Prinzipien wie der der Kationen, d. h. nach dem erzeugten Hydratationsgrade, zu beurteilen. Ihre Wirkung kann sich als Verstärkung, aber viel häufiger als Schwächung der Kationenwirkung äußern, da sie ja in Konkurrenz mit den ebenfalls meist negativ geladenen Kolloidteilchen, mindestens im Boden, stehen. Daß in dieser Hinsicht das OH-Ion eine Sonderstellung einnimmt, als die Flockung besonders stark verhindernd, wird unten im einzelnen zu erörtern sein.

Man kann die Wirkung hydratisierter angelagerter Ionen auch als *Schutzwirkung* gegen das Flocken auffassen. Wie gezeigt ist, werden auch kolloidale Teilchen gegenseitig angelagert, die naturgemäß einen sehr verschiedenen Grad der Hydratation besitzen können. Wenn wenig hydratisierte kolloidale Teilchen mit anlagerungsfähigen anderen von sehr hohem Hydratationsgrad zusammentreffen, muß dementsprechend die „Schutzwirkung" der letzteren auf die ersteren eine ganz besonders energische sein. Aus diesem Zusammenhange erklärt sich der Name *„Schutzkolloide"* für solche stark hydratisierten Teilchendispersionen, wozu im Boden, wie vorgreifend bemerkt sei, in erster Linie viele Humussubstanzen, ferner aber auch SiO_2 in kolloidaler Form, gehören.

Daß auch bei diesen Erscheinungen die speziellen Eigenschaften der Schwarmionen eine ausschlaggebende Rolle spielen müssen, mindestens bei den polar sorbierenden Stoffen, liegt auf der Hand. Die Zusammensetzung der Kationenschwärme und ihre Änderungen sind weitgehend für die gesamten Eigenschaften und Reaktionen der betrachteten Systeme entscheidend.

Es wird nunmehr zu erörtern sein, welchen *quantitativen Regeln* der Ionenschwarm in seiner Zusammensetzung und in seinen Änderungen unter dem Einfluß einwirkender Agenzien unterliegt, um dann die gewonnenen Gesichtspunkte auf die Probleme des Kationen- und Wasserhaushaltes der Böden in Anwendung zu bringen.

4. Allgemeine quantitative Gesetze des Kationenumtauschs.

Das Verhalten der festen Phasen zur umgebenden Flüssigkeit und ihrem Ionen- und Molekülinhalt ist bisher nur einer qualitativen Betrachtung unterzogen worden. Es hat sich dabei als Resultat ergeben, daß unter dem Einfluß der Stellen höheren elektrischen Potentials am Gitter oder Gitterrest bzw. ganz allgemein von exponierten Ionen, die auch als Bestandteile eines einzelnen Riesenmoleküls denkbar sind, nicht nur durch Dipolwirkung die Moleküle der Flüssigkeit und etwa in ihr verteilte fremde Moleküle, sondern bei ausgeprägter Polarität des Teilchens in ganz besonderem Maße auch freie Ionen in der Umgebung der wirksamen Punkte festgehalten oder *„angelagert"* werden. Diese Massenteilchen stehen in dynamischen Gleichgewicht mit dem Lösungsrest und dem festen Teilchen. Das bedeutet, daß in dem angelagerten *„Schwarm"* eine ständige Auswechselung der Insassen gegen Insassen des umgebenden Raumes, also für den betrachteten Fall, der Lösung, stattfindet. Diese verläuft nach beiden Richtungen mit gleicher Geschwindigkeit, so daß das feste Teilchen mit seinem Gegenionenschwarm als stabiles, gut definiertes „Kolloidsalz" erscheint. Das im Falle der meisten Bodensubstanzen negative *„Kolloidion"*, also das *„Kolloidanion"*, ist wegen seiner, die molekularen Dimensionen überschreitenden Größe „träge" und nimmt daher an der gleichmäßigen statistischen Verteilung der Lösungsinsassen nur in beschränktem Grade teil, während die *„Gegenionen"*, d. h. die Kationen des Schwarmes, zwar ihre freie Beweglichkeit im *Schwarmwasser* bis zu einem gewissen Grade behalten, aber ebenfalls weitgehend an den Ort gefesselt sind, soweit sie nicht dissoziieren.

Ein bodenkundliches Beispiel dafür bietet jede in Wasser aufgeschlämmte und sich selbst überlassene Bodenmasse. Mit Ausnahme einer, unter Umständen, die später eingehend zu erörtern sein werden, in der Flüssigkeit lange sich haltenden Trübung, setzt sich die Hauptmasse des Bodens meistens im Verlauf kurzer Zeit auf den Grund des Gefäßes, in welchem die Aufschlämmung vollzogen ist, ab. Darüber steht die überschüssige Flüssigkeit. Der Boden ist *sedimentiert*, wie man sich ausdrückt, d. h., die statistische Gleichmäßigkeit der Verteilung der Bestandteile des Systemes ist vollkommen gestört. In der über dem Sediment stehenden Flüssigkeit finden sich, von den erwähnten gelegentlichen Trübungen aus feinster Tonsubstanz abgesehen, nur die mehr oder weniger in ihre Ionen zerspaltenen Salze der Bodenlösung: meistens Chloride, Sulfate und Karbonate der Alkalien und alkalischen Erden. Im Sediment dagegen befindet sich die gesamte Bodensubstanz mit ihren Schwarmionen und in ihren Zwischenräumen, soweit sie nicht durch das Schwarmwasser selbst eingenommen sind, eine der überstehenden Flüssigkeit wesensgleiche Lösung, die *Gleichgewichtslösung*, wie man analytisch durch Untersuchen von Sediment und Flüssigkeit leicht nachweisen kann. Ist die Flüssigkeitsmenge im Verhältnis zur Bodenmenge sehr groß, so kann, wie oben bemerkt, eine gewisse Spaltung der Kolloidsalze eintreten. Doch ist ihr Betrag im allgemeinen gering und ein „Auswaschen" z. B. des Basengehaltes eines Bodens mit wirklich reinem Wasser, das nicht irgendwelche Verunreinigungen, z. B. CO_2, enthält, praktisch unmöglich, wenn man nicht ganz außerordentliche Wassermengen verwendet.

Es ist also in gewissen Grenzen, auf die unten einzugehen sein wird, gleichgültig, ob sich der Inhalt des Bodens an Salzen stark konzentriert in geringen Mengen Bodenlösung oder sehr verdünnt in großen Wassermengen vorfindet. *Das Gleichgewicht* zwischen den anlagernden Teilchen mit seinem Ionenschwarm einerseits und dem Inhalt der Bodenlösung andererseits *ist von der Verdünnung, also der Konzentration der Bodenlösung, in gewissen Grenzen unabhängig* (124). Solange das dem Gleichgewicht entsprechende Verhältnis der Lösungsionen untereinander nicht gestört wird, bleibt auch das Gleichgewicht wie es war; d. h., die *Sorptionskomplexe*, wie man die Kolloidsalze des Bodens besser nennt, bewahren ihre Zusammensetzung hinsichtlich ihrer Schwarmionen, wenn auch nicht immer hinsichtlich der Menge ihres Schwarmwassers.

Erst wenn das Ionenverhältnis in der Lösung, und zwar aufgefaßt als Verhältnis der von den einzelnen Ionen ausgehenden Kräfte, *verschoben wird, paßt sich dem auch die Schwarmbesetzung der Komplexe an*, und es findet ein *Ionenumtausch* statt, bis ein neuer Gleichgewichtszustand erreicht ist. Dabei kann diese Änderung des Kraftverhältnisses in der Lösung, wie oben auseinandergesetzt ist, durch *Dehydratation* einzelner Lösungsionen geschehen, die ihre freie Feldstärke vermehrt, vor allem aber durch die *Zufuhr irgendwelcher neuen Lösungsinsassen*, wie es z. B. durch jede Düngung beim Boden geschieht.

Jedes dem Boden zugeführte Düngesalz muß sich also im Umtausch gegen einen Teil der Komplexionen im Boden zwischen der Lösung und den Bodenkomplexen verteilen. Beweglich ist im Boden nur die Lösung. Die Komplexkationen sind, wie gezeigt ist, an ihren Ort gebannt. *Nur der Inhalt der Bodenlösung kann daher den Pflanzenwurzeln zuströmen*, soweit es die physikalischen Verhältnisse des Bodens gestatten. *Hinsichtlich der in den Komplexen festgelegten Basen ist die Pflanze darauf angewiesen, nicht nur* selbst zu ihnen *hinzuwachsen, sondern durch Aufwand von Energie die Kationen erst* von den Komplexen *abzuspalten*, ehe sie sie aufnehmen kann.

Es bedarf wohl keiner besonderen Betonung, daß es praktisch zur Beurteilung der Düngerwirkung — von Nebeneffekten indirekter Art hier gänzlich abgesehen — sehr wichtig ist, die Gesetze, die die Verteilung zugeführter Kationen zwischen Lösung und Komplexen regeln, so genau wie möglich zu kennen. Die Frage, wieviel von einer gegebenen Düngergabe speziell von Kunstdüngemitteln sofort und wieviel erst mit der Zeit oder evtl. überhaupt nicht zur Wirkung kommen kann oder, im hier erläuterten Sinne ausgedrückt: wieviel in der Bodenlösung leicht beweglich und damit leicht für die Pflanzen verfügbar bleibt und wieviel vom Boden als Gegenspieler der Pflanzen selbst, zunächst wenigstens, festgelegt und nur durch die Arbeit der Wurzeln wieder frei wird, ist nahezu als die wichtigste Frage der sachgemäßen Düngeranwendung zu bezeichnen. Ihre genügende Beantwortung entscheidet im Einzelfalle darüber, wie hoch die Düngergabe zweckmäßig zu bemessen ist, und in welcher Art und in welcher Zeit sie zweckmäßig zu erfolgen hat, um das Maximum des Erfolges sicherzustellen. Sie entscheidet also über die wichtigsten wirtschaftlichen Momente, so daß sich ein besonders gründliches Eingehen auf die quantitativen Grundgesetze des Kationenumtausches trotz ihrer zunächst sehr theoretisch anmutenden Form nicht umgehen läßt.

Historisch ist die Entwicklung der Forschung auf diesem Gebiete eine äußerst eigenartige, die sich jedoch aus der Natur der Verhältnisse ohne weiteres erklärt: aus der Schwierigkeit, die Literatur zweier Forschungsgebiete zugleich zu überblicken. Wie es leider so häufig bei der Bodenkunde und ihren Grunddisziplinen Physik und Chemie zu beobachten ist, haben in dieser Frage nämlich die physikalische Chemie und speziell die Kolloidchemie und die Bodenkunde lange nebeneinanderher gearbeitet, als wenn sie sich auf zwei verschiedenen Planeten befänden, wobei allerdings die Schuld keineswegs allein auf der Seite der Bodenkunde liegt.

Daß diese vielleicht überraschende Behauptung zu Recht besteht, möge das folgende Zitat aus der *1925* erschienenen, lange als grundlegendes Werk betrachteten „Kolloidchemie" von THE SVEDBERG beweisen, der (S. 170) das Folgende schreibt:

„Die meisten Adsorptionsversuche sind mit organischen oder sonst nichtionisierten Stoffen angestellt worden. Für den Kolloidchemiker ist die Adsorption von Elektrolyten sehr wichtig, und ich möchte daher, ehe ich den Gegenstand der Adsorption verlasse, einiges von den experimentellen Arbeiten berichten, die die Salzadsorption zum Gegenstand haben. Es sind nur wenige verläßliche Untersuchungen vorhanden, weil die Adsorption der Elektrolyte so gering ist, daß sie nur schwierig gemessen werden kann."

In vielen anderen, auch den neuesten Lehrbüchern, die die Sorptionserscheinungen behandeln, wird man vergeblich selbst nach einer Andeutung über die Sorptionserscheinungen im Boden suchen, oder der Gegenstand wird mit wenigen Worten abgetan. Auf der anderen Seite vermißt man in bodenkundlichen, die Frage behandelnden Werken zuweilen schmerzlich die Berücksichtigung der Ergebnisse der modernen physikalischen Chemie und Kolloidchemie, und das, trotzdem Forscher wie VAN BEMMELEN und WIEGNER in beiden Lagern gleicherweise stehen.

Tatsächlich trifft genau das Gegenteil der THE SVEDBERGschen Behauptung, daß wenig zuverlässiges Material über die Salz- bzw. Ionensorption vorläge, zu. Das Material an praktischen und Laboratoriumsbeobachtungen ist sogar gerade auf diesem Gebiete so außerordentlich groß, das Studium der Erscheinungen der Sorption im Boden und der Rolle der kolloidalen Bodensubstanz im allgemeinen ist seit langem so gründlich, daß es sich sehr wohl neben dem Material der allgemeinen Kolloidchemie als Lehrfach und technisches Hilfsmittel sehen lassen kann. An praktischer Wichtigkeit steht ihr die Kolloidchemie des Bodens sicher nicht nach (49).

Wohl wurden die Sorptionserscheinungen im allgemeinen zuerst an anderen Stoffen als am Boden entdeckt. SCHEELE fand 1777 die Sorption von Gasen, LOWITZ 1791 die von gelösten Stoffen an Holzkohle. Aber praktische Aufmerksamkeit fanden diese Feststellungen zunächst nicht und blieben relativ unbeachtet, bis mit GRAHAMS Arbeiten 1861 die Geburtsstunde der „Kolloidchemie" schlug. Dafür schrieb schon 1819 GASSERI (49a): „Die Erde und besonders der

Ton bemächtigt sich der dem Erdreich anvertrauten löslichen Stoffe und hält sie zurück, um sie den Pflanzen nach und nach, ihren Bedürfnissen angemessen, mitzuteilen." GEHRING (49c) zitiert als besonders bedeutungsvoll für das schon damals vorhandene Verständnis der Vorgänge der Bodensorption die folgende wenig spätere Äußerung LAMBRUSHINIS:

„Wir können eine spezielle Verwandtschaft und eine Verbindung sui generis zwischen den Nahrungssäften der Pflanzen und den Bestandteilen des wohlhergerichteten Bodens gar wohl erkennen, eine Verbindung, welche einmal nicht so schwach ist, um einen leichten Verlust der Nahrungssäfte oder eine zu starke Aufnahme derselben von Seite der Pflanzen zu gestatten, und zum anderen auch nicht so stark, um nicht mehr und mehr von der immer zunehmenden Wirkung der Lebenskraft der Vegetation überwunden zu werden; um diese Verbindung mit einem besonderen Namen zu bezeichnen, möchte ich sie „*Inkorporierung*" nennen."

Seit dieser Zeit ist das Interesse an den Erscheinungen des Kationenhaushaltes des Bodens — denn daß es sich um diesen Haushalt, allerdings unter Einschluß der Phosphorsäure, handelt, ist klar — nicht mehr zum Stillstand gelangt. Unübersehbar ist die Zahl der einschlägigen Untersuchungen, die sehr bald das *qualitative* Bild des *Basenumtausches* im Boden mit voller Schärfe ergaben. Nur wenige besondere Marksteine der fortschreitenden Erkenntnis seien kurz erwähnt, da eine eingehende historische Behandlung der Entwicklung der Lehre von den Sorptionsvorgängen des Bodens nicht im Rahmen des Buches liegt.

Schon im Jahre 1850 konnte WAY (50) den Begriff des Basenumtausches des Bodens scharf formulieren und auf die *Äquivalenz des Umtausches* der einzelnen Kationen hinweisen. Die Umtauscherscheinungen kommen dabei nach seiner Meinung in merkbarem Grade nur bei Ton, nach heutiger Ausdrucksweise bei Substanzen mit hohem Dispergierungsgrade vor und ließen sich beim Sand mit den damaligen Mitteln nicht mit Sicherheit beobachten. WAY nahm zu ihrer Erklärung die *chemische Bindung der Kationen* an *Doppelsilikate* an und konnte sie wesensgleich auch bei *künstlich hergestellten Doppelsilikaten* nachweisen. Er fand bereits ausgeprägte *Unterschiede in der Umtauschenergie der einzelnen Kationen* und machte sogar schon auf das *verschiedene Verhalten der Neutralsalze gegenüber den freien Alkalien* und Alkalikarbonaten aufmerksam. Auch der sehr *schnelle Ablauf aller Umtauschreaktionen* wurde bereits von WAY festgestellt, ebenso, *daß die eingetauschte Basenmenge über ein gewisses, für jeden Stoff charakteristisches Maximum nicht hinausgeht.*

Merkwürdigerweise spricht WAY dem *Humus* alle Beteiligung am Basenaustausch ab und scheint, trotzdem seine eigenen Versuche das Gegenteil beweisen, anzunehmen, daß der Basenumtausch nur in *einer* Richtung im Boden verläuft.

Die Bedeutung der WAYschen Arbeiten und vor allem seiner theoretischen Ansichten über die Art der bei der polaren Sorption im Boden anzunehmenden Kräfte und Vorgänge ist, trotzdem alle Untersucher seine experimentellen Befunde nur bestätigen konnten, in der Folgezeit kaum richtig gewürdigt worden. Es ist vom heutigen Standpunkt aus als nicht zutreffend zu bezeichnen, daß KNOP, selbst einer der wichtigsten Förderer der Sorptionsforschung an der Ackererde, in seinem noch heute eine Fundgrube von wichtigem Material und vielfachen Anregungen bietenden „Lehrbuch der Agrikulturchemie" 1868 schrieb, erst JUSTUS VON LIEBIG hätte 1858 das Wesen der Adsorption in seinem ganzen Umfange erfaßt (51). Es heißt dem Verdienst dieses genialen großen Chemikers keinen Abbruch tun, wenn man heute zu der Einsicht kommt, daß er mit seiner Ablehnung von *Wechselzersetzung der Salze mit Bodensilikaten*, die WAY als das *maßgebende Moment* der Sorptionserscheinungen betrachtete, einen Mißgriff beging. Er hat mit den sog. physikalischen Theorien der Basenbildung durch die Wucht seiner Autorität zwar das Interesse der Fachleute in besonderem Maße auf die Untersuchung der Erscheinungen hingewiesen, aber auch die Arbeitsrichtung, soweit es um die Feststellung der quantitativen Gesetzmäßigkeiten ging, auf ein in eine Sackgasse führendes Geleise gelenkt.

WAYS grundlegende Feststellung, *daß die Sorption einer Base über eine ganz bestimmte maximale Menge nicht hinausgeht,* wurde in der Folgezeit unter dem Eindruck der von LIEBIG aufgestellten Anschauungen vergessen. Im Jahre 1859 bereits formulierte BOEDECKER (52) auf Grund seiner Versuche „über das Verhältnis zwischen Masse und Wirkung beim Kontakt ammoniakalischer Flüssigkeiten mit Ackererde und kohlensauerem Kalk" unter Benutzung der Ergebnisse von HENNEBERG und STOHMANN (53) sein *Wirkungsgesetz*

$$a' = a\sqrt{n},$$

worin a die bei der Einwirkung einer bestimmten Menge p NH_3 vom Boden adsorbierte Ammoniakmenge, n das Vielfache seiner Grundmenge NH_3 und a' die tatsächlich adsorbierte Menge NH_3 bedeutet.

Damit war ein Schritt geschehen, der sich als verhängnisvoll für die Betrachtung der quantitativen Zusammenhänge zwischen der Einwirkung der Salzmenge und der von den sorbierenden Komplexen festgelegten Ionenmenge erwies, und auf Jahrzehnte hinaus bis in die heutige Zeit nachwirkend, weitgehend die Erkenntnis des wahren Wesens der polaren Sorption behindert hat. Jede Nachrechnung zeigt nämlich, daß die BOEDECKER*sche Gleichung auf keinen definierten Endwert führt,* ein bei chemischen Verbindungen im gewöhnlichen Wortsinn ganz ungewöhnliches Ergebnis. *Die Suggestion des der Chemie Fremden* war damit um so mehr gegeben, als auch Versuche der Anwendung des gewöhnlichen *Massenwirkungsgesetzes* in späterer Zeit mißlangen und, wie man heute weiß, mißlingen mußten. Man begnügte sich daher mit dem empirischen Studium der *Konzentrationsverhältnisse der Gleichgewichtslösungen* und vernachlässigte weitgehend die Diskussion der Möglichkeiten ihrer chemischen Bildung.

Daß dies übersehen wurde, hatte seinen sehr einfachen Grund darin, daß die Gleichung und ihre Ableitungen in beschränkten Untersuchungsgebieten in der Tat sehr häufig die Beobachtungen verhältnismäßig gut wiederzugeben gestattet, so daß der Schluß, daß die Gleichung für den *gesamten* Ablauf der Sorptionserscheinungen gültig ist, recht nahe lag. Da auf der anderen Seite Sorptionserscheinungen auch dort zu beobachten sind, wo niemals chemische Verbindungen feststellbar waren, wie z. B. bei der Anlagerung von Edelgasen an Kohle, kam man dazu, die Sorptionsverbindungen als etwas grundsätzlich anderes zu betrachten als einen chemischen Vorgang und geriet damit für lange Zeit, mindestens zum großen Teil, in das Fahrwasser der *physikalischen Oberflächentheorie.* Die Tatsache, daß bei Gasen, dem sehr bald mit Vorliebe für Sorptionsversuche verwandten Untersuchungsobjekt, als nächstliegendes und bequemstes Charakteristikum der Druck oder die *Konzentration* sich darbot, d. h. nicht die absolute angewandte Menge Reagenz, sondern dessen Menge pro Volumeneinheit im Gleichgewicht, führte zur Übertragung derselben Gedankengänge auf *sämtliche* Sorptionsvorgänge, auch die in Lösungen, wobei man einen Unterschied zwischen nichtdissoziierten und dissoziierten Stoffen zunächst nicht machte, also polare und apolare Sorption von denselben Gesichtspunkten aus behandelte. So kam man zwangsläufig zur *Auffassung des Sorptionsvorganges als einer Funktion der Konzentration des Sorbendums,* also des anzulagernden Stoffes. FREUNDLICH (54) formte die BOEDECKERsche Gleichung in die der „*Adsorptionsisotherme*" um,

$$x = k \cdot c^n$$

worin x die adsorbierte, besser sorbierte, Menge des Sorbendums pro Gramm Sorbens, c die Konzentration der Lösung im Gleichgewicht, k und n Konstanten sind.

Wie bereits betont, kann es keinem Zweifel unterliegen, daß auf ziemlich weiten Gebieten der experimentellen Beobachtung sich der Sorptionsverlauf in der Tat auch bei polarer Sorption durch diese Gleichung oder durch eine der zahlreichen Ableitungen daraus von ebenfalls parabolischem Charakter ziemlich befriedigend beschreiben läßt. Es ist das nicht zum mindesten deswegen der Fall, weil in der meist verwendeten logarithmischen Form

$$\log x = n \cdot \log c + k$$

der Logarithmus mit seiner Verwischung feinerer Beobachtungsunterschiede einen gütigen Schleier über viele Unstimmigkeiten breitet und sie im Kurvenbild viel kleiner erscheinen läßt als sie wirklich sind. Ein Umstand, der SVEN ODÉN (55) zu dem Stoßseufzer veranlaßt hat, „daß der Logarithmus hervorragend geeignet sei, die klarsten chemischen Tatsachen hoffnungslos zu verwirren".

Erneute Feststellungen verschiedener Autoren im Sinne WAYS, wie z. B. MARC und SCHMIDT, daß die Anlagerung von sorbiertem Material bei höheren Konzentrationen, also größeren Mengen angewandter Ionen, ein *Maximum* erreicht, was mit der Exponentialgleichung in keiner Weise vereinbar ist, blieben ebenso unbeachtet wie der Hinweis WILHELM OSTWALDS, *daß die Sorptionskurve keine parabolische, sondern eine in erster Annäherung hyperbolische Gestalt habe*, d. h. einem *endlichen Grenzwert als Asymptote* zustrebe. W. OSTWALD hat bis zum Jahre 1922 eine erschöpfende Übersicht der geschichtlichen Entwicklung gegeben (67).

Erst *die Erkenntnis, daß* auch *die Oberflächenkräfte*, die der Deutung der Sorptionserscheinung fast allgemein zugrunde gelegt wurden, *nur ein Ausfluß der molekularen, atomaren und ionalen elektrostatischen und magnetischen Feldgestaltung* sind, und daß letzten Endes, da andere als die genannten Kräfte überhaupt nicht existieren, zwischen physikalischen und chemischen Erscheinungen *qualitative* Unterschiede nicht vorhanden sind, machte die Bahn für LANGMUIR frei. Er gab 1916—1918 die erste auf einen *Grenzwert* führende *Hyperbelgleichung* der Sorption an, die PAULI und VALKÓ zum „*Massenwirkungsgesetz der idealen Kolloidoberfläche*" erweiterten, womit prinzipiell die letzten Schranken zum endgültigen Verstandnis der polaren Sorptionsvorgange, als *durch die Trägheit des Anions modifizierte chemische Prozesse* fielen (44, S. 108ff.).

Auf die LANGMUIR-PAULI*sche Gleichung* wird weiter unten zurückzukommen sein. Es muß vorher noch erwähnt werden, daß in neuerer Zeit auch JENNY und WIEGNER auf Grund sehr sorgfältiger Versuche über die Sorption von Kationen durch Permutite (56) auf die relativ geringe Übereinstimmung von Beobachtung und Rechnung *bei Ausdehnung des Beobachtungsbereiches* unter Benutzung einer Potentialgleichung aufmerksam machten, und zwar auch dann, wenn man die von WIEGNER bereits modifizierte FREUNDLICHsche Gleichung in der Form

$$Y = K\left(\frac{c}{a-c}\right)^{1/p}$$

zugrunde legt, worin

Y = umgetauschte Menge Ion per Gramm Sorbens,
a = Konzentration des zugefügten Ions im Beginn,
c = Ionenkonzentration der eintauschenden Ionen im Gleichgewicht,
K und $1/p$ Konstanten sind.

JENNY schreibt unter besonderer Bezugnahme auf das Verhalten der zweiwertigen Ionen: „Diese Potentialfunktion, die den aufsteigenden Kurvenast quantitativ zu beschreiben vermag, kann die Experimente nur annähernd berechnen lassen. Die logarithmierten Kurven waren keine strengen Geraden, sondern sie waren deutlich gegen die $\log (c/a - e)$-Achse konkav gekrümmt. Da, wo sich die Kurven dem Umtauschmaximum näherten, waren die Abweichungen naturgemäß am größten."

Wie berechtigt diese Bemerkung JENNYs ist, zeigt jede Betrachtung des Sorptionsverlaufes. Schon in den ältesten Literaturangaben finden sich Hinweise darauf, *daß bei kleinen Konzentrationen oder kleinen Mengen des angewandten Ions die Anlagerung fast quantitativ erfolgt,* wenigstens bei den besonders energisch angelagerten zweiwertigen Ionen und den Wasserstoffionen. Die *Sorptionskurve* ist, auf die angelagerte Menge als Funktion der angewandten Menge bezogen, wenn man diesen Sachverhalt mathematisch-analytisch ausdrückt, im Beginn häufig *nicht* gekrümmt, sondern *eine gerade, im Winkel von 45° gegen die Abszissenachse geneigte Linie,* die sich erst später krümmt, ein Umstand, dem keine logarithmische Funktion gerecht wird. Besonders instruktiv in dieser Hinsicht sind die von SVEN ODÉN nach Versuchen an Tonen mitgeteilten Beobachtungsdaten über die Anlagerung von (OH)- und H-Ionen, deren graphische Darstellung die Abb. 5 enthält. Die Anlagerungskurven, ausgedrückt in den Werten der nach vollzogener Einwirkung in der Lösung verbleibenden H- bzw. (OH)-Ionen als Funktion der zugefügten Ionenmenge, bilden, im ganzen betrachtet, eine *Schar von Hyperbelästen.* Selbst in dem kleinen von SVEN ODÉN gewählten Untersuchungsbereich gehen sie bereits zum größten Teil in die Asymptote von 45° Neigung gegen die Abszissenachse über und müssen sie sämtlich, worauf auch SVEN ODÉN hinweist, bei Verwendung größerer Reagenzmengen je Masseneinheit Ton erreichen, als der einfache Ausdruck der schon WAY bekannten Tatsache, *daß der Ton eben nicht mehr als eine ganz bestimmte Ionenmenge, die seiner Sorptionskapazität T entspricht, anlagern kann.* Ist die *Sättigung* vollendet, so bleibt weiter zugesetztes einwirkendes Ion einfach in Lösung, so daß dann der Überschuß stets gleich dem Zusatz gefunden wird, was im Kurvenbild das Auftreten einer mit 45° gegen die Abszissenachse geneigten geraden Linie als Asymptote bedeutet.

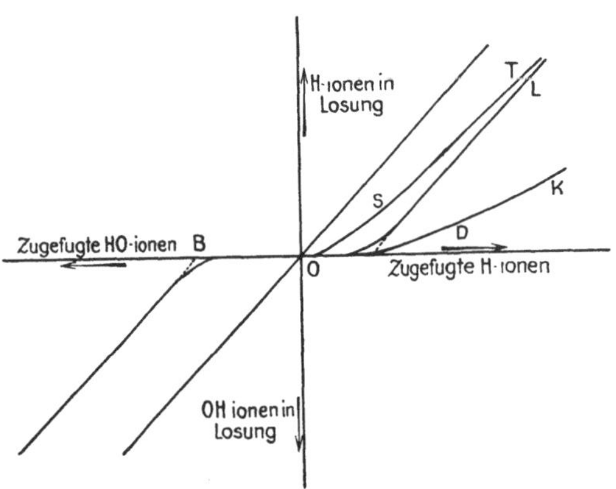

Abb. 5. Verlauf der Anlagerung von H- und OH-ionen an Tonen (nach SVEN ODÉN).

HISSINK (58a) hat in Anlehnung an die klassischen Untersuchungen von VAN BEMMELEN (58b) aus diesem hyperbolischen Charakter der Funktionskurve der Sorption die praktische Konsequenz dahin gezogen, daß er den geradlinigen Teil der Kurven einfach bis zum Schnittpunkt mit der Abszissenachse verlängert und aus diesem Schnittpunkt nach bekannten mathematischen Gesetzen den *Grenzwert der Adsorption* für die betrachteten Ionen, in seinem Falle Kalzium, Barium usw. ermittelt. Für ihn ist dementsprechend das Bestehen einer *scharf umrissenen Sorptionskapazität* der Bodensubstanz für die einzelnen Ionen ebenfalls eine Selbstverständlichkeit. Er hat dabei nur eins übersehen, daß nämlich die so ermittelte Kurve schon lange einen geradlinigen Eindruck macht, bevor sie die mit 45° gegen die Abszissenachse geneigte Asymptote erreicht hat, so daß die Benutzung des scheinbar geradlinigen Teils mit einem kleineren Winkel der Neigung als 45° bei seiner graphischen Auswertung notwendigerweise zu zu kleinen Werten der Sorptionskapazität führt.

Der wichtigste Punkt in diesem Zusammenhange ist aber ein anderer. *Wie die Abb. 5 zeigt, setzen die Hyperbeln durchaus nicht immer am Nullpunkt des Koordinatensystems an,* sondern sind häufig sogar ganz erheblich in ihrem Ansatzpunkt von diesem Nullpunkt entfernt. Besonders deutlich ist dieses Verhalten bei der Linie *B* in Abb 5, wo auf einer sehr weiten Strecke trotz des Zusatzes bereits erheblicher Mengen (OH)-Ionen keine Spur der (OH)-Ionen in der Lösung nachweisbar war. Erst nach weiterem Zusatz geht mit starker Krümmung die Kurve dann schnell in die Asymptote uber. Im Gegensatz dazu zeigt die H-Linie *DK* ebenfalls einen spaten Ansatz, ist aber in ihrem ganzen von SVEN ODÉN beobachteten Verlauf verhältnismäßig wenig gegen die Abszissenachse geneigt, und selbst im Punkte *K* ist die Richtung noch weit von 45° entfernt.

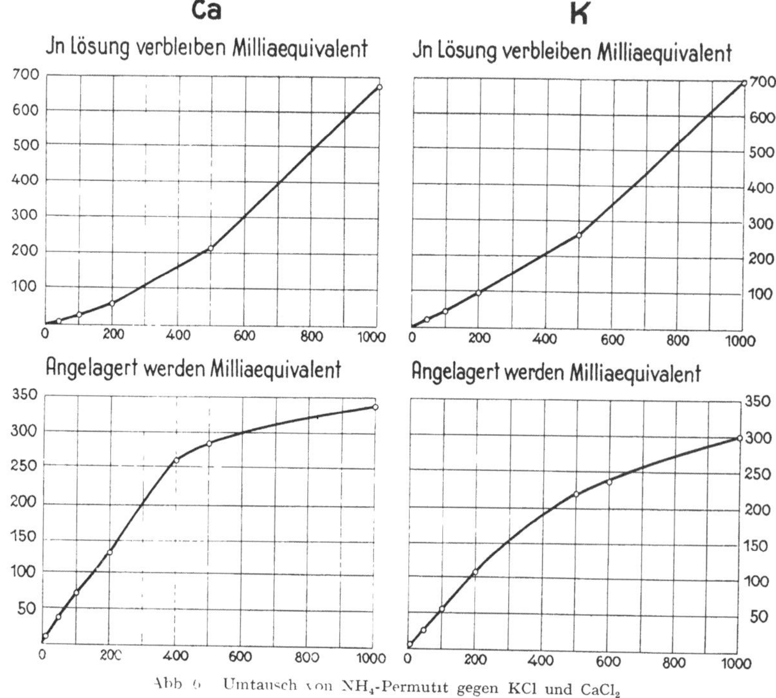

Abb 6 Umtausch von NH_4-Permutit gegen KCl und $CaCl_2$

Daß diese Erscheinung sich nicht etwa auf H- und (OH)-Ionen allein erstreckt, sondern ganz allgemein zu beobachten ist, zeigen die folgenden von VAGELER an NH 4-Permutit bei der Anlagerung von Ca und K ermittelten Werte. Sie waren die folgenden:

Zusatz zu 100 g Permutit M Aquivalant Ca/2 bzw K	Angelagerte Mengen Ca/2	Angelagerte Mengen K	In Losung verbliebene Mengen Ca/2	In Losung verbliebene Mengen K
2,5	2,5	2,0	?	0,5
5,0	5,0	2,6	?	2,4
10,0	9,2	5,7	0,8	4,3
50,0	37,0	28,3	13,0	22,7
100,0	66,6	57,0	33,3	43,0
200,0	133,0	111,0	67,0	89,0
500,0	286,0	244,0	214,0	256,0
1000,0	333,0	303,0	667,0	697,0

Das zugehörige Kurvenbild gibt Abb. 6, obere Figurenreihe. Die untere Figurenreihe zeigt die inverse Kurve, d. h. die Menge des angelagerten Ions als Funktionen der zugesetzten Ionenmenge aufgetragen. Hier zeigt die Ca-Kurve zunächst ein gradliniges Ansteigen mit einer Neigung von 45°, um sich dann zur Abszissenachse zu krümmen und langsam in die Asymptote, die nunmehr eine Parallele zur Abszissenachse ist, überzugehen. Die Verlängerung der Asymptote bis zum Schnittpunkt mit der Ordinatenachse ergibt in diesem Falle sinngemäß den gesuchten *Grenzwert der Sorptionskapazität* für Ca. Die Kaliumlinie zeigt ein wesentlich anderes Verhalten. Ihre Krümmung setzt sofort am Koordinatenanfangspunkt an und geht sehr viel allmählicher, als es bei der Ca-Linie der Fall ist, in ungefähr dieselbe Asymptote über.

In beiden Fällen kann an dem hyperbolischen Charakter der Kurve ebensowenig wie bei den Untersuchungen von HISSINK und SVEN ODÉN der mindeste Zweifel bestehen. Ebensowenig ist es aber zweifelhaft, daß es sich um eine Hyperbel ganz eigener Art handelt, deren Scheitelpunkt durchaus nicht immer mit dem Koordinatenanfangspunkt zusammenfallen kann.

Bezieht man die angelagerten Mengen auf die *Konzentration der Gleichgewichtslösung*, so ergeben sich scheinbar parabolische Kurven. Fügt man noch hinzu, worauf besonders WIEGNER und PALLMANN hinwiesen, daß das Kurvenbild, also der Sorptionsablauf, in mindestens ziemlich weiten Grenzen *von der Konzentration des Sorbendums unabhängig ist* (61), worauf auch schon RAMANN, SPRENGEL u. a. aufmerksam machten, so ergibt sich ein Reaktionsablauf, der in der Welt des anerkannten chemischen Geschehens *scheinbar* keinerlei Parallele hat.

Tatsächlich hat er aber nicht nur Parallelen, sondern formell sogar fast vollständige Analoga in beliebiger Menge, die anscheinend bisher nur deshalb nicht als solche erkannt sind, weil die Art der Untersuchung der Sorptionsvorgänge und ihrer mathematischen Analyse unter der nachwirkenden Suggestion der physikalischen, mit Oberflächenkräften arbeitenden Gedankengänge sich in eigenartiger Richtung entwickelt hat.

Wenn man sonst chemisch einen unbekannten, sich bei einer Reaktion bildenden Stoff studiert, ist das erste, was man tut, daß man diesen Stoff zunächst einmal isoliert, also *rein* gewinnt, um dann seine molekularen Verhältnisse zu untersuchen.

Das ist bis vor verhältnismäßig kurzer Zeit bei Sorptionsverbindungen nicht geschehen. Die ersten in dieser speziellen Richtung den Anspruch auf Gründlichkeit erhebenden Feststellungen sind von VIGNON (59) und besonders von GANSSEN (60) gemacht, der als Träger des Basenumtausches im Boden außer organischen Substanzen *zwei Gruppen tonerdehaltiger Zeolithe*, also wohl definierter chemischer Körper unterschied, und zwar *Tonerdedoppelsilikate* und *Aluminatsilikate*. In den ersteren sollen die Basen an Kieselsäure, in den letzteren an Tonerde gebunden sein, welchen letzteren Verbindungen das größte Austauschvermögen zukommt. Beispiel beider Gruppen sind als Tonerdedoppelsilikat der Analcim ($Na_2Al_2Si_4O_{12} + 2\,H_2O$), als Aluminatsilikat der Natronchabasit ($Na_2Al_2Si_4O_{12} + 6\,H_2O$), die sich außer durch den Wassergehalt nur stereochemisch unterscheiden. GANSSEN ist dann im Anschluß an seine Untersuchungen an Bodenmaterial die künstliche Herstellung außerordentlich stark austauschfähiger Körper vom Charakter seiner Aluminatsilikate, der sog. *Permutite*, gelungen, die als nahezu ideales Material zum Studium der Sorptionserscheinungen zu bezeichnen sind und sich für deren Verständnis von hervorragendem Werte erwiesen haben, *weil sie als erstes reines Material die Kontrolle für die Sorption berechneter Werte durch Totalanalyse der gebildeten Produkte sicher gestatteten* (60, 47).

Bei der Besprechung der sorptiv wirkenden Substanzen im Boden wird auf die Frage ihrer viel umstrittenen chemischen Zusammensetzung eingehend zurückzukommen sein. Was im vorliegenden Zusammenhange interessiert, ist die Tatsache, daß man sich von den genannten und an sie anschließenden Untersuchern abgesehen, fast ausnahmslos mit der Untersuchung der die nichtfestgelegten Reagenzmengen enthaltenden Gleichgewichtslösungen begnügt hat. *Wäre man ebenso bei gewöhnlichen chemischen Prozessen verfahren, so ist es kaum zweifelhaft, ja sogar höchstwahrscheinlich, daß die Chemie sich heute noch in den Kinderschuhen befände.* Man stelle sich z. B. den folgenden Untersuchungsgang vor: In eine Reihe bestimmter, gleich großer Volumina, also eine bestimmte Anzahl Kubikzentimeter einer Lösung A eines Salzes, z. B. Na_2SO_4, von bestimmter konstanter Konzentration mögen steigende Mengen eines Salzes entweder in Lösung oder in Substanz B zugefügt werden, die mit einem Ion der Lösung A ein schwer lösliches Salz bildet, z. B. $CaCl_2$, das zur Bildung des schwer löslichen $CaSO_4$ führt. Die Konzentration der Lösung A sei nicht bekannt; die Einzelmenge von B möge so bemessen sein, daß sie auf jeden Fall wesentlich geringer ist als der Ioneninhalt von A, und die Zugabe erfolge in der Weise, daß z. B. 10 gleiche Portionen von A mit entsprechend gleichem Ioneninhalt an SO_4 mit je 1 B, 2 B, 3 B usw. versetzt werden.

Es werden sich natürlich $CaSO_4$-Niederschläge bilden. Man untersuche aber, um das Reaktionsprodukt kennenzulernen, nicht etwa dieses selbst, sondern die Gleichgewichtslösung, d. h. stelle nur fest, wieviel Ca, nachdem die Bildung des Niederschlages vollendet ist, sich *noch in Lösung* befindet.

Das Ergebnis dieses Vorgehens wird, wenn man zunächst einmal alle bekannten chemischen Gesetze über Massenwirkung und Löslichkeitsprodukt vergißt und sich nur an die Analysendaten halt, außerordentlich merkwürdig sein. War die Einzelmenge B, das zunächst in Substanz zugefügt sei, sehr klein bemessen, so wird sich in der ersten Mischung $A + 1\,B$ überhaupt kein Niederschlag bilden. Man wird also das ganze zugefügte Ca in der „Gleichgewichtslösung" finden. In der folgenden Mischung $A + 2\,B$, in welcher bereits ein Niederschlag entstanden sein möge, wird man z. B. eine Menge $2\,B/n$ in der Lösung vorfinden. Genau dieselbe Menge wird aber auch noch in einigen folgenden Mischungen, z. B. bei $A + 5\,B$, zu konstatieren sein. Alles darüber hinaus zugesetzte B verschwindet. Bei $A + 6B$ aber ändert sich das Bild, und jede Konstanz hört auf. Man findet in der „Gleichgewichtslösung" in $A + 6B$ eine Ca-Menge, die größer als $2\,B/n$, aber kleiner als $2\,B$ ist. In $A + 7B$ tritt dann eine Ca-Menge $> 2B/n$, aber $< 3\,B$ auf, in den nächsten Mischungen Mengen, die stets größer sind als der zugesetzte Überschuß über die vorhergehende Zusatzmenge, aber in stets abnehmendem Grade, bis schließlich zugefügter und gefundener Überschuß über die vorhergehende Stufe der Mischung die gleichen sind und bleiben. Ähnlich wäre der Verlauf bei Zusatz von B in Lösung mit dem Unterschiede bis man bei Zusatz von B in Lösung enorme Flüssigkeitsmengen verwendet, wo dann schließlich der ganze Niederschlag wieder verschwindet.

Der diesen Versuch anstellende Chemiker soll, wie betont, seine sämtlichen Kenntnisse über Löslichkeiten, Massenwirkungsgesetz usw. beiseite gelegt haben und ohne Kenntnis, daß es sich um eine ganz normale, in allen Einzelheiten zu übersehende Erscheinung handelt, in der Überzeugung arbeiten, daß es hier um etwas ganz Neues, erst zu Erforschendes geht. Er wird dann seine unanfechtbaren experimentellen Ergebnisse für den Zusatz von B in Substanz und in Lösung in zwei Kurven niederlegen, die als Abszissen die gegebenen Mengen B und als Ordinaten die in der Lösung wiedergefundenen Mengen Ca bzw. die aus der Lösung verschwundenen Mengen Ca enthalten. Wie dann diese Kurven aussehen, zeigt Abb. 7.

Ein Vergleich der Kurvenbilder mit denen auf Taf. 6 zeigt, daß prinzipiell zwischen den an beiden Stellen dargestellten Kurven wenig Unterschied besteht, und zwar ganz besonders dann nicht bestehen würde, wenn der hypothetische Chemiker seine Zusätze so groß bemessen hätte, daß sie bereits jenseits des Abszissenpunktes T lägen. Dann hätte er nämlich nur eine asymptotisch zu einer Parallele zur x-Achse verlaufende Kurve bekommen, die sich sehr bequem und in vollster Deckung von Rechnung und Beobachtung nach einer Hyperbelgleichung berechnen läßt und bei sinngemäßer Extrapolation zum Nullpunkt hätte er das gestrichelt eingezeichnete Linienbild erhalten. Er hätte also, wenn man will, das formelle Gesetz der Sorption entdeckt, ohne überhaupt einen sorbierenden Körper in Händen zu haben, und der Spekulation wäre, namentlich wenn spätere Untersuchungen im Gebiete zwischen 0 und T Abweichungen zwischen den berechneten und dem tatsächlichen Kurvenverlauf ergaben (s. Abb. 7), Tür und Tor geöffnet gewesen — wie bei der Behandlung der Ionensorption.

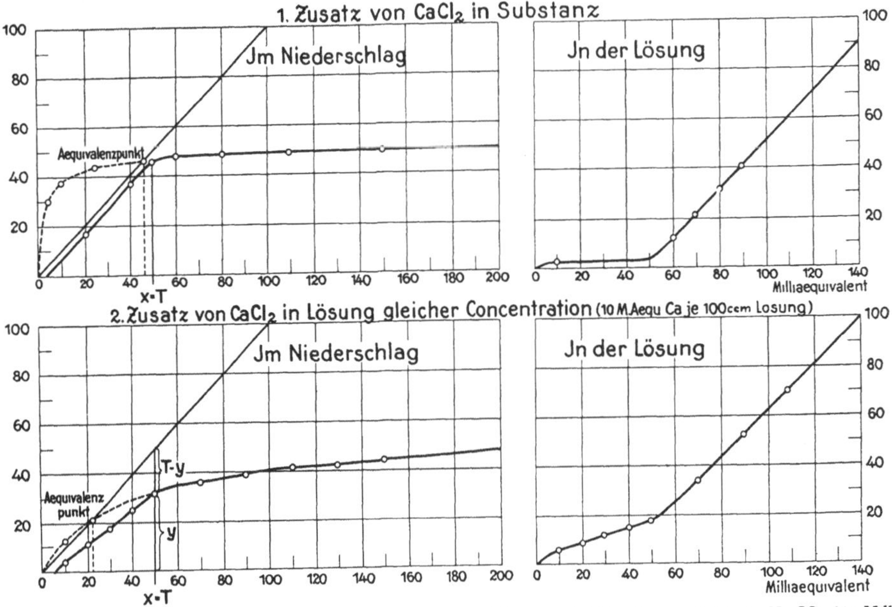

Abb. 7. Schematische Verteilung von Ca auf Niederschlag und Lösung bei Zusatz von $CaCl_2$ zu Na_2SO_4 (50 Milliaquivalent je 100 cm³ Lösung) in Substanz und in Lösung.

Da die reaktiven Verhältnisse *reiner* Stoffe bekannt sind, wird allerdings kein Chemiker jemals auf diese eigenartige Untersuchungsmethode kommen, die alles tiefere Verständnis der chemischen Erscheinungen maßlos erschweren würde und, wenn sie befolgt worden wäre, zur Alchemie, aber nicht zur modernen Chemie geführt hätte.

Wie diese für chemische Begriffe ganz ungewohnten Kurvenbilder zustande kommen, ist leicht zu übersehen.

Die Reaktionsgleichung

$$Na_2SO_4 + CaCl_2 = CaSO_4 + 2NaCl$$

ist allgemein bekannt. Es versteht sich danach von selbst, daß die Reaktion erst zu Ende laufen kann, wenn genügend Ca-Ion zugefügt ist, um alles SO_4 abzusättigen. Mit dem prinzipiellen Ablauf dieses Vorganges hat die Konzentration der Lösung gar nichts zu tun. Aber sie hat sehr viel zu tun damit, daß zunächst einmal die Fällung nicht quantitativ verläuft, bei ganz kleinen Zusätzen von Ca sogar überhaupt keine Fällung entsteht, und bis zur Erreichung der Äquivalenz von Ca und SO_4 die Fällung nicht vollständig ist, was sich im Kurvenbild

(Abb. 7) darin äußert, daß der gradlinige Teil der Restkurve nicht durch den Koordinatenanfangspunkt geht.

In einem gegebenen Wasservolum bleibt nämlich stets eine diesem Volum und den Lösungsbegleitern entsprechende Menge $CaSO_4$ gelöst, z. B. bis zu einem Gehalt von rund 0,2 g von 100 g Wasser bei 30°. Je größer also das Wasservolum ist, in welchem die Reaktion sich abspielt, desto größer ist dieser in der Lösung verbleibende Anteil Ca, und zwar bis zu dem Augenblick, in welchem die Bedingungen der Gleichung

$$Na_2SO_4 + CaCl_2 \rightleftarrows CaSO_4 + 2NaCl,$$

also die Äquivalenz von Ca und SO_4 erfüllt ist, weil sich stets ein *Gleichgewicht* einstellt, dessen Ausdruck die Pfeile statt des Gleichheitszeichens sind.

Sobald alles SO_4 in Anspruch genommen ist, kann sich natürlich kein weiteres $CaSO_4$ mehr bilden. Aber durch weitere Zufügung von Ca tritt etwas anderes, in allen seinen Einzelheiten Wohlbekanntes ein.

Sieht man von elektrostatischen Störungen in der Lösung ab, so führt das *Massenwirkungsgesetz* (GULDBERG u. WAAGE 1867) zu der Gleichung:

$$\frac{\text{(Konzentration des Anions)} \cdot \text{(Konzentration des Kations.)}}{\text{(Konzentration der nicht dissozierten Substanz.)}} = \text{konstant.}$$

Bei einem schwer löslichen Stoff, wie $CaSO_4$, der schon bei niedriger Konzentration einen „Bodenkörper“, d. h. einen unlöslichen Rest ergibt, ist die Konzentration der nichtdissoziierten Substanz bei konstanter Temperatur eine konstante, nämlich die *Löslichkeit*, so daß für ein System mit Bodenkörper die Gleichung lautet:

$$\text{(Konzentration des Anions) (Konzentration des Kations)} = K\,.$$

Es kann für die prinzipielle Betrachtung hier vernachlässigt werden, daß je nach dem Dissoziationsgrad die Konzentrationen noch in eine entsprechende Potenz zu erheben sind. Die linke Seite der Gleichung nennt man das *Ionenprodukt*, das also als eine fur eine konstante Temperatur konstante Größe die Löslichkeit des Stoffes maßgebend bedingt.

Wird nun eines der betrachteten Ionen in Form eines dissoziierenden Salzes der Lösung, die mit ihrem Bodenkörper im Gleichgewicht ist, zugefügt, so ändert sich durch die einseitige Vermehrung eines Ions, in dem hier betrachteten Falle durch die Vermehrung des Ca-Ions, bei weiterem Zusatz von $CaCl_2$ (s. oben $A + 6, 7, 8 \ldots$ usw. B) das Ionenprodukt. Das ist aber mit den Gleichgewichtsbedingungen unverträglich, und es fällt von den an sich in der Flüssigkeitsmenge löslichem Gips so viel aus, daß das Ionenprodukt stets dieselbe Größe besitzt. Je größer der Zusatz ist, desto weniger $CaSO_4$ bleibt in Lösung, bis schließlich die Reste bei großem $CaCl_2$-Zusatz ($n\,B$) so gering werden, daß sie sich der Bestimmung entziehen.

Im Kurvenbild (Abb. 7) ist damit vom geradlinigen Anfangsstück durch Vermittelung eines Hyperbelastes die Asymptote erreicht.

Der Schluß, daß bei gleichem Kurvenverlauf bei der Bildung unlöslicher oder schwerlöslicher Niederschläge und bei dem Vorgang des Kationenumtausches auch der Reaktionsvorgang derselbe sei, liegt nahe, wäre aber in dieser direkten Form dennoch falsch.

Bei der Sorption oder dem Kationenumtausch handelt es sich ja nicht um die Bildung schwerlöslicher Niederschläge. Die Kolloidsalze sind, wenigstens soweit sie hier interessieren, von vornherein „Bodenkörper“ und besitzen ganz sicherlich keine Löslichkeitsprodukte, von welchen ihre Löslichkeit abhängt, wie das betrachtete $CaSO_4$, wenn man unter Lösung die gleichmäßige statistische

Verteilung der Kationen und Anionen versteht. Diese ist wegen der Trägheit des Anions (s. o.) von vornherein nicht möglich.

Die gefundenen Beziehungen lassen sich aber noch anders ausdrücken. wenn man von den Äußerlichkeiten der Niederschlagsbildung usw. absieht. Sie sind ein Ausdruck der *Verteilung der Base auf die konkurrierenden Anionen*: Cl und SO_4, verschieden je nach der gewählten Verdünnung der Lösung (124). *Von diesem Gesichtspunkt aus aber wird die Parallele zwischen den beiden so heterogenen Beobachtungen: der Niederschlagsbildung im Falle Na_2SO_4 und $CaCl_2$ und dem Kationenumtausch zwischen Kolloidsalz und Elektrolytlösung vollkommen.* Wohl läßt sich wegen der Trägheit des Anions und der damit besonders scharf in Erscheinung tretenden Konkurrenz auch des Lösungsmittels Wasser (s. u.) das Massenwirkungsgesetz auf die mit Kolloidsalzen zu beobachtenden Erscheinungen nicht direkt ohne Änderung anwenden. Aber der Schluß, daß man es bei den *Ionenverbindungen der Kolloide* mit echten *Elektrolyten* zu tun hat, wie ihn FREUNDLICH, MICHAELIS, RONA u. a., vor allem aber LANGMUIR, PAULI und VALKÓ gezogen haben, und daß die Sorptions- und Umtauschvorgänge daher einer sinngemäßen *Modifikation des Massenwirkungsgesetzes* folgen müssen, lag nahe.

Er ist, wie bereits oben erwähnt ist, von der MICHAELIS-LANGMUIR-PAULI-VALKÓ*schen Schule* der modernen Kolloidchemie auch in vollem Umfange gezogen und hat sich zum

„*Massenwirkungsgesetz der idealen Kolloidoberflächenreaktion*“

verdichtet, das PAULI-VALKÓ wie folgt formulieren (44, S. 112ff.):

$$\eta = \frac{N_0}{N} \cdot \frac{1}{1 + \frac{K}{b}} = \frac{N_0}{N} \cdot \frac{b}{b + K},$$

worin η die pro Oberflächeneinheit angelagerte Substanz, No/N die pro Flächeneinheit im Maximum anlagerbare Ionenmenge, K die Dissoziationskonstante des Kolloidsalzes und b die Gleichgewichtskonzentration des betrachteten Ions bedeutet.

Diese Gleichung entspricht einer *hyperbolischen Kurve* von genau derselben Gestalt wie die *Dissoziationsrestkurve*, und zwar bezogen auf die Gleichgewichtskonzentration.

Für kleine Gleichgewichtskonzentrationen, die wesentlich geringer als die Dissoziationskonstante sind, also für

$$b << K,$$

geht die Formel über in: $\eta = \frac{N_0}{N} \cdot \frac{b}{K}$, was die *Gleichung einer geraden Linie ist.* Sie wird also den zu beobachtenden Erscheinungen in ausgezeichnetem Maße gerecht. Die PAULI-VALKÓsche Gleichung ist vollkommen identisch mit der LANGMUIRschen auf anderem Wege abgeleiteten Gleichung. Beide stellen nur sinngemäße Umformung des Massenwirkungsgesetzes vor. PAULI-VALKÓ erblicken darin mit Recht den *Beweis, daß der Vorgang der Sorption eine „stöchiometrische“ chemische Reaktion ist,* was sie bei *Gleichheit* der bei chemischen Reaktionen im engsten Wortsinn und bei Anlagerungsreaktionen wirkenden Kräfte: *elektrische und magnetische Feldkräfte,* auch sein *muß.*

Der der Gleichung für praktische Zwecke anhaftende Nachteil ist der, daß sie keine voraussehende Berechnung gestattet infosern, als sich die jeweils bei einem gegebenen System: feste—flüssige Phase eintretenden Gleichgewichtskonzentrationen ohne Angabe der Volumverhältnisse nicht ohne weiteres übersehen lassen. Diese lassen sich praktisch selten oder nie definieren. Bekannt ist von vornherein stets nur die *Menge des angewandten Ions x* und die interessierende Frage ist, wieviel von diesem betreffenden Ion mit den damit behandelten Komplexen in einen Ionenumtausch eintritt.

VAGELER (62) hat 1928 unabhängig von PAULI-VALKÓ auf ein ausgebreitetes Untersuchungsmaterial am Boden basierend, eine hyperbolische Gleichung empirisch entwickelt, die sich bis auf den Umstand, daß PAULI-VALKÓ die Gleichgewichtskonzentration, VAGELER dagegen die *absolute Ausgangsmenge des betrachteten Ions* unter Voraussetzung stets gleicher Anfangskonzentration als unabhängige Variabele verwendet, mit dem Massenwirkungsgesetz der idealen Kolloidoberflächenreaktion als identisch erweist.

Nennt man die pro Gewichtseinheit des Sorbens festgelegte Ionenmenge y (entsprechend dem η der PAULIschen Gleichung), die Totalsorptionskapazität T (entsprechend dem Ausdruck No/N bei PAULI), die angewendete Ionenmenge bei gegebener Konzentration x (hier besteht der Unterschied gegenüber der PAULIschen Gleichung, indem b bei diesem die Gleichgewichtskonzentration bedeutet) und druckt die Dissoziationskonstante (K bei PAULI) als Proportionalwert von T aus, also $q \cdot T$, so lautet die VAGELERsche Gleichung:

$$y = \frac{x T}{x + q \cdot T} \qquad \text{(I)}$$

$\left(\text{bzw. mit den gleichen Ausdrücken die PAULIsche } \frac{b \cdot T}{b + qT}\right)$ die für $x = \infty$ den Grenzwert $y = T$ und fur $x = q \cdot T$ den Wert $y = T/2$ ergibt. qT ist derjenige Wert von x, welcher die Reaktion *halb* zum Ablauf bringt, also der „*Halbwert*". PAULI weist auf dieselbe Rolle der Dissoziationskonstanten K in Beziehung zu b hin (l. c., S. 115), indem er schreibt: „Ist die Gleichgewichtskonzentration gleich dem Wert der Dissoziationskonstanten, so ist genau die Hälfte der Oberfläche besetzt"

Die Aufteilung der Dissoziationskonstanten K in $q \cdot T$ in Gleichung (I) hat eine weitreichende *praktische* Bedeutung, die sofort ins Auge springt, wenn man den Charakter der Gleichung näher untersucht.

Sie ist die allgemeinste denkbare Hyperbelgleichung für den Fall, daß eine Asymptote als Parallele zur Abszissenachse gewählt ist. Im ubrigen braucht aber die einzelne Hyperbel, worauf bereits oben aufmerksam gemacht ist und was als praktisch wichtiger Fall auch schon aus den mitgeteilten experimentellen Daten hervorgeht, durchaus nicht immer ihren Scheitel im Anfangspunkt des Koordinatensystems zu haben.

Die Bedingung fur diesen Fall ware nämlich, daß die Achse der Hyperbel mit einer Neigung von 45° gegen die Abszissenachse durch den Koordinatenanfangspunkt geht, was einer Neigung der Kurve selbst im Anfangspunkt zur Abszissenachse von ebenfalls 45°, d. h *einem Differenzialquotienten im Nullpunkt von* 1 entspricht. Ein Blick auf die Abb. 5 und 6 zeigt sofort, daß diese Bedingung nur ausnahmsweise als ein Grenzfall erfullt sein kann. *Sie würde bedeuten, daß das ein- und austauschende Ion sich gegenuber dem gewahlten Sorbens vollständig gleich verhalten,* was unter allen Umständen eine Ausnahme sein muß. Es ist aus der Chemie bekannt, daß diese Wesensgleichheit sehr weitgehend nur fur K und NH_4 zutrifft, wo, wie Abb 6 zeigt, denn auch tatsächlich die Kurve mit einem Winkel von 45° im Nullpunkt des Koordinatensystems beginnt. Die Abbildungen zeigen weiter, daß offensichtlich alle nur denkbaren Neigungswinkel des Kurvenansatzes möglich sein müssen, wenn eine chemische Gleichheit nicht besteht. Auch in den Fallen, wo die Krummung der Kurve überhaupt erst an der 45°-Linie beginnt, läßt das sich leicht demonstrieren, wenn man die Kurve sinngemäß bis zum Nullpunkt des Koordinatensystems verlängert, den sie unter allen Umständen passieren muß, weil ohne Zufügung des betrachteten Ions auch keine Anlagerung stattfinden kann, d. h. sowohl x wie y Null werden.

Man hat es also, wie bei der PAULIschen Gleichung auch, mit sehr verschiedengelagerten Hyperbeln zu tun, wobei es deutlich ist, daß die Lagerung der Kurve im Einzelfalle vollkommen von den individuellen Zustandsbedingungen des Systems abhängen muß. Vor allem muß von diesen Bedingungen abhängig sein, an welchen Punkten der Kurve, d. h. bei welcher Zusatzmenge des zu untersuchenden Ions zu einer gegebenen Gewichtsmenge feste Substanz, die Abzweigung des hyperbolischen Kurventeiles vom geradlinigen Anfangsteil beginnt, ein praktisch bodenkundlich ganz besonders wichtiger Umstand.

Näherungslösungen der praktischen Aufgabe, die sich dahin formulieren läßt, festzustellen, wieviel von einer gegebenen Düngung mit irgendwelchen Kationen der Boden zunächst einmal festlegt, ehe etwas von der Zufuhr in Lösung und, damit unmittelbar für die Pflanzenwurzel aufnehmbar, verbleibt, haben ALTEN, VAGELER und WOLTERSDORF (10, 12) versucht, gestützt auf die bei Vernachlässigung der Dissoziation des Kolloidsalzes berechtigte Näherungsannahme, daß der geradlinige Kurventeil, d. h. die Totalfestlegung da beginnt, wo die hyperbolische Kurve die mit 45° gegen die Abszissenachse geneigte, vom Koordinatenanfangspunkt ausgehende Gerade schneidet. Sie haben diesen Schnittpunkt bei $x = T(1 - q)$ den *„Äquivalenzpunkt"* genannt, der, wie schon die Gleichung zeigt, nur bei Reaktionen auftritt, deren q-Wert (s. o.) kleiner ist als 1. Es ergab sich daraus die Möglichkeit, von vornherein sog. *düngungsaktive* und *düngungsinaktive Böden* voneinander in Anlehnung an die praktische Versuchserfahrung zu unterscheiden. Für praktische Zwecke, bei welchen es sich um Näherungsrechnungen handelt, ist diese Betrachtungsweise auch ausreichend. Zum vollen Verständnis der Erscheinungen muß sie jedoch noch etwas verfeinert werden.

Was zunächst die Lage des Scheitelpunktes der einzelnen zu beobachtenden Hyperbeln anbetrifft, so ist diese durch die obenerwähnte Bedingung fixiert, daß für jede Hyperbel die Neigung der Kurve gegen die Achse im Scheitelpunkt 45° betragen muß, der Differentialquotient also in diesem Punkte 1 wird.

Die Differenzierung der allgemeinen Funktionsgleichung

$$y = \frac{x \cdot T}{x + q \cdot T}$$

ergibt:

$$\frac{dy}{dx} = \frac{q \cdot T^2}{(x + qT)^2}.$$

Setzt man für dy/dx den Wert 1 ein, so berechnet sich der *Abszissenwert x des Scheitelpunktes der Hyperbel*

$$x = T(\sqrt{q} - q). \tag{II}$$

In Abb. 8 sind einige Kurven dargestellt. x nimmt positive Werte nur für q-Werte < 1 an. *Der q-Wert erscheint also als der die Kurvenform ausschlaggebend beeinflussende Faktor, und zwar, wenn man sich die obigen Ausführungen vor Augen hält, als Ausdruck der gesamten individuellen Zustandsbedingungen des betrachteten Systemes.*

VAGELER hat diesen Wert, der, wie oben auseinandergesetzt ist, ein *abgeleiteter Wert der Dissoziationskonstanten der entstehenden Verbindung* ist, um seine grundlegende Wichtigkeit für die Beurteilung der gesamten Reaktionsverhältnisse des Systemes zum Ausdruck zu bringen, als *Sorptions-* oder *Umtauschmodul* bezeichnet.

Der Abszissenwert des Schnittpunktes der Hyperbel mit der die völlige Festlegung des zugeführten Ions bedeutenden, mit 45° gegen die Abszissenachse geneigten, durch den Koordinatenanfangspunkt gezogenen Geraden, oben Äquivalenzpunkt genannt, ergibt sich, wie oben schon erwähnt ist, allgemein zu

$$x = T(1 - q)\,. \tag{III}$$

Auch dieser Abszissenwert wird nur für Werte von $q < 1$ positiv. Nur dann, also bei sehr geringer Dissoziation der entstehenden Verbindung, kann von einer praktisch völligen Festlegung des einwirkenden Ions gesprochen werden, woraus sich die Berechtigung der Unterscheidung düngungsaktiver und inaktiver Böden herleitet (s. o.).

In anderer Ausdrucksweise ist das aber die PAULI-VALKósche Forderung (S. 53), *daß bei kleinen Konzentrationen, wenn b gegen die Dissoziationskonstante zu vernachlässigen ist, die Sorption proportional der zugesetzten Ionenmenge ist, die Kurve also im Anfang geradlinig verläuft.*

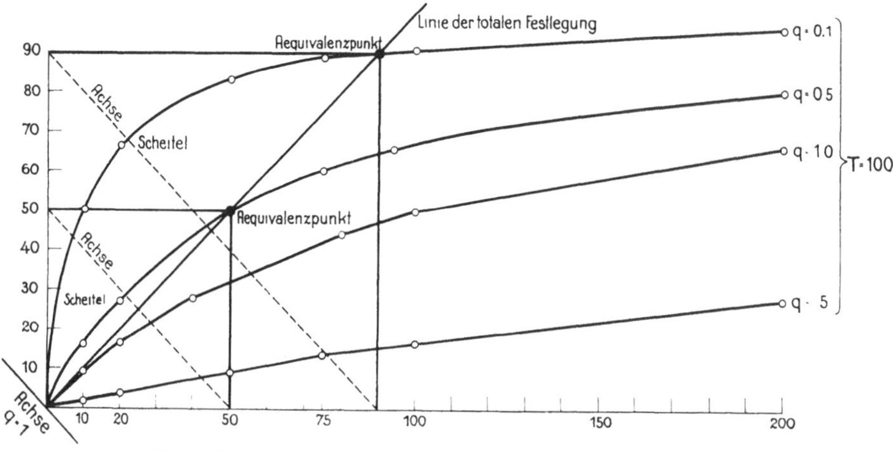

Abb. 8. Kurvenverlauf und Achsenlage bei gleichem T und wechselndem q.

Allerdings ist der geradlinige Verlauf hier prinzipiell anders als im Falle der Niederschlagsbildung, da eine Lösung des Kolloidsalzes nicht in Frage kommt. Während dort nur eine Proportionalität mit der zugesetzten Ionenmenge bestand, tritt bei den Umtauscherscheinungen eine *Identität* beider Größen durch die vollständige Festlegung kleiner Mengen auf, sobald q kleiner als 1 ist, soweit die Hydrolyse nicht das Bild verschleiert.

Hält man sich vor Augen, daß q ein Ausdruck der Systembedingungen, also vor allem der Konzentrations- und damit Hydratationsverhältnisse der Ionen und ihrer Konkurrenz ist, und ferner, daß in dem hier interessierenden System Boden diese Konzentrationsverhältnisse beim Anfeuchten und Austrocknen wechseln, so wird die große prinzipielle Schwierigkeit der experimentellen Untersuchung der Sorptionsverhältnisse im Boden klar im Gegensatz zu den in der Technik herrschenden Bedingungen.

Die Technik kann mit konstanten Konzentrationen und konstantem Volumen arbeiten. Der Landwirt kann das nicht, und eine Beurteilung der Sorptionsverhältnisse muß gerade auf diesen Umstand schon bei der Untersuchung der Böden im Laboratorium Rücksicht nehmen.

Damit ergibt sich sofort eine neue Schwierigkeit, die sich am besten an der Hand von Abb. 7 erörtern läßt, obwohl, wie soeben betont ist, die Parallelität der Niederschlagsbildung und des Ionenumtausches nur bis zu einem gewissen Grade geht.

Die beiden dargestellten Kurven unterscheiden sich grundsätzlich dadurch, daß die zweite Kurve, trotzdem sie zu der gleichen Asymptote führt, einen sehr viel flacheren Verlauf nimmt als die erste Kurve. Am deutlichsten zeigt sich das an den Abständen des Schnittpunktes der die volle Umsetzung bedeutenden Halbierungslinie des Winkels des Ordinatenkreuzes, die man als *Linie der totalen Festlegung des zugeführten Ions* im Falle der Sorption betrachten kann, mit der im Abszissenpunkt $x = T$ errichteten Senkrechten vom Schnittpunkt dieser Senkrechten mit dem hyperbolischen Kurventeil.

Im Falle der Volumenkonstanz durch Zufügung des reagierenden Stoffes in Substanz, was gleichbedeutend ist mit einer ständigen Erhöhung der Konzentration der Lösung im System, ist die Differenz der beiden Ordinaten sehr gering, wie die obere Kurve zeigt. Im Falle des Zusatzes des zweiten Ions in Lösung konstanter Konzentration, das die untere Kurve versinnbildlicht, ist der Abstand der beiden Schnittpunkte groß.

Wie man durch Einsetzen des Wertes $x = T$ in Gleichung (I) sofort übersehen kann, bedeutet das eine sehr *starke Zunahme der numerischen Größe des Moduls* q, da sich für diesen Punkt

$$q = \frac{T - y}{y}$$

ergibt. *Das heißt aber, daß man nur dann beim Studium von Sorptions- und Umtauschvorgängen auf vergleichbare Resultate bei verschiedenem System hoffen kann, wenn man stets unter genau den gleichen experimentellen Bedingungen arbeitet.* Es ist das an sich eine Selbstverständlichkeit, die man durch Anwendung des abstrakten Konzentrationsbegriffes zu erreichen glaubte. Daß das aber in der Tat durchaus nicht der Fall ist, wenn exakte Volumenangaben fehlen, wird unten im einzelnen zu begründen sein.

Mit Rücksicht auf die oft sehr weitgehende Austrocknung der Böden, die gleichbedeutend mit hohen Konzentrationen der Bodenlösung ist, könnte man geneigt sein, bei der Untersuchung der Aufrechterhaltung des Volumens den Vorzug zu geben.

Leider stehen dem sehr große Schwierigkeiten entgegen. Bei diesem Vorgehen, das bedeuten würde, daß man unter Gleichhalten der Flüssigkeitsmenge das zu untersuchende Ion als Salz in Substanz zufügt, ist die Zunahme der Konzentration proportional dem Zusatze, wenn man von ihrer Änderung durch die Reaktion selbst absieht. Zunahme der Konzentration bedeutet aber, wie oben auseinandergesetzt ist, eine Zunahme der Dehydratation und damit der ionalen Feldstärke. Bei höheren Konzentrationen hat man es dementsprechend grundsätzlich mit vollkommen anderen Reaktionsverhältnissen zu tun, wie bei niedrigen. Man würde bei diesem an sich sehr einleuchtend erscheinenden Vorgehen also mit zwei Unbekannten statt mit einer arbeiten: mit vermehrter Ionenmenge und vermehrter ionaler Feldstärke, die sich auf keine Weise auseinander halten lassen. Um zu einer grundsätzlichen Klärung der Reaktionsregeln zu kommen, ist dieses Verfahren also nicht gangbar, ganz abgesehen davon, daß viele der bodenkundlich interessierenden Substanzen, wie speziell die Kalksalze, nur in geringen Konzentrationen löslich sind, sich der mögliche Umfang der Untersuchung also von vornherein sehr stark einengen würde.

Es bleibt daher nur der Weg, im Laboratorium mit Ionen in Lösung stets gleicher Konzentration zu arbeiten. Dieses Vorgehen ist auch den im Anhang mitzuteilenden Analysenmethoden zugrunde gelegt.

Auch in diesem Falle ist die sekundäre Beeinflussung der Konzentration durch die Reaktion selbst nicht ganz ausgeschaltet, und der Einfluß der aus dem Kolloidsalz durch das eintretende neue Kation verdrängten Kationen macht sich fühlbar.

Beides wäre nur dann zu vermeiden, wenn man das zu untersuchende System ständig von frischer Lösung durchströmen ließe, wie es eine große Reihe Autoren: HISSINK, GEDROIZ usw., ferner die Verfahren der *elektrodialytischen Bestimmung* der sorbierten Basen, KOETTGENS Verfahren der Elektroultrafiltration usw. in der Tat auch prinzipiell anwenden. Aber ein solches Vorgehen entspricht in keiner Weise den Verhaltnissen in der Natur. Die Bewegung des Wassers und der Bodenlösungen ist, von ganz extrem leichten Sanden abgesehen, relativ sehr langsam, in schwereren Böden praktisch fast Null. Besonders der Einfluß der verdrängten Kationen auf die Gleichgewichtslage wird also unter natürlichen Bedingungen durchaus nicht nennenswert ausgeschaltet, und es ist logisch, ihn daher auch bei der Untersuchung im Laboratorium voll in Rechnung zu stellen und zum Gegenstand der Untersuchung zu machen.

Bei Verwendung von Lösungen konstanter Konzentration stellt sich ein Gleichgewicht der samtlichen vorhandenen und zugeführten Ionen ein. Für alle möglichen Verhältnisse muß dieses als Resultante der „Affinität" der Kationen zum Kolloidanion einerseits und zu den Molekulen des Wassers andererseits, also ihrer Hydratationsenergie bei stets gleicher Konzentration vergleichbar am markantesten in *dem* Punkte zum Ausdruck kommen, *in welchem die Menge der zugefügten Kationen der Menge der im Kolloidsalz vorhandenen Kationen gleich ist. Das ist der Punkt x, y fur den Abszissenwert $x = T$.*

$$y = \frac{T^2}{T + qT} = \frac{T}{1 + q}.$$

Man kann für die verschiedenen Systeme diesen Wert als *„übereinstimmenden Punkt"* bezeichnen, in welchem das Kraftverhältnis der Ionen im System zum charakteristischen Ausdruck kommt. $q = T - y : y$ *ist das Verteilungsverhältnis der Kationen, das dem Modul q des ganzen Reaktionsablaufes numerisch gleich ist.* Man kann es auch als die *relative Komplexdissoziation* und damit als Ausdruck der *relativen Bindungsfestigkeit der betrachteten Kationen an den gegebenen Komplex* betrachten. Die Beziehung von q zur Dissoziationskonstanten hat damit ihre eindeutige Definition gefunden.

Der praktische Wert der Kenntnis der relativen Dissoziation für die Beurteilung der gesamten Bindungs- oder Löslichkeitsverhältnisse der Kationen in dispersen Systemen im allgemeinen und fur die Fragen des Ionenumtausches im Boden im besonderen leuchtet ein Zu Vergleichszwecken empfiehlt es sich, die *relative Dissoziation in Prozenten*, also von absoluten Werten unabhängig, auszudrucken, wobei immer im Auge zu behalten ist, daß die Vergleichbarkeit nur bei stets gleichen Konzentrationsverhältnissen des Systemes gilt. Bezeichnet man die prozentische *relative Dissoziation des einwirkenden Kations* mit L_1, die *relative Dissoziation des Anfangs im System anwesenden Kations* mit L_2, so ist:

$$L_1 = 100\left(1 - \frac{1}{1+q}\right), \tag{IV}$$

$$L_2 = \frac{100}{1+q}. \tag{V}$$

Es ist bisher angenommen, daß den einwirkenden Kationen im Komplex nur *eine* Art Kationen gegenübersteht, so daß wegen der mindestens ungefähren Äquivalenz des Austausches die ein- und ausgetauschten Mengen y und damit die Werte von q gleich sind. Ehe auf den Fall der Beteiligung vieler Kationen eingegangen werden kann, muß etwas anderes vorher erörtert werden.

Der steigende Zusatz von Flüssigkeitsmengen zu gleicher Zeit mit den einwirkenden Kationen kann trotz des Gleichbleibens der Konzentration wegen der dadurch vermehrten Hydrolysemöglichkeit bei sehr großen Flüssigkeitsmengen nicht gänzlich belanglos sein. Es muß bei sehr großem Mißverhältnis von Flüssigkeit zu fester Substanz schließlich zu Zersetzungserscheinungen kommen, die scheinbar die Anlagerung verringern, was schon aus den Wahrscheinlichkeitsgesetzen als Folgerung sich ergibt. D. h. es wird bei jeder Sorption, also auch bei jedem Kationenumtausch strenggenommen schließlich kein Endwert, sondern ein *Maximum* erreicht, jenseits dessen die Kurve wieder sinkt, um schließlich bei unendlichen, den Stoff zersetzenden Flüssigkeitsmengen asymptotisch in die x-Achse einzumünden. (Vgl. oben das System $Na_2SO_4 + CaCl_2$.)

Beispiele für diese Schlußfolgerung zu geben, daß unendliche Mengen irgendwie zusammengesetzter wässeriger Flüssigkeiten kleine Mengen beliebiger „unlöslicher" Substanz restlos auflösen oder zersetzen, erübrigt sich. Sie sind allgemein zu beobachten.

Die grundlegend wichtige Frage, welche Größe die *Ordinate des Maximums*, dem die hyperbolische Kurve asymptotisch, d. h. sehr langsam, zustrebt, im Verhältnis zum tatsächlichen T-Wert besitzt, läßt sich wie folgt beantworten: *sie kann ihn unter keinen Umständen erreichen, d. h. die berechneten scheinbaren T-Werte werden unter allen Umständen zu klein sein. Ihre Abweichung wird aber um so geringer und praktisch um so mehr zu vernachlässigen sein, je geringer die Dissoziation und Hydrolyse der entstehenden Verbindung ist.* Bei stark dissoziierten Verbindungen können die auf irgendeine Weise berechneten T-Werte aber sogar sehr erhebliche Abweichungen von den tatsächlichen T-Werten als Ausdruck der *totalen Sorptionskapazität* ergeben.

Nur mit Ionen, deren Verbindungen wenig dissoziieren, die also beim Eintausch sehr kleine und beim Austausch sehr große q-Werte haben — eine gewisse Dissoziation ist natürlich überall vorhanden —, *lassen sich also bei dem gewählten Vorgehen: Zusatz der reagierenden Ionen in Lösung: T-Werte mit ausreichender Annäherung bestimmen. Da, wie oben auseinandergesetzt ist, aus Gründen der nicht zu kontrollierenden Nebeneinflüsse das Verfahren der bloßen Steigerung der Konzentration nicht durchführbar erscheint, liegt also in der Verwendung wenig dissoziierter Ionen der einzige einstweilen zu gehende Weg, um zur Bestimmung totaler Sorptionskapazitäten zu gelangen.*

Wie weitgehend diese scheinbar sehr theoretischen Auseinandersetzungen ihre Begründung in dem vorliegenden Beobachtungsmaterial finden und sich experimentell belegen lassen, sei bei der Wichtigkeit der Frage kurz gezeigt.

Zunächst ist es eine sich durch die ganze Literatur wie ein roter Faden hindurchziehende Beobachtung, daß es zwar gelingt, Li und Na auch mit verdünnten Lösungen von K, NH_4 oder Ba fast vollständig aus ihrer Bindung an Komplexe zu verdrängen, daß das Gegenteil aber unter keinen Umständen gelingt. Stets bleibt ein Rest von K, NH_4 usw. erhalten, der sich auf keine Weise mit verdünnten Lösungen von Li- oder Na-Salzen entfernen läßt, *wohl aber, sobald man diese Salze in sehr hohen Konzentrationen anwendet.*

Funktionsgemäß ausgedrückt heißt das nichts anderes, als was soeben erläutert ist: die stark dissoziierenden, weil stark sich hydratisierenden Li- und Na-Ionen ergeben scheinbare Endwerte T, die sehr merklich niedriger sind als die tatsächlichen Sorptionskapazitäten T, weil die Dissoziation und da es sich um hydrolytisch spaltbare Verbindungen: schwache Säure-starke Base handelt, Hydrolyse der entstehenden Verbindungen so groß ist, daß ein sehr großer Teil davon sofort wieder zerfällt. In starker Konzentration, also bei hochgradiger Dehydratation, bleibt der Zerfall aus. Das in dieser Richtung zum Studium der Verhältnisse wertvollste Beobachtungsmaterial hat JENNY (56) mitgeteilt, der eine große Reihe speziell hergestellter mit verschiedenen Kationen gesättigter Permutite in ihrem Verhalten gegen andere einwirkende Kationen untersuchte.

Aus diesem Analysenmaterial berechnen sich fur *mäßig verdünnte* Lösungen der Salze der Alkalien bei der Einwirkung auf NH_4-Permutit die folgenden *scheinbaren Endwerte T* (63) in Milliäquivalent je Gramm Permutit:

	T	q	L_1		T	q	L_1
Li	2,30	5,98	86%	Rb	4,07	0,84	46%
Na	3,45	1,82	65%	Cs	4,31	0,76	44%
K	3,88	1,02	51%				

Die entsprechenden q- und L_1-Werte sind beigefugt.

Da der verwendete NH_4-Permutit 4,15 Milliäquivalent NH_4 enthält, ist es also erst mit dem Cäsium gelungen, dieses vollständig zu entfernen. In allen ubrigen Fällen sind große Mengen des NH_4 unverdrängbar geblieben, im Falle des Li sogar uber 40%, weil die Hydratation des Li als Vorbedingung der Abspaltung vom Komplex durch die Dipolwirkung des Wassers sehr viel stärker ist als die des NH_4.

Die Neigung zur Dissoziation oder Abspaltung steigt also mit der Hydratationsenergie der Ionen. Die Hydratation aber ist eine Funktion des Ionenradius, wie oben auseinandergesetzt ist. Es ist also eine *Beziehung der scheinbaren T-Werte zum Ionenradius* zu erwarten.

Daß das in der Tat der Fall ist, hat VAGELER (63) als erster gezeigt, in Bestätigung der JENNYschen Feststellungen, der den *Zusammenhang der Umtauschkonstanten (K) der* WIEGNER*schen Gleichung*

$$y = K \cdot \left(\frac{c}{a - c}\right)^{1/p},$$

die in gewissem Sinne dem T-Wert vergleichbar ist, mit den Ionenradien untersuchte und zu folgenden Schlüssen gelangte: „Die Umtauschkonstanten (K) sind direkt proportional den Ionenvolumina oder auch: die dritten Wurzeln aus den Umtauschkonstanten sind den Ionenradien direkt proportional."

Berechnet man die Ionenradien R in relativen Ziffern aus dem Atomvolum bei 0° T in Zentimetern

$$R = 0{,}6205 \sqrt[3]{\text{Atomvolum}},$$

welche Zahlen numerisch sehr nahe mit den von BRAGG mitgeteilten Ionenradien zusammenfallen, wenn man die letzteren mit 10^8 vervielfältigt, so ergibt sich nach VAGELER zwischen den scheinbaren T-Werten der einzelnen Ionen und den Atomradien die folgende lineare Beziehung:

$$T = 1{,}74 \cdot R = a \cdot R\,.$$

Die relativen prozentischen Spaltbarkeiten erweisen sich ebenfalls als eine lineare Funktion der Atomradien. Sie nehmen mit steigendem Atomradius ab, und zwar nach der einfachen Gleichung:

$$L_1 = \frac{858{,}9 - 134{,}2\,R}{6{,}4} = 134{,}2 - 20{,}9R = k - a \cdot R\,.$$

Daß tatsächlich nur die starke Dissoziationsneigung der Anfangsglieder der Alkalireihe als Ausfluß ihrer hohen Hydratation bzw. der Kleinheit des Ionenradius der Grund der Kleinheit der scheinbaren T-Werte und damit ihrer mangelhaften Anlagerungsenergie in verdünnten Lösungen ist, läßt sich ebenfalls schon aus dem von JENNY mitgeteilten Analysenmaterial mit voller Schärfe beweisen.

Die bei größeren Konzentrationen der Na- und Li-Verbindungen von JENNY festgelegten Anlagerungswerte schließen sich nicht der WIEGNERschen Gleichung und ebensowenig der Gleichung (I) an. JENNY ist geneigt, die ermittelten Abweichungen für „zufällige Analysenfehler“ zu halten. Daß er damit seiner eigenen Arbeit Unrecht tut und es sich tatsächlich um durchaus zu erwartende Abweichungen als Ergebnis der durch größere Konzentration erhöhten Verdrängungsenergie der Ionen handelt, also um eine prinzipiell äußerst wichtige Erscheinung, läßt sich besonders klar beweisen, wenn man statt mit der Gleichung (I): $y = \frac{x \cdot T}{x + qT}$ mit ihrer *reziproken Form* (63)

$$b = k + q \cdot a \qquad \text{(VI)}$$

arbeitet, wobei aus Zweckmäßigkeitsgründen: Möglichkeit des einfachen Aufschlagens in den gebräuchlichen Rechentafeln, die meistens die Werte $1000/n$ statt $1/n$ enthalten, bedeutet:

$$b = \frac{1000}{y}; \quad k = \frac{1000}{T} \quad \text{und} \quad a = \frac{1000}{x}.$$

Diese Gleichung ist die Gleichung einer geraden Linie, die im Gegensatz zur geraden Linie des Logarithmus, der alle Feinheiten verwischt (s. o.) etwaige Abweichungen mit ganz besonderer Schärfe, nämlich 1000fach vergrößert, sichtbar macht.

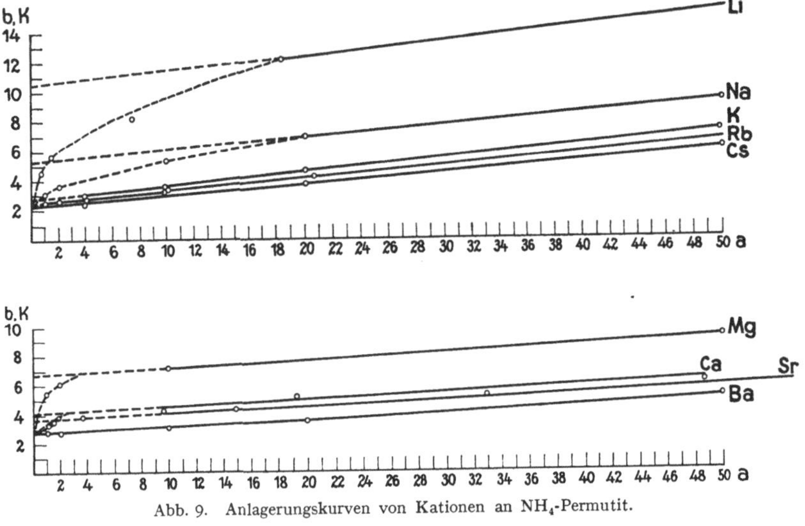

Abb. 9. Anlagerungskurven von Kationen an NH_4-Permutit.

Wie sich dann für sämtliche interessierenden Kationen der Alkalien und alkalischen Erden nach den JENNYschen Analysendaten am NH_4-Permutit das Bild gestaltet, zeigt Abb. 9, wo die einzelnen Analysenpunkte durch kleine Kreise auf den Funktionslinien bezeichnet sind.

Geradezu ideale gerade Linien, die in den niedrigsten Schnittpunkt mit der Ordinatenachse, d. h. den höchsten T-Wert, einmünden, sind nur die Kurven der sehr wenig hydratisierten Ionen Cs und Ba, d. h. der Endglieder der Alkalien und alkalischen Erden. Praktisch fast gleich verhalten sich noch Rb und K und, wie auf Grund anderen Materials hinzugefügt sei, NH_4. Auch ihre Linien weisen allerdings bei hohen Konzentrationen, im reziproken Kurvenbilde also in der Nähe der Ordinatenachse, bereits eine Krümmung auf, die zum K- bzw. T-Wert des Cs bzw. Ba hinweist. *Alle übrigen Linien würden je nach dem Konzentrationsbereich völlig verschiedene k- und damit T-Werte ergeben, wenn man nur Werte eines Konzentrationsbereiches verwendet. Bei mit zunehmender Ionenmenge gleichzeitig steigender Konzentration krümmen sich alle Linien mit Annäherung an die Ordinatenachse aber so stark, daß sie schließlich sämtlich in den für Cs bzw. Ba ermittelten k-Wert einmünden.*

Dieses Verhalten ist bis in alle Einzelheiten das, welches nach den obigen Ausführungen zu erwarten war, die damit die Bestätigung ihrer Richtigkeit finden. Es ändert sich nicht die Sorptionskapazität T der festen Substanz, wohl aber sinkt mit zunehmender Wasserhülle und damit Größe der Ionen deren anlagerbare Menge, wobei die restlichen Feldkräfte auf die Dipole des Wassers, also in erhöhter Hydratation des Teilchens sich auswirken müssen.

Benutzt man zur Extrapolation bei dem k- und damit dem T-Wert in Taf. 9 jeweils nur die geradlinigen Kurventeile *größter Verdünnung*, so ergeben sich die folgenden *scheinbaren T-Werte* für die einzelnen Kationen gegenüber NH_4-Permutit in Milliäquivalenten je 100 g Permutit:

Einwertige Ionen			Zweiwertige Ionen		
Ion	T	q	Ion	T	q
Li	94	0,84	Mg	149	0,50
Na	190	0,80	Ca	241	0,46
K	345	0,80	Sr	285	0,50
Rb	400	0,78	Ba	354	0,44
Cs	425	0,75			

Besonders bemerkenswert ist einmal die ungefähre, wenn auch einen kleinen Gang zeigende Konstanz der q-Werte in den Elementgruppen, dann aber vor allem der Umstand, daß der q-Wert der zweiwertigen Elemente genähert die Hälfte des q-Wertes der einwertigen Elemente beträgt und damit, d. h. mit einer sehr starken Verdrängungsenergie bei schwacher Dissoziation der entstehenden Verbindungen, auf eine Stufe mit dem Proton sich stellt, für welches sich übereinstimmend aus allen Untersuchungen ein q-Wert des Eintausches von der Größenordnung $\sim 0{,}5$ ergibt.

Wie genau die VAGELERsche Gleichung (I) für das Gebiet jenseits $x = T$ die Verhältnisse wiedergibt und *wie genau vor allem die berechneten T-Werte sich mit den durch Totalanalyse des Untersuchungsmateriales feststehenden effektiven Gehaltswerten von Permutiten* — und man darf verallgemeinernd hinzufügen — auch Boden — decken, ist neuerlich an einem großen Untersuchungsmaterial von VAGELER und WOLTERSDORF gezeigt worden (10).

Untersucht wurde die Verdrängung von Na und Ca an Permutiten mit gemengter NaCa-Belegung durch Wasserstoffion in Form von HCl, HNO_3 und H_2SO_4.

Für 100 g Gerüstsubstanz enthielt der verwendete Permutit 400 Milliäquivalent Na und 103 Milliäquivalent Ca/2, insgesamt also eine T von 503 Milliäquivalent. Die angewendeten H-Ionenmengen waren 500, 1000 und 2000 bzw. 4000 Milliäquivalent je 100 g Substanz. Die aus den Analysendaten ermittelten Gleichungen waren.

1. *Basensumme* für HCl: $b = 1{,}988 + 0{,}50\,a$
   $H(SO_4)_2$: $b = 1{,}988 + 0{,}52\,a$
   HNO_3: $b = 1{,}988 + 0{,}55\,a$
   } T berechnet 503,0, gef. 503,0 Milliäquivalent
2. *Na für alle Serien.* $b = 2{,}5 + 0{,}4\,a$ $T = 400$ „
3. *Ca*: für HCl: $b = 9{,}708 + 8{,}9\,a$
   $H(SO_4)_2$: $b = 9{,}708 + 11{,}1\,a$
   HNO_3. $b = 9{,}708 + 13{,}5\,a$
   } $T = 103$ „

Wie außerordentlich gering die Abweichungen der berechneten Kurven von den Beobachtungen sind, wenn man den Gleichungen die durch Totalanalyse des Permutits gefundenen Werte der Basensumme bzw. die Menge der einzelnen Kationen als T-Wert, wie es oben geschehen ist, in die Gleichungen einsetzt, zeigt Abb. 10, in welcher die Kurven, welche der reziproken Gleichung entsprechen, wiedergegeben sind.

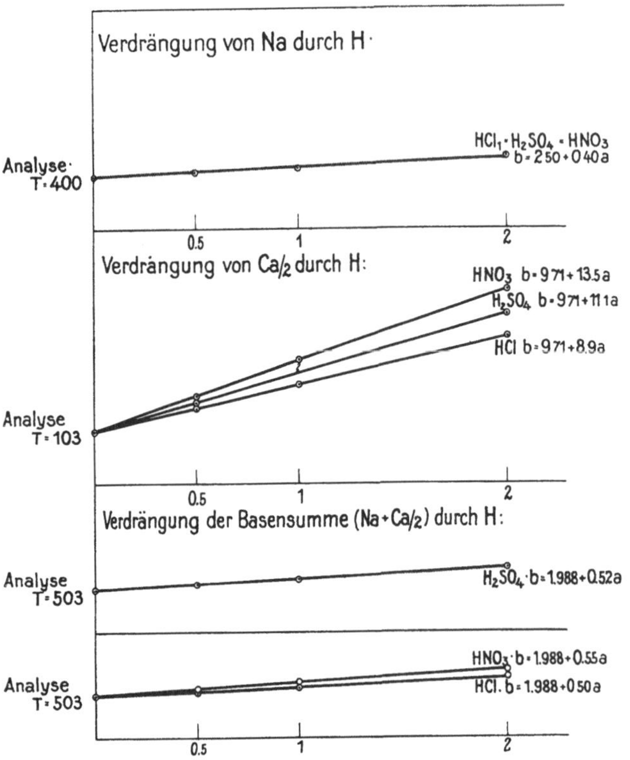

Abb. 10. Verdrangung der Basen Na˙ und Ca und der Basensumme (Na + Ca) durch H.

Die Übereinstimmung ist nahezu ideal, was zu dem Schlusse berechtigt: *Die nach der Gleichung* (*I*): $y = \frac{x \cdot T}{x + qT}$ *bzw. der reziproken Gleichung* $b = k + qa$ *berechneten Grenzwerte decken sich bei Anwendung verdrängungsstarker Ionen, d. h. solcher, deren Sorptionsverbindungen wenig dissoziiert sind, mit den durch Totalanalyse feststellbaren Werten. Die berechneten Werte sind also reell und entsprechen dem tatsächlich vorhandenen Ionenbestande.*

Der prozentische relative Dissoziationsgrad L läßt sich nach den oben gegebenen Formeln für den vorliegenden Fall einfach berechnen, er wird:

für den sich bildenden H-Permutit also das H-Ion:

$$100\left(1 - \frac{1}{1 + 0{,}5}\right) = 33{,}3\,\% \text{ bei Verwendung von HCl}$$

$$100\left(1 - \frac{1}{1 + 0{,}52}\right) = 34{,}2\,\% \quad ,, \quad ,, \quad ,, \quad H_2SO_4$$

$$100\left(1 - \frac{1}{1 + 0{,}55}\right) = 35{,}5\,\% \quad ,, \quad ,, \quad ,, \quad HNO_3$$

für den Ausgangspermutit und zwar die Basensumme:

$$\frac{100}{1 + 0{,}5} = 66{,}6\,\% \text{ bei Verwendung von HCl}$$

$$\frac{100}{1 + 0{,}52} = 65{,}8\,\% \quad ,, \quad ,, \quad ,, \quad H_2SO_4$$

$$\frac{100}{1 + 0{,}55} = 64{,}5\,\% \quad ,, \quad ,, \quad ,, \quad HNO_3$$

für Na: $\frac{100}{1 + 0{,}4} = 71{,}4\,\%$ *für alle Serien.*

für Ca: $\frac{100}{1+8,9} = 10,1\%$ bei Verwendung von HCl

$\frac{100}{1+11,1} = 8,3\%$,, ,, ,, H_2SO_4

$\frac{100}{1+13,5} = 7,0\%$,, ,, ,, HNO_3.

Bei diesen Untersuchungen waren stets Mengen des einwirkenden Ions verwendet worden, die größer als der Wert T des Permutits waren, wie es zur Erfassung des grundlegend wichtigen hyperbolischen Kurventeils jenseits $x = T$ erforderlich ist. Die sehr gute Übereinstimmung von Rechnung und Beobachtung mit diesem Teil des Kurvenbildes besagt, wie oben ausgeführt, noch nichts darüber, ob auch bei geringerer einwirkender Ionenmenge als T die Übereinstimmung von Theorie und Tatsachen befriedigend ist. Gerade dieses Gebiet ist aber für praktische Düngungsmaßnahmen von ganz besonderer Bedeutung, weil auch nur an dem T der Pflugtiefe je Hektar gemessen selbst bei leichtem Boden mit einer Sorptionskapazität von auch nur 4—5 Milliäquivalent Kation je 100 g Bodensubstanz, Düngergaben, die dieses „Krumen-T" überschreiten, praktisch überhaupt nicht in Frage kommen.

Daß dem so ist, zeigt eine einfache Rechnung. 1 Milliäquivalent je 100 g Bodentrockensubstanz bedeutet bei einem durchschnittlichen Volumgewicht des Bodens in trockenem Zustande von 1,3 je Zentimeter Bodentiefe 1,3 Kiloäquivalent je Hektar. Fur 30 cm Krumentiefe sind das bereits rund 40 Kiloäquivalent, d. h., bei auch nur $T = 5$, was etwa den leichtesten Sandböden des gemäßigten Klimas entspricht, die eben noch Kulturwert haben, 200 Kiloäquivalent je Hektar. Nun entsprechen von Kalisalzen wasserfrei z. B.

100 kg Chlorkalium: 1,3 Kiloäquivalent K

100 kg schwefelsaures Kali: 1,1 Kiloäquivalent K

usw., d. h., Düngermengen von der Größenordnung des Krumen-T werden nie und nirgends angewendet und stehen außerhalb jeder Diskussion. Das gilt selbst noch für die in ariden Gebieten in riesigem Umfange bei schweren Irrigationsböden und besonders zur Meliorierung von Alkaliböden angewendeten Gipsmengen von 10—50 Ts je Hektar, die selbst im Maximum nur $500 \cdot 1,2 = 600$ Kiloäquivalent Ca/2 je Hektar entsprechen, denen aber eine Sorptionskapazität der Krume von rund 2000 Kiloaquivalent gegenübersteht.

Daß auch für das Gebiet unterhalb $x = T$ die Übereinstimmung zwischen Rechnung und Beobachtung selbst für ganz kleine Kationenmengen sich als sehr befriedigend erweist, zeigt die folgende für sämtliche einwertigen Kationen, gegen NH_4-Permutit eintauschend, nach den Analysen JENNYS berechnete Tabelle (63, S. 12):

Vergleich berechneter und bestimmter y-Werte einwertiger Kationen gegen NH_4-Permutit.

Lithium,	berechnet . . .	0,65	1,14	1,52	1,91	2,09	—
,,	bestimmt . . .	0,82	1,23	1,37	1,77	2,19	—
		−0,17	−0,09	+0,15	+0,14	−0,10	—
Natrium,	berechnet .	0,83	1,53	2,12	3,07	3,24	—
,,	bestimmt . . .	1,08	1,44	1,87	2,76	3,17	—
		−0,25	+0,09	+0,25	+0,31	+0,07	—
Kalium,	berechnet . .	1,31	2,19	2,78	3,35	3,60	3,73
,,	bestimmt . . .	1,41	2,18	2,75	3,28	3,63	3,77
		−0,10	+0,01	+0,03	+0,07	−0,03	−0,04

Fortsetzung der Tabelle von Seite 63.

Rubidium, berechnet . . .	1,46	2,39	3,03	3,58	—	—
„ bestimmt . . .	1,68	2,42	2,95	3,60	—	—
	−0,18	−0,03	+0,08	−0,02	—	—
Caesium, berechnet . . .	1,63	2,60	3,24	3,82	—	—
„ bestimmt . . .	1,70	2,60	3,06	3,90	—	—
	−0,07	±0,00	+0,18	−0,08	—	—

Bei der großen prinzipiellen Wichtigkeit der Frage wurde sie in neuester Zeit in der Landwirtschaftlichen Versuchsstation Lichterfelde des Deutschen Kalisyndikates durch Dr. ALTEN einer erneuten Nachprüfung unterzogen, und zwar für das bodenkundlich in besonderem Maße wichtige K-Ion. Um die Verhältnisse nicht von vornherein zu komplizieren, wurden 2 Permutite mit q_K-Werten > 1 verwendet, die an 7 verschiedenen Punkten mit KCl und K_2SO_4-Lösungen behandelt wurden.

Je 100 g des betreffenden Permutits, von welchem der eine (I) eine Totalsorptionskapazität T von $280 \pm 3{,}6$ Milliäquivalent Kation bei einer Anfangsbelegung mit 33,6 Milliäquivalent K neben Na und Ca, der zweite (II) eine solche von $260 \pm 1{,}8$ Milliäquivalent Kation mit einer Anfangsbelegung von 5,8 Milliäquivalent K neben Na und Ca hatte, wurden mit den in der Tabelle angegebenen steigenden Mengen K-Ion in einer Konzentration von 0,5 n behandelt. Die *Totalanalyse der erhaltenen, mit CO_2-freiem Wasser ausgewaschenen* Produkte gab das folgende Bild im Vergleich mit den berechneten Werten, die nicht ausgeglichen, sondern absichtlich nur aus dem T-Wert der bekannten möglichen Anlagerung und dem niedrigsten Analysenwert sich reziprok ergebenden Geraden graphisch ermittelt sind, um alle Fehler in vollem Maße zur Wirkung kommen zu lassen:

Behandelt mit	0	100	250	500	750	1000	1500	2000	Aq.-K
Permutit 1. Gehalte . . .	33,6	71,0	112,4	158,0	178,0	201,0	211,0	218,0	$T =$ 280,0
Angelagert K	—	38,1	78,8	124,4	144,4	167,4	177,4	184,4	246,4
(Totalanalyse) berechnet	—	38,1	78,1	119 0	142,8	161,3	181,1	192,3	246,4
Differenz	—	±0,0	−0,7	−5,4	−1,6	−6,1	+3,7	+7,9	±0,0
Permutit 2. Gehalte . . .	5,8	40,9	81,0	141,2	154,0	168,8	189,0	208,5	$T =$ 260,0
Angelagert K	—	35,1	75,2	135,4	148,2	163,0	183,2	202,7	254,2
(Totalanalyse) berechnet	—	35,1	75,7	128,7	144,9	161,3	183,5	202,8	254,2
Differenz	—	±0,0	+0,5	−6,7	−3,3	−1,7	+0,3	+0,1	±0,0

Die Gleichungen der beiden Umtauschreaktionen sind ohne Ausgleichung:

$$\textit{für Permutit I:}\quad Y = \frac{246{,}4\,x}{x + 542{,}1};\; q = 2{,}22;\quad L_1 = 68{,}7\%;\; L_2 = 31{,}3\%;$$

$$\textit{für Permutit II:}\quad y = \frac{254{,}2\,x}{x + 625{,}3};\; q = 2{,}46;\; L_1 = 71{,}1\%;\; L_2 = 28{,}9\%.$$

Die Übereinstimmung von Rechnung und Beobachtung ist im ganzen Kurvenverlauf gut.

Daß auch der geradlinige Anfangsteil der Kurven, bestehend in völliger Festlegung der zugeführten Basen bis zum Äquivalenzpunkt bei q-Werten < 1, realisiert ist, zeigten bereits die den Arbeiten SVEN ODÉNs entnommenen Kurvenbilder (Abb. 5).

Sie werden durch die Untersuchungen von VAGELER und WOLTERSDORF im Institut für Agrikulturchemie, Bakteriologie und Bodenkunde der landwirtschaftlichen Hochschule Berlin in vollem Umfange bestätigt.

Bei Behandlung von Na-Ca-Permutit mit dem Äquivalenzpunkt ∾ 200 mit $n/20$-HCl ergeben sich die folgenden Ziffern für 100 g Permutit mit der Ausgangsreaktion 7 · 93 p_H.

Milliaquiv. H angewandt	Milliaquiv. H angelagert	p_H
40	40	7,4
80	80	7,1
120	120	7,1
160	160	7,0
200	199,4	6,3
400	296,4	4,6
800	345,6	3,99

Der Verlauf der gesamten Umtauscherscheinungen läßt sich also, soweit es den Eintausch angeht, unter Berücksichtigung der Festlegung bis zum Äquivalenzpunkt bei q-Werten kleiner als 1 in vollem Umfange durch die Gleichungen wiedergeben.

Die oben mitgeteilte Tatsache, daß jedes Kation für sich, auch wenn es mit anderen zusammen vorkommt, die Gleichung erfüllt (S. 61 ff.), daß andererseits der Berechnung, wie soeben gezeigt ist, im Falle das einwirkende Ion bereits selbst im Komplex vertreten ist, nur der nicht von ihm in Anspruch genommene Anteil von T der Berechnung zugrunde zu legen ist, zeigt, daß die Reaktionen der Ionen rein *additiven Charakter* tragen, ferner, *daß jedes Ion sich verhält, als wenn es allein vorhanden wäre, was eine Parallele zum Gaszustand ist. Das ist aber nur dann möglich, wenn die Abstände der Reaktionspunkte am festen Teilchen erhebliche Größe im Verhältnis zur Wirkungssphäre der Ionen besitzen, weil diese sich andernfalls stören und sich damit ganz andere Gesetzmäßigkeiten ergeben müßten.* PAULI (l. c., S. 119) stellt dieselbe Forderung für die Gültigkeit seiner Gleichung *als Voraussetzung* auf.

Es ist oben betont, daß formell die PAULIsche Gleichung mit der Gleichung (I) identisch ist. Letztere geht bei Berücksichtigung der Konzentrationsbeziehungen, d. h. einer entsprechenden Transformation des Abszissenwertes in die PAULIsche Gleichung über. Ihre *Brauchbarkeit zur Darstellung der Beobachtungen ist also als ein Beweis dafür zu betrachten, daß auch die räumlichen Annahmen über die Distanzen der Anlagerungspunkte am festen Teilchen zutreffend sind.*

Das heißt weiter, daß die obigen Deduktionen, daß nur exponierte Ionen an Ecken und Kanten mindestens an der polaren Sorption beteiligt sind, den Tatsachen entsprechen und die polare Sorption mit der Oberflächenentwicklung als solcher gar nichts, alles aber damit zu tun hat, daß weitgehende Dispergierung, d. h. Zertrümmerung von Gittern oder Gitterresten und Gittervorstufen eben viele Ecken und Kanten an den Trümmern und damit viel exponierte Ionen liefert, deren gesamter freier Kraftinhalt der Dispergierungsarbeit proportional sein muß.

Wie beim zweiten Wärmesatz handelt es sich bei der *Sorptionsgleichung* keineswegs um ein „Naturgesetz", sondern um einen *Wahrscheinlichkeitssatz der Statistik*, wie prinzipiell leicht einzusehen ist. Man stelle sich wiederum die Verhältnisse grobsinnlich in ungeheurer Vergrößerung vor. Um das Kolloidalteilchen schwebt, von den exponierten Ionen gehalten, der Ionenschwarm in rasender Bewegung. Jetzt komme eine bisher fremde Ionenart hinzu, zunächst in sehr kleiner Menge. Es ist klar, daß, wenn die Menge sehr klein ist, ein gewisser minimaler Anteil zwar in der Lösung bleibt, die zufällig in den Ionenschwarm treffenden fremden Ionen aber darin unter Verdrängung von bisherigen Insassen festgehalten werden müssen, mit der Chance, recht sicher darin zu verweilen. Denn *da ihre Zahl zunächst gegenüber der der gesamten Insassen des Schwarmes gering ist,* ist auch die *Wahrscheinlichkeit,* daß gerade sie von den verdrängten Ionen wieder ihrerseits aus dem Schwarm getrieben werden, außerordentlich *klein.*

Erst wenn die Menge der fremden Ionenart mit der Menge der Schwarmionen vergleichbar ist, d. h., *wenn der T-Wert erreicht ist,* stehen die Chancen für beide Ionenarten gleich, und ihre Verteilung hängt im Gleichgewicht dann von ihrem speziellen Dissoziationsgrad unter den gegebenen Verhältnissen oder ihrer relativen Haftfestigkeit ab, die der Hydratation symbath bzw. antibath sind. Ihr Ausdruck ist, wie oben erläutert ist, der Modul q. *Das ist der Grund, warum die verschiedenen Systeme nur im Punkte* $x = T$ *vergleichbar sind, dieser Punkt also als „übereinstimmender Zustand" zu betrachten ist.*

Steigt dann die fremde Ionenmenge weiter, so vermehren sich wohl ihre Chancen, das Teilchen an noch nicht von ihren Artgenossen besetzten Stellen zu treffen, aber jetzt ist auch eine relativ große Menge der ursprünglichen Ionen schon in Freiheit und damit die Konkurrenz verstärkt. Erst ganz allmählich wird die Wahrscheinlichkeit, daß keines der verdrängten Ionen sich seinerseits wieder in den Schwarm einreiht, steigen und erst dann, *wenn unendliche Mengen des fremden Ions endlichen Mengen des ursprünglichen gegenüberstehen,* wird diese *Wahrscheinlichkeit auf Null* sinken. D. h. jenseits $x = T$ muß die Zunahme des Umtausches sehr langsam verlaufen oder, was dasselbe ist, die Umtauschkurve asymptotisch dem Grenzwert sich nähern. Das Kurvenbild im ganzen ist also nur ein Ausdruck der Wahrscheinlichkeitsverhältnisse, die sich nacheinander im System einstellen.

Wenn man sich vergegenwärtigt, daß in den räumlichen Ausmaßen und der Ladungskonzentration der einzelnen Ionen sehr wesentliche Unterschiede bestehen (s. o.), so läßt sich für den Reaktionsverlauf unterhalb $x < T$, auch unter Anerkennung der räumlichen Trennung der Reaktionspunkte, für sehr fein dispergiertes Material, d. h. besonders *dicht besetzte Schwärme* mit relativ gedrängt stehenden Reaktionspunkten eine zunächst sehr paradox wirkende Erscheinung mit Sicherheit voraussagen, und zwar speziell für den Fall gemischter und daher besonders kompliziert räumlich angeordneter Belegungen. Im Gebiet $x < T(1 - q)$ das, wie unten näher ausgeführt werden wird, nur bei großer Ionendichte des Schwarmes und bei geringer Hydratation der einwirkenden Ionen existiert, *muß das eindringende Ion unter Umständen in Äquivalenten, d. h. Ladungseinheiten ausgedrückt, überäquivalent verdrängen.*

Das muß ganz besonders dann der Fall sein, wenn der Schwarm viel zweiwertige Kationen enthält, die bei hoher Ladungskonzentration einen relativ geringen Durchmesser besitzen (s. o.), was beides zur dichten Packung führt, bei welcher aber die Entfernung *einer* Komponenten die Verdrängung von je *zwei* Äquivalenten bedeutet.

Dieser Schluß erscheint zunächst als ein Verstoß gegen die Wärmesätze. Er ist es aber darum nicht, weil aus den Dipolmomenten der Wassermoleküle sich die Möglichkeit der Kompensierung freiwerdender Ladungsmengen sofort ergibt, so daß die elektrische Neutralität des ganzen Systemes gewahrt bleibt.

Tatsächlich läßt sich eine solche „überäquivalente" Verdrängung bei Zusatz *kleiner* Ionenmengen zu Kolloidsalzen nahezu ausnahmslos nachweisen. Die ersten Fälle dieser Art zeigen die Untersuchungen von JENNY (l. c.); sie sind weiter von VAGELER und WOLTERSDORF beobachtet und für den Fall des H-Ions von AARNIO (64) berichtet, welcher fand, *daß die Reaktion alkalischer Böden ausgedrückt in* p_H *bei Zusatz kleiner Säuremengen zunächst nicht sank, sondern im Gegenteil die* p_H*-Zahl stieg, d. h., die Konzentration der H-Ionen abnahm.*

Es scheint nach den Untersuchungen von VAGELER *und* WOLTERSDORF (*10*), *als wenn bei q-Werten unter* 1 *zwar nicht für das eintauschende Ion, wohl aber für das austauschende Ion die hyperbolische Kurve auch im Gebiet unterhalb* $x = T\ (1 - q)$ *so ziemlich realisiert wird.* Weitere Untersuchungen müssen hier die Verhältnisse noch klären, die dadurch schwierig sind, weil es sich stets um außerordentlich geringfügige Ionenmengen handelt, deren sichere Bestimmung auf analytisch-technische Schwierigkeiten stößt.

Es ist oben bereits betont worden, daß zwar im allgemeinen speziell die Bodenkolloide den Charakter von Azidoidverbindungen tragen, d. h. ihre exponierten Ionen vorwiegend negative Ladung haben, daß aber die Existenz *nur* gleichsinnig geladener Ionen an exponierten Stellen höchst unwahrscheinlich ist. Dementsprechend ist zu erwarten, daß jede polar sorbierende Substanz neben ihrer überwiegenden Ladung auch mindestens vereinzelte Reaktionspunkte mit entgegengesetzter Ladung hat, die bei den Netzebenen von Stoffen mit Ionengittern von vornherein eine Selbstverständlichkeit sind, daß sie also prinzipiell *ampholytischen Charakter* trägt. *Auch im ganzen negative Teilchen müssen also in gewissem Umfange negative Ionen, Anionen, festlegen können und umgekehrt.*

Unabhängig voneinander stellten WIEGNER und PALLMANN (65) die gleichzeitige Existenz von H^+ und $(OH)^-$, VAGELER und WOLTERSDORF (10) die von H^+ und Cl^- in den Ionenschwärmen fest. MATTSON (66) untersuchte Bodenkolloide in dieser Hinsicht mit demselben positiven Ergebnis. Der ampholytische Charakter der Grenzflächen, der sich nach der obigen Auffassung als logische Forderung ergibt, ist damit auch experimentell als bewiesen zu betrachten. Er dürfte, wie MATTSON feststellte, speziell bei der Festlegung von P_2O_5 im Boden eine wichtige Rolle spielen, worauf als nicht zum Thema gehörig hier nicht näher eingegangen werden kann.

5. Die Änderungen der Konstanten T und q und ihre Bedeutung.

In den bisherigen Erörterungen ist die stillschweigende Voraussetzung gemacht worden, daß in den betrachteten Systemen fest-flüssig oder genauer präzisiert: Kolloidsalz-Lösung die Menge des Kolloidsalzes eine fest gegebene Größe war. D. h., es ist angenommen, daß nur die auf eine gegebene Gewichts- oder sonstige Einheit Kolloidsalz einwirkende Kationenmenge in der Lösung variierte, deren Konzentrationsverhältnisse in ihrer Bedeutung für den Ablauf des Kationenumtausches nur nebenbei berührt worden sind.

Unter diesen Umständen erscheint die totale Sorptionskapazität T des betrachteten Komplexes fur Kationen, wenn man will, seine „Wertigkeit", als eine *Materialkonstante*, deren Größe nur insofern gewissen Schwankungen unterliegen muß, als die raumliche Gestaltung der angelagerten Kationen auf den Umfang, bis zu welchem sich die Bindungskraft der festen Teilchen im Einzelfalle auswirken kann, einen gewissen und unter Umständen ziemlich bedeutenden Einfluß ausübt, den man letzten Endes mindestens teilweise wohl als den Ausfluß der Konkurrenz der Kationen und Dipole um die Absättigung der Restvalenzen der festen Teilchen auffassen darf.

Der *Modul q* erscheint zwar nicht als eine Materialkonstante der festen Substanz, wohl aber als eine *Systemkonstante*, die den Reaktionsablauf des Einzelfalles charakterisiert

Wenn also eine *Mengeneinheit* kolloidaler oder allgemein zum Kationenumtausch befähigter Substanz A gegeben war, auf die eine variierte Menge eines oder mehrerer Kationen einwirkt, so war bei Kenntnis der T- und q-Werte der einzelnen Ionen die Berechnungsmöglichkeit fur jeden Reaktionsablauf gegeben.

Durch diese einfache Problemstellung ist aber der bodenkundliche Fragenkreis nicht nur in keiner Weise erschopft, sondern uberhaupt erst sehr einseitig berührt. Die Parallele: Eine gegebene untersuchte Bodenmenge, als Einheit meistens 100 g Trockensubstanz, und darauf einwirkende verschiedene Kationenmengen, zweckmäßig in Milliäquivalent angegeben, im Laboratorium, der Ackerboden mit so und soviel Gewicht je Hektar und bestimmter Tiefe und darauf einwirkend eine bestimmte Düngermenge oder Menge eines Meliorationsmittels, wäre eine solche nämlich nur dann, wenn man in der Lage wäre, ohne weiteres vom Kleinen ins Große umzurechnen, also seinen Ansatz etwa so gestalten könnte: Im Laboratorium werden von 100 g Boden experimentell feststellbar z. B. von einer gegebenen Milliäquivalentmenge Kalium in Form von Chlorid *a* Teile festgelegt. *b* Teile bleiben in Lösung. Die Bodenkrume wiegt bis zu 30 cm Tiefe rund 3500 t. Folglich verteilt sich eine auf den Hektar gegebene Düngung von ca. 100 kg Kaliumchlorid im selben Verhältnis in der Ackerkrume wie es im Laboratorium gefunden ist. Tatsächlich liegen die Verhältnisse ganz anders, und zwar fängt diese Verschiedenheit von, wenn man so sagen soll, „normalen" chemischen Reaktionen, wo ein solcher Rechnungssatz durchaus möglich ist, nicht etwa erst auf dem Felde an, sondern sogar schon im Laboratorium.

Die zunächst als ganz selbstverständlich erscheinende Schlußfolgerung: von einer gegebenen Kationenmenge *a* hat die Gewichtseinheit von 100 g die Menge *b* festgelegt, folglich legen 200 g 2 *b*, 300 = 3 *b* usw. fest, solange der Vorrat ist, ist nämlich, so plausibel sie scheint, dennoch falsch. *Wenn 100 g b Milliäquivalent festlegen, legen nämlich 200 g weniger als 2 b fest und so fort in steigender Progression, wenn nicht gleichzeitig auch die Menge des einwirkenden Ions sich im selben Verhältnis ändert.*

Der Grund für dieses eigenartige Verhalten der Kolloidsalze ist bei näherer Betrachtung leicht zu begreifen. Er ist in zwei Richtungen zu suchen. Er liegt zunächst einmal, wie die Modifikation des Massenwirkungsgesetzes im allgemeinen, an der *ungleichmäßigen statistischen Verteilung der festen Phase im System feste Phase—Flüssigkeit* oder, wenn man will, an der *Trägheit des Anions.*

In einer gewöhnlichen Lösung, in welcher eine Reaktion zwischen zwei Salzen eingeleitet wird, sind die Chancen für alle Ionen, miteinander zu reagieren, die gleichen, weil sie gleichmäßig in dem zur Verfügung stehenden Raum verteilt sind. Bildet aber eine Komponente, wie es bei den hier betrachteten festen Phasen der Fall ist, einen *Bodenkörper*, d. h., nimmt sie an der statistischen gleichmäßigen Verteilung im Reaktionsvolum nicht teil, so ist selbst mit der kühnsten Phantasie keine Möglichkeit zu ersinnen, wie jemals die Reaktionschancen für alle Bestandteile gleichgestaltet werden könnten.

Mag man die feste Phase auf einmal oder in Portionen in die Lösung eintragen: stets wird, *da die Umtauschreaktionen nahezu momentan verlaufen*, wenn man von Verzögerungen durch Diffusionshemmung ins Innere von Sekundärteilchen absieht, ein Teil der festen Phase *der erste* sein, der zur Wirkung kommt. Er trifft auf die Gesamtheit der reaktionsbereiten Kationen der Lösung mit der höchsten Anfangskonzentration. Bei ihm wirken also im Verhältnis zu seinem T notwendig größere x, als es für die Nachfolger gilt, die bereits eine nicht mehr so konzentrierte Lösung und nicht mehr so viel x vorfinden und infolgedessen auch verhältnismäßig weniger am Umtausch sich beteiligen. Es ist vielleicht denkbar, daß in *unendlich langer Zeit* ein vollständiger Ausgleich der verschiedenen Komplexe stattfindet, wie z. B. auch gemengte unlösliche Salze in unendlicher Zeit sich umsetzen. In endlicher Zeit dürfte dieses aber schwerlich geschehen, selbst wenn man das System gründlichst schüttelt, weil eine ganz gleichmäßige Verteilung der eingetauschten Ionen sehr *unwahrscheinlich* ist.

Genau das gleiche gilt, wenn man nicht die feste Phase in die flüssige einträgt, sondern umgekehrt die flüssige Phase auf die feste gießt, wie wohl nicht besonders erläutert zu werden braucht. In diesem Falle springt die Bevorzugung der zunächst befeuchteten Schicht eher noch deutlicher ins Auge.

Ganz und gar nicht gilt die Gleichmäßigkeit der Chancen aller festen Bestandteile, sich mit Kationen im Umtausch zu beladen, für die hier interessierenden praktischen Verhältnisse im Boden. Jede *Düngung*, jedes Meliorationsmittel, Irrigationswasser usw. wird dem Boden *von oben* zugeführt. Die darin enthaltenen Kationen kommen zunächst mit den oberflächlichsten Schichten in Berührung und reagieren mit diesen, während die tieferen auf die nicht verbrauchten Reste angewiesen sind.

Zu diesen kommen aber außerdem noch, wie es auch für den obigen Fall als erschwerendes Moment gilt, die von den Vorgängern ausgetauschten Kationen als neue Umtauschkonkurrenten. Und das ist der zweite und vielleicht wichtigste Grund, warum mit steigender Menge fester Substanz aus der gleichen einwirkenden Kationenmenge *steigend weniger* umgetauscht wird.

Ungleichmäßigkeit der Verteilung und mit der Menge des Sorbens, also der festen Phase, gesteigerte Konkurrenz von bereits verdrängten Kationen bei den späteren Reaktionen, machen es unmöglich, die einfache Multiplikation vom Kleinen aufs Große vorzunehmen, wobei man im Zweifel sein kann, welches der beiden diese Unmöglichkeit bedingenden Momente im Einzelfalle praktisch das wichtigste ist.

Es ist zur Zeit noch nicht möglich, dem Verteilungsverlauf der Kationen bei der allmählichen Durchdringung einer dispersen festen Phase bis in alle Einzelheiten rechnerisch nachzugeben. Man muß sich für praktische Verhältnisse mit Näherungssätzen begnügen, die aber, an den weiter unten mitzuteilenden Beobachtungen an Böden als Maßstab beurteilt, praktisch als ziemlich ausreichend zu betrachten sind. Von besonders aktuellem Interesse ist, wie bereits oben betont, der Fall $x < T\,(1-q)$ da Düngergaben von $x > T\,(1-q)$ nur ganz ausnahmsweise vorkommen.

Bei q-Werten kleiner als 1 ergibt sich für das ganze Gebiet von $x = 0$ bis $x = T\,(1-q)$ theoretisch eine völlige Festlegung. Praktisch werden wegen der niemals fehlenden Hydrolyse der Kolloidsalze stets gewisse kleine Kationenmengen in Lösung bleiben, die unter natürlichen Verhältnissen bei stets vorhandenem CO_2 in der Bodenluft als Karbonate auftreten. Sie sind aber, von Ausnahmen abgesehen, so verschwindend, daß sie das Reaktionsbild nicht irgendwie wesentlich beeinflussen können. Erst wenn die zuerst reagierenden Teile eines dispersen Systemes bis zum Äquivalenzpunkt mit dem betreffenden Ion gesättigt sind, d. h. der hyperbolische Kurventeil erreicht ist, kann eine Verteilung der Kationen zwischen Komplexen und Lösung Platz greifen, wie sie bei Systemen mit q-Werten > 1 von Anfang an erfolgt.

Bezeichnet man den in der Lösung nach erfolgter Gleichgewichtseinstellung mit der ersten Einheitsmenge des Sorbens verbleibenden Anteil des Kations mit R, so ist

$$R_1 = x\left(1 - \frac{T}{x + q\,T}\right),$$

oder wenn man $x = 100$ setzt, d. h. R in Prozenten der zugeführten Kationenmenge ausgedrückt:

$$R\% = 100\left(1 - \frac{T}{100 + q\,T}\right).$$

Für die zweite Einheitsmenge Sorbens, in der Natur für die zweite Zentimeterschicht Boden, ist als x dann dieser Wert von R einzusetzen. Es wird also

$$R_2 = x\left(1 - \frac{T}{x + q\,T}\right)\left(1 - \frac{T}{x\left(1 - \frac{T}{x + q\,T}\right) + q\,T}\right) \quad \text{usw.}$$

Wie sich die Verteilung gleicher Kationenmengen bei Gleichheit von T, aber Verschiedenheit von q bei 2 dispersen Systemen gestaltet, zeigt für $x = 5$ und

$T = 10$ bei $q = 1$ im ersten und $q = 5$ im zweiten Falle die folgende kleine Tabelle, die unter starker Kürzung berechnet ist.

Wie wichtig der q-Wert des Systemes für die Verteilung der Kationen ist, geht aus diesen Ziffern, die durchaus im Bereich der bei Böden zu beobachtenden Verhältnisse liegen, deutlich hervor. Die praktische Bedeutung dieses Umstandes liegt darin, daß im Boden der Modul q die Verteilung des Düngers auf die einzelnen Bodenschichten und damit die Art seiner Auswirkung bedingt.

	$q = 1$		$q = 5$	
	absolut	% x	absolut	% x
R_1	1,75	35,0	4,1	82
R_2	0,26	5,2	3,4	68
R_3	0,0078	0,16	2,7	54
R_4	0,000?	?	2,2	44
R_5	0,0000?	?	1,8	36

Nimmt man an, daß es sich bei den beiden Systemen um Böden handelt, so würde das erstere nahezu die gesamte Düngergabe x in den ersten 2 cm Tiefe festlegen, wo sich erfahrungsgemäß wegen der ständig wechselnden Wassergehalte überhaupt keine Wurzeln entwickeln. Der zweite Boden mit dem Modul $q = 5$ dagegen würde, obwohl auch hier noch eine Bevorzugung der obersten Bodenschicht besteht, sich recht gleichmäßig durchtränken und damit eine gute Düngerwirkung gewährleisten, zu deren Hervorbringung im ersteren Falle ein Vielfaches der Düngergabe wie im letzteren Falle nötig wäre.

In der Natur hat nun durch das Eindringen des Regens auf Spalten und Rissen im allgemeinen ein gegebenes Düngesalz nicht die zur vollen Einstellung des Gleichgewichtes mit den einzelnen Bodenschichten nötige Zeit. Das Bild verwischt sich daher etwas. Im großen und ganzen ist aber die tatsächliche Verteilung von Düngergaben, wie unten an praktischen experimentellen Beispielen, deren sich Hunderte in der Literatur finden und die zum Erfahrungsstück jedes Landwirtes gehören, nachgewiesen werden wird, durchaus den theoretischen Forderungen entsprechend, deren Richtigkeit bei aller anfänglichen Eigenart dadurch die stärkste denkbare Stütze erhält[1].

Die erörterte Verteilung, derzufolge steigende Mengen Sorbens aus Lösungen gleichen Kationeninhaltes pro Mengeneinheit eine stets abnehmende Menge des Sorbendums aufnehmen, zeigt sich bei den Ionenanlagerungen zwar mit besonderer Schärfe, muß sich aber auch bei der letzten Endes ja wesensgleichen apolaren Sorption ganzer Moleküle bemerkbar machen. Hier muß es außer der Ungleichmäßigkeit der Verteilung des Sorbens zwar nicht die Konkurrenz verdrängter Ionen, aber dafür die *Konkurrenz der Moleküle des Lösungsmittels* sein, die sich mit zunehmender Verdünnung der Lösung durch die Anlagerung von Lösungsinsassen stärker und stärker fühlbar machen muß, und zwar *um so mehr, je geringer der Unterschied der Dipolmomente des Lösungsmittels und des gelösten Stoffes ist.*

Tatsächlich ist denn auch diese Erscheinung aus der allgemeinen Kolloidchemie lange bekannt. Sie wurde zuerst von KROEKER (68) 1892 quantitativ untersucht, und ihre Regel wurde auf die Form gebracht

$$m = k \cdot \ln \frac{a}{a - x},$$

wobei m die Menge des Sorbens, a die in einem konstanten Volum v gelöste Anfangsmenge des Sorbendums, x die an m angelagerte Menge Sorbendum und k eine Konstante bedeutet.

[1] Der Fall, daß auf leichten Böden die Lösung der Düngesalze durch den Boden *schnell* hindurchsickert, ehe es zur Einstellung von Gleichgewichten in den obersten Bodenschichten kommt, wird unten seine Behandlung finden.

Das Charakteristikum dieser von allen Untersuchern „dem Sinn nach stets, in quantitativer Hinsicht wenigstens in einiger Annäherung" (69) bestätigten Gleichung ist, daß sich bei arithmetischer Progression der Sorbensmenge das Verhältnis der Anfangsmengen zur Restmenge in der Lösung in geometrischer Progression ändert. Genau denselben Zusammenhang ergibt, was nicht besonders erörtert zu werden braucht, die obige Gleichung. Ein näheres Eingehen würde zu weit fuhren.

q ist oben bereits nicht als Materialkonstante, d. h. nur von den verwendeten Sorbens abhängig und mit diesen gegeben, wie T, sondern als *Systemkonstante* charakterisiert, die der integrale Ausdruck der im System vorliegenden Reaktionsbedingungen ist, also sowohl von den Energien des Sorbens, *wie* von denen des Sorbendums und des Lösungsmittels abhängt. Es ergibt sich nun die wichtige Frage, *in welcher Weise q mit den Systembedingungen sich ändern muß.*

Betrachtet man zunächst den Austauschvorgang, also das q des gegen ein einwirkendes anderes Kation aus dem Sorptionskomplex austauschenden Ions, so liegt es auf der Hand, *daß q unter sonst gleichen Umständen sich vergrößern, d. h. das betrachtete Ion um so schwieriger austauschen muß, in je geringerer relativer Menge es im gemischt zusammengesetzten Komplex vorhanden ist.* Denn um so geringer ist die *Wahrscheinlichkeit,* daß gerade die kleinen zurücktretenden und im Überschuß der Begleitkationen des Schwarmes sich gewissermaßen versteckenden Mengen des Ions aus ihrer Stellung im Schwarm verdrängt werden.

Die Annahme, daß das Wachstum von q der absoluten Menge des Kations in der Komplexbelegung proportional erfolgt, ist dabei sofort von der Hand zu weisen. Auch eine direkte Proportionalität mit der prozentischen Zusammensetzung ist unmöglich und ebenso die zunächst naheliegende Annahme, $q \cdot T$ (Kation) = constans. Diese würde nämlich im Widerspruch zu den Beobachtungstatsachen heißen, daß aus der gleichen Ionenmenge die doppelte Menge Sorbens, wenn T verdoppelt ist, auch die doppelte Menge eintauscht oder gegen sie austauscht, was soeben als nicht zutreffend nachgewiesen ist.

Wohl aber müssen die q-Werte in indirektem funktionellem Zusammenhange mit dem prozentischen Anteil des betreffenden Ions am Gesamtkomplex stehen, wie sich aus den obigen Ausführungen ergibt. Auf den qualitativen Charakter *hyperbolischer* Natur dieses Zusammenhanges

$$q = \frac{c}{x^n + m} + K,$$

worin x den prozentischen Komplexanteil und c, n, m und K Konstanten bedeuten, haben für das Kaliumion VAGELER und ALTEN (12) bereits aufmerksam gemacht. Da die von ihnen untersuchten K-, Ca-, Na-Permutite insofern nicht streng vergleichbar waren, als sie, wenn auch nicht wesentlich, *verschiedene* absolute Größen der totalen Sorptionskapazitäten hatten, haben sie von einer Auswertung der Gleichung abgesehen.

Eine Wiederholung der Versuche der Autoren mit NH_4-Permutit verschieden hoher Belegung bei praktisch gleicher totaler Sorptionskapazität im Austausch gegen K-Ion ergab das folgende Resultat:

[10 g Permutit (gesteigerte NH_4-Belegung) behandelt mit je 50 und 100 Milliäquivalenten verdrängendes Kation (Grenzwerte auf 100 g Permutit berechnet)] s. Tabelle nächste Seite!

Die Daten der Analysen zeigen zunächst die bereits anderweitig vielfach bemerkte Erscheinung, daß *bei großen T-Werten die Einstellung der Gleichgewichte eine sehr lange Zeit erfordert, und zwar um so mehr, je konzentrierter die einwirkenden Lösungen sind.* Auch nach 16stündigem Schütteln ist mit $n/5$-KCl das volle

Behandlung des Permutits	y_1	y_2	NH_4 berechnet	q	Durch Destillation gefundenes NH_4	% NH_4* am Komplex
			I. $n/1$-KCl, 45 Minuten geschüttelt			
100 Milliäquivalent NH_4 .	48,0	61,5	85,5	4,57	85,2	26,1
250 ,, ,, .	90,5	113,5	152,2	2,24	161,7	46,5
500 ,, ,, .	117,0	145,0	190,5	1,65	207,5	58,4
1000 ,, ,, .	143,0	178,0	235,3	1,30	260,7	71,9
2000 ,, ,, .	164,0	203,5	268,8	1,19	302,0	82,2
Reiner NH_4-Permutit . .	194,5	244,0	326,8	1,04	372,0	100,0
			II. $n/5$-KCl, 45 Minuten geschüttelt			
100 Milliäquivalent NH_4 .	49,5	63,0	86,5	4,33	85,2	25,8
250 ,, ,, .	93,0	116,5	156,0	2,17	161,7	46,4
500 ,, ,, .	120,0	148,5	194,9	1,60	207,5	58,0
1000 ,, ,, .	146,0	181,5	239,8	1,34	260,7	71,4
2000 ,, ,, .	165,5	207,0	276,2	1,21	302,0	82,1
Reiner NH_4-Permutit . .	197,0	248,0	335,6	1,05	372,0	100,0
			III. $n/5$-KCl, 16 Stunden geschüttelt			
100 Milliäquivalent NH_4 .	49,5	63,0	86,5	(4,33)	85,2	25,9
250 ,, ,,	92,5	117,0	159,0	2,26	161,7	47,2
500 ,, ,, .	121,0	151,0	200,8	1,64	207,5	59,6
1000 ,, ,, .	147,5	184,0	245,1	1,35	260,7	72,7
2000 ,, ,, .	167,5	210,0	281,7	1,21	302,0	83,7
Reiner NH_4-Permutit . .	201,0	252,0	336,7	1,00	372,0	100,0

Gleichgewicht noch nicht erreicht, wie die Differenz der berechneten und der durch Destillation des NH_4-Permutits mit Natronlauge experimentell bestimmten T-Werte beweist. Immerhin sind auch bei dem reinen NH_4-Permutit die Differenzen gering und schon bei T-Werten von 85 Milliäquivalent praktisch Null, bei Werten also, die in Böden kaum jemals erreicht werden. Der Grund dieser Erscheinung ist, wie von mehreren Autoren schon betont, in der langsamen Diffusion der einwirkenden Ionen ins Innere der Gele zu suchen. Bei Koagelen, wie sie in Böden meistens vorliegen, kommt eine solche Diffusionshemmung in nennenswertem Maße nicht in Frage.

Zur Untersuchung der Abhängigkeit des q-Wertes vom prozentischen Anteil des NH_4 im Gesamtkomplex seien nur die letzten, nach 16 Stunden Schütteln mit $n/5$-KCl ermittelten q-Werte herangezogen, wobei, um die Diffusionshemmung auszuschalten, die prozentischen Anteile auf das für den reinen NH_4-Permutit berechnete T von 336 · 7 Milliäquivalent bezogen seien.

Abb. 11, Fig. a gibt die Funktionskurve von q, bezogen auf den Prozentgehalt NH_4 im Komplex wieder. Die hyperbolische Form ist unverkennbar. Die Gleichung dieser Kurve ist:

$$q = 1{,}1\left(\frac{100}{x} - 1\right) + 1{,}00 .$$

Die Deckung der nach der Gleichung bezeichneten mit den bestimmten Werten ist so genau, daß der Unterschied graphisch nicht in Erscheinung tritt. Die Werte gestalten sich wie folgt:

% NH_4	q gefunden	q berechnet	Δ	% NH_4	q gefunden	q berechnet	Δ
25,9	4,33	4,11	0,22	72,7 . . .	1,35	1,41	0,06
47,2	2,26	2,23	0,03	83,7 . . .	1,21	1,21	0,00
59,6	1,64	1,74	0,10	100,0 . . .	1,00	1,00	0,00

Der Punkt q für $x = 10\%$ ist extrapoliert.

* Bezogen auf berechnetes T des reinen NH_4-Permutits = 100.

Der Umtausch NH_4 gegen K stellt insofern einen Sonderfall dar, als hier q für 100% Belegung wegen der sehr ähnlichen Eigenschaften des K und NH_4 gleich 1 ist. Daß die gefundene Abhängigkeitsbeziehung allgemein gilt, selbst für den Fall, wie WIEGNER und JENNY sich ausdrücken, „anomaler zweiwertiger

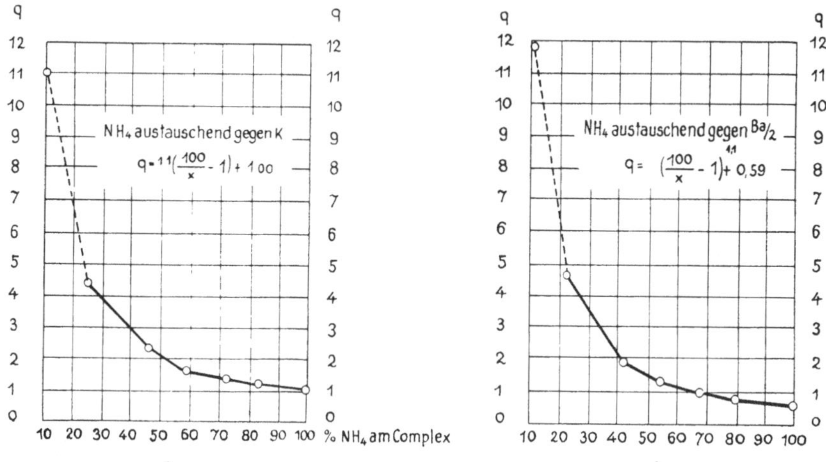

Abb. 11. q als Funktion des prozentualen Anteiles des austauschenden Kations am Komplex.

Ionen", z. B. Ba, bei welchen weit unter 1 liegende q-Werte auftreten, zeigen die nachfolgenden Analysendaten und ihre Auswertung, wiederum bezogen auf den am längsten mit $BaCl_2$ behandelten Permutit:

Vorbehandelt mit.	y_1	y_2	T berechnet	q	T gefunden	% NH_4 *
$n/5$-$BaCl_2$, 45 Minuten geschüttelt: $x_1 = 500$, $x_2 = 1000$						
100 Milliäquivalent NH_4 .	38,0	47,0	61,5	5,03	85,2	21,2
250 „ „ .	81,5	96,5	118,3	1,91	161,7	40,7
500 „ „ .	112,0	129,5	153,6	1,21	207,5	53,0
1000 „ „ .	138,0	160,0	190,5	1,00	260,7	62,0
2000 „ „ .	163,5	188,0	221,2	0,80	302,0	76,4
Reiner NH_4-Permutit . .	214,0	246,0	289,8	0,61	372,0	100,0
$n/5$-$BaCl_2$, 16 Stunden geschüttelt: T extrapoliert für 100 NH_4:						
			66,0	4,61	85,2	22,0
250 Milliäquivalent NH_4 .	84,5	100,5	123,9	1,88	161,7	41,6
500 „ „ .	115,0	135,0	163,1	1,28	207,5	54,7
1000 „ „ .	144,0	168,0	201,6	0,99	260,7	67,9
2000 „ „ .	170,5	197,5	234,7	0,80	302,0	79,8
Reiner NH_4-Permutit . .	220,0	253,0	297,6	0,59	372,0	100,0

Bedeutend schärfer als beim K tritt hier der *Einfluß der Schütteldauer* hervor, ein Beweis, daß für analytische Zwecke zweiwertige Ionen als Verdrängungsmittel ein recht ungeeignetes Material sind.

Abb. 11, Fig. b gibt die graphische Darstellung der Funktionskurve. Ihr Verlauf ist prinzipiell der gleiche wie bei Fig. a. Jedoch tritt nunmehr bezeichnenderweise eine Potentialfunktion auf. Die Gleichung lautet:

$$q = \left(\frac{100}{x} - 1\right)^{1,1} + 0,59 .$$

* Bezogen auf berechnetes T des reinen Permutits.

Auch hier ist die Übereinstimmung von Rechnung und Beobachtung so, daß auf die vergleichende graphische Darstellung der berechneten neben der gemessenen Kurve verzichtet werden muß. Die betreffenden Werte lauten:

% NH_4	q gefunden	q berechnet	Δ	% NH_4	q gefunden	q berechnet	Δ
22,0 . . .	(4,61)	4,61	0,00	67,9 . . .	0,99	1,03	0,04
41,6 . . .	1,88	2,03	0,15	79,8 . . .	0,80	0,81	0,01
54,7 . . .	1,28	1,40	0,12	100,0 . . .	0,59	0,59	0,00

Die Werte für 22% und 10% sind extrapoliert. Daß die Übereinstimmung der Werte der Rechnung und Beobachtung weniger gut ist als beim K, ist leicht verständlich, weil das Endgleichgewicht, wie die Tabelle zeigt, noch bei weitem auch bei der längsten Schütteldauer nicht eingestellt war.

Die Additionskonstanten der Gleichungen 1,00 für K und 0,59 für Ba sind, wie die Tabellen zeigen, die q-Werte der zu 100% mit den betreffenden Kationen belegten Permutite. *Die Gleichung gibt also den Zuwachs, den der q-Wert bei sinkendem Prozentgehalt des Kations im Komplex erfährt.*

Das Auftreten einer Potentialgleichung für den Zuwachs von q mit abnehmender Beteiligung des NH_4 im Komplex gegenüber den zweiwertigen Kationen, das die *praktische Unverdrängbarkeit der letzten Spuren NH_4 durch Ba* bedeutet, ist ein weiterer Hinweis darauf, wie wenig zweiwertige Kationen zur analytischen Umtauschreaktion geeignet sind und eine Bestätigung der WIEGNER-JENNYschen Befunde über die Anomalie der zweiwertigen Kationen.

Für praktisch-bodenkundliche Zwecke wird man bei den geringen Abweichungen sowohl des Exponenten wie des Multiplikationsfaktors von der Einheit beide unbedenklich für die Näherungsrechnung = 1 setzen können, so daß sich dann also das gesamte Verhalten der q-Werte und damit der Löslichkeit der einzelnen Kationen im Boden aus einer einzigen den q-Wert liefernden Analyse in erster Annäherung übersehen läßt.

Zusammenfassend läßt sich sagen, daß der Zuwachs der q-Werte als Ausdruck der Haftfestigkeit der Ionen dem prozentischen Anteil des betreffenden Kations im Komplex umgekehrt proportional ist oder, was dasselbe ist, daß die Beweglichkeit oder Löslichkeit des Kations mit der Zunahme seiner prozentischen Beteiligung an den Komplexbelegungen steigt.

Für das *eintauschende Ion* gelten mutatis mutandis dieselben Gesichtspunkte. *D. h., auch das q des Eintausches muß von dem prozentischen Anteil des betrachteten Ions an der einwirkenden Ionenmenge in hyperbolischer Form abhängig* sein. Daß dem in der Tat so ist, beweisen die nachstehenden, in dem Institut für Agrikulturchemie der landw. Hochschule Berlin von WOLTERSDORF durchgeführten Versuche mit dem Umtausch von K-Permutit gegen gemischte Lösungen von $CaCl_2$ und NH_4Cl.

% der einwirkenden Kationensumme		NH_4		Ca_2		ΣT
NH_4	Ca/2	T	q	T	q	
x = 100	0	471,5	0,99	0,0	—	471,5
91	9	405,0	1,11	68,7	5,50	475,7
75	25	369,0	1,50	111,8	1,05	480,8
50	50	325,0	2,58	170,0	0,62	495,1
25	75	212,0	4,86	(167,0)?	(0,29)?	?
9	91	206,5	14,80	(365,0)	0,62	(571,5)
0	100	0,0	—	312,0	0,63	312,0

Wie die Tabelle zeigt, verläuft der Eintausch des einwertigen Kations und die Steigerung der q-Werte mit abnehmender prozentischer Beteiligung mit großer

Regelmäßigkeit. Die Beziehnug von q zum prozentischen Anteil läßt sich sehr einfach durch eine der obigen für den Austausch einwertigen Kationen entwickelten analoge Gleichung wiedergeben:

$$q = 1{,}36\left(\frac{100}{x} - 1\right) + 0{,}99,$$

die die folgenden Werte von q zum Vergleich mit den ermittelten Werten ergibt:

x % NH_4	q NH_4 berechnet	q NH_4 gefunden	Δ
100	0,99	0,99	0,00
91	1,12	1,11	+0,01
75	1,44	1,50	− 0,06
50	2,35	2,59	− 0,23
25	5,07	4,86	+ 0,21
9	14,80	14,80	0,00
0	∞	∞	0,00

Die graphische Darstellung der Abhängigkeit von q, bezogen auf $\left(\frac{100}{x} - 1\right)$ als unabhängige Variable, gibt Abb. 12.

In Worten läßt sich die obige Gleichung analog den obigen Ausführungen so formulieren, daß bei einwertigen Kationen der Zuwachs des q-Wertes des Eintausches der prozentischen Beteiligung des betreffenden Ions an der einwirkenden Ionenmenge umgekehrt proportional ist.

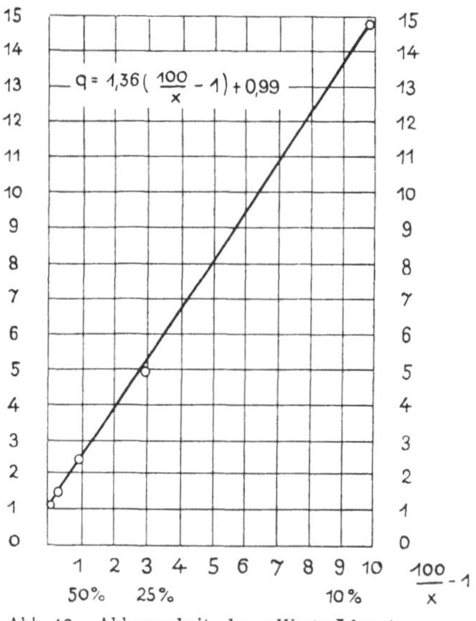

Abb. 12. Abhängigkeit des q-Wertes der Anlagerung vom NH_4 vom prozentuaten Anteil an der einwirkenden Ionenmenge

Die trotz sorgfältigsten analytischen Arbeitens (sämtliche Zahlen sind Mittel von 2—4 Parallelbestimmungen) namentlich bei höherem prozentischen Anteil des Ca auftretenden Unregelmaßigkeiten illustrieren drastisch die sich beim Arbeiten mit zweiwertigen Kationen mit der Möglichkeit der Bildung von Hydroxyden einstellenden technischen Schwierigkeiten, übereinstimmend mit den Erfahrungen JENNYS (l. c.).

Daß die Änderung des q prinzipiell nach einer Potentialgleichung entsprechend den obigen Feststellungen verläuft, ist aus den Ziffern zu entnehmen, mehr aber auch nicht.

Von Interesse war es, in diesem Zusammenhange noch der bodenkundlich besonders wichtigen Frage nachzugehen, wie sich *einwertige Kationen neben H-Ion* mit seiner sehr großen Eintauschenergie verhalten.

Nachstehende Tabelle enthält die in der landwirtschaftlichen Versuchsstation Lichterfelde ermittelten Analysendaten:

[10 g Ca-Na-Permutit mit $T = 282$ (analytisch) y_1 bei 50, y_2 bei 100 Milliäquivalent $H^\cdot$, NH_4, $4\,H + 1\,NH_4$, $3\,H + 2\,NH_4^\cdot$, $2\,H + 3\,NH_4^\cdot$, $1\,H + 4\,NH_4$ (HCl-$n/10$, NH_4Cl-$n/10$)] s. Tabelle nächste Seite!

Die Resultate sind sehr bemerkenswert. Betrachtet man zunächst die reinen, nicht gemischten Lösungen, so hat NH_4 in nahezu idealer Übereinstimmung rechungsmäßig den analytisch gefundenen T-Wert 284 geliefert. Der T-Wert des H liegt in Bestätigung der früheren Feststellungen von VAGELER und WOLTERSDORF (10) sehr wesentlich höher, was sich zum Teil durch apolare Sorption am Al, zum Teil wohl auch gemäß den Anschauungen TRÉNELS (167) aus der lösenden Wirkung des HCl und dem Zerfall der Permutitsubstanz erklärt.

Die T-Werte der Kationensumme liegen mit 345 recht genau in der Mitte der beiden einzelnen T-Werte für H und NH_4: $\frac{284 + 411}{2} = 347$, was *gegen* einen

	y_1 H-Anlagerung	y_1 NH_4	y_2 H	y_2 NH_4	y_1 $H + NH_4$	y_2 $H + NH_4$	T H	q_H	T NH_4	q_{NH_4}	T $H + NH_4$	$q_{(H+NH_4)}$
$H^{\cdot}$	304,0	—	350,0	—	—	—	411,5	0,43	—	—	—	—
$NH_4^{\cdot}$	—	206,5	—	239,0	—	—	—	—	284,1	0,66	—	—
$4\,H^{\cdot} + 1\,NH_4^{\cdot}$ . .	269,5	28,5	318,0	0,0	298,0	318,0	389,1	0,46	?	?	341,3	0,21
$3\,H^{\cdot} + 2\,NH_4^{\cdot}$ . .	236,5	60,0	287,0	30,0	296,5	317,0	366,3	0,45	?	?	341,3	0,22
$2\,H^{\cdot} + 3\,NH_4^{\cdot}$ . .	185,5	114,0	247,0	77,0	299,5	324,0	369,0	0,54	?	?	352,1	0,25
$1\,H^{\cdot} + 4\,NH_4^{\cdot}$ . .	100,0	157,0	175,0	138,0	257,0	313,0	?	?	?	?	?	?

starken Abbau des Permutits im Sinne TRÉNELs spricht; eine Frage, die bei der Behandlung der Azidität der Böden näher zu erörtern sein wird.

Die T-Werte sind in der Tabelle so berechnet, als wenn jeweils nur das betreffende Kation anwesend gewesen wäre. Die Steigerung der q-Werte mit abnehmendem Prozentgehalt im einwirkenden Kationsgemisch ist merklich, aber sehr gering.

T_{NH_4}-Werte lassen sich in der Mischung überhaupt nicht feststellen. Selbst bei einer Beimischung von nur 20% H-Ion liegen die y_2-Werte von NH_4 sehr wesentlich unter den y_1-Werten, *d. h., das H-Ion hat auch bei geringer prozentischer Beteiligung im einwirkenden Ionengemisch den Eintritt von NH_4 sehr wirkungsvoll verhindert, so wirkungsvoll in der Tat, daß bei der Einwirkung von 80 H neben 20 NH_4 auf 10 g Permutit — vgl. y_2 für NH_4 bei $4\,H + 1\,NH_4$ — überhaupt keine NH_4-Anlagerung nachzuweisen ist, wohl aber bei der halben Reagenzmenge $x_1 = 50$, wo H noch fast völlig festgelegt wird.*

Der scharfe Sprung der Dissoziation der Azidoide und der Azidoidsalze, der den Austausch des H gegen Neutralsalze verhindert, kommt dadurch sehr deutlich zum Ausdruck.

Von einer Berechnung des T_H und q_H-Wertes der letzten Gruppe $1\,H + 4\,NH_4$ ist abgesehen, da y_1 für H noch völlige Sorption bedeutet, d. h. dieser Wert noch im geradlinigen Teil der Sorptionskurve unterhalb des Äquivalenzpunktes liegt.

Die praktische Wichtigkeit dieser Beziehungen der q-Werte zur Zusammensetzung der Lösungen für die Beurteilung der Böden übertrifft noch die der vorher behandelten. Denn damit wird prinzipiell die Frage lösbar, *inwiefern kombinierte Düngemittel sich in ihrer Wirkungsmöglichkeit von reinen,* d. h. nur ein Kation umfassenden Düngemitteln, *unterscheiden und wie auf der anderen Seite Bodensäure, d. h. freie H-Ionen im Boden im Überschuß die Auswirkung der Düngung beeinflussen können.* Auch diese Punkte werden unten eine eingehende Erörterung erfahren.

Es bleibt noch die letzte Möglichkeit zu erörtern, durch welche nunmehr nicht nur die q-Werte, sondern mit ihnen auch die *scheinbaren T-Werte* eines eintauschenden Ions *durch die Konzentration der Lösung* eine Änderung erfahren. Schon oben ist darauf hingewiesen, daß dieser *Konzentrationseffekt,* da die Feldstärke der Ionen durch Änderungen der Hydratation stark beeinflußt wird, von besonderer praktischer Wichtigkeit sein muß.

Die Gründe dieser Wichtigkeit sind klar. Nur ganz vorübergehend kann in einem Boden in seiner Bodenlösung eine gleichbleibende Konzentration herrschen. Denn Niederschläge und Kondensation von Wasserdampf streben, die Konzentration zu vermindern, die Verdunstung, Abwanderung und Versickerung des Wassers streben, sie zu erhöhen. Für die wenig hydratisierten Ionen ist das, wie oben bereits gezeigt ist, ziemlich belanglos, da ihre Reaktionen mindestens praktisch von der Konzentration unabhängig sind. Im gemäßigten Klima spielen aus unten zu erörternden Gründen diese wenig oder relativ wenig hydratisierten Ionen wie K und Ca in den Bodenlösungen und Bodenkomplexen die Hauptrolle. Ganz anders ist es aber im tropischen und besonders im ariden heißen Klima, wo eine Auswaschung leicht löslicher Produkte aus den Böden fehlt. Hier häufen sich (12) die wegen ihres geringen Ionenvolums zu sehr starker Hydratation befähigten Na-Salze, da das Na einen der Hauptbestandteile der Erdrinde ausmacht. Wie viele praktisch ausschlaggebende Fragen der Bodenmeliorierung und Bearbeitung in diesen Gebieten mit dem Na verknüpft sind, wird unten auszuführen sein. Hier mussen diese Andeutungen genügen als Grund, der scheinbar rein theoretischen Frage der *Beeinflussung der Reaktionen durch die Konzentration,* also der Hydratation der Ionen, ein ganz besonderes Gewicht beizulegen.

Leider ist, so merkwürdig es bei der sehr großen Anzahl gerade auf die Klärung dieser Frage gerichteter experimenteller Arbeiten klingt, das in der Literatur vorliegende, zur Klarlegung der prinzipiellen Bedingungen brauchbare Material spärlich, soweit es die hier speziell interessierenden Austauschreaktionen anbelangt. Es ist das das Ergebnis des, wie leider ausgesprochen werden muß, teilweisen *Mißbrauches des Begriffes Konzentration als Bezugseinheit.*

Konzentration ist definiert als Ionen- oder Molekülmenge im Liter. Schon hier fängt die Verwirrung an, worauf schon EGGERT (72) aufmerksam macht, indem er bei der Behandlung des Zusammenhanges des osmotischen Druckes mit den Gasgesetzen schreibt:

„Führt man statt der räumlichen Konzentration c die hierin an sich nicht erlaubte Gewichtskonzentration c' — *Mole/Substanz gelöst in 1000 g Lösungsmittel* — ein, so wird die (Gas-)Gleichung in dem ganzen untersuchten Gebiete wesentlich besser erfüllt."

Namentlich bei konzentrierteren Lösungen ist der Unterschied der Menge je Liter Lösung und Menge je Liter Lösungsmittel sehr erheblich.

Aber dabei hat es nicht sein Bewenden. Durchaus nicht selten werden auch *Volumprozente* benutzt, speziell bei Schwefelsäure (s. u.), kurz, die Anwendung des Begriffes Konzentration ist alles andere als eindeutig.

In den seltensten Fällen ist es aber bei Sorptionsversuchen klar und deutlich angegeben, was der betreffende Autor eigentlich meint.

Immerhin sind die dadurch entstehenden Unsicherheiten in der Beurteilung der Ergebnisse zwar groß, aber in den meisten Fällen wenigstens nicht von einschneidender Bedeutung. Das Bild ändert sich aber total, wenn in den Veröffentlichungen, wie es sehr häufig geschieht, zwar die — auch schon nicht scharf definierte — *„Konzentration" angegeben wird, aber nicht, mit welchen Flüssigkeitsmengen im Einzelfalle gearbeitet ist.* Mit diesen Werten und den mit ihnen ermittelten Zusammenhängen ist nämlich überhaupt nichts anzufangen. *Die Mehrzahl der Autoren scheint sich nicht darüber im klaren zu sein, daß eine bloße Konzentrationsangabe bei dem hier behandelten Problem gar nichts besagt, wenn die genaue Volumangabe der verwendeten Lösung, d. h. der absoluten Ionenmenge fehlt.* Es ist sicher nicht zuviel behauptet, daß ein sehr erheblicher Prozentsatz einander widersprechender Beobachtungen einzig und allein auf die Vernachlässigung dieses Umstandes zurückzuführen ist.

Tatsächlich ist das, was vielfach als „Konzentration" in den Funktionsgleichungen erscheint, durchaus keine Konzentration, sondern nur absolute Ionen- oder Molekülmenge auf eine fiktive Einheit von 1 l bezogen. Die Versuche sind nicht mit einer, sondern unwissentlich mit zwei unabhängigen Variablen angestellt, weil neben der

Konzentration im strengsten Wortsinn gewöhnlich auch noch die einwirkende Reagenz*menge* geändert wird. Schon allein dadurch verschieben sich aber die Reaktionsverhältnisse der Systeme (s. o.) weitgehend, und vieles erscheint als „Konzentrationseinfluß“, was damit nicht das Allergeringste zu tun hat. Zusammenhänge werden so künstlich kompliziert, die es tatsächlich gar nicht sind.

Dieses Urteil ist so hart, daß die eingehendste Begründung unbedingt geboten ist. Leider sind die Beispiele so billig wie Brombeeren, denn „peccatur intra et extra muros“, so daß man um Auswahl nicht verlegen ist. Es scheint empfehlenswert, einen Autor herauszugreifen, dessen Bedeutung für die Entwicklung der Bodenkunde so groß ist und international so außer Frage steht, daß daran auch der Nachweis eines Irrtums nicht das geringste ändert, womit dann auch *ein* Beispiel genügt:

Gedroiz (21) widmet dem Einfluß der Konzentration der einwirkenden Lösung auf die Sorptionsverhältnisse der Bodenkolloide eine besonders eingehende Betrachtung. *Tatsächlich berechtigen ihn seine Versuche nicht, auch nur das Allergeringste über den Konzentrationseinfluß auszusagen.* Sie sind wie folgt angestellt:

10 g Boden — diese Menge tut hier nichts zur Sache, obwohl auch hier schon Klippen drohen, deren Bedeutung oben erörtert ist — *sind mit je 50 cm*^{3} *NH_4Cl-Lösung in steigender Konzentration behandelt. Das ist das im Prinzip durchaus allgemein gebräuchliche Vorgehen.* Es zeigte sich dabei, daß mit steigender Konzentration, d. h. gelöster Menge NH_4Cl in den verwendeten 50 cm^3, die Verdrängung von Ca und Mg in einer *stetigen gekrümmten Kurve* steigt, was Gedroiz als *Konzentrationseinfluß* betrachtete, wie es in der Regel auch als solcher betrachtet wird.

Tatsächlich hat der Autor — und viele bei derselben Versuchsanstellung mit ihm — aber nicht die Konzentration allein gesteigert, sondern auch die einwirkende Ionenmenge, und was als Konzentrationseinfluß erscheint, hat gerade in dem Falle des NH_4Cl mit seiner sehr geringen Hydratation recht wenig mit der Konzentration, aber alles mit der Steigerung der Ionenmenge zu tun (s. u.). *Die über den Konzentrationseinfluß gezogenen Schlüsse sind also völlig unbegründet, weil der Versuch in dieser Richtung gar keine Antwort erteilen konnte und auch nicht erteilt hat.*

Wenn man den *Konzentrations*einfluß studieren will, muß ganz selbstverständlich die einwirkende Ionen*menge*, also in diesem Falle die auf die gegebene Bodenmenge *einwirkenden Menge NH_4Cl konstant* gesetzt, und nur das *Lösungsvolum variiert werden.* Nur so kann sich der Einfluß der Konzentration wenigstens einigermaßen rein zeigen. „Einigermaßen rein“, weil auch bei dieser Versuchsanstellung die mit der Verdünnung der Lösung wachsende elektrolytische Dissoziation und Hydrolyse der Kolloidsalze und der reagierenden Salze störende Momente in das Bild der Resultate hineinträgt.

Die bedingt richtigen Resultate bei der letzteren Art des Vorgehens gelten aber auch nur für den gewählten Einzelfall und lassen sich als *Konzentrationsbeziehung* durchaus nicht ohne weiteres verallgemeinern. Denn da, wie oben gezeigt ist, die Umtauschreaktion wesentlich vom Mengenverhältnis der Ionen und dem Verhältnis Sorbendum—Flüssigkeit abhängt, werden die Resultate, wenn keine Volumina angegeben sind, sondern nur auf Konzentrationen umgerechnet ist, vieldeutig. Man kann sich experimentell leicht überzeugen, daß zu jeder „Konzentration“ nicht ein, sondern jede beliebige Menge von Resultaten gehört, je nachdem man die Menge Sorbens oder einwirkende Flüssigkeitsmenge gegeneinander variiert. Ganz schlimm aber wird es, sobald die Beobachtungsresultate auf *Gleichgewichtskonzentrationen* bezogen werden. Bei genügend großer Variation des Verhältnisses Sorbens : Flüssigkeitsmenge müssen hier für jedes betrachtete Einzelsystem unendlich viel Einzelwerte der Konstanten der parabolischen Funktionsgleichungen sich ergeben, je nach den Versuchsbedingungen im Einzelfalle. Es ist kein Wunder, daß tatsächlich nur ganz ausnahmsweise, *wenn nämlich zufällig experimentell mit denselben Volumverhältnissen gearbeitet worden ist,* die von verschiedenen Autoren angegebenen Konstanten für den gleichen Fall sich decken, weil die *Umrechnung auf Konzentration* sich fast in jedem Falle verschieden gestaltet.

Für apolare Sorptionsvorgänge ist der Zusammenhang zwischen Konzentration und Anlagerung oder, was dasselbe ist, zwischen Sorption und Lösungsvolum neuerdings eingehend von RABINERSON (74) bearbeitet worden. Er faßt seine Eregbnisse wie folgt zusammen:

1. „Bei konstant gehaltenem a (verwendete Molekülmenge) und m (verwendete Menge des Sorbens) nimmt x (die angelagerte Molekülmenge) bei v- (Volum der Lösung) Vergrößerung ab. Graphisch wird die x-, v-Funktion durch eine zur v-Achse konvexe herabfallende Kurve dargestellt.

2. Im Gebiet von nicht allzu kleinen Volumina bzw. nicht allzu hohen Konzentrationen gilt die Gleichung: $x = k \cdot v^{-1/n}$,

wo K und $^1/_n$ Konstanten sind. Dieser Gleichung muß nur eine rein empirische Bedeutung zugeschrieben werden.

3. Der Exponent $^1/_n$ der x, v-Gleichung ist mit dem Exponenten der allgemeinen (FREUNDLICHschen) Adsorptionsgleichung nicht identisch, indem ersterer durch einen kleineren Wert als letzterer gekennzeichnet wird."

Abweichungen von dem durch die Gleichung gegebenen Reaktionsverlauf, bestehend in Zunahme der Sorption pro Mengeneinheit bei Volumvermehrung im Gebiet der hohen Konzentration werden unten erörtert werden. Hier sei als Beispiel der Übereinstimmung von Rechnung und Beobachtung die folgende Tabelle nach den Versuchen RABINERSONs mitgeteilt:

Sorption von Essigsäure durch 1 g Kohle.

$a = 2{,}9355$ Milliäquivalent Essigsäure. D = Abweichungen des gefundenen Wertes von x vom berechneten Wert in Prozent des letzteren:

$$x = 97{,}5 \sqrt{v}^{\,-0{,}336}$$

v	in Prozent von a		D %
	x gefunden	x berechnet	
30,00	32,02	31,10	+ 2,96
49,38	26,88	26,30	+ 2,21
86,71	21,83	21,77	+ 0,28
111,91	20,07	19,98	+ 0,45
169,08	17,74	17,39	+ 2,01
214,55	15,03	16,05	− 6,36

Die Übereinstimmung der berechneten und beobachteten Resultate ist vorzüglich, bei anderen Versuchsobjekten wie Bernsteinsäure, HCl usw. teilweise noch besser.

Logarithmiert geht die obige Gleichung in die einer geraden Linie über:

$$\log x = v - {}^1/_n \log k'.$$

Tatsächlich sind die so erhaltenen Linien nun aber *keine* ganz genauen Graden, auch wenn man den Maßstab mit Rucksicht auf die unvermeidlichen Untersuchungsfehler nicht rigoros anlegt. Ferner zeigen bei jeder längeren Untersuchungsreihe die Abweichungen D einen deutlichen *Gang*, indem sie stetig von positiven zu negativen Werten ubergehen. D. h., es zeigt sich bei näherer Betrachtung der RABINERSONschen Gleichung, „daß auch diese die Beobachtungen nur genähert berechnen läßt", wie JENNY sich bezüglich der Sorptionsisotherme von WIEGNER-FREUNDLICH ausdrückte.

Der Grund dafür liegt darin, daß man es hier geradezu mit einem Schulbeispiel zu tun hat, daß *„der Logarithmus hervorragend geeignet ist, die einfachsten chemischen Tatsachen zu verwirren"* (SVEN ODÉN).

Trägt man die experimentell gefundenen Daten nämlich bezogen auf die Volumina als Abszissenwert auf, indem man, wie es zweckmäßig ist, das geringste Volum als Einheit benutzt, so tritt der *hyperbolische* Charakter der Funktion klar zutage. Hyperbolische Kurven lassen sich aber stets nur für sehr *beschränkte* Beobachtungsbereiche nach exponentialen oder logarithmischen Gleichungen berechnen und weichen bei großen Beobachtungsgebieten ausnahmslos von der Rechnung in steigendem Maße nach oben wie nach unten hin ab, genau wie es bei den obigen D-Werten der Fall ist.

Jede Hyperbel ist der graphische Ausdruck der reziproken Gleichung einer geraden Linie, die sich für den vorliegenden Fall sofort ergibt zu

$$\frac{1000}{y} = k + x \cdot c,$$

worin y die von 1 g Kohle festgelegte Essigsäurenmenge (in der obigen Gleichung x genannt) in Prozent der Ausgangsmenge a, x das Volum in Vielfachem des Anfangsvolums v bedeutet und k und c Konstanten sind.

In Worten ausgedrückt bedeutet diese Gleichung nichts als die sehr einfache und von vornherein zu erwartende Tatsache, daß der Zerfall oder, wenn man will, die Dissoziation der gebildeten Verbindung Kohle—Essigsäure proportional der zugesetzten Wassermenge steigt. Bei Verringerung der Wassermenge, also gesteigerter Konzentration, wird andererseits nur eine ganz bestimmte Menge Essigsäure $^1/_k$ *von der Kohle je Gramm gebunden, wie es auch selbstverständlich ist, weil ja die der Kohle pro Gewichtseinheit zur Verfügung stehenden elektrischen Feldkräfte einen endlichen Betrag besitzen.* Die ganze Mystik der Exponentialgleichung ist verschwunden.

Daß diese einfachen Zusammenhänge zu Recht bestehen und dem RABINERSONschen Beobachtungsmaterial in vollem Umfange gerecht werden, zeigt die nachstehende, entsprechend aus den experimentellen Daten umgerechnete Tabelle:

$X = \frac{V}{30}$	y gefunden	y berechnet	Differenz +	Differenz −	
1,00	32,02	29,7	—	2,32	Die Berechnungsgleichung lautet:
1,65	26,88	27,0	0,12	—	$^{1000}/_y = 28{,}2 + x \cdot 5{,}5$,
2,89	21,83	22,7	0,87	—	also
3,73	20,07	20,6	0,53	—	$k = 28{,}2$; $c = 5{,}5$
5,64	17,74	16,9	—	0,84	
7,15	15,03	14,9	—	0,13	

Der *Gang* der Abweichungen zwischen Rechnung und Beobachtung ist verschwunden, und bei genauer Ausgleichung, die hier nicht vorgenommen ist, würden sich die Abweichungen sicherlich restlos dem GAUSSschen Fehlerverteilungsgesetz als wahrscheinliche Fehler einrangieren.

Dem Sinn der Gleichung nach wäre der reziproke Wert der Konstanten k die von 1 g Kohle gebundene Menge Essigsäure in Prozent der Ausgangsmenge a im Falle, daß das Lösungsvolum sich auf 0 reduziert. Das ist nicht möglich. Der erste Teil der Kurve für ganz kleine x-Werte ist also nicht realisierbar. Um zu ganz genauen Werten zu kommen, wäre es nötig, statt des genannten Lösungsvolums das Volum: v-Volum der wasserfrei verwendeten Essigsäure einzusetzen.

Aber selbst bevor dieses kleinstmögliche Volum erreicht ist, muß es je nach dem untersuchten System zu *Abknickungen der geradlinigen Kurve nach oben kommen, bzw. der in hyperbolischer Form aufgetragenen reziproken Kurve nach unten, weil bei für jedes System charakteristischen Konzentrationen das Hydratationsbestreben der Kohle das des zugesetzten reagierenden Moleküls überwiegen muß, wenn dessen Dipolmoment nicht größer ist als das Dipolmoment des Wassers. Es muß also bei gewissen höheren Konzentrationen eine Verringerung der Festlegung je Masseneinheit eintreten,* die OSTWALD (84) als „*Adsorptions-Anomalie*" bezeichnet und eingehend behandelt hat. Diese Anomalie ist vom hier vertretenen Standpunkt eine Selbstverständlichkeit. *Derselbe Gedankengang erklärt auch die Erscheinung der viel diskutierten negativen Sorption aus Lösungen.*

Die Konstante c ist in Parallele zu dem q-Wert der VAGELERschen Sorptionsgleichung ein Proportionalwert des relativen Dissoziationsgrades der Verbindung Kohle—Essigsäure. Sie ist mit der Konstanten k durch die Beziehung verknüpft:

$$\frac{k}{c} = m = \text{Additionskonstante}$$

und

$$\frac{1}{c} = C = \text{Hauptkonstante},$$

der für die der Geraden reziproken *Hyperbelgleichung* $y = \frac{C}{x+m}$, die die Anlagerung einer gegebenen *Molekülmenge an eine gegebene apolare Sorbensmenge bei zunehmendem Lösungsvolum x, also zunehmender Verdünnung, ergibt.*

Wie sich die Verhältnisse bei der *polaren Sorption* gestalten, zeigen die folgenden, in der Versuchsstation Lichterfelde durchgeführten Versuchsserien:

10 g eines Permutits mit $T = 260$ Milliäquivalent Kation je 100 g, und zwar K und Ca wurde mit je 50 und 100 Milliäquivalent Na als NaCl in den Konzentrationen 2 n, n, $^{n}/_{10}$, $^{n}/_{50}$ und $^{n}/_{100}$ behandelt.

Das Ergebnis zeigt die nachstehende Tabelle, in welcher bei der Wichtigkeit der Frage zur Ermöglichung der Nachrechnung auch die Analysenwerte (Mittel von je zwei Bestimmungen) angegeben sind: (b entspricht dem reziproken Wert von y, K dem reziproken Wert von T).

	y_1	y_2	b_1	b_2	K	T	q
2 n	164,7	201,3	6,071	4,968	3,865	258,7	1,10
n	157,5	195,8	6,349	5,107	3,865	258,7	1,24
$^{n}/_{10}$	151,4	190,2	6,604	5,257	3,910	255,8	1,35
$^{n}/_{50}$	135,3	173,7	7,389	5,757	4,125	243,0	1,64 (?)
$^{n}/_{100}$	117,5	144,4	8,510	6,920	5,33	187,6	1,59

Sieht man von der Reihe $^{n}/_{50}$ ab, so wachsen die q-Werte, wie es nicht anders zu erwarten war, stetig mit der Verdunnung, wenn auch nicht proportional. Unterhalb der Konzentration von $^{n}/_{10}$ nehmen gleichzeitig die T-Werte ab. *Aber diese Abnahme ist nur scheinbar und durch die Spaltung der Verbindungen unter dem Einfluß des Wassers bedingt,* wie die folgende Tabelle der hydrolytisch bei den verschiedenen Konzentrationen als freie Base auftretenden Kationenmengen zeigt, worin die Werte ebenfalls auf 100 g Substanz berechnet sind.

	10 g Permutit	y_1	y_2	b_1	b_2	K	T	q
2 n	25 u. 50 cm³ Losung	?	?	—	—	—	?	?
n	50 u 100 „ „	?	2,0	—	—	—	2,0?	?
$^{n}/_{10}$	500 u 1000 „ „	2,0	3,0	500,0	333,3	166,6	5,99	166,8
$^{n}/_{50}$	2500 u 5000 „ „	7,0	9,0	142,8	111,1	79,4	12,59	158,5
$^{n}/_{100}$	5000 u. 10000 „ „	8,5	15,0	117,6	66,7	15,8	63,29	509,0

Die Summe der im Endwert angelagerten und hydrolytisch als NaOH abgespaltenen Kationen bleibt stets sehr genähert gleich der totalen Sorptionskapazität T. Damit werden die obigen Schlußfolgerungen über die tatsächliche Konstanz der totalen Sorptionskapazität für das gleiche Ion bestätigt. Leider liegen Untersuchungen bei noch höheren Verdünnungen nicht vor. Aber aus den mitgeteilten Spaltungswerten läßt sich ableiten, daß z. B. schon bei Verdünnungen von $^{n}/_{500}$ NaCl praktisch überhaupt keine Anlagerung von Na mehr erfolgen kann, weil der gesamte entstehende Na-Permutit vollständig hydrolysiert ist, ein Gesichtspunkt, dessen Bedeutung im Zusammenhang mit den Meliorationsfragen von Salzböden unten eingehend gewürdigt werden wird.

Permutite mit verschiedener Kationenbelegung behandelt mit steigenden Wassermengen.

	T	q
Na-Permutit. . . .	7,06	652
K- „	5,20	1711
Ca- „	?	$\approx \infty$
Mg- „	?	„
H- „	?	„

Wie sich die reine Hydrolyse unter Ausschluß aller Kationen in CO_2-freiem Wasser gestaltet, zeigen für verschiedene Kationenbelegungen die nebenstehenden Ziffern.

Die mit zweiwertigen Kationen belegten Komplexe und vor allem die reinen Azidoide sind also praktisch hydrolytisch unangreifbar. Auch die Hydrolyse des K ist sehr gering, dagegen die des Na relativ sehr stark, wie es nach den obigen Daten zu erwarten war.

Ein besonderes Interesse beansprucht noch der Fall des Einflusses der Verdünnung auf das analytisch meist verwendete NH_4 in seiner Reaktion mit Komplexen.

Es wurden die folgenden Ziffern gegenüber dem gleichen KCa-Permutit in derselben Weise wie oben mit NaCl ermittelt:

	y_1	y_2	b_1	b_2	k	T	q
2 n	174	208	5,75	4,81	3,87	258,4	0,94
n	175	209	5,71	4,78	3,85	259,7	0,93
$^{n}/_{10}$	168	200	5,95	5,00	4,05	246,9	0,95
$^{n}/_{50}$	150	164	6,67	6,10	5,53	180,8	0,57
$^{n}/_{100}$	149	162	6,71	6,17	5,63	177,6	0,54

Die Abnahme der Anlagerung unterhalb $^{n}/_{10}$ ist auch hier sehr deutlich ausgeprägt. *Im Gegensatz zum Na nehmen aber die q-Werte beim NH_4 mit zunehmender Verdünnung nicht nur nicht zu, sondern sogar ziemlich scharf ab, was auf die zunehmende Hydrolyse des NH_4 mit steigender Verdünnung zurückzuführen sein dürfte.*

Der die Abnahme von T kompensierende Hydrolyseeffekt ist ebenfalls scharf ausgeprägt:

Konzentration der Lösungen	10 g Permutit	y_1	y_2	b_1	b_2	k	T	q
2 n	25 u. 50 cm^3 Lösung . .	2,0	3,0	500,0	333,3	166,6	5,99	8,3
n	50 u. 100 „ „ . .	3,0	5,0	333,3	200,0	66,7	14,99	13,3
$^{n}/_{10}$	500 u. 1000 „ „ . .	6,5	11,0	153,8	90,9	28,0	35,71	62,9
$^{n}/_{50}$	2500 u. 5000 „ „ . .	12,0	15,0	83,3	66,7	50,1	19,96	83,0
$^{n}/_{100}$	5000 u. 10000 „ „ . .	15,5	24,0	64,5	41,7	18,9	52,91	228,0

Es ist dabei allerdings fraglich, inwiefern dieser Effekt nicht auf die von GRUNER (134) aufgefundenen eigenartigen Reaktionsverhältnisse der NH_4-Permutite zurückgeht, die später eine eingehende Behandlung erfahren werden.

Die Notwendigkeit, analytisch mit möglichst großen Konzentrationen zu arbeiten, um zu sicheren T-Werten zu gelangen, geht aus diesen Daten mit aller Deutlichkeit hervor, ebenso aber auch die sehr große Rolle der Hydrolyse für alle bodenkundlichen Fragen.

Die Verknüpfung der q-Werte mit der Konzentration läßt vorläufig eine rechnerische Behandlung noch nicht zu. Sie ist jedenfalls viel komplizierter als bei der apolaren Sorption.

6. Das allgemeine physikalische Verhalten polydisperser Systeme zu Wasser und wässerigen Lösungen.

a) Die Statik des Wassers in dispersen Systemen.

Es ist bereits in den vorhergehenden Abschnitten die große Rolle des Wassers bei den Reaktionen der Kolloidsalze, als durch seine Menge den Ablauf derselben beeinflussend, mit aller Schärfe betont. Dabei ist jedoch prinzipiell das chemische Verhalten des Wassers oder wässeriger Molekül- oder Ionendispersionen zum *Einzelteilchen* betrachtet worden. Wo bei der Annahme einer *Gewichtseinheit* sorbierender Substanz stillschweigend sehr große Mengen von Einzelteilchen der Betrachtung zugrunde gelegt waren, ist, abgesehen von den Flockungserscheinungen, das physikalische Verhalten von Kolloidsalz*massen* zu Wasser und wässerigen Lösungen nur andeutungsweise gestreift.

Das physikalische Verhalten des Systemes Kolloidsalz : Lösung gegenüber der Außenwelt als Reaktionskomponenten, im Fall des Bodens als Gegenspieler der Pflanzen, ist überhaupt noch nicht berührt. Um dieses in allen Fällen überblicken zu können, ist wiederum ein Eingehen auf die physikalisch chemischen Grundtatsachen erforderlich.

Nach Boyle-Mariotte-Gay-Lussac-Kelvin ist

$$\frac{p_0 \cdot V_0}{T_0} = \frac{p_1 \cdot V_1}{T_1} = \frac{p_2 \cdot V_2}{T_2} = \frac{p \cdot V}{T} = \text{konstans},$$

d. h., der Quotient aus dem Produkt von Druck und Volumen einer Gasmasse und der absoluten Temperatur T (von $-273{,}2°$ gezählt in Celsiusgraden) ist eine *Konstante*, die nur noch von der jeweiligen Menge des betrachteten Gases abhängt.

Da nach dem Gesetz von Avogadro gleiche Raumteile aller Gase bei gleichem Druck und gleicher Temperatur die gleiche Anzahl von Elementarteilchen enthalten, erscheint es zweckmäßig, die Gleichung auf so viel Elementarteilchen zu beziehen, wie in einer Gramm-Molekel des Gases, d. h. in so viel Gramm, als das Molekulargericht beträgt, vorhanden sind. Dadurch bekommt die Konstante der Gleichung fur *sämtliche* Stoffe *im Gaszustande oder in einem diesem vergleichbaren Zustande* einen absolut feststehenden, *allgemeingültigen* Wert, den man die *allgemeine Gaskonstante R* nennt. Ihr numerischer Wert ist leicht zu ermitteln, wenn man das *Molekularvolum von Gasen* unter scharf definierten Temperatur- und Druckbedingungen mißt, als welche sich der *Druck von einer Atmosphäre* und die Temperatur $0°\,C = 273{,}2\,T$ empfehlen, die allgemein als „*Normalbedingungen*“ gelten.

Derartige Messungen sind bei der Wichtigkeit dieser universellen Größe in außerordentlicher Zahl gemacht. Der aus den zuverlässigsten Messungen sich ergebende Mittelwert beträgt für das *Molekularvolum aller Stoffe im Gaszustande bei Normalbedingungen:* $273{,}2°\,T$ und 760 mm Quecksilberdruck.

$$V_0 = 22412\ \text{cm}^3 = 22{,}412\ \text{l}.$$

Eine Tabelle von Einzelmessungen zur Beurteilung der bei den Messungen in Kauf zu nehmenden Schwankungen sei nach EGGERT (73, S. 13) beigefügt:

Wasserstoff	22430 cm^3	Kohlenoxyd	22440 cm^3
Sauerstoff	22390 ,,	Stickstoffoxydul	22340 ,,
Stickstoff	22400 ,,	Methan	22440 ,,
Stickoxyd	22350 ,,	Ammoniak	22390 ,,

Die Messungen sind also sehr genau. Die Gaskonstante R in *Literatmosphären* berechnet sich zu

$$\boldsymbol{R} = \frac{p_0 \cdot V_0}{T_0} = \frac{1 \cdot 22{,}412}{273{,}20} = \mathbf{0{,}08203\ pro\ Grad\ pro\ Mol}.$$

Daraus ergibt sich die **Zustandsgleichung der idealen Gase**

$$\boldsymbol{p \cdot V = R \cdot T = 0{,}08203\, T},$$

bzw. ist der Druck eines Moles idealen Gases bei beliebigen Bedingungen

$$p = \frac{0{,}08203\, T}{V}.$$

Das heißt in Worten: *Der Druck einer Gasmasse steigt bei gleichbleibender Temperatur umgekehrt proportional dem eingenommenen Volum,* wobei die aus den VAN DER WAALS*schen intermolekularen Kräften* sich ergebenden Korrektionen hier vernachlässigt werden können.

Preßt man also 1 Mol eines Gases von seinem normalen Volum 22,4 l auf 1 l zusammen, so hat bei $T = 273{,}2° = 0°$ C dieses eine Liter nunmehr einen 22,4mal höheren Druck als im Normalzustande, d. h. einen *Druck von 22,4 Atmosphären.* Für jede beliebige Temperatur wird für ideale Gase:

$$p = 22{,}4 \cdot \frac{T}{T_0} = 22{,}4\,(1 + 0{,}00366\, t\,°\mathrm{C}),$$

woraus sich für das übliche Bereich der Laboratoriumsbeobachtung die folgenden „*Normaldrucke*" berechnen:

Normaldruck	Normaldruck	Normaldruck
bei 15° C = 23,6 at	bei 21° C = 24,1 at	bei 27° C = 24,6 at
,, 16° C = 23,7 ,,	,, 22° C = 24,2 ,,	,, 28° C = 24,6 ,,
,, 17° C = 23,7 ,,	,, 23° C = 24,2 ,,	,, 29° C = 24,7 ,,
,, 18° C = 23,8 ,,	,, 24° C = 24,3 ,,	,, 30° C = 24,8 ,,
,, 19° C = 23,9 ,,	,, 25° C = 24,4 ,,	,, 31° C = 24,9 ,,
,, 20° C = 24,0 ,,	,, 26° C = 24,5 ,,	,, 32° C = 25,0 ,,

Der Druck eines auf 1 l zusammengepreßten Mol eines Gases kommt dadurch zustande, daß mit der durch die Temperatur gegebenen lebendigen Energie (s. o.) $N = 6{,}06 \cdot 10^{23}$ Einzelteilchen, *Korpuskeln,* unabhängig voneinander gedacht, gegen die Gefäßwände stoßen. Den Gehalt eines Liters von $6{,}06 \cdot 10^{23}$ Korpuskeln, also im Falle eines idealen Stoffes von 1 Grammol, dem Molekulargewicht in Gramm, nennt man *normal.*

Man kann das obige auch so ausdrücken, daß, zunächst bei komprimierten Gasen, wenn man sie als *im leeren Raum gelöst* auffaßt, der in einem Liter herrschende Druck der *Normalität der Lösung,* d. h. der *Konzentration* der Gasmoleküle im Raum eines Liters, entspricht. Wenn mehrere Gase sich gleichzeitig in dem betrachteten Volum von 1 l befinden, von welchen jedes den der Menge seiner Teilchen entsprechenden *Partialdruck* ausübt, wobei diese Partialdrucke sich zum *Gesamtdruck* addieren, kann man zweckmäßig, wenn man von der Natur der Gase nichts Näheres weiß, von der *Korpuskularnormalität der Lösung* sprechen, die in mathematischer Formulierung sich zu

$$(1) \qquad \text{Korpuskularnormalität} = \frac{\text{Beobachteter Druck}}{\text{Normaldruck}} \text{ ergibt.}$$

Die Geschwindigkeit der den Druck ergebenden Wärmebewegung von Atomen, Molekülen usw., allgemein von Korpuskeln, ist mit ihrer Masse in der Weise verknüpft, daß der *Mittelwert* ($^1/_2 \times$ Masse $\times$ Quadrat der Geschwindigkeit) bei konstanter Temperatur für alle als Einheit wirkenden Teilchen den gleichen Wert besitzt. Das gilt in einer wirklichen Lösung von irgendwelchen Substanzen in einer Flüssigkeit, also auch in Wasser, naturgemäß auch für die Moleküle des Lösungsmittels und die Moleküle und Ionen des gelösten Stoffes. *Auch in Lösungen müssen also die im Lösungsmittel vorhandenen Korpuskeln einen dem Gasdruck entsprechenden Druck ausüben, den von* PFEFFER (74) *1877 entdeckten und so genannten „osmotischen Druck"*.

Man kann den Druck, also das Ausdehnungsbestreben der Gase, als das Bestreben der Vereinigung der Korpuskeln mit dem leeren Raum auffassen. In einer Lösung, in welcher Korpuskeln dispergiert sind, kann ihr Druck als *osmotischer Druck* in gleicher Weise als Bestreben der Vereinigung mit größeren Mengen Lösungsmittel betrachtet werden, im Fall des Wassers als Lösungsmittel, als *Ausdruck der Hydratationsenergie der Korpuskeln.* Daß das Hydratationsbestreben nur der Ausfluß der elektrischen Kräfte der Korpuskeln ist, ist oben gezeigt.

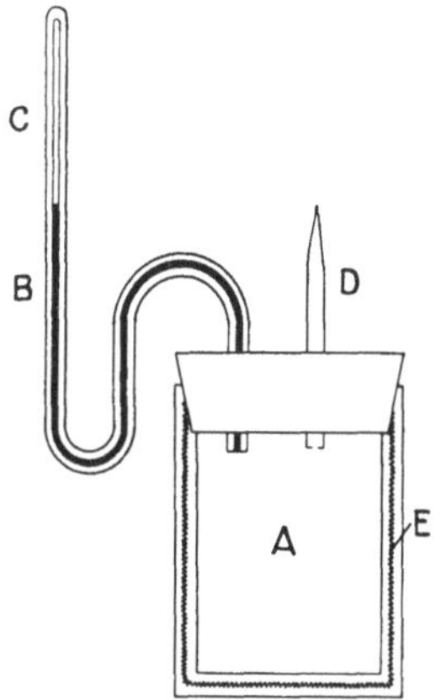

Abb. 13. Osmotische Zelle (nach PFEFFER)
A = Tonzelle mit Lösung.
B = Kapillare mit Quecksilber und
C = Luftpolster.
D = Füllansatz
E = Niederschlag aus Kupferferrozyanid.

Das Gas strebt der nur durch die *Gravitation*, d. h. die Krümmung des EINSTEIN-MINKOWSKIschen Raumes, begrenzten Verbreitung im Raum zu, weil seine gleichgeladenen Korpuskeln sich abstoßen und möglichst große Zwischenräume zwischen sich zu legen sich bemühen. Dieses Streben erscheint uns als *Druck* des Gases. Die gelösten Korpuskeln, an ihren Ort gebannt, können diese gegenseitige Entfernung und damit ein unendlich kleines gegenseitiges Potential nur erreichen, indem ihre Feldkräfte sich durch Anlagerung der Dipole des Wassers in möglichst weitem Umfange absättigen, indem sie sich also möglichst weitgehend hydratisieren. Den experimentellen Bedingungen entsprechend *erscheint* uns dieses Bestreben, trotz seiner prinzipiell völligen Gleichartigkeit mit dem der Gase, als das Gegenteil von Druck, nämlich als *Unterdruck* oder *Saugkraft*, von Lösungen gegenüber reinem Lösungsmittel oder verdünnteren Lösungen, die einen geringeren Unterdruck besitzen.

Wenn diese Deduktionen richtig sind, muß dementsprechend der als Saugkraft auftretende osmotische Druck einer Lösung den oben mitgeteilten Gasgesetzen folgen.

Daß dieses der Fall ist, daß die Korpuskeln der gelösten Substanz sich tatsächlich so verhalten, als wären sie bei gleicher Temperatur im gleichen Volum als nahezu ideales Gas zugegen, nur mit dem Unterschiede, daß der Druck hier als Saugkraft erscheint, die sich allerdings bei geeigneter Versuchsanstellung ohne weiteres wieder als Druck messen läßt, hat bereits der genannte Entdecker des osmotischen Druckes PFEFFER, durch überzeugende Experimente gezeigt.

Seine klassische Anordnung gibt Abb. 13 wieder. „In dem Tonzylinder A befindet sich die zu untersuchende Lösung. Die Zelle ist durch einen Stopfen gedichtet, der die an ihrem Ende verschlossene Kapillare B enthält. Sie ist mit Quecksilber gefüllt, das die Lösung von dem Luftpuffer C trennt. D ist ein Füllansatz, der es ermöglicht, die Zelle nahezu ohne Zurückbleiben von Luft mit Lösung zu beschicken. Der Tonzylinder wird vor dem Gebrauch der Einrichtung besonders präpariert. Er wird mit Kupfersulfatlösung gefüllt und gleichzeitig in Ferrozyankaliumlösung gestellt. Dabei dringen beide Lösungen von entgegengesetzten Seiten in das Wandinnere ein und bilden in halber Dicke desselben einen Niederschlag von Kupferferrozyanid. Nach gründlichem Auswässern des Zylinders hat die in dem Ton eingebettete Niederschlagsschicht die Eigenschaft einer semipermeabelen Membran." (EGGERT l. c., S. 194.)

Semipermeabel = halbdurchlässig heißt eine solche Membran, weil sie wohl das Lösungsmittel, in diesem Fall Wasser, nicht aber solche gelösten Stoffe durchläßt, deren Korpuskeln so groß sind, daß sie die Poren der Kupferferrozyanidschicht nicht mehr passieren können. Sie wirken diesen gegenüber also als Filter, welche primitive Vorstellung für den vorliegenden Zweck genügt.

Stellt man eine mit einer entsprechenden Lösung, z. B. bei den PFEFFERschen Versuchen mit Rohrzuckerlösung, gefüllte Zelle in das reine Lösungsmittel, so kann zwar das Lösungsmittel in das Innere der Zelle dringen, aber die gelösten Rohrzuckermoleküle können nicht nach außen gelangen. Unter dem Zug ihrer Feldkräfte, anders ausgedrückt durch die Saugkraft der Lösung, tritt also das Lösungsmittel in die Zelle ein. Das Lösungsvolum vermehrt sich, bis der jetzt meßbare *Druck* des Luftpolsters dem *Unterdruck oder Saugdruck* der Lösung gegenüber dem Lösungsmittel die Waage hält, also das Gleichgewicht erreicht ist.

Mit einer solchen oder ähnlichen, seit den PFEFFERschen Arbeiten weit verfeinerten Mitteln lassen sich die osmotischen *Unterdrucke als Druck* messen. Wie genau sie den Gasgesetzen folgen, zeigt die nebenstehende, für eine Rohrzuckerlösung von 0,029 *n*, d. h. für 0,029fach normale Zuckerlösung festgestellte Messungsserie von PFEFFER, welcher die entsprechenden, aus der Zustandsgleichung der Gase berechneten Drucke beigefügt sind.

Osmotischer Druck

°C	beobachtet	berechnet	
6,8	0,664	0,665	in at
14,2	0,671	0,682	
22,0	0,721	0,701	
32,0	0,716	0,725	
36,0	0,746	0,735	

Für den osmotischen Druck π gilt also in sinngemäßer Umformung von Gleichung (1) die Gleichung

$$\pi = \text{Korpuskularnormalität} \cdot \text{Normaldruck, oder abgekürzt,}$$

$$\pi = C_{corp} \cdot R \cdot T.$$

Der Begriff der Korpuskularnormalität, d. h. des Vielfachen von $N = 6{,}06 \cdot 10^{23}$ Korpuskeln im Liter Lösung, *für welche die Gasgesetze streng gelten*, ist eine Formulierung, die für die hier interessierenden Fälle besonders vorteilhaft erscheint.

Da der osmotische Druck nur von der *Zahl* der Korpuskeln im Liter, aber nicht von ihrer Natur abhängig ist, verschwinden mit dieser Einführung die scheinbaren Ausnahmen, die sich bei Verwendung des *gebräuchlichen* Normalitätsbegriffes ergeben, die als Mol löslicher Substanz je Liter definiert ist. Gelöste Moleküle können sich spalten, dissoziieren oder aber auch so fest zusammenlegen, assoziieren, daß sie als *einheitliche* Korpuskeln wirken. Ist das der Fall — und es ist nahezu die Regel, daß entweder das eine oder andere oder beides geschieht —, so ergibt, da eben nur die einzelnen Korpuskeln wirken, ganz gleichgültig, ob sie Ionen, Moleküle oder gar große und komplizierte Molekülaggregate sind, die Berechnung des osmotischen Druckes bei Einsatz der Normalität im gewöhnlichen Wortsinn Abweichungen von der Beobachtung nach oben oder unten, die um so größer werden müssen, je größer die Dissoziation oder Assoziation des betreffenden Stoffes ist. Daher folgen z. B. die Lösungen der starken Elektrolyte hinsichtlich ihres osmotischen Druckes nur dann den Gasgesetzen, wenn man die Dissoziation berücksichtigt, die die Teilchenzahl im Liter wesentlich vermehrt. Eine verdünnte Lösung eines binären Elektrolyten, z. B. KNO_3, ist nahezu ganz in ihre Ionen zerfallen. *Jedes dissoziierte Ion aber wirkt dann als selbständige Kor-*

puskel, mit dem Ergebnis, daß der zu beobachtende osmotische Druck nahezu der doppelte ist, als er sich aus der molaren Konzentration berechnet. Auf Einzelheiten dieser Berechnung hier einzugehen, würde zu weit führen.

Es läßt sich an Hand der gemachten Ausführungen nunmehr die Gestaltung der osmotischen Drucke in einem System: Feste Teilchen : Lösung in allen Einzelheiten übersehen.

Betrachtet man zunächst das System als Ganzes, so muß sein osmotischer Druck sich wie folgt zusammensetzen:

1. aus dem Druck der nichtdissoziierten Moleküle der Salze in der Lösung,
2. aus dem Druck der Ionen, die durch die Dissoziation der gelösten Moleküle entstanden sind,
3. aus dem Druck der Ionen, die von den Kolloidsalzen abdissoziiert sind,
4. aus dem Druck der nichtdissoziierten Teile des Kolloidsalzes,
5. aus den freien Kolloidionen.

Wenn man sich vor Augen hält, daß bei dem osmotischen Druck nur solche Partikel von Einfluß sein können, die überhaupt noch merklich an der Wärmebewegung teilnehmen, ist es klar, daß bei einem polydispersen System wie der Boden nur die im strengen Wortsinn kolloidalen Teilchen, die in Wasser aufgeschlämmt noch in deutlicher BROWNscher Bewegung sind, am Zustandekommen des osmotischen Druckes einer Bodenaufschlämmung beteiligt sein können. Das ist im äußersten Falle die Tonfraktion $< 0{,}002$ mm. Weitaus der größte Teil dieser Tonfraktionen hat aber, wenn man sich so ausdrücken darf, so kolossale „Molekulargewichte", d. h., die Einzelteilchen sind im Verhältnis zu der Dimension der Moleküle und erst recht der Ionen so enorm, daß von einer nennenswerten „*Konzentration*" dieser „Moleküle", also einem nennenswerten Anteil am osmotischen Druck des ganzen Systemes gar keine Rede sein kann.

Die „Molekulargewichte" anorganischer Bodenkolloide werden zu Werten von 1000—3000 bei Aufteilung bis zu Primärteilchen angegeben. Molekulargewichte von mehreren 10000 sind also für Sekundär- und Vielfachteilchen mit Sicherheit anzunehmen. Bei einem spezifischen Gewicht der Bodensubstanz von durchschnittlich 2,6 bei Mineralboden entspricht 1 l solider Substanz nur 2600 g, d. h., die „Lösungen" sind unter allen Umständen sehr verdünnt, und *der Anteil der Komponenten 4 und 5 am Zustandekommen des osmotischen Druckes im Boden wird ohne Fehler zu vernachlässigen sein.*

Daß dieser Schluß berechtigt ist, zeigen die außerordentlich geringen Werte des osmotischen Druckes, die man an bezüglich ihrer Größe teilweise gut definierten sonstigen Kolloiden gemessen hat, wie es der stets sehr großen Molekulargröße der betreffenden Teilchen entspricht (72, S. 261 ff.).

Der osmotische Druck des dispersen Systemes setzt sich also, wenn man es als Ganzes betrachtet, im wesentlichen aus der Wirkung der Komponenten 1—3 zusammen. Da die Dissoziation der Kolloidsalze des Bodens in reinem Wasser recht gering ist, dürfte auch der Einfluß der Komponente 3, d. h. der von den Kolloidsalzen abdissoziierten Ionen, recht gering sein. *Das System Kolloidsalz-Lösung hat also als Ganzes einen osmotischen Druck, der wesentlich der gelösten Salzmenge und ihrer Dissoziation entspricht.*

Aber damit ist das Problem in keiner Weise erschöpft. Jedes sorbierende Teilchen ist letzten Endes ein System für sich, in welchem die *Schwarmionen*, die als recht *freibeweglich innerhalb des Schwarmwassers* anzunehmen sind, ihre eigenen osmotischen Drucke örtlich ausüben, an welchen die Lösungssalze, die, wie oben auseinandergesetzt ist, nicht in das Schwarmwasser eindringen können (S. 35), nicht beteiligt sind. Mit besonderem Nachdruck hat auf diese Verhältnisse DUCLAUX (76) aufmerksam gemacht. Die Folgerungen aus dieser Auffassung sind gerade für bodenkundliche Fragen von weitgehender Bedeutung, da ohne sie ein großer Teil praktischer Beobachtungen über die Wasseraufnahme der Pflanzen völlig unverständlich wäre, während ihre Anwendung diese Beobachtungen als Selbstverständlichkeiten erscheinen läßt, so daß auf diese Frage näher eingegangen werden muß.

DUCLAUX legt seinen Betrachtungen die sehr stark vereinfachende Annahme zugrunde, daß das Kolloidanion (oder Kation) kugelig ist und die Kräfte von ihm gleichmäßig nach allen Seiten in den Raum ausstrahlen. Es ist oben ausgeführt, daß diese einfache Annahme sicherlich nicht den Tatsachen entspricht, was aber die DUCLAUXschen Folgerungen nicht ihrer Anschaulichkeit und ihres Wertes beraubt. Nennt man

e = die Elementarladung = $4{,}8 \cdot 10^{-10}$ E. E.
P = Zahl der Gegenionen mit der Valenz p
N = die AVOGADROsche Zahl $6{,}06 \cdot 10^{23}$
K = die Dielektrizitätskonstante = 80 für Wasser
$R \cdot T = 2{,}38 \times 10^{10}$ und
r = Abstände der betrachteten Gegenionen vom Mittelpunkt des Kolloidteilchens
C = Konzentration der Gegenionen im Abstand r
A = von der Zahl der Gegenionen pro Mizelle abhängige konstante Minimalkonzentration der Ionen im Abstand ∞

so wird die Ionenkonzentration des Schwarmes in jedem Punkte:

$$C = A\, e^{\frac{P_p e^2 N}{K R T} \cdot \frac{1}{r}}$$

woraus sich unter Einsetzung der Zahlenwerte ergibt:

$$C = A \cdot 10^{\frac{3 P_p}{10^8 \cdot r}}.$$

Daraus berechnet sich für den Fall einer Mizelle von $2 \cdot 10^{-7}$ cm Durchmesser die folgende Ionenverteilung:

	Fur 12 einwertige Gegenionen	Für 3 vierwertige Gegenionen
An der Mizellenoberfläche . . .	63,0 A	32,0 A
Im Abstand 1 $\mu\mu$	16,0 A	0,13 A
„ „ 2 $\mu\mu$	8,0 A	0,008 A
„ „ 4 $\mu\mu$	4,0 A	0,0005 A
„ „ 8 $\mu\mu$	2,3 A	0,00013 A
„ „ 30 $\mu\mu$	1,2 A	0,000006 A

Sie ist das Ergebnis des Einflusses der Wärmebewegung und der gegenseitigen Abstoßung, die die Ionen zu entfernen streben und der diesen Faktoren entgegenwirkenden Anziehungskraft der Mizelle.

Die *Dichtigkeit der Packung der Ionen* vermindert sich mit abnehmender Entfernung vom Teilchen sehr schnell, namentlich im Falle der mehrwertigen Ionen. *Das ergibt als Folge einmal eine außerordentlich verringerte Neigung mehrwertiger Ionen zur Dissoziation,* d. h. eine große Beständigkeit der von ihnen gebildeten Kolloidsalze, *ferner* aber allgemein, da Packungsdichte gleichbedeutend ist mit Konzentration, *ein rapides Steigen des osmotischen Druckes des Schwarmwassers mit Annäherung an die Mizelle,* das zur weitgehenden *Kompression des Wassers* führen muß.

Der osmotische Druck nimmt mit der Annäherung an die Mizelle im Schwarmwasser mit einer Potentialfunktion zu, bzw. mit der Entfernung davon ab. Die mizellen-

nahen Wasserschichten müssen mit ungeheurer Kraft gehalten werden, während sich die Grenze zwischen Schwarmwasser und Lösung als Grenze der TROFIMOW*schen „salzfreien Wasserhaut"* (*s. o. S. 36*) *da befinden muß, wo der osmotische Druck des Schwarmwassers dem osmotischen Druck der Lösung gleich ist.*

Ist eine Außenlösung nicht vorhanden, d. h., enthält das umgebende Wasser keine oder doch keine nenneswerten Salzmengen, so wird die osmotische Druckgestaltung der Mizellen das Bild vollkommen beherrschen. Ist die Salzkonzentration der Lösung hoch, so werden (*s. o.*) *die Komplexe weitgehend dehydratisiert werden, und ihre osmotischen Drucke weitgehend gegen die osmotischen Drucke der Lösung in den Hintergrund treten.*

Taucht in ein solches System Kolloidsalz-Lösung, ein zweites mit gegebenem osmotischen Druck, das mit den Einzelteilchen in Berührung kommt, z. B. eine Pflanzenwurzel in einem feuchten Boden, so wird sie nur dann Wasser aufnehmen können, wenn ihr osmotischer Druck größer ist als der durch Salze und Mizellarschwärme erzeugte Druck, die aber wegen der Packung der Schwarmionen sich nicht einfach gemeinsam berechnen lassen, sondern gesondert in Rechnung zu setzen sind. Wie eine solche Berechnung wenigstens genähert durchführbar ist, die auf eine *Berechnung des im Boden für die Pflanzen nicht aufnehmbaren Wassers* herauskommt, *also eines praktisch sehr wichtigen Wertes,* wird unten zu erörtern sein.

Da das Wesen des Lösungsvorganges und weitergehend der Entstehung des osmotischen Druckes in einer Absättigung der Restfeldkräfte der Korpuskeln durch die Anlagerung von Wassermolekülen, also in einer Hydratation besteht, wobei die Wassermolekule um so energischer festgehalten werden, je weniger von ihnen auf die einzelne Korpuskel kommen, d. h., je konzentrierter die Lösung ist, liegt es auf der Hand, daß dadurch der *Dampfdruck der Lösung gegenüber dem reinen Lösungsmittel vermindert werden muß. Osmotischer Druck und Dampfdruckerniedrigung oder, was dasselbe ist, Siedepunktserhöhung, steigen mit zunehmender Konzentration der Losung,* wobei sich für die beiden letzteren Erscheinungen unter Verwendung der gebräuchlichen Normalitätsausdrücke dieselben scheinbaren Abweichungen zwischen Rechnung und Beobachtung ergeben wie bei dem osmotischen Druck.

S. ARRHENIUS (77) hat auf thermodynamischen Betrachtungen fußend, den Zusammenhang des osmotischen Druckes mit dem Dampfdruck der Lösung und des Lösungsmittels wie folgt in Übereinstimmung mit den experimentellen Erfahrungen formuliert:

$$\pi = \frac{d \cdot R \cdot T}{M} \ln \frac{p_0}{p} \, [\mathrm{Dyn/cm^2}],$$

worin d das spezifische Gewicht der *Lösung,* M das Molekulargewicht des Lösungsmittels im Dampfzustande, p_0 den Dampfdruck des reinen Lösungsmittels bei der absoluten Temperatur T, p den Dampfdruck der Lösung bei der gleichen Temperatur und R die Gaskonstante bedeutet.

Will man den osmotischen Druck wässeriger Lösungen in Atmosphären erhalten, so ist d auf das Liter zu beziehen und für R 0,082 Literatmosphären einzusetzen. M ist für Wasser 18. Der natürliche Logarithmus geht in den BRIGGschen Logarithmus durch Multiplikation mit dem Faktor 2,30259 über. Die obige Gleichung lautet also für wässerige Lösungen:

$$\pi = \frac{d \cdot 82 \cdot T \cdot 2{,}303 \lg \frac{p_0}{p}}{18} = 10{,}5 \cdot d \cdot T \cdot \lg \frac{p_0}{p}.$$

Wie sich die osmotischen Drucke im einzelnen gestalten, zeigt für einen hochgradig dissoziierenden Stoff KNO_3 die nachstehende Abb. 14, die die osmotischen

Drucke als Funktion der Konzentration, und zwar Grammol je Liter Lösungsmittel enthält.

Dampfdruck und osmotischer Druck einer Lösung sind untrennbar miteinander verknüpft. Jeder Dampfdruck entspricht einem bestimmten osmotischen Druck, so daß *Lösungen gleichen Dampfdruckes auch gleichen osmotischen Druck* besitzen oder „isotonisch" sind, da der osmotische Druck von der chemischen Natur der dispergierten Korpuskeln unabhängig und nur durch ihre Zahl pro Volumeinheit bedingt ist. Nur bei den höchsten Konzentrationen kommen größere Abweichungen von dieser Regel vor.

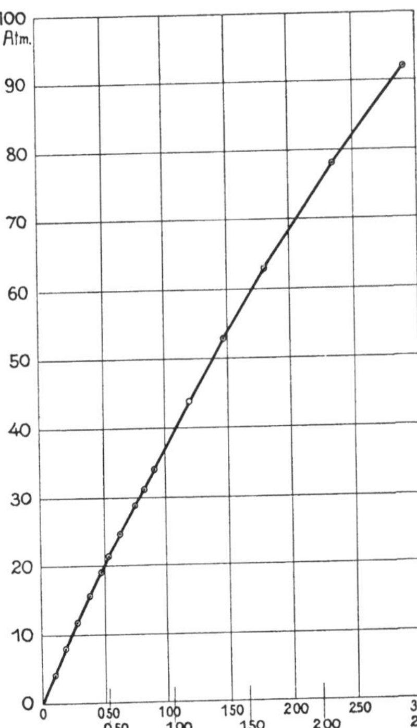

Abb. 14. Osmotischer Druck von KNO_3-Lösung bei 20°C.

Bringt man eine feste Substanz, der wegen ihrer Restfeldkräfte stets ein Hydratationsbestreben zukommt, in einen mit Wasserdampf gefüllten Raum, so wird sie so lange Wasser anlagern, bis der Dampfdruck des angelagerten Wassers der gleiche ist wie der im Dampfraum, d. h. bis das Druckgleichgewicht zwischen der Wasserdampf abgebenden Lösung und dem feuchten festen Stoff erreicht ist.

Die Tendenz zur Verdichtung von Dampf an den „Oberflächen" ist, wie nach den bisherigen Ausführungen kaum mehr besonders betont zu werden braucht, dabei keineswegs auf Wasserdampf beschränkt, sondern eine ganz allgemeine Erscheinung, die das logische Ergebnis des Dipolcharakters der Moleküle und teilweise auch der Atome ist. Im Falle des Wassers nennt man diese Erscheinung „*Hygroskopizität*". Es ist genau dasselbe wie die apolare Sorption der Stoffe in Lösungen, die sich beim Wasser*dampf* in besonderem Maße deswegen bemerkbar macht, weil dieser (s. Tab. S. 29) ein besonders hohes Dipolmoment besitzt.

Bei der Schwäche der in Gitternetzebenen zur Verfügung stehenden elektrischen Kräfte beschränkt sich bei kristallinen Substanzen, wenn man nur Flächen betrachtet, die Anlagerung von Molekülen aus dem Dampfraum in der Regel auf *eine* Molekülschicht, wobei sich die Moleküle gemäß ihren Richtkräften (s. o.) aneinander ordnen. In diesem Falle glatter Kristallflächen ist dann die angelagerte Substanzmenge wenigstens für verschieden große Kristallflächen *derselben* Substanz, *die dementsprechend den gleichen Abstand der Gitternetzpunkte hat*, ein *Maß der Oberfläche*, wie vielfach experimentell bewiesen ist (78).

Bildet die untersuchte feste Substanz aber nicht mehr eine einheitliche Kristallfläche, sondern ist in Einzelteilchen aufgeteilt, so könnte von einer Parallelität der Anlagerung von Dampf mit der Oberflächenentwicklung nur noch dann die Rede sein, wenn es sich um genau kugelige Teilchen mit kugelsymmetrischem Gitter handelte. Ob solche überhaupt existieren, muß eine offene Frage bleiben. Normalerweise besteht jedes zerkleinerte Material aus ganz *unregelmäßig* geformten Teilchen, die dementsprechend je nach dem Grade der Zerkleinerung verschieden viele Ecken und Kanten und damit exponierte Ionen oder Mehrfachpole besitzen, von welchen Attraktions- oder evtl. auch Repulsionskräfte ausgehen, die denen in der Gitternetzfläche um ein Vielfaches überlegen sind. *Bei zerkleinertem Material kann also von einer Parallelität der Dampfanlagerung und speziell der Wasseranlagerung und der Oberflächenentwicklung auch nicht im geringsten mehr die Rede sein.*

Auch die monomolekulare Schicht kann hier durchaus nicht überall verwirklicht sein, und der Versuch, Oberflächen *vergleichbar* aus Dampfanlagerungsmessungen feinkörnigen Materiales zu berechnen, ist eine Verkennung der vorliegenden Reaktionsverhältnisse, schon bei der gleichen Substanz und völlig indiskutabel beim Vergleich verschiedener Substanzen.

Das gilt in vielfach verschärftem Maße dann, wenn es sich bei der festen Substanz nicht um reine Gitterreste, sondern um ein ausgesprochenes Kolloidsalz handelt, das im trockenen Zustande seine Gegenionen weitgehend, wenn auch vielleicht nicht ganz, dehydratisiert enthält. Hier müssen die apolaren Kräfte der restlichen Netzgitterfläche um so stärker zurücktreten, je mehr exponierte Ionen überwiegen, d. h., je feiner die Substanz zerteilt ist. *Die schwache apolare Wassersorption der Gitternetzflächen muß weit hinter der Hydratation der Schwarmionen zurucktreten, die das Bild vollständig beherrschen muß.* Von irgendwelchen Schlußmöglichkeiten von der sorbierten Wassermenge auf die Oberflächenentwicklung der Kolloidsalze ist unter diesen Umständen naturgemäß überhaupt keine Rede mehr. *Wieviel Wasserlagen von einem Teilchen angelagert werden, hängt dann vollständig nicht mehr von der Oberflächenentwicklung der Teilchen, sondern von dem individuellen Hydratationsbestreben der Schwarmionen ab.*

Mit dieser Erkenntnis klären sich restlos die Widersprüche, die zwischen den Annahmen der einzelnen Autoren über die angelagerten hygroskopischen Wasserschichten bei Bodenmaterial als Maß der Oberflächenentwicklung bestehen. Sie sind gegenstandslos, weil die ganze Berechnung auf nicht zutreffenden Voraussetzungen beruht.

Wichtig, weil praktisch von weittragender Bedeutung, ist, daß mit dem Wechsel der Ionenbelegung der Kolloidsalze auch die Wasseranlagerung sich ändern muß, und zwar sowohl quantitativ wie qualitativ, weil jedes am Schwarm beteiligte Gegenion seine individuelle Hydratationsenergie besitzt. Das ist, wie vorgreifend bemerkt sei, die völlige Erklarung der Wirkung chemischer Meliorationsmittel, die vom Standpunkt der Oberflächentheorie der Kolloide in keiner befriedigenden Weise möglich war.

Da die Hydratationsgröße der einzelnen Schwarmionen vergleichsweise um Hunderte von Prozenten schwankt, muß sich, wenn z. B. das hoch hydratisierte Na durch das sehr wenig hydratisierte K oder Ca-Ion ersetzt wird, die gesamte physikalische Eigenschaft des Kolloidsalzes bei seiner Berührung mit Wasser andern, weil es sich im ersteren Falle der Na-Belegung mit einem dicken voluminösen Wassermantel, im zweiten dagegen nur mit einer schwachen Wasserhulle umgibt.

Die Ionen im Ionenschwarm sind innerhalb des Bereiches der individuellen Wirkungssphären der sorbierenden Teilchen als relativ freibeweglich anzunehmen. Es muß mit einem individuellen osmotischen Druck des Schwarmwassers (s. o.) also auch ein *individueller Dampfdruck* je nach der mehr oder weniger großen Hydratation der Ionen und damit des Teilchens sich einstellen. Dieser wird schließlich dem Dampfdruck des umgebenden Raumes entsprechen, da, wenn in dieser Hinsicht kein Gleichgewicht besteht, entweder eine Wasseraufnahme oder eine Wasserabgabe bis zum vollständigen Druckausgleich zwischen Schwarmwasser und Dampfraum erfolgen muß.

Da gleiche Dampfdrucke gleichen osmotischen Drucken, gleiche osmotische Drucke zweier Lösungen aber gleichen *Korpuskularnormalitäten* entsprechen, läßt

Boden	ΣK je 100 g	Wasser angelagert %	n_{co}	Osmotischer Druck berechnet	Osmotischer Druck gefunden	Δ	Wasser angelagert %	n_{co}	Osmotischer Druck berechnet	Osmotischer Druck gefunden	Δ	Wasser angelagert %	n_{co}	Osmotischer Druck berechnet	Osmotischer Druck gefunden	Δ
56	18,71	11,08	1,68	40,3	21,3	+ 19,0	9,89	1,89	45,4	39,2	+ 6,2	8,80	2,13	51,1	57,6	− 6,5
58	7,98	4,46	1,78	42,7	21,3	+ 21,4	3,70	2,15	51,6	39,2	+ 12,4	3,48	2,29	55,0	57,6	− 2,6
59	11,08	6,73	1,64	39,2	21,3	+ 17,9	5,83	1,90	45,6	39,2	+ 6,4	5,42	2,05	49,2	57,6	− 8,4
60	20,38	11,27	1,81	43,4	21,3	+ 22,1	10,06	2,02	48,5	39,2	+ 9,3	9,12	2,23	53,5	57,6	− 4,1
62	23,65	14,54	1,63	39,1	21,3	+ 17,8	12,24	1,93	46,3	39,2	+ 7,1	14,54	2,05	49,2	57,6	− 8,4
			1,71	40,9	21,3	+ 19,6		1,98	47,5	39,2	+ 8,3		2,15	51,6	57,6	− 6,0

sich der osmotische Druck und damit der Dampfdruck des Schwarmwassers sehr einfach dadurch bestimmen, daß man ein trockenes Kolloidsalz in den Dampfraum einer Lösung von bekanntem Dampfdruck und osmotischem Druck bringt. Sobald der Ausgleich eingetreten ist, müssen die Drucke in dem Schwarmwasser und der Lösung gleich sein, so daß man nur noch festzustellen hat, wieviel Wasser das Kolloidsalz aufgenommen hat, um den in der verwendeten Lösung vorhandenen Dampfdruck und osmotischen Druck anzunehmen.

Nun ist der osmotische Druck, wie oben auseinandergesetzt ist, eine sehr einfache Funktion der Korpuskularnormalität, nämlich laut Gleichung

$$\pi = \text{Korupskularnormalität} \cdot \text{Normaldruck bei } t^\circ.$$

Bei bekanntem π der mit dem Kolloidsalz ins Dampfgleichgewicht gesetzten Lösung läßt sich also die unbekannte Korpuskularnormalität des Schwarmwassers der Teilchen berechnen. Sie ist

$$\text{Korpuskularnormalität des Schwarmwassers} = \frac{\pi}{\text{Normaldruck bei } t^\circ}$$

Korpuskularnormalität bedeutet, wie oben ausgeführt ist, osmotisch wirksame Korpuskeln je Kubikzentimeter Lösung oder sehr genähert je Gramm Wasser, d. h., es ist, wenn man eine gegebene Menge Kolloidsalz betrachtet, z. B. 100 g,

$$\text{Korpuskularnormalität} = \frac{\text{Totalmenge der osmotisch wirksamen Korpuskeln}}{\text{g gebundenes Wasser}}.$$

Man kann sinngemäß erweitern zu der Gleichung:

$$\text{g von 100 g Kolloidsalz gebundenes Wasser} = \frac{\pi}{\text{Normaldruck bei } t^\circ \cdot \Sigma \text{ osmotisch wirksame Korpuskeln}},$$

wobei dann π der osmotische Druck des benutzten Vergleichssystemes ist.

Diese Ableitungen gelten, wie bereits betont ist, für den Fall, daß man berechtigt ist, die angelagerten Ionen als vollkommen freibeweglich zu betrachten. Sie sind das aber durchaus nicht unbeschränkt, sondern die Freibeweglichkeit gilt nur innerhalb des Schwarmwassers. Sie können einen gewissen Abstand vom Zentrum der Teilchen nicht überschreiten. Tatsächlich steht diese Gleichung mit den mit der Anlagerung von Wasser an sorbierende Substanzen gemachten experimentellen Erfahrungen in unvereinbarem Widerspruche, was jede mit Kolloidsalzen angestellte Versuchsserie beweist:

ΣK bedeutet hier die Summe der osmotisch wirksamen Korpuskeln je 100 g Boden-Trockensubstanz, n_{co} die Korpuskularnormalität des aus dem Dampfraum angelagerten Schwarmwassers. Die Arbeitstemperatur war

20° C, entsprechend einem Normaldruck von 24 at. Als gefundener Druck ist der Druck der Gleichgewichtslösungen von 0,5, 1 und 1,5 n-KNO_3 gesetzt.

Trotzdem die Anlagerung von Wasser, absolut betrachtet, bei den verschiedenen Böden um fast 400% variiert, ist die sich jeweils im Gleichgewichtszustande ergebende n_{co} und der daraus sich nach der obigen Formel berechnende osmotische Druck nahezu konstant, und zwar innerhalb aller Untersuchungsgruppen.

Sehr bemerkenswert ist das Verhalten der Abweichungen der berechneten von den gefundenen Druckwerten. Sie liegen bei den niedrigeren Konzentrationen der Gleichgewichtslösungen, also den niedrigeren Drucken, alle auf der positiven, bei den höheren dagegen auf der negativen Seite, und zwar ohne Ausnahme bei den sämtlichen, sehr verschiedenen Böden. *Es muß also ein Punkt existieren, in welchem sich, bezogen auf die Korpuskularnormalität, sämtliche Kurven schneiden. Die rechnerische Interpolation liefert für diesen* ***singulären Punkt****, in welchem die obige Gleichung des Zusammenhanges zwischen angelagerter Wassermenge je 100 g Kolloidsalz und Normaldruck, Korpuskelsumme und osmotischem Druck der Vergleichslösung erfüllt ist,* in welchem also das Schwarmwasser mit seinem Ioneninhalt genau den Gasgesetzen folgt

$$\pi = 49{,}92 \pm 0{,}8 \quad \text{und} \quad n_{co} = 2{,}08 \pm 0{,}1\,.$$

Dem so gefundenen π-Wert entspricht ein relativer *Dampfdruck von 95,9 bis 96,2% des Sättigungsdruckes des Wasserdampfes. Das aber ist genau der Dampfdruck der 10proz. Schwefelsäure*[1] *bei 20° C,* über welchem Boden als ein kolloidales System praktisch all das Wasser als Hygroskopizität nach MITSCHERLICH anlagert, das zur Entbindung seiner totalen *Hydratationswärme* oder, wie RODEWALD-MITSCHERLICH (79) sich ausdrücken, seiner *Benetzungswärme* erforderlich ist.

Die physikalische Bedeutung des singularen Punktes wird damit klar. Das Auftreten des Endwertes der Benetzungswärme heißt, daß freie Energie des Systemes nach Zusammenbringen mit der der Benetzungswärme entsprechenden Wassermenge wenigstens in für unsere Mittel meßbarem Maße nicht mehr zur Verfügung steht. *Bei einer 50 Atmosphären osmotischem Druck des Schwarmwassers entsprechenden Wasserhülle ist ungefähr die größte Hydratation der Schwarmionen erreicht.* Etwaige weitere Wasseranlagerung erfolgt wohl nur durch Assoziation der Dipole des Wassers.

Außerhalb dieser Grenzlinie, die man als singuläre Zone bezeichnen kann, muß die Festigkeit der Bindung der Wassermoleküle daher rapid abnehmen, innerhalb dagegen ebenso rapid steigen. Die Differenzen der berechneten und gefundenen Druckwerte mussen also im ersteren Falle, genau wie es das Experiment zeigt, zugunsten der berechneten Werte ausfallen, d. h., sie müssen in steigendem Maße zu groß sein, im letzteren Falle ist logisch das Gegenteil zu erwarten und auch zu beobachten.

Für den singulären Punkt läßt sich die Wasseranlagerung von Kolloidsalzen also aus ΣK berechnen. Diese Wasseranlagerung ist die MITSCHERLICH*sche Hygroskopizität, in Zukunft als Hy bezeichnet.* Die obige Gleichung

$$\text{g von 100 g Kolloidsalz angelagertes Wasser} = \frac{\text{Normaldruck bei } t^\circ \cdot \Sigma K}{\pi}$$

geht dementsprechend in die Gleichung über (für die Temperatur $t^\circ = 20°$ C):

$$\mathrm{Hy} = \frac{24{,}0 \cdot \Sigma K}{49{,}92 \pm 0{,}8} \approx 0{,}48\ \Sigma K\,. \qquad \text{(VII)}$$

[1] 100 g H_2SO_4 auf 1000 g Wasser!

Das ist, bis auf einen Unterschied in der zweiten Dezimalen, in fast voller Übereinstimmung mit den auf anderem Wege erhaltenen Befunden von ALTEN und VAGELER (12. Teil, IV).

Die beim Vorhandensein echter Gele anzubringende Kapillarkorrektion wird unten erörtert werden.

Die Frage, was im Falle eines Kolloidsalzes als ΣK zu betrachten ist, löst sich sehr einfach. Osmotisch wirksam ist jedes *individuelle* Einzelteilchen, das als Ganzes an der Wärmebewegung teilnimmt, unabhängig von seinen chemischen Eigenschaften. Im Schwarmwasser sind die wirksamen Teilchen, da das Anion wegen seiner großen Trägheit zu vernachlässigen ist, die Gegenionen, die chemisch nach Äquivalenten bzw. Milliäquivalenten, d. h. Ladungseinheiten in ihrer Summe als T gezählt werden. Die Ionen besitzen verschiedene Wertigkeiten, d. h. tragen verschieden viel Ladungseinheiten, so daß der Ansatz $\Sigma K = T$ unrichtig wäre, sobald sich der Schwarm aus verschiedenwertigen Ionen und nicht nur aus einwertigen zusammensetzt

Die *„osmotische Valenz"*, wie DUCLAUX sich ausdrückt, ist von der chemischen Valenz unabhängig, weil nur jedes Massenteilchen als Einheit unabhängig von der Ladungsgröße osmotisch wirksam ist. Für ΣK ist im Falle der Kolloidsalze also zu setzen

$$\Sigma K = T - {}^1/_2 \cdot \text{zweiwertige Kationen} - {}^2/_3 \cdot \text{dreiwertige Kationen usw.}$$

Auf Einzelheiten wird bei der Besprechung der Bodensubstanz einzugehen sein.

Die Möglichkeit der Berechnung von Hy, d. h. der MITSCHERLICH*schen Hygroskopizität*, die sich aus dem Obigen als *ein Standardwert erster Ordnung für alle Probleme der Beziehungen kolloidaler Systeme zum Wasser bzw. zur Gleichgewichtslösung ergibt*, bedarf noch einer Ergänzung. Der Wassergehalt der Systeme, für den vorliegenden Fall des Bodens, ist in der Natur ständigen Schwankungen unterworfen, und es kommt darauf an, zu wissen, bei welchen Wassermengen das System mit einem gegebenem Vergleichssystem von bestimmtem osmotischen Druck, bei bodenkundlichen Fragen mit den Wurzeln der Pflanzen, sich ins Gleichgewicht setzt. Mit anderen Worten: es ist festzustellen, in welchen Fällen ein Wasserübergang aus dem betrachteten osmotischen System Boden in das Vergleichssystem Pflanze erfolgen kann oder, landwirtschaftlich ausgedrückt, *wieviel von dem Wasser des Bodens für die Pflanzenwurzel statisch verfügbar ist*, wobei das nötige *Druckgefälle* später erörtert werden wird. Denn als osmotisches System kann die Pflanzenwurzel nur das Wasser aufnehmen, das im Boden unter geringerem osmotischem Drucke steht, als sie selbst zur Verfügung hat, während sie im entgegengesetzten Falle ihrerseits Wasser an den Boden verlieren muß. Es ist also der Betrag des für ein gegebenes osmotisches Vergleichssystem unaufnehmbaren oder *„toten" Wassers* zu ermitteln als desjenigen Teiles des Gesamtwassers des Systemes, dessen osmotischer Druck gleich oder höher ist als der des Vergleichssystemes.

Diese Frage läßt sich beantworten, sobald man das Gesetz des Druckanstieges innerhalb und des Druckabfallens außerhalb der singulären Zone kennt, d. h., weiß, *welcher osmotische Druck herrscht, wenn das System Bruchteile oder Vielfache des hygroskopischen Wassers enthält.*

Auf Einzelheiten wird unten einzugehen sein. Hier sollen nur die prinzipiellen Fragen geklärt werden. MITSCHERLICH (79) nahm *generell* für Kulturpflanzen als nicht aufnehmbar, also tot, etwa die dreifache hygroskopische Wassermenge an. OAKLEY, JOSEPH u. a. fanden je nach der Pflanzenart den Betrag der $1^1/_2$—4fachen Hygroskopizität als unaufnehmbar. SEKERA (80), SHIVE und LIVINGSTON (81) und andere Autoren kommen zu ähnlichen prinzipiellen Werten der einzelnen

Pflanzengruppen. Zusammenfassend hat WALTER die Frage behandelt (83), ohne jedoch auf die Spezialfrage der Drucke im Schwarmwasser näher einzugehen. Den ersten Versuch in dieser Richtung machten VAGELER und ALTEN (12) mit der Annahme, daß in Anlehnung an die Anschauungen ZUNKERS (82) der Druckabfall und die Druckzunahme jenseits und diesseits der singulären Zone *mit der zweiten Potenz* des in Hy als Einheit ausgedrückten Abstandes erfolgt, also der osmotische Druck des Schwarmwassers $\pi \approx 50{,}0 \cdot \left(\frac{\mathrm{Hy}}{W}\right)^2$ *bei viel einwertige Kationen enthaltenden Böden* sei, worin W die im System enthaltene Wassermenge in Gramm je 100 g Trockensubstanz bedeutet, in welcher Bezugseinheit auch die Hygroskopizität zweckmaßig ausgedrückt wird. Die so ermittelten Zahlen erwiesen sich als praktisch brauchbar zur Beurteilung der statischen Wasserverhältnisse der Sudan- und ägyptischen Böden. Sie bedeuten aber nur eine Einzellösung, die sich jedoch auf Grund der obigen Untersuchungsdaten verallgemeinernd ausgestalten läßt.

Schon die DUCLAUXsche Formel der Ionenverteilung im Schwarm weist darauf hin, daß sehr wahrscheinlich sowohl Druckabnahme wie Druckzunahme auf den beiden Seiten der singularen Zone je nach der Valenz der Schwarmionen in verschiedener Potenz, bezogen aufs Wassergewicht oder Volum erfolgt. Die Ziffern der Tabelle (S. 92) zeigen, daß bei dieser Probeserie fast nur zweiwertige Kationen enthaltender Böden die *dritte* Potenz in Frage kommt, die gute Näherungswerte der Berechnung, gemessen an den Beobachtungen, ergibt (s. o.).

Die Gleichung lautet dann für $t = 20°$ für diesen Fall der Belegung mit fast nur zweiwertigen Ionen

$$\pi = 50{,}0 \cdot \left(\frac{\mathrm{Hy}}{W}\right)^3.$$

Durch Einsetzen des obigen Wertes fur Hy ergibt sich damit zur Berechnung des osmotischen Druckes der den untersuchten wesensgleichen Substanzen, d. h. Kolloidsalzen wesentlich des Ca und Mg bei verschiedenem Wassergehalt

$$\pi = 5{,}5 \, \frac{(\Sigma K)^3}{W^3}$$

und umgekehrt für den Wassergehalt des Systemes bei gegebenem osmotischen Vergleichsdruck π, soweit er vom Schwarmionengehalt abhängt, W_J

$$W_J = \sqrt[3]{\frac{5{,}5\,(\Sigma K)^3}{\pi}} = 1{,}767\,\Sigma K \cdot \pi^{-\frac{1}{3}}.$$

Die sehr befriedigende Übereinstimmung von Beobachtung und Rechnung bei Benutzung der Gleichung zeigt die nachstehende Tabelle:

Boden	$\pi = 21{,}3$ at,			$\pi = 39{,}2$ at.			$\pi = 57{,}6$ at.			ΣK
	W gefunden	W berechnet	Δ	W gefunden	W berechnet	Δ	W gefunden	W berechnet	Δ	
56	11,1	11,2	−0,1	9,9	9,6	−0,3	8,8	8,6	−0,2	18,71
58	4,5	4,8	+0,3	3,7	4,0	+0,3	3,5	3,6	+0,1	7,98
59	6,7	6,7	±0,0	5,8	5,7	−0,1	5,4	5,1	−0,3	11,08
60	11,3	12,2	−0,9	10,1	10,5	+0,4	9,1	8,6	−0,5	20,38
62	14,6	14,2	−0,3	12,3	12,1	−0,1	11,5	10,9	−0,6	23,65

Trotzdem in den Extremwerten ein gewisser Gang der Abweichungen zwischen Beobachtung und Rechnung nicht zu verkennen ist, ist die Übereinstimmung sehr gut.

Im Zusammenhang mit den DUCLAUXschen Ziffern und den besprochenen Beobachtungen ist, wie bereits angedeutet ist, anzunehmen, daß sich *je nach den am Schwarm beteiligten Ionenarten für den Druckgradienten in jedem einzelnen Falle eine verschiedene Potenz von Hy/W als charakteristisch ergeben wird.* Zieht man in Rechnung, daß die stark hydratisierten Ionen sich zum großen Teil in weiten Abständen von den Korpuskeln befinden, also relativ gleichmäßig im Schwarmwasser verteilt sind, so scheinen die folgenden Näherungsansätze den tatsächlichen Verhältnissen zu entsprechen:

Kationen:

Na, Li	$1^1/_2$	Potenz als Gradient
K, NH_4	2	,, ,, ,,
H	2,5	,, ,, ,,
Ca, Mg	3	,, ,, ,,
Al, Fe	4	,, ,, ,,

Die allgemeine Gleichung der Wasseranlagerung der Schwarmionen W_J bei dem Vergleichsdruck π ergibt sich damit zu:

$$\boldsymbol{W_J = 6{,}51 \cdot \Sigma(\mathrm{Li, Na}) \cdot \pi^{-1/1{,}5} + 3{,}39\,\Sigma(\mathrm{K, NH_4})\,\pi^{-1/2}}$$
$$\boldsymbol{+\,1{,}77\,\Sigma(\mathrm{Mg}/_2, \mathrm{Ca}/_2)\,\pi^{-1/3} + 1{,}27\,\Sigma(\mathrm{Al}/_3, \mathrm{Fe}/_3)\,\pi^{-1/4} + 2{,}30 \cdot H \cdot \pi^{-1/2{,}5}} \quad \text{(VIII)}$$

die sich für praktische Rechnungen bei gemengter Komplexbewegung mit *zweiwertigen und einwertigen Ionen* zu etwa gleichen Teilen zusammenziehen läßt zu

$$\boldsymbol{W_J = 2{,}3\,\Sigma K \cdot \pi^{-1/2{,}5}} \quad \text{(IX)}$$

und

$$\boldsymbol{\pi = 8{,}0\left(\frac{\Sigma K}{W_J}\right)^{2{,}5}}. \quad \text{(X)}$$

Bei *überwiegender* Beteiligung zweiwertiger Ionen, wie sie in Böden mit neutraler Reaktion bis zu p_{H} 8,4 vorliegt, dürfte die Gleichung der dritten Potenz die besten Dienste leisten. Mehr als 25% Na- in den Komplexen haltenden Böden werden zweckmäßig nach

$$\boldsymbol{W_J = 3{,}39\,\Sigma K\,\pi^{-1/2}} \quad \text{(XI)}$$

und

$$\boldsymbol{\pi = 11{,}49\left(\frac{\Sigma K}{W_J}\right)^{2}} \quad \text{(XII)}$$

berechnet werden.

Es ist von besonderem Interesse bei der Neuartigkeit der gemachten Ableitungen, die zunächst sehr hypothetisch erscheinen, um einen Vergleich der sich ergebenden Werte mit bekannten experimentellen Daten unmittelbar zu ermöglichen, die *Dampfdruckisotherme der polar sorbierenden Substanzen als Funktion des Wassergehaltes* zu berechnen, weil derartige Isothermen auch von Böden vielfach experimentell aufgenommen sind.

Die Gleichung der Dampfdruckisotherme ergibt sich für die Gradienten zweiter und dritter Potenz durch die Kombination der Gleichungen mit der Beziehung zwischen osmotischem Druck und Dampfdruck. Man erhält:

für Gradienten dritter Potenz:

$$\log p = 2 - \frac{5{,}452\left(\frac{\Sigma K}{W}\right)^3}{10{,}5 \cdot d \cdot T} = 2 - \frac{0{,}52\left(\frac{\Sigma K}{W}\right)^3}{d \cdot T},$$

für Gradienten zweiter Potenz:

$$\log p = 2 - \frac{10{,}56\left(\frac{\Sigma K}{W}\right)^2}{10{,}5 \cdot d \cdot T} = 2 - \frac{1{,}006\left(\frac{\Sigma K}{W}\right)^2}{d \cdot T}.$$

Es berechnen sich für Böden mit Hy = 18% und Hy = 9% die folgenden Werte von p bei steigendem Wassergehalt W in Prozent für die Temperatur

$T = 293° = 20°$ C, wenn man d, die Dichte des Wassers, zur Vereinfachung $= 1$ setzt, was für die komprimierten Schichten allerdings nur sehr bedingt richtig ist, aber dadurch gerechtfertigt, daß in der Grenzschicht von einer nennenswerten Kompression kaum die Rede sein kann:

Relativer Dampfdruck p%.

W %	Hy = 18 (dritter Potenz)	Hy = 9 (dritter Potenz)	W %	Hy = 18 (dritter Potenz)	Hy = 9 (dritter Potenz)
1	0,000...	0,000	9	74,4	96,3
2	0,000...	3,40	12	88,6	98,5
3	0,035	37,0	16	94,9	99,4
4	3,39	65,7	18	96,2	99,5
5	17,9	80,7	36	99,5	99,9
7,5	60,1	93,8			

Die entsprechenden Kurven zeigt die Abb. 15. Zum Vergleich sind zwei typische, von KEEN (l. c., S. 212) *gemessene* Isothermen von Böden beigefügt,

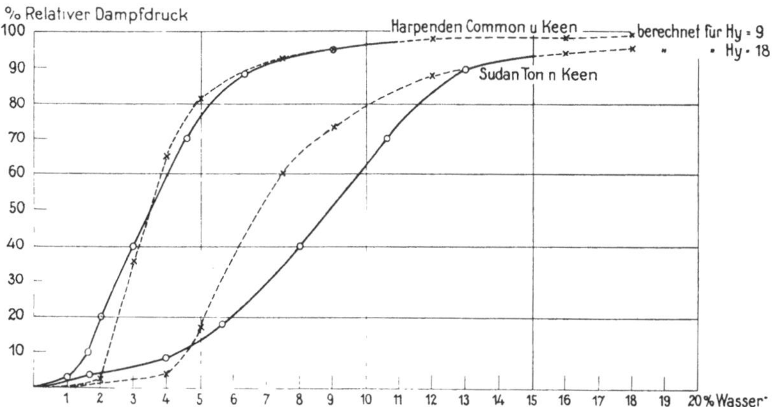

Abb 15 Relativer Dampfdruck polydisperser Systeme als Funktion des Wassergehaltes

von welchen die steileren sich auf einen Lehmboden mit etwa Hy = 8, mit überwiegend zweiwertigen Kationen, die flachen dagegen auf Sudanton mit Hy etwa = 17 beziehen

Die prinzipielle Ähnlichkeit dieser gemessenen mit den nach obiger Formel berechneten Kurven bedarf keiner besonderen Betonung.

Die sachliche Berechtigung der gemachten theoretischen Ableitungen dürfte damit eine starke Stütze erhalten haben.

KEEN weist darauf hin, daß alle Kurven bei $p = 50\%$ einen Wendepunkt haben. Dieser Wendepunkt ist im wesentlichen die Folge der zwei feste Punkte, den Nullpunkt und den Schnittpunkt der Kurve mit der 100% Asymptote verbindenden S-förmigen Linie. Hierzu kommt ein Einfluß der einsetzenden *Kapillarkondensation* an dieser Stelle (s. u.), der wohl als Grund der Abweichungen der berechneten von den beobachteten Kurven zu betrachen ist.

Auf Grund der Kenntnis von ΣK, d. h. der Belegung der Komplexe mit Kationen, ist es also möglich, ebenso wie die Hygroskopizität nach MITSCHERLICH *und den osmotischen Druckverlauf in der Umgebung der Partikeln, auch die gesamte Gestaltung der Dampfdruckkurve des Systemes mit einer praktischen Anforderungen genügenden Genauigkeit zu berechnen*

Wie es bereits oben bei der Ableitung der Hygroskopizität betont ist, bezieht sich diese Möglichkeit auf Systeme, die aus isolierten Primär- oder Sekundärteilchen bestehen, also keine Gele im strengen Wortsinne, sondern nur Koagele enthalten. Wo solche Gele in einem System in nennenswerter Menge vorliegen, z. B. bei viel *Humussubstanzen* enthaltenden Böden, sind für sie *Kapillarkorrektionen* anzubringen, deren Ermittlung unten besprochen werden wird.

Das W_J der Gleichungen (VIII) bis (XII) ist das „tote" Wasser für den gegebenen Wurzeldruck π (ohne Berücksichtigung des nötigen Druckgefälles, s. u.), soweit es von der Wasseranlagerung der Schwarmionen im Boden abhängt.

Da neben den Kolloidsalzen sich in jedem der hier interessierenden Systeme auch noch die Salze der Gleichgewichtslösung befinden, ist, um zur Gesamtmenge des toten Wassers W_t, allgemein des mit einem osmotischen Vergleichssystem isotonischen Flüssigkeitsgehaltes zu gelangen, auch deren Berücksichtigung erforderlich.

Es ist oben auseinandergesetzt, daß das Schwarmwasser keine Moleküle oder Ionen der gelösten Salze enthalten kann, sondern daß die Lösung ihrerseits mit dem Schwarmwasser im osmotischen Gleichgewicht steht. Die Lösung ist also gesondert nach den Gasgesetzen unter Einsetzung der Korpuskularnormalität zu berechnen zu

$$W_L = \frac{24{,}0 \cdot \Sigma K_{\text{gelost}}}{\pi} \text{ bei } 20^\circ \text{ C},$$

wobei ΣK gelöst von der Dissoziation der vorhandenen Salze abhängt. Für das gesamte System ergibt sich als „totes" Wasser bei 20°C gegenüber einem zweiten System vom Drucke π, das sowohl die Lösung wie das Schwarmwasser angreift, wie es die Pflanzenwurzel im Boden tut: (W_t = totes Wasser)

$$\boldsymbol{W_t = W_J + W_L = 1{,}77\, \Sigma K \cdot \pi^{-1/3} + 24{,}0\, \Sigma K_{\text{gelöst}}\, \pi^{-1}} \qquad \text{(XIII)}$$

bei Zugrundelegung der dritten Potenz für den Druckgradienten, was für die meisten Mineralboden des gemässigten Klimas gelten dürfte.

Es muß dabei mit allem Nachdruck darauf aufmerksam gemacht werden, daß das zweite Glied der rechten Seite nur dann gilt, wenn die Salze des Systemes sich in *Lösung* befinden, *also nicht für die Wasseranlagerung aus dem Dampfraum.* Bei dieser kommt, wie es die experimentelle Prüfung zeigt, nicht die Gesamtmenge der Salze, sondern nur ein so verschwindender Bruchteil an der Oberfläche der Kristalle in Frage, daß der Wert des zweiten Gliedes praktisch gleich Null wird.

Die Definition der singulären Zone ermöglicht nunmehr im Anschluß an die DUCLAUXschen Vorstellungen, sich ein Bild von der *Dicke der Schwarmwasserschicht* zu machen, was insofern von Wert ist, als eine Übereinstimmung der dabei erhaltenen Werte mit anderweitig über die Dicke von angelagerten Schichten erhaltenen Resultaten als starkes Argument für die Richtigkeit der obigen Deduktion zu betrachten ist, wobei allerdings, wie weiter unten erörtert werden wird, im Auge zu behalten ist, daß die hygroskopische Wassermenge bei Anwesenheit von Gelen auch kapillares Kondenswasser aus den feinsten Hohlräumen des Bodens enthält.

Nimmt man als durchschnittlichen Kationengehalt in gebundener Form für die Tonfraktion $< 0{,}002$ mm schwerer Böden ein Milliäquivalent je Gramm und eine Durchschnittskorngröße der Tonfraktion von $0{,}4\,\mu$, also $0{,}2\,\mu$ Radius an, wobei die Teilchen kugelförmig gedacht seien, ferner als Hy von 1 g Tonsubstanz $< 0{,}002$ mm, von 2,65 spezifischem Gewicht, als Mittel der verfügbaren Analysen 0,3 g Wasser, so ergibt sich das folgende Bild:

1 g Tonsubstanz, spez Gew. 2,65 . . . . = 0,37 cm³ feste Substanz
Volum eines Durchschnittsteilchens vom Radius $0{,}2\,\mu$
$= 2{,}10^{-5}$ cm . . . . = $3{,}36 \cdot 10^{-14}$ cm³
Gewicht eines Durchschnittsteilchens vom Radius $0{,}2\,\mu$
$= 2 \cdot 10^{-5}$ cm . . . . = $8{,}9 \cdot 10^{-14}$ g

Oberfläche eines Durchschnittsteilchens vom Radius 0,2 μ
$= 2 \cdot 10^{-5}$ cm . . . . $= 5{,}0 \cdot 10^{-9}\,\mathrm{cm}^2$
Zahl der Teilchen je 100 g Ton . . . . $= 1{,}12 \cdot 10^{13}$
Totale Oberfläche . . . . $= 5{,}6 \cdot 10^4\,\mathrm{cm}^2 = 5{,}6\,\mathrm{m}^2$
Schichtdicke bei Ausbreitung von 0,3 cm^3 Wasser . . . . $= 5{,}4 \cdot 10^{-6}\,\mathrm{cm} = 5{,}4 \cdot 10^2$ Å
Durchmesser der H_2O-Molekel . . . . $= 3{,}84 \cdot 10^{-8}\,\mathrm{cm} = 3{,}84 \cdot 10^0$ Å
Also Zahl der Molekelschichten . . . . ~ 140
Bei Wassergehalt = Hy.

Die Dicke der Wasserhülle beträgt unter den gemachten Voraussetzungen rund $^1/_4$ des Teilchenradius.

Zu Werten genau der gleichen Größenordnung kommt von ganz anderen Voraussetzungen ausgehend, u. a. ZUNKER (82), der als Zahl der Molekellagen 16—110 errechnet. Er macht dabei aufmerksam, daß die Dicke der hygroskopischen Wasserschicht bei jedem Boden *verschieden* sein müsse, und zwar abnehmend mit der Korngröße. Dieselbe Forderung ergibt sich aus der hier gemachten Ableitung. *Sie läßt sich in Übereinstimmung mit den Berechnungen von* DUCLAUX *über die Verteilung der Ionen im Schwarm dahin präzisieren, daß besonders dicke Wasserschichten dann auftreten müssen, wenn die Sorptionskomplexe mit einwertigen hochhydratisierten Ionen wie Na belegt sind* (s. o.).

Wie groß die bei verschiedener Komplexsättigung desselben Bodens auftretenden Dickenunterschiede der Hülle des Schwarmwassers schon bei Sättigung bis zur Hygroskopizität sein können, zeigt die folgende Berechnung des obenerwähnten durchschnittlichen Tons. Die Bindung von 0,3 g Wasser entsprach einer Durchschnittsbelegung des Komplexes von rund 90% zweiwertiger Ionen, d. h. ein $\Sigma K = 60$ oder ein T-Wert von 110 Milliäquivalent. Würde man, was experimentell keine Schwierigkeiten macht, die Komplexe dieses Tones einseitig mit nur einer Ionengattung, z. B. nur einwertigen, nur zweiwertigen usw. Ionen belegen, so hätten die Wasserhüllen der einzelnen Teilchen die folgende Dicke und damit die Teilchen mit Wasserhülle die folgenden Volumina und spezifischen Gewichte:

	Dicke der Wasserhülle	Totaler Teilchenradius	Volumen	Spezifisches Gewicht
Völlig trockenes Teilchen	—	2000 A	$3{,}36 \cdot 10^{10}$ A	2,65
Belegt mit dreiwertigen Kationen . . .	320 A	2320 ,,	$5{,}29 \cdot 10^{10}$,,	2,01
,, ,, zweiwertigen ,, . . .	500 ,,	2500 ,,	$6{,}55 \cdot 10^{10}$,,	1,83
,, ,, einwertigen ,, . . .	1000 ,,	3000 ,,	$1{,}13 \cdot 10^{11}$,,	1,47

Es handelt sich bei allen diesen Angaben um Mittelwerte von Näherungscharakter, da der verschiedene Hydratationsgrad der einzelnen Ionen sich bei Über- oder Unterschreitung des hygroskopischen Wassergehaltes individuell sehr stark bemerkbar machen muß.

Die sich durch die Wasseranlagerung ergebende Verringerung des spezifischen Gewichtes ist hier zu groß, da das Wasser in der Einflußsphäre der festen Teilchen durch die enormen Druckkräfte, die sich leicht aus den Gleichungen berechnen, stark komprimiert ist:

Osmotischer Druck bei Wassersättigung bis zum n-fachen der Hygroskopizität bei Belegung mit zweiwertigen Kationen.

$n =$ 3	2	1	0,5	0,1	0,01
1,8	6,25	50,0	400	50000	50000000 at

Ist v die Änderung des Volums v, die in einer Flüssigkeit durch die Vermehrung des auf oder in ihr wirkenden Druckes um den Betrag p in Atmosphären hervorgerufen wird, β der sog. „Kompressionskoeffizient", so ist, wenn die Zusammendrückung ohne Änderung der Temperatur erfolgt:

$$v = -\beta \cdot v \cdot p\,.$$

Für Wasser ist bei den verschiedenen Temperaturen nach PAGLIANI, VICENTINI, AVENARIUS und GRIMALDI:

	0°	10°	20°	30°	40°	50°
$\beta \cdot 10^6$	51,7	48,5	46,1	44,1	42,6	41,7

welche Zahlen wegen der Starrheit der Atomkerne usw. allerdings nur bis zu Drucken von höchstens 1000 at ohne Korrektur gelten. Sie zeigen aber auch ohne diese Korrektur, daß das Volum des Wassers in den Hydratationshüllen der festen Teilchen um sehr namhafte Beträge sich vermindern muß, sobald der Wassergehalt des Systemes wesentlich unter den Gehalt, welcher der Hygroskopizität entspricht, sinkt.

Daraus folgt auf der anderen Seite, daß bei experimenteller Bestimmung des spezifischen Gewichtes von polar sorbierender, fester Substanz dieses ohne Berücksichtigung der Kompression des Wassers erheblich zu hoch gefunden werden muß.

ZUNKER (85) gibt für das *„scheinbare spezifische Gewicht"*, das sich im Laboratorium ermitteln läßt, für Bodensubstanzen die folgende, gut mit der Erfahrung übereinstimmende Gleichung an, in welcher s_0 *das wahre spezifische Gewicht* der Bodensubstanz bedeutet:

$$s = s_0 + b \cdot \mathrm{Hy} = 2{,}652 + 0{,}1167 \cdot \mathrm{Hy}$$

und stellt damit experimentell die oben theoretisch abgeleiteten Beziehungen fest.

b) Volum und Volumänderung polydisperser Systeme unter dem Einfluß von Wasser und wässerigen Lösungen.

Die theoretische Behandlung der Volumverhältnisse polydisperser Systeme und ihrer Änderungen unter dem Einfluß des Wassers und wässeriger Lösungen kann darum nur eine näherungsweise sein, weil man es bei den in der Natur vorkommenden polydispersen Systemen im allgemeinen und bei dem hier interessierenden System Boden im besonderen niemals mit regelmäßig geformten Teilchen zu tun hat. Kugelige und eckige Mineraltrümmer, geometrisch überhaupt nicht zu präzisierende Teilchen aller Art und Größe liegen nebeneinander im Boden vor, die in gänzlich willkürlicher und mathematisch nicht erfaßbarer Weise aneinanderstoßen und Hohlräume zwischen sich lassen, die mit den gewöhnlich zum Vergleich bei der Behandlung der Bodenprobleme hinsichtlich seiner Wasserführung benutzten *Kapillaren*, d. h. Hohlräumen mit glatten, geraden Wänden, in welchen kugelige und daher leicht berechenbare Menisken wirksam sind, wenn sie teilweise mit Wasser erfüllt sind, nicht die geringste Ähnlichkeit haben.

Inwieweit aus diesem Grunde die alte Kapillartheorie bei der Behandlung der Bodenprobleme versagte und anderen, moderneren Auffassungen Platz machen muß, wird im nächsten Abschnitt zu erörtern sein.

Auch für die Betrachtung der Volumverhältnisse ist es nötig, zunächst von einem „idealen" Boden auszugehen, der in völligem Widerspruch zu dem Boden in der Natur, aus genau kugeligen Teilchen bestehen möge. Dann sind für die Zusammenlagerung solcher gleich großer Kugeln prinzipiell zwei Fälle denkbar: Die Kugeln können, wie KEEN (86) sich ausdrückt, „kubisch" gepackt sein. „Die Kugeln sind in Säulen angeordnet. Die die Kugelmittelpunkte verbindenden Linien bilden Würfelkanten. Jede Kugel berührt *sechs* andere. Die „Einheitszelle", die in unendlicher Wiederholung diese Packung zusammensetzt, zeigt die

Abb. 16. Sie ist ein Würfel mit der Seitenlänge 2 r, wobei r der Radius der Kugeln ist und das Totalvolum der 8 Einheitszellen angehörigen Kugelteile einer Einzelkugel entspricht.

Der Hohlraum innerhalb der Zelle, „*das Porenvolum*“, ist

$$\frac{(8\,r^3 - \frac{4}{3}\pi\,r^3)}{8\,r^3} = 47{,}64\% \text{ des Totalvolums}$$

unabhängig vom Radius der Kugeln, also für sämtliche Korngrößen gleich.

„Das festeste System der Packung ist durch das bekannte Bild eines pyramidal aufgeschichteten Haufens von runden Kanonenkugeln repräsentiert.“ Die Einheitszelle ist ein Rhomboid von der Seitenlänge 2 r und Flächenwinkeln von 60 und 120° (Abb. 16). Die 8 Kugelanteile der Einheitszelle entsprechen wieder einer ganzen Kugel dem Volum nach. Das Porenvolum ist in diesem Falle 25,95% des Totalvolums der Einheitszelle und wie vorher unabhängig von dem Durchmesser der Kugeln.

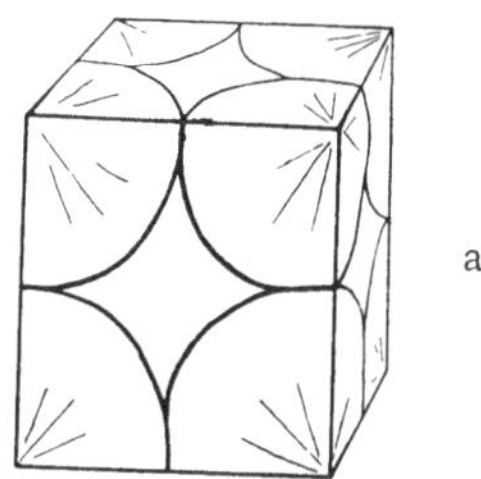

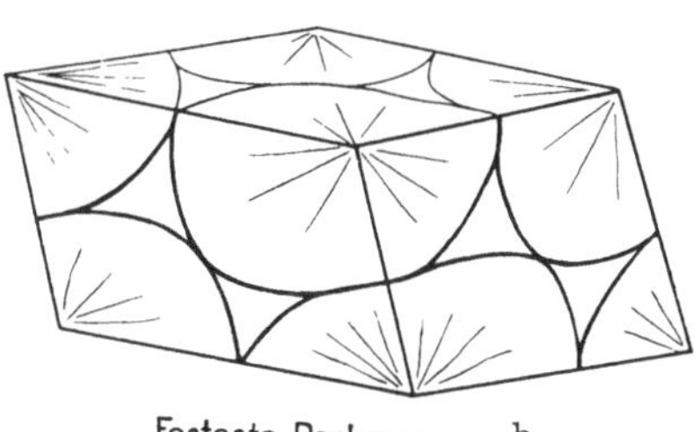

Abb. 16 a und b. Geometrie des Porenvolums monodisperser Systeme (nach KEEN).

Die Zahl der Berührungspunkte der Kugeln beträgt in diesem Falle 12 je Einzelkugel.

Die Angaben über das Hohlraumvolum sind hier *Volumprozent*. Für die später folgenden Betrachtungen über die Verhältnisse im Boden ist es zweckmäßig, das Hohlraumvolum wie alle anderen Bestimmungen auch auf die Einheit von 100 g Trockensubstanz zu beziehen, indem man angibt, *wieviel Kubikzentimeter Hohlraum jeweils zu dieser Gewichtseinheit gehören, was zugleich dem höchstmöglichen Wassergehalt der Einheitszelle in Gewichtsprozenten entspricht.*

Nimmt man das spezifische Gewicht des Bodens, soweit es sich um Mineralboden handelt, zu 2,65 an, so ergibt sich für die Einheitszelle in lockerster Packung ein zu 100 g gehöriges Hohlraumvolum bzw. ein ohne Volumänderung höchstmöglicher Wassergehalt von 34,3 cm³, in festester Packung von 13,3 cm³. Ganz allgemein ist, wenn 100 g Trockensubstanz mit einem Volum V gegeben sind:

$$\text{Porenvolum je 100 g Trockensubst.} \cong V - 38 \text{ cm}^3$$

für den momentanen Zustand des Systemes, wobei 38 das von 100 g Trockensubstanz vom spezifischen Gewicht 2,65 eingenommene Volum in Kubikzentimeter ist.

Kennt man auf der andern Seite den Trockensubstanzinhalt a eines trockenen Volums V des dispersen Systemes, so ist sinngemäß der *mögliche Wasserinhalt oder das Porenvolum je 100 g Trockensubstanz*

$$P = W_m = \frac{100\,V}{a} - 38 \text{ cm}^3$$

und in allgemeinster Fassung, wenn das spezifische Gewicht g von 2,65 abweicht, wie es z. B. bei Humusboden die Regel ist:

$$P = W_m = \frac{100\,V}{a} - \frac{100}{g} \text{ cm}^3 .$$

Füllt man ein trockenes disperses System, z. B. trockenen Boden, in ein Gefäß, also in ein gegebenes Volum ein, so wird die es ausfüllende Menge *a* außer von der unkontrollierbaren Gestalt der Teilchen, die ihre Aneinanderlagerung bedingt, noch von einer ganzen Reihe von Faktoren abhängig sein.

Zunächst ist die den Hohlraum erfüllende Bodenmenge abhängig von dem bei ihrer Einfüllung angewendeten *Druck*. Die trockene Dispersion läßt sich ziemlich weitgehend zusammenpressen, indem sich kleinere Teilchen in entsprechend große Zwischenräume der größeren Teilchen hineindrücken lassen, wobei *a* sich erheblich vermehrt und das Porenvolum entsprechend vermindert. Von Zertrümmerungserscheinungen, die experimentell kaum zu vermeiden sind, sei dabei an dieser Stelle abgesehen. Füllt man unter Anwendung von Druck, z. B. unter Einstampfen mit einem Stößel, ein Gefäß z. B. voll trockenen Boden, so ist es nichtsdestoweniger nahezu ausgeschlossen, eine vollständig *gleichmäßige* Füllung zu erzielen. Stets werden die untersten Schichten auch bei ganz gleichmäßiger Füllart etwas mehr feste Substanz enthalten als die höheren, wenn das Gefäß auch nur einigermaßen hoch ist. *Denn auf sie wirkt außer dem angewendeten Druck auch noch der Druck, den die darüber lagernde Substanz durch ihre Schwere selbst ausübt.* Findet der Absatz einer festen Dispersion allein unter dem Einfluß der Schwere statt, also ohne künstliche Beeinflussung, indem z. B. Staub aus Luft sich absetzt, so wird diese aus dem Eigendruck der Schichten sich ergebende Lagerung mit abnehmendem Porenvolum nach unten mit ganz besonderer Deutlichkeit sich zeigen, wie man leicht bei jeder derartigen Aufschüttung beobachten kann. Sind die Schichten sehr dick, so kann es in den tiefsten Lagen zum vollständigen oder doch nahezu vollständigen Verschwinden des Porenvolums auch bei völliger Trockenheit des Substrates kommen und Koaleszenzen usw. sind die Folge, die schließlich im Laufe der Zeit zur völligen Verfestigung des Ganzen, zur Gesteinsbildung, führen, obwohl diese ohne die Beteiligung von Wasser relativ selten zu beobachten ist.

Benutzt man zu derartigen Schüttversuchen ein sehr feinkörniges Material, so wird man beobachten, daß selbst in den tiefsten Schichten der Schüttung die Lagerung, obwohl stets fester als in den oberflächlichen Schichten, so doch ganz ungewöhnlich *locker* bleibt. Bei solchem feinkörnigem Material ist es sogar sehr schwierig, selbst durch erheblichen Außendruck eine feste Lagerung zu erzielen, wenn es ausweichen kann. Es verhält sich, als wenn sich zwischen den festen Einzelteilchen eine Schmiermasse befände und das Ganze eine sehr bewegliche Flüssigkeit wäre. Und dem ist in der Tat so.

Das schmierende Agens, wenn man sich so ausdrücken darf, ist die *Luft*, die sich an die Einzelteilchen unter dem Zug der elektrischen Feldkräfte angelagert hat. Daß infolge ihrer Dipolmomente alle irgendwie mit fester Substanz in Berührung kommenden Gase genau so angelagert werden müssen wie es Flüssigkeiten tun, versteht sich nach den obigen Ausführungen von selbst.

Die Gassorption der festen Teilchen ist ihrer Größenordnung nach mit der apolaren Sorption der Flüssigkeiten auf eine Stufe zu stellen und erreicht zuweilen ein sehr erhebliches Ausmaß, wobei für die steigende Verdichtung der sorbierten Gasmengen mit Annäherung an die Teilchenoberfläche dieselben Gesichtspunkte gelten, wie sie oben entwickelt sind. In der unmittelbar den Teilchen anliegenden Schicht dürfte die Dichte der Gashülle mindestens der Dichte von Flüssigkeiten, vielleicht sogar von komprimierten Flüssigkeiten entsprechen, da ihre Anlagerung mit der gleichen Energie erfolgt.

Technisch macht man von dieser Anlagerung von Gasen an sorptionsstarke Substanzen Gebrauch, um durch Kohle aus evakuierten Gefäßen die letzten Gasspuren zu entfernen.

Quantitativ folgt die Sorption von Gasen den gleichen Gesetzen wie die Sorption apolarer Stoffe durch feste Substanz in Lösungen, so daß es sich erübrigt, näher darauf einzugehen. Mengenmäßig nehmen sorptionsstarke Stoffe, d. h. also solche, die sehr fein dispergiert sind, infolge der leichten Komprimierbarkeit der Gase oft ein Vielfaches ihres Volums an Gas gemessen unter Normalbedingungen auf. Leider sind für das hier interessierende Material: Bodensubstanzen, fast alle Messungen nicht mit indifferenten Gasen gemacht, die keinerlei chemische Reaktion mit den Teilchen des Bodens oder ihrer Komplexbelegung eingehen, sondern vielfach mit CO_2, das gegenuber den relativ locker gebundenen Ionen der eingetrockneten Schwärme als ein durchaus nicht indifferenter Stoff, auch in trockenem Zustande nicht, zu betrachten ist.

GIESECKE (88) teilt nach DOBENECK und AMMON die folgenden Ziffern für N und CO_2 mit.

Es adsorbierten Kubikzentimeter Gas		CO_2	N	
Quarz	100 g Substanz bei 0°	12	24,88	100 cm³ Substanz bei 17° C
Kaolin		166	813,43	
Humus		1264	126,2	
Eisenoxydhydrat		3526	23986,2	
$CaCO_3$		14	3803,3	

Die Dicke der Gashulle um die einzelnen Teilchen, die bei ihrer festen Bindung an die Grenzfläche als Puffer zwischen den Teilchen wirken und ihre feste Zusammenlagerung verhindern, muß dementsprechend sehr erheblich sein, obwohl Messungen darüber zur Zeit noch fehlen. Daß es sich, wie LANGMUIR (87) meinte, nur um eine monomolekulare Lage handeln kann, ist bei den angegebenen Volumina vollständig ausgeschlossen. Es müssen vielmehr, wie POLANYI (89) betont, die angelagerten Schichten mehrere bis viele Moleküllagen dick sein.

Daß die auf diese Weise auftretende Auseinanderdrängung der einzelnen Teilchen nicht nur bei sehr feinkörnigen Substanzen wie Staub oder Mehl, die entsprechend viel Berührungspunkte pro Volum oder Gewichtseinheit, also viele „Pufferschichten" haben, sondern schon bei grobkörnigem Material eine recht erhebliche Volumvermehrung der ganzen betrachteten Masse zur Folge hat, hat bereits SPRING (90) im Jahre 1903 gezeigt.

Während im luftleeren Raum niederfallender Sand nur eine Säule von 192 mm Höhe bildete, stieg die Höhe der Säule, wenn die gleiche Sandmenge in Luft niederfiel, die sich beim Durchfallen an den Sand anlagern konnte, auf 240 mm. Aufstoßen des den Sand enthaltenden Gefaßes verringerte die Schichtungshöhe wohl etwas, ließ aber nicht die im leeren Raum erzielte Höhe erreichen, die sofort eintrat, sobald der lufthaltige Sand erwärmt und damit das Luftpolster um die Teilchen entfernt wurde.

Mit Recht weist EHRENBERG (90, S. 252) auf die Bedeutung dieser Erscheinung für die lockere Lagerung der äolischen Böden, z. B. des Löß, hin. Daß Staubfüllungen in Senken der Steppengebiete als „Lufttriebsande", die durch Zufall hineingeratene Menschen und Tiere verschlucken, zuweilen gefährlich werden können, ist schon von PUCHNER (91) nach WILLIAMS mitgeteilt. Es handelt sich dabei um eine sehr haufig, wenn auch nicht in gefährlichem Ausmaße, in solchen Ländern zu beobachtende Erscheinung.

Hält man sich vor Augen, daß die *Bindung des Wassers* an polar sorbierende Substanzen durch Vermittlung der sich hydratisierenden Schwarmionen mit ganz besonderer Energie erfolgt, so daß mindestens bis zur Grenze der singulären Zone, d. h. bis zu einer der Hygroskopizität nach MITSCHERLICH entsprechenden Wasserhülle, die Teilchen nebst ihrem Schwarmwasser bei einem Grenzdruck von ± 50 at in vollem Maße als vergrößerte Einzelpartikeln zu betrachten sind, so liegt es auf der Hand, daß in Berührung mit Wasser die soeben für den Fall der Berührung von Teilchen mit Luft erörterten Erscheinungen in noch sehr viel markanterem Grade sich zeigen müssen. Das ist in der Tat der Fall. Sie sind als *Quellung der kolloidalen Substanz* wohlbekannt und gründlichst untersucht.

FREUNDLICH (92) möchte den Begriff der *Quellung*, d. h. der Flüssigkeitsaufnahme unter Volumenzunahme des betrachteten Systemes, dem als Gegenstück Flüssigkeitsabgabe unter Volumabnahme, die *Schrumpfung* oder, wie der Autor sagt, Entquellung gegenübersteht, auf sog. elastische Gele beschränken, als deren Prototyp die Gelatine zu betrachten ist. Bei diesen elastischen Gelen ist die Quellung mindestens teilweise als Vorstufe der völligen Dispergierung oder „Lösung", d. h. des Überganges zum Solzustande, zu betrachten. Aber der Unterschied dieser typischen Quellungsvorgänge gegenüber denen bei nicht in den Solzustand übergehenden sog. „unelastischen" Gelen und polydispersen Systemen im allgemeinen ist nur graduell und keineswegs von grundsätzlicher Natur.

In dem einen wie in dem anderen Falle ist die Volumvergrößerung des Systems als Ganzes dadurch bedingt, daß sich um die einzelnen Teilchen unter dem Zug der elektrischen Feldkräfte Wasserschichten lagern. Sie drängen nicht nur die Teilchen an ihren Berührungsstellen auseinander, soweit es sich um höhere Teilcheneinheiten handelt, sondern müssen, besonders wenn sehr energisch sich hydratisierende Ionen die Verbindung zwischen den Primärteilchen zu Teilchen höherer Ordnung herstellen, auch das *Gefüge* dieser Sekundärteilchen lockern und sich in dasselbe eindrängen, soweit nicht die die Primärteilchen zusammenhaltenden Kräfte größer sind als die Hydratationsenergie.

Man drückt diese Erscheinung des Eindringens des Wassers oder einer sonstigen zur Anlagerung geeigneten Flüssigkeit in die Sekundärteilchen und unter Umständen, bei sehr lockerem Gitter (s. o. S. 26) auch Primärteilchen, gewöhnlich so aus, daß man von einer „*Benetzung der inneren Oberfläche*" spricht. Das besagt, daß man sich die Sekundärteilchen etwa als von Mikrokapillaren durchsetzte Schwämmchen vorstellt, ein Bild, das oberflächlich betrachtet, den Tatsachen in der Tat recht nahe kommt. Die innere Oberfläche wäre dann die Summe der Wandungen der Kapillaren.

MITSCHERLICH (93) hat versucht, von dieser primitiven Vorstellung ausgehend, die innere und äußere Oberfläche von Bodenteilchen aus der Differenz der Benetzungswärme bzw. der sorbierten Mengen von Wasser und organischen Flüssigkeiten, z. B. Benzol, zu bestimmen, von der Annahme ausgehend, daß diese inneren Kapillaren der Sekundärteilchen so fein wären, daß die relativ großen Moleküle des Benzols sie nicht mehr passieren könnten. Vom elektrochemischen Standpunkt der Sorption aus kommt diesen Betrachtungen heute nur noch historischer Wert zu. Die tatsächlich zu beobachtenden Unterschiede der sorbierten Mengen und der Benetzungswärmen von organischen Flüssigkeiten und Wasser sind mindestens in der Hauptsache von anderen Faktoren abhängig. NEUGEBOHRN (94) — der im übrigen *Gewichts*mengen Wasser und Benzol statt molekularer Mengen vergleicht, was bei der Behandlung dieser Probleme zu völlg falschen Schlußfolgerungen führt — hat darauf hingewiesen, daß es praktisch nahezu unmöglich ist, aus einem Kolloidsalz von der Art der im Boden vorliegenden Substanzen die letzten Reste Wasser zu verdrängen, die, wie oben gezeigt ist, mit Kräften von der Größenordnung von etwa 1000000 at gehalten werden. In der Hauptsache erklärt sich der Unterschied aber aus der Verschiedenheit der Dipolmomente der verschiedenen Substanzen und vor allem den ihnen strukturell innewohnenden Richtkräften oder, wenn man will, chemischen Affinitäten und hat mit der Oberflächenentwicklung innen oder außen gar nichts zu tun.

Sind zur energischen Wasseranlagerung befähigte, also trockene Kolloidsalze in einem gegebenen Volum eingeschlossen, und ist die Möglichkeit des Wasserzutrittes gegeben, so wird sich das Hydratationsbestreben so weit auswirken, d. h., das System wird so lange Wasser anlagern, bis der Druck auf die Wände des Gefäßes dem Saugdruck des Systemes gegenüber dem Wasser die Waage hält. Voraussetzung ist dabei allerdings, daß das Gefäß hohe Drucke aushält, denn entsprechend den durch Benetzung in Tätigkeit gesetzten Kräften sind die sog. *Quellungsdrucke* ganz enorm.

Schon die alten Ägypter benutzten, wie KATZ (95) mitteilt, den *Quellungsdruck angefeuchteten Holzes* zum Sprengen von Felsen, was sich später zu einer wohlausgearbeiteten Technik entwickelte (96). Das Springen von Flaschen, die mit Erbsen gefüllt sind, sobald diese angefeuchtet werden, ist bekannt.

FREUNDLICH (l. c., S. 931) gibt als Ausdruck des Quellungsdruckes Dq nach KATZ die Gleichung:

$$Dq = -\frac{R \cdot T}{M \cdot V_0} \ln h,$$

worin außer den bereits bekannten Größen R, T und M (allgemeine Gaskonstante in Literatmosphären, absolute Temperatur, Molekulargewicht der Flüssigkeit) Vo das spezifische Volum der Flüssigkeit und h den relativen Dampfdruck des gequollenen Systemes bedeutet. Für Wasser mit $M = 18$ und $Vo = 1$ geht die Gleichung über in

$$Dq = -\frac{R \cdot T}{18} \ln h.$$

Das ist formell dieselbe Gleichung wie die oben abgeleitete Gleichung des osmotischen Druckes, mit dem Unterschiede, daß sie nicht der Ausdruck kinetischer, sondern potentieller Energie ist. Die daraus zu berechnenden Quellungsdrucke bewegen sich in denselben Größenordnungen wie die osmotischen Drucke im Schwarmwasser, d. h. in vielen Tausenden von Atmosphären, was auch durchaus den praktischen Beobachtungen entspricht. Nicht berücksichtigt ist bei dieser Gleichung die Volumkontraktion des Wassers, auf welche sofort zurückzukommen sein wird.

Mit Rücksicht auf die Ableitung der Gradienten des osmotischen Druckes im Schwarmwasser als Funktion der angelagerten Wassermenge, die im Durchschnitt auf zweite bis dritte Potenzen als Exponenten führte (s. o.), ist es von besonderem Interesse, auch den Quellungsdruck auf dieselbe Variable, die sorbierte Wassermenge, zu beziehen.

Dann wird für Wasser und ein quellendes System

$$Dq = Dq_0 \left(\frac{1000}{Vg + a} \right)^k,$$

worin Vg das spezifische Volum des quellenden Systemes, Dq_0 und k Konstante und a die vom System aufgenommene Flüssigkeitsmenge ist.

„*Der Quellungsexponent K ist nach den bisherigen Messungen von der Natur des Gels und der Flüssigkeit nur wenig abhängig und hat im Mittel einen Wert von etwa 3*" (FREUNDLICH.)

Gelatine	Flüssigkeit	k
Gelatine	Wasser	2,97
Laminaria	Wasser	4,13
Roher Kautschuk	Benzol	2,77
,, ,,	Toluol	2,56
,, ,,	Cymol	2,48
,, ,,	Äthyläther	3,01
,, ,,	Chloroform	2,64
,, ,,	Tetrachlorkohlenstoff	2,53
,, ,,	Äthylenchlorid	3,33
,, ,,	Tetrachloräthan	2,86
,, ,,	Azetylendichlorid	2,48
,, ,,	Tiophen	2,98

FREUNDLICH teilt die obenstehenden Werte des Quellungsexponenten für verschiedene Gele und Flüssigkeiten mit.

Die numerische Übereinstimmung der Exponenten des Quellungsdruckes und des osmotischen Druckes im Schwarmwasser ist als ein weiterer Beweis für die Richtigkeit der obigen Ableitungen des osmotischen Druckgradienten aus der Hydra-

tation der Schwarmionen zu betrachten, da diese Ableitung die Forderung der Gleichheit der Exponenten einschließt, die somit erfüllt ist.

Dabei ist allerdings die hier gezogene Parallele insofern nicht ganz streng, als es sich bei der Quellung elastischer Gele, wie sie die obige Tabelle enthält, nicht um die Hydratation von Ionen in Schwärmen, sondern um die direkte Hydratation der Substanz der Gelgerüste selbst handelt. In beiden Fällen sind aber die gleichen Kräfte wirksam: die elektrischen, die Materie repräsentierenden Felder, so daß trotz des scheinbaren Unterschiedes der Einzelvorgänge ihre direkte Vergleichung berechtigt erscheint.

Bei nicht elastischen Gelen und den an sie anschließenden Koagelen, d. h. mehr oder weniger lockeren Aggregaten von Primärteilchen, kommt ein Umstand hinzu, der bei der Beurteilung der Quellungsdrucke zwar nicht des Einzelteilchens, wohl aber der betrachteten Systeme als Ganzes nicht aus dem Auge verloren werden darf. Das trockene elastische Gel hat keine Zwischenräume zwischen den Primärteilchen, soweit dieser Begriff im trockenen Zustande hier überhaupt anwendbar ist, die die molekulare Größenordnung wesentlich überschreiten. Das starre Gel oder das Koagel dagegen hat als Ganzes betrachtet sehr viele größere Hohlräume, die zunächst einmal, besonders bei einem von außen wirkenden Druck, unter Deformation der Wasserhüllen der Teilchen, d. h. letzten Endes Deformation der Kraftfelder, sich mit Wasser füllen müssen, ehe das System als Ganzes einen merklichen Quellungsdruck ausüben kann. *Was man bei starren Gelen und Massen von Koagelen daher als Quellungsdruck mißt, ist nicht der gesamte Quellungsdruck, sondern nur der kleine, nach Ausfüllung der Hohlräume mit Wasser noch verbleibende Rest, der um so größer sein muß, je feiner die Primärteilchen und je enger sie aneinander gelagert sind.*

Da der Grund der Quellung die Hydratisierung der Ionen und Netzgitterpunkte, d. h. der Ausgleich elektrischer Kräfte ist, wie auch PAWLOW (166) es betont, muß die Quellungswärme der *Hydratationswärme* oder *Benetzungswärme* entsprechen.

Diese Gleichsetzung könnte unberechtigt erscheinen, weil man gewöhnlich Benetzungswärme und Quellungswärme scharf unterscheidet. Aber dieser Unterschied ist nur ein sehr äußerlicher und basiert keineswegs auf stichhaltigen Gründen. „Man versteht (s. o.) unter Benetzungswärme die Wärmemenge, die bei der Benetzung einer festen Grenzfläche durch eine Flüssigkeit entwickelt wird.“ (FREUNDLICH, l. c., S. 226.)

Ist dieser benetzte Körper auch quellbar, so erscheint die Benetzungswärme als Quellungswärme. Hätte man sofort mit quellbaren Körpern im Beginn des Studiums der Benetzungswärme gearbeitet, so wäre der Unterschied zwischen Benetzungs- und Quellungswärme nie gemacht, der ganz überflüssigerweise das Gesamtbild der Hydratationserscheinungen kompliziert. Benetzungswärme wie Quellungswärme sind letzten Endes nichts anderes als *integrale Hydratationswärmen*, von welchen sich die erstere auf nicht quellbare, die letztere auf quellbare Körper bezieht.

Als integrale Größen, die weitgehend von dem Zustand des benetzten Sorbens abhängen, z. B. von seinem Trockenheitsgrad im Beginn des Versuches usw., sind sowohl die integrale Benetzungs-, wie die integrale Quellungswärme recht wenig genau definiert, so daß es kein Wunder ist, wenn auch bei der gleichen Substanz die Angaben der einzelnen Autoren stark auseinanderlaufen.

Das prägt sich besonders deutlich in den verschiedenen *Faktoren* aus, die für die *Umrechnung der Benetzungswärme auf Hygroskopizität* und umgekehrt angegeben werden:

	je 1% Hy je 100 g Boden
Fur *Bodensubstanzen* fanden JANERT (97)	50 cal
MIRTSCH (98)	80 ,,
VAGELER und ALTEN (100)	65 ,,
Mittel	65 cal

Die Entwicklung von Wärme ist, auf die Mengeneinheit des quellenden, Systemes bezogen, naturgemäß um so größer, je weiter das System noch vom Maximum der Quellung oder Benetzung entfernt ist.

Den quantitativen Zusammenhang zwischen der entwickelten Quellungs- und Benetzungswärme und den zugefugten Flüssigkeitsmengen, der dadurch charakterisiert ist, daß die integrale Wärme um so weniger wächst, je größer die auf die Maßeinheit des quellenden Körpers bereits zugefügte Wassermenge, oder allgemeiner Flüssigkeitsmenge, ist, gibt KATZ auf Grund der Messungen ROSENBOHMS durch die Gleichung wieder:

$$Q = \frac{\alpha \cdot a}{\beta + a},$$

in welcher Q die bei Zusatz von a g Wasser zur Mengeneinheit quellbarer Substanz entwickelte Wärmemenge in Kalorien, α und β Konstanten bedeuten.

Diese KATZsche Formel ist, wenn man die Konstanten entsprechend benennt, und zwar α mit T, β mit $q \cdot T$ gleichsetzt, ferner a mit x bezeichnet, die VAGELERsche allgemeine Hyperbelformel:

$$Q = \frac{x \cdot T}{x + q\,T},$$

worin q wiederum den Differentialquotienten der reziproken Gleichung, d. h. den Tangens des Neigungswinkels der reziproken Geraden zur x-Achse bedeutet.

Für die *differentielle Quellungswärme* dQ, d. h. den Zuwachs der Wärmeentwicklung bei unendlich kleinem Zusatz von neuem Wasser zum System, ergibt sich

$$\frac{dQ}{dx} = \frac{q \cdot T^2}{(x + q\,T)^2}.$$

Die *maximale differentielle Quellungswärme* für den ersten Zusatz einer unendlich kleinen Wassermenge $x \approx 0$ zum trockenen System ergibt sich durch Einsetzen des Wertes 0 für x in die Differentialgleichung zu

$$Q_{\max} = \frac{dQ}{dx} = \frac{q\,T^2}{q^2\,T^2} = \frac{1}{q}.$$

Die maximale differentielle Quellungswärme ist also der reziproke Wert des Moduls q.

FREUNDLICH (92) teilt als *maximale differentielle Quellungswärme* verschiedener Gele die folgenden Ziffern mit, aus welchen sich die Differentialquotienten q der reziproken Kurve sofort ergeben:

Gel.	$Q_{\max}$	$q \cdot 10^3$
Gelatine	228	4,48
Agar	265	3,77
Kasein	265	3,77
Nuklein	310	3,22
Zellulose	390	2,56
Inulin	420	2,38
Kunstliche Starke	315	3,17
Verschiedene Holzfasern	265	3,77

Für Bodensubstanzen haben speziell RODEWALD und MITSCHERLICH (99), in neuerer Zeit JANERT (102), MIRTSCH und ZUNKER (101) die Frage der Benetzungs- und damit auch Quellungswärme studiert.

Aus ihren Untersuchungen berechnen sich gemittelt für die Hauptbodenklassen die folgenden T- und q-Werte und Q_{max}:

Bodenart	T = Integrale Benetzungswärme	$q \cdot 10^3$	Q_{max}
Sand	100—250	45,0	22
Sandiger Lehm	250—350	23,6	42
Lehm	350—400	11,3	88
Lehmiger Ton	400—500	5,67	176
Ton	500—750	3,50	263
Humusboden	750—1500	1,60	625

Die maximalen differentiellen Benetzungswärmen liegen also bei schweren und humusreichen Böden ähnlich hoch wie bei den oben behandelten Gelen. Die Wichtigkeit dieses Umstandes für die landwirtschaftliche Praxis, der die *Erscheinung der Verbrühung junger Saaten bei plötzlichen Regenfällen nach langer Dürre* auf schweren und humosen Böden erklärt, leuchtet ein.

Sehr wichtig für bodenkundliche Fragen ist die Feststellung von KATZ (95, S. 62ff.), *daß bei der Quellung der Betrag der freien Energie des Vorganges dem der Gesamtenergie praktisch gleich ist*, d. h. *die Änderung der Gesamtenergie des Systemes bei der Aufnahme von Flüssigkeit sich praktisch vollständig in mechanische Arbeit umwandeln läßt.*

Erst dadurch wird die enorme mechanische Arbeitsleistung der Quellung verständlich, die, soweit es um bodenkundliche Fragen geht, in der Hebung Tausender von Tonnen Bodensubstanz um Beträge von mehreren Dezimetern besteht, wenn z. B. Moor oder Tonboden, d. h. viel stark hydratationsfähige Substanzen enthaltende Böden sich mit Wasser sättigen.

Es folgt aus den gemachten Ausführungen aber noch etwas anderes. Ein zur Hydratation und damit zur Quellung befähigtes System kann auch bei Wasserüberschuß nur so weit gequollen sein, daß jeweils der Quellungsdruck dem Druck der überlagernden Schicht die Waage hält.

Anders ausgedrückt: in einem polydispersen, quellungs-, weil hydratationsfähigen System ist in jeder Schicht, wenn das System in der Vertikalen aufgebaut ist, nur ein ganz bestimmter Betrag von Quellungswasser und damit, da die Schwarmwasserschichten die Abstände der Einzelteilchen in den Berührungspunkten und damit die Größe der Hohlräume: Poren, zwischen den Teilchen bedingen, von Totalwasser möglich, wenn das System bei Abflußmöglichkeit des Wasserüberschusses seitlich und nach unten abgeschlossen ist, wie der Boden in der Natur.

Der Druck der überlagernden Schichten strebt die Einzelteilchen in einem gegebenen Volum sich zu nähern. Im ganz trockenen Boden oder in sonstigen hydratationsfähigen polydispersen Systemen wird sich in einer gewissen Bodentiefe die ohne Zertrümmerung der Einzelteilchen mögliche festeste Lagerung einstellen, der nach der obigen Gleichung das „minimale Porenvolum" P_{min} und, wenn eine Quellung nicht vorhanden ist, der minimale Wassergehalt W entspricht, der in diesem minimalen Porenvolum je 100 g Trockensubstanz Raum hat. Die eintretende Hydratation schafft festangelagerte Wasserschichten um die einzelnen Bodenteilchen, die diese auseinanderdrängen und damit auch die Hohlräume zwischen ihnen, also das Porenvolum erhöhen. Das kann aber nur bis zu dem Grade geschehen, den der Druck der überlagernden Schichten zuläßt.

Nun ist die pro Gewichtseinheit fester Substanz anlagerbare Wassermenge und die Energie, mit welcher diese Anlagerung geschieht, also auch der Quellungsdruck, in der Hauptsache, wenn man von der apolaren Sorption der Gittergrenzflächen absieht, abhängig von der Menge der pro Gewichtseinheit vorhandenen Kationen und ihrer Art.

Ist also je Gewichtseinheit fester Substanz nur eine geringe Kationenmenge vorhanden, d. h., besitzt die Substanz nur eine geringe Hygroskopizität, so werden die sich bildenden Wasserschichten nur einen sehr geringen Druck besitzen und außerdem nur mit geringer Kraft gehalten werden, so daß also schon unter geringem Druck derartige Systeme, z. B. Sande, das minimale Porenvolum zeigen. Dasselbe gilt für alle ausgeprägten kristallinen Substanzen mit geringer polarer Sorptionsfähigkeit, wie z. B. für Kaolin. Nur vom Druck entlastet werden die wenig sorptionsstarken Einzelteilchen bei freier Ausdehnungsmöglichkeit des Ganzen größere Mengen Wasser zwischen sich anlagern können, d. h., das ganze System wird nur beim Fehlen äußeren Druckes nach Füllung der zwischen den Teilchen befindlichen Hohlräume mit Wasser „quellen", also sein Volum vergrößern. Entsprechend den geringen restlichen Quellungsdrucken solcher Stoffe wird der geringste Außendruck die sehr labilen Wasserschichten zwischen den Teilchen sofort zerstören und wiederum die festeste mögliche Lagerung erzielen.

Die durch Zusammenpressen oder sonstigen Wasserentzug, z. B. Verdunstung erzeugte „*Schrumpfung*" oder Volumabnahme des ganzen Systemes ist, wie KEEN und HAINES (86) sich ausdrücken, unter diesen Umständen eine *normale Schrumpfung. Das heißt, bis zur Erreichung des minimalen Volums des Systemes entspricht die Volumabnahme dem Volum des irgendwie entfernten Wassers* und wird, sobald die Teilchen sich berühren, Null, während später das Wasser aus dem Hohlraum verdampft, ohne das Volum des Systemes irgendwie zu beeinflussen.

Ganz anders gestaltet sich das Bild, wenn es sich um sorptionsstarke Substanzen handelt, wozu speziell alle Humus- und Tonsubstanzen im bodenkundlichen Sinne gehören. In diesen Fällen sind die Wasserschichten (s. o.) dick und werden mit beträchtlicher Kraft gehalten. Die Quellung solcher Substanzen ist entsprechend groß. Sie beträgt, wie oben gezeigt ist, bereits bei der Anlagerung des hygroskopischen Wassers auf das Einzelteilchen bezogen,, bis zu 300% des Trockenvolums. Bei reichlichem Wasser und Ausdehnungsmöglichkeit, da der Druck beim hygroskopischen Wassergehalt immer noch 50 at beträgt, geht die Quellung dieser Substanzen noch weit über dieses Maß hinaus, so daß beim Austrocknen solcher Systeme Schrumpfungen von weit über 50% des Volums keine Seltenheit sind, weil sehr viele feinste Teilchen sich in sehr vielen Punkten berühren.

Aber die Schrumpfung verläuft bei diesen sorptionsstarken Substanzen nur anfangs als normale Schrumpfung. Nur bis zu dem Moment ist die Volumabnahme des Systemes dem Volum des verlorenen Wassers gleich, in welchem der Wassergehalt so weit gesunken ist, daß bereits merklich komprimierte Wasserschichten, die in diesen Systemen eine beträchtliche Dicke besitzen, den Abstand der Teilchen bedingen. Von diesem Augenblick an ist im weiteren Austrocknungsverlauf *die Volumabnahme des Systemes kleiner als das Volum des verlorenen Wassers, weil dieses vom Druck entlastet, sich wieder ausdehnt,* bis schließlich wiederum die Berührung der Teilchen und damit die Annahme des Minimalvolums und entsprechend des minimalen Porenvolums wie vorher die Volumänderung des Systemes zum Abschluß bringt, während das Wasser weiter bis zur vollständigen Austrocknung des Ganzen verdunstet.

KEEN hat diesen für sorptionsstarke Systeme charakteristischen Teil der Schrumpfung die „*Restschrumpfung*" genannt.

KEEN und HAINES stellten fest, daß die Restschrumpfung symbath mit dem Glühverlust der Substanzen geht und betrachteten sie daher als ein Maß des

Kolloidgehaltes, indem sie sich vorstellten, daß das kolloidale Material in einem polydispersen System die gröberen Teilchen wie eine elastische Zwischenlage („pad“) umhüllt und als Puffer wirkt, eine zur Verdeutlichung des Verhaltens solcher Systeme durchaus zutreffende Vorstellung.

Einen Vergleich des Schrumpfungsverlaufes sorptionsschwacher und sorptionsstarker Substanzen gibt Abb. 17 (12), die das Ausgeführte graphisch verdeutlicht.

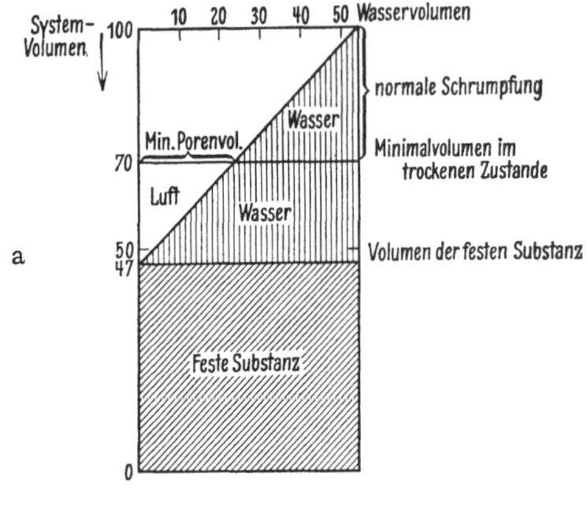

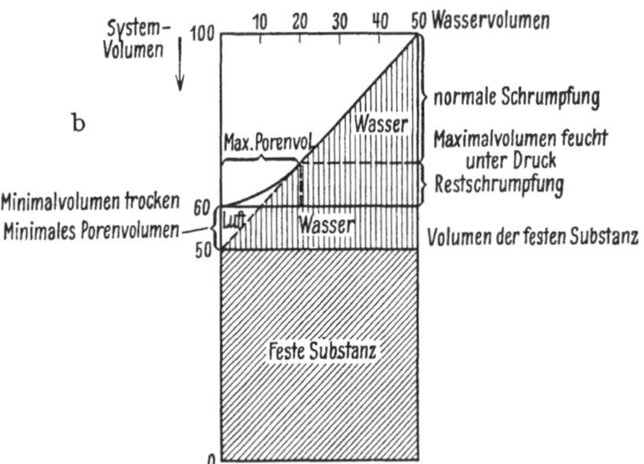

Abb. 17. a Normale Schrumpfung von Kaolin. b Schrumpfung von Sudan-Ton (nach HAINES).

Es erhebt sich nun die Frage, wie sich Restschrumpfung aufweisende Systeme unter Druck verhalten, wenn eine Entfernung des Wassers möglich ist. Daß sie sich nicht ohne weiteres wegen ihrer enormen und über erhebliche Strecken wirkenden Quellungsdrucke bis auf das Minimalvolum zusammenpressen lassen, wie es sorptionsschwache, nur normale Schrumpfung zeigende Systeme tun, liegt auf der Hand. Eine Entwässerung gequollener Schlämme durch *leichten* Druck ist in der Tat nur bis auf einen Wassergehalt möglich, der dem *minimalen Porenvolum zuzüglich der Restschrumpfung, also der Normalquellung im engeren Sinne* entspricht. Wird dann der Druck erhöht, so nehmen allmählich *in etwa parabolischer Funktion*, wenn ein Wasserabfluß möglich ist, auch diese Systeme ihr minimales Porenvolum an, und zwar bei Drucken, die noch weit *unter* den Quellungsdrucken der Einzelteilchen liegen.

Das scheint ein Widerspruch in sich selbst zu sein, ist es aber tatsächlich nicht. Wenn es möglich wäre, das gequollene System in einer Fläche auszubreiten, so würde der zur Entwässerung benötigte Druck genau dem Quellungsdruck entsprechen. Bei der Lagerung der Körnchen, die sich nur in einzelnen Punkten berühren, kommt, wie ZUNKER (l. c.) bereits aufmerksam gemacht hat, die *Spitzenwirkung* als den Außendruck für die Einzelteilchen multiplizierend, hinzu.

Was unter Spitzenwirkung zu verstehen ist, ist leicht einzusehen. Man denke sich ein Gewicht von einer Tonne mit einer Fläche von 100 cm² auf einer anderen Fläche aufliegend. Dann wirkt pro Quadratzentimeter der Auflage ein Druck von $^{1000}/_{100} = 10$ kg, der auch von einer verhältnismäßig weichen Substanz noch anstandslos vertragen wird. Verringert sich die Auflagefläche auf 1 cm², so wirkt auf dieses 1 cm² bereits der volle Druck des aufgelegten Gewichtes und so fort in steigender Progression. Bei nur noch 1 mm² Auflage, was einer noch recht stumpfen Spitze entspricht, ist der Druck, auf die Flächeneinheit umgerechnet, bereits 100 t, was nur noch die härtesten Auflagen vertragen können, ohne daß die „Spitze“ in sie eindringt. Je geringer die Berührungsflächen weiter werden, desto kolossalere Drucke kommen bei gleichbleibender Belastung tatsächlich pro Flächeneinheit zur Anwendung. *Bei punktförmiger Berührung müssen schon in verhältnismäßig geringen, nach Bruchteilen von Metern zählenden Schichthöhen einer feuchten Substanz in den Berührungspunkten Druckhöhen zwischen den Einzelteilchen wirken, die durchaus in der Größenordnung der Quellungsdrucke liegen.*

Hier müssen also die bei ungestörter Entwicklung konzentrisch anzunehmenden Wasserhüllen der Teilchen in den Berührungspunkten deformiert und in die Hohlräume zwischen den Teilchen gedrängt werden, diese mehr oder weniger vollständig erfüllend, wobei das Wasser, soweit es als Schwarmwasser zu betrachten ist, je nach dem Abstand von der Teilchenoberfläche unter mehr oder weniger starkem osmotischen Druck steht und daher komprimiert ist, allmählich in etwa noch vorhandene Bodenlösung übergehend.

In einer gewissen Tiefe schon muß also auch in stark quellenden, nicht den Charakter elastischer Gele besitzenden Substanzen, wenn das überschüssige Wasser abfließen kann, das Minimalporenvolum herrschen. Wie groß dieses für die einzelne Einheitszelle (s. o.) ist, ließe sich bei gleichmäßiger Form und Größe der Teilchen berechnen. Da diese letztere Voraussetzung nicht erfüllt ist, haben alle Versuche, zu theoretischen Näherungswerten zu kommen, nur höchstens akademischen Wert. Es bleibt nur die *Messung im Einzelfalle* übrig, auf die unten einzugehen sein wird.

Oberhalb der Zone des minimalen Porenvolums müssen mit abnehmendem Druck zwischen den Teilchen in den Berührungspunkten mehr und mehr Wasserschichten sich einschieben, bis schließlich in den obersten Lagen des Systemes, wenn das dazu nötige Wasser vorhanden ist, die volle Hydratation, also die volle Quellung herrscht.

Erfahrungsmäßig scheint bei Bodensubstanz die Zunahme des Porenvolums über das minimale Porenvolum hinaus mit abnehmender Bodentiefe etwa in der zweiten Potenz der Entfernung zu erfolgen, womit sich die Möglichkeit eröffnet, wenigstens genähert das in Bodenprofilen mögliche Wasser für den Fall, daß ein freier Wasserabfluß möglich ist, also keine Stauung überschüssigen Wassers stattfindet, zu berechnen, wenn man die *maximale, durch die Molekularkräfte der Grenzflächen gegenüber dem Einfluß der Schwere gehaltene Wassermenge* kennt, wobei die Tragkraft etwa im System sich bildender Menisken jedoch auszuschalten ist.

Diese maximale Wassermenge kann man als *minimale Wasserkapazität* des Systemes bezeichnen insofern, als sie *die Wassermenge repräsentiert, die von der Substanz als solcher durch ihre elektrischen Feldkräfte unabhängig von der Lagerung und den dadurch sich bildenden Menisken mit ihren Zufälligkeiten festgehalten wird,* also die Wassermenge, die von zugeführtem Wasser im Minimum im System verbleibt, wenn keine Kräfte außer der Gravitation auf es einwirken.

Eine Näherungsrechnung führt zu dem Ergebnis, daß im Schwarmwasser der Gravitationseinfluß dann ungefähr kompensiert ist, wenn der osmotische Druck der betrachteten Zone 0,5 at beträgt, wobei die Deformation der Wasserhülle an den Berührungspunkten der Teilchen, also die Zusammendrängung der Hülle zu Wasserringen (Porenwinkelwasser, funikuläres-penduläres Wasser usw., s. u.) in Rücksicht gezogen ist.

Setzt man diesen Wert in Gleichung (VIII) ein[1], so ergibt sich die minimale Wasserkapazität C_{min} polydisperser Systeme, d. h. die durch die elektrischen Felder der Schwarmionen gegen die Gravitation gehaltene Wassermenge als Materialkonstante:

$$C_{min} = 2{,}2 \cdot \Sigma K$$

oder

$$C_{min} = 4{,}5\,\mathrm{Hy}. \qquad \text{(XIV)}$$

[1] Für Gradienten dritter Potenz!

Daß von Bodensubstanzen diese Gleichungen sehr genähert erfüllt werden, zeigen die folgenden, von ALTEN und VAGELER ermittelten Werte (12):

Boden Nr.	Hy	Minimale Wasserkapazitat gefunden	berechnet	in Proz. des gefundenen Wertes
K 58	3,2	16,8	15,4	− 8,2
K 67	4,8	23,8	21,6	− 9,2
K 56	8,3	43,9	37,3	− 15,0
G 33	11,6	50,7	52,2	+ 2,9
G 19	14,7	71,7	66,1	− 7,8
G 10	16,7	68,2	75,1	+ 10,2

Als Mittel des Verhältnisses $C_{\min}$: Hy ergibt sich aus 250 von den Autoren mitgeteilten Analysen ein Wert von $4{,}7 \pm 0{,}5$, der also befriedigend mit dem theoretisch abgeleiteten Wert 4,5 übereinstimmt, besonders wenn man bedenkt, daß die experimentelle Bestimmung der minimalen Wasserkapazität (s. Anhang) mit vielen Fehlerquellen behaftet ist, die den Wert leicht zu hoch finden lassen, besonders bei schweren Böden.

Trotz der gelegentlich verhältnismäßig großen Abweichungen zwischen berechneten und experimentell beobachteten Werten kann man jedenfalls sagen, *daß auch die minimale Wasserkapazität, deren große praktische Bedeutung für viele Fragen der Bodenmelioration und besonders der Irrigation unten erläutert werden wird, eine Funktion des Kationengehaltes der sorbierenden Komplexe ist.*

Zum Schluß bleibt noch die Frage zu erörtern, wie sich die Volumina der Systeme gestalten, wenn eine zugeführte Wassermenge keinen freien Abfluß hat, sondern sich in und über den Systemen staut.

Unter diesen Umständen, die sich im Boden z. B. dann einstellen, wenn sich eine undurchlässige Schicht im Boden befindet, auf welcher ein Überschuß von Wasser sich staut, wie es z. B. in jeder ständigen Wasseransammlung, Teich, See oder Sumpf oder aber zeitweise bei der Irrigation schwerer Böden mit größeren Mengen Wasser als ihrer Durchlässigkeit entspricht, geschieht, tritt sofort das in Wirkung, was man den *Auftrieb* nennt.

Alle in eine Flüssigkeit eingetauchten Körper verlieren so viel an Gewicht, wie das Gewicht des Volums der verdrängten Flüssigkeit beträgt oder, was dasselbe ist, ihr spezifisches Gewicht vermindert sich um das spezifische Gewicht der Flüssigkeit. Das spezifische Gewicht von Bodensubstanzen in nichthydratisiertem Zustande beträgt im Mittel 2,65, im Wasser also bloß noch 1,65. Bei starker Hydratation sind oben spezifische Gewichte von 1,47 für die Teilchen von Bodensubstanz abgeleitet, entsprechend dem minimalen spezifischen Gewicht von 0,47 in Wasser.

So kommt es, daß ganz grobe Dispersionen, z. B. Sande, bei welchen die Hydratation keine Rolle spielt, sich in Wasser zwar noch genau so fest, wegen besserer Überwindung der Reibung zwischen den Teilchen sogar unter Umständen noch fester zusammenlagern wie in Luft, während feinkörniges Material, wie Schlamm, selbst in tiefen Schichten unter Wasser außerordentlich locker gelagert ist, weil keine störende Kraft mehr der Ausbildung der Hydratwasserhülle der Einzelteilchen entgegenwirkt, nachdem die Schwere fast völlig kompensiert ist.

Da die Dicke der Hydratwasserhülle weitgehend von der Art der Ionenbelegung der sorbierenden Komplexe abhängt, ist von verschiedenen Autoren (103) (GREENE, PETO, VAGELER u. a.) versucht worden, das sog. *Maximalvolum aufgeschlämmter Böden* unter Wasser zu einem Maßstab physikalischer Bodeneigenschaften auszubilden. Es wird darauf unten bei Besprechung der Bodensubstanzen zurückzukommen sein.

Was hier interessiert, ist nur die allgemeine Tatsache, daß durch den Auftriebseffekt hydratationsfähige Systeme sehr viel größere Wassermengen aufzunehmen vermögen, als es der Fall ist, wenn ein Auftriebseffekt nicht besteht. Denn im Wasser wirken die Teilchen fast unbehindert mit ihrem durch die Wasserhülle vergrößerten Volum, und die Lagerungsdichte wird entsprechend vermindert.

Nimmt man auch nur eine Sattigung der Teilchen bis zur minimalen Wasserkapazität an, so bedeutet das fur den oben (S. 99) behandelten Fall eines Tones mit gleichmäßigem Teilchenradius von 2000 A die folgenden Volumzunahmen, und zwar *ohne* Berucksichtigung der verschiedenen Druckgradienten, die das Bild noch verschärfen würde

Volumen des völlig trockenen Teilchens $3{,}36 \cdot 10^{10}\,A^3$

Belegt mit	Dicke der Wasserhulle	Volum	Volumzunahme %
dreiwertigen Kationen .	1440 A	$1{,}71 \cdot 10^{11}\,A^3$	510
zweiwertigen „ .	2250 „	$3{,}22 \cdot 10^{11}$ „	960
einwertigen „ .	4500 „	$1{,}15 \cdot 10^{12}$ „	3422

So ungeheuerlich diese Volumzunahme erscheint, so gut wird sie durch das Experiment bestätigt. So nahmen z. B. 10 g Na-Ton trocken ein Volum von 6 cm³ in festgerütteltem Zustande ein, in Wasser aufgeschlämmt und, um überhaupt einen Absatz zu erzielen, durch Zusatz von etwas $CaCl_2$ in Lösung koaguliert, von 272 cm³. Ein von der Natur gerade in dieser Richtung selbst gegebenes Beispiel sind die sehr locker gelagerten, sehr viel Na-Ton enthaltenden Schlämme der Mangrovenbestände an tropischen Meeresküsten, in welchen man wie in Wasser versinkt.

Zusammenfassend ist als Ergebnis der Betrachtungen des Abschnittes festzustellen, daß bezüglich der Volumverhältnisse polydisperser Systeme, sobald polar sorbierende Substanzen in nennenswerter Menge vorhanden sind, und hinsichtlich der Wasserführung stets die Kationenbelegung der Komplexe die ausschlaggebende Rolle spielt, so daß diese praktisch wichtigen Faktoren sich ohne Berücksichtigung der Kationenbelegung uberhaupt nicht in vollem Umfange verstehen lassen, während auf der anderen Seite, wenn man den durch die Kationen bedingten Umständen Rechnung trägt, sich zwanglos alle zu beobachtenden Erscheinungen als logische Folgerungen des Kationenhaushaltes ergeben.

c) Die Kinetik des Wassers und wässeriger Lösungen in polydispersen Systemen.

Zur Zeit wird das Studium der Kinetik und Dynamik des Wassers in polydispersen Systemen im allgemeinen und im Boden im besonderen noch vollständig von der sog. *Kapillaritätstheorie* beherrscht. Alle Erscheinungen der Wasserbewegung im Boden sollen das Ergebnis der Zugkraft oder Tragkraft der in den Hohlräumen sich bildenden *Menisken* sein, bei der Abwärtsbewegung des Wassers unterstutzt durch die Gravitation, die beim Aufstieg außer der Reibung als allein hemmendes Moment in Frage kommt. Da sich mit der positiven oder negativen Krummung einer Wasseroberfläche auch der Dampfdruck des Wassers erhöht oder erniedrigt, solche Krümmungen aber speziell im negativen Sinne durch Ausbildung von Menisken in den Hohlräumen zwischen den Bodenteilchen hervorgebracht werden, ist auch die Verdunstung in Beziehung zur Kapillarität gesetzt.

Die Frage der Größe der sog. *Kapillaritatskonstanten des Wassers* als Ausdruck seiner *Oberflächenspannung* ist bereits oben erörtert. Hier ist nunmehr zu untersuchen, inwiefern Kapillarerscheinungen tatsächlich für die Kinetik des Wassers und wässeriger Lösungen in polydispersen Systemen eine Rolle spielen können und wieweit diese Rolle reicht. Da der Ausdruck „Kapillarerscheinungen" vieldeutig ist, ist es erforderlich, auch hier auf Grundtatsachen zurückzugreifen, soweit das nicht bereits oben geschehen ist.

Man bezeichnet im strengen Sinne mit dem Ausdruck *Kapillarität* die folgende Grunderscheinung: wenn man in ein weites Gefäß mit einer Flüssigkeit eine enge Röhre taucht, *die von der Flüssigkeit „benetzt" wird,* so steigt die Flüssigkeit in der engeren Röhre empor. Die sich unter dem Zug des sich bildenden konkaven *Meniskus,* d. h. der konkaven Krümmung der Flüssigkeitsoberfläche gegen den Gasraum, in der engeren Röhre oder Kapillare einstellende „*Steighöhe*" ist zu

$$H = \frac{14{,}82}{r}\,\mathrm{mm}$$

bereits oben angegeben. Wird das Material der engen Röhre „*nicht benetzt*", so steigt die Flüssigkeit in ihr nicht nur nicht empor, sondern das Flüssigkeitsniveau senkt sich in der engeren Röhre. Es findet eine *Kapillardepression* statt, nach der Kapillartheorie als Ergebnis des nunmehr gegen den Gasraum *konvexen* Meniskus im engen Rohr.

Taucht man in eine Flüssigkeit zwei Platten parallel ein, die den kleinen Abstand d haben mögen, so findet *im Falle der Benetzung* auch zwischen diesen beiden Platten ein Aufsteigen der Flüssigkeit statt, und zwar bis zur Hälfte der Höhe, bis zu welcher die Flüssigkeit in einer Kapillaren aus demselben Material steigen würde, deren Durchmesser gleich dem Plattenabstande ist.

Aus der Tatsache der Zunahme der Steighöhe mit abnehmendem Radius der Kapillare oder abnehmender Entfernung flacher Wände folgt, daß in benetzbaren Kapillaren, die sich nach einer Seite zu verjüngen, ein Flüssigkeitstropfen, der zur Füllung des Querschnittes genügt, sich nach dem verjüngten Ende, also nach der engsten Stelle der Kapillare zu bewegen muß. In nicht benetzbaren Kapillaren ist das Gegenteil der Fall.

Befindet sich in einer Kapillare nicht ein, sondern eine Reihe von den ganzen Querschnitt füllenden Tropfen, die voneinander durch Luftblasen getrennt sind, so ist ein sehr großer Druck erforderlich, um diese Tropfen, die sog. JAMIN*sche Kette,* zu verschieben. Er vervielfacht sich, wenn der kapillare Querschnitt nicht überall gleich ist, sondern weite und enge Stellen miteinander abwechseln, wobei sich dann die Wassertropfen in den engen Stellen zusammendrängen, während die größeren Hohlräume, wenn nicht sehr viel Wasser vorhanden ist, mit Luft gefüllt sind. Abb. 18 gibt von den besprochenen Erscheinungen eine schematische Vorstellung.

Sehr lange Zeit sind diese Kapillarerscheinungen im strengen Wortsinne als maßgebend für die Bewegung des Wassers oder wässeriger Lösungen in polydispersen Systemen betrachtet worden, wozu bei oberflächlicher Wertung in der Tat durchaus die Berechtigung vorzuliegen scheint. Die kapillare Hebung des Wassers aus dem Untergrunde in die Zone der Wurzelverbreitung schien eine Selbstverständlichkeit, da sich aus der oben mitgeteilten Steighöhenformel für enge Kapillaren Steighöhen ergeben, die sich bei Ton auf Kilometer belaufen, was scheinbar zu dem zu beobachtenden Verhalten der Tone paßte und ferner die Dampfspannungen in Kapillaren sich aus dem kapillaren Radius mit großer Genauigkeit berechnen ließen und umgekehrt (92, S. 914).

Aber schon in der älteren Literatur tauchen Zweifel auf, ob dieser hohen Einschätzung der Kapillarerscheinungen als ausreichender Grund der Wasserbewegung in polydispersen Systemen nicht ein fundamentaler Denkfehler zugrunde liegt. Nie und nirgends ließen sich nämlich die für Boden errechenbaren Steighöhen experimentell irgendwo beobachten. Auch wenn man Böden in langen Glasröhren sich von unten von einem freien Wasserspiegel aus mit Wasser sättigen ließ, also die denkbar günstigsten Bedingungen fur die Entwicklung maximaler Steighöhen herstellte, gingen die tatsächlich zu beobachtenden Steighöhen nur ganz ausnahmsweise betrachtlich über einen Meter hinaus. Ton, dem theoretisch die größte Steighöhe wegen der Feinheit seiner Kapillaren zukommen müßte, zeigte bei gleicher Korngrößenzusammensetzung, also genähert gleicher Ausbildung der Hohlräume nicht nur nicht stets ungefähr dieselben hohen Steighöhen, sondern im Gegenteil ein außerordentlich widerspruchsvolles Verhalten. Teilweise ließen sich relativ große Steighöhen beobachten, die allerdings noch nicht den tausend-

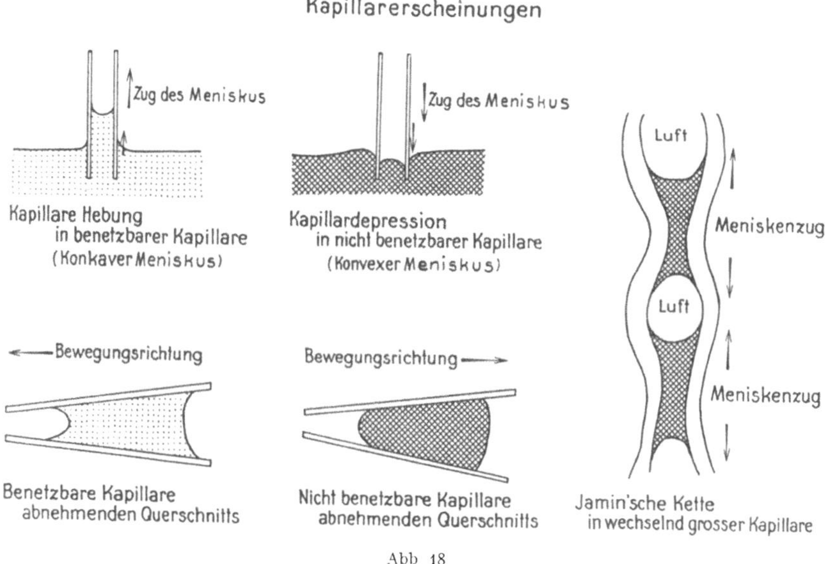

Abb 18

sten Teil der theoretischen Steighöhen betrugen, teilweise aber ließen sich nur nach Millimetern zählende Steighöhen in sehr langen Zeiträumen feststellen, trotzdem von einer Nichtbenetzbarkeit der betreffenden Tonsubstanz gar keine Rede sein konnte, diese vielmehr das Wasser gierig aufnahm.

Obwohl die Anwendung der gewonnenen physikalisch-chemischen Gesichtspunkte auf die Probleme des Wasserhaushaltes der Böden erst unten erfolgen wird, mussen hier bereits zum Verständnis der Schwierigkeiten der Kapillartheorie einige bodenkundliche Begriffe herangezogen werden.

Die schärfste Definition des *Kapillarwassers im Boden* hat ZUNKER (101, S. 97) gegeben: „Kapillarwasser nennen wir das in den Bodenporen befindliche, unter Unterdruck stehende, mit dem *Grundwasser* verbundene unterirdische Wasser, dessen Oberfläche von Wassermenisken begrenzt ist." „Dort, wo die durchgehenden Luftschlote (im Boden) beginnen, liegt der Spiegel des geschlossenen Kapillarwassers."

Geht man diesem sog. geschlossenen Kapillarwasserspiegel in der Natur nach, so findet man eine sehr merkwürdige Gestaltung. Daß er nicht überall eben ist, ganz besonders nicht in Böden mit verschieden großen Hohlräumen zwischen den festen Teilchen, in sog. „ungleichporigen" Böden, sondern kapillar gehaltenes Wasser in allen möglichen Verzackungen über den mittleren geschlossenen Kapillarwasserspiegel in die Zone des sog. offenen Kapillarwassers, in welcher nur noch nesterweise die Hohlräume des Bodens mit Wasser gefüllt sind, hinübergreift, ist dabei eine selbstverständliche, hier nebensächliche Erscheinung. Wichtig ist, daß stets, wo man gleichmäßige, nicht gar zu schwer durchlässige Böden betrachtet, die in Abb. 19 dargestellte Gestaltung des Kapillarwasserspiegels zwischen zwei freien Wasserflächen, z. B. in Gräben, sich einstellt. Das geschlossene Kapillarwasser wölbt sich wie eine flache Schale zwischen den beiden freien Wasseroberflächen im Boden hin. Wird die Wasseroberfläche oder, wie man sich gewöhnlich ausdrückt, der *Grundwasserspiegel* gesenkt, so sinkt auch das Kapillarwasser. Wird auf der anderen Seite in irgendeiner Weise an einer Stelle, z. B. in der Mitte zwischen den beiden Grundwasseroberflächen, Kapillarwasser entnommen, so ergänzt sich der örtliche Verlust nur dann wieder langsam in vollem Umfange, wenn der Grundwasserspiegel auf derselben Höhe bleibt. Ist die Menge des eine freie Oberfläche besitzenden Wassers beschränkt, so stellt sich mit um so größerer Langsamkeit, je feinkörniger und damit feinporiger der

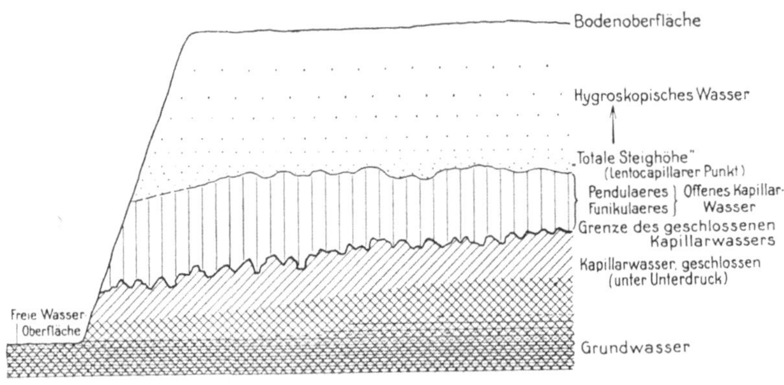

Abb. 19 Die einfachste Gestaltung des Bodenwassers.

Boden ist, ein neues Gleichgewicht in der Weise ein, daß der Spiegel des geschlossenen Kapillarwassers *und* der Spiegel des Grundwassers entsprechend dem erfolgten Wasserverlust sinken. Wird auf der anderen Seite der Grundwasserspiegel erhöht, so steigt der Kapillarwasserspiegel entsprechend, und Zufuhr zum Kapillarwasser, z. B. in der Mitte zwischen den beiden freien Grundwasserflächen, wirkt wiederum steigernd auch auf das Grundwasser zurück.

Geschlossenes Kapillarwasser und Grundwasser sind also eine untrennbare Einheit. Keine der beiden Komponenten kann sich als Ganzes oder teilweise verschieben, ohne die andere entsprechend zu beeinflussen. Es ist völlig undenkbar, daß z. B. die oberste Lage des Grundwassers oder des geschlossenen Kapillarwassers „kapillar" nach oben im Boden steigt, auch wenn die Kapillaren plötzlich noch so sehr in den oberen Bodenschichten verfeinert würden, wenn nicht eine *freie* Oberfläche des Grundwassers den Ausgleich ermöglicht. Denn das würde die Entstehung eines *Vakuums* durch Zerreißung des Wassers im tieferen Untergrunde bedeuten, wozu Kräfte gehören, denen gegenüber auch die Zugkräfte feinster Kapillaren ins Nichts verschwinden. *Von einer kapillaren Hebung von Grundwasser als Ganzes oder allgemeiner von einer Hebung geschlossener Wassermassen in polydispersen Systemen durch Wirkung der Kapillarkräfte kann also, wenn keine Nachlieferung durch eine freie Wasserfläche erfolgt, in keiner Weise die Rede sein, womit bereits der bodenkundlich wichtigste Teil der gesamten Kapillartheorie verfällt.*

Aber damit sind die Schwierigkeiten dieser Theorie noch nicht am Ende. Es ist oben (S. 101) gezeigt, wie sich die Zusammenlagerung der Bodenteilchen im

Idealfall gleich großer Kugelchen gestaltet. Schon in diesem Fall haben aber die *Hohlräume zwischen den Bodenteilchen* oder den Teilchen eines dispersen Systemes überhaupt *mit den Kapillaren der allgemeinen Physik nicht die geringste Ähnlichkeit* mehr. Sie müssen im Falle polydisperser Systeme mit verschiedem großen und verschieden geformten Teilchen vollständig regellos sein, so daß es sicher nicht übertrieben ist, zu sagen, *daß irgendwie durch physikalische Rechnung faßbare Kapillaritätserscheinungen selbst in den gleichmäßigst zusammengesetzten Böden überhaupt nicht existieren.* Ganz besonders muß das dann nicht der Fall sein, wenn es sich um einen sehr feinkörnigen Boden, also um einen Ton handelt. Bei einem solchen Medium muß nicht nur der Unterschied zwischen Kapillar- und Grundwasser gänzlich verwischt sein, sondern sogar der Begriff des *Grundwasserspiegels* als eines einheitlichen Wasserniveaus unterhalb der Bodenoberfläche *gegenstandslos* werden.

Das ist in der Tat auch der Fall. Man wird in typischen Tonböden, wie z. B. im Delta in Ägypten, vergeblich nach einem einheitlichen Wasserspiegel im Boden suchen, trotzdem man ihn hier, wo das freie Wasserniveau durch die Wasseroberfläche des Nil und der großen Bewässerungskanäle scharf gegeben ist, in erster Linie erwarten sollte. Differenzen des „Grundwasserstandes" von Metern auf wenige Meter Abstand sind eine überall zu beobachtende Erscheinung. Jedes Feld, jedes Beet nahezu, hat seinen eigenen Grundwasserspiegel und Kapillarwasserstand. Vergröberung der Bodentextur und -struktur im Obergrunde durch chemische Melioration fuhrt im schreienden Gegensatz zu dem, was die Kapillartheorie erwarten ließe, zum *Eintreten* von Wasser aus dem tonigen Untergrund in den künstlich „leichter", d. h. grobkörniger gemachten Obergrund, kurz, die ganze Kapillartheorie läßt, sobald man sich nicht auf die einfachen Schulfälle der Sande und mittleren Böden beschränkt, vollkommen im Stich.

Ganzlich aussichtslos aber ist sie, worauf Keen (85, a. a. O.) mit besonderem Nachdruck aufmerksam macht, zur Erfassung der Erscheinungen im Boden dann, *wenn,* wie es außerhalb des Grundwassers im Boden die Regel ist, *die Bodenhohlräume nicht mehr nur mit Wasser, sondern zum größten Teil bereits mit Luft gefüllt sind,* so daß außer dem Schwarmwasser höchstens noch gürtelförmig um die Beruhrungspunkte der Teilchen angeordnete Wasserringe im Boden verbleiben, die Keen mit Versluys (104), je nachdem sie ineinander übergehen oder nicht, als *„funikuläres"* oder *„pendulares"* Wasser bezeichnet. Die Autoren machen bei dieser Benennung des Wassers einen Unterschied, der auf der unhaltbaren Ansicht beruht, daß zwischen den Wasserringen um die Beruhrungsstellen der Teilchen die Bodenteilchen jemals *ganz trocken* sein könnten, in welchem Falle dann allerdings die Unterscheidung der beiden Gruppen von Bodenwasser berechtigt wäre. Tatsachlich trifft das jedoch in keiner Weise zu. Niemals kann, solange uberhaupt Wasser im Boden noch in tropfbarer Form oder auch nur in Dampfform mit merklicher Spannung vorhanden ist, die Kontinuität der Wasserhülle unterbrochen sein. Denn stets mussen sämtliche Teilchen an ihren Grenzflächen das der Dampfspannung entsprechende Hydratationswasser als Hülle tragen. Was Keen und Versluys tatsächlich meinen und was allerdings eine Berechtigung hat, ist, daß die einzelnen Wasserringe beim funikulären Wassergehalt im Gegensatz zum pendulären durch so dicke Wasserschichten verbunden sind, daß in ihnen noch eine *Bewegung des Wassers in flussiger Form* möglich ist. Hierauf wird sofort zurückzukommen sein. Was hier im Moment interessiert, ist die Tatsache, *daß bei einem derartigen tröpfchenförmigen Wassergehalt jede Bewegung des Wassers durch Kapillarwirkung vollkommen ausgeschlossen ist,* wie wohl nicht näher erläutert zu werden braucht. Wenn also wirklich nur kapillare Kräfte die Wasserbewegung im Boden verursachten, so könnte in diesem Stadium des

Feuchtigkeitsgehaltes keine Pflanzen mehr gedeihen, weil der Wasserzufluß zur Wurzel unterbrochen wäre. *Gerade der funikuläre Wassergehalt bildet aber mit mehr als 24% des Porenvolums des Bodens ungefähr das Optimum für die pflanzliche Entwicklung.* Es findet ein recht intensiver Wasserzufluß zu den Wurzeln, sogar noch eine Wirkung der etwa vorhandenen Dränage statt, trotzdem nach der Kapillartheorie von einer Bewegung des Wassers im Boden keine Rede mehr sein könnte.

Alle Schwierigkeiten verschwinden, sobald man die Kinetik des Wassers vom Standpunkt der elektrischen Theorie der Materie im allgemeinen und der elektrochemischen Sorptionstheorie im besonderen betrachtet, und gerade die kapillartheoretisch größten Widersprüche werden zu logisch zu erwartenden Erscheinungen.

Die Kapillartheorie selbst macht, auch in ihrer ältesten Formulierung, bereits eine in diese Richtung weisende Voraussetzung, die oben bei der Definition des Begriffes Kapillarität durch gesperrten Druck hervorgehoben ist. Voraussetzung der kapillaren Hebung war die *Benetzbarkeit* der betrachteten, die Kapillaren bildenden Substanz, Voraussetzung der Kapillardepression ihre *Unbenetzbarkeit*. Verallgemeinert man den Begriff der Benetzung, um von der Einzelsubstanz und ihren Eigenschaften unabhängig zu sein, zu dem Begriff der *Anlagerung von Fremdsubstanz an eine Phasengrenzfläche,* so tritt sofort das allen Kapillarerscheinungen zugrundeliegende und ihre Voraussetzung bildende Moment klar im elektrochemischen Sinne hervor:

Kapillarer Hub erfolgt dann, wenn die Moleküle der Flüssigkeit von der Phasengrenzflächen sorbiert werden, d. h., die Grenzflächen als Ganzes oder die an ihnen gebundenen Schwarmionen sich, allgemein gesprochen, solvatisieren oder, wenn es sich um Wasser handelt, hydratisieren, also wenn entgegengesetzte elektrische Kraftfelder zwischen fester Substanz und Flüssigkeit sich ausgleichen. Kapillare Depression erfolgt, wenn gleiche Felder zwischen festen Stoffen und Flüssigkeit sich begegnen, die sich abstoßen.

Maßgebend für beide Erscheinungen ist also der negative oder positive Ausgleich der elektrischen Feldkräfte. Er ist das bewegende primäre Moment, das auf die Flüssigkeit wirkt. Die Bildung des Meniskus ist etwas völlig sekundäres. Den durch die Oberflächenspannung der Flüssigkeiten mit Hilfe der Menisken bedingten Erscheinungen, die letzten Endes auch nur ein Ausfluß der elektrischen Kräfte sind, kommt keine die Erscheinungen des kapillaren Hubes oder der kapillaren Depression auslösende, sondern nur eine sie *unterstützende* Rolle zu. *Die Menisken „heben" nicht die Flüssigkeiten. Die Hebung erfolgt durch die Hydratationsenergie der Ionen und Moleküle der Grenzflächen, und nur wenn zwei „gehobene" Wasserfilme bei engem Abstande der Phasengrenzflächen ineinanderlaufen, entsteht ein Meniskus. Wohl aber tragen die Menisken die von den Phasengrenzflächenkräften gehobenen Flüssigkeitssäulen nach Maßgabe der in ihnen umgekehrt proportional ihrem Radius sich entwickelnden elektrischen Kräfte.*

Von diesem Standpunkte aus wird sofort die Schwierigkeit verständlich, die sich wie ein roter Faden durch alle Arbeiten über kapillare Erscheinungen zieht: *daß die geringsten Spuren irgendwelcher Verunreinigungen an den betrachteten Oberflächen jede auch nur einigermaßen genaue Messung der kapillaren Kräfte verhindern.*

„Verunreinigung" einer Oberfläche bedeutet in elektrochemischem Sinne, daß an dieser Oberfläche bereits irgendwelche Dipole oder Ionen angelagert sind, d. h. ihre elektrischen Kräfte bereits durch irgendeine andere Substanz weitgehend *kompensiert* sind, so daß eine Anlagerung von Wasser entweder gar nicht mehr in Frage kommt, *wenn das Dipolmoment der betreffenden Substanz größer ist als das Dipolmoment des Wassers* und damit das Wasser nur zu einer sehr teilweisen Ver-

drängung der fremden Moleküle, z. B. Fett, in der Lage ist oder sehr langsam, weil die „Benetzung" erst nach und nach bei Gleichheit oder geringerer Größe des Dipolmomentes der Verunreinigung bei ihrer vollständigen Verdrängung in Erscheinung tritt.

Wie oben ausgeführt ist, lagern trockene, pulverförmige Substanzen in großem Umfange Gase (Luft usw.) an. Solche trockenen Pulver, wie ganz besonders auch trockener Boden, zeigen, sobald sie mit Wasser in Berührung kommen, einen sehr ausgeprägten *„Benetzungswiderstand"*, der jedoch, nachdem das Pulver einige Zeit mit Wasser in Berührung gewesen ist, verschwindet. Diese jederzeit leicht zu machende Beobachtung ist geradezu ein Schulfall für die ausgeführten Zusammenhänge.

Puchner (105), Nolte (106), Ehrenberg und Schultze (107) haben die Rolle der sorbierten Luft für das Zustandekommen des Benetzungswiderstandes bereits in vollem Umfange erkannt. Daß gelegentlich auch sonstige angelagerten Stoffe, wie Harzsubstanzen usw., zu derselben Erscheinung führen können, liegt auf der Hand.

Ganz besonders charakteristisch ist es, daß es wesentlich längere Zeit benötigt, den Benetzungswiderstand, der durch die Lufthülle hervorgebracht ist, zu überwinden, wenn man flussiges Wasser hinzufügt, als wenn man die betreffenden Substanzen in einen mit Wasserdampf gesättigten Raum bringt. Im letzteren Falle ist nach kurzer Zeit der Benetzungswiderstand überwunden, d. h. die Gashülle durch eine Wasserhülle ersetzt. Der Grund dafür liegt auf der Hand: das Dipolmoment des Wasser*dampfes* ist etwa dreimal so groß wie das Dipolmoment des Wassers in flüssiger Form, was eine vielfach gesteigerte Verdrängungsenergie des Wasserdampfes gegenuber dem Wasser in flüssiger Form bedingt.

Das die Bewegung des Wassers in polydispersen polaren Systemen bedingende Moment ist, von der Schwerkraft zunachst abgesehen, nach den gemachten Ausführungen das Hydratationsbestreben der festen Substanz und speziell ihrer Ionenschwärme oder, was dasselbe ist, die Differenz der osmotischen Drucke im System von Ort zu Ort.

Jedes Teilchen besitzt gegenüber seinen Nachbarn eine durch die osmotische Druckdifferenz bedingte *Saugkraft*, die sich zur Saugkraft des ganzen Systemes sinngemäß kombiniert. Korneff (108) hat diese Zusammenhänge, daß „die Molekularkraft der Wasserhülle der Bodenteilchen" der Grund der Wasserhebung durch den Boden sei, richtig erkannt, ist aber mit seiner Annahme auf starken Widerstand bei allen Verfechtern der Kapillartheorie gestoßen, weil angeblich — und vom allerdings unzulässigen Standpunkt der Kapillartheorie mit Recht — das Häutchenwasser keine Unterdrucke habe. Daß das Schwarmwasser tatsächlich ganz in seinem Sinne Unterdrucke hat, die bis in die Hunderttausende und Millionen von Atmosphären gehen, allerdings mit zunehmender Dicke der Hydrathülle auch außerordentlich schnell abklingen, ist oben gezeigt.

In welcher Weise dieses Abklingen der Drucke erfolgt, läßt sich nach Formel (VIII) und deren Ableitungen

$$W = 1{,}76\, \Sigma K \pi^{-\frac{1}{3}}$$

leicht übersehen, indem man sie nach π, dem osmotischen Druck als Unbekannter auflöst.

Es ergibt sich dann:

$$\pi = 5{,}5 \left(\frac{\Sigma K}{W}\right)^3 = 5{,}5 \cdot n_{co}^3 .$$

Welche Drucke dabei in Frage kommen, ist oben bereits erläutert.

Die sekundär im Anschluß an die Wasserbewegung sich ergebenden Steighöhen lassen sich aus dieser Gleichung jedoch nicht ermitteln. Die experimentell zu beobachtende Steighöhe hängt ganz von der *Reibung* des sich bewegenden Wassers in den Hohlräumen und in den Hydrathüllen und ferner von der zufälligen Größe der das Wasser aufnehmenden Hohlräume ab. Wenn sie sehr groß ist, reißen die sich bildenden Wasserfäden ab, d. h., es entsteht kein oder nur sehr wenig „geschlossenes Kapillarwasser", weil keine nennenswerten Mengen tragenden Menisken da sind, während das Wasser an den Teilchengrenzflächen weitersteigt und gelegentlich auch feinere Kapillaren sekundär erfüllt.

Auf die Frage der Tragkraft unregelmäßig geformter Menisken geben die Untersuchungen von SLICHTER (109), HAINES (110), KING (111), HACKETT-STRETTAN (112) und KEEN (86, S. 120ff. und 112), um nur die wichtigsten Autoren zu nennen, eine übereinstimmende und eindeutige Antwort:

Wenn in einem zunächst als überflutet zu denkenden System: feste, monodisperse Substanz—Wasser, der Wasserspiegel so weit gesenkt wird, daß er eben die Oberfläche erreicht und damit die ersten Menisken zwischen den Oberflächenkörnern in Wirkung treten, so ist der im ersten Meniskus an der engsten Stelle des Hohlraumes auftretende Unterdruck oder, was dasselbe ist, die *Tragkraft des Meniskus*:

$$p = 12{,}9\frac{T}{r} = \frac{12{,}9 \cdot a^2}{r},$$

worin T bzw. a^2 die Oberflächenspannung des Wassers und r der Radius der sich berührenden Teilchen ist. Experimentelle Untersuchungen haben die theoretische Ableitung dieses Zusammenhanges zwischen Teilchenradius und Unterdruck im Meniskus so gut bestätigt, wie es unter den obwaltenden experimentellen Schwierigkeiten nur als möglich zu denken ist. Die experimentell von verschiedenen Autoren gefundenen Werte bewegen sich bei ganz gleichmäßigem Material zwischen 11,3 und 12,9 als Multiplikationsfaktor der Kapillarkonstanten. Die Gleichung schließt damit ohne weiteres an die oben gegebene Gleichung für die Steighöhe in benetzten Kapillaren an, mit dem einzigen Unterschiede, daß sie auf den scharf zu definierenden Teilchenradius statt auf den Kapillarradius als solchen bezogen ist. Allerdings gilt auch diese Gleichung nur für gleichförmiges Material und läßt bei polydispersen Systemen weitgehend im Stich. Immerhin zeigt sie, wie große Wasserhöhensäulen schon bei verhältnismäßig großen Teilchendurchmessern getragen werden können.

Merkwürdigerweise sind sich auch die angeführten Autoren anscheinend nicht klar darüber, daß die Menisken erst *sekundär* durch Zusammenlaufen der Wasserhüllen der Teilchen entstehen. Sie wenden die Gleichung daher auch für den Wasser*aufstieg* in dem betrachteten System an, was die wahren Zusammenhänge der Wasserbewegung verschleiert und zu dem Resultat führt, daß die Zustände der teilweisen Wassersättigung sehr schlecht definiert erscheinen.

Die Gleichung besagt ja durchaus nicht, daß in einem Boden das Wasser so weit *steigt*, wie es dem in den engsten Stellen der Poren herrschenden Unterdruck entspricht, sondern nur, daß, wenn es unter dem Zug der osmotischen Kräfte so weit gestiegen *ist*, das Ende der völligen Wasserfüllung der Hohlräume erreicht ist, *weil der Meniskus nicht mehr Wasser zu tragen vermag*, sondern zerreißt. Das Wasser bewegt sich aber als Flüssigkeit in den Wasserhüllen der Teilchen noch sehr viel weiter, nämlich *bis zu dem Punkte, in welchem der Zug der Saugkraft gerade durch die Reibung unterwegs kompensiert ist*, der gegenüber der Einfluß der Gravitation völlig in den Hintergrund tritt, wie BOUYOUCOS u. a. betonen. Wenn dieser Punkt erreicht ist, findet eine weitere Bewegung des Wassers nur noch in Dampfform statt, weil sich die noch nicht hydratisierten Teilchen oberhalb der noch nicht von Wasser als Flüssigkeit benetzten Zone durch den Dampfraum mit den bereits benetzten Teilchen ins Druckgleichgewicht setzen.

Der vielfach gezogene Schluß, daß bei Ausschaltung der Gravitation das Wasser sich in einem dispersen Systeme als Flüssigkeit auf unendliche Entfernungen bewegen mußte, ist vollkommen abwegig. Schon in gewöhnlichen Leitungsrohren kommt, wenn sie genügend lang sind, die Wasserbewegung durch die Reibung fast gänzlich zum Stillstand, geschweige denn in einem so verästelten Porenvolum, wie es im Boden vorliegt. Ein alltägliches Beispiel dafür ist jeder Docht, den man recht weitgehend mit dem Boden vergleichen kann. Auch ein Docht saugt, wenn er nicht in einer geschlossenen Hülle unter großem hydrostatischen Druck steht, Flüssigkeit nur auf eine ganz bestimmte Länge auf. Nur bei ganz bestimmter Dochtlänge ist es möglich, eine Flamme dauernd brennend zu erhalten, weil jenseits dieser „kritischen Länge" die Reibung der Flüssigkeit im Docht so groß wird, daß sie zu langsam nachgeliefert wird, um dem Bedürfnis der Verbrennung zu genügen.

Der für praktische Zwecke sehr interessanten Frage der Bewegung des Wassers in Dampfform hat in neuerer Zeit LEBEDEFF (114) ausführliche Untersuchungen gewidmet. In Übereinstimmung mit dem aus den obigen Erörterungen sich ergebendem Gesichtspunkt, daß jedes System sich mit einem anderen im gleichen Dampfraum ins Gleichgewicht des Dampfdruckes setzen muß, stellte er fest, *daß in jedem Boden der relative Dampfdruck 100% beträgt, sobald der Wassergehalt den Wert übersteigt, den er „maximale Hygroskopizität" nennt,* d. h. einen Wassergehalt, bei welchem der Dampfdruck des Bodens praktisch gleich dem einer freien Wasserfläche bei derselben Temperatur ist.

Diese *maximale Hygroskopizität,* d. h. die vom Boden im Gleichgewicht mit reinem Wasser angelagerte Wassermenge, ist nun leider ein außerordentlich vager Begriff, wie schon aus Gleichung (VIII) hervorgeht, die als Wasseranlagerung bei dem osmotischen Druck O des Vergleichssystemes den Wert ∞ liefert. Tatsächlich ist es, worauf auch KEEN hinweist, vollkommen unmöglich, diesen Punkt der Wasseranlagerung experimentell genau zu bestimmen. In den Hohlräumen des Bodens entwickeln sich bei *Füllung der Mikrokapillaren* Unterdrucke, deren beträchtliches Ausmaß für kleine Kapillarendurchmesser die nachstehende Tabelle zeigt. Die dadurch bedingten *kapillaren Kondensationserscheinungen* verfälschen unter Umständen alle Werte für die Wasseranlagerung erheblich:

Dampfdruck und Wasseranlagerung von Kieselsauregel [nach ANDERSON (126)]
Sattigungsdampfdruck· 12,7 mm Hg.

⌀ der Kapillare in Å	Millimol je g Angelagertes H_2O	Dampfdruck in mm Hg	Relativer Dampfdruck %
9,54	7—8	4,0	31,5
11,82	12—15	5,0	39,8
20,90	20—22	7,5	59,7
46,13	40—60	10,0	78,7
693,40	>60	12,5	98,4

Die Berechnung der Tabelle ist durch FREUNDLICH erfolgt nach der Gleichung

$$V = \frac{2\sigma\varrho_d}{p_s\,\varrho_{fe}\ln\frac{p_s}{pw}},$$

worin $\sigma = 73{,}26$; $\varrho_d = 1{,}27\cdot 10^{-5}$; $\varrho_{fe} = 0{,}99913$; $p_s = 1{,}27$ mm Hg; pw = Dampfdruck des Systemes in Millimeter Hg bedeuten.

KEEN (l. c., S. 214) hat auf diesen Umstand ebenfalls mit besonderem Nachdruck aufmerksam gemacht und den vollkommen konventionellen Charakter des „hygroskopic coefficient" oder der „maximalen Hygroskopizität" LEBEDEFFS deutlich zum Ausdruck gebracht, indem er schreibt: „In der gewöhnlichen Weise bestimmt, muß der „hygroskopische Koeffizient“ als eine empirische Feststellung betrachtet werden, die das Wasser mißt, das aus einer ungefähr mit Wasserdampf gesättigten Atmosphäre in der willkürlich angenommenen Zeit eines Tages aufgenommen wird.“ Tatsächlich ist denn auch, wie die Untersuchungen von PURI (115) und anderen Autoren zeigen, die Erreichung des Gleichgewichtes praktisch ausgeschlossen. Noch nach Wochen und Monaten findet über einer freien Wasserfläche eine wenn auch geringe Zunahme des Wassergehaltes eines Bodens statt, wie es Gleichung (VIII) verlangt.

Der Begriff der maximalen Hygroskopizität ist also außerordentlich schlecht definiert. Trotzdem ist es wichtig, eine Beziehung zur MITSCHERLICH*schen Hygroskopizität* und damit zur *Benetzungswärme des Bodens* zu finden aus Gründen, die sofort erörtert werden. Eine Möglichkeit dazu scheint zunächst die Anregung von ROBINSON (116) zu bieten, der den hygroskopischen Koeffizienten als ungefähr entsprechend der im tatsächlichen Gleichgewicht mit einer Schwefelsäure *von 99,8%* relativem Dampfdruck angelagerten Wassermenge zu setzen vorschlägt. Dieser Dampfdruck entspricht ungefähr einer Schwefelsäure von zwei Volumprozent, also einem osmotischen Drucke von rund 2,8 at in der Lösung. Theoretisch würde der ROBINSONsche *hygroskopische Koeffizient je nach dem Druckgradienten etwa dem Doppelten bis 4fachen der* MITSCHERLICH*schen Hygroskopizität* entsprechen.

Auch bei dem von ROBINSON vorgeschlagenen Vorgehen kann gar keine Rede davon sein, daß etwa Kapillarkondensationen nicht stattfinden, was bereits ein Blick auf die obige Tabelle lehrt. Sie sind sogar bei der Bestimmung der Hygroskopizität nach MITSCHERLICH unausbleiblich und machen die experimentellen Werte unsicher, ja greifen bis zu etwa 30% relativer Dampfspannung zurück, wie auch die Untersuchungen von VAN BEMMELEN u. a. (58b) über die Aufnahme und Abgabe von Wasserdampf durch Kieselsäuregele zeigen, wenn die Kapillaren fein genug sind. In diesem Gebiet liegt bei nicht elastischen Gelen der sog. *Umschlagspunkt der Dampfdruckisotherme* (s. o.), wo der vorher langsam mit der Sättigung der Atmosphäre mit Wasserdampf ansteigende Wassergehalt des Gels, der bis dahin durch die Anlagerung des Wassers durch Sorption bedingt ist, plötzlich unter nunmehr energischem In-Wirkung-Treten der sich durch Zusammenfließen der Wasserhüllen der Teilchen bildenden Menisken steil in die Höhe schnellt.

Wie oben auseinandergesetzt ist, ist dieser Wendepunkt zum Teil durch die Druckbeziehungen, also die Kurvenform bedingt. Der von mehreren Seiten gemachte Vorschlag zur Feststellung eines von der Kapillarkondensation freien Standardwertes der Hygroskopizität den Ausgleich des trockenen Systemes mit einer Lösung von 50% relativem Dampfdruck zu benutzen, geht an dem Gesamtproblem vorbei, weil auch bei dieser Druckhöhe Kapillarkondensationen durchaus nicht ausgeschlossen sind. Der Ausweg aus dieser technischen Schwierigkeit scheint in anderer Richtung zu liegen.

Bei dem hier interessierenden System (Boden) spielen, soweit es sich um Mineralboden handelt, Gele im allgemeinen keine nennenswerte Rolle. Sicherlich sind überall SiO_2-Gele, vielleicht auch silikatische Gele vorhanden. In typischer Ausbildung dürften sie aber auch in den extremsten Fällen nur einen ganz minimalen Anteil des Gesamtbodens ausmachen, außer vielleicht in viel *Pseudosand* enthaltendem Tropenboden. Ernsthafte Verfälschungen, d. h. die Anlagerung wägbarer Wassermengen durch Kapillarkondensation, treten erst bei einem kapillaren Radius von $\pm$ 70 Å auf, wo dann je Gramm Substanz $\pm$ 20 Millimol H_2O, entsprechend 36% auf Trockensubstanz bezogen, kapillar angelagert werden kann, was sich an Hand der Gleichungen nachrechnen läßt.

Daß derartige Kapillaren im Mineralboden, außer vielleicht in Pseudosand und allerschwersten Tonen, in nennenswerter Menge vorkommen, ist im höchsten Grade unwahrscheinlich. Aus der KEEN-HAINESschen Gleichung (s. o. S. 120) ergibt sich bei dichtester Packung gleichmäßig großer Bodenteilchen eine Beziehung des Wirkungsradius der Hohlräume zwischen den Teilchen zu dem Teilchenradius von 1 : 5,6. Ein Wirkungsradius von 70 Å entspräche also einem Teilchenradius von 455 Å = 0,000045 mm, d. h. einer Teilchengröße, von welcher sich auch in den schwersten Tonböden nur relativ geringe Mengen finden können. Nur Humussubstanzen mit noch erhaltener Struktur können mit ihren als sehr fein anzunehmenden Kapillaren das Bild ernstlich stören.

Da die kapillare Kondensation nur vom kapillaren Radius, aber nicht von dem Material der Kapillaren abhängig ist, läßt sich an der Hand der obigen Tabelle eine Kapillarkorrektur fur derartige humusreiche Böden berechnen. Das Maximum der Wasseranlagerung durch Kapillarwirkung beträgt ∾ 20 Millimol je Gramm SiO_2. Das spezifische Gewicht der SiO_2 ist 2,2—2,5, das der Humussubstanzen im Durchschnitt 1,1—1,3. Nimmt man die totale vorhandene Menge unzersetzter Humussubstanz als einflußreich für die Kapillarkondensation an, so berechnet sich als Kapillarkorrektur für 1% Humussubstanz theoretisch die Anlagerung von 0,72 g H_2O bzw. auf den analytisch meist bestimmten C-Gehalt von rund 56—60% der Humussubstanz, bezogen auf 1,2 g je Prozent C.

Daß diese Annahme sich experimentell ziemlich bestätigt, zeigt die folgende Tabelle:

Boden	% C (org.)	Hy berechnet	Kapillarkorrektion	Σ	Hy bestimmt	Δ
B 1	4,0	12,4	8,4	20,8	21,88	1,1
C 2	5,4	16,2	6,5	22,7	20,95	1,7
R 18	10,0	21,5	12,0	33,5	29,31	4,2

Praktisch ist der Wert der Kapillarkorrektion gering. Sie ist, da sie nur gegenüber dem Dampfraum gilt, unter keinen Umständen etwa dem toten Bodenwasser zuzurechnen, sondern bei dessen Berechnung außer Ansatz zu lassen.

Der ROBINSONsche Hygroskopizitätswert liegt, wenn man den Ausgleich zwischen Boden und Schwefelsäurelösung wirklich in vollem Umfange sich vollziehen läßt, wozu bei schwereren und Humusböden Monate gehören, wie die obige Theorie es verlangt, wie betont ist, bei rund dem Doppelten bis 4fachen der MITSCHERLICHschen Hygroskopizität, der Wert der LEBEDEFFschen „maximalen Hygroskopizitat“ und des wie oben bestimmten „hygroskopischen Koeffizienten“ bei nur rund dem $1^1/_2$fachen, was allein schon beweist, daß bei dem gewählten Vorgehen zur Bestimmung von einem vollen Ausgleich der Substanz mit gesättigtem Wasserdampf gar keine Rede sein kann, worauf bereits KEEN u. a. aufmerksam machten.

Praktisch von großer Wichtigkeit ist eine andere Beziehung, die zwischen dem hygroskopischen Koeffizienten, also der Hygroskopizität und dem Wassergehalt besteht, bei welchen im Boden oder allgemein in polydispersen Systemen die Bewegung des Wassers als Flüssigkeit beginnt sehr träge zu werden. WIDTSOE und MC. LAUGHLIN (117) haben diesen Wassergehalt des Bodens als den *lentokapillaren Punkt* bezeichnet. Er liegt im großen und ganzen bei dem $1^1/_2$—2fachen des hygroskopischen Koeffizienten, also beim 2—$2^1/_2$fachen der Hy bzw. auf rund der Hälfte der oben definierten minimalen Wasserkapazität, die ihrerseits den Wassergehalt bezeichnet, bei welchem das vorhandene Wasser sich dem Einfluß der Schwere entzieht.

Es ist oben bereits angedeutet, daß die minimale Wasserkapazität gemäß der hier benutzten Definition, die sich mit dem englischen „*Moisture Equivalent*" deckt, einen Zustand des Bodens bedeutet, in welchem er, wie VERSLUYS (104) sich ausdrückt, höchstens noch „*funikuläres*" bzw. „*penduläres*" Wasser enthält, d. h. wo die gröberen Porenhohlräume des Bodens bereits mit Luft gefüllt sind, während in den Berührungspunkten noch mehr oder weniger dicke Wasserringe oder, wie ZUNKER (l. c.) sich ausdrückt, größere oder geringere Mengen von „*Porenwinkelwasser*" neben den dünnen Wasserhüllen der Teilchen bestehen. Wenn bei diesem Wassergehalt des Systemes das Wasser dem Einfluß der Schwere entzogen ist, bedeutet das, daß die Widerstände gegen das Strömen des Wassers, die man als „Reibungswiderstände" zusammenfassend bezeichnen kann, obwohl sie selbstverständlich nur aus den Feldkräften resultieren, gerade der Schwerkraft die Waage halten. *Sinngemäß ist anzunehmen, daß im lentokapillaren Punkt die Wirkung der die Gravitation weit übertreffenden osmotischen Zugkräfte im Boden durch die Reibungswiderstände, also die Feldkräfte der Teilchen, kompensiert ist.* Die Größe dieser Kräfte läßt sich nach den mitgeteilten Gleichungen leicht in Atmosphären ausdrücken. Nach Gleichung (VIII) ergibt sich für Gradienten der dritten Potenz $\pi = 6{,}25$ at und für den *Wassergehalt am lentokapillaren Punkt* als Funktion der Komplexbelegungen

$$W_{\text{Lent}} = 0{,}96 \cdot \Sigma K. \qquad \text{(XV)}$$

Ist der Wassergehalt eines zunächst salzfrei gedachten Systemes polydisperse feste Substanz—Wasser bis auf diesen Punkt gesunken, so verhalten sich die Grenzschichten der Wasserhülle der festen Teilchen nahezu wie eine feste Wand, an welcher sich etwa sonst im Boden befindliches Wasser entlang bewegt, ohne daß die Wandschichten selbst an der Bewegung teilnehmen.

Anders ausgedrückt heißt das aber, daß für die Bewegung von Wasser in einem sorbierenden polydispersen System nicht etwa das ganze minimale oder sonstige Porenvolum zwischen den festen Teilen zur Verfügung steht, sondern nur das Porenvolum vermindert um den Betrag des Wassergehaltes am lentokapillaren Punkt.

ZUNKER (l. c.) hat für dieses von ihm „*spannungsfreies Porenvolum*" genannte restliche Porenvolum die Differenz *Porenvolum—Hygroskopizität* angenommen, wofür er als Begründung anführt, daß nach LEBEDEFFS Versuchen bei einem Wassergehalt des Bodens, der der Hygroskopizität, und zwar der „maximalen Hygroskopizität", entspricht, eine Bewegung des Wassers nur noch in Dampfform stattfindet. Die LEBEDEFFsche Hygroskopizität ist aber an sich schon das rund $1^1/_2$fache der MITSCHERLICHschen Hygroskopizität Hy und bildet ganz sicher keine scharfe Grenze, jenseits deren das Wasser frei als Wasser beweglich wird. Nach bekannten physikalischen Gesetzen klingt vielmehr die Reibung in Flüssigkeitsschichten mit der reziproken dritten Potenz der Entfernung ab, was formell mit den Folgerungen aus Gleichung (VIII) übereinstimmt. Der Ansatz

$$\text{Spannungsfreies Porenvolum} = P - W_{\text{Lent}} = P - 0{,}96\,\Sigma K, \qquad \text{(XVI)}$$

der sich auf direkte Beobachtungen stützt und sich physikalisch befriedigend begründen läßt, scheint also zweckmäßiger zu sein. Daß er in der Tat den Beobachtungen in der Natur weitgehend gerecht wird, wird bei der Besprechung der speziellen Verhältnisse im Boden zu erörtern sein (12).

Die große Wichtigkeit des Begriffes des spannungsfreien Porenvolums für die Beurteilung aller Bewegungsvorgänge von Wasser in polydispersen Systemen leuchtet ohne weiteres ein. *Wenn ein solches trockenes System sich in einem gegebenen Volum befindet, z. B. Boden in einer Röhre, das auftretenden Drucken nicht nachgibt, und es ist am unteren Teil in offener Berührung mit einer freien Wasser-*

oberfläche, so kann ein Aufsteigen des Wassers unter dem Saugdruck der Feldkräfte nur dann erfolgen, wenn nach der Sättigung der untersten Lagen mit Wasser und damit ihrer „Quellung" (s. o.) überhaupt noch ein spannungsfreies Porenvolum übrigbleibt. Ist das nicht der Fall, so können selbst Substanzen mit enormen Saugdrucken und allerfeinsten Kapillaren überhaupt keine „Kapillarität" zeigen. Die oben bereits mitgeteilte, alle Kapillaritätstheorien ad absurdum führende Erscheinung, daß gerade die schwersten Tone keine Kapillaritätserscheinungen zeigen, ist damit sofort und in vollem Umfange erklärt.

Ist ein spannungsfreies Porenvolum da, so wird das Wasser als „geschlossenes Kapillarwasser" so weit steigen, wie der Tragkraft der sekundär sich bildenden Menisken entspricht. Darüber hinaus wird es sich so weit verbreiten, und zwar unabhängig von der Richtung im Raum, da gegenüber den osmotischen Kräften die Gravitation zu vernachlässigen ist, *bis die Reibung in den Wasserhüllen, gerechnet über die vom Kapillarwasserspiegel zurückgelegte Distanz und die Reibung in den gefüllten Kapillaren des unteren Teiles, gerechnet über die Höhe der kapillar gesättigten Bodensäule, die Nachlieferungsgeschwindigkeit praktisch auf Null reduziert. Über der kapillar gesättigten Zone muß sich also eine „funikular" befeuchtete Zone des festen Systemes bilden,* in welcher zwar noch die Mikrokapillaren mit Wasser erfüllt sind, im übrigen aber das Wasser in allmählichem Übergang von der kapillaren Sättigung über die minimale Wasserkapazität zum lentokapillaren Punkt nur noch in Hydratationshüllen und Wasserringen an den Berührungsstellen der Teilchen vorhanden ist. In unmerklichem Übergange muß sich darüber eine weitere Zone befinden, in welcher der Wasserumsatz nur noch in Dampfform erfolgt, die also wenig mehr als das hygroskopische Wasser enthält, was allerdings mikroskopisches „penduläres Wasser" und gefüllte Mikrokapillaren nicht ausschließt. Ist der Dampfdruck der an die Oberfläche grenzenden Atmosphäre 96% relativ, so muß diese „hygroskopische Wasserzone" bis zur Oberfläche reichen. Im anderen Falle dagegen muß sich in den Grenzschichten ein auch auf die an sich unscharfe Grenze zwischen hygroskopischer und lentokapillarer Zone zurückwirkendes Gleichgewicht des Dampfdruckes einstellen, so daß unter Umständen bei trockener Luft die Oberflächenschichten nicht einmal mehr das hygroskopische Wasser enthalten (s. Abb. 19).

Die so aus elektrochemischen Gesichtspunkten für ein polydisperses System sich ergebende Schichtung von unten aufsteigenden Wassers ist damit genau dieselbe, wie sie VERSLUYS (l. c.) aus den Kapillargesetzen abgeleitet hat. Sie erklärt aber nicht nur die für die Kapillartheorie unverständlichen Fälle des Fehlens kapillarer Steighöhen bei schwerem Ton, sondern führt, Kapillar- und Gravitationswirkung auf den Rang sekundärer Faktoren zurückdrückend, zu praktisch wichtigen weiteren Folgerungen.

Die Bewegung des Wassers in polydispersen Systemen ist von dieser Auffassung aus, wenn man vom Wasser in flüssigem Zustande spricht, im Gegensatz zur Kapillartheorie grundsätzlich ein nur gelegentlich durch das Auftreten von Kapillarerscheinungen komplizierter osmotischer oder, wenn man will, Diffusionsvorgang, gesteuert durch das osmotische Druckgefälle im System als treibende Kraft einerseits, die Reibung des Wassers auf seinem Wege andererseits. Die Wasserbewegung in einem solchen System ist also grundsätzlich von der Richtung im Raum unabhängig. Das gilt natürlich nur für den Wassergehalt des Systemes der zwischen dem Gehalt beim lentokapillaren Punkt $W_{Lent} = 0{,}96\,\Sigma K$ *und der minimalen Wasserkapazität* $C_{min} = 4{,}5\,Hy = 2{,}2\,\Sigma K$ *liegt. Ist der Wassergehalt geringer als* W_{Lent}, *so findet eine Bewegung in flüssiger Form kaum mehr, sondern wesentlich nur noch in Dampfform statt. Ist der Wassergehalt größer als* C_{min}, *welchen Wert* LEBEDEFF (*l. c.*) *auch als „maximales molekulares Wasserfassungsvermögen"* bezeichnet, so *unter-*

liegt das Wasser der Schwerkraft, die je nach der Richtung fördernd oder hemmend auf seine Bewegung einwirkt.

Wird also in einem Wasser zwischen den genannten Grenzen enthaltendem System — und es sei schon hier bemerkt, daß gerade der Boden als Pflanzenstandort in weitaus der Mehrzahl der Fälle zu solchen Systemen gehört — an irgendeiner Stelle auf irgendeine Weise Wasser entzogen, z. B. dem Boden durch eine Wasser aufnehmende Wurzelspitze mit ihren Saughaaren, *so strömt das Wasser dieser Stelle von allen Seiten zu.* In welchem Maße das geschieht, d. h., in welchen Mengen, auf welche Entfernung und mit welcher Geschwindigkeit muß generell abhängig sein:

1. vom durch die Austrocknung entstehenden Druckgefälle,

2. von der durch das zuströmende Wasser zu überwindenden Reibung auf seinem Wege längs und zwischen den festen Teilchen, die außer vom Wassergehalt von der größeren oder geringeren Festigkeit der Packung der festen Substanz abhängig ist.

Jedes System muß einen maximalen osmotischen Wirkungsradius für das Bereich der Wasserentziehenden Punkte besitzen, jenseits dessen wegen der zu groß werdenden Reibung eine Wasserzufuhr in flüssiger Form zum Punkte des Wasserentzuges nicht mehr in Frage kommt.

Leider ist wegen des nicht zu kontrollierenden Einflusses der Reibung die Größe dieses osmotischen Wirkungsradius a priori rechnerisch einstweilen in keiner Weise zu erfassen. Man sieht sich dabei denselben Schwierigkeiten gegenüber, mit welchen die Kapillaritätstheorie bei der Berechnung der kapillaren Steighöhe zu kämpfen hatte. Setzt man, was prinzipiell berechtigt ist, den Vorgang der osmotischen Wasserbewegung dem Diffusionsvorgang gleich, so lautet das sog. FICK*sche Gesetz*:

$$dq = -ks\frac{dn}{dx}dt,$$

worin dq die Menge Substanz ist, die in der Zeit dt in der vertikalen Richtung (von unten nach oben) durch die horizontale Fläche s geht, n die Konzentration der Lösung in der horizontalen Fläche und K der sog. *Diffusionskoeffizient.*

Der Sinn der Gleichung ist, daß die Geschwindigkeit der Diffusion und des osmotischen Ausgleiches dem Konzentrationsgefälle proportional ist, womit sich die Diffusion und der osmotische Druckausgleich als Parallele der Wärmeleitung an die Seite stellen.

Bei gleicher Reibung wird also in einem dispersen System die Wasserbewegung zwischen zwei verschiedenen Punkten mit um so größerer Schnelligkeit erfolgen oder, was dasselbe ist, in derselben Zeit wird sich das Wasser über um so größere Strecken bewegen, je größer der Konzentrationsunterschied oder, für den vorliegenden Fall präzisiert, das osmotische Druckgefälle zwischen den beiden betrachteten Punkten ist.

Trotz dieser Präzisierung lassen sich allgemeine Ableitungen der Steighöhe wegen der mangelnden Definierung der weitgehend von der zufälligen Zusammenlagerung der Teilchen abhängigen Reibung nicht geben. Für spezielle Fälle bodenkundlicher Natur werden sie unten zu erörtern sein.

Es liegt nahe, zunächst als das Maß des Wirkungsradius den Abstand zwischen dem Wassergehalt W_{Lent} und dem oberen Ende der kapillaren Wasserzone anzunehmen, der sich ermitteln läßt, wenn man Wasser in einem polydispersen System von unten aufsteigen läßt. Tatsächlich wäre das aber ein Mißgriff. Daß die kapillare Wasserzone gefüllte Kapillaren enthält, ist ziemlich unwesentlich, wie man sich experimentell leicht überzeugen kann. Führt man nämlich z. B. einer in einem Rohr befindlichen Bodensäule nur so viel Wasser zu, daß dieses gerade zur Absättigung der Bodensäule bis zum W_{Lent} reicht, so findet die Absättigung nichtsdestoweniger bis zur fast gleichen Höhe der Bodensäule statt, wenn auch langsamer, und die kapillar gesättigte Zone entwickelt sich überhaupt nicht oder nur in ganz geringem Umfange.

Noch schlagender wird der Beweis, daß die Fullung der Kapillare im unteren Teil des Systemes fur die Höhe des Wasseranstieges relativ, wenn auch nicht ganz, belanglos ist, wenn man die Sättigung des Systemes nicht direkt von einer freien Wasseroberfläche, sondern unter Zwischenschaltung einer im Verhältnis zum betreffenden Boden schwer durchlässigen Membran erfolgen läßt. Dann drehen sich, wie man sehr leicht experimentell nachweisen kann, die Verhältnisse nämlich um. Die gröberen Kapillaren des unteren Teiles der Steighöhe, die normalerweise das geschlossene Kapillarwasser enthalten sollten, denken, wenn die Durchlässigkeit der eingeschalteten Zwischenschicht gut gewählt ist, gar nicht daran, sich mit Wasser zu füllen. Erst verbreitet sich das Wasser, wenn auch wegen der zusätzlichen Reibung langsamer als bei freiem Zutritt, uber praktisch dieselbe Höhe im Steigrohr wie von einer freien Wasserfläche aus. Erst wenn annähernd die maximale Steighöhe erreicht ist, d. h. der Wasserentzug aus den feuchtesten Schichten langsamer erfolgt als der Durchtritt durch die Membran, fangen ganz allmählich an die untersten Kapillare sich zu füllen. Es geschieht also genau das Gegenteil von dem, was die Kapillartheorie verlangt, die bei dieser Art des experimentellen Vorgehens wahrscheinlich niemals in ihrer heutigen Form entstanden wäre.

Der Abstand der bis W_{Lent} gesättigten Schicht des Systemes von der freien Wasserfläche ist in erster Annaherung als maximaler osmotischer Wirkungsradius zu betrachten, über welche Entfernung die Wasserzufuhr in flüssiger Form, selbst wenn eine freie Wasseroberfläche zur Verfügung steht, unter dem Einfluß der osmotischen Kräfte des Systemes nicht hinausgeht.

Was man bei von unten mit Wasser sich sättigenden Systemen nach Eintritt des Gleichgewichtes als maximale „Steighöhe" abliest, ist nichts anderes als gerade die gesuchte, eben noch bis W_{Lent} gesättigte Zone, und zwar ganz besonders bei Boden. Man liest ab und kann nur mit einiger Sicherheit bei solchen Versuchen ablesen, die meist mehr oder weniger unscharfe Grenze der *Verfärbung der Bodensubstanz durch die Befeuchtung*, d. h. das, was MOHR (120) als *„Omslagpunt"* bezeichnet, der experimentell etwa der $1^1/_2$fachen bis doppelten Hygroskopizität nach MITSCHERLICH, also (s. o.) etwas weniger als W_{Lent} entspricht. Daß es sich dabei stets nur um Naherungswerte rechnerisch handeln kann, liegt auf der Hand, weil die Lagerungsdichte der untersuchten Systeme im Laboratorium und in der Natur durchaus nicht immer dieselbe ist. Da es sich aber um die Feststellung von Eigenschaften handelt, die wesentlich mit der *Substanz* als solcher verknüpft und durch die Lagerungsverhältnisse erst sekundär beeinflußt sind, sind die notwendig begangenen Fehler nicht so groß, um den praktischen Wert der unter Berücksichtigung der Schnelligkeit der Wasserleitung ermittelten Größenordnungen wesentlich zu beeintrachtigen (s. Untersuchungsmethoden).

Der Ausdruck· *Maximaler* osmotischer Wirkungsradius schließt bereits die Tatsache ein, daß uber die so definierte Strecke hinaus eine Bewegung des Wassers als Flüssigkeit selbst im günstigsten Falle überhaupt nicht mehr stattfindet. Jedes der hier interessierenden Systeme: die lebenden Pflanzen, gebraucht aber nicht nur überhaupt Wasser, sondern eine ganz *bestimmte*, später zu erörternde *Wassermenge in der Zeiteinheit*, um ihre Lebensfunktionen erfüllen zu können. *Praktisch interessant ist also nicht sowohl die totale Ausdehnung der Wasserbewegung im Maximum, sondern die Strecke, über welche die Wasserzufuhr zum Entnahmepunkt noch mit ausreichender Geschwindigkeit a erfolgt.*

Damit ist das sprödeste Gebiet der Bodenphysik betreten, wo bisher trotz unendlicher, auf die Klärung der Wasserbewegung beim kapillaren Aufstieg verwendeter Mühe einer großen Reihe namhafter Forscher praktisch noch nicht einmal die einfachsten Fälle mathematisch beherrschbar geworden sind, von polydispersen Systemen ganz zu schweigen. Es erübrigt sich, da oben nachgewiesen ist, daß der Wasseranstieg mit der Kapillarität recht wenig zu tun hat, die oft höchst komplizierten, von den einzelnen Autoren ausgearbeiteten Gleichungen mitzuteilen. Zum Beweise, daß hier die Kapillartheorie vollständig und restlos versagt, seien nur einige wenige Tatsachenbeispiele angeführt, die der neuesten Darstellung des Standes des Wissens durch ZUNKER (l. c., S. 98ff.) entnommen sind, der, selbst ein Verfechter der Kapillartheorie, der vertrauenswürdigste Gewährsmann für die Objektivität der Resultate ist.

Schon die von den einzelnen Beobachtern festgestellten größten *Steighöhen*, also die Endwerte, laufen bei monodispersem Material, d. h. bei Verwendung nur aus einer Korngrößenklasse bestehender Böden, um Zehner von Prozenten auseinander, was vom elektrochemischen Standpunkt aus auch ganz selbstverständlich ist, weil je nach der Herkunft des Sandes, d. h. der verschiedenen Belegung mit Kationen, die einzeln verwendeten Sande ganz verschiedene Steighöhen auch bei gleicher Korngröße aufweisen müssen. Nach dem oben angeführten Beispiel der Tone erübrigt es sich, überhaupt Zahlen anzuführen. Ein geradezu katastrophales Ergebnis haben aber alle Versuche gezeigt, die Schnelligkeit des Wasseraufstieges in polydispersen Systemen zu erfassen. Als *Zeitgleichung des kapillaren Aufstieges* gibt ZUNKER das folgende Gleichungsungetüm an:

$$t = \eta \frac{(1-p)^2 h^2 \cdot U^2}{\mu Q^2}\left((H+Z-L)\ln\frac{H+Z-L}{H+Z-L-h} - h\right)\text{sec}.$$

Bezeichnet man mit t die nach dieser Gleichung berechnete und mit T die tatsächlich beobachtete Zeit, so ergeben schon für relativ monodisperse, aus einzelnen Korngrößen bestehende Systeme sich als Kriterium der Übereinstimmung von Rechnung und Beobachtung die folgenden Quotienten T/t, die im Falle der Übereinstimmung 1 und der ungefähren Übereinstimmung jedenfalls nicht weit von 1 entfernt sein müßten:

Korngroße mm	T/t	Korngröße mm	T/t	Korngröße mm	T/t
5—2	140000,0	0,2—0,1	17,4	0,01—0,005	5,9
2—1	15000,0	0,1—0,05	11,6	0,005—0,002	11,8
1—0,5	1600,0	0,05—0,02	0,9	0,002—0,001	?
0,5—0,2	154,0	0,02-—0,01	3,7		

Es darf unter diesen Umständen darauf verzichtet werden, die Bezeichnungen der obigen Gleichung zu definieren.

Da, wie oben gezeigt ist, die Steiggeschwindigkeit in einem polydispersen System nicht nur von den wirkenden Kräften, sondern dem zufälligen Grad ihrer Kompensierung durch die Lagerung und etwaigem bereits vorhandenem Wassergehalt abhängt, d. h. von Faktoren, die sich überhaupt nicht rechnerisch im voraus erfassen lassen und, wie man wohl mit Sicherheit annehmen darf, auch niemals erfassen lassen werden, obwohl speziell die Änderung von Steighöhe und Steiggeschwindigkeit mit der Ionenbelegung in sehr charakteristischen, ziemlich engen Grenzen schwankt (s. u.), ist es vollkommen müßig, anders als rein empirisch an die Frage der sog. kapillaren Steighöhe und Steiggeschwindigkeit in solchen Systemen heranzutreten und nach *empirischen*, die Beobachtungen möglichst genau beschreibenden Gleichungen zu suchen, um so dem praktischen Bedürfnis zu genügen.

Wie sich bei zwei entgegengesetzten Bodentypen, lehmigem Sand und tonigem Lehm, die Steighöhen als Funktion der Zeit gestalten, zeigt Abb. 20, die nach Untersuchungen des Agrogeologisch Laboratorium v/h Proefstation voor Thee, Buitenzorg, entworfen ist (118). Die Korngrößenzusammensetzung der Feinerde < 2 mm ist zur näheren Orientierung den Kurven beigefügt.

In beiden Fällen verlauft der Steigungsvorgang, auf die Zeit in Stunden als Abszisse bezogen, in Form einer hyperbolischen Kurve, d. h. strebt, entsprechend den obigen Ableitungen, einem Endwert zu. Dieser ist bei dem dargestellten lehmigen Sand bereits nach 20 Stunden praktisch erreicht. Die Kurve läßt sich nach der allgemeinen Hyperbelgleichung $y = \frac{x \cdot S}{x + qS}$, worin S die *Endsteighöhe*, x die Zeit in Stunden und q den Modul bedeutet, ohne weiteres mit praktisch

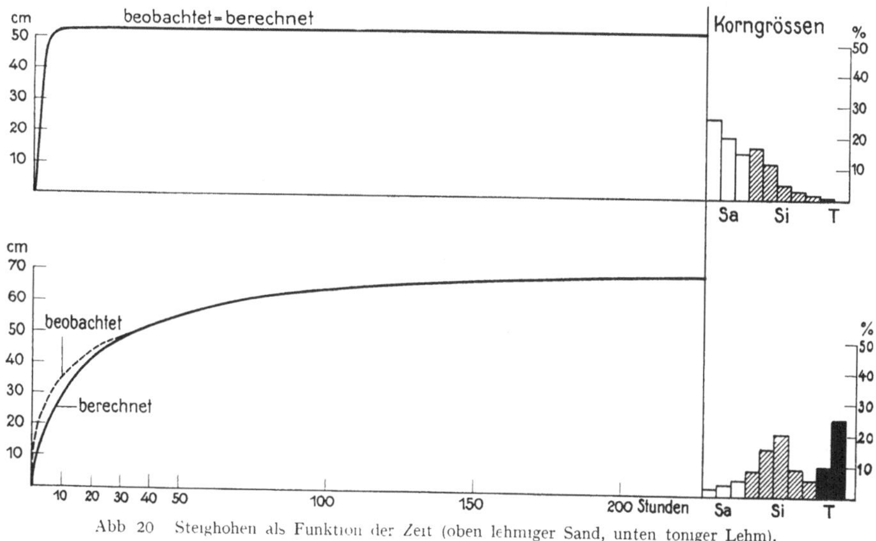

Abb 20 Steighohen als Funktion der Zeit (oben lehmiger Sand, unten toniger Lehm).

völligem Zusammenfallen von Rechnung und Beobachtung berechnen. Die Gleichung nimmt fur Sand die Form an

$$y = \frac{x \cdot 53{,}5}{x + 0{,}023}; \quad S = 53{,}5\,\text{cm}; \quad q = 0{,}0004.$$

Bei dem tonigen Lehm ist selbst nach 200 Stunden die Steigkurve noch in energischem Anstieg. In Übereinstimmung mit den Tatsachen berechnen läßt sich nach der allgemeinen Gleichung nur ihr rechter, asymptotennaher Teil, und zwar nach

$$y = \frac{x \cdot 72{,}8}{x + 13{,}9} \cdot S = 72{,}2\,\text{cm}; \quad q = 0{,}19.$$

Im ordinatennahen Teil liegen von etwa 30 Stunden abwärts die berechneten Werte erheblich, teilweise um Zehner von Prozenten des Wertes, tiefer als die tatsächlich beobachteten Werte, eine Erscheinung, die sich bei sämtlichen Böden mit nennenswertem Ton- oder Humusgehalt wiederholt.

Der sehr naheliegende Schluß, daß diese primäre Abweichung nur durch die zufällige Lagerung des untersuchten Bodens im Rohr, und zwar das Auftreten dem Boden sonst nicht eigener großer Kapillarräume, bedingt sei, die im Anfang bis zur Erschöpfung ihrer Hubkraft ein schnelles Aufsteigen des Wassers gestatten, hat in den verschiedenen, an der Frage des kapillaren Aufstieges besonders interessierten Laboratorien (Buitenzorg, Khartum, Wad Medani, Kairo usw.) zu dem Ausweg veranlaßt, die Ablesung der Steighöhe erst nach einer verschieden gewählten Zahl von Minuten zu beginnen, um diesen Einfluß auszuschalten. Auch Vageler und Alten haben (12) bei der Untersuchung arider Tropenböden diesen Weg gewählt, der sich für diese Bodentypen auch gangbar erwies. Ganz allgemein läßt sich auf diese Weise ein befriedigender Ausgleich aber nicht erzielen. Speziell bei Humus in größeren Mengen enthaltenden Böden wird die begehrte Übereinstimmung von Berechnung und Beobachtung im ersten Kurventeil durch zu niedrige Endwerte erkauft. Gerade auf die Endwerte aber kommt es, wie sofort zu zeigen sein wird, für praktische Zwecke an.

Hält man sich den oben erläuterten Vorgang des Wasseraufstieges vom elektrochemischen Standpunkt vor Augen, so kann an dem Grunde der primären Abweichungen kaum mehr ein Zweifel bestehen. Sie fehlen bei Sanden, weil bei diesen mit ihrer geringen osmotischen Saugkraft als Ergebnis minimaler ΣK bei gleichzeitig großen, also auch ein großes spannungsfreies Hohlraumvolum bietenden Hohlräumen zwischen den Körnern die Tragkraft der Menisken und die Zugkraft der Teilchengrenzflächen praktisch zusammenfallen. Sie treten aber, und zwar in steigendem Maße mit steigendem Tongehalt, bei schwereren Böden auf, weil bei diesen die Differenz zwischen der osmotischen Saugkraft und der Tragkraft der Menisken groß ist, was sich aufs deutlichste in der auch beim Aufstieg des Wassers stets sich bildenden, oft sehr mächtigen Zone mit nur teilweiser Wasserfüllung mindestens aller größeren Hohlräume zwischen den Teilchen dokumentiert. Das Filmwasser läuft gewissermaßen dem Kapillarwasser weg (s. o.). Anstatt mit *einem*, die Steiggeschwindigkeit regelndem Faktor, wie im Fall der Sande, hat man es also bei diesen schwereren Böden mit zwei zu tun. Im Beginn des Steigens des Wassers wirken die noch sich füllenden Kapillare für die entstehenden, aufwärts wandernden Filme als Relais und lassen so die Benetzung zeitweise voreilen. Im späteren Stadium dagegen, wenn der Meniskus dem Film wegen der Reibung in den Hohlräumen nicht mehr zu folgen vermag, kommen die Reibungswiderstände für das aufwärts strebende Wasser voll zur Geltung, und nur das Filmwasser beherrscht das Bild.

Es wäre möglich, mathematisch diesem Umstand durch eine komplizierte Gleichung Rechnung zu tragen, die aber nur empirischer Natur sein kann. *Wie gesagt, kommt es aber praktisch auf den unteren Teil der Steigkurve gar nicht an.* In diesem Teil sind, wie schon die Abb. 20 zeigt, die Steiggeschwindigkeiten erheblich; sie zählen nach Zentimetern pro Stunde. *Die praktisch interessierenden Steiggeschwindigkeiten aber sind, wie unten ausgeführt werden wird, nach Zehnteln von Millimetern zu bemessen, d. h. im asymptotennahen Teil der Steigkurve zu finden.* Dieser aber läßt sich auch für den Fall der Humusböden und damit für alle Böden bei geeigneter Wahl der Beobachtungszeiten (s. Anhang) nach der allgemeinen Hyperbelgleichung mit solcher Annäherung berechnen, daß er das Gebiet der interessierenden Geschwindigkeiten, und vor allem den Endwert, d. h. die totale, in unendlicher Zeit erreichte Steighöhe ausreichend genau erfaßt.

Damit wird auch die oben gestellte Frage, welche Schichtdicke das Wasser in einem gegebenen Boden gerade noch mit einer erforderlichen Geschwindigkeit a passiert, wenn auch nicht experimentell, so doch rechnerisch ohne Schwierigkeit beantwortbar.

Geschwindigkeit ist der Differentialquotient des Weges nach der Zeit. Es ist also im gleichen Maß, und zwar zweckmäßig Millimeter je Stunde zu setzen:

$$\frac{dy}{dx} = a = \frac{q \cdot S^2}{(x + qS)^2},$$

woraus sich der *osmotische Radius* oder, aus unten zu erörternden Gründen besser ausgedrückt, die *kritische Schichtdicke* berechnet zu

$$Kr = S(1 - \sqrt{a \cdot q})\ \text{mm} \qquad \text{(XVII)}$$

für die maximale Schicht des Systemes feste Substanz—Wasser, die unter dem Einfluß der osmotischen Saugkräfte das Wasser mit der Geschwindigkeit a je Stunde eben noch passiert (12).

Als *maximale Steiggeschwindigkeit* V_{max} fur die Zeit $x = 0$ ergibt sich durch Einsetzen von $x = 0$ in die Differentialgleichung der Wert $1/q$. Da, wie ausgeführt, im achsennahen Teil der Kurve die berechneten Werte stets zu klein sind, ist dieser Wert als ein sehr roh genäherter Minimalwert zu betrachten, der nur theoretische Bedeutung besitzt.

Mit SEKERA (119) u. a. kann man die Steighöhenwerte mit Recht als ein Maß der *Wasserbeweglichkeit* im Boden betrachten, soweit es sich um die Beweglichkeit des Wassergehaltes der Böden zwischen der minimalen Wasserkapazität und dem lentokapillaren Punkt unter dem Einfluß der osmotischen Kräfte handelt.

Die unten bei der Besprechung der Verhältnisse im Boden im einzelnen zu erörternde Frage, inwiefern diese Beweglichkeitswerte, deren Ausdruck die *totale Steighöhe* oder für den speziellen Fall die *kritische Schichtdicke* ist, durch Gehalt des Wassers an Salzen beeinflußt wird, läßt sich allgemein einfach beantworten. *Stehen die betreffenden Salze der im betrachteten System vorhandenen oder in es eintretenden Losung ihrem Ionenverhältnis nach mit den Komplexen im Gleichgewicht, so muß jede Konzentrationszunahme der Lösung die Beweglichkeit im System, also Steighöhe und kritische Schichtdicke erhöhen.* Stets muß ja in der Grenzschicht zwischen dem fixierten Schwarmwasser und der beweglichen Lösung osmotisches Gleichgewicht herrschen Wird also durch Konzentrationszunahme der Lösung ihr osmotischer Druck gesteigert, so bedeutet das eine Dehydratation der festen Teilchen in entsprechendem, nach den obigen Gleichungen direkt sich ergebendem Maße. Reduktion der Wasserhulle der Teilchen aber ist gleichbedeutend mit Vermehrung des spannungsfreien Porenvolums und damit mit Verringerung der Reibungswiderstände im System. Auf die große „Krümeligkeit" und die dadurch bedingte große Wasserbeweglichkeit stark mit Salz durchtränkter Böden ist als Beispiel bereits oben hingewiesen

Steht die zutretende Lösung mit den Komplexen nicht im Gleichgewicht, so tritt sofort ein Kationenaustausch ein, und es muß dementsprechend von der Kationenart und ihrer Konzentration abhängen, ob sich die Wasserbeweglichkeit im System verringert oder erhöht. Ersteres wird beim Eintausch die Hydratationshulle der festen Teilchen vermehrender, stark hydratisierter Kationen wie Na, letzteres bei Einfuhrung schwach hydratisierter Kationen wie K, Ca usw. der Fall sein, immer modifiziert durch den Einfluß der Konzentration.

Diese von sehr zahlreichen Autoren beobachteten Erscheinungen, die die *Grundlage der chemischen Meliorationswirkungen bei Böden* bilden und dementsprechend in allen Einzelheiten unten behandelt werden, waren der Schrecken der zu ihrer Erklärung völlig unfahigen Kapillartheorie polydisperser Systeme. Für die elektrochemische Theorie sind sie eine einfache logische Konsequenz, nach welcher man suchen mußte, wenn sie nicht allbekannt wäre.

Auf der Dehydratation der festen Teilchen beruht auch eine technisch sehr wichtige Erscheinung, die sog. *Verflüssigung der Tone*, die die Vorbedingung zum Gießen keramischer Gegenstände ist. Das Verfahren besteht im Prinzip darin, daß einem steifen, etwa 20% Wasser enthaltenden Tonbrei geringe Mengen Na_2CO_3 oder sonstige alkalisch reagierende Materialien in Substanz oder ganz konzentrierter Lösung zugesetzt und nach gründlichem Durchrühren der Masse noch gewisse Mengen Wasserglas beigegeben werden. Die vorher noch kaum knetbare steife Tonmasse verwandelt sich dadurch, *wenn der Ton an sich dafür geeignet ist,* in einen mehr oder weniger dünnflüssigen und damit gießbaren Brei.

Der Vorgang läßt sich vom elektrochemischen Standpunkt der Sorptionserscheinungen ohne weiteres in allen seinen Einzelheiten übersehen, und alle darüber aufgestellten komplizierten Theorien sind überflüssig:

Die Steifheit des ohne Zusatz angerührten Tonbreies kommt dadurch zustande, daß die verhältnismäßig sehr geringe Wassermenge (20—25%) vollkommen zur Hydratation der Komplexe verbraucht wird. Die einzelnen Teilchen umgeben sich mit praktisch starren Hydrathüllen, die durch den Richteffekt der Dipole des Wassers aneinander haften und kein „freies" Wasser zwischen sich lassen. Wird einem solchen System nun ein energisch sich hydratisierendes Na- oder Li-Salz, das noch dazu zu hydrolytischer Spaltung neigt, zugesetzt, so spielt sich das Folgende ab:

1. Die H-Ionen des Tonkomplexes verbinden sich mit dem durch Hydrolyse entstandenen OH · Na bzw. OH · Li zu H_2O, also Wasser, wobei das Na zunächst vorübergehend in den Komplex eintritt. Infolge seiner starken Tendenz, aus kolloidalen Komplexen abzudissoziieren, die aus seiner Hydratationsenergie folgt (s. o.), verbleibt es aber nicht gebunden, sondern geht sofort in die Lösung als freies Na^+ zurück. Dieses aber umhüllt sich nun mit aller Energie mit seinem Hydratwasser, das es, da anderes Wasser nicht verfügbar ist, den Hydrathüllen der Teilchen entnimmt.

2. Durch diesen Prozeß brechen die Hydrathüllen zusammen, und der „Wirkungsradius" der Teilchen verkleinert sich um ein Vielfaches. An die Stelle des Systemes aneinanderhaltender, stark hydratisierter Teilchen ist nunmehr ein System weitgehend „trockener" d. h. im Volumen stark reduzierter Teilchen, freies Wasser getreten, das darum besonders leicht beweglich ist, weil die durch die Abdissoziation des Na^+ frei gewordenen negativen Potentiale der Tonteilchen sich mit großer Kraft abstoßen, d. h., aus dem anfänglichen Gel ist ein Sol geworden, das durch den Wasserglaszusatz als Schutzkolloid weiter stabilisiert wird.

Es liegt vom elektrochemischen Standpunkt aus auf der Hand, daß durchaus nicht alle Tone sich auf diese Weise verflüssigen lassen, ferner aber, daß das Gelingen der Verflüssigung sehr stark davon abhängig ist, daß gerade eine günstige Menge des Verflüssigungsmittels zugesetzt wird. Ist die Menge Na_2CO_3, um bei diesem Beispiel zu bleiben, zu klein, so tritt der Effekt nur mangelhaft ein. Ist sie auf der anderen Seite zu groß, *so daß nicht sämtliches gegen H eintauschendes Na sofort wieder abdissoziiert wird,* so verbleibt Na im Komplex, und der Ton kann sich gar nicht oder nur sehr mangelhaft verflüssigen. Bei noch größeren Na-Mengen sind weitere Optima denkbar.

Die praktischen Beobachtungen bestätigen diese theoretischen Deduktionen in jeder Weise. Nicht nur ist die Eignung der Tone verschiedener Provenienz zur Verflüssigung sehr verschieden, sondern jeder Ton braucht dafür sein spezielles „Rezept", das weder nach unten noch nach oben zu überschritten werden darf, wenn der Effekt befriedigen soll. Diese Rezepte sind heute das Ergebnis von „patient trial", d. h. des Probierens, dürften sich aber nach den hier entwickelten Gesichtspunkten leicht auf eine die sichere Beherrschung der Effekte garantierende elektrochemische Basis stellen lassen.

Auch die zu erwartenden sekundären Optima des Umsatzes sind vielfach beobachtet.

Es liegt nahe, die Wasserbeweglichkeit in polydispersen Systemen mit der sog. *Durchlässigkeit* der Systeme in Parallele zu setzen, d. h. mit der Geschwindigkeit, mit welcher unter dem Einfluß der Schwerkraft oder sonstiger äußerer, nicht im chemischen Bau des Systemes bedingter Drucke, sämtliche Hohlräume des Systemes füllendes Wasser dieses passiert. Eine nähere Überlegung zeigt, daß ein Zusammenhang nur bedingt vorhanden sein kann, nämlich nur insofern, als auch die Wasserbeweglichkeit von der Reibung in den Hohlräumen im System abhängig ist. Das ist ganz ausgesprochen nur bei sehr sorptionsstarken, also sehr fein dispergierten Systemen mit entsprechend fein verteiltem und durch die Hydratisierung der Teilchen weitgehend bedingtem Porenvolum der Fall. Hier berühren sich die Hydrathüllen und verschmelzen, so daß das Porenvolum mit zum Teil des Schwarmwassers wird, mithin auch auf die Wasserbeweglichkeit im oben definierten Sinne, d. h. auf die Beweglichkeit des Wassers zwischen den Gehaltsgrenzen minimale Wasserkapazität und lentokapillarer Punkt, seinen Einfluß ausübt.

Bei sorptionsschwachen, also im Falle der Bodensubstanz grobdispersen Systemen, die dementsprechend zwischen den Schwarmwasserhüllen auch bei vollster Hydratisierung der Teilchen noch weite Zwischenräume lassen, muß jede Parallele zwischen Wasserbeweglichkeit und Durchlässigkeit völlig versagen. Denn *durchlässig* ist der Boden nur für das über die minimale Wasserkapazität hinaus anwesende Wasser, das der Gravitation unterliegt und dementsprechend auch als *Gravitationswasser* von den es behandelnden Autoren bezeichnet wird, das sich also im „spannungsfreien Porenvolum" bewegt.

In derartigen sorptionsschwachen, grobdispersen Systemen hat die Durchlässigkeit mit der Wasserbeweglichkeit nicht das geringste zu tun, *vielmehr muß hier das Minimum der Wasserbeweglichkeit mit dem Maximum der Durchlässigkeit Hand in Hand gehen.*

Allgemein läßt sich in bodenkundlicher Ausdrucksweise das Verhältnis von Wasserbeweglichkeit und Durchlässigkeit etwa wie folgt formulieren: *Bei qualitativ gleicher Komplexbelegung steigt mit zunehmendem Dispersitätsgrad, also zunehmendem Tongehalt der Böden, die Wasserbeweglichkeit, während die Durchlässigkeit sinkt. Das gilt aber nur so lange, als sich der Einfluß grober Komponenten durch Schaffung von den Hydrathüllen nicht ganz ausgefüllter Hohlräume zwischen den Teilchen noch bemerkbar macht. In Systemen besonderer Sorptionsstärke und damit im allgemeinen hohen Dispersionsgraden, wie ausgesprochene Tone es sind, gehen dagegen, da beide nur noch durch die Komplexbelegungen beeinflußt werden, Durchlässigkeit und Wasserbeweglichkeit parallel.*

Daß dieses theoretisch abgeleitete Verhalten den Tatsachen entspricht, beweisen die nachfolgenden, von VAGELER und ALTEN (12) ermittelten Ziffern:

Tabelle a: Boden, geordnet nach Tongehalt.

Boden	Ton %	Steighöhe mm	Minimale Wasserkapazität %	Durchlässigkeit cm³ je Stunde
Seesand	—	128	6,0	5143,0
B 2	4,2	256	9,6	400,0
B 7	10,1	526	17,4	105,0
G 66	39,4	500	22,5	30,0
G 33	52,1	833	50,7	18,0
G 63	55,0	500	42,5	62,0
G 13	64,2	74	62,1	8,0
G 16	68,0	27	77,5	2,6

Als Durchlässigkeit ist hier die Menge Kubikzentimeter Wasser pro Stunde bezeichnet, die bei 500 mm Unterdruck eine Lage von 1 cm Boden pro Quadratzentimeter Fläche passiert. Das konträre Verhalten der Wasserbeweglichkeit, gemessen als Steighöhe, und der Durchlässigkeit, andererseits die zu erwartende enge Symbathie der minimalen Wasserkapazität mit dem absoluten Tongehalt ist deutlich.

Tabelle b: Tone, geordnet nach Steighohen.

Boden	Ton %	Steighöhe mm	Durchlassıgkeit	Minimale Wasserkapazität
G 63	55,0	500	62,0	42,5
G 8	66,3	122	30,0	53,5
G 13	64,2	74	8,0	62,1
G 10	70,6	43	5,0	68,2
G 16	68,0	27	2,6	77,5

Bei dieser Anordnung tritt der geforderte Zusammenhang von Wasserbeweglichkeit und Durchlässigkeit bei Tonen gut hervor. G 33 ist nicht berücksichtigt, da durch starke Koagulation durch Gipsüberschuß besondere Verhältnisse vorliegen.

Aus den bisher erörterten Bedingungen im Innern durchfeuchteter polydisperser Systeme erhellt bereits, daß ebensowenig, wie sich die Gesetze des sog. kapillaren Aufstieges in theoretisch ableitbaren Formeln mit Erfolg erfassen lassen, etwas Derartiges auch für *das Fließen des Wassers unter dem Einfluß der Gravitationoder hydrostatischen Druckes* möglich sein kann. Selbst der einfachste denkbare Fall, daß sämtliche Hohlräume eines polydispersen Systemes nur mit Wasser gefüllt sind, läßt sich schon bei Sanden nicht allgemeingültig lösen, weil die Form der Hohlräume, d. h. letzten Endes der Teilchen und der Art ihrer Zusammenlagerung, dabei eine große Rolle spielt. Bei feiner dispersen Systemen kommen dann noch die Hydratationserscheinungen, die bei Durchspülung mit Wasser zwar langsam, aber ständig verlaufende Komplexzerstörung, Hydrolyse und eine Reihe weiterer chemischer Momente hinzu.

Eine bis zum Jahre 1922 praktisch erschöpfende Literaturübersicht hat Beger (122) unter gründlicher zusammenfassender Behandlung aller Fragen gegeben, die die weit auseinanderlaufenden Ansichten der zahlreichen, die wichtige Frage der Durchlässigkeit behandelnden Forscher kraß beleuchtet. Keen (86, S.96ff.) und Zunker (l. c. S. 147) haben in neuester Zeit die ganze Materie des Fließens des Wassers in dispersen Systemen eingehend diskutiert mit dem Ergebnis, daß, wie es nach dem Obigen auch nicht anders zu erwarten war, keine einzige Gleichung sich ableiten läßt, die auch nur genähert allen selbst relativ einfachen Fällen gerecht wird, von komplizierteren Fällen gar nicht zu reden. Eine solche Gleichung kann vom elektrochemischen Standpunkt aus auch kaum existieren oder, was praktisch auf dasselbe hinauskommt, sie müßte so viele unabhängige Variabelen enthalten, daß ihr rechnerischer Wert nicht wesentlich von Null verschieden sein dürfte. Sie müßte dem ständig beim Durchfluß sich ändernden spannungsfreien Porenvolum, in welchem allein das Wasser sich unter dem Einfluß der Gravitation bewegen kann, Rechnung tragen, d. h. einer beim Fließvorgang selbst variabelen Größe, die sich in jedem Boden bei jeder Art Wasser, d. h. bei jedem verschiedenen Elektrolytgehalt des Wassers, anders gestaltet.

Zunker (l. c. S. 157) kommt zu der folgenden Endformel für die *Durchlässigkeitsziffer k des Bodens für Wasser*, d. h. die Geschwindigkeit des Wassers in cm-sec für das Gefälle 1:

$$k = \frac{\mu}{\eta}\left(\frac{p_0 l}{1-p}\right)^2 \cdot \frac{1}{U^2}\,\mathrm{cm/sec},$$

worin μ ein „Formbeiwert" der Bodensubstanz,
η die Zähigkeit des Wassers (0,0011 bei 20°),

$p_0 l$ das spannungs- und luftfreie Porenvolum in Volumprozent oder das wirksame Porenvolum,
p das scheinbare Porenvolum in Volumprozent des Bodens,
U die „spezifische Oberfläche" des Bodens bedeutet.

Für den Formbeiwert μ werden die folgenden Durchschnittswerte angegeben. Die sehr große Schwankungsbreite des Formbeiwertes für Ton ist sehr charakteristisch und vom elektrochemischen Standpunkt aus selbstverständlich.

Bodenart	μ
Gleichkörnige Sande	0,013–0,023
Gemischtkörnige Sande	0,011–0,013
Lehmige Sande	0,004–0,007
Tone	(0,004–0,01)

Der Wert $p_0 l$ ist nur sehr näherungsweise zu schätzen. Die spezifische Bodenoberfläche U wird nach ZUNKER aus der mechanischen Analyse des Bodens berechnet (123).

Unter spezifischer Oberfläche U eines Bodens versteht man die Zahl, die angibt, wievielmal so groß die äußere Oberfläche eines Bodens ist, wie die äußere Oberfläche derselben Gewichtsmenge eines Bodens von gerade 1 mm Korngröße bei gleichem spezifischen Gewicht und gleicher Korngestaltung. Die spezifische Oberfläche ist gleich dem umgekehrten wirksamen Korndurchmesser d_w in Millimeter, der bestimmt ist durch die Gleichung

$$\frac{1}{dw} = \frac{g_1}{d_1} + \frac{g_2}{d_2} + \frac{g_3}{d_3} + \ldots \frac{\Sigma g n}{d n},$$

worin $g_1, g_2, g_3 \ldots$ die Gewichtsanteile der einzelnen Korngrößen mit dem mittleren Durchmesser $d_1, d_2, d_3 \ldots$ bedeuten. Es ist also $U = \frac{1}{dw}$. Bei Kugelform der Bodenteilchen wird die äußere Oberfläche $O = \frac{60}{s} \cdot U\ \mathrm{cm^2/g}$, worin s das spezifische Gewicht ist.

Für eine Korngruppe mit den Korngrößen $d_x - d_y$ mm und geradliniger Kornanteillinie wird die spezifische Oberfläche

$$U = \frac{0{,}4343\left(\frac{1}{dy} - \frac{1}{dx}\right)}{\log dx - \log dy}.$$

ZUNKER gibt zur Berechnung der spezifischen Oberfläche noch eine weitere Gleichung unter Benutzung der Hygroskopizität an. Da diese nichts mit der Oberfläche zu tun hat, erübrigt es sich, sie zu zitieren.

Daß nur ausnahmsweise die Berechnung der Durchlässigkeitsziffer k nach obiger Formel zu den Tatsachen entsprechenden Werten führen kann, liegt nach den gemachten Ausführungen auf der Hand.

Man kann k auch als das Wasservolum in Kubikzentimeter auffassen, das in der Sekunde durch eine Bodensäule von dem Querschnitt 1 cm² hindurchgeht, wenn der Druckhöhenunterschied auf 1 cm Länge der Bodensäule 1 cm Wassersäule von 4° C beträgt.

Zuverlässige Werte von k existieren aus naheliegenden Gründen nur für die einfachsten und in der Filtertechnik am meisten bearbeiteten Fälle der Sande, wo sich auch brauchbare Formeln für den Zusammenhang zwischen Teilchenradius bzw. Porenvolum und k herauskristallisiert haben [HAZEN (130), SLICHTER (131) u. a.]. In der Natur kommen solche Fälle aber kaum jemals vor.

In wie geringen Größenordnungen sich die Durchlässigkeitsziffern schon bei mittelschweren Böden bewegen, geht schon aus den minimalen Durchtrittsziffern der oben (S. 133) mitgeteilten Tabelle hervor, die auf die Stunde und einen Unterdruck von 500 mm, entsprechend ungefähr 720 cm Wassersäule, bezogen sind.

Bei der großen praktischen Wichtigkeit der Durchlässigkeitsziffer k hat man noch auf die verschiedensten anderen Weisen versucht, zu einer allgemeingültigen Ableitung dieses Wertes zu gelangen. So hat man z. B. für Sande bestimmte Beziehungen zwischen der Durchlässigkeitsziffer k und der Durchlässigkeit für Luft festgestellt. Es bedarf nach den obigen Ausführungen über die Volumänderung sorptionsstarker Substanzen keiner besonderen Betonung, daß auch alle diese Beziehungen nur für die einfachsten Fälle grober Dispersionen gelten, die Änderungen des Kornvolums durch Hydratation und damit starken Änderungen des spannungsfreien Porenvolums nicht unterliegen. Behält man ferner im Auge, daß in der Natur die Durchlässigkeit eines Bodens ganz von der zufälligen Lagerung der Teilchen und vor allem von dem Profilbau des Bodens abhängig sein muß, so erübrigt es sich, auf alle diese Methoden einzugehen. Welche Ansätze zur praktischen Beurteilung von Bodenprofilen in Anwendung kommen können, wird unten zu erörtern sein.

Noch größer als bei der Beurteilung der Durchlässigkeit polydisperser Systeme für Wasser bei *völliger* Wasserfüllung aller Hohlräume sind die Schwierigkeiten, sobald es sich darum handelt, das *Eindringen von Wasser* in ein nicht voll gesättigtes System von oben aus, also das *Einsickern des Wassers*, mengenmäßig zu erfassen.

Es sind bei der Wasserzufuhr zu einem polydispersen System zwei prinzipiell verschiedene Grenzfälle möglich. Die Wasserzufuhr kann in der Weise erfolgen, daß das Wasser *plötzlich* zugegeben wird und mit einer geschlossenen Schicht das System überdeckt. Das ist der Fall bei den meisten Irrigationen und bei sehr starkem Regen. Oder die Wasserzufuhr kann *in kleinen Mengen* pro Zeiteinheit erfolgen, so daß sie unterhalb der Durchlässigkeit des Systemes bleibt. Das ist der Fall bei sehr schwachem Regen.

Dieser letztere Fall unterscheidet sich prinzipiell nicht wesentlich von dem Falle des Aufstieges in einer Bodensäule. Da die in den Poren des Bodens anzunehmende Luft bei dem langsamen Verbreiten der Flüssigkeit unter dem Zug der osmotischen Saugkraft der Partikel ohne weiteres entweichen kann, wird sich das Wasser langsam durch Diffusion verbreiten, *wobei jede Schicht des dispersen Systemes zunächst so viel Wasser festhalten wird, als ihrer minimalen Wasserkapazität entspricht, falls das Porenvolum das gestattet.*

Wieweit diese Verteilung geht, wird von der Menge der Wasserzufuhr und der Lagerungsdichte abhängen, ferner vor allem von dem osmotischen Druckgefälle im Boden und seinem osmotischen Wirkungsradius. Ist dieser nicht sehr klein, wie z. B. bei vielen Tonen, so wird bei großer Langsamkeit der Wasserzufuhr die Verteilung im System eine recht regelmäßige sein. Selbst tiefe Systemschichten werden sich an Wasser erheblich anreichern können, wenn die Zufuhr lange genug andauert. Ist der osmotische Wirkungsradius dagegen klein, so werden sich sehr schnell, genau wie es bei schneller Wasserzufuhr allgemein der Fall ist, durch das Zusammenfließen der Wasserhüllen der Teilchen *Menisken* bilden, und zwar tragende Menisken an der Oberseite, ziehende Menisken an der Unterseite der entstehenden Wasserschicht. Es entsteht damit vorübergehend das, was allgemein als *kapillares Haftwasser* bezeichnet wird.

Wie lange diese Bildung Bestand hat, wird nicht sowohl, wie es die Kapillartheorie annimmt, von der relativen Größe der oberen bzw. unteren Menisken und der Höhe der gebildeten Wassersäule abhängen, als vielmehr vom Stande der Wassersättigung der tieferen Schichten des Systemes. Ist diese letztere gering, so daß große osmotische Druckgefälle der unteren gegen die oberen Schichten zur Einwirkung kommen, so wird die kapillare Wasserhaltung nur von sehr kurzem Bestand sein, gleichgültig, ob die Menisken groß oder klein sind, vorausgesetzt, daß der Boden einen nennenswerten osmotischen Wirkungsradius besitzt. Denn in diesem Falle sind die haltenden Kräfte der oberen Menisken gegenüber den osmotischen Saugkraften vollkommen zu vernachlässigen, und das Wasser verteilt sich so weit, als es der osmotische Wirkungsradius überhaupt erlaubt. Die Wasserhaltung in Form des kapillaren Haftwassers ist unter diesen Umständen nur eine vollständig vorübergehende Erscheinung. Nur in dem Falle kann sie auch dann während längerer Zeit sich halten, wenn eine durchfeuchtete Schicht an eine trockene mit *geringem* osmotischen Wirkungsradius grenzt. In diesem Falle tritt an dieser Grenze eine Stockung der Wasserabfuhr ein, die vom kapillartheoretischen Standpunkt sehr bezeichnenderweise zwei ganz verschiedene Deutungen erfordert.

Im Falle, daß es sich um eine *Tonschicht* handelt, soll die mangelnde Durchlässigkeit der Grund der Stockung sein. Im Falle, daß eine Sandschicht vorliegt, sollen die Menisken die Wassermengen tragen und sich sog. *aufsitzendes Kapillarwasser* entwickeln

Tatsächlich haben, wie oben gezeigt ist, aber sowohl schwere Tone wie Sande minimale osmotische Wirkungsradien, und hierin ist der wahre Grund der Unterbrechung der Leitung des Wassers zu sehen. Hätte der Sand einen größeren Wirkungsradius, so wurden sich die Menisken genau so wenig halten können, wie über einer Tonschicht mit großem Wirkungsradius, wobei allerdings festzuhalten ist, daß die Menisken, wenn die oberen kleiner sind als die unteren, sekundär die Schwerkraft ziemlich weitgehend kompensieren können.

Ist das ganze System bei der Wasserzufuhr, mag diese langsam oder schnell erfolgen, bereits so feucht, daß nennenswerte osmotische Druckdifferenzen nicht mehr vorhanden sind, so bleibt als bewegendes Agens für das Wasser nur die Schwere übrig. Das durch die Menisken gehaltene Wasser sinkt als Ganzes ab mit einer der hydrostatischen Druckhöhe und der durch die kapillaren Wirkungen modifizierten Durchlässigkeitsziffer des Bodens entsprechenden Geschwindigkeit, vorausgesetzt, daß auch in tieferen Schichten noch ein spannungsfreies Porenvolum, das fur diese Art der Wasserbewegung allein in Frage kommt, existiert. Daß das sehr häufig nicht der Fall ist, wird unten an Beispielen zu zeigen sein.

Auch fur diese *Sickergeschwindigkeit* sind wie fur die Durchlässigkeitsziffer von verschiedenen Autoren zahlreiche Gleichungen vom Standpunkt der Kapillartheorie entwickelt, denen aber praktische Bedeutung nur für die einfachsten Fälle zukommt. ZUNKER gibt als wenigstens genähert gültig die folgende Gleichung der Sickergeschwindigkeit in cm/sec an:

$$v = k \cdot \frac{h - \frac{H}{2} - L}{h},$$

worin k die Durchlassigkeitsziffer, h die Höhe der Wassersäule in Zentimeter, H die kapillare Steighöhe und L den Luftwiderstand im Boden in Zentimeter Wassersäule bedeutet.

Da jede Bodenschicht, wenn das ihr zukommende Porenvolum dazu die Möglichkeit bietet, all das Wasser zurückbehält, das der minimalen Wasserkapazität entspricht, wird sich das „*kapillare Sickerwasser*“ beim Tieferdringen in den Boden ständig vermindern. Das kapillare Sickerwasser wird aber zum kapillaren Haftwasser, wenn

$$h = \frac{H}{2} + L$$

wird, d. h. der Luftwiderstand bremsend wirkt, der überhaupt die Sickerwasserbewegung in polydispersen Systemen sehr weitgehend, aber leider auch in unkontrollierbarer Weise, beeinflußt. Auf die beschränkte Giltigkeit dieser Formeln wegen des Verhaltens der Steigköhe H sei besonders hingewiesen.

Schon aus der geringen Größe der Durchlässigkeitsziffern k folgt, daß, von ganz groben Dispersionen wie Sanden und Kiesen abgesehen, die Bewegung des Sickerwassers in polydispersen Systemen eine sehr langsame sein muß. So langsam in der Tat, daß viele Fälle von „kapillarer Wasserhaltung" nur deswegen als etwas Beständiges erscheinen, weil die Fortbewegung des Wassers zu langsam ist, um sie als solche zu erkennen. *Es dürfte tatsächlich überhaupt kein kapillares Haftwasser, sondern nur kapillares Sickerwasser im Boden existieren*, weil das Wasser stets in Bewegung ist. Die in der Natur gemachten Messungen bestätigen das durchaus. Allerdings sind weitaus die Mehrzahl von ihnen nicht mit feuchtem, sondern mit trockenem Boden ausgeführt, so daß man es, streng genommen, gar nicht mit der Bewegung des Wassers unter dem Einfluß der Gravitation, sondern unter dem Einfluß der Gravitation und der osmotischen Saugkraft zu tun hat.

So findet z. B. ROTMISTROFF (128), daß sich bei punktförmiger Wasserzufuhr zu Steppenböden mit einem von 5—10% nach der Tiefe langsam steigenden Wassergehalt, der noch bei weitem nicht der minimalen Wasserkapazität dieses Bodens entspricht, „das kapillare Sickerwasser" in einigen Tagen 115 cm in die Tiefe, aber nur 80 cm horizontal verbreitete. Eine Anreicherung des Bodens war nur bis zu 18% Wassergehalt in den feuchtesten Schichten eingetreten, was bei feinsandigen Steppenböden, wie sie zu dem Versuche dienten, noch bei weitem nicht der Füllung des minimalen Porenvolums, bezogen auf 100 g Trockensubstanz, entspricht, das auf mindestens 23% anzunehmen ist. Von Sickerwasser im strengen Wortsinn ist also bei diesem Versuche keine Rede, sondern es handelt sich einfach um den Ausgleich des osmotischen Druckgefälles, der in senkrechter Richtung durch die Gravitation etwas unterstützt ist. ROTMISTROFF gibt für die von ihm untersuchten Steppenböden die Versickerungsgeschwindigkeit des Regenwassers auf etwa 200 cm pro Jahr an, eine Geschwindigkeit, die in gröberen Böden vielfach überschritten, in auch nur einigermaßen tonhaltigen Böden dagegen um ein Vielfaches unterschritten wird.

Bei feindispersen Systemen, wie Tonböden, ist das Absinken des kapillaren Wassers im strengen Wortsinne, wie VAGELER und ALTEN betonen (12, Teil VI), ein *säkularer Vorgang*, weil in solchen Systemen nur ganz ausnahmsweise ein nennenswertes spannungsfreies Porenvolum in größerer Tiefe existiert.

Zusammenfassend kann gesagt werden, daß, wie die Volumverhältnisse disperser polar sorbierender Systeme, so auch die Kinetik des Wassers in solchen Systemen in erster Linie durch die Art der Kationenbelegung, die das osmotische Gefälle und das Porenvolum und damit die Reibung bedingt, beherrscht wird. Kapillarerscheinungen und Gravitation spielen eine verhältnismäßig kleine, nur bei sehr leichten Böden und bei einer bereits weitgehenden Wassersättigung des Systemes in Wirkung tretende, Rolle.

Der gesamte Wasserhaushalt des Bodens in seinen praktisch interessierenden Phasen ist im wesentlichen nur eine Funktion des Kationenhaushaltes und nur von diesem aus zu verstehen und teilweise rechnerisch zu beherrschen.

IV. Die sorptionsfähigen Substanzen der Böden und ihre Komplexbelegung.

Der Standpunkt, den die Bodenkunde gegenüber den Problemen des Kationen- und Wasserhaushaltes der Böden als Ergebnis ihres Kolloidgehaltes einnimmt, ist in neuester Zeit von HAGER (132) treffend charakterisiert:

„Gäbe es Methoden, die eine genaue Bestimmung der Bodenoberfläche, also der Gesamtoberfläche aller Teilchen gestatten, so würden die erhaltenen Befunde eine wertvolle Unterlage für die Beurteilung der Bodeneigenschaften abgeben können. Leider fehlen zur Zeit solche Untersuchungsverfahren."

Es ist in den obigen Ausführungen bereits klargelegt, daß solche Untersuchungsverfahren für immer fehlen werden, weil man etwas, was nicht existiert, wie die Bodenoberfläche im von HAGER gemeinten Sinne, niemals bestimmen kann. Der Versuch, Bodenkolloide als scharf definierte Entitäten zu erfassen und gar bestimmte „Molekulargrößen" der sorbierenden Substanzen auszurechnen, ist vom elektrochemischen Standpunkt aus eine Utopie, deren Verfolgung allerdings wenigstens zu wertvollen Erfahrungsdaten über den Dispersitätsgrad der Bodensubstanz geführt hat, der als qualitatives Maß der Menge exponierter Ionen auch elektrochemisch von großer Wichtigkeit ist.

Eine unfreiwillige Anerkennung dieses Standpunktes liegt in der von EHRENBERG (133) gewählten Einteilung der sich im *kolloidalen Zustand* befindenden Stoffe des Bodens, die er in die folgenden Gruppen einordnet:

1. Kleinlebewesen,
2. Die kolloide Kieselsäure,
3. Das kolloide Eisenoxyd,
4. Die kolloide Tonerde,
5. Die kolloiden Humusstoffe,
6. Feinste Sande,
7. Der Ton.

Daß alle diese Substanzen am Kationen- und Wasserhaushalt des Bodens irgendwie beteiligt sind, versteht sich von selbst. Aber ein drastischeres Beispiel, zu wie merkwürdigen Auffassungen und Vorstellungen die konsequente Durchführung der Oberflächentheorie der Kolloidwirkungen führt, ist auch nicht denkbar als diese, die heterogensten Dinge (Sand und alle Viertelstunden sich verdoppelnde Bakterien) umfassende, Klassifikation der „Bodenkolloide". Dinge werden in einen Topf geworfen, von welchen sich experimentell im Boden auch nicht ein einziges mit voller Schärfe erfassen läßt, ohne, wie es denn auch der Fall ist, Meinungsverschiedenheiten über Einzelheiten Tür und Tor zu öffnen. Diese findet jeder Autor nicht nur verschieden, sondern muß sie auch verschieden finden, wenn er in seiner Arbeitsweise auch nur im minimalsten Detail von der eines Vorgängers abweicht, und zwar schon beim gleichen Boden, geschweige denn bei Böden verschiedener Herkunft und damit verschiedener Gestaltung der Zusammensetzung, vom Bakterienwachstum ganz zu schweigen.

Tatsächlich untersuchbar und in reproduzierbarer Weise feststellbar sind in einem Boden niemals die Reaktionen seiner einzelnen Komponenten, sondern nur sein *Verhalten als Ganzes*. Jeder Versuch, das Verhalten eines Bodens additiv aus dem seiner Komponenten darzustellen, ist experimentell praktisch undurchführbar und auch kaum von mehr als akademischem Wert. Er ist aber auch vom elektrochemischen Standpunkt aus gegenstandslos und außerdem, wenn man sich der obigen Klassifizierung anschließt, zur großen Lückenhaftigkeit verdammt.

Maßgebend für die Reaktionen des Bodens als Ganzes ist nicht die nichtexistierende Oberfläche seiner Teilchen, ist letzten Endes auch nicht die Natur seiner Substanzen, sondern einzig und allein die Art und Zahl seiner exponierten Anionen, für die in letzterer Hinsicht der Dispersitätsgrad des Bodens einen gewissen Anhalt bietet, und die von ihnen gehaltenen Kationen im Gleichgewicht mit der Bodenlösung. Nur integrale Reaktionen der „Makroanionen" des Bodens lassen sich ermitteln und sind praktisch von Bedeutung. Tatsächlich wird es auch keinem Bodenkundler, der eine Bodenprobe für praktische Zwecke untersucht, jemals einfallen, sich über das reichliche oder weniger reichliche Vorhandensein einer der obigen kolloidalen Gruppen in seinem Untersuchungsobjekt auch nur eine Sekunde den Kopf zu zerbrechen. Er wird den Boden so, wie er da ist, d. h. *als Ganzes* in seinem sorptiven Verhalten nach einer oder der anderen Methode studieren. Geht er auf Einzelheiten ein, untersucht er z. B. die einzelnen Kornfraktionen seines Bodens in dieser Richtung, so wird er, je nach der Herkunft des Bodens, und zwar speziell seiner mineralogischen Zusammensetzung, zu ganz verschiedenen Resultaten kommen, von denen sich 99% in keiner Weise ohne komplizierte Hilfshypothesen mit der Oberflächentheorie der Sorptionsvorgänge vereinigen lassen, die aber zu 100% sich zwanglos dem elektrochemischen Bilde einfügen.

Ein geradezu klassisches Beispiel dafür bieten die Untersuchungen über das *Mengenverhältnis und die Zusammensetzung der Kolloide in Böden*, wo die Anschauungen der einzelnen Autoren in einer selbst für die Bodenkunde unerhörten Weise auseinanderlaufen. Zum Teil resultiert diese Verschiedenheit aus der verschiedenen Annahme der oberen Grenzen der sog. kolloidalen Teilchen, über die eine Einigung noch in keiner Weise erzielt ist und auch niemals erzielt werden wird, weil die Fragestellung am Problem vorbeigeht und sich für jede Wahl der Teilchengröße gleichviel Argumente für und wider anführen lassen. So nehmen z. B. ROBINSON und HOLMES (135) eine Korngrößengrenze von 0,0003 mm an. GEDROIZ, FRY u. a. (136) nehmen als Grenze 0,00025 mm, JOSEPH (243) setzt den „Kolloidton" dem gewöhnlichen „Ton", d. h. den Teilchen mit weniger als 0,002 mm Korndurchmesser gleich. Jeder Autor findet, je nachdem, wo er die Grenzen zieht, eine andere chemische Zusammensetzung seiner sog. Kolloide, und jeder muß zugeben, daß auch die gröberen Kornklassen ein zwar weit zurücktretendes, aber doch immer noch nachweisbares Sorptionsvermögen besitzen. Als praktisches Ergebnis spricht eine Gruppe von Autoren dem Boden nur einen in Bruchteilen von Prozenten sich bewegenden Gehalt an Kolloiden zu [GEDROIZ, MELLOR (138) u. a.], während andere Kolloidgehalte bis zu 50% ausrechnen, wobei die so bestimmten Kolloide, wenn man auf ihre Menge das Sorptionsvermögen für Basen und Wasser bezieht, die abweichendsten Eigenschaften haben.

So schwankt nach Untersuchungen von MAIWALD (139) z. B. die Wasseraufnahme von 1 g Ton zwischen 0,3 und 5,4 g, also um das 18fache, woraus sich nach von ROBINSON (140) aufgestellten Formeln ein Kolloidgehalt *leichter Sande* von 17—18% (!) berechnet, der teilweise höher liegt als der von ausgesprochenem Lehm und beinahe die Hälfte des Kolloidgehaltes schwerer Tone betragen soll. Ein Ergebnis, das jeder praktischen Erfahrung mit den betreffenden Bodentypen ins Gesicht schlägt, wie es auf der anderen Seite die ganz geringen Gehaltszahlen von Tonen erst recht tun.

Der neuerdings von GEDROIZ propagierte Ausweg aus dem Dilemma, *Kolloidton in Sol- und Gelform* zu unterscheiden, ist nicht, wie MAIWALD meint (l. c., S. 279), „vielleicht der Schlüssel zur Vereinigung der widerstrebenden Ansichten über die Kolloidmenge im Boden", sondern die Bankrotterklärung der Oberflächentheorie in ihrem bodenkundlichen Aspekt. Tatsächlich sind sämtliche Hypothesen vollkommen überflüssig, und die Verhältnisse sind klar, sobald man sich auf den elektrochemischen Standpunkt der Sorptions- und Anlagerungsreaktionen stellt und diese als das Ergebnis der im Boden vorhandenen Makroanionen der verschiedenen Art betrachtet.

1. Die Makroanionen des Bodens.

Versteht man, wie es vom Standpunkt der Elektrochemie eine selbstverständliche Forderung ist, unter einem *Makroion jedes als physikalische Einheit wirkende Teilchen, das durch exponierte Ionen einen oder mehrere Punkte erhöhten Poten-*

tials, also freier Restladungen, trägt, so erscheint sofort die ganze Diskussion über eine Größengrenze der zur Sorption befähigten Bodenbestandteile als gegenstandslos, und das scheinbar auffallende Verhalten der groben und gröbsten Kornfraktionen des Bodens, die „unberechtigterweise" zuweilen ein Anlagerungsvermögen zeigen, wird verständlich, auch ohne daß man „Kolloidhäutchen" als Hypothese ad hoc heranzuziehen braucht, obwohl solche hin und wieder vorkommen müssen.

Voraussetzung fur das Wirken als physikalische Einheit und damit als Makroanion ist nichts als der durch Feld- und Gitterkräfte bedingte feste Zusammenhalt der Partikeln, die das Makroion formen. *Die Größe der Partikeln ist kein Bestimmungsstück. Anders ausgedruckt: Jedes Teilchen vom gröbsten Sandkorn bis zum Ultrapartikelchen muß prinzipiell, wenn es Restvalenzen an Ecken und Kanten oder Störungsstellen des Gitters besitzt, die Erscheinungen der polaren und unabhängig davon der apolaren Sorption zeigen, ganz gleichgultig, wie groß es ist.* Ob sich allerdings diese Sorption *experimentell feststellen* läßt, wenn es sich um große Partikel handelt, die dementsprechend nur wenige exponierte Ionen *je Masseneinheit* enthalten können, ist eine andere Frage, die sich aus der eingangs mitgeteilten OSTWALDschen Tabelle von selbst beantwortet. Denn nimmt man der Einfachheit halber als Primarteilchen einen Würfel von 1 cm Kantenlänge an, der dementsprechend im hier interessierenden Sinne 8 Ecken, also 8 exponierte Ionen enthält, die 8 Kationen zu binden vermögen, so würde man schon einige Tonnen dieser so aufgeteilten Substanz in die Analyse einbeziehen müssen, um zu sicheren Werten der Sorption zu kommen, aber nicht, weil sie nicht vorhanden ist, sondern weil auch die feinste Waage der Welt nicht gleichzeitig auf Gewichte von Gramm und ihren 10^{20}sten Teil anspricht.

Das Bild ändert sich aber sofort, wenn die Kantenlänge des Würfels sinkt. Schon bei einer Kantenlänge von 0,01 mm beträgt, wenn man als spezifisches Gewicht der betrachteten Substanz das durchschnittliche spezifische Gewicht der Bodensubstanz mit 2,65 zugrunde legt, für 1 g Substanz die Zahl der Würfel $\frac{10^9}{2,65} = 3,8 \cdot 10^8$, die Zahl der Restvalenzen also fur den Annahmefall $\sim 3 \cdot 10^9$, was der Anlagerungsmöglichkeit von ebenso vielen Kationen entspräche. $3 \cdot 10^9$ Kationen aber lassen sich zur Not mit den feinsten Vorrichtungen schon wägen oder sonstwie mengenmäßig bestimmen, und bei noch feinerer Aufteilung wird die Bestimmung immer einfacher. Nun ist die gemachte Annahme, daß jeder der Beispielswurfel nur 8 exponierte Ionen, d. h. im Falle eines kristallinen Körpers nur 8 Gitterecken enthält, so ungunstig wie nur möglich. Er setzt eine mathematisch scharfe Spaltung der Substanz und eine Sauberkeit der Durchführung dieser Spaltung voraus bei vollständig ungestörtem Gitterbau, die in der Natur sich unter keinen Umständen jemals verwirklicht finden wird. Bei Zertrummerung eines Kristalles durch die naturlichen Agenzien der Verwitterung werden auch an einem regelmaßigen Körper nicht nur die Ecken und Kanten, sondern auch irgendwie zertrummerte Partien der Gitterfläche als exponierte Ionen in Ansatz zu bringen sein. In welchem Maße damit zu rechnen ist, muß ganz von dem betreffenden Mineral abhängen. Bei *Zwillingsbildungen in Lamellenform* müssen solche exponierten Punkte, d. h Gitterbruche an den Kanten der Lamellen, in ganz besonderem Umfange entstehen. Es ist also nicht überraschend, daß gerade die *Glimmer,* wie DOBRESCU u. a. (141) es betonen, mit ihrem Lamellenbau schon lange als auch bei erheblicher „Korngröße" zum Kationenaustausch befähigte Mineralien bekannt sind, und zwar austauschend, *aber trotzdem nicht sehr leicht zersetzbar,* was sich aus der Festigkeit des Glimmergitters herleitet.

Zu den im Boden zu beobachtenden Makroanionen gehören demnach in erster Linie die im Boden vorhandenen Mineralien und ihre Reste, soweit sie aus Ionengittern bestehen, und zwar muß die „Wertigkeit" des Einzelteilchens, bezogen auf die Masseneinheit, um so größer sein, je feiner die Substanz dispergiert ist. D. h., es existieren sämtliche „Äquivalentgewichte" der sorbierenden Substanzen zwischen 0 und ∞.

Ein Ionengitter besitzen von den im Boden verbreiteten Mineralien:

1. *Die Feldspate,* die als isomorphe Mischungen von

Kalifeldspat	Si_3O_8AlK
Natronfeldspat . . .	Si_3O_8AlNa
Kalkfeldspat	$Si_2O_8Al_2Ca$

aufzufassen sind.

2. *Die sog. Feldspatvertreter:*

Leucit	$(SiO_3)_2AlK$
Nephelin	SiO_4AlNa

3. *Die Glimmer* mit der allgemeinen Formel $[SiO_4]_3Al_2R_2^{II}R_2^{I}$, worin R^{II} zweiwertige und R^{I} einwertige Kationen bedeuten und Si teilweise durch Titan, Al durch Fe vertreten sein kann. Glimmer entstehen sehr leicht aus Feldspaten, z. B. schon bei sehr feiner Zerkleinerung.

4. *Die Gruppe der Pyroxene und Amphibole,* die zwei Parallelreihen von chemischen Verbindungen der Metakieselsäure H_2SiO_3 mit Mg, Fe, Ca, Mn und teilweise Al bilden.

5. *Die Mineralien der Sodalithgruppe*

Sodalith	$(SiO_4)_3Al_2 \cdot AlCl \cdot Na_4$
Nosean	$(SiO_4)_3Al_2 \cdot AlSO_4Na \cdot Na_4$
Hauyn	$(SiO_4)_3Al_2 \cdot AlSO_4Na \cdot CaNa_2$

nebst den übrigen Silikaten, einschließlich der *vulkanischen Gläser,* die allerdings regelmäßige Gitter nicht besitzen.

Diese sämtlichen Mineralien nehmen an den Sorptionserscheinungen teil, wenn auch, der Art des Auftretens und der Bauart der Anionengitter entsprechend, in sehr verschiedenem Grade und meist erst bei allerfeinster Verteilung nachweisbar (140). Daß die Glimmer in dieser Hinsicht an der Spitze stehen, ist bereits betont.

Aus diesem Umstand erklärt es sich ungezwungen, daß man in Böden mit hohem Gehalt an Feldspaten und ganz besonders an Glimmern, wenn man ihr totales Sorptionsvermögen in Milliäquivalent Kation je Gramm Ton ausdrückt, oft zu überraschend hohen Werten kommt. So zeigt sich z. B. bei mineralarmen Böden im großen Mittel eine Sorptionskapazität pro Gramm Ton von 0,8—1,0 Milliäquivalent und darunter. Dagegen weisen *glimmerreiche* Böden der ariden Tropen und Subtropen (12) totale Sorptionskapazitäten je Gramm Ton von 1,38 bis 1,6 Milliäquivalent auf. Die auch den gröberen Korngrößenklassen zukommende Sorptionskapazität wird hier eben zu Unrecht den feinsten Teilchen zugerechnet.

Kein Ionengitter, also keine Möglichkeit einer polaren Sorption, d. h. keine elektrolytische Spaltungsfähigkeit als Vorbedingung der Austauscherscheinungen, besitzt SiO_2, der als Quarz weitest verbreitete Bestandteil der Erdrinde, ebensowenig die Sesquioxyde, auf welche noch zurückzukommen sein wird. Sulfate, Karbonate usw. scheiden von vornherein aus, da sie keine trägen Anionen liefern können.

Inwieweit mengenmäßig die bisher allein aufgezählten sog. *primären Mineralien* im Boden an den zu beobachtenden Sorptionserscheinungen beteiligt sind, ist noch eine offene Frage, die erst dann ihre endgültige Lösung finden wird, wenn die Grenzen, bis zu welchen sich ein Mineral zerkleinern läßt, ohne daß dadurch das Gitter zertrümmert oder gestört wird, einmal genau bekannt sind.

Das ist heute nur erst sehr andeutungsweise der Fall. Mit Sicherheit nachweisbar sind in den Größenklassen unterhalb 0,002 mm, also in der bodenkundlichen Tonfraktion, von primären Mineralien Glimmer und hin und wieder Oligoklas und saures vulkanisches Glas. Im allgemeinen scheint die Resistenzgrenze der Gitter der primaren Mineralien und ganz besonders der Feldspate oberhalb 0,002 mm zu liegen. Daß Kalifeldspat bei feiner Mahlung teilweise in Glimmer übergeht, ist bereits erwähnt. Die Hauptmenge der an den Sorptionserscheinungen beteiligten mineralischen Substanzen des Bodens dürfte jedenfalls nicht zu den primären Mineralien, sondern zu ihren sog. „*Verwitterungsprodukten*", d. h. zu den in einfachere Formen der Moleküle und evtl. Gitter irgendwie umgebauten *sekundären Mineralien* gehören.

Wie es bei der Schwierigkeit der Isolierung dieser Substanzen nicht anders zu erwarten ist, sind die Meinungen darüber, als was man diese Verwitterungsprodukte mit immerhin noch verhaltnismäßig kompliziertem Bau zu betrachten hat, noch geteilt. Ihr ausgesprochener Mineralcharakter steht teilweise außer Frage, da sie mindestens zu einem sehr großen Proznetsatz ausgesprochene Gitter zeigen.

Sieht man von den Gitterresten speziell der Glimmer und Feldspate, von STREMME „Feldspatresstton" genannt (141), ferner von den Sesquioxydhydraten, der SiO_2 in Gelform usw., zunächst ab, so ist in der Tonfraktion der Boden zwar durchaus nicht immer, aber sehr häufig ein wohldefiniertes Mineral zu finden: der *Kaolin*. $Si_2O_8Al_2H_2 + H_2O$. Es ist hier nicht der Ort, auf die auch heute noch weit auseinander gehenden Ansichten über die Entstehung des Kaolins als Verwitterungsmineral einzugehen (143). Was hier interessiert, ist, inwiefern der Kaolin, wo er vorhanden ist, und das ist, wie betont, keineswegs überall, wenn auch sehr häufig der Fall, als Träger der Sorption des Bodens in Frage kommt. Noch vor wenigen Jahren war man geneigt, dem Kaolin eine sehr große Rolle im Boden zuzuschreiben, ja, man hat sogar die Tone einfach als „verunreinigte Kaoline" betrachtet. Ein näheres Studium reiner Kaolinsubstanz hat aber die Anschauungen in neuerer Zeit wesentlich geändert. Wohl zeigt der Kaolin eine nicht unerhebliche apolare Sorption, aber seine Fähigkeit zum Kationenaustausch, die gerade die sog. Tonsubstanzen charakterisiert, ist außerordentlich gering, was nach dem Bau seines Gitters und seiner chemischen Natur nicht überraschen kann.

Die moderne Auffassung geht dahin, in der Tonsubstanz des Bodens Verbindungen zu sehen, die den Charakter der sog. *Zeolithe* tragen, die auch in ihren als wohlausgebildete Mineralien bekannten Vorkommen sich durch ein sehr starkes Umtauschvermögen für Kationen auszeichnen. Die als Mineralien bekannten Zeolithe sind wasserhaltige Silikate und Alumosilikate mit gut ausgebildeten Anionengittern, in welchen sich sogar im Gittergefüge die Kationen teilweise leicht durch andere ersetzen lassen. Ihre bekanntesten Vertreter sind:

Analcim . . .	$Na_2Al_2Si_4O_{12} \cdot 2\,H_2O$
Desmin . . .	$(CaNa_2)Al_2Si_6O_{16} \cdot 6\,H_2O$
Heulandit (Stilbit) .	$CaAl_2Si_6O_{16} \cdot 5\,H_2O$

Daß es sich bei den kristallisierten Zeolithen um echten Basenumtausch handelt, der den oben aufgestellten Gesetzmäßigkeiten folgt, läßt sich aus den Untersuchungen von ZOCH (168) entnehmen. Die nach der Gleichung

$$y = \frac{x \cdot 794}{x + 1476} \quad \text{resp.} \quad b = 1{,}26 + 1{,}86\,a$$

nach den mitgeteilten Analysendaten:

y = eingetauschte NH_4-Menge je 100 g Desmin }
x = angewandte NH_4-Menge je 100 g Desmin } Milliäquivalent

x	y	a	b	x	y	a	b
187,2	92,2	5,35	10,85	1050,0	345,0	0,95	2,9
233,0	105,1	4,29	9,53	1875,0	425,0	0,533	2,36
450,0	177,0	2,22	5,65	3000,0	562,0	0,333	1,78
750,0	274,50	1,33	3,65	7500,0	655,0	0,133	1,53

berechnete reziproke Kurve gibt die nebenstehende Abb. 21. Die beobachteten b-Werte sind zum Vergleich als kleine Kreise eingetragen. Die Übereinstimmung von Beobachtung und Rechnung ist sehr befriedigend. Die Meinungen, ob echte Zeolithe im Boden vorkommen, sind heute noch geteilt.

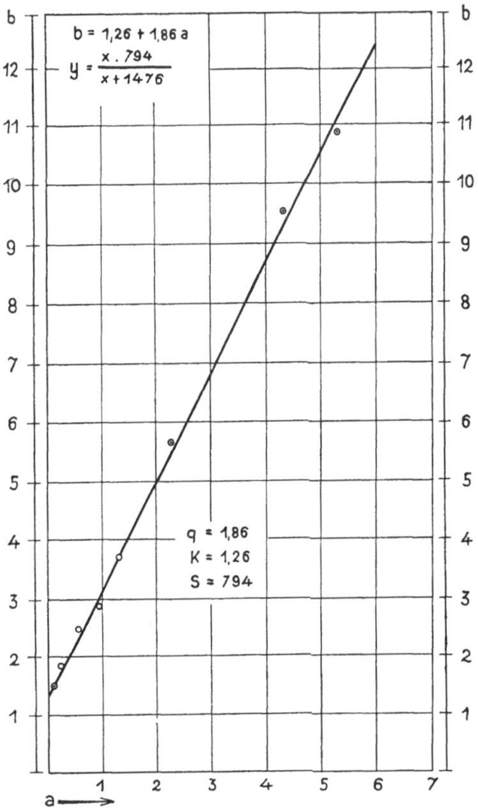

Abb. 21. Eintausch von NH_4 in Desmin (nach J. ZOCH).

Wie bereits oben bemerkt ist, ist es GANSSEN (169) gelungen, durch Zusammenschmelzen von SiO_2, Al_2O_3 und Alkalien *künstliche Zeolithe*, die sog. *Permutite* zu erzeugen, die in sehr großer Annäherung ein Verhalten zeigen, das dem der am Kationenumtausch im Boden beteiligten mineralischen Substanzen entspricht, so daß die Vermutung, daß es sich dabei um wesensgleiche, wenn auch nicht dieselben Substanzen handelt, naheliegt. Die Frage, ob sie als umgelagerte Reste der primären Minerale oder aber als Neubildungen aus kolloidaler SiO_2, $Al(OH)_3$ evtl. $Fe(OH_3)$ zu betrachten sind, soll später erörtert werden.

Erst in neuester Zeit haben die Untersuchungen GRUNERS (143) den viel umstrittenen Charakter der künstlich erzeugten Permutitsubstanzen so gut wie vollständig geklärt, wobei sich so enge Parallelen zu den im Boden zu beobachtenden Erscheinungen ergeben, daß der Schluß, daß man es im Boden tatsächlich mit prinzipiell ähnlichen Stoffen zu tun hat, nunmehr kaum einer weiteren Stütze zu bedürfen scheint.

Die Permutite und sehr wahrscheinlich auch die in der Hauptsache, wenn auch nicht allein, an der Sorption im Boden beteiligten mineralischen Substanzen, also der sog. Kolloidton des Bodens, bilden eine scharf definierte, durch den Zutritt von Kieselsäure in steigenden Mengen bedingte Reihe (144). Diese Reihe ist die folgende für Na-Permutite:

1. $Na_2O \cdot Al_2O_3 \cdot 2\,SiO_2 \cdot 2\,H_2O$ = Grundpermutit
2. ,, · ,, · 3 ,, · 4 ,, = ,, · 1 $SiO_2 \cdot 2\,H_2O$ – (H_4SiO_4)
3. ,, · ,, · 4 ,, · 5 ,, = ,, · 2 ,, · 2 ,, – (2 H_3SiO_6)
4. ,, · ,, · 5 ,, · 5 ,, = ,, · 3 ,, · 3 ,, – (3 ,,)
5. ,, · ,, · 6 ,, · 5 ,, = ,, · 4 ,, · 3 ,, – (3 ,, + 1 SiO_2)
6. ,, · ,, · 7 ,, · 5 ,, = ,, · 5 ,, · 3 ,, – (3 ,, + 2 ,,)
7. ,, · ,, · 8 ,, · 5 ,, = ,, · 6 ,, · 3 ,, – (3 ,, + 3 ,,)

Sie sind die Salze einer wohldefinierten, von KAPPEN (204) u. a. bereits vermuteten *Permutitsäure*, d. h eines *Azidoides* von der dreifachen Formelgröße des Grundpermutites

$$[Al_6Si_6H_{12}O_{30}]H_6 ,$$

von welcher sich durch Zutritt der oben in Klammern am rechten Ende der Übersichtstabelle formulierten Kieselsauren die höheren komplexen Säuren ableiten. *Sämtliche höheren Glieder der Salzreihe gehen durch Ätzalkali im Bombenrohr in den Grundpermutit über.*

Die *freien Azidoide* lassen sich auf dem Umwege über Hydrazin und Wasserstoffsuperoxyd aus den Salzen der Permutitsäuren erhalten. *Diese freien Azidoide gehen beim Behandeln mit Alkalien leicht wieder in die Permutitsalze über, die beliebigen Kationenaustausch gestatten, während das H der Azidoide durch die Kationen von Neutralsalzen ebensowenig wegen seiner geringen Dissoziation ausgetauscht wird, wie es sonst von schwerlöslichen Säuren bekannt ist.*

Die *Neigung der Alkalisalze der Permutite zur Hydrolyse ist groß und besitzt einen großen positiven Temperaturkoeffizienten.* Bezeichnet man der Einfachheit halber das Anion der Permutitsäure: $[Al_6Si_6H_{12}O_{30}]$ mit [Per], so verläuft die Reaktion nach dem folgenden Schema:

$$\text{Per } Na_6 + 2\,HOH \rightarrow [\text{Per}]^{Na_4}_{H_2} + 2\,NaOH$$

für den Grundpermutit oder für die nächsthöhere Stufe:

$$[\text{Per}]Na_6 \ldots 3\,H_4SiO_4 + 2\,HOH \rightarrow [\text{Per}]^{Na_4}_{H_2} \ldots 3\,H_4SiO_4 + 2\,NaOH$$

usw.

Die Hydrolyse erfolgt also stufenweise, soweit es den Grundpermutit angeht.

Die angelagerten Kieselsäuremolekule der hoheren Glieder können sich, wenn einmal das H durch eine Base verdrängt ist, am Umtausch von Kationen beteiligen.

Das Eintausch- bzw Umtauschvermögen der Permutite wachst also mit steigendem SiO_2-Gehalt.

Diese Feststellung entspricht genau dem Verhalten der mineralischen, am Umtausch beteiligten Bodensubstanzen, für welche GEDROIZ (146, S. 39) nach PATE (146) die folgenden Ziffern mitteilt:

Nr	SiO_2 Al_2O_3 + FeO_3	Benetzungswarme	Farbstoffsorption %	NH_3-Sorption %	Wassersorption %
5	**1,20**	4,5	15,82	**1,92**	28,70
7	**1,77**	7,2	14,38	**2,93**	23,98
28	**1,84**	6,0	11,58	**2,95**	27,55
34	**1,89**	9,8	21,88	**3,40**	30,97
26	**2,66**	11,8	20,96	**3,58**	30,75
23	**2,82**	14,2	29,78	**5,36**	29,40
36	**3,07**	16,3	37,57	**5,09**	30,80
43	**3,16**	18,6	36,98	**6,14**	33,25

Der plötzliche Sprung im Sorptionsvermögen an der Grenze des SiO_2/Sesquioxydverhältnisses gegen 3 ist besonders deutlich (Boden Nr. 23—43). Das entspricht genau dem Verhalten der Permutite, bei welchen die erste Stufe (s. obige Tabelle) bei dem gleichen Verhältnis einem Zuwachs von 3 H_4SiO_4, also *12 Valenzen* oder einer Verdreifachung der Aufnahmemöglichkeit entspricht.

Es ist dabei im Auge zu behalten, daß es sich bei den Bodenkolloiden bestimmt nicht irgendwie um reine Substanzen handelt, daß vielmehr mit Sicherheit Mischungen nicht nur permutitischen Materiales, sondern vor allem bei den niedrigen SiO_2/Sesquioxydverhältnissen auch mit Sesquioxydhydraten sowie evtl.

mit kolloidaler Kieselsäure vorliegen, auf deren Verhalten später einzugehen sein wird.

Die Steigerung der Austauschfähigkeit der Permutite geht nur bis zum dritten Gliede, weil nur bis zum dritten Gliede der Zuwachs an SiO_2 durch Kieselsäure im strengen Wortsinn hervorgebracht wird, später aber durch das Siliziumdioxyd SiO_2 erfolgt, das oben bereits als inaktiv charakterisiert ist. Von diesem Gliede an nimmt daher die Umtauschfähigkeit nicht nur nicht mehr zu, sondern ab, weil das SiO_2 dann, wie GRUNER sich ausdrückt, den Permutit „verkrustet", d. h. als mechanisches Hindernis der Diffusion wirkt. Ob ähnliche Verhältnisse auch im Boden vorliegen, ist zur Zeit nicht zu entscheiden, aber als wahrscheinlich zu betrachten.

Daß neben primärem mineralischem und zeolithischem Material der Boden fast regelmäßig geringe und oft sogar recht erhebliche Mengen freier SiO_2 sowie freier Sesquioxydhydrate in kolloidalem Zustande enthält, zeigt jede chemische Bodenanalyse.

Die Untersuchungen über das sorptive Verhalten des SiO_2-Geles, das das klassische Untersuchungsobjekt VAN BEMMELEN's (148) bildete, sind außerordentlich zahlreich, ihre Ergebnisse bezüglich der Ionenadsorption sind teilweise widersprechend. Vom elektrochemischen Standpunkt aus kann das nicht überraschen. Sowie es sich bei den untersuchten Kieselsäuregelen oder Solen um reine SiO_2 handelt, die die Fähigkeit zu polarer Sorption nicht besitzt, können nur apolare Sorptionserscheinungen auftreten. Jede auch nur spurenweise Beimengung von irgendwelchen Salzen der Kieselsäuren H_4SiO_4, H_2SiO_3 usw. im strengen Wortsinne muß dagegen eine starke polare Sorption in Erscheinung treten lassen.

Behandelt man SiO_2-Gele mit Hydroxyden wie $Ca(OH)_2$ oder hydrolytisch spaltenden Salzen der Alkalien und alkalischen Erden, wie Na- oder Ca-Azetaten, auch Ca-Bikarbonat usw., so bilden sich in nach dem Alter des Gels verschiedenem Umfange die entsprechenden Silikate der Basen evtl. unter Freiwerden der Säure, ein Umstand, der bei der Beurteilung des *Kalkbedürfnisses der Böden* meistens übersehen worden ist. Es wird unten auseinanderzusetzen sein, inwiefern in dieser Vernachlässigung und in der Vernachlässigung der Klammerwirkung zweiwertiger Kationen der Grund der großen Meinungsdifferenzen für die Bemessung der für einen Boden nötigen Kalkgabe liegt, deren Behandlung in den letzten Jahrzehnten einen beträchtlichen Teil der bodenkundlichen Literatur ausmacht.

Das Gel der *Tonerde* spielt zwar in den Böden des gemäßigten Klimas nur eine geringe Rolle, tritt aber in einer bestimmten Klasse tropischer und subtropischer Böden, den sog. *Lateriten* und *lateritischen Roterden* und ihren Vorstufen und Abkömmlingen (143) als konstituierender Bodenbestandteil in sehr großen Mengen auf. Speziell in den Lateriten erscheint es wesentlich als *Hydragillit* $Al(OH)_3$ in oft gut ausgebildeten Kristallen. Ferner kommt es als *Bauxit* AlOOH und nach *Haber* (150) auch als *Diaspor* von der gleichen Formel vor.

Der *Doppelcharakter des Al*, das sowohl als Anion wie als Kation auftreten kann, bringt es mit sich, daß bei dem Gel der Tonerde die Verhältnisse noch unübersichtlicher liegen als bei dem leider meist „Kieselsäure" genannten Gel des SiO_2.

In ganz reinem Zustande scheint $Al(OH)_3$ den Charakter eines Anions zu tragen, mindestens tritt es nach MATTSON in Wasser mit negativer Ladung auf. *In der Natur ist $Al(OH)_3$ regelmäßig positiv geladen, also Kation.*

Mit WIEGNER und PALLMANN (224) kann man annehmen, daß die positive Ladung wesentlich durch Al-Ionen erzeugt ist, neben denen aber noch Hydroxyl-Ionen als negative Elemente vorkommen, die das $Al(OH)_3$ zum *Anionenaustausch* befähigen. Dieser ist von den genannten Autoren auch experimentell nachgewiesen, und zwar gemäß der FREUNDLICHschen Formel. Die im Umtausch gegen OH angelagerten Cl-Mengen pro Mengeneinheit Al_2O_3 waren hoch in die Milliäquivalente gehend

Eine sehr geringe Anlagerung des Kations findet bei Behandlung von $Al(OH)_3$ mit Salzlösungen ebenfalls statt, aber es ist als sicher zu betrachten, daß diese minimale Anlagerung das Ergebnis einer Verunreinigung durch Aluminate ist, soweit es sich nicht um Mitschleppung des Kations durch das Anion handelt. Denn mutatis mutandis gelten für $Al(OH)_3$ in vollem Umfange die für SiO_2 entwickelten Gesichtspunkte

$Fe(OH)_3$ ist im Boden stets positiv geladen, wirkt also ebenso wie $Al(OH)_3$ als Kation. Seine daraus resultierende Tendenz zur Anionenanlagerung, und zwar speziell zur Bindung von Cl ist bekannt und eine nicht zu ubersehende Fehlerquelle bei der Untersuchung des Kationenumtausches der Roterden und Rotlehme, wenn man dabei, wie üblich, mit Chloriden oder HCl arbeitet.

Die bei der hohen Dispersität der Sesquioxydhydrate für die Oberflächentheorie unerklärliche Tatsache, daß *alle lateritischen Roterden*, die in der Hauptsache aus den freien Hydroxyden des Eisens und der Tonerde bestehen, und zwar Hydrargillit in Kristall- und Gelform sowie limonitischem und turgitischem Material, *ganz unverhältnismäßig geringe Sorptionskapazitaten besitzen*, findet damit ihre volle Erklärung, worauf in neuester Zeit NOLL (163) mit Nachdruck hinweist.

Das Verhalten der SiO_2 und der freien Sesquioxydhydrate ist noch in einer anderen Richtung interessant. WIEGNER (151) sieht in den Produkten der gegenseitigen Fällung der im Boden positiv geladenen Sesquihydroxyde und des negativ geladenen SiO_2 (s. o.) in Anlehnung an die Ansichten STREMMES (152) *die Austauschzeolithe* des Bodens:

„Trifft positiv geladenes Aluminiumhydroxyd im Solzustand, das wir als $\boxed{Al(OH)_3}^+$ bezeichnen wollen, mit negativ geladener Kieselsäure $\boxed{nH_2OmSiO_2}^-$ im Solzustand zusammen, so tritt unter bestimmten Verhältnissen, nämlich, wenn die entgegengesetzten Ladungen sich neutralisieren, die folgende elektrische Adsorptionsfällung ein

$$\underset{\text{im Solzustand positiv}}{\boxed{Al(OH)_3}^+} \quad \underset{\text{im Solzustand negativ}}{\boxed{nH_2O\ m\ SiO_2}^-} \quad \underset{\text{gemengtes Aluminiumhydroxyd-Kieselsauregel elektrisch nahezu neutral ausgefallt}}{\boxed{Al(OH)_3\ nH_2O\ m\ SiO_2}}$$

Das Ultramikron $\boxed{Al(OH)_3}$ kann eine ganze Anzahl $Al(OH)_3$-Moleküle enthalten, ebenso kann das Ultramikron der Kieselsäure $\boxed{nH_2OmSiO_2}$ aus einer großen Anzahl von Kieselsäuremolekülen mit wechselndem Wassergehalt bestehen; die Mengenverhältnisse des Niederschlages sind variabel. *Diese gemengten Gele aus Aluminiumhydroxyd und Kieselsäure stellen Austauschzeolithe im Boden des humiden und semihumiden Klimas dar, es sind zum Teil die tonigen Bestandteile unserer schweren Böden, kurz die austauschfähigen Bestandteile der Böden.*"

So leicht sich experimentell die gegenseitige Ausflockung der genannten Sole, die man noch um das Eisenhydroxydsol erweitern kann, nachweisen läßt, ebenso leicht läßt sich zweierlei nachweisen:

1. Daß der Gehalt gerade der meisten humiden Böden an freiem Gel mindestens der Tonerde verschwindend ist.

2. Daß gemengte Gelfällungen nach den obigen Vorschriften hergestellt, nur in sehr beschränktem Maße die typischen Sorptionserscheinungen der Zeolithe und Permutite zeigen, so wenig in der Tat, daß sich das Mitteilen von Analysendaten erübrigt.

In dieser Fassung ist die Ansicht WIEGNERS kaum haltbar. Und doch enthält sie einen richtigen Kern. *Man kann die gemengten Gele der Kieselsäure und der Sesquioxydhydrate, wie* STREMME *sich ausdrückt, die „Allophanoide", zwar nicht als die umtauschfähigen Bodensubstanzen, aber wohl mit einer an Sicherheit grenzenden Wahrscheinlichkeit als ihre Vorstufe betrachten,* präziser ausgedrückt als die Vorstufe der GRUNERschen (s. o.) Permutitsäuren, in welche durch den Zug der Richtkräfte einwirkender Kationen unter dem *Einfluß der Zeit* diese Mischungen mindestens teilweise übergehen, nicht nur können, sondern wohl sogar übergehen müssen.

Zusammenschmelzen der Materialien SiO_2, Alkali und $Al(OH)_3$, wie es zum Entstehen der Permutite führt, heißt ja letzten Endes nichts anderes, als daß man durch Erhöhung der Temperatur den Zeitfaktor ausschaltet, also die Einstellung des wahrscheinlichsten Zustandes des weitestgehenden Ausgleiches der Feldkräfte durch Anordnung zum Gitter durch Erhöhung der Ionenbeweglichkeit erzwingt. Man hat es bei der bloßen Fällung der Gelgemenge sehr wahrscheinlich mit einer sog. „eingefrorenen" Reaktion zu tun, die nur mit äußerst geringer Geschwindigkeit dem endlichen Gleichgewicht, der Gitterbildung unter Entstehung der Permutitsäuren, zustrebt und sich durch starke Temperaturerhöhung wirkungsvoll beschleunigen läßt. Es ist dabei im Auge zu behalten, daß bei bestehendem Röntgenasterismus, wie oben erwähnt ist, ein Gitter nicht immer photographierbar zu sein braucht, womit eine Quelle von Meinungsverschiedenheiten bezüglich der Permutite verschwindet.

Es ist damit zugleich die Vermittlung zwischen den widerstreitenden Ansichten, ob man es bei den austauschfähigen Substanzen der Böden mit Gitterresten oder mit Neubildungen zu tun hat, gegeben. Beide Parteien dürften in beschränktem Maße recht haben, weil beide Wege zum gleichen Ziel führen und von der niemals einseitigen Natur auch wohl gegangen sein dürften.

Durch Zusammentreffen mit hydrolytisch entstandenen freien Basen gehen die auf die eine oder andere Weise entstandenen Permutitsäuren dann, wie oben gezeigt ist, in die Permutitsalze über, die im Gegensatz zu den Azidoiden zum Basenaustausch befähigt sind.

Ist es somit möglich, sich heute von dem Charakter der anorganischen, am Basenaustausch im Boden beteiligten Substanzen eine begründete und einigermaßen befriedigende Vorstellung zu machen, so gilt das für die organischen Bodensubstanzen keineswegs im gleichen Maße, selbst wenn man von vorhandenen Mikroorganismen und noch geformten organischen Resten vollständig absieht.

Gerade in den letzten Jahren ist der Streit um die Auffassung der *Humussubstanzen* als einheitliche, gutdefinierten Verbindungen großer Molekulargröße oder bloße Gemenge einfacherer Verbindungen wie Fettsäuren usw. durch die Arbeiten der amerikanischen Schule unter WAKSMANN (153) in ein neues Stadium getreten und von seiner Entscheidung noch weit entfernt.

Man kann GEDROIZ (154) nur recht geben, wenn er schreibt:

„Irgend etwas über die Zusammensetzung des organischen Anteiles des adsorbierenden Komplexes auszusagen, ist gegenwärtig noch nicht möglich. Sicher ist nur das eine, daß er, wie auch der Humus des Bodens überhaupt, viele verschiedenartige Verbindungen enthält. Welcher Art diese Verbindungen sind, wissen wir nicht, auch stehen uns noch keine geeigneten Methoden zur Verfügung, um Licht in diese Frage zu bringen. Wir kennen auch noch nicht die chemische Zusammensetzung dieser Bestandteile als Ganzes und können daher nicht beurteilen, wieweit ihr Aufbau für die verschiedenen Böden einheitlich ist."

SVEN ODÉN (155) gibt auf Grund seiner sehr eingehenden Forschungen die folgende Klassifikation der Humusstoffe des Bodens an, die er als einheitliche Körper betrachtet:

Wie viele von diesen Säuren sich endlich als einheitliche chemische Individuen herausstellen und wie viele, wie WAKSMANN, SHOREY und ihre Schüler es wollen, als bloße Mischungen anderer Säuren erkannt werden, bleibe dahingestellt.

Erfreulicherweise wird durch den noch bestehenden Zwiespalt der Meinungen das hier vorliegende Problem in keiner Weise berührt. Daß man es bei den Humussubstanzen des Bodens hinsichtlich ihres Verhaltens gegenüber den Kationen allgemein, soweit die letzteren nicht zum Aufbau der Molekularkerne selbst gehören, mit Säuren oder Azidoiden und ihren Abkömmlingen, also organischen Elektrolyten zu tun hat, ist heute eine keinem Zweifel mehr unterliegende Tatsache (156). Damit rücken aber, da vom elektrochemischen Standpunkt der Unterschied zwischen Adsorptionsverbindungen und Salzen gegenstandslos ist, die organischen Bodensubstanzen ohne weiteres in Parallele zu den anorganischen sorptionsfähigen Bodenbestandteilen und können sich von diesen wohl graduell, aber nicht prinzipiell in ihrem Verhalten unterscheiden. D. h., soweit die organischen Anionen mit H verbunden sind, also als Säuren oder Azidoide vorliegen, müssen sie im wesentlichen nur mit Basen reagieren nach der Formel:

$$[\text{Org. Anion}]\cdot H + \text{Kation}\cdot OH = [\text{Org. Anion}]\cdot \text{Kation} + H_2O + 13{,}8\ \text{cal},$$

wie es von zahlreichen Autoren: HISSINK (157), STADNIKOFF und KORSCHEW (158) u. a., um nur einige neuere Namen zu nennen, auch beobachtet ist.

Der Ausdruck „im wesentlichen" ist dabei mit besonderer

Einteilung der Humusstoffe. (Nach SVEN ODÉN.)

Name	Verhalten gegen Wasser	Alkohol	Lauge	Salze	Farbe	Sonstige charakteristische Eigenschaften
Humuskohle . . .	Weder löslich, noch dispergierbar	Nicht löslich	Nicht löslich, aber quellungsfähig	Nur Adsorptionskomplexe bekannt	Schwarz	Geht durch Schmelzen mit Alkalihydrat in Salze der Huminsäuren über
Humussäure . . .	Schwerlöslich, aber dispergierbar, wobei Suspensionen entstehen	Nicht löslich, aber etwas dispergierbar	Löslich	Alkalisalze in Wasser löslich, in Alkohol dispergierbar.	Schwarzbraun mit einem Stich ins Rote	Äquivalentgewicht etwa 340 Kohlenstoffgehalt etwa 58 Proz.
Hymatomelansäure .	Schwerlöslich, aber leicht dispergierbar, wobei suspensoide bis kolloide Lösungen entstehen	Echt löslich	Löslich	Andere Salze schwer löslich, aber im Wasser dispergierbar.	Braun mit Stich ins Gelbe	Äquivalentgewicht etwa 250 Kohlenstoffgehalt etwa 62 Proz.
Fulvosäuren	Geben echte, leicht diffundierende Lösungen	Echt löslich	Löslich	Die meisten goldgelb, wasserlöslich bis blaßgelb		Kohlenstoffgehalt < 55 Proz.

Absicht gewählt. In sehr viel höherem Grade als die anorganischen Azidoide müssen wegen des lockeren Baues ihrer Moleküle und der dadurch bedingten größeren Lockerheit der H-Bindung die organischen Azidoide a priori zum Austausch ihres H-Ions auch gegen Neutralsalze befähigt sein, wie es von VAGELER und seinen Mitarbeitern bereits wiederholt betont ist (159). D. h., *sie müssen in sehr viel höherem Grade als die anorganischen Azidoide die Erscheinung der sog. Neutralsalzzersetzung zeigen* (160), die, wie unten im einzelnen bei der Besprechung der Komplexbelegung zu erörtern sein wird, ein viel umstrittenes Problem der Aziditätsforschung der Böden bildet. Es besteht darin, daß bei sauren Humussubstanzen häufig bei der Behandlung mit Neutralsalzen nachweisbare freie Säuremengen auftreten, die unter Umständen von schädlicher Wirkung auf die Pflanzen sind. Dieser Unterschied gegenüber den anorganischen Azidoiden ist vom elektrochemischen Standpunkt aus nur scheinbar, weil *nur graduell*, und eine Erscheinung, nach der man suchen müßte, wenn sie nicht zur Genüge längst bekannt wäre.

Daß die organischen Azidoide wegen ihrer größeren Labilität im Vergleich mit den anorganischen Azidoiden in ganz besonderem Maße Möglichkeiten zur Beobachtung von *Klammerwirkungen* zweiwertiger Kationen bieten müssen, und zwar um so mehr, als sie viel leichter als die anorganischen Azidoide wegen ihres sehr viel geringeren spezifischen Gewichtes bei gleichzeitig hoher Hydratation in kolloidaler Lösung statt als ausgeprägter Bodenkörper auftreten und außerdem in ihren fraglos vorhandenen Phenolgruppen die Möglichkeit ampholytischer Reaktionen bieten, ist von vornherein zu erwarten und durch die Untersuchungen in dieser Richtung in vollem Umfange bestätigt. Auch auf diese bodenkundlich wichtigen Punkte, die ebenfalls der Grund großer Meinungsverschiedenheiten der verschiedenen Autoren gewesen sind und sind, wird erst unten des näheren einzugehen sein, da es sich hier nur um eine generelle Charakterisierung der Anionen handelt.

Die organischen Kolloidsalze zeigen praktisch genau das gleiche Verhalten wie die anorganischen. D. h., die Sorptionsreaktionen verlaufen nach genau denselben Gesetzmäßigkeiten, wie schon von MUSIEROWITZ (161) u. a. unter Benutzung der FREUNDLICH*schen Sorptionsisotherme* sogar für Torf, d. h. praktisch rein organisches Material nachgewiesen ist. Diese Annahme liegt unausgesprochen als selbstverständlich überhaupt allen Arbeiten über den Basenaustausch von Böden zugrunde, da Böden ohne alle Humussubstanzen sehr große Ausnahmen sind und beim Studium der Sorptions- und Umtauschvorgänge nur sehr wenige Autoren, wie HISSINK (157), auf den Humusgehalt des Bodens als besonderen Faktor eine grundsätzlich kaum berechtigte Rücksicht nehmen.

2. Gegenionen und Gleichgewichtslösungen im Boden.

Setzt man, wie es physikalisch-chemisch nicht anders möglich ist, die *Summe der freien Ladungen der Makroanionen des Bodens ihrer totalen Sorptionskapazität* T, d. h. ihrem Bindungsvermögen für Kationen gleich, so ergibt sich, da freie Ionen irgendwelcher Art für sich allein nicht bestandfähig sind oder, was dasselbe ist, polydisperse Systeme als Ganzes unter allen Umständen elektrisch neutral gegen die Außenwelt sind, die *Forderung, daß die totale Sorptionsfähigkeit der Böden stets gesättigt sein muß.* D. h., stets muß jedem Makroanion, mag es heißen wie es will, ein seine Ladungsgröße bilanzierender Betrag von Gegenionen, also Kationen, gegenüberstehen. Der Begriff der „Ungesättigkeit“ der Böden, mit welchem in der Bodenkunde viel operiert wird, ist elektrochemisch ein Widerspruch in sich selbst, sobald man einen strengen begrifflichen Maßstab anlegt.

Dieser liegt diesem Ausdruck aber auch in keiner Weise zugrunde. Wenn die Agrikulturchemie von „ungesättigten“ Böden spricht, meint sie damit keineswegs, wenigstens heute nicht mehr, die Existenz freier, nichtkompensierter negativer Potentiale im Boden, sondern auf der primitiven Anschauung fußend, daß zwischen Kationen andere als nur graduelle Unterschiede bestehen, die Tatsache, daß nur ein gewisser, von Bodenart zu Bodenart schwankender Prozentsatz der totalen Sorptionskapazität durch sog. *Basen*, d. h. Na, K, NH_4 und evtl. Li, vor allem aber durch zweiwertige Kationen der alkalischen Erden Mg, Ca usw. in Anspruch genommen ist, wenn man von evtl. organischen Kationen absieht. Der Rest der Sorptionskapazität ist natürlich nicht frei. Er ist mit *H* bzw. Kationen der Sesquioxyde *Al*, *Fe* usw. gesättigt, d. h. mit Kationen, deren Verhalten im Boden und gegenüber der Pflanze unter dem Begriff der *Bodenazidität* zusammengefaßt wird, der in neuerer Zeit KAPPEN (160) eine eingehende monographische Darstellung gewidmet hat.

Wieviel Verwirrung dieser Sprachgebrauch im Zusammenhang mit der auch heute noch nicht ganz abgeklungenen, übertriebenen p_H-Mode in der Bodenkunde und Pflanzenökologie, im agrikulturchemischen Lager angerichtet hat, wieviel gutgemeinte, aber am Ziel der Klärung der Verhältnisse völlig vorbeischießende experimentelle Arbeiten oft kostspieliger Natur er veranlaßt hat, die ihrerseits in einer kaum mehr zu übersehenden Zahl von Methoden zur Bestimmung des Kalkbedarfes der Böden bzw. Auffindung von Wegen zur Neutralisation der sog. „*Bodensäure*" gipfeln, zeigt jeder Blick in die agrikulturchemische und speziell bodenkundliche Literatur des letzten Jahrzehntes. Fußend auf unbestreitbar richtigen Einzelbeobachtungen sind bei unzureichendem physikalisch-chemischem Rüstzeug vieler Autoren teilweise Vorstellungen entwickelt worden, wie die des „basenfassenden Raumes" und seiner Abkömmlinge, die physikalisch-chemisch unhaltbar und bei ihrer Verfolgung gefundene brauchbare analytische Methoden nur zu diskreditieren geeignet sind.

Rechnet man dazu die Debatten über das sog. *Pufferungsvermögen* der Böden, d. h. die Fähigkeit eines Bodens, der Veränderung seiner Wasserstoffionenkonzentration Widerstand entgegenzusetzen, unter welchem so ziemlich jeder Autor etwas anderes versteht, so könnte man es als ein Glück für die Bodenkunde bezeichnen, wenn der Begriff der „Bodensäure" und seine Anhängsel aus dem Sprachgebrauch verschwänden.

Der agrikulturchemische Sprachgebrauch hat sich jedoch dieser Ausdrücke so gründlich bemächtigt, und sie sind bereits so sehr in den Sprachschatz auch des Praktikers übergegangen, daß es als Utopie erscheint, daran noch etwas ändern zu wollen. Es sollen daher auch nachstehend die allgemein üblichen Ausdrücke verwendet werden, aber mit einer scharfen Begriffsdefinition, die jedes Mißverständnis ausschließt.

Der Begriff der *totalen Sorptionskapazität T* als Summe aller negativen Ladungen der Makroanionen des Bodens, ausgedrückt in anlagerbaren Kationenäquivalenten, ist bereits definiert. Die Bezeichnung *T* für das totale Sorptionsvermögen stammt ursprünglich von HISSINK (171), der damit „diejenige Menge an Basen" meinte, „die der Boden im Höchstfalle in austauschbarer Form besitzen kann".

Beide Definitionen *scheinen* sich bei oberflächlicher Betrachtung zu decken. Tatsächlich ist es aber, worauf auch KAPPEN in anderem Zusammenhange aufmerksam macht (160, S. 171ff.), durchaus nicht der Fall. Als HISSINK seinen Begriff *T* schuf, war von den *Klammerwirkungen* der zweiwertigen Kationen, d. h. der Möglichkeit, durch Behandlung eines Gele oder Sole der Kieselsäure und der Sesquioxyde, humose Substanzen usw. enthaltenden Bodens mit Hydroxyden der alkalischen Erden und evtl. auch ihren Karbonaten und Bikarbonaten *vorübergehend austauschfähige Komplexe neu zu schaffen*, nichts bekannt. Gerade dieses

Verfahren der Behandlung des Bodens mit Hydroxyden der alkalischen Erden, speziell mit $Ba(OH)_2$, aber wendete HISSINK bei seinen analytischen Bestimmungen des T-Wertes an, mit dem Ergebnis, daß diese T-Werte oft ein Vielfaches der tatsächlichen Sorptionskapazitäten betragen, was unten bei Besprechung der zweiwertigen Kationen in ihrem Verhalten im Komplex und in den Bodenlösungen eingehend erörtert werden wird.

Mit T = totale Sorptionskapazität ist im nachfolgenden nicht das mit dieser nur in sehr losem Zusammenhange stehende HISSINK*sche T und die daran anschließenden Begriffe der* GEHRING*schen „Kalksättigung" usw. (172) gemeint, die unter dem Begriff der* ASKINASI*schen „erhöhten Sorptionskapazität" fallen (173), sondern die effektive Kationenmenge, die von den bereits existierenden Makroanionen des Bodens festgelegt, d. h. elektrisch abgesättigt werden kann.*

Den *Bestand an austauschbaren Basen,* d. h. an Na, K, NH_4, Mg und Ca — sonstige Alkalien und alkalische Erden kommen nur ganz ausnahmsweise in Böden vor, — bezeichnet HISSINK mit dem Buchstaben S. Diese Bezeichnung soll nachstehend ebenfalls gebraucht werden, da sie eindeutig ist und sich weitgehend in der bodenkundlichen Literatur eingebürgert hat.

Die Differenz (T — S) ist der sog. „ungesättigte" Anteil der Sorptionskapazität. Er ist selbstverständlich durchaus nicht „ungesättigt", sondern umfaßt alle Kationen, die nicht Alkalien und alkalische Erden sind. D. h., er umfaßt alle *H-Ionen,* also die *Azidoide,* ferner aber auch, wie ebenfalls unten eingehend zu erörtern sein wird, *die Sesquioxydsalze der Permutit- usw. Säuren.*

(T — S) ist, wie vorgreifend bemerkt sei, das, was man als *Grenzwert* der sog. *hydrolytischen Azidität bestimmt,* wenn man zu dieser Bestimmung *nicht,* wie es jetzt international üblich ist, ein hydrolytisch spaltendes Salz eines *zweiwertigen* Elementes mit seiner das reine Bild verfälschenden starken Klammerwirkung, sondern, wie es ursprünglich allgemein der Fall war, Azetate *einwertiger* Elemente benutzt.

Da nämlich — von organischen Säuren mit großen Molekülen, z. B. Huminsäure, also der sog. „Neutralsalzzersetzung" abgesehen —, wie es chemisch nach den Feststellungen von GRUNER auch ganz selbstverständlich ist, *H wegen seiner großen Bindungsfestigkeit nicht in nennenswertem Maße gegen andere Kationen austauscht,* ist die Verwendung hydrolytisch gespaltener Salze der einwertigen Elemente durch Einschaltung der exothermen Reaktion

$$H^+ + OH^- = H_2O + 13{,}8\ \text{cal}$$

thermodynamisch außer der Verwendung von Alkalihydroxyd mit seinen analytisch-technischen Unbequemlichkeiten die einzige praktische Möglichkeit, die *freien Azidoide,* d. h. ihr H, wenigstens genähert zu erfassen. Gleichzeitig aber werden auch auf diese Weise die als Kationen vorhandenen *Aluminium- und Eisenionen* mitbestimmt, die analytisch wegen der starken Hydrolyse ihrer Salze ebenfalls als „Säure", d. h. H erscheinen.

Da sich Al und Fe, soweit sie in ionogener Form in den Komplexen vorhanden sind (s. u.), durch Neutralsalzkationen ohne weiteres genau so verdrängen lassen und denselben Gesetzmäßigkeiten folgen wie jedes andere Kation außer H auch, wenn man wiederum zweiwertige Kationen vermeidet, läßt sich ihre Gesamtmenge, wie unten gezeigt wird, leicht gesondert ermitteln. Einen *konventionellen Bruchteil* davon, ausgedrückt in Kubikzentimeter $^n/_{10}$-Lauge, der durch Verdrängung mit konventionell festgesetzten KCl-Mengen bestimmt wird, bezeichnet man als *„Austauschazidität"*, eine Bezeichnung, die nachfolgend nur für die *Totalmenge Al und Fe* in Milliäquivalent angewendet werden soll. Die H-Ionen für sich allein hat GOY (170) treffend *„Restazidität"* genannt.

Es ergibt sich also für den hier befolgten bodenkundlichen Sprachgebrauch das folgende Bezeichnungsschema:

<table>
<tr><td rowspan="4">T nach HISSINK, GEHRING usw.
„Erhöhte Sorptionskapazität“ nach ASKINASI</td><td rowspan="3">T in Milliäquivalent je 100 g Bodentrockensubstanz</td><td>S = Basensumme = ΣNa, K, NH_4, Mg, Ca in Milliäquivalent je 100 g Bodentrockensubstanz</td><td></td></tr>
<tr><td>Al + Fe = Austauschazidität in Milliäquivalent je 100 g Bodentrockensubstanz</td><td rowspan="2">Hydrolytische Azidität in Milliäquivalent je 100 g Bodentrockensubstanz</td></tr>
<tr><td>H = „Restazidität“ in Milliäquivalent je 100 g Bodentrockensubstanz</td></tr>
<tr><td colspan="2">Durch zweiwertige Kationen zusammenklammerbare Gele oder sonst entstehende Salze, ausgedrückt in Milliäquivalent je 100 g Bodentrockensubstanz evtl. Phenolgruppen organischer Substanzen</td><td>G</td></tr>
</table>

Die Frage, ob in jedem Boden sämtliche Gruppen von Kationen als Komplexbelegungen sich vorfinden, d. h., ob jeder Boden außer seinen austauschbaren Basen auch noch Austausch- und Restazidität sowie klammerbare Gelgemenge enthält, läßt sich heute bereits befriedigend beantworten. *Die Zusammensetzung der Komplexbelegungen hängt vollkommen von den Bildungsbedingungen des Bodens und seiner Bodenlösung, die mit den Komplexen im Gleichgewicht steht, und damit weitgehend vom Alter oder allgemein der Geschichte der Böden ab.*

Es ist oben bereits erwähnt worden, daß schon jede weitgehende Zerkleinerung von Mineralen zu merkbarem Auftreten typischer Erscheinungen des Basenaustausches führt. Nimmt man eine solche Zerkleinerung, z. B. von Feldspaten, in Wasser vor, das zunächst einmal vollständig rein, vor allem vollständig frei von Kohlensäure gemacht sei, so wird man stets konstatieren können, daß dieses Wasser eine ausgesprochen alkalische Reaktion besitzt. Es haben sich also im reinen Wasser durch *Hydrolyse* freie Alkalien gebildet, was gleichbedeutend ist mit einer die Voraussetzung dafür bildenden Entstehung von *Azidoid. Der erhaltene austauschende Komplex muß also von vornherein nur teilweise, wenn auch allerdings aus thermodynamischen Gründen zum weitaus größten Teil, mit Basen, zu einem kleinen Teil aber sofort durch H-Ionen gesättigt sein.* Anders ausgedrückt bedeutet das aber, daß *jeder Boden*, wenn er nicht gerade nachträglich mit Alkalien oder Alkalikarbonaten im Überschuß in Berührung gewesen ist, unter allen Umständen neben einer mehr oder weniger vollständigen Skala von Basen in austauschbarem Zustande auch *mehr oder weniger große Beträge von Restazidität* aufweisen muß, weil erst durch sehr große Mengen freies Alkali oder Alkalikarbonat diese Restazidität *sekundär* gänzlich verschwinden kann.

Die von vielen Autoren noch vertretene Meinung, daß bei wesentlich über den Neutralpunkt p_H 7,0 (s. u.) hinausgehenden Reaktionen eine Restazidität nicht mehr vorhanden ist, ist vollkommen unhaltbar und wird durch jede Prüfung von Böden in dieser Richtung widerlegt, vorausgesetzt, daß man sich bei den oft geringfügigen Mengen vorhandener freier Azidoide und der sehr schweren Ersetzbarkeit des H selbst bei Verwendung hydrolytisch spaltbarer Salze nicht mit der konventionellen Methode, eine vereinbarte Bodenmenge nur mit einer vereinbarten Reagenzmenge zu behandeln, begnügt, sondern wirklich die *Totalmenge* freien Azidoids bestimmt, worauf unten einzugehen sein wird.

Um ein Beispiel anzuführen, zeigen die Böden des Sudan und Ägyptens, wie die von VAGELER und ALTEN (12) mitgeteilten Analysenresultate ergeben, bei Reaktionen von 8 p_H und mehr zwar nicht mehr große, aber doch durchaus nachweisbare Mengen H, also Restazidität, wie es nach den Gesetzmäßigkeiten des Kationenumtausches auch nicht anders zu erwarten ist, und bestätigen damit die von GOY (217) auf anderem Wege erreichten Befunde.

In der Natur kommt nun reines Wasser überhaupt nicht vor. Stets ist mindestens Kohlensäure, im Boden als Ergebnis der Zersetzung organischer Substanzen und der Oxydation etwaiger Sulfide usw., außerdem noch eine Musterkarte sonstiger Säuren: Schwefelsäure, Fettsäuren usw., vorhanden. Richtiger gesagt, derartige Säuren *entstehen* fortdauernd im Verlauf der Verwitterungsvorgänge. Sie setzen sich aber sofort mit den austauschfähigen Komplexen des Bodens ins Gleichgewicht, indem sie unter Eintritt ihres H-Ions in die Komplexe zum wenigst reaktionsfähigen und daher „wahrscheinlichsten" Azidoid in der Bodenlösung mit den ausgetauschten Kationen Salze bilden.

Mit fortschreitender Verwitterung des Bodenmateriales steigt also in jedem Boden automatisch die Restazidität, d. h., sein Gehalt an freien Azidoiden, die wegen ihres Charakters am Basenaustausch nicht mehr oder doch nicht in irgendwie nennenswertem Grade teilnehmen. *In ganz besonderem Maße muß diese Azidoidbildung vor sich gehen, wenn lebende Pflanzen oder Mikroorganismen im Boden viel Kohlensäure entwickeln* und gleichzeitig die freiwerdenden Basen verbrauchen oder der Boden dauernd, wie in humiden Klimaten, der Auswaschung durch Regenwasser unterliegt.

Das Auftreten großer Mengen freier Azidoide, d. h. von hoher Restazidität, ist also, wie KAPPEN *sich ausdrückt, das Charakteristikum der beginnenden Bodenalterung und gleichbedeutend mit einer Abnahme der Sättigung im agrikulturchemischen Sinne.*

HISSINK hat für den Begriff der *Sättigung V*, allerdings bezogen auf die von ihm unter Einschluß der klammerbaren Gele usw. bestimmte totale Sorptionskapazität, den zahlenmäßigen Ausdruck

$$V = \frac{100\,S}{T}$$

geprägt. Er besteht auch für die hier vertretene Auffassung des T-Wertes als praktisch sehr brauchbar zu Recht.

Man kann unter Benutzung dieser Bezeichnung das oben Gesagte also auch so ausdrücken, daß mit zunehmendem Alter oder zunehmender Erschöpfung des Bodens seine Sättigung, d. h. der Wert V, von nahe 100% auf immer niedrigere Werte sinkt.

Bei der Bauschuntersuchung von Böden im Laboratorium zeigt sich die *Abnahme des V-Wertes in einer Vergrößerung des Verhältnisses Al_2O_3 : Base.* Eine sehr instruktive Übersichtstabelle teilt TRÉNEL (174) mit:

Anzahl der Böden	Mol. Base auf 1 Mol Al_2O_3	Verhältnis von Al_2O_3 : CaO	Bodenreaktion p_H	Austauschazidität
19	0,96	1 : 0,31	6,8	0 —0,1
20	0,87	1 : 0,33	6,6	0,2
7	0,79	1 : 0,29	6,1	0,4—0,6
7 (5)	0,62 (0,71)	1 : 0,21 (0,24)	5,3 (5,2)	1,4—2,8
4 (2)	0,62 (0,67)	1 : 0,22 (0,25)	5,0 (4,9)	4,6—6,4
3 (1)	0,48 (0,45)	1 : 0,10 (0,12)	4,7 (4,6)	9,0—11,2
4 (3)	0,37 (0,46)	1 : 0,09 (0,10)	4,3 (4,0)	17,2—22,0

Diese Tabelle zeigt gleichzeitig noch etwas weiteres. Mit abnehmender Basensättigung sinkt der p_H-Wert des Bodens, d. h., *die Reaktion wird saurer und saurer.* Das ist nach den gemachten Ausführungen sehr leicht zu verstehen.

Erst wenn nennenswerte Mengen Azidoid bereits in einem Boden vorhanden sind, d. h. die Komplexe bereits nennenswerte Mengen H-Ion enthalten, so daß der Boden eine nennenswerte Restazidität besitzt, kann nach den in den Umtauschgesetzen formulierten Gleichgewichtsbedingungen eine merkbare Konzentration von H-Ion in der Bodenlösung bestehen bleiben, *nämlich sobald der Äquivalenzpunkt der Komplexe gegen H-Ion überschritten ist.*

Erst bei ziemlich weitgehender Entbasung der Komplexe kann als Ergebnis der Gesetze des Kationenumtausches in voller Übereinstimmung mit den experimentellen Beobachtungen freie Säure, wenn auch bei der Kleinheit der q-Werte des H nur in verschwindenden Mengen, im Boden bestandfähig sein, die Boden*lösung* also eine saure Reaktion aufweisen, die nach den Untersuchungen von WIEGNER (175) das System als *Ganzes*, d. h die *Bodensuspension* schon lange zeigt, weil bei Reaktionsmessungen in der Suspension auch die *angelagerten* H-Ionen der Komplexe sich als Bestandteile der gesamten H-Honzentration bemerkbar machen.

Steigende Säuremengen in der Lösung mussen aber außer der Erniedrigung der p_H-Ziffern noch eine andere Wirkung haben. Sie müssen, wie TRÉNEL, KAPPEN u. a. an Permutiten nachgewiesen haben, zur teilweisen *Zerstörung der Komplexe durch Lösungsvorgänge* führen, wodurch die Grundbestandteile der Gitter: SiO_2 und Al_2O_3 in Freiheit gesetzt werden. Ersteres kann nur in kolloidaler Form auftreten Letzteres muß sich zum Teil als *Salz* lösen, dessen Kation Al nunmehr selbstverstandlich an den Umtauschvorgängen mit den Komplexen teilnehmen muß, und zwar bei dem geringen q-Wert des Al sehr energisch. Bei einer Entbasung der Komplexe uber den bei allen Böden verschieden liegenden Äquivalenzpunkt des H^+ hinaus müssen also kolloidales SiO_2 und Sesquioxyde, d. h. klammerbare Gele G, in den Böden erscheinen, sowie Al und evtl. Fe in den Komplexen oder, was dasselbe ist, es muß *Austauschazidität* auftreten, wie die obige Tabelle es zeigt. Daß Al teilweise bei der Zersetzung der Mineralien auch *direkt* ohne den Umweg uber die Salzbildung in ionogene Stellung rücken kann, ist eine logische theoretische Folgerung, die auch experimentell durch elektrodialytische Entbasung von Permutiten erwiesen ist.

Mit Recht bezeichnete KAPPEN *daher (früher) die Austauschazidität als ein Zeichen fortgeschrittenen Alters, präziser, fortgeschrittener Entbasung des Bodens.*

Da, wie oben gezeigt ist, die Verdrangungsenergie des Sesquioxydionen der des H-Ions bei viel Sesquioxydsalz in der Lösung nahekommt, sie unter Umständen sogar ubertrifft,weil q eine Funktion der relativen Ionenmenge ist, muß *in ganz alten Boden* mit ganz geringer Sättigung der Makroanionen durch Basen, soweit es sich um Mineralböden handelt, theoretisch schließlich auch das *H-Ion durch Al bzw. Fe ersetzt werden* Anders ausgedrückt. *Ganz alte Böden des bisher allein besprochenen humiden Verwitterungstypes mit ständiger Abführung entstehender Salze müssen nur noch Austauschazidität, aber keine Restazidität mehr aufweisen* oder, was dasselbe ist, die *totale* zu bestimmende hydrolytische Azidität muß der *totalen* zu bestimmenden Austauschazidität numerisch gleich sein. Diese theoretische Forderung ist in der Tat in der Natur erfüllt, z. B. bei sehr vielen Rotlehmen der humiden Tropen, woruber VAGELER (176) berichtet.

Voraussetzung des Durchlaufens des soeben beschriebenen Entwicklungszyklus der fortschreitenden Entbasung durch den Einfluß ständig sich neubildender Säuremengen im Boden ist, wie kaum besonders betont zu werden braucht, das *Vorhandensein reichlicher, zur Säurebildung führender organischer Substanz* und dementsprechend, da Wasser die Vorbedingung der reichlichen Produktion organischer Substanz ist, *ein regenreiches, humides Klima*, das gleichzeitig die ständige Abfuhr der Salze der Bodenlösung aus den oberflächlichen Bodenschichten gewährleistet.

Das Auftreten von Restazidität und Austauschazidität bei saurer Bodenreaktion und sinkendem V-Wert der Boden ist also das Charakteristikum der humiden Bodenbildungen und insbesondere der sog. Podsolierungsprozesse, bei welchen unter dem Einfluß von Humus- und sonstigen organischen Sauren, H_2SO_4 usw., die sich unter dem Einfluß der Lebewelt des Bodens aus den organischen Materialien bilden, die Entbasung besonders der oberen Bodenschichten ihre höchsten Werte erreicht.

Bei sehr großen Säuremengen in der Bodenlösung muß schließlich, wie bereits betont, die *lösende Wirkung* überwiegen. Die Komplexe müssen also zerfallen, und wenn gleichzeitig für die Abfuhr der Lösungsprodukte gesorgt ist, müssen nur noch praktisch unangreifbare Substanzen ein Bodengerippe bilden, wie es z. B. bei vielen Bleichsanden unter saurer Rohhumusbedeckung und bei ganz alten siallitischen Rotlehmen der Fall ist.

Es sinkt also im Endeffekt nicht nur V, sondern schließlich auch die totale Sorptionskapazität T durch die Zerstörung der sorbierenden Komplexe (222).

Für die *humiden Gebiete* gilt hinsichtlich *der Zusammensetzung der Basen* die von NOLL (163) als Resumé der geochemischen Bedeutung der Ionensorption gegebene Formulierung:

„*In tonigen Sedimenten werden wir solche Elemente oder Elementgruppen sorptiv angereichert finden, die sich durch große Haftintensität, d. h. also geringe Hydratation bzw. große Polarisierbarkeit oder die Fähigkeit zur Bildung schwerlöslicher Verbindungen mit dem Sorbens auszeichnen.*

Die Reihenfolge relativer Anreicherung ist:

$$\mathrm{Cs} > \mathrm{Rb} > \mathrm{K} > \mathrm{Na} > \mathrm{Li}$$

dagegen

$$\mathrm{Ba} < \mathrm{Sr} < \mathrm{Ca} < \mathrm{Mg} < (\mathrm{Be}).$$

Dieser Auffassung entsprechend beherrschen *im humiden Klima* die stark haftenden *zweiwertigen Kationen,* und zwar *in erster Linie Ca,* durchaus das Bild und machen meist über 90% der gesamten vorhandenen Basen in den Komplexen und zum Teil auch in der Bodenlösung aus.

Im ariden Klima, wo wegen des Zurücktretens der Niederschläge die Auswaschung fehlt, kehren sich diese Verhältnisse vollkommen um. Hier treten die *einwertigen Kationen,* und unter ihnen wegen seiner enormen Verbreitung in allen als Ursubstanzen der Bodenbildung dienenden Gesteinen das *Na* mit den zweiwertigen Ionen in schärfste Konkurrenz, und zwar sowohl in den Komplexen wie in der Bodenlösung.

Da der geringen Niederschlagshöhe entsprechend in den regenarmen Klimaten die Produktion von Pflanzensubstanz und damit von Säuren im Boden gering ist und ferner die Auswaschung nicht nur fehlt, sondern sich mindestens periodisch durch unter dem Einfluß der starken Verdunstung zur Oberfläche steigendes Wasser in ihr Gegenteil, eine *Salzanreicherung* der Oberflächenschichten der ariden Böden verkehrt, ist die Entbasung der Komplexe gehemmt. Große Mengen löslicher Salze treten in der Bodenlösung auf, die gemäß den Austauschgesetzen die Einwirkung etwa noch vorhandener H-Ionen in den Hintergrund drängen.

Die Basen beherrschen vollkommen das Bild, und zwar, sobald Na in größeren Mengen vertreten ist, so daß es die Konkurrenz in den Komplexen mit Ca und evtl. Mg aufnehmen kann, so sehr, daß sekundär (s. u.) Alkali- und speziell *Na-Karbonat* entsteht und die Bodenreaktion in immer steigendem Maße *alkalisch* wird.

So bilden sich die sog. *Salz- und Alkaliböden* der ariden Gebiete mit ihrem durch das *Fehlen von Al und Fe* und das *starke Zurücktreten von H* bei gleichzeitigem *Hervortreten der Alkalien* charakterisierten Bau der Komplexbelegungen.

Ob der Gehalt der Böden an löslichen Salzen *dauernd* ein hoher ist, hängt ganz von den lokalen Umständen ab. Ganz besonders gilt das auch für das Auftreten von *Gips* in kristallisierter Form sowie von Kalziumkarbonat in lockeren Aggregaten und Konkretionen, die sich meistens in der Oberflächennähe mit Eisen- und Manganhäutchen überziehen (12).

Durch starke nachträgliche Auswaschung kann nicht nur der Bestand des Bodens an löslichen Salzen verschwinden, sondern bei der sehr starken Hydrolyse der Na-Komplexe das Na auch aus diesen wieder entfernt werden. Dieser Prozeß führt dann auch im Trockenklima zu Bodenarten, die in ihrem Komplexbau und Lösungsbau sehr dem Podsoltyp ähneln, *ohne jedoch deren stark saure Reaktion zu zeigen.*

GEDROIZ stellt für die ariden Bodentypen, die unter Einfluß von Alkali und speziell Na-Salzen entstanden sind, das folgende Bildungsschema auf:

Boden durch Na-Salze versalzen. Im adsorbierenden Komplex ist Na enthalten. Außerdem enthält der Boden lösliche Na-Salze. (*Solontschak*)	Entsalzener Boden (*Solonetz*). Im adsorbierenden Komplex ist Na enthalten. Die löslichen Na-Salze sind aus dem Boden fortgewaschen	Degradierter Solonetzboden. Aus dem Boden sind nicht nur die löslichen Na-Salze, sondern auch die Na-Ionen aus dem adsorbierenden Komplex verschwunden (*Solodj-Boden*).

Im *wechselfeuchten Gebiete,* wo die Auswaschung des Bodens in den Oberflächenschichten durch den absteigenden Wasserstrom und die Anreicherung zur Trockenzeit periodisch miteinander abwechseln, stellen sich schließlich Verhältnisse ein, die sich in Übereinstimmung mit den in der Natur zu machenden Beobachtungen unschwer theoretisch übersehen lassen.

Hier müssen die Böden in erster Linie an den leichtlöslichen Bodensalzen, also *an Alkalien verarmen,* die mindestens, soweit es sich um das im Gegensatz zum Kalium sehr stark der Hydrolyse unterliegende Na handelt, auch weitgehend aus den Komplexen verschwinden. In den Komplexen müssen in noch höherem Grade, als es bei den humiden Bodentypen der Fall war, *die zweiwertigen Kationen dominieren,* nun aber nicht bei stark saurer Reaktion der Bodenlösung, wie bei den Podsoltypen, sondern in Parallele zum „Solodj"-Typus bei schwach saurer bis alkalischer Reaktion. Diese letztere aber ist nicht durch die Alkalien, sondern nunmehr durch die zweiwertigen Kationen, und zwar im besonderen durch das Kalziumkarbonat im Gleichgewichte mit CO_2 bedingt, geht daher über den Wert p_H 8·4 nicht hinaus.

Einen derartigen Bau der Komplexe und Bodenlösungen, charakterisiert durch das *absolute Dominieren zweiwertiger Kationen,* zeigt in ganz typischer Ausbildung die *Schwarzerde* oder das *Tschernosiom* der Russen, das sich eng an viele *Steppenböden* und den indischen *Regur* anschließt.

Wo *hohe Temperaturgrade* der Hydrolyse im wechselfeuchten Klima eine besondere Energie verleihen, während gleichzeitig durch die Trockenzeiten die Lieferung *großer* Mengen organischer Substanzen unterbunden ist, wo also bei alkalischer bis neutraler Reaktion die Silikate bis in ihre letzten Bausteine: SiO_2 und Sesquioxydhydrate zerfallen, *verschwindet die SiO_2 als Alkalisalz.* Zurückbleiben in den sich bildenden *Lateriten* und *lateritischen* oder allitischen *Roterden* nur, wie oben bereits erwähnt ist, die praktisch keine Sorption mehr zeigenden Sesquioxyde neben verschwindenden Spuren löslicher Salze. In dem dadurch bedingten Schwinden der Sorptionskapazität ist das Schlußglied aller Bodenbildung überhaupt erreicht.

Der Bau von Komplexen und Bodenlösung wird damit, weil, wie es bereits im theoretischen Teil gezeigt ist und im praktischen Teil noch weiter in Einzelheiten gezeigt werden wird, fast alle physikalischen und chemischen Eigenschaften der Böden von ihm abhängen, soweit sie für die Praxis von Bedeutung sind, zur verläßlichsten Grundlage der Bodenklassifikation.

Es ist das große Verdient von GEDROIZ (177), diesen Umstand in vollem Umfange erkannt und für russische Verhältnisse daraus die Konsequenzen gezogen zu haben. Er schreibt (l. c. S. 4):

„Eine solche Grundlage (zur Bodenklassifikation) kann meiner Meinung nach das liefern, was ich den adsorbierenden Bodenkomplex (oder Summe von adsorptivem

Mineral- und Humatanteil des Bodens) genannt habe: dieser ist der wichtigste Teil des Bodens, er steht in engster Beziehung sowohl zum übrigen Teil der festen Bodenphase wie zur Bodenlösung, außerdem gibt er in weit höherem Maße Hinweise auf die Vergangenheit des Bodens (und bis zu einem gewissen Grade auch auf seine Zukunft) als irgendein anderer Teil des Bodens."

Viele der von GEDROIZ vertretenen Anschauungen, insbesondere die Annahme, daß es sich bei den sorptiven Komplexen nur um „kolloidales Material" handele, sind, wie oben bereits auseinandergesetzt ist, unhaltbar. Andere, weiter unten zu erörternde Behauptungen, z. B. daß in Böden, die sorbiertes Na enthalten, die Reaktionsziffer *stets* höher sei als p_H 7,0, und daß auf der anderen Seite Böden mit H im Komplex *stets* eine saure Reaktion aufweisen sollen, ferner das angebliche völlige Fehlen von Na in Schwarzerden, sind nur durch unzulängliche Analysenmethoden zu verstehen, da jede genaue Bodenuntersuchung zeigt, daß diese Behauptungen in keiner Weise den Tatsachen entsprechen und dies physikalisch-chemisch auch gar nicht können.

Ein ähnlicher Einwand gilt übrigens wahrscheinlich auch für viele der z. B. von KELLEY und BROWN (179) mitgeteilten Komplexanalysen von Alkaliböden aus Amerika, worauf bei der Besprechung der zweckmäßigen Untersuchungsmethoden zurückzukommen sein wird.

Alle diese, wenn man sich so ausdrücken darf, „Kinderkrankheiten" des Prinzipes ändern aber nichts an der Tatsache, daß diesem ganz im Sinne von GEDROIZ die Zukunft gehören dürfte und sich daraus eine Klassifikation der Böden ergibt, die im Zusammenhange mit klimatischen Gesichtspunkten, wie sie von HILGARD, RAMANN, SIBIRZEFF, GLINKA, KOSSOWITSCH, LANG, BLANCK, HARRASSOWITSCH (178), VAGELER u. a. vertreten sind, wenig mehr in praktischer und theoretischer Hinsicht zu wünschen übrigläßt.

Leider ist das verfügbare analytische Material, soweit es sich um die *vollständige* Aufnahme von Komplexen und Bodenlösungen nebeneinander handelt, noch recht unvollständig. Die bodenkundlichen Autoren haben je nach ihrem speziellen Standpunkt sich meist entweder mit der Bodenlösung oder mit den Komplexen allein beschäftigt. Auch dann haben sie sehr oft von vollkommen durchgeführten Analysen abgesehen und sich auf die Feststellung nur einzelner Kationen oder Anionen beschränkt. Das heute von den wichtigsten Bodentypen zu entwerfende Bild weist daher noch sehr große Lücken auf, die aber nicht mehr so bedeutend sind, daß sie die großen Zusammenhänge verschleiern.

Die Tabelle: *Übersicht wichtiger Bodentypen der Erde* gibt eine Vorstellung des Komplex- und Lösungsbaues einer Reihe besonders verbreiteter Bodentypen, soweit es sich um die Kationen handelt, und zwar sowohl in absoluten Werten, d. h. Milliäquivalent Kation je 100 g Bodentrockensubstanz wie in relativen Werten, d. h. dem Gehalt an den einzelnen Kationen ausgedrückt in Prozent der im Komplex oder in der Bodenlösung vorhandenen Menge, soweit das vorliegende Zahlenmaterial es gestattet.

Weiteres Material, insbesondere über den *Wechsel der Komplexbelegungen und des Lösungsbaues mit der Bodentiefe* wird bei der Erörterung der Bodenprofile nachzutragen sein. Auf die fast stets in der Bodenlösung sich findenden Spuren dreiwertiger Elemente und überall vorhandenen minimalen Mengen NH_4 ist keine Rücksicht bei der Aufstellung der Tabelle genommen. Beigefügt sind überall die q-Werte, die sich auf NH_4 als verdrängendes Kation beziehen, außer bei H und Al. Der q_H-Wert gilt für Na-Azetat, der q_{Al}-Wert für KCl als Verdrängungsmittel.

Die Verschiebung der absoluten und relativen Zusammensetzung von Komplexen und Lösungen mit dem Bodentypus, insbesondere das immer stärkere

Hervortreten der Beteiligung der Sesquioxyde und des Wasserstoffes an den Komplexbelegungen als Ergebnis der beschleunigten Entbasung tritt in den Ziffern mit großer Deutlichkeit hervor, als Ausdruck vollkommen verschiedenen Verhaltens der einzelnen Bodentypen in kultureller und pflanzenökologischer Hinsicht

3. Azidität, Alkalität und allgemeine Fragen der Bodenreaktion.

Kein zweites Gebiet der Bodenkunde hat seit 2 Jahrzehnten so sehr im Mittelpunkt des praktischen und theoretischen Interesses gestanden wie die Frage der Bodenreaktion und weitergehend der Gründe und Auswirkungsformen von Bodensäure und Bodenalkalität

In seinen Grundzügen ist das Problem bereits im vorhergehenden Abschnitt gekennzeichnet. Das eminente praktische Interesse, das für die humiden Klimate der Bodensäure als Ergebnis der Entbasung der sorptiven Komplexe und in ariden Gebieten der Bodenalkalität als Ergebnis der Übersättigung der Komplexe mit Basen unter dem Einfluß großer Mengen löslicher Salze und insbesondere löslicher Alkalikarbonate zukommt, macht ein Eingehen auf Einzelheiten unvermeidlich. Es ist auch darum um so mehr notwendig, als sich gerade auf diesem Gebiete der Bewertung und Erklärung der Bodenreaktion teilweise diametral entgegengesetzte Anschauungen gegenüberstehen, zwischen denen zu vermitteln die elektrochemische Auffassung der Sorptions- und Umtauschvorgänge in ganz besonderem Maße berufen erscheint.

Die Sachlage hat eine weitere Komplizierung dadurch erfahren, daß der Streit über die Bedeutung der Bodenreaktion und die Wege zu ihrer Änderung im Zusammenhang mit dem Gedeihen der Kulturpflanzen und dem Pflanzenwachstum überhaupt weit über das Gebiet der Bodenkunde und Landwirtschaft hinaus ins Gebiet der wirtschaftlichen Interessen der Großindustrie der Düngemittel seine Wellen geworfen hat, daß ferner bei der scheinbaren Einfachheit der Zusammenhänge und der noch viel trügerischen Einfachheit der Reaktionsbestimmungen im Boden Kreise sich als Rufer im Streit aufgetan haben, die, wie ein Autor mehr deutlich als liebenswürdig sich ausdrückt, „von der Wissenschaft der Chemie kaum mehr als den Namen kennen."

Unschuldiger Urheber der letzteren Möglichkeit ist SOERENSEN (202) geworden durch die Einführung des *Symbols* p_H, d. h. des Exponenten der Konzentration der in einer Lösung zu beobachtenden Wasserstoffionen mit umgekehrten Vorzeichen, also des *Logarithmus der Konzentration.* Wenn irgendwo SVEN ODÉNS Kritik am übertriebenen Gebrauch des Logarithmus bei der Erörterung chemischer Vorgänge berechtigt ist, so ist es hier der Fall, wo zwar durchaus nicht die Chemiker, aber die wie Pilze aus der Erde schießenden p_H-Enthusiasten aus den verschiedensten Lagern sich eines wissenschaftlichen Rüstzeuges bemächtigten, dessen Verwendung auch die nachlässigste Arbeit in schönen, glatten Kurven zu verschleiern ganz hervorragend geeignet ist.

Einer der enragiertesten Verfechter der Bedeutung der p_H-Ziffern hat, ohne es zu wissen und zu wollen, selbst das vernichtendste Urteil über die Verwendung der p_H-Ziffern gefällt, das überhaupt denkbar ist.

O. ARRHENIUS (203) sagt: „Die Logarithmen für die Konzentration an Stelle der Zahlen selbst anzuwenden, hat sich als sehr geeignet erwiesen, *da man im letzteren Falle Zahlen bekommt, die von 1 bis 0,00000000000001 variieren. Die letztere Zahl ist ja zweifellos etwas unhandlich.*"

Sie ist es in der Tat *Aber als katastrophal hat es sich herausgestellt, daß es durch Benutzung des Logarithmus möglich ist, Differenzen der Konzentration* — was schon die Verwendung des Konzentrationsbegriffes allein für Möglichkeiten des Mißverständnisses eröffnet, ist oben auseinandergesetzt — *vom 100-Billionenfachen in das enge Zahlenbereich von 1—14 zu bannen* und Zusammenhänge nicht finden, sondern konstruieren zu können, die nur von der Gnade des Logarithmus leben, der nur in der Hand des Fachmannes, der sich über die *Eigenschaften und die Tragweite seiner Ziffern in Form von Logarithmen* klar ist, ein, da allerdings sehr wertvolles und bequemes, Werkzeug der Darstellung ist, wie es SOERENSEN seinerzeit auch nur beabsichtigt hatte.

Diese Ausführungen könnten den Eindruck erwecken, als ob der Reaktion des Bodens im Zusammenhange mit dem Pflanzenwachstum und ihrer Messung als p_H, d. h. als Logarithmus der H-Ionenkonzentration jede Bedeutung und Berechtigung abgesprochen werden soll. Das Gegenteil ist der Fall. Die Reaktion eines Systemes, gleichgültig, in welcher Einheit sie gemessen und ausgedrückt wird, ist für die Beziehung dieses Systemes zu anderen von ganz *grundlegender* Bedeutung, aber *nicht* etwa, wie es lange Zeit von den extremen Vertretern der p_H-Mode behauptet wurde, weil den meist minimalen Mengen H- oder OH-Ion, die den im Boden normalerweise zu beobachtenden p_H-Ziffern entsprechen, durch ihre Gegenwart ein irgendwie einschneidender direkter Einfluß zukäme, sondern als ein *Indikator des Gleichgewichtes des ganzen Systemes und insbesondere als Ausdruck des in ihm vorliegenden Verhältnisses zwischen Azidoiden und Sesquioxydsalzen auf der einen und Alkali-Ca- und Mg-Salzen auf der anderen Seite.*

Die Frage, was die Reaktion und als ihr Ausdruck die p_H-Ziffer bedeutet, ist einfach zu beantworten: Die sog. *alkalische Reaktion* einer Lösung, die sich z. B. dadurch äußert, daß die Lösung rotes Lackmuspapier bläut, wird durch den *Überschuß* freier OH-Ionen über die gleichzeitig vorhandenen H-Ionen verursacht, welche z. B. in wässeriger Lösung irgendwelche *Basen* wie NaOH elektrolytisch abspalten:

$$NaOH + H_2O = Na^+ + \mathbf{OH^-} + H_2O.$$

Die *saure Reaktion* einer Lösung, die sich durch Rötung blauen Lackmuspapieres äußert, wird im Gegensatz dazu durch den *Überschuß* freier H-Ionen über die gleichzeitig vorhandenen OH-Ionen als elektrolytisches Spaltungsprodukt z. B. von *Säuren* bedingt:

$$HCl + H_2O = \mathbf{H^+} + Cl^- + H_2O.$$

Ganz reines Wasser ist *neutral*, d. h. bläut weder rotes, noch rötet blaues Lackmuspapier, weil in ihm zwar auch freie H- und OH-Ionen vorhanden sind — auch Wasser ist ja ein Elektrolyt — aber in *gleicher Anzahl.*

Nach dem Massenwirkungsgesetz ist

$$[H^+] \cdot [OH^-] = \text{konstans} = 1 \cdot 10^{-14},$$

was man bei der Gleichheit der Ionenmengen [H] und [OH] summarisch auch so ausdrücken kann:

$$[OH] \cdot [OH] = [OH]^2 = [H] \cdot [H] = [H]^2 = 1 \cdot 10^{-14}$$

oder

$$[H]^+ = [OH]^- = \sqrt{10^{-14}} = 10^{-7},$$

welche letztere Zahl dann die *Konzentration der H- oder OH-Ionen in Grammäquivalent im Liter* bedeutet. Im sog. *Neutralpunkt*, d. h., wenn die Menge der H- sowohl wie der OH-Ionen 10^{-7} je Liter beträgt, sind also die Wasserstoff- und Hydroxylionen in *gleicher* Menge vorhanden.

Weicht die Konzentration eines von beiden von 10^{-7} ab, so läßt sich die Konzentration des Partners ohne weiteres aus der obigen Gleichung ermitteln. Wird z. B. $[H]^+$ zu $1 \cdot 10^{-6}$ gemessen, so ist

$$OH^- = \frac{1 \cdot 10^{-14}}{1 \cdot 10^{-6}} = 1 \cdot 10^{-8} \text{ usw.}$$

„Sicherlich wäre es für die Bodenkunde wünschenswert gewesen, wenn man sich auf die Benutzung der wirklichen Wasserstoffionenkonzentration als Angabe für die Reaktion der Böden beschrankt hätte,“ sagt KAPPEN (204) mit Recht. Diese von MICHAELIS (205) „*Wasserstoffzahl h*“ genannten Konzentrationsziffern geben eindeutig die im Liter Lösung vorhandenen Grammäquivalente H-Ion an, rucken also, wie es chemisch auch ganz selbstverständlich ist, das H-Ion damit in die völlige Parallele zu jedem beliebigen anderen Ion und schließen damit die prinzipielle Gleichheit der Beurteilungsgrundsätze des H-Ions ein.

Hier setzt nun die SOERENSENsche Bezeichnungsweise ein: er nannte — und von seinem Standpunkt aus sehr berechtigterweise — *aus Zweckmäßigkeitsgründen* fur die Darstellung der ihn interessierenden Probleme, um zu einer kurzen Ausdrucksweise zu gelangen, den negativen Exponenten der Grundzahl 10 unter Einrechnung des etwaigen von 1 verschiedenen Multiplikationsfaktors p_H = *Reaktionszahl.*

Eine H-Ionenkonzentration h von $1 \cdot 10^{-7}$ entspricht also einer Reaktionszahl, p_H 7,0.

Eine H-Ionenkonzentration h von $1 \cdot 10^{-8}$ entspricht einer Reaktionszahl p_H 8,0 usw.

oder allgemein in einem Zahlenbeispiel nach MEVIUS:

1. $h = 4{,}3 \cdot 10^{-3}$; $\log h = \log 4{,}3 + \log 10^{-3} = 0{,}63 - 3 = -\log h = p_H = 2{,}37$
2. $p_H = 5{,}5 = -\log h = 5{,}5$; $\log h = -5{,}5 = 0{,}5 - 6 = \log^3,\ 16 + \log 10^{-6}$ $= h = 3{,}16 \cdot 10^{-6}$

Damit aber war der Mystik Tur und Tor geöffnet. An Stelle der *enormen* Unterschiede der tatsächlichen Konzentrationen des H-Ions traten die *scheinbar geringen* Unterschiede der Exponenten, *mit denen die Nichtchemiker sehr bald wie mit gewöhnlichen Zahlen zu rechnen anfingen*, was gegen jeden Sinn des Exponenten verstößt. Alle chemischen Gesetze uber Gleichgewichte und Massenwirkungsgesetz hörten vielfach auf zu existieren, besonders als Schnellmethoden zur Feststellung der p_H-Ziffern auf elektrometrischem oder kolorimetrischem Wege die Bestimmung dieser Werte *scheinbar* einfach machten. Man vergaß vielfach vollständig, daß die p_H-Ziffer an sich nichts Reales bedeutet und noch mehr, daß Reaktion an sich nur ein *Verhältnis* ausdruckt, einen Quotienten, der auf die allerverschiedenste Weise zustande kommen kann.

Vom brauchbaren Indikator bestimmter Gleichgewichtsbedingungen im Boden wurde so die p_H-Ziffer zum Maßstab der Bodengüte. p_H-Ziffern unterhalb 7,0, d. h. saure Reaktion, die in vielen Fällen, weil auf die gleichen Gründe zurückgehend, mit schlechtem Gedeihen der Kulturpflanzen zusammenfiel, wurde zum Schreckgespenst der Landwirtschaft der gemäßigten humiden, p_H-Ziffern über 8—9 zu dem der ariden Klimate der Erde, und sehr bald zum Fangball der interessierten Dungerindustrien und zu deren allerdings zweischneidiger Waffe im Konkurrenzkampf.

Bekämpfung und Vermeidung von Bodensaure wurde die Parole im gemäßigten Klima weit uber die tatsachliche Berechtigung dieser Frage, auf die unten einzugehen sein wird, hinaus. Eine noch nicht dagewesene Modekrankheit wissenschaftlicher Natur brach aus, deren letzte Eruptionen auch heute noch nicht ganz vorüber sind, sondern nunmehr auch auf die tropischen Kulturgebiete überzugreifen drohen, nachdem sich im gemäßigten Klima die Anschauungen schon weitgehend geklärt haben und die Spreu vom Weizen geschieden ist.

Was waren nun die Tatsachen, die die soeben kurz geschilderte Entwicklung ermöglichten?

Sie lassen sich in einem Satz zusammenfassen: Bei der Untersuchung der Böden auf ihre Reaktion, auf deren Bedeutung schon LIEBIG (206) aufmerksam gemacht hatte, stellte sich heraus, *daß jede Pflanzenart nur innerhalb eines mehr oder weniger weiten Bereiches von p_H-Ziffern, d. h. innerhalb eines bestimmten Reaktionsgebietes, das Optimum ihres Gedeihens findet.* Das gilt sowohl für die Kulturpflanzen, wie für die Wildpflanzen und sogar für die Bakterien und Pilze, kurz für alle Lebewesen. Es ist auch keineswegs als etwas grundstürzend Neues zu bezeichnen. Schließlich ist es schon jedem Bauern geläufig, daß auf versauertem Boden die Kulturgewächse schlecht vorankommen, und die wissenschaftliche Pflanzenökologie (210) hatte qualitativ die Frage der Bodenabhängigkeit der Pflanzen längst eingehend behandelt (232). Das Neue war nur, daß man nunmehr in der Lage war, die Wachstumsgrenzen der einzelnen Pflanzenarten hinsichtlich der Reaktion *zahlenmäßig* zu erfassen und dadurch *kontrollierbar* ihre Beeinflussung zu versuchen. Das geschah im Falle der zu sauren Böden, die also bereits an Basen, und zwar im gemäßigten humiden Klima in erster Linie an Kalk, verarmt sind, durch Kalkung mit teilweise großem, aber den Praktiker durchaus nicht überraschendem Erfolge, woraus sich das ständig sich steigernde Interesse an *Reaktionsmessungen als angeblich untrüglichem Index der Bodenfruchtbarkeit* in unzulässiger Verallgemeinerung von Einzelbeobachtungen erklärt.

Es folgte die Feststellung des zahlenmäßigen *Zusammenhanges gewisser Unkräuter mit der Bodenreaktion,* welche Frage durch WHERRY (209), NIELSEN (207), OLSEN (211), ARRHENIUS (203), EICHINGER (208) und viele andere eine sehr gründliche experimentelle Bearbeitung erfuhr. MEVIUS (212) hat die bis zum Jahre 1927 vorliegenden Arbeiten nahezu erschöpfend in zusammenfassender Form verarbeitet.

EICHINGER teilt nach den Untersuchungen NIELSENS die folgende Tabelle der prozentischen Häufigkeit des Auftretens der verbreitetsten Ackerunkräuter im Zusammenhange mit der Reaktion des Boden mit:

	Reaktion des Bodens in p_H						
	Sauer			Neutral		alkal.	„Sauer“
	unter 5,6	5,6—6,0	6,1—6,3	6,0—7,0	7,1—7,5	über 7,5	unter 6,6
Sandstiefmütterchen . .	55	28	17	—	—	—	100
Waldruhe-Kraut . . .	31	46	23	—	—	—	100
Hederich	—	20	80	—	—	—	100
Kleiner Sauerampfer. .	42	38	18	2	—	—	98
Ackermaul	54	23	17	6	—	—	94
Ackerspörgel	50	22	22	6	—	—	94
Hasenlattich	—	59	25	16	—	—	84
Ackerhundskamille . .	45	18	17	5	9	6	80
Spitzwegerich.	12	33	27	14	—	14	72
Ackerstiefmütterchen .	15	8	6	11	35	25	29
Ackersenf	—	—	18	16	30	36	18
Geruchlose Kamille . .	5	1	9	21	23	41	15
Ackerwinde	3	6	2	15	30	44	11
Huflattich	6	1	3	22	41	27	10
Hopfenluzerne	—	1	—	5	63	31	1

Für *Kulturpflanzen* lassen sich im großen und ganzen die folgenden Angaben machen unter Benutzung möglichst zahlreicher, in der Literatur vorhandener

Daten, die für Deutschland besonders LEMMERMANN (212) zusammenfassend mitgeteilt hat:

	Ungefähre untere Grenzreaktion p_H	Ungefähres Optimum p_H	Ungefähre obere Grenzreaktion p_H
Winterweizen	4,0	6,6–7,8	8,9
Winterroggen	4,0	5,0–6,0	8,0
Sommerweizen	4,0	6,5–7,5	9,5
Gerste .	4,0	6,5–7,8	9,0
Hafer. . .	3,5	5,0–7,0	9,0
Kleearten .	4,0	5,8–7,0	8,5
Sonstige Leguminosen	3,5	5,5–7,6	9,0
Lupinen	3,5	4,0–6,0	7,5
Luzerne	5,0	7,2–8,3	9,5–10,0
Bersim .	5,5	7,0–9,0	9,5
Kartoffeln	3,5	5,2–7,2	8,5
Futterrüben	4,0	5,8 6,8–7,5	9,0
Zuckerrüben	3,5	7,0–7,5	9,0
Ölfrüchte	3,5	6,5–8,5	9,5
Baumwolle	4,5	6,5–9,0	9,5
Hanf	4,5	6,5–8,4	9,5
Agaven . .	4,5	6,5–8,9	10,0
Zuckerrohr	4,0	6,0–7,5	8,5
Mais und Hirse	4,0	6,5–8,5	9,5
Tropische Wurzelfrüchte	3,5	6,5–8,0	9,5
Tee.	2,3	4,8–6,3	7,5
Kaffee	3,5	5,5–7,5	8,5
Kakao	3,5	5,5–7,5	8,0
Hevea	2,0	5,0–6,5	8,0
Buchen .	3,0	4,06–8,2	8,5
Eichen	–	4,5–7,5	8,5
Kiefern	2,8	4,0–8,2	8,5

Weitere Variationen je nach der Sorte kommen besonders bei Hafer vor. Für *höhere Pilze* teilt WOLPERT (213) die folgenden Daten mit:

Name	Untere Grenze p_H	Optimum p_H	Obere Grenze p_H
Lencites sepiaria	2,8	3,8–6,0	7,6
Daedalia confragosa	2,8	3,5–6,5	7,5
Armillaria mellea	2,0	3,9	7,8
Polyporarus adustus	2,0	3,7 u. 6,3	8,0
Pholiota adiposa	2,8	4,0–6,0	7,5
Pleurotus ostreatus	3,0	5,2–6,8	8,5
Polystictus versicolor	2,5	4,0–5,5	7,5
Schizophyllum commune	2,8	5,6–6,0	8,5

Ähnliche Grenzen gelten für niedere Pilze und Bakterien, von welchen letzteren die für den Boden wichtigen Azotobakterienarten im großen und ganzen ihr Optimum zwischen 6,5 und 7,5 p_H, die Aktinomyzeten unterhalb 6,0 p_H bis weit ins saure Gebiet hinein finden.

Für eine Reihe wichtiger *Pflanzenschädlinge* gibt MEVIUS (l. c., S. 89) die folgenden Reaktionsgrenzen des Gedeihens an

Pflanzenschädlinge	Untere Grenze p_H	Optimum p_H	Obere Grenze p_H
Pseudomonas albo praecipitans	5,0	6,8	8,5
Bacterium solanacearum	4,0	6,0	8,0
" citriputeale	4,5	6,9	>10,–
" pelargonii	5,7	–	8,7

Fortsetzung der Tabelle von Seite 163.

Pflanzenschadlinge	Untere Grenze p_H	Optimun p_H	Obere Grenze p_H
Penicillium italicum	—	3,0—6,0	8,0
Fusarium spec.	—	6,0	—
Colletotrichum Gossypii	—	6,0	—
Fusarium culmorum	3,0	4,7 u. 6,7	9—10,0
„ minimum	3,0	5,5 u. üb. 9,0	—
„ redolens	3,0	5,0	>10,0
„ solani	3,0	6,0	>10,0
„ viticola	3,0	4,8	>10,0
Corticium vagum	2,0	6,2	10,4
Weizenschorf (Fusarium spec)	3,0	—	11,7
Ophiobolus cariceti	3,2—4,5	8,1—9,0	—
Diaporthe Sojae	2,2	4,0—5,4	—
Gibberella Saubinetii	3,0	4,0—4,5 u. 7,0	8,5
Rhizoctonia Solani	2,6	2,8—3,9	—

Diese Tabellen sind mehr als nur Beispiele. Sie zeigen nämlich, *in welchen außerordentlich weiten Reaktionsgrenzen, oft nahezu über die gesamte p_H-Skala hinweg, das Leben der einzelnen Pflanzenarten möglich ist, wieweit sogar teilweise die Optimumspanne sich öffnet,* von ganz verschieden gelagerten mehrfachen Optima, wie sie besonders bei den Bakterien und Pilzen, aber auch bei höheren Pflanzen auftreten, noch ganz abgesehen.

Diese Weite der Grenzen erhält aber ihre volle Bedeutung erst dann, wenn man sich vergegenwärtigt, daß die p_H-Ziffern Exponenten sind, d. h., daß jede Einheit p_H den Unterschied einer 10er Potenz bedeutet.

„Abweichungen des Wasserstoffexponentialwertes (p_H) um 0,3 Einheiten bedeuten eine Konzentrationsabweichung von 100%, also die Verdoppelung. Diese 100% bedeuten nun weiterhin rein numerisch bei p_H 4,0 sehr viel mehr als bei p_H 7,0."

Auch hierfür sei ein Beipsiel angeführt.

„Sinkt der p_H-Wert von p_H 7,0 bis p_H 6,7 so heißt das, die Wasserstoffionenkonzentration ist von 0,0000001 g im Liter Wasser auf 2 × 0,0000001 g gestiegen, sinkt hingegen der p_H-Wert von p_H 4,0 bis p_H 3,7, so heißt das, die Wasserstoffionenkonzentration ist von 0,0001 g im Liter Wasser auf 2 × 0,0001 g gestiegen. Im zweiten Falle ist also durch die Verminderung des p_H-Wertes um 0,3 Einheiten die Menge der neuen H-Ionen tausendmal so groß wie im ersten Falle." (Mevius l. c., S. 17).

Die scheinbar so engen Reaktionsgrenzen des Wachstums der einzelnen Pflanzenarten in obigen Tabellen bedeuten also Mengenunterschiede um das Vieltausendfache, und die p_H-Ziffern täuschen scharfe Bedingtheiten vor, die tatsächlich in keiner Weise bestehen. Sie besagen letzten Endes nichts weiter als die alte Tatsache, daß jede chemische Reaktion — und eine solche ist auch jedes Pflanzenleben — nur unter gewissen Gleichgewichtsverhältnissen der Reaktionsteilnehmer optimal verläuft, die um so weiter gesteckt sind, je plastischer, d. h. komplizierter gebaut, das reagierende System ist. Und in dieser Hinsicht läßt die lebende Pflanze nichts zu wünschen übrig.

Die Reaktionsgrenzen sind also nur der scheinbar exaktere Ausdruck längst bekannter pflanzenökologischer Tatsachen und als solche zur Erkennung extremer Fälle von großem praktischen Wert, woraus sich aber noch lange nicht die Berechtigung herleitet, p_H-Werte zum allgemeinen Kriterium der Bodengüte zu nehmen.

Man kann daher Wherry, der selbst zu den ersten Forschern auf diesem Gebiete gehört und sicherlich nicht der Voreingenommenheit geziehen werden kann, nur Recht geben, wenn er schreibt:

„Plants are blissfully ignorant of the negative logarithms of these quantities (Wasserstoff- oder Hydroxylionenkonzentrationen) or of the infinitesimal amounts of active acidity present in markedly alkaline solutions.“

ARRHENIUS hat dieses wohlüberlegte Resumé eingehender Studien als „leichtfertig“ bezeichnet, während es gerade das Gegenteil davon, nämlich das ehrliche Anerkennen der unbestreitbaren Tatsache ist, daß von irgendwelchen *engen* Grenzen der Reaktion und einem merkbaren *direkten* Einfluß der H-Ionenkonzentration auf das Pflanzenleben wohl in künstlichen Kulturen, aber nicht im Felde die Rede sein kann Aber selbst *er* sieht sich gezwungen, zuzugeben, daß bei der Pflanzenverbreitung in der Natur andere Faktoren als die Reaktionsverhältnisse des Standortes, z. B. die Konkurrenz der Arten, eine ausschlaggebende Rolle spielen können. Ganz ausdrücklich warnt LUNDEGARDH (214) vor der Überschätzung der p_H-Ziffern als Bodenkriterium und weist besonders auf den *Ionenantagonismus* in der Bodenlösung hin, bei welchem das H-Ion nur eine Teilrolle spielt.

Und diese Teilrolle ist sogar bei den allersauersten Böden mit einem p_H von 3,0, wo die ungefähre Grenze alles höheren Pflanzen*lebens*, wenn auch nicht *-vegetierens* liegt, noch außerordentlich klein. Eine p_H-Ziffer 3,0 besagt, daß pro Liter Bodenlösung 1 mg freier dissoziierter Wasserstoffionen vorhanden ist, dem selbst auf den ärmsten Böden (vgl. die Tabelle im Anhang) ein Vielfaches an anderen Kationen gegenübersteht. Nimmt man einen Wassergehalt des Bodens von rund 30% an, so bedeutet p_H 3,0 bis zur Krumentiefe 30 cm je Hektar die Menge von rund 1,2 Kiloäquivalent Wasserstoff, d. h. eine vollständig verschwindende Größe, von welcher eine *direkte* Einwirkung sehr schwer einzusehen ist, besonders wenn man sich vergegenwärtigt, daß die Pflanzen selbst durch ihre Wurzelatmung bis zum 25fachen dieser Menge (s. u.) mobilisieren.

Die ursprünglich viel vertretene Ansicht, daß sich die schädigende Wirkung großer H-Ionenkonzentrationen im Boden *direkt* dadurch erklären ließe, daß die Wasserstoffionen in die Wurzelzellen der Pflanzen eindringen und dort irgendwelche Schädigungen hervorriefen, ist heute wohl endgültig begraben. Man sucht den Grund der Schäden nunmehr in *sekundären* Vorgängen wie *Einflüssen auf die Permeabilität der Zellmembranen*, wo sich die Meinungen der einzelnen Autoren aber auch noch einstweilen diametral gegenüberstehen. Die im Laboratorium erzielten Ergebnisse werden auf dem Felde nur sehr selten bestätigt, was nicht verwundern kann, weil künstlich gesäuerte Böden ganz andere Salzkonzentrationen und damit Reaktionsvorbedingungen besitzen wie auf natürlichem Wege entbaste Böden, worauf OSVALD (215) mit Recht hinweist.

Noch einen Schritt weiter in der indirekten Richtung gehen MAGISTAD (216), KAPPEN (204, S. 250) und andere mit der Annahme, daß die bei saurer Reaktion unterhalb 5,5—5,8 im Boden möglichen *Aluminiumsalze* mindestens zum Teil für die bei saurer Reaktion der Böden auftretenden Pflanzenschädigungen verantwortlich zu machen sind, also als Pflanzengifte wirken, wie sie auch am Zustandekommen der sauren Reaktion selbst beteiligt sind.

MAGISTAD teilt über den Aluminiumgehalt *natürlicher Bodenlösungen* im Vergleich zu ihrer Reaktion die folgenden Ziffern mit:

p_H	Al_2O_3 0/00000	p_H	Al_2O_3 0/00000
4,87	1,2	5,50	0,3
5,14	2,0	6,90	0,7
5,30	0,7	9,01	31,0

In *künstlich gesäuerten oder alkalisch gemachten Böden* fand er die folgenden Werte:

p_H	Al_2O_3 0/00000	p_H	Al_2O_3 0/00000
3,29	1860,0	4,64	1,4
3,68	597,0	5,78	1,9
3,72	351,0	7,21	0,0
3,92	297,0	7,33	0,4
4,06	182,0	8,52	19,0
4,30	33,0	8,95	37,6
4,35	19,0	9,17	48,0
4,50	3,0		

Zwischen p_H 4,7 und 7,5 liegt also ein Gebiet niedrigster Löslichkeit des Al, unterhalb dessen das Aluminium als *Kation* in Form von Al-salzen auftritt, während es oberhalb 7,5 als Aluminat, also als Anion, vorhanden ist.

Die toxische Wirkung des Aluminiums war bei den einzelnen untersuchten Pflanzenarten sehr verschieden. Am stärksten äußerte sie sich allgemein bei hohen alkalischen Reaktionen sowie bei Reaktionen unterhalb p_H 5,0.

Die in wässerigen Bodenlösungen mit niedrigen p_H-Ziffern und bei höheren Graden der Entbasung der Komplexe titrimetrisch feststellbare Azidität ist von VEITCH (218) und im Anschluß daran von KAPPEN (219) als „*aktive Azidität*" bezeichnet worden.

Was diese aktive Azidität elektrochemisch repräsentiert, läßt sich nach den obigen Ausführungen dahin zusammenfassen, daß sie diejenige Menge H- und evtl. Al- und Fe-Ion ist, die in der Bodenlösung *ohne Zufügung von Elektrolyten*, die sofort die gesamte Feldgestaltung des Systemes verändern, mit den Komplexen im Gleichgewicht steht. Daß diese Unterscheidung zwischen Wasser und Elektrolytlösung sehr wichtig ist, haben die obigen Tabellen über die hydrolytische Spaltung z. B. der Permutite bei alleiniger Anwesenheit von Wasser und bei Zusatz von Elektrolyten gezeigt. KAPPEN schreibt mit Recht (204, S. 149): „Wo aktive Azidität vorhanden ist, da muß natürlich der Aziditätsgrad der Böden stets außerordentlich hoch befunden werden." Wie oben bereits hervorgehoben ist, kann freies H sich nur da in der Gleichgewichtslösung befinden, wo bereits die Komplexe bis zum Äquivalenzpunkt mit H gesättigt sind, also bis zum Werte $y = T(1 - q)$.

Es ist oben im einzelnen erläutert, daß dieser Äquivalenzpunkt, dessen reelle Existenz die mitgeteilten Versuche erwiesen, nur bei q-Werten kleiner als 1 existiert. *Der q-Wert des Eintausches wird also auch für das H-Ion zum wichtigen Charakteristikum der Böden*, weil er, wenn man so sagen darf, die *Chance der Versauerung* anzeigt, *die erst dann groß wird, wenn die Einheit überschritten wird.*

Da prinzipielle Unterschiede im Verhalten der einzelnen Kationen nicht bestehen, alle zu beobachtenden Differenzen vielmehr nur gradueller Natur sind, gelten für das q_H des Eintausches genau dieselben Gesichtspunkte, wie sie für diese Größe und ihre Änderungen oben allgemein entwickelt sind. Unter sonst gleichen Verhältnissen wird das q des Wasserstoffions der prozentischen Beteiligung am einwirkenden Ionengemisch umgekehrt proportional sich ändern, *vorausgesetzt, daß keine Karbonate im Boden die Säurewirkung abfangen.* Die Frage hat eine pflanzenphysiologische Bedeutung, auf die anscheinend bisher noch nicht aufmerksam gemacht ist, obwohl mancherlei praktische Erfahrungen: das Versagen vieler Gewächse auf Kalkböden, der äußerst charakteristische Kapselverlust der Baumwolle bei Überschuß von $CaCO_3$ im Boden, die Folgen von zu starker Kalkung usw., seit langem darauf hinweisen. VAGELER und ALTEN (12, Teil VI) haben als erste auf die hier bestehenden Zusammenhänge aufmerksam gemacht, die praktisch für die Bodenbeurteilung von Bedeutung sind.

Die Nährstoffversorgung der Pflanzen im Boden erfolgt aus 3 Quellen:

1. aus dem Salzvorrat der Bodenlösung,
2. aus den sorptiven Komplexen,

3. aus dem Abbau von Mineralien und ihren Resten, soweit dieser nicht zur Gruppe 2 zu rechnen ist, was sehr weitgehend der Fall sein dürfte.

Während bezüglich der ersten Nährstoffquelle und der Art ihrer Nutzung irgendwelche Meinungsverschiedenheiten nicht bestehen können, ist hinsichtlich des Mechanismus der Nährstoffaufnahme der Pflanzen aus den Komplexen erst in neuester Zeit eine Klärung eingetreten. TRUOG (220) schreibt:

„Die Pflanzen hängen hinsichtlich ihrer Versorgung mit den lebenswichtigen Nährstoffen nicht von der Bodenlösung ab. Sie sind so ausgerüstet, daß sie, wenn die Bodenlösung an einem oder mehreren dieser Nährstoffe nicht genügend konzentriert ist, die Bodenteilchen angreifen können und so teilweise oder ganz den Mangel wettmachen. Die enge Vereinigung, die die Wurzelhaare mit den Bodenteilchen eingehen, ergibt ideale Bedingungen für die Lösung und Stoffaufnahme. Jede Stelle der Verwachsung oder innigen Berührung ist bis zu einem gewissen Grade ein in sich geschlossenes System und nicht leicht durch die Reaktion der Bodenlösung zu beeinflussen.

Alle direkte und indirekte Evidenz zwingt zu dem Schluß, daß die Kohlensäure die einzige Säure ist, die in bemerkenswerter Menge von landwirtschaftlichen Kulturpflanzen ausgeschieden wird. Die ausgeschiedene Kohlensäure ist fähig, ein p_H von 4,0 im Berührungspunkt von Wurzelhaar und Bodenteilchen zu erzeugen, und ist so das aktive Agens bei der Freisetzung der verdrängbaren Basen und der Lösung von Kalziumphosphat."

Zur im gewissen Sinne passiven Aufnahme von Kationen aus der Bodenlösung durch die Pflanzenwurzeln gesellt sich also die *aktive Aufnahme durch direkte Verdrängung aus den Sorptionskomplexen, wobei die Bodenlösung* wegen der engen Verwachsung von Wurzelhaar und Bodenteilchen, wie TRUOG sehr zu Recht bemerkt, *als Vermittler ausgeschaltet ist*. Daß diese Aufnahme der direkten Nährstoffaufnahme aus den Komplexen wirklich besteht, beweisen die bereits ziemlich zahlreichen Versuche mit Permutiten und von ihrer Bodenlösung befreiten Böden, die einwandfrei zeigen, *daß auch ohne jede Bodenlösung eine normale Entwicklung der Pflanzen möglich ist, wenn ihr genügend reiche Komplexe zur Verfügung stehen.*

TRUOG sieht das Agens in der Kohlensäureentwicklung der Pflanzen. Diese Auffassung läßt sich vom elektrochemischen Standpunkt dahin präzisieren, daß das Agens das durch die CO_2-Produktion der Pflanzenwurzeln im feuchten Medium aktivierte H-Ion ist. VAGELER und ALTEN haben aus diesem Umstande die folgenden Konsequenzen gezogen (12, Teil IV, S. 70):

„Die Pflanzen decken ihren Basenbedarf im Notfalle allein durch Kationenaustausch, der wenigstens im großen und ganzen, solange man sich im Anfangsteil der Kurve der Sorption befindet, äquivalent verläuft.

In diesem Falle muß also jedes Basenäquivalent des Aschengehaltes der Pflanzen mindestens einem durch die Wurzelspitzen aktivierten Äquivalent H entsprechen. Es ist sicher kein Zufall, daß eine Berechnung der H-Produktion aus der Atmungsintensität der Wurzelspitzen ungefähr auf dieselbe Größenordnung wie der genannte Ansatz führt.

Anders ausgedrückt: *Dem Pflanzenbestande eines Feldes steht pro Flächeneinheit nur eine begrenzte H-Menge zum Aufschluß der Bodenbestandteile im Laufe der Vegetationsperiode zur Verfügung, die in erster Annäherung dem Gehalte der Flächenernte an Basen äquivalent ist. Für jede Pflanzenart muß also die Summe der Basenäquivalente der aufgenommenen Aschenbestandteile der Maximalernte den ungefähren Maximalwert des verfügbaren H in Äquivalenten ergeben.*"

Diese Behauptung scheint im Gegensatz zu den Befunden von PARKER (244) zu stehen, der durch Entfernen der von den Pflanzen gebildeten CO_2 aus der

Bodenluft bzw. Vermehrung des CO_2-Gehaltes der Bodenluft mit wenigen Ausnahmen keine Änderung der mineralischen Nährstoffaufnahme der Pflanzen fand. Der Widerspruch ist jedoch nur scheinbar und löst sich voll auf, wenn man sich die Nährstoffaufnahme der Pflanzen vergegenwärtigt. Zur Aufnahme aus der Bodenlösung haben die Pflanzen kein CO_2 nötig, da ihnen diese Nährstoffe mühelos zur Verfügung stehen. Die zur Nährstoffaufnahme verwendete CO_2 aber entwickelt sich in dem abgeschlossenen System: Pflanzenwurzel—Bodenteilchen *und kommt daher überhaupt als Bestandteil der Bodenluft gar nicht in Frage.* Die negativen Resultate PARKERS können nicht überraschen, da die experimentelle Frage falsch gestellt war. Was er höchstens feststellen konnte, war eine schnellere *Regeneration der Bodenlösung bei CO_2-Zufuhr* zur Bodenluft, und dafür bieten in gewissem Sinne seine Versuche in der Tat einen Beleg.

Für die einzelnen Gruppen der Kulturgewächse berechnen sich für Maximalernten je Hektar die folgenden verfügbaren Mengen H-Ion (s. auch unten Tabelle der Nährstoffbedarfziffern!) in Kiloäquivalent:

Pflanze	Kiloäquival. H	Pflanze	Kiloäquival. H
Getreidearten . . .	4—6	Kaffee, Tee	3—7
Mais, Hirse	6—8	Ölpalmen	20—25
Kartoffeln	5—15	Baumwolle	12—25
Rüben	15—25	Hanf	15—25
Tabak	5—7	Zuckerrohr	20—30
Laubhölzer	2—4	Bananen	20—30
Nadelhölzer	1—3	Obstbäume	2—6

Die Tabelle illustriert gleichzeitig die gegenüber der Eigenproduktion der Pflanzen an H-Ion große Belanglosigkeit der in Böden im äußersten Falle bei ganz saurer Reaktion vorhandenen H-Ionenmenge. Sie löst aber auch die Frage, *warum trotzdem die Reaktion des Bodens für die Pflanzen von großer Bedeutung ist.*

Die aktive Nährstoffaufnahme durch direkte Basenverdrängung aus den Komplexen muß für die Pflanzen von um so größerer Wichtigkeit werden, je ärmer die Bodenlösung und je geringer die dynamische Wasser- und damit Nährstoffversorgung in einem Boden ist. Denn um so mehr ist die Pflanze darauf angewiesen, das in der Bodenlösung bestehende Nährstoffmanko, das dabei durchaus nicht für alle Nährstoffe zu bestehen braucht, aus den Komplexen zu decken.

Diese aktive Nährstoffaufnahme ist ihrem Wesen nach aber eine Kationenverdrängung durch das produzierte H-Ion und unterliegt damit den Umtauschgesetzen. Ihr Ausmaß, oder wenn man will, der Nutzungskoeffizient des produzierten H-Ions ist also in erster Linie eine Funktion des q-Wertes des H-Eintausches.

Liegt dieser q_S-Wert unterhalb 1, so ist, wie oben auseinandergesetzt ist, der Nutzungskoeffizient bis $[x = T\,(1 - q)]$ 100%, vorausgesetzt, daß dieses T nur Basen umfaßt, worauf unten einzugehen sein wird, man also T mit S gleichsetzen kann. D. h., jedes eingetauschte H-Ion setzt bis zur Erreichung des Äquivalenzpunktes ein anderes Kation aus den Komplexen frei, unter Umständen durch Überschußverdrängung sogar mehr (s. o.). Steigt der q_S-Wert dagegen über die Einheit, so sinkt damit der Nutzungskoeffizient rapid, wie eine einfache Rechnung zeigt.

Die von x Milliäquivalent H in Freiheit gesetzten Kationenmengen sind allgemein:

$$y = \frac{x \cdot S}{x + q_H \cdot S},$$

woraus sich für steigende q-Werte bei gleichen S, z. B. $S = 20$, die folgenden *prozentischen Nutzungskoeffizienten* des H für die einwirkende Menge 5, 10 und 20 berechnen.

	$q = 1$	$q = 2$	$q = 5$	$q = 10$	$q = 20$
$x = 5$	80,0%	44,0%	19,4%	9,7%	4,9%
$x = 10$	66,6%	40,0%	18,1%	9,5%	4,9%
$x = 20$	50,0%	33,3%	16,5%	9,0%	4,7%

Das Wachsen des q-Wertes des H-Eintausches bedeutet also einen rapid sich vermehrenden Leerlauf der Aufnahmeenergie der Wurzeln.

Wie oben auseinandergesetzt und durch die Tabelle der Komplexe der einzelnen Bodentypen belegt ist, ist in allen Böden mit saurer Reaktion, wie es sich aus den gesamten Zusammenhängen auch als logische Forderung ergibt, die Konzentration der Nährstoffe in der Bodenlösung sehr gering. In diesen Böden sind also die Pflanzen in ganz besonderem Maße auf die Ernährung aus den Komplexen angewiesen. *Als Folge der elektrochemischen Verhältnisse ist bei geringer Komplexsattigung mit Basen aber zwangsläufig gerade hier auch das q des H-Eintausches sehr hoch.*

In der Tabelle sind als q_S die auf den basengesättigten Teil der Komplexe S bezogenen q-Werte des NH_4-Eintausches angegeben. Wie jede vergleichende Untersuchung von Permutiten und Boden lehrt, besteht zwischen den q_S-Werten für NH_4 und den q_S-Werten für H in recht engen Grenzen schwankend das Verhältnis 1 : 0,5. Man kann also ohne praktische Fehler den q_S-Wert der mit NH_4Cl ermittelten Analysendaten einfach halbieren, um zum q_S-Wert des H-Ions zu gelangen.

Auch bei Halbierung der q_S-Werte der Tabelle bleiben q-Werte des H-Eintausches bei Böden mit saurer Reaktion von mehreren Einheiten bestehen. *Das heißt aber, daß bei sauren Böden die Nährstoffaufnahme der Pflanzen aus den Komplexen in ganz außerordentlichem Grade gehemmt ist. Da, wie auseinandergesetzt und in der Bodentabelle zahlenmäßig illustriert ist, auch die Bodenlösung in sauren Böden sehr wenig Nährstoffe enthält, müssen also bei sauren Böden alle Pflanzen zwangsläufig, trotzdem die Boden absolut noch ganz erhebliche Nährstoffmengen enthalten können, schweren Nährstoffmangel leiden, weil ihr die Nährstoffaufnahme bewirkendes Agens, das aktivierte H-Ion, wirkungslos verpufft. Nur ganz anspruchslose Pflanzenarten oder Hungerexemplare sind auf sauren Böden möglich, wie es sich in der Natur denn auch ausnahmslos beobachten läßt. In dieser sehr intensiven Beschrankung der moglichen Nährstoffaufnahme ist der Grund zu sehen, warum die saure Reaktion mit schlechter Pflanzenentwicklung Hand in Hand geht. Sie ist keineswegs der Grund der Schäden, sondern auch hier nur ein Indizium ungunstiger, durch große q-Werte des H-Ions charakterisierter Gleichgewichtsverhältnisse zwischen Komplex und Bodenlösung, als Ergebnis der Entbasung der Bodenkomplexe.*

Das Ratsel des Einflusses niedriger H-Ionenkonzentrationen auf das Pflanzenleben erscheint damit befriedigend gelöst. Daß diese Lösung auf experimentellem Wege noch nicht gelungen ist, beruht, worauf schon OSVALD (215) als Möglichkeit aufmerksam machte (s. o.), ganz einfach darauf, daß bei allen Versuchen im Laboratorium niemals darauf Rücksicht genommen ist, *daß im Boden saure Reaktion und reicher Nahrstoffgehalt der Bodenlosung zwei sich vollig ausschließende Dinge sind,* deren Kombination im Experiment aber leider ohne Berücksichtigung der Bodenverhältnisse nur zu nahe lag.

Die *Regenerierung der Bodenlösung* in ihrem Kationenbestande kann aus den Komplexen ebenfalls nur auf dem Umwege über das H-Ion, also durch aus den Humussubstanzen entwickelte Kohlensäure und organische Säuren usw. erfolgen. *Auch diese Regenerierung muß daher bei saurer Bodenreaktion sehr schleppend verlaufen, was wiederum den zu beobachtenden Tatsachen in jeder Weise entspricht.*

Alkalische Reaktion eines Systemes polar sorbierender Substanzen bedeutet, da das Gleichgewicht zwischen Komplexen und Lösung nicht von der Verdünnung abhängig ist, nicht unter allen Umständen großen Reichtum der Bodenlösung, wohl aber bei *hohem Sättigungsgrade der Komplexe als Vorbedingung der alkalischen Reaktion* einen *großen Wirkungswert* des produzierten H-Ions bei stets kleinen q_S, wie die Tabelle der Bodentypen zeigt.

Bei hochgesättigten Böden wird sich die Bodenlösung aus demselben Grunde, wenn sie durch Entnahme durch die Pflanzen, Auswaschung durch Irrigation oder sonstwie einmal erschöpft ist, sehr leicht dann regenerieren, *wenn ein gewisser Reichtum organischer Substanzen durch seine Zersetzung für reichliche CO_2-Produktion* sorgt. Damit erklärt sich die auffallend *starke Wirkung der Gründüngung, d. h. der Zufuhr leicht zersetzungsfähiger Substanz zum Boden, gerade auf neutrale bis alkalische Böden und die Möglichkeit der Verbesserung ihrer Wirkung auf saure Böden durch Kalkzufuhr,* d. h. durch Ausschaltung großer H-Ionenmengen in den Komplexen.

Ist auf der anderen Seite ein Boden *sehr hoch gesättigt* und enthält er gar, noch einen *Überschuß basischer Substanzen,* speziell $CaCO_3$, dann muß diese allgemein günstige Wirkung allerdings in ihr Gegenteil umschlagen, weil dann auch ein großer Teil des von den Pflanzen selbst produzierten H's durch Karbonat- und Bikarbonatbindung paralysiert wird. Das kann sich allerdings kaum bei der Basenversorgung der Pflanzen bemerkbar machen, *aber desto mehr bei der Lösung der Bodenphosphate.*

Es kann kaum einem Zweifel unterliegen, daß in dieser Paralysierung der H-Produktion der Kulturgewächse, die ja gewisse Maximalwerte nicht überschreiten kann, der Grund der auffallend schlechten Phosphorsäureaufnahme bei besonders kalkreichen Böden liegt, die sich in *mangelhafter Kornbildung* bei sonst guter vegetativer Entwicklung auswirkt.

So erklären sich auch die sehr merkwürdigen Befunde, daß NEUBAUER-*Analysen auf alkalischen Böden,* auch dann, wenn die Pflanzen noch gut entwickelt sind, fast ausnahmslos, trotzdem die Böden so phosphorsäurereich sind, daß sie auf P_2O_5-Düngung überhaupt nicht reagieren, *entweder überhaupt kein P_2O_5 oder gar negative Werte anzeigen,* wofür die von VAGELER und ALTEN mitgeteilten Analysenwerte von Böden des Sudan und Ägyptens zahlreiche Beispiele geben (12, Teil IV—VIII). Die große Unzuverlässigkeit der NEUBAUER-Methode bei extremen Böden, soweit es sich um die P_2O_5 handelt, findet damit ihre Begründung.

Es ist bisher erst die Frage erörtert worden, auf welche Weise das von außen zugeführte H in die Sorptionskomplexe des Bodens eintritt. Nicht minder wichtig aber ist für das Verständnis der ganzen Sachlage die entgegengesetzte Frage, *auf welche Weise es aus den Komplexen in die Bodenlösung gerät* und damit ihre saure Reaktion hervorruft, d. h., wie die beobachtbare *Azidität der Böden überhaupt entsteht.*

Hier zeigt die Entwicklung der Auffassungen von der älteren auf die neuere Zeit einen Wandel, der nicht als ein Fortschritt, sondern sogar als ein ganz ausgesprochener Rückschritt zu betrachten ist.

Als herrschend kann man heute die Anschauung von PAGE, HISSINK, WIEGNER, OSUGI u. a. bezeichnen (204, S. 122), die sämtliche Säureerscheinungen bei Böden und austauschenden Silikaten auf das *Wasserstoffion* zurückführt unter der Annahme, daß das als Austauschazidität zu beobachtende Aluminium und evtl.

Eisen erst *sekundär* in die Bodenlösungen gelangen, indem das durch Neutralsalze ausgetauschte H Säure bildet und diese erst das Aluminium löst. KAPPEN vertrat demgegenüber lange Zeit den oben dargelegten und geteilten Standpunkt, daß für die Austauschazidität *ionogen gebundenes Al* und evtl. Fe verantwortlich zu machen ist, das sich beim Austausch gegen Neutralsalz-Kationen genau wie jedes andere Kation außer H verhält. Erst in neuester Zeit hat, man darf sagen, leider, KAPPEN (204, S. 132) diesen Standpunkt zugunsten der ersten Auffassung stark eingeschränkt.

Der Grund dieser Meinungsänderung sind Entbasungsversuche an Permutiten mit Hilfe der Elektrodialyse, bei welchen das einwirkende H-Ion bei Permutiten neben einer nach Obigem selbstverständlichen Restazidität, d. h. freien Azidoiden, und zwar Permutitsäuren, auch starke Austauschazidität erzeugt hat.

Da nach den Versuchen von KAPPEN und WOLL (204, S. 132) u. a. diese Bildung von Austauschazidität bei Reaktionen des Systemes zustande gekommen ist, die noch weit alkalischer sind, als es dem Existenzbereich der Aluminiumsalze entspricht, kommt ein Aluminiumeintausch aus Salzen hier nicht in Frage.

Es ist bereits oben auseinandergesetzt, daß ein solcher aber auch durchaus *keine Vorbedingung* für das Entstehen von Austauschazidität bildet, *da bei der Zerlegung von Permutiten und Bodenmaterial durch starke Entbasung notwendigerweise auch Al-Atome in ionogene Stellung gedrängt werden müssen.* Diese Versuche beweisen also letzten Endes gegen die ionogene Bindung des Al in Austauschkomplexen nichts.

Es ist eine bekannte Erscheinung, daß man mit Aluminiumsalzlösungen Basen aus Böden und Permutiten in genau derselben Weise freimachen kann, wie es mit Neutralsalzen der Fall ist. Versuche im Institut für Agrikulturchemie der landwirtschaftlichen Hochschule Berlin ergaben z. B. die folgenden Resultate:

Austausch eines Na-Ca-Permutites mit $T = 468$ Milliäquivalent gegen $AlCl_3$

n-$AlCl_3$	$T_{Al} = 632{,}0$	$q = 1{,}08$
n/$_{10}$-$AlCl_3$ . . .	$T_{Al} = 692{,}0$	$q = 1{,}115$

Die erhaltenen Al-Permutite wurden ihrerseits nach Auswaschen mit KCl behandelt und ergaben

2 n-KCl	$T_K = 472{,}0$	$q = 1{,}181$
n-KCl	$T_K = 470{,}0$	$q = 1{,}25$

wobei dem *K* genähert äquivalente Mengen Al in der Lösung auftraten.

Der Austausch hatte sich also nur auf einen *Teil* des eingelagerten Al bezogen hier aber in einem dem ursprünglichen Permutit-*T* entsprechenden Umfange. Ein Teil des Al in Höhe von 160 bzw. 222 Milliäquivalent nahm an dem Austausch nicht mehr teil, wie man wohl mit Sicherheit annehmen kann, weil er als $AlOH_3$ ausgeschieden war, das in KCl nur in kleinen Mengen in Lösung geht.

Obwohl das Reaktionsbild durch die $Al(OH)_3$-Ausscheidung, auf welche TRÉNEL (222) besonders aufmerksam macht, kompliziert ist, ist der Charakter des Vorganges als typische Umtauscherscheinung kaum zu bezweifeln. *Damit erledigt sich,* auch *angesichts der Tatsache der Existenz nur austauschsaurer neben nur Restazidität aufweisenden Böden,* die Frage der *Möglichkeit ionogener Bindung auch der dreiwertigen Elemente in Komplexen* und ihrer normalen Beteiligung am Umtausch *in bejahendem Sinne,* entsprechend den ursprünglichen Anschauungen KAPPENS.

Es ist elektrochemisch auch beim besten Willen nicht einzusehen, warum sich ein Kation, das nachgewiesenermaßen als Elektrolyt im Boden vorkommt, vollkommen anders verhalten soll als alle anderen und warum man für das Auftreten von Al im Austausch gegen Kationen den Umweg über das H-Ion als erforderlich halten soll.

Ganz abgesehen davon, daß der komplizierte Weg in der Regel nicht der zutreffende ist, würde die von PAGE u. a. geforderte H-Ionenverdrängung durch K und sekundäre Lösung von $Al(OH)_3$, d. h. die auch nur weitgehende Umwandlung einer kaum dissoziierten Säure in ihr Salz durch Behandlung mit einem Neutralsalz, gegen den ersten Wärmesatz verstoßen und ein in der ganzen Chemie beispiellos dastehender Vorgang sein, tatsächlich ein Perpetuum mobile erster Ordnung, wie wohl nicht besonders erläutert zu werden braucht.

Jede experimentelle Untersuchung nur Restazidität besitzender Mineralböden und teilweise entbaster, aber noch nicht zerfallener Permutite spricht schärfstens dagegen. Die bei der Behandlung mit Neutralsalzen ausgetauschten Mengen H-Ion sind so minimal, wie schon JENNY (223) und in neuester Zeit WIEGNER und PALLMANN (224) und *Gruner* (s. o. Seite 145) nachgewiesen haben, daß sie sich nur durch p_H-Messungen nachweisen lassen, die die titrimetrische Bestimmung an Feinheit um ein Vielfaches übertreffen.

Die letztgenannten Autoren teilen z. B. die folgenden Daten für den *H-Ionenaustausch gegen Na* in Form von NaCl bei Verwendung von sog. „englischem Wasserstoffton" mit:

Zusatz von NaCl Milliaquival. in 100 cm³	Wasserstoffionenkonzentration des Dispersionsmittels
0,0	$2{,}3 \cdot 10^{-6}$
0,3	$26{,}9 \cdot 10^{-6}$
2,0	$49{,}2 \cdot 10^{-6}$
10,0	$64{,}1 \cdot 10^{-6}$

Angewandt waren jeweils 0,218 g Ton. Die je 100 g Ton einwirkende Na-Menge entsprach also rund 138—920—4600 Milliäquivalent Na, die eingetauschte Menge 0,011—0,021—0,028 Milliäquivalent H. Es berechnet sich daraus als $T_H = 0{,}030$ Milliäquivalent mit einem $q = 13800$. Die Kleinheit von T und die Größe von q_H entsprechen der Kleinheit der Konstanten k und $^1/n$ in der FREUNDLICHschen Gleichung, die WIEGNER als $1{,}2369 \cdot 10^{-4}$ bzw. 0,2684 angibt.

Die aus der elektrochemischen Theorie der Sorptionsvorgänge sich ergebende Anschauung, daß das H der anorganischen Azidoide praktisch übergaupt nicht austauschbar ist, wird durch den ganz enormen q-Wert in vollem Umfange bestätigt in Übereinstimmung mit den Resultaten GRUNERS (s. Seite 145). Die von russischen Forschern behauptete Bestimmbarkeit des H der Böden durch Behandlung mit $BaCl_2$ ist mindestens insoweit undurchführbar, als es sich um die *Gesamtmenge* des H handelt. Daß durch Ba etwas größere Mengen in Freiheit gesetzt werden können als durch einwertige Kationen, soll nicht bezweifelt werden. Von der Möglichkeit einer quantitativen Verdrängung kann aber gar keine Rede sein, da das q im günstigsten Falle nur auf rund 2500, also einen immer noch ungeheuren Wert sinken kann, der jede genaue Messung völlig illusorisch macht.

Es bestätigt sich damit theoretisch die praktisch anerkannte Unmöglichkeit des Auftretens nennenswerter Neutralsalzzersetzung durch anorganische Azidoide.

Leider liegen Messungen an Humusstoffen über die Verdrängung von H durch Neutralsalze bei Zusatz steigender Salzmengen nicht in auswertbarer Form vor. Die an Einzelpunkten beobachtete Größenordnung des Austausches gegen Chlorid und Sulfatlösungen sind Milliäquivalente, womit das H der Humusazidoide, wie es auch nicht anders zu erwarten war, sich eng den sonstigen Kationen anschließt, obwohl es immer noch relativ schwer verdrängbar ist. Der q-Wert dürfte schätzungsweise zwischen 100 und 250 liegen.

Daß sich bei Humussäuren ein sehr *starker Konzentrationseinfluß beim H-Austausch* bemerkbar machen muß, ist eine Folgerung der elektrochemischen Theorie, die durch KAPPEN (204, S. 140) auch experimentell erhärtet ist.

Das im ganzen sich ergebende Bild der Aziditäten entspricht in allen Punkten dem, was nach der elektrochemischen Theorie zu erwarten war. Praktisch ergeben sich daraus zwei Folgerungen:

Die erste Folgerung liegt in analytischer Richtung und läßt sich so formulieren, daß es unmöglich ist, mit Neutralsalzen einen T-Wert zu bestimmen. Abgesehen von einer möglichen Verfälschung der Basenwerte durch H beim Vorliegen großer Mengen saurer Humusstoffe findet man bei der Behandlung eines Bodens mit Neutralsalzen durchaus nicht T, sondern nur die Summe der Basen und der Erdalkalien und des Eisens in der Lösung, da nur diese, nicht aber H, sich durch andere Kationen verdrängen lassen. Da Böden oberhalb 5,8—5,5 p_H nennenswerte Austauschazidität nicht besitzen, findet man bei der Behandlung derartiger Böden mit Neutralsalzen zu analytischen Zwecken nur S und das zugehörige q. Bei sauren Böden dagegen erhält man, evtl. durch etwas H verfälscht, die Summe S + Al. Inwiefern diesen Umständen Rechnung zu tragen ist, wird bei der Besprechung der Analysenmethoden erörtert werden.

Die zweite Folgerung ist praktischer Natur. Die trotz aller großen Schwankungen der Reaktionsansprüche der Kulturpflanzen sich ergebende Existenz eines optimalen Reaktionsgebietes des Wachstumes jeder einzelnen Pflanze stellt für den Landwirt die Aufgabe, zur bestmöglichen Nutzung seiner Produktionsmittel in seinen Böden dieses optimale Reaktionsgebiet herzustellen, wobei es je nach den örtlichen Verhältnissen von der sauren oder der alkalischen Seite erreicht werden muß.

Wie sich aus den vorhergehenden Betrachtungen ergibt, ist die Reaktion eines Bodens letzten Endes der Ausdruck seines Sättigungszustandes, d. h. des Verhältnisses des mit Basen und des mit H bzw. Al belegten Anteiles seiner Komplexe. Diese Folgerung ist so selbstverständlich, daß es sich fast erübrigt, sie noch zu belegen, besonders da dieser Zusammenhang schon von vielen Seiten ausdrücklich betont ist. So weisen z. B. ganz neuerlich auf Grund umfassender Untersuchungen BRAY und DE TURK (225) auf die bestehenden Zusammenhänge: *eine allerdings in weiten Grenzen schwankende Proportionalität des Sättigungsgrades V mit der p_H-Ziffer hin.* Die Autoren bemerken dazu: „Die Breite der Kurve (d. h. die Streuung der Werte) deutet indessen darauf hin, daß unsere heutigen Untersuchungsmethoden nicht genugend fein sind oder auch, daß andere Faktoren, die die Beziehung (zwischen V und p_H-Ziffer) beeinflussen, nicht berücksichtigt sind. Ein Unterschied in der Zusammensetzung der Sorptionskomplexe in den verschiedenen Bodentypen oder die Gegenwart von Ca- oder Mg-Salzen organischer Säuren in der benutzten Lösung würden, wenn sie vorhanden sind, die Breite der Kurve vermehren. Im allgemeinen ist die Korrelation zwischen p_H und dem Sättigungsgrad besser in den Böden, die zu mehr als 60% gesättigt sind, als in den weniger gesättigten Böden."

Mit der Betonung der Verschiedenheit der Komplexzusammensetzung als Grund mangelnder allgemeiner Proportionalität zwischen p_H und V wird in der Tat vom elektrochemischen Standpunkt aus der wichtigste Punkt des Problemes berührt. Die Auswirkung eines bestimmten Sättigungsgrades in der Reaktion des ganzen Systemes muß ja weitgehend *von dem Dissoziationsgrade der Kolloidelektrolyten* abhängen und vor allem auch von ihrer Tendenz zu hydrolytischer Spaltung, die je nachdem es sich um einwertige Kationen und besonders Na oder um zweiwertige Kationen, ferner im Falle des H um anorganische oder organische Makroanionen handelt, eine ganz verschiedene ist.

Eine vollkommene Proportionalität zwischen p_H und Sättigungsgrad ist theoretisch nicht zu erwarten, und zwar am allerwenigsten dann, wenn in einem Boden der Äquivalenzpunkt des H-Ions bereits überschritten ist, weil dann die geringsten

Unterschiede der prozentischen Beteiligung von Na und Ca, um nur die wichtigsten Kationen zu nennen, sich verschärft auswirken müssen.

Der Äquivalenzpunkt des H-Eintausches bei mittleren Böden liegt bei einem q-Wert des H von durchschnittlich 0,6 bei $x = T(1 - 0{,}6)$, also $x = 0{,}4\,T$. Das entspricht genau 60% der Basensättigung, wie die genannten Autoren es als Ergebnis ihrer Untersuchungen finden.

Auf die Einzelheiten, die zur Erreichung einer gewünschten Bodenreaktion, d. h. einer bestimmten Basenanreicherung oder Entbasung im Boden zu beachten sind, wird an anderer Stelle einzugehen sein. Hier bleibt nur noch die Frage zu berühren, welche allgemeinen Gesichtspunkte für die Mengenbemessung der dem Boden zuzuführenden basischen oder sauren Substanzen in Frage kommen.

Bereits oben ist die *Pufferung* erwähnt, als die Eigenschaft der Böden, gegen aufgezwungene Reaktionsänderungen Widerstand zu leisten.

Der Begriff der Pufferung stammt aus der physiologischen Chemie. Man verstand darunter ursprünglich die Widerstandsfähigkeit eines Systemes gegen Reaktionsverschiebungen, die durch Gemische von schwachen Säuren und ihren Salzen gemäß dem Massenwirkungsgesetz hervorgebracht wird (205). KAPPEN bezeichnet diese Art der Pufferung treffend als *Pufferung durch Dissoziationsverschiebung*. Eine solche kommt im alten Sinne im Boden wesentlich nur für das System freie Kohlensäure—Bikarbonat in Frage, das aber nur bei mittleren Reaktionen in der Nähe des Neutralpunktes die Bodenreaktion beherrscht. Daß auch Phosphate und evtl. organische Substanzen an diesem im strengen Wortsinne Pufferung zu nennenden Vorgange beteiligt sind, ist nicht von der Hand zu weisen. Aber ihm einen großen Einfluß einzuräumen liegt deswegen kein Grund vor, *weil sich die als Pufferung im Boden zu beobachtenden Erscheinungen restlos aus dem Kationenaustausch* erklären, wie KAPPEN es mit Recht behauptet (204, S. 75), wobei die Entstehung von Aluminiumsalzen bei sehr sauren Bodenreaktionen als Ergebnis der Zersetzung von zeolithischen Komplexen in der gleichen Richtung wirkt.

Wie auseinandergesetzt ist, ist, von ganz extremen Fällen abgesehen, jeder Boden ein Gemisch freier Azidoide und im Falle der Alkalisalze stark dissoziierter Kolloidsalze. D. h., er muß sowohl durch seine Azidoidanteile Basen, wie jede andere Säure auch, neutralisieren können, und auf der anderen Seite Säuren durch Eintausch des Wasserstoffions und Entstehung von Azidoid absättigen. Beides erfolgt wegen der Trägheit der Makroanionen nicht nach dem gewöhnlichen Massenwirkungsgesetz, sondern nach den Austauschgesetzen, woraus folgt, daß die *Widerstandsfähigkeit oder umgekehrt die Nachgiebigkeit eines Bodens gegen Reaktionsänderungen im Einzelfalle vollkommen nicht nur vom Sättigungszustande V, sondern auch von der Art der Komplexbelegungen im Gleichgewicht mit der Bodenlösung abhängig sein muß*. Diese Zusammenhänge sind oben bereits so eingehend erörtert, daß eine Wiederholung sich erübrigt.

Es läßt sich a priori sagen, daß bezüglich des Pufferungsvermögens wiederum der q-Wert des Eintausches des H oder des OH-Ions, wie man ersteren sehr leicht durch Zusatz steigender Mengen von Säure zum Boden bestimmen kann, von ausschlaggebender Bedeutung sein muß. Bei q-Werten unterhalb 1 muß die Pufferung groß, bei solchen oberhalb 1 in steigendem Maße kleiner sein, um bei sehr großen q-Werten praktisch ganz zu verschwinden. Wie sehr diese zu erwartenden Beziehungen hinsichtlich des H-Ions zutreffen, hat bereits die oben mitgeteilte Tabelle auf S. 65 gezeigt, auf die daher verwiesen werden kann. Bis zum Äquivalenzpunkt ist trotz sehr starker Säurezusätze die Reaktionsveränderung gering, um dann nach Überschreitung dieses Punktes großes Ausmaß anzunehmen.

Daß diese Annahme auch für das OH-Ion zutrifft, ist wahrscheinlich. Leider muß es als ausgeschlossen betrachtet werden, einstweilen mindestens, in dieser Richtung zuverlässiges Zahlenmaterial zu erhalten. Denn in noch viel stärkerem Maße als bei Verwendung von Säuren setzt bei Verwendung von Alkalilaugen die lösende Wirkung, d. h. die Salzbildung, und bei Verwendung von Hydroxyden der alkalischen Erden die Klammerwirkung ein, die alles andere überdeckt. Bei Verwendung hydrolytisch spaltender Salze ist die lösende Wirkung bei Alkalisalzen in der Kälte relativ gering, die Klammerwirkung der zweiwertigen Kationen aber schon recht merkbar und der Grund, warum man mit Ca-Azetat regelmäßig höhere Werte der hydrolytischen Azidität als mit Natriumazetat findet. Rein läßt sich der Bestand an H-Ion in den Komplexen nicht ermitteln und ebensowenig ein sicherer q-Wert des OH, der beim Azetat durch das Anion verändert wird.

Das Pufferungsvermögen der Böden ist auf verschiedene Weise auszudrücken. Es läßt sich nach O. Arrhenius (203) als Differenz der Reaktionszahlen bei Säure- und Laugezusatz zum Boden bestimmen, wobei als Maß des Pufferungsvermögens die Menge Säure oder Base in Kubikzentimeter $^1/_{10}$-Lösung angegeben wird, die zur Änderung der Bodenreaktionen um eine Einheit nötig ist oder aber umgekehrt die Änderung der Reaktionszahlen, die durch die Einheit Säure- oder Laugezusatz erzielt wird Dieser Ausdrucksweise des Pufferungsvermögens liegt, wie Kappen im Anschluß an Brenner (226) nachgewiesen hat, die verkehrte Anschauung zugrunde, daß die *Differenzen der Logarithmen*, d. h. der p_H-Zahlen, als Maßstab der Pufferung zu betrachten sind. Zulässig als Maß der Pufferung sind nur die Wasserstoffionenkonzentrationen, d. h. die h-Ziffern selbst (s. o.).

Jensen (227) hat, ebenfalls unter Benutzung der p_H-Werte, ein Verfahren zur Ermittlung der Pufferung im Vergleich zu einer Grundkurve eines gar nicht puffernden Bodens ausgearbeitet und gibt die Pufferung in Quadratzentimeter der sog. *Pufferfläche* zwischen den beiden Kurven an. Für praktische Zwecke, d. h. die Bemessung der einem Boden zur Erreichung einer bestimmten Reaktion zuzuführenden Menge basischer oder saurer Stoffe hat die Diskussion der verschiedenen Arten des Ausdruckes der Pufferung, die in den letzten Jahren eine sehr rege gewesen ist, nur geringen Wert. Wichtig ist in dieser Hinsicht nur die die Grundlage aller Pufferungsmessungen bildende *Neutralisationskurve der Böden*, aus der sich experimentell die Säure- oder Basenmenge entnehmen läßt, die *im Laboratorium* einem Boden je Gewichtseinheit zuzuführen ist, um eine bestimmte Reaktionsziffer zu erreichen. Inwiefern diese Feststellungen bei Kenntnis der q-Werte der einzelnen Kationen zu entbehren sind oder spezielle Methoden erforderlich bleiben, wird an anderer Stelle zu untersuchen sein.

Daß ganz allgemein die im Laboratorium gefundenen Werte nur mit Vorsicht auf den Boden in der Natur zu übertragen sind, sei schon hier betont. Das gilt im besonderen Maße für die meist gebrauchten Meliorationsmittel: Kalk und Dolomit, bei welchen wegen ihrer schweren, auch von der Korngröße des Materiales mitbedingten Löslichkeit bzw. der als Vorbedingung ihrer Wirkung in Frage kommenden Umsetzung in Bikarbonat, die *Niederschlagsverhältnisse* als die zur Lösung verfügbare Wassermenge ergebender Faktor und der CO_2 liefernde Gehalt an zersetzbaren organischen Substanzen mit in Rechnung zu ziehen sind. Ist man in der Lage, mit leichtlöslichen Substanzen zu arbeiten, wie z. B. beim Ansäuern von Boden mit Schwefelsäure, usw., so wird allerdings die Übertragung der im Laboratorium ermittelten Werte auf das Feld zu einem an der Hand der Neutralisationskurve und der Austauschgleichungen leicht zu lösenden Rechenexempel, das auch gestattet, sekundäre Veränderungen tieferer Bodenschichten unter dem Einfluß der durch die Behandlung der Oberflächenschichten mobilisierten Kationen im voraus in weitem Umfange zu übersehen.

Auf einen Umstand ist zum Schlusse noch aufmerksam zu machen:

Al, d. h. durch Neutralsalzlösungen mobilisierbare Austauschazidität, kann, da das Al Austauschwerte des q besitzt, die in derselben Größenordnung wie die der anderen Kationen liegen, ebenso wie in den Lösungen auch in den Komplexen in nennenswerter Menge nur in gewissen Grenzen der Reaktion möglich sein. Bei jeder alkalischen Reaktion, d. h. bei p_H-Ziffern über 7,0, besteht eine Möglichkeit des Auftretens für Al in den Komplexen nicht mehr, da ausgetauschtes Al nur noch als Anion, aber nicht mehr als Kation in der Lösung möglich ist, was gleichbedeutend ist mit seinem *Verschwinden* als Kation aus der Lösung. Das bedeutet aber wiederum eine *Verschiebung des Kationengleichgewichtes* zwischen Komplex und Lösung, die nicht früher ihr Ende und damit das Gleichgewicht erreicht, bis alles Al aus den Komplexen verschwunden ist. Alle alkalischen Böden können unter keinen Umständen auch nur Spuren von Al in ihren Komplexen besitzen, während es, wie gezeigt, sehr wohl als Anion in der Bodenlösung vorkommen kann und auch, wenn diese viel Alkalien enthält, tatsächlich vorkommt. Unterhalb des Neutralpunktes p_H 7,0 ist es theoretisch existenzfähig. Irgendwie nennenswert können die zu beobachtenden Austauschaziditäten aber erst unterhalb einer p_H-Ziffer von 5,5 werden, die die Fällungsgrenze der Aluminiumsalze bedeutet. Im Gebiet zwischen 7,0 und 5,5 p_H spielt sich notwendig ein wie oben bei alkalischer Reaktion geschilderter analoger Prozeß ab. Zwar verschwindet das ausgetauschte Al nicht durch die Verwandlung des Kations in das Anion, wohl aber fällt es aus den entstehenden Salzen praktisch vollständig als $Al(OH)_3$ aus. *Erst unterhalb von p_H 5,5 sind also nennenswerte Austauschaziditäten zu erwarten.* Die theoretische Forderung wird durch die praktische Beobachtung an Böden in vollem Umfange bestätigt, wie insbesondere die Arbeiten von GOY (217) erwiesen haben, wobei allerdings zu berücksichtigen ist, daß in einem so stark gepufferten System, wie es die Böden sind, jede potentiometrische Titration oder Verwendung von Indikatoren zu nur mit Vorsicht zu gebrauchenden Werten führt.

4. Alkalien und alkalische Erden als Bausteine von Bodenlösungen und Bodenkomplexen.

Die bisherigen Betrachtungen waren darum verhältnismäßig einfach, weil es in gewissen Grenzen möglich war, das H-Ion der Gesamtmenge der sonstigen in den Komplexen und Lösungen anwesenden Kationen als Ganzes gegenüberzustellen, woraus sich die besprochene Abhängigkeit der Reaktion des Systemes vom Sättigungszustande der Komplexe in agrikulturchemischer Ausdrucksweise ergab.

Es war möglich, eine bestimmte Reaktion der Bodenlösung wenigstens genähert mit einem bestimmten Sättigungszustande der Komplexbelegungen in Beziehung zu setzen, worauf letzten Endes die Praxis und Theorie der chemischen Bodenmeliorationsmittel basieren.

Bei der Betrachtung des gesättigten Komplexanteiles und seines Gegengewichtes in der Bodenlösung läßt sich eine solche einheitliche Behandlung nicht mehr durchführen. Wie die mitgeteilten Analysen zeigen, sind, auch wenn man von organischen Substanzen, NH_4 usw. sowie den Anionen absieht, in den Komplexen außer H und Al mindestens 4, in den Lösungen mindestens 3 Kationen an den Gleichgewichten beteiligt. Auch ohne Berücksichtigung der individuellen Verschiedenheit der Makroanionen und der Verschiebung der q-Werte der einzelnen Kationen mit ihrer prozentischen Beteiligung an Komplexen und Lösung handelt es sich also um ein *Vielkörperproblem*, das sich a priori einstweilen jedenfalls nicht überblicken läßt. Anders ausgedrückt: *Es ist vollkommen unmöglich, etwa aus der Zusammensetzung der Komplexe auf ihre Gleichgewichtslösung oder umgekehrt aus der Gleichgewichtslösung im Boden auf die Art und Größe der Komplexe irgendwelche begründete Schlüsse zu ziehen.*

Die Komplexe sind nicht, wie ältere Anschauungen es vertreten, ein Regulator der Bodenlösung, mindestens nicht im Hinblick auf deren Konzentration. Sie dienen nur dem Ausgleich der Ionenverhältnisse untereinander, die allerdings in der Bodenlösung mit Konzentrationsänderungen, die die Löslichkeitsgrenzen, speziell der Kalziumverbindungen, unterschreiten, wesentliche Verschiebungen erfahren, wie sofort zu erörtern sein wird. *Vor allem sind die Komplexe nicht etwa,* wie es vielfach stillschweigend angenommen wird, in gewissem Sinne *ein Spiegelbild der Bodenlösungen,* sondern können nicht nur, sondern müssen in der Regel, wie schon die oben mitgeteilte Tabelle der Bodentypen zeigt, eine vollständig andere Zusammensetzung als diese haben.

Es ist nicht überflüssig, das letztere noch durch einige besonders krasse Beispiele, deren Zahl sich beliebig vermehren läßt, zu illustrieren:

Prozentische Zusammensetzung in Milliäquivalent von Bodenlosung und Komplexen, bezogen auf die Äquivalentsumme.

		Na %	K %	Mg %	Ca %
Nr. 01	Bodenlosung	54	4	—	42
	Komplex	2	3	28	67
Nr. 07	Bodenlosung	50	1	16	33
	Komplex	[illegible]	2	30	68
Nr. 02	Bodenlosung	93	1	—	6
	Komplex	16	1	31	52

Es ist bei diesen Analysenziffern im Auge zu behalten, daß sie die Totalmenge der löslichen Salze geben, d. h. die Zusammensetzung der Bodenlösung bei großem Wasserüberschuß. Daß bei geringen Wassermengen im Boden, wie oben bereits angedeutet ist, das Verhältnis der einwertigen zu den zweiwertigen Basen in der Bodenlösung noch weiter zugunsten der einwertigen bezüglich der prozentischen Zusammensetzung der Gleichgewichtslösung sich verschieben muß, liegt auf der Hand, ebenso, daß eine solche Verschiebung auch die Einstellung neuer Gleichgewichte zur Folge haben muß.

a) Die Zusammensetzung der Bodenlösungen.

Kalziumkarbonat $CaCO_3$ ist in reinem Wasser nur in verschwindenden Mengen (1,3—1,5 mg je 100 cm³ Wasser bei 18° C) löslich. Dagegen löst es sich in CO_2-haltigem Wasser, wie es im Boden ausnahmslos vorliegt, in erheblichen Mengen auf. CO_2 bildet mit dem Wasser H_2CO_3. Dieses setzt sich mit den zunächst nur in sehr geringer Konzentration in der Lösung vorhandenen CO_3-Ionen um nach der Gleichung:

$$H_2CO_3 + CO_3 = 2\,HCO_3,$$

d. h. es verschwinden CO_3-Ionen aus der Lösung. Das Löslichkeitsprodukt des $CaCO_3$ wird unterschritten und neue Mengen können in Lösung gehen, in welcher sich die Ionen des Salzes $Ca\,(HCO_3)_2$, d. h. des *Bikarbonates,* finden. Bei rund 0,98 at Partialdruck des CO_2 lösen sich bei 16° im Liter rund 21,7 Milliäquivalente Ca, also beträchtliche Mengen.

Derartige Partialdrucke des CO_2 bestehen nun allerdings im Boden nicht. Der Kohlensäuregehalt der Bodenluft ist eine ständig wechselnde Größe (s. u.). Da jedem Wechsel des Partialdruckes der CO_2 auch ein Wechsel der Löslichkeit des $CaCO_3$ entspricht, auch bei gleichbleibender Wassermenge, erklärt sich daraus die bemerkenswert große *Tendenz des $CaCO_3$ zur Bildung von Aggregaten und Konkretionen* im Boden bei prinzipiell großer Beweglichkeit. Nach WIEGNER (233) besteht zwischen dem Kohlensäuregehalt der Bodenluft und dem in 100 cm³ Wasser löslichen $CaCO_3$-Mengen umgerechnet auf Milliäquivalent Ca die folgende Beziehung:

CO_2-Gehalt der Luft in Vol.-Proz.	Gelöste M. Äquivalent Ca je 100 cm³ H_2O	*p*H	Bemerkungen
0,00	0,026	10,23	Reines Wasser
0,03	**0,127**	8,48	Mittlerer CO_2-Gehalt der Bodenluft
0,30	**0,266**	7,81	
1,00	**0,406**	7,47	Hoher CO_2-Gehalt der Bodenluft
10,00	0,940	8,80	
100,00	2,198	6,13	

In kalziumkarbonathaltigen Böden muß jede Abnahme des Partialdruckes der CO_2 in der Bodenluft bei nennenswertem Feuchtigkeitsgehalt des Bodens die sofortige Ausscheidung von $CaCO_3$ zur Folge haben. Solche Änderungen des Partialdruckes treten im Boden in erster Linie in Oberflächennähe ein, ferner aber um Wurzelröhren, Risse und Spalten, die irgendwie die Zirkulation der Luft erleichtern, während sie gleichzeitig infolge der in ihnen stärkeren Verdunstung den Zustrom salzbeladenen Bodenwassers veranlassen. Man findet daher besonders in ariden Gegenden oft mächtige Kalkhorizonte in je nach der Bodenart verschiedener Bodentiefe und sog. Steppenkalk und kugelige kleine Konkretionen in Massen in und unmittelbar unter der Bodenoberfläche. Um Wurzelröhren und Spalten entwickeln sich die sog. Lößkindel. *Da solche Konkretionsbildungen wegen der großen Verringerung des Dispersionsgrades des $CaCO_3$, die sie bedeuten, sehr schwer angreifbar sind, kann sich unter Umständen in ihnen fast der gesamte $CaCO_3$-Gehalt von Bodenschichten unter Verarmung des Restes konzentrieren.* Auf den Zusammenhang des CO_2-Gehaltes der Luft, des Gehaltes an gelösten $CaCO_3$ im Wasser und der Reaktionszahlen als Beispiel der *Pufferung* sei hier nur hingewiesen.

Für die analytische Technik folgt aus der Abhängigkeit der $CaCO_3$-Löslichkeit von der CO_2-Konzentration, daß es *praktisch nicht möglich ist, den löslichen Bikarbonatgehalt eines Bodens*, so wie er in der Natur vorliegt, *zu erfassen*. Es ist kein Verfahren denkbar, um im Laboratorium den Verhältnissen im Boden in vollem Umfange gerecht zu werden, d. h. jemals den momentanen Gehalt an Ca-Ion als Bikarbonat in der Bodenlösung mit Sicherheit zu bestimmen. Eine solche Bestimmung ist aber auch gegenstandslos, weil außer dem CO_2-Gehalt ständig der *Wassergehalt* im Boden wechselt und damit ein zweiter die Menge des *löslichen* $CaCO_3$ beeinflussender Faktor.

Bei hohem Gehalt der Bodenluft an CO_2 werden nach WIEGNER (s. o.) rund 0,4 Milliäquivalent Ca je 100 cm³ Wasser gelöst. In einem Boden von der Hygroskopizität 12 und der minimalen Wasserkapazität 55% je 100 g Trockensubstanz sind bei Sättigung bis zur minimalen Wasserkapazität für die Lösung vorhandener Bodensalze 43 cm³ Wasser verfügbar. Auch beim größten Überschuß an $CaCO_3$ und Kohlensäure können also unter keinen Umständen mehr als $43 \cdot 0{,}004 = 0{,}172$ Milliäquivalent Ca in Form von Bikarbonat in der Bodenlösung sich finden. Sinkt der Wassergehalt unter sonst gleichbleibenden Bedingungen, so wird entsprechend die in Lösung befindliche Menge Ca-Ion immer geringer und *damit sinkt auch in der Bodenlösung gegenüber den leicht löslichen Alkalisalzen ihr prozentischer Anteil.*

Genau das gleiche gilt für die zweite Hauptform, in welcher das Ca in Salzform in den Böden, namentlich der wärmeren und trockneren Klimate, in großem Umfange auftritt: den *Gips* $CaSO_4 \cdot 2\,H_2O$.

Die Löslichkeit des Gipses ist nicht ganz sicher festzustellen, da sich die Korngröße des Bodenkörpers dabei sehr bemerkbar macht. Bei 18° C lösen sich nach KOHLRAUSCH im Mittel 0,202 g in 100 cm³ Wasser entsprechend 2,34 Milliäquivalent Ca. Das Maximum der Löslichkeit liegt zwischen 30 und 40° C und ist auf rund 3,0 Milliäquivalent Ca je 100 cm³ Wasser zu schätzen. Die Löslichkeit des Gipses ist damit rund siebenmal so groß als die des $CaCO_3$, aber trotzdem immer noch so klein, daß im Prinzip für den Gipsgehalt des Bodens dieselben Gesichtspunkte gelten wie für den Gehalt an Kalkkarbonat. *Auch der Gips unterliegt der bei ihm allerdings kristallinischen Ausscheidung in Horizonten wie das $CaCO_3$*, aus welchem er in Sümpfen und Mooren durch die bei der Zersetzung der organischen Substanzen freiwerdende Schwefelsäure in weitem Umfange entsteht.

So gehen die Gipshorizonte der Böden der Gezira (12, Teil V und VI) im Sudan, der persischen Salzwüsten, der Küstenmoore tropischer und subtropischer Meere, um nur einige wenige Beispiele zu nennen, mit Sicherheit auf diesen Umsatz zurück. Eine Vorstellung von der Art der Verteilung der beiden Kalksalze im Bodenprofil gibt die nebenstehende Abb. 22. *Auch für den Gips gilt die Tendenz des Ca-Ions, sich bei Konzentrierung der Bodenlösung, d. h. bei Abnahme des Bodenwassers, prozentisch zu verringern und damit in der Bodenlösung gegenüber den Alkalien in den Hintergrund zu treten.*

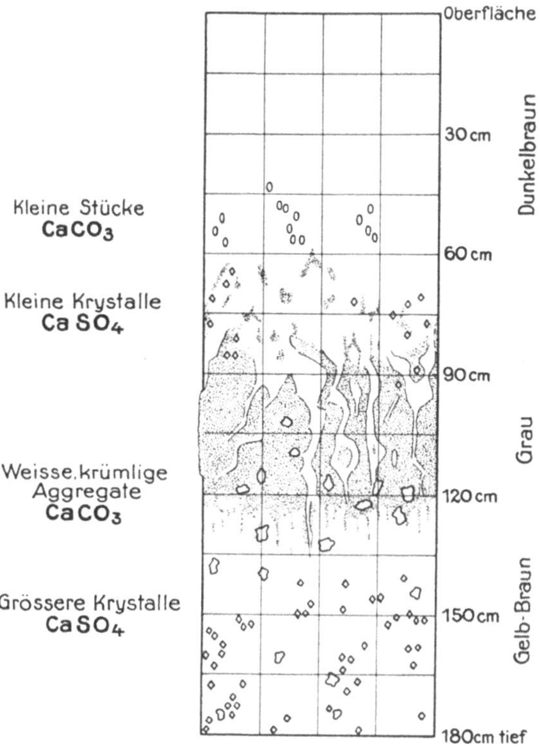

Abb 22. Profil eines ariden Tonbodens (nach GREENE.)

Das gilt für $CaCl_2$, das in Böden vorkommt, die marinen Ursprungs sind oder lange unter dem Einfluß des Seewassers gestanden haben, nicht. Dieses Salz ist praktisch unbeschränkt löslich. Es ist aber sehr fraglich, ob es bei den Bodenprozessen, selbst wenn es gelegentlich als Meliorationsmittel in größeren Mengen zugeführt wird, eine große Rolle spielen kann, da es in Böden kaum längere Zeit bestandfähig ist. Denn bei Anwesenheit von Sulfaten und Karbonaten des Mg und der Alkalien, wie sie in keinem Boden, der $CaCl_2$ überhaupt enthalten kann, fehlen, muß es sich sehr bald seiner Hauptmenge nach in Karbonat und Sulfat mit ihrer schweren Löslichkeit umsetzen.

Auf die komplizierten Gleichgewichtsbedingungen von Lösungen, die $Ca(HCO_3)_2$, $CaSO_4$ und $CaCl_2$ nebeneinander enthalten, im einzelnen einzugehen, würde zu weit führen. Daß Ca als Bestandteil der löslichen Salze eine unter Umständen sehr erhebliche Rolle in den Bodenlösungen spielen kann, zeigen die oben mitgeteilten Bodenanalysen.

Ein eigenartiges, noch keineswegs aufgeklärtes Verhalten als Bestandteil der löslichen Salze im Boden zeigen alle *Magnesiumverbindungen*. Wohl fehlt das

Mg in keiner Komplexbelegung und tritt sehr häufig sogar als Hauptbestandteil in den Vordergrund, wie es mit 2,4% der festen Erdrinde und 0,14% des Weltmeeres zu den verbreitetesten Elementen gehört. *Trotzdem fehlt es als Bestandteil der löslichen Salze im Boden gerade da, wo man es in besonderem Maße erwarten sollte: in den Böden der ariden Zone, wenn man von Salzböden absieht, auffallend häufig.* Und zwar scheint das besonders dann der Fall zu sein, wenn die Böden wenig Chloride, sondern nur oder überwiegend Sulfate enthalten (12). Erst wenn der Gipsgehalt eines Bodens ein gewisses Maß erreicht — 0,3—0,4 Milliäquivalent Ca in 100 g Bodentrockensubstanz —, treten in diesen Böden auch lösliche Mg-Salze auf, und zwar dann meistens auch in ziemlich großen Mengen.

Es ist eine eigenartige Erscheinung, in wie geringem Maße bisher Untersuchungen über die Mg-Frage in Böden vorliegen, obwohl über die Notwendigkeit des Mg als Pflanzennährstoff kein Zweifel besteht und ebensowenig darüber, daß zwischen den Ca- und Mg-Ionen in ihren Beziehungen zur Pflanze ein ausgesprochener Antagonismus herrscht. LOEW (234), der dieser Frage seine besondere Aufmerksamkeit gewidmet hat, formuliert diesen Antagonismus wie folgt:

„Ein größerer Überschuß von Kalk über Magnesia verzögert die Assimilation der Phosphorsäure (Nukleoproteinbildung) und andererseits ein gewisser Überschuß von Magnesia über Kalk verzögert die Assimilation des Kalkes für den Zellkern."

Als günstiges Verhältnis CaO:MgO betrachtet der Autor in Übereinstimmung mit den Ergebnissen eigener und fremder Experimente für die Mehrzahl der Kulturpflanzen 1:1 bis 2:1, was einem Verhältnis Ca:Mg von 1:1,4 bzw. 1:0,7 entspricht. Es ist das ziemlich dasselbe Verhältnis, wie sich Ca und Mg in der Asche der europäischen Gramineen finden. Für Leguminosen und andere blattreiche Gewächse mit einem weiteren Ca/Mg-Verhältnis in der Asche ergaben Versuche als günstigstes ein Verhältnis Ca/Mg wie 2—3:1. *Ganz allgemein scheint überhaupt das in der Asche normaler Pflanzen vorliegende Verhältnis Ca/Mg für die betreffenden Gewächse auch das günstigste im Boden zu sein, natürlich bezogen auf die tatsächlich verfügbaren Mengen* (s. u.).

Die LOEWschen Anschauungen sind nicht unwidersprochen geblieben. Gerade in der neuesten Zeit hat sich das Interesse der Forschung der Mg-Frage jedoch wieder mehr zugewandt und es hat den Anschein, als wenn sich mindestens in der Hauptsache die von LOEW gewonnenen Gesichtspunkte als wertvoll herausstellen (235). Jedenfalls schenkt man dem Mg erneut auch als Düngemittel ernste Beachtung, auch in der Forstwirtschaft, wo speziell an Kiefern in der Form der *Gelbspitzigkeit der Nadeln* und starker *Herabsetzung des Holzzuwachses* schon 1904 ausgesprochene *Mg-Mangelerscheinungen* beobachtet sind (236). *In den Bodenlösungen humider Gebiete scheint Mg relativ selten ganz zu fehlen.* Jedenfalls weisen darauf unzweideutig die zahlreichen vorliegenden Untersuchungen von Drainagewasser und die Ergebnisse von Lysimeterversuchen hin (237).

Daß beim Mg die Verhältnisse weniger übersichtlich liegen als beim Ca, hat seinen Grund in der ausgesprochenen *Tendenz des Mg, Komplexverbindungen der verschiedensten Art einzugehen,* die sein im allgemeinen dem Ba entsprechendes Verhalten stark modifizieren. Es schließt sich damit weitgehend dem Zink und andererseits den Erdmetallen an.

Das *Magnesiumkarbonat* $MgCO_3$ hängt in seiner Löslichkeit ebenso wie das $CaCO_3$ von dem Druck der gleichzeitig vorhandenen CO_2 ab. Bei 0,5 at beträgt die Löslichkeit rund 0,05 Milliäquivalent Mg je 100 cm^3 Wasser. Sie ist also sehr merklich geringer als die Löslichkeit des $CaCO_3$, woraus sich vielleicht bereits teilweise das Fehlen des Mg in Bodenlösungen mit alkalischer Reaktion erklärt.

Dafur sind sowohl das $MgCl_2$ wie das $MgSO_4$ sehr leicht löslich. Namentlich das letztere tritt in vielen ariden Salzböden in sehr großen Mengen auf. So enthalten z. B. die Salzböden des nördlichen *Fayum* (12) bis zu 8 Milliäquivalent Mg je 100 g Bodentrockensubstanz in Form von Sulfat und ähnliche und noch höhere Ziffern sind von sonstigen Salzböden bekannt. In humiden Böden ist, wie die oben mitgeteilten Daten typischer Profile zeigen, die Beteiligung des Mg an der Zusammensetzung der Bodenlösung in der Regel geringer, obwohl Ausnahmen häufig sind.

Zoeller (251) gibt für alluviale Kalkböden Gehalte des Drainagewassers von der Größenordnung von 0,07 Milliäquivalent je 100 cm³ an. Seelhorst, Creydt und Wilms (252) beziffern auf Grund ihrer sehr sorgfältigen Versuche im Freiland den jährlichen Mg-Verlust ihrer Böden auf 140 kg MgO je Hektar und Jahr, woraus sich ein noch höherer Gehalt der Bodenlösung an Mg-Ion berechnet.

Eine ganz besonders eingehende Behandlung verlangt der Gehalt der Bodenlösung oder der löslichen Salze eines Bodens an *Alkalien.* Gedroiz (l. c. S. 72), der sich mit dieser Frage eingehend beschäftigt hat, nimmt hier eine sehr eigenartige und anscheinend isolierte Stellung ein, indem er es als fraglich bezeichnet, *ob Alkalien in Komplexe und Bodenlösungen jemals als Produkte der Bodenbildung* gelangen und nicht stets durch *Versalzung von außen* zugeführt werden. Als ganz besonders zweifelhaft bezeichnet er es, ob *Kalium* in ariden Böden in den Komplexen überhaupt und in den Lösungen anders als sekundär auftritt. Wie sehr diese Auffassung der Begründung entbehrt und wahrscheinlich bloß auf den verwendeten ungeeigneten Analysenmethoden beruht — Ba-Salze, wie sie in Rußland viel als Verdrängungsmittel der sorbierten Kationen gebraucht werden, sind ein, wie bereits betont ist, sehr fragwürdiges Reagens —, zeigt ein Blick auf die oben mitgeteilten Tabellen. *Tatsächlich tritt nicht nur in humiden, sondern auch in allen ariden Böden K als ein nie fehlender Bestandteil der Komplexe und damit natürlich auch der Bodenlösungen auf.* Es ist in der Tat auch nicht der geringste Grund einzusehen, warum man bei dem durchweg hohen Alkaligehalt der als Ausgangsmaterial der Bodenbildung dienenden Gesteine besonders an Feldspaten und Glimmern die Komplizierung durch von außen, aus meist nicht nachweisbarer Quelle kommende, Salzlösungen annehmen sollte, die gänzlich überflüssig erscheint, sowohl was das K wie das Na angeht.

Ersteres findet sich niemals in großen Mengen in den Bodenlösungen, was bei seiner großen Verdrängungsenergie und noch viel größeren, aus geringer Hydration folgenden, Haftfestigkeit in den Komplexen nicht überraschen kann. Vorhanden ist es stets, aber nur ausnahmsweise geht seine Menge über Bruchteile von Milliäquivalenten hinaus. Es dürfte in der Regel als Sulfat und Chlorid, ausnahmsweise in ausgesprochenen Alkaliböden als Karbonat oder Bikarbonat vorliegen, d. h. in denselben Verbindungen, in welchen die übrigen Kationen und mit ihnen auch das Na zu beobachten sind.

Die als *Chlorid* und *Sulfat* mögliche Menge der Alkalien ist theoretisch beliebig und an keine Reaktionsgrenzen oder sonstige Umstände gebunden. Das gilt für die *Karbonate* und *Bikarbonate* nicht. *Wohl kann Alkalikarbonat gemeinsam mit Karbonaten der alkalischen Erden vorkommen, niemals aber in mehr als Spuren solange Sulfate oder Chloride der alkalischen Erden vorhanden sind.* Liegt, wie es z. B. in sehr vielen ariden Böden der Fall ist, Gips im Boden vor, so tritt, bis dieser verschwunden ist, die Reaktion

$$Na_2CO_3 + CaSO_4 = CaCO_3 + Na_2SO_4$$

ein. D. h., auch wenn Na_2CO_3 von außen zugeführt wurde, würde es sofort sich mit dem Gips zu Na_2SO_4 umsetzen. *Erst wenn keine Sulfate oder Chloride der zweiwertigen Kationen in einem Boden mehr vorliegen, kann Alkalikarbonat oder Bikarbonat in einem Boden in größerer Menge entstehen. Spuren* von kleinen Bruchteilen von Äquivalenten fordert das Massenwirkungsgesetz. *Umgekehrt muß die Zufuhr von Sulfaten oder Chloriden der zweiwertigen Kationen zu einem Alkalikarbonat enthaltenden Boden dieses unter Bildung der Alkalisulfate oder -chloride sofort beseitigen,* eine Reaktion, auf welcher die Meliorationswirkung von Gips und $CaCl_2$ bei Alkaliböden beruht (s. u.).

Schwieriger zu beantworten ist die Frage, *ob größere Mengen Alkalikarbonate in der Lösung eines Bodens möglich sind, die noch zweiwertige Kationen im Komplex enthalten.* An sich müßte, da dabei unlösliche Niederschläge als sehr energiearme und damit wahrscheinliche Stoffe entstehen, auch die Reaktion, z. B.

$$[Per]Ca, Mg + 2\,Na_2CO_3 = [Per]Na_4 + CaCO_3 + MgCO_3$$

quantitativ verlaufen.

Kelley und Brown (238) teilen für amerikanische Alkaliböden die folgenden in dieser Richtung zu deutenden Daten mit:

Prozentische Zusammensetzung der Komplexe.

Boden	Prozentische Zusammensetzung der Komplexe			
	Na	K	Mg	Ca
Fresno	85,37	14,63	—	—
Salt Lake	61,53	38,47	—	—
Fallon	96,87	3,13	—	—
Tuscan	80,36	19,64	—	—
San Jacinto	90,54	9,46	—	—
Los Alamitos	76,91	23,09	—	—
Logan	59,69	40,31	—	—

Hier sind bei sehr stark alkalischer, durch Alkalikarbonat bedingter, Reaktion die Komplexe tatsächlich nur noch mit einwertigen Kationen, und zwar in erster Linie mit Na, belegt.

Aber man geht kaum fehl, in diesen Böden Extreme zu sehen. Schon die genannten Autoren teilen eine Reihe von Analysen mit, die trotz Vorhandenseins von Alkalikarbonat in der Bodenlösung noch teilweise bis zu 50% zweiwertige Basen auch in den Komplexen zeigen. Über durchaus ähnliche Vorkommen berichten von Sigmond (239) und Vageler und Alten (12). Allerdings beschränkt sich in diesen Böden die Menge der Alkalikarbonate stets auf Bruchteile von Milliäquivalenten je 100 g Bodentrockensubstanz und ist vielleicht durch die Gleichgewichtsverhältnisse zwischen Karbonaten und Bikarbonaten bedingt.

Die Frage, *wie die Alkalikarbonate in die Bodenlösung gelangen,* ist lange Zeit Gegenstand der wissenschaftlichen Kontroverse gewesen. Hilgard u. a. nehmen an, daß ein Umsatz zwischen den Alkali- und speziell Na-Chloriden und -Sulfaten mit dem $CaCO_3$ des Bodens erfolgt. Bei dieser Reaktion ist aber das Gleichgewicht so sehr zugunsten des $CaCO_3$ verschoben, daß nennenswerte Alkalikarbonatmengen kaum jemals auf diese Weise entstehen können. Demgegenüber sind Gedroiz (240) und Kelley (241) der Meinung, daß sich *nur auf dem Wege über das Na der Komplexe Na-Karbonat bilden kann,* indem bei reichlicher CO_2-Anwesenheit im Boden das hydrolytisch abgespaltene NaOH zu Na_2CO_3 wird.

Diese letztere Anschauung dürfte die zutreffende sein. Sie umfaßt zwanglos auch die von verschiedenen Autoren festgestellte Na_2CO_3-Bildung aus gepulvertem Gestein, Alkalisilikat usw. Daß dieser Prozeß, wie von Sigmond es betont

(l. c. S. 334), in ganz besonderem Maße in Böden vor sich geht, die viel $CaCO_3$ enthalten, liegt, wenn man sich die sehr verschiedene Energie der Verdrängung des Ca- und Na-Ions vor Augen hält, auf der Hand.

Welche Kationenmengen überhaupt in Bodenlösungen vorhanden sind, zeigte bereits die Übersichtstabelle der Bodentypen. Die zeitweise vertretene Meinung, daß der Salzgehalt der Böden auf Infiltration mit oder überhaupt auf die Einwirkung von Seewasser zuruckgehen könnte, ist, wie schon VON SIGMOND ausdrücklich betont, nicht haltbar. Nur ausnahmsweise ist auch nur von einer Ähnlichkeit der Salzzusammensetzung der Salz- und Alkaliböden mit der Zusammensetzung des Meerwassers eine Rede und es dürfte nur in den seltensten Fällen, wie z. B. im Delta in Ägypten, mit Sicherheit zu sagen sein, daß es sich dabei nicht um einen Zufall handelt. Für diese Annahme ist auch darum kein Grund einzusehen, weil die Verwitterung der Gesteine und die Diagenese bei der Bodenbildung im ariden sowohl wie im humiden Klima sehr große Anionen- und Kationenmengen freimacht, die bei mangelnder Auswaschung vollkommen hinreichen, um auch den größten Salzgehalt eines Bodens zu erklären.

Wie die löslichen Bodensalze im Einzelfalle zusammengesetzt sind, muß ganz von den örtlichen Umständen, vor allem auch von der Art der verwitternden Mineralien abhängen, und ferner von der Art der Lösungsgleichgewichte, wenn man von den kompensierenden Komplexen hier zunächst absieht.

CAMERON (242) hat für Nordamerika 4 Typen der Bodensalzmischungen arider Klimate aufgestellt

1. Pecostypus ($Na_2SO_4 + NaCl$),
2. Fresnotypus ($Na_2CO_3 + NaCl$),
3. Salt-laketypus ($Na_2SO_4 + Na_2CO_3 + NaCl$),
4. Billingstypus (Na_2SO_4).

Diese Typen haben aber, wie die zahlreichen sonstigen Analysen von Salzböden beweisen, nur örtliche Bedeutung. In alluvialem, nicht ganz einheitlichem Gelände wechselt die Zusammensetzung der Bodensalze nicht nur auf kurze horizontale Erstreckung sehr stark, sondern noch mehr, und zwar in ganz gesetzmäßiger Weise, im einzelnen Profil von Schicht zu Schicht, abhängig von der Verteilung von Niederschlag und Verdunstung bzw. auf Irrigationsländern von der Art und Menge der gegebenen Bewässerung. Häufig treten in ariden Böden auch *Nitrate* in größerer Menge auf, die ohnehin in jedem neutralen bis alkalischen Boden durch die Tätigkeit der Nitrifikationsbakterien entstehen.

Als Beispiel der Salzverteilung in ariden Böden ergab die Untersuchung von typischen Profilen im Irrigationsgebiet des Sudan, der Gezira, die folgenden Daten (12, Teil VI, S 92ff.), (s. Tab S. 184 u. 185).

Den chemischen Untersuchungsdaten sind dabei die physikalischen, d. h. die Daten der mechanischen Analyse im total dispergierten und im natürlichen Zustande der Böden beigefügt sowie der sog. *Strukturfaktor* (s. u.), d. h. der koagulierte Anteil des Tones $<0{,}002$ mm, ausgedrückt in Prozenten des Gesamttones.

Die Symbathie der p_H-Ziffern mit dem Gehalt an Karbonat in der Bodenlösung ist deutlich, ferner der bereits betonte Zusammenhang zwischen dem Auftreten von Mg-Salzen und größeren Mengen Ca-Salzen. *Besonders bemerkenswert ist aber die Tatsache, daß in allen Bodenschichten, die nennenswerte Mengen, d. h Beträge von mehr als 1 Milliäquivalent, Ca in Form löslicher Salze enthalten, die gesamte Tonsubstanz sich vollständig als koaguliert erweist, ausgedrückt durch einen Wert des Strukturfaktors von 100.* Und zwar ist das der Fall, trotzdem sowohl die Komplexe wie vor allem die Bodenlösungen sehr große Mengen von Na enthalten.

· Zusammensetzung der Bodenlösung

Nr.	Bezeichnung	p_H	Milliaquiv. Totalbase des Bodens	Zusammensetzung der löslichen Salze in Milliaquivalent						
				Totale Basen	Davon Karbonate	Andere Salze	Na	K	Mg	Ca
G 8	Höhenboden I	8,8	220	1,61	0,33	1,28	1,24	0,02	—	0,35
G 9		8,6	180	2,15	0,40	1,75	1,77	0,02	—	0,36
G 10		8,6	200	2,54	0,43	2,11	2,23	0,02	—	0,29
G 11		9,0	180	4,10	0,46	3,64	3,73	0,04	—	0,33
G 12		8,6	220	5,23	0,41	4,82	4,69	0,05	—	0,49
G 13		9,0	270	4,09	0,43	3,66	3,66	0,06	—	0,37
G 28	Höhenboden II	9,0	240	1,94	0,44	1,50	1,80	?	—	0,14
G 29		9,0	220	2,59	0,49	2,10	2,43	?	—	0,16
G 30		8,8	220	11,69	0,26	11,43	9,30	0,04	0,37	1,98
G 31		8,8	200	20,09	0,25	19,84	12,83	0,07	1,41	5,78
G 32		8,6	240	27,88	0,13	27,75	12,26	0,08	2,78	12,76
G 33		8,1	260	29,08	0,15	28,93	12,56	0,12	3,63	12,77
G 14	Senkenboden V	9,0	190	2,16	0,42	1,74	1,80	0,06	—	0,30
G 15		9,0	200	2,14	0,48	1,66	1,79	0,03	—	0,32
G 16		9,0	190	2,28	0,47	1,81	2,04	0,02	—	0,22
G 17		9,0	180	2,59	0,49	2,10	2,26	0,01	—	0,32
G 18		9,0	180	3,56	0,49	3,67	3,14	0,04	—	0,38
G 19		9,0	220	3,80	0,54	3,26	3,36	0,06	—	0,38

Die dispergierende Wirkung des Na wird also durch gleichzeitig vorhandenes Ca (und Mg) völlig überdeckt. GEDROIZ (l. c. S. 79) schreibt über die Wirkung des Na das Folgende:

„Die Grundwirkung des adsorbierten Natriums im Komplex, die ihrerseits die ganzen anderen Eigenschaften desselben bedingt, ist die aufteilende Wirkung dieses Kations. Durch seinen Eintritt in den Komplex erlangt dieser das Vermögen, den Dispersitätsgrad seiner Teilchen stark zu erhöhen. Nach der Adsorption von Natrium wird der Komplex und zugleich der Boden bedeutend kolloider, als er es ist, wenn nur Kalzium und Magnesium als adsorbierte Basen vorliegen."

Wie dieser Vorgang vom elektrochemischen Standpunkt aufzufassen ist, ist oben bereits auseinandergesetzt. Überschüssiges Na verdrängt das vorhandene, die Primärteilchen zusammenklammernde Ca oder Mg und zerstört unter Herbeiführung der „Einzelkonstruktur" die Krümelstruktur. Da nun aber, wie im nächsten Abschnitt zu zeigen sein wird, die Verdrängungsenergie des Na relativ viel geringer ist, als die des Ca, können schon kleine Mengen von Ca-Ion in der Bodenlösung die aufteilende Wirkung des Na kompensieren. D. h. man wäre versucht zu sagen: der Boden bleibt gekrümelt und behält, da sich die Klammerwirkung nicht nur auf Primärteilchen, sondern auch auf Sekundärteilchen erstreckt, die bereits andere Kationen als Na angelagert enthalten können, wenn keine Verschiebung zugunsten des Na erfolgt, seinen koagulierten Zustand bei.

Tatsächlich ist es aber sehr fraglich, ob man nicht richtiger zu sagen hat: *Bei reichlichem Vorhandensein von Gips, dem in diesem Fall fast ausschließlich vorliegenden Ca-Salz, nimmt der Boden den gekrümelten Zustand bei der Einwirkung größerer Wassermengen an.*

Wie oben auseinandergesetzt ist, beträgt die maximale Löslichkeit des Ca-Ions in Form von Gips ± 3 Milliäquivalent in 100 cm³ Wasser bei 30—40° C. Die Löslichkeit des Na dagegen ist je nach dem Salz auf 450—500 Milliäquivalent in derselben Wassermenge zu beziffern. Daraus berechnet sich z. B. für den in typischen ariden Profilen.

Zusammensetzung der losl Salze Proz. Total				In Proz Trockensubstanz. Mechanische Zusammensetzung								Strukturfaktor
Na	K	Mg	Ca	Grobsand I	Feinsand I	Silt I	Ton I	Grobsand II	Feinsand II	Silt II	Ton II	
77,1	1,2	—	21,7	6,0	11,6	16,1	66,3	6,2	38,3	33,7	21,8	67
82,4	0,9	—	16,7	4,1	14,2	16,0	65,7	4,2	34,6	35,2	26,0	60
87,8	0,8	—	11,4	3,9	9,5	16,0	70,6	4,2	28,8	39,4	27,6	61
91,0	1,0	—	8,0	3,6	11,2	15,2	70,0	3,8	21,2	39,4	35,6	49
89,6	1,0	—	9,4	2,9	9,3	19,8	68,0	3,0	25,3	55,6	16,1	76
89,4	1,5	—	9,1	3,1	11,0	21,7	64,2	3,3	26,1	48,8	21,8	66
92,8	?	—	7,2	9,2	15,9	14,9	60,0	10,8	20,2	43,2	26,6	56
93,8	?	—	6,2	6,6	35,8	13,5	44,1	7,2	17,3	43,5	32,0	27
79,6	0,3	3,2	16,9	6,5	14,9	16,5	62,1	7,0	27,5	54,1	11,4	82
63,9	0,3	7,0	28,8	4,0	12,8	19,7	63,5	4,5	13,5	72,0	—	100
43,9	0,3	10,0	45,8	4,3	31,0	17,3	47,4	5,1	29,8	65,1	—	100
43,2	0,4	12,5	43,9	3,7	21,0	23,2	52,1	4,2	32,4	63,4	—	100
83,4	2,8	—	13,8	9,1	14,2	13,1	63,6	9,5	46,0	24,2	20,3	68
83,7	1,4	—	14,9	8,6	15,5	13,7	62,2	8,7	21,5	32,6	27,1	56
89,5	0,9	—	9,6	6,9	14,0	11,1	68,0	7,8	27,6	34,3	30,3	55
87,3	0,4	—	12,3	7.5	12,9	11,1	68,5	8,3	24,8	36,1	30,8	55
88,3	1,1	—	10,6	8,0	11,7	11,8	68,5	8,6	22,2	38,7	30,5	55
88,4	1,6	—	10,0	6,9	13,1	10,9	69,1	7,8	17,9	42,2	32,1	53

Boden Nr. G 33 mit 12,56 Na und 12,77 Ca die folgende Relation Na:Ca bei steigendem Wassergehalt: siehe Tabelle.

Es findet also bei Vorhandensein von reichlichem Gips mit zunehmender Wassermenge eine ständige Verschiebung des Kationenverhältnisses Na:Ca zugunsten des Kalkes statt. Wie oben auseinandergesetzt ist, ist eine solche Verschiebung gleichbedeutend mit einer Verschiebung der q-Werte des Eintauschs im entgegengesetzten Sinne. Mit steigender Verdünnung kommt dementsprechend das Ca stärker zur Wirkung und muß mehr und mehr Na aus dem Komplex verdrängen, während umgekehrt bei *Abnahme der Wassermenge sich Na-Ton* bildet.

Gelost.

Wassergehalt %	Na	Ca	Na : Ca
10	12,56	0,3	42
20	12,56	0,6	21
30	12,56	0,9	14
40	12,56	1,2	10,5
50	12,56	1,5	8,3
100	12,56	3,0	4,2
200	12,56	6,0	2,1
500	12,56	12,77	1,0

usw

Damit erscheinen viele Meliorationsmaßnahmen arider Gebiete in einem völlig neuen Lichte und es ergeben sich praktisch wichtige Modifikationen, die unter Umständen eine erhebliche Verbilligung der chemischen Meliorationsmaßnahmen bei vergrößerter Wirkung bedeuten können.

Hier sei nur soviel bemerkt, daß der günstige Einfluß längerer *Trockenperioden* bei viel Na-Salz enthaltenden Böden, der in einer Krümelung der Bodensubstanz besteht (12), häufig nur ein scheinbarer sein kann. Er muß nämlich vom gewonnenen Standpunkt aus keineswegs dadurch bedingt sein, wie heute noch meistens angenommen wird, daß durch Einführung des Ca in die Komplexe eine dauerhafte Krümelbildung stattfindet, sondern nur durch eine Dehydratisierung der ständig an Na sich anreichernden Komplexe durch die steigende Konzentration der Bodenlösung, auf deren flockende Wirkung oben bereits hingewiesen ist. Aus diesem Grunde sind ja stark versalzene Böden, auch wenn die Salze ausschließlich aus Na-Verbindungen bestehen, stets krümelig.

Aber diese Krümelung ist, wie die praktische Erfahrung beweist, nicht beständig, sondern geht in kürzester Zeit, wenn nicht die Na-Salze entfernt werden, zurück, was nur aus dem skizzierten Reaktionsablauf zu verstehen ist.

Die Anwendung von Bracheperioden auf salzreichen ariden Böden ohne gleichzeitige Entfernung der Na-Salze, wie sie heute üblich ist, ist also falsch und erreicht im Endeffekt nicht etwa die dauernde Bodenverbesserung, sondern das genaue Gegenteil durch Unterstützung der Bildung von Na-Ton, ganz besonders dann, wenn diese Brachung der Felder, wie es nicht zu vermeiden ist, zu einem Aufsteigen von Na-Salzen aus dem Untergrunde führt, was die Untersuchungen der *Gezira Research Farm Wad Medani* beweisen (245).

Wo der für das Pflanzenleben *tötliche Salzgehalt von Bodenlösungen* liegt, läßt sich nach den obigen Ausführungen prinzipiell dahin entscheiden, daß er in dem Moment erreicht sein muß, in dem das aus dem osmotischen Druck des Schwarmwassers und der Bodenlösung resultierende tote Wasser für längere Zeit eine Wasserversorgung der Kulturpflanzen unmöglich macht. D. h. die Grenze des Salzgehaltes ist nicht nur gegenüber den einzelnen Kulturpflanzen mit ihren verschiedenen Wurzeldrucken, sondern auch mit der Verschiedenheit der klimatischen und Irrigationsbedingungen schwankend. Steht wenig Wasser zur Verfügung und werden Pflanzen mit geringem Wurzeldruck angebaut, so liegt die Salzgrenze tief. Steht reichlich Wasser zur Verfügung und werden Pflanzen mit hohem Wurzeldruck angebaut, so liegt die Grenze hoch, worauf schon GREENE (246) hingewiesen hat.

Für ungarische Verhältnisse, die sog. „Szikböden", gibt VON SIGMOND (239, S. 338) die folgende Einteilung:

Biologisch-praktische Klassifikation der Salzböden.

Hauptklasse	Unterklasse	Salzgehalt %	Sodagehalt %	Bemerkungen
1	I/I	0,00—0,10 (I)	0,00—0,05 (I)	Pflanzenvegetation mit Berieselung erstklassig. Bei Trockenwirtschaft mit $CaCO_3$ bzw. $CaSO_4$ melioriert gibt vorzügliche Weizenfelder.
2	IIA II/I I/II	0,10—0,25 (II) 0,00—0,10 (I)	0,05—0,10 (II) 0,05—0,10 (II)	Pflanzenvegetation mit Berieselung zweitklassig; durch Bewässerung schnell verbessert Trockenwirtschaft unsicher.
	IIB II/II III/I	0,10—0,25 (II) 0,25—0,50 (III)	0,00—0,05 (I) 0,00—0,05 (I)	Die Verbesserung mit Bewasserung braucht mehr Zeit als bei IIA Trockenwirtschaft aussichtslos.
3	IIIA III/II II/III	0,25—0,50 (III) 0,10—0,25 (II)	0,05—0,10 (II) 0,10—0,20 (III)	Pflanzenvegetation mit Berieselung drittklassig, die Verbesserung mit Bewasserung noch möglich, aber dauert lange, deshalb Berieselungsweide angezeigt oder Fischerei. Trockenwirtschaft unmöglich.
	IIIB III/III IV/II	0,25—0,50 (III) >0,50 (IV)	0,10—0,20 (III) 0,05—0,10 (II)	Verbesserung als Berieselungswiese kaum wirtschaftlich, als Berieselungsweide oder Fischerei wirtschaftlich.
4	IVA IV/III III/IV	>0,50 (IV) 0,25—0,5 (III)	0,10—0,20 (III) <0,20 (IV)	Solange der Salzgehalt nicht gehörig herabgedrückt wird, ist allein die kunstliche Teichwirtschaft angezeigt.
	IVB IV/IV	>0,50 (IV)	<0,20 (IV)	

GREENE (l. c. S. 526) gibt in diesem Zusammenhange für Baumwolle als Kulturpflanze die folgenden Daten an, die sich auf den Salzgehalt der ersten 120 cm Bodentiefe beziehen:

Block-Nr.	Saison	Gut		Schlecht	
		Untersuchte Felder	Salz %	Untersuchte Felder	Salz %
7	1924/25	9	0,140	5	0,196
9	1924/25	8	0,144	8	0,186
4	1924/25	8	0,199	8	0,203
5	1925/26	13	0,168	8	0,221
6	1925/26	9	0,145	10	0,222
10	1925/26	10	0,189	9	0,155
11	1925/26	16	0,156	4	0,146

JOSEPH (247) gibt als durchschnittlichen Salzgehalt guter Felder der Gezira 0,137%, für solchen schlechter Felder 0,190% an.

Mit den mitgeteilten Salzgehalten könnten die Böden der Gezira in sehr verschiedene Klassen VON SIGMONDS gehören, da dieser auch noch den Gehalt an Soda als weiteres und wie nach den obigen Ausführungen sich ergibt, sehr berechtigtes Kriterium der Salzböden heranzieht. Es ist darum berechtigt, weil schon Konzentrationen von 0,05% Na_2CO_3 mit Sicherheit verderblich für alle Kulturpflanzen sind, diese Sodakonzentrationen aber mit dem Salzgehalt sehr wenig zu tun haben. $NaHCO_3$ wird in etwa dem doppelten Ausmaß noch vertragen. Der Salzinhalt der Bodenlösung ist das, was, wie man sich gewöhnlich ausdrückt, der *Auswaschung* unterliegt und im besonderen bei Entwässerung und Drainage von Böden im Drainwasser entfernt wird.

Es bedarf keiner besonderen Betonung, daß die auf diese Weise in einem Boden entstehenden Verluste an Pflanzennährstoffen ganz von der Schnelligkeit der Wasserversickerung abhängen. Ist diese hoch, wie bei leichten Böden, so gehen große Quantitäten Bodenlösung verloren, ohne daß die Pflanzen sie benutzen können. Ist die Sickergeschwindigkeit wegen geringer Größe der spannungsfreien Porenvolumina der Böden im Untergrunde gering, wie bei schweren Böden, so halten sich die Bodenlösungsverluste in geringen Grenzen, wobei allerdings meistens dann die Konzentration der Bodenlösung eine höhere ist, so daß der Kationenverlust schwerer Böden auch bei geringen Sickerwassermengen sich etwa auf derselben Höhe bewegt wie der Verlust bei leichten Böden mit verdünnterer Bodenlösung. Daß Pflanzenbestände, die viel Bodenwasser verbrauchen, das Sickerwasser und damit die Auswaschungsverluste an Nährstoffen vermindern, versteht sich von selbst.

Wo undurchlässige Schichten im Untergrunde oder anstehendes Grundwasser den Abfluß der Bodenlösung nach unten hemmen, wie in vielen Irrigationsgebieten, und das Irrigationswasser größere Mengen löslicher Salze enthält, muß es auf der anderen Seite, wie die Erfahrungen in Ägypten, im Sudan, in Amerika usw. beweisen, im Laufe der Zeit zu *Salzanhäufungen kommen, die jedes Pflanzenwachstum wenn auch vielleicht zunächst nicht unmöglich, so aber doch unrentabel machen. Es folgt daraus die auch bei großen Irrigationsanlagen leider häufig vernachlässigte Folgerung, zur Sicherung der Beständigkeit der Anlagen sofort nicht nur mit Irrigation, sondern auch mit Drainage vorzugehen, um Versalzungserscheinungen zu vermeiden.* Die praktisch in den letzten 20 Jahren durch Vernachlässigung dieser Vorsichtsmaßregel allein eingetretenen Kapitalverluste sind mit etwa 5000000000 RM. kaum über-, sondern sehr wahrscheinlich unterschätzt.

Dabei liegt die Hauptgefahr nicht etwa, wie man bei oberflächlicher Betrachtung geneigt sein könnte, anzunehmen, in der Versalzung als solcher. Dieser

Gefahr ließe sich, wie oben erörtert ist, schließlich durch Erhöhung der Irrigationswassermengen wirksam begegnen. Die größte Gefahr ist die Entstehung von *Illuvialhorizonten in geringer Bodentiefe*, wie GREENE sich ausdrückt, die *Vergrößerung der Dichte der Profile.* In solchen Illuvialhorizonten steigt bei starker Salzkonzentration und gleichzeitig Bildung vom Alkaliton nicht nur die Undurchlässigkeit, sondern auch das tote Wasser rein örtlich sehr schnell. Das letztere umfaßt sehr bald den Gesamtbetrag des Wassers, das in der betreffenden, oft nur wenige Zentimeter starken, Schicht überhaupt möglich ist.

Ist das erst der Fall, so können, weil derartige Schichten *physiologisch absolut trocken sind* (s. u.), die Pflanzenwurzeln darin nicht mehr eindringen, ganz *gleichgültig, ob diese Schichten verhärtet sind oder nicht.* Das aber bedeutet eine außerordentliche *Verminderung des verfügbaren Wurzelraumes* und damit eine allseitige Verschlechterung des Bodens, die in den chemischen Daten allein durchaus nicht scharf zum Ausdruck kommt.

Wie unten gezeigt werden wird, sind in dieser Richtung weitaus am gefährlichsten die Na-Salze der Bodenlösungen. Diese führen nicht nur zur Bildung von am Orte bleibendem Na-Ton, sondern peptisieren sowohl die Ton- wie die Humussubstanz sehr stark, da dem Na-Ion keine Klammerwirkung zukommt, und führen zur Bildung kolloider Lösungen. Das gelöste Material aber wird sofort wieder ausgefällt, sobald es bei der Abwärtsbewegung der Bodenlösung in Zonen mit reichlichen zweiwertigen Kationen gelangt, besonders wenn diese als lösliche Salze im Boden vorliegen. So erklärt es sich, daß in alkalischen Mineralböden die gefährlichsten Illuvialhorizonte mit einem absolut toten Wassergehalt stets an der oberen Grenze der Gipskristallzonen liegen. Für Böden des Podsoltypes, die sehr viel Humusstoffe in peptisierter Form enthalten, gilt mutatis mutandis dasselbe.

Die Frage der *Regeneration verarmter Bodenlösungen* aus den Komplexen ist bereits oben berührt. Diese Regeneration ist nur möglich durch überschüssiges CO_2 in Bodenwasser und Bodenluft, d. h. durch das Auftreten großer Mengen freien H-Ions, das sich unter Basenaustausch an die Komplexe anlagert. *Die außerordentliche Wichtigkeit des Humusgehaltes des Bodens und seiner Aufrechterhaltung und evtl. Vermehrung durch Stallmist und Gründüngung wird damit auch abgesehen von der nötigen CO_2-Versorgung der Pflanzen, deutlich.*

Die Frage, wieviel CO_2 im Laufe einer Saison durch die Atmungstätigkeit von Pflanzen, Tieren und Mikroorganismen unter Zerstörung der organischen Substanzen des Bodens entwickelt wird, läßt sich generell überhaupt nicht beantworten, da sie ganz von den örtlichen Umständen abhängig ist. Wie außerordentlich weit die Beobachtungen und Berechnungen in dieser Hinsicht auseinandergehen, haben ROMELL (255) und GIESECKE (256) gezeigt. Eine sehr gründliche monographische Untersuchung hat LUNDEGARDH (257) der Frage gewidmet.

Um Mißverständnissen vorzubeugen, ist hier zu betonen, daß die oben berechnete *wirksame H-Ionenproduktion* (S. 167) der Nutzgewächse nur ein relativ kleiner Teil der totalen CO_2-Produktion der Pflanzen und ein noch kleinerer der Gesamtproduktion auch nur etwas Humus enthaltender Böden ist. Es ist nur der Teil, der in der wachsenden Wurzelspitze selbst erfolgt und im direkten Austausch verbraucht wird, ohne überhaupt als Bestandteil der Bodenlösung oder der Bodenluft in Erscheinung zu treten.

Die gesamte CO_2-Produktion durch die *Atmung der Wurzeln* eines Feldbestandes von Gramineen wird von STOKLASA auf etwa 0,25 g CO_2 je m^2 und Stunde angegeben. Andere Autoren kommen auf Werte bis 1,17 g. LUNDEGARDH (257, S. 207) kommt durch sorgfältige Versuche zu Werten von 0,06 bis 0,131 g CO_2 je Stunde und m^2 Feldfläche, was der Tagesproduktion von 14,4 bis 31,4 kg CO_2 je Hektar und Tag entsprechen würde, also sehr erheblichen CO_2-Mengen. Rechnet man die Vegetationsperiode zu 100 Tagen, so entspräche das, in H-Ion ausgedrückt, einer für die Regeneration der Bodenlösung aus den Komplexen zur Verfügung stehenden H-Ionenmenge von 120—250 Kiloäquivalent, also einem Vielfachen der an den Wurzelspitzen wirksamen H-Ionenmenge. Da aber weitaus der größte Teil der durch die Wurzelatmung gebildeten CO_2 sich in der Bodenluft findet, kann nur ein im Bodenwasser gelöster, nicht kontrollierbarer Bruchteil angerechnet werden. Die Ziffern bleiben trotzdem wichtig und beleuchten schlagend den eigenen Einfluß der Pflanzenwelt auf die Regeneration der Bodenlösung. Bei diesen Ziffern der Bodenatmung der Wurzeln ist, wie LUNDEGARDH es bereits hervorhebt, zu beachten, daß rund 40—50% der als Wurzelatmungsergebnis bestimmten CO_2 nicht auf die Wurzeln selbst, sondern auf die in den Rhizosphären lebenden Bakterien entfallen, wodurch sich die Spanne der totalen Atmung der Pflanzenwurzeln und ihres für die Nährstoffaufnahme wirksamen Anteiles auf die Hälfte reduziert.

Die *gesamte Kohlensäureproduktion eines Bodens* ist, soweit es sich um Ackerfelder handelt, nach LUNDEGARDH auf etwa 0,4 g je m^2-Stunde einzuschätzen. Je nach dem Pflanzenbestande und eventueller Zufuhr organischer Düngemittel unterliegt diese Produktion aber sehr weiten Schwankungen. Als obere Grenze der CO_2-Produktion im gemäßigten Klima sind etwa 1,2—1,5 g CO_2 je m^2-Stunde zu betrachten. In tropischen Urwaldböden, die durch Freischlag den Atmosphärilien ausgesetzt sind, kommen nach unveröffentlichten Messungen VAGELERS CO_2-Produktionen bis zu 2,7 g CO_2 je Stunde vor, in Übereinstimmung mit der Erfahrungstatsache, daß bei unvorsichtiger Exposition von Urwaldböden ohne Pflanzenbedeckung eine Humusschicht von 30 cm Stärke sich in 3 Jahren fast restlos in den Tropen verzehrt.

Die ungemein große Bedeutung einer derartigen CO_2-Produktion fur das anfängliche Gedeihen von Kulturpflanzen auf Urwaldböden leuchtet ein, wenn man sich vergegenwärtigt, welche großen Kationenbeträge unter diesen Umständen in Freiheit gesetzt werden müssen, teilweise auch durch den Zerfall der Humussubstanzen selbst, von der Verbesserung der CO_2-Versorgung der Pflanzen noch abgesehen. Die anfänglich sehr große Fruchtbarkeit der Urwaldböden wird damit verständlich, aber ebenso ihr ungemein schnelles und oft katastrophales Nachlassen schon nach wenigen Jahren, das z. B. die Eingeborenen auch in den fruchtbarsten Gegenden, wenn sie nicht mit Düngung arbeiten, zwingt, nach wenigen Ernten ihre Felder zu wechseln.

Im großen und ganzen kann man von der gesamten CO_2-Produktion eines Bodens 66% auf das Konto der im Boden arbeitenden Mikroorganismen: Bakterien, Pilze usw. rechnen.

Diese Mikroorganismen sind nun keineswegs gleichmäßig im Boden verteilt oder, was dasselbe ist, die *Aktivität* der Bodenschichten hinsichtlich der CO_2-Produktion ist sehr verschieden. LUNDEGARDH schreibt (l. c. S. 154):

„Die Untersuchung der Aktivitatsprofile der verschiedenen Böden lehrt, daß die Aktivitätsverteilung in der vertikalen Richtung eine sehr verschiedene sein kann. Es gibt Böden, wo die Aktivität bis 20—30 cm Tiefe annähernd konstant ist, ferner solche, wo die Aktivität schnell mit der Tiefe abnimmt. Endlich gibt es Böden, die in einer bestimmten Tiefe eine optimale Aktivität aufweisen, während diese sowohl nach oben wie nach unten hin abnimmt."

Im großen und ganzen zeigen nach allen vorliegenden Erfahrungen Böden des humiden Klimas ein Aktivitätsmaximum in den oberflächennahen Schichten, das sehr schnell mit der Tiefe zu abklingt, entsprechend der Abnahme der Bakterienzahlen mit der Bodentiefe (258) In ariden Gegenden liegt unmittelbar an der Bodenoberfläche in der Regel ein Aktivitätsminimum, daß sich ungezwungen durch die starke, das Mikroorganismenleben unterbindende Austrocknung dieser Schichten erklärt. Besonders markant ist diese Aktivitätsverteilung in den sog. zementierenden Steppenböden, die in den obersten Zentimetern Bodentiefe fast steril sind, während unter der verhärteten Schicht in etwa 5—30 cm Tiefe ein äußerst intensives Bakterien- und vor allem Aktinomyzetenwachstum mit entsprechend starker CO_2-Produktion zu beobachten ist. In wenigen Dezimetern Tiefe ist Bakterienwachstum und CO_2-Produktion bei den meisten Böden gering. Sehr interessante Feststellungen zur Frage hat in neuester Zeit SEKERA (302) gemacht. Wie Abb. 23 zeigt, verschiebt sich das Intensitätsmaximum der Bodenatmung sehr erheblich im Laufe einer Vegetationsperiode und damit, wie es nach den gemachten Ausführungen nicht überraschen kann, die Mobilität der Bodennährstoffe im Felde, wie Abb. 24 es wiedergibt.

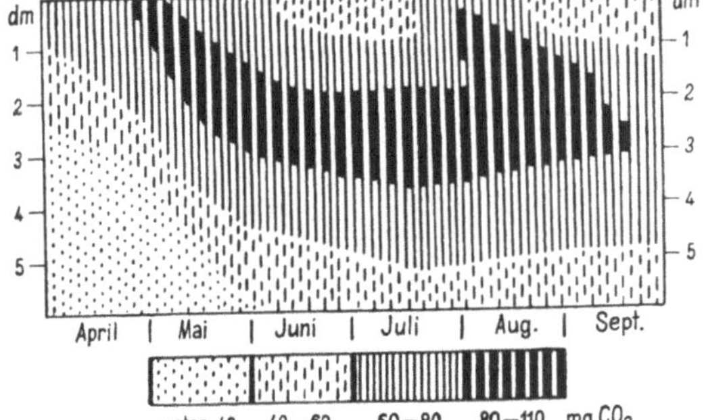

Abb. 23. Intensität der Bodenatmung nach (SEKERA).

Der CO_2-Gehalt ist ganz allgemein gerade in den größeren Bodentiefen hoch, da hier die Diffusion

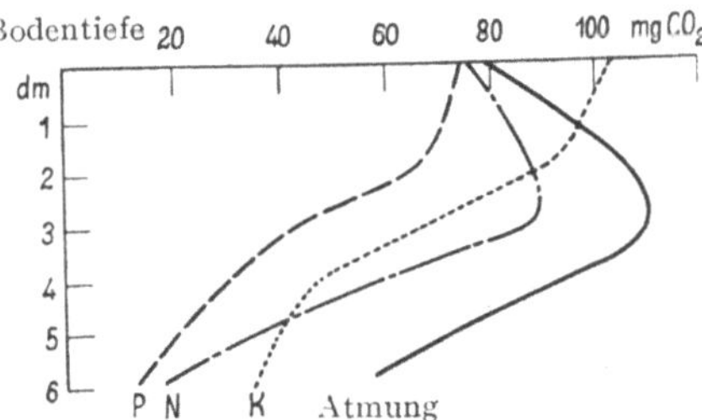

Abb. 24. Verteilung der Mobilität der Nährstoffe im Felde (nach SEKERA).

der vorhandenen CO_2 in die Außenluft ein Minimum erreicht.

Als hoher Gehalt der Bodenluft an CO_2 ist oben 1% CO_2 in der Bodenluft bezeichnet. Dieser Gehalt ist die *untere Vergiftungsgrenze* der meisten Kulturgewächse, die durch „*Kohlensäurenarkose*", wie KIDD und WEST (259) sich ausdrücken, auch die Keimung vieler Samen bereits behindert oder ganz unmöglich macht. Ein derartiger CO_2-Gehalt hindert aber noch keineswegs das Wachstum von Mikroorganismen, namentlich nicht von schädlichen, was sich unter Umständen verhängnisvoll für die Kulturen auswirken kann.

Auf die Bedeutung dieser Umstände für die Beurteilung der Böden im Zusammenhange mit ihrem Wasserhaushalt wird unten einzugehen sein. Hier sei nur noch erwähnt, daß unterhalb von 0,5 m Bodentiefe Konzentrationen der CO_2 von mehr als 1,0% keineswegs selten sind, und zwar ganz besonders nicht bei schweren und sehr humusreichen Böden.

Wie die Untersuchungen von LAU (260), VAGELER (261), RUSSEL (262) u. a. zeigen, steigt in Bestätigung der älteren Feststellungen von WOLLNY (263), PETTENKOFER (264) und FODOR (265) besonders in Wald- und Moorböden schon in 15 cm Tiefe zuweilen die CO_2-Konzentration bis auf 6%. In größerer Bodentiefe sind 8% keine Seltenheit. In Mineralböden fand LAU die folgenden Ziffern:

	Sandboden	*Lehmboden*	*Moorboden*
CO_2-Gehalt in 15 cm Tiefe	0,09—0,19	0,05—0,273	0,10—0,75
,, ,, ,, 30 ,, ,,	0,06—0,24	0,09—0,47	0,34—1,12
,, ,, ,, 60 ,, ,,	0,11—0,57	0,20—1,13	1,01—3,77

Die Ziffern der Tabelle zeigen, daß offensichtlich, wie es physikalisch auch eine logische Forderung ist, der CO_2-Gehalt der Bodenluft außer von der Menge zersetzbarer organischer Substanzen vor allem von der *Durchlässigkeit des Bodens für Gase* abhangt, die die *Diffusionsgeschwindigkeit des CO_2 gegen die freie Außenluft* entscheidend beeinflußt.

Der LUNDEGARDHschen Ansicht, daß die *Durchlüftung der unteren Bodenschichten sehr wahrscheinlich ein wichtiger Faktor für die Beurteilung des nutzbaren Wurzelraumes der Kulturpflanzen ist*, kann man daher nur beistimmen. Auf Einzelheiten wird bei der Besprechung des Wasserhaushaltes der Böden zurückzukommen sein.

Es bleibt nun zum Abschluß der Betrachtungen über die Zusammensetzung der Bodenlösungen noch ein Punkt zu behandeln, nämlich, inwiefern die Bodenlösungen, wie es von vielen Autoren der alteren Schule vertreten wird, als geeignet zu betrachten sind, um, abgesehen von den hier nicht interessierenden Anionen, die Nährstoffanspruche der Pflanzen zu decken.

Eine der altesten Untersuchungen der wasserlöslichen Nährstoffe stammt von BOGDANOW (253). Er gibt als erforderlich für Hafer und gleiche Ansprüche stellende Pflanzen an.

	N	P_2O_5	K_2O
Hoher Ertrag	0,0108	0,0050	0,0060
Mittlerer Ertrag	0,0060	0,0022	0,0020
Niederer Ertrag	0,0021	0,0010	0,0010

Die Phosphorsäure dieser Tabelle ist durch Extraktion des Bodens mit 2% Essigsäure bestimmt.

In neuerer Zeit hat sich besonders VON WRANGELL und ihre Schüler (254) mit der Zusammensetzung der Bodenlösungen beschäftigt und auf die Wichtigkeit der löslichen Bodennährstoffe für die Pflanzenernährung hingewiesen. Merkwürdigerweise hat aber anscheinend außer VAGELER und ALTEN (12) bisher noch kein anderer Autor den sehr naheliegenden Schluß gezogen, *daß es bei den Bodenlösungen als Nährstofflieferanten der Pflanzen nicht sowohl auf ihre Konzentration als sehr viel mehr auf ihre den Pflanzenwurzeln verfügbare Menge ankommt.* Daß in der Vernachlassigung dieses Umstandes der Grund nahezu sämtlicher widersprechenden Einschatzungen von Böden durch verschiedene Untersuchungsmethoden liegt, ferner der Grund, daß immer neue Methoden sich scheinbar als nötig erweisen und je nach der Bodenart die verschiedensten Gehaltsgrenzzahlen aufgestellt werden mußten, wird unten im einzelnen zu zeigen sein.

Die Frage der für *Experimente* zweckmäßigen Nährlösungen hat eine sehr vielseitige Bearbeitung seitens der Botaniker und Agrikulturchemiker erfahren. Als die in gewissem Sinne „klassischen" Nährlösungen sind die Lösungen nach KNOP zu bezeichnen, fur welche die folgenden Vorschriften gelten (248):

a) 1,00 Gew.-Teile salpetersaurer Kalk
0,25 „ Kali
0,25 „ phosphorsaurer Kalk
0,25 „ Bittersalz

} in Konzentrationen von 0,5—5‰ dazu 0,2 g phosphorsaures Eisen pro Liter.

b) I 205 g $MgSO_4 \cdot 7\,H_2O$ · 3,5 l
II 400 g $Ca(NO_3)_2$, 100 g KNO_3, 100 g KH_2PO_4 } 3,5 l Saure Losung + Zusatz von 26,1 g P_2O_5

100 cm³ I + 100 cm³ II = 10 l ²/₀₀ Losung

Dieses KNOPsche Rezept ist von den einzelnen Autoren nach den verschiedensten Richtungen hin variiert und teilweise erweitert, sowohl was die qualitative Zusammensetzung wie die angewandte Konzentration anbelangt.

Sehr eingehend haben sich mit der Frage in letzter Zeit die amerikanischen Versuchsstationen befaßt. JOHNSTON (249) stellt nach LIVINGSTON (250) die folgenden 6 Typen von Nährlösungen auf:

Typ I	II	III	IV	V	VI
$Ca(NO_3)_2$	$Ca(NO_3)_2$	$CA(H_2PO_4)_2$	$Ca(H_2PO_4)_2$	$CaSO_4$	$CaSO_4$
KH_3PO_4	K_2SO_4	KNO_3	K_2SO_4	KNO_3	KH_2PO_4
$MgSO_4$	$Mg(H_2PO_4)_2$	$MgSO_4$	$Mg(NO_3)_2$	$Mg(H_2PO_4)_2$	$Mg(NO_3)_2$

in welchen die einzelnen Substanzen in den folgenden atomaren Verhältnissen stehen:

Typus	N	P	K	S	Ca	Mg	Relative Leistung
1	7	3	3	2	2	2	1,23
2	9	4	3	2	4	2	1,18
3	5	3	5	2	1	2	0,92
4	8	5	3	2	2	4	0,84
5	4	2	4	3	3	1	0,95
6	5	2	2	3	3	3	0,88

Geprüft wurden diese Nährlösungstypen bei Kartoffeln. Für Gramineen usw. kommen wiederum Variationen in Frage.

Ein Blick auf die mitgeteilten Vorschriften und vergleichsweise die oben gegebenen Daten über die Zusammensetzung der Bodenlösungen lehrt, *daß diese letzteren in weitaus der Mehrzahl der Fälle speziell bezüglich der Kationen ganz anders zusammengesetzt sind als die erfolgreich angewandten Nährlösungen*, und zwar sowohl bezüglich der Ionenverhältnisse wie bezüglich der Konzentration. *Es ist kaum übertrieben zu sagen, daß aus der Mehrzahl der Bodenlösungen allein kein einziges Gewächs seinen Nährstoffbedarf in befriedigender Weise decken könnte*, selbst wenn die Bodenlösung in unbegrenzter Menge zur Verfügung stände. Das gilt in ganz besonderem Maße für die zugunsten des Na namentlich in ariden Böden weit in den Hintergrund gedrängten zweiwertigen Kationen, bei denen sehr schnell ein fühlbarer Mangel bei allen Kulturgewächsen eintreten müßte, wenn diese nur auf die Bodenlösung zur Deckung ihrer Nährstoffansprüche beschränkt wären.

TRUOGS oben zitierte Auffassung, daß die Pflanzen nicht auf die Bodenlösung allein angewiesen sind, sondern ein in dieser bestehendes Basenmanko aus den Komplexen zu decken vermögen, wird dadurch bestätigt. Sie läßt sich weitergehend dahin präzisieren, *daß mit Sicherheit die Aufnahme der zweiwertigen Basen im allgemeinen und des Mg, das in sehr vielen Bodenlösungen überhaupt fehlt, im besonderen aus den Komplexen direkt erfolgt.*

Es wird nunmehr zu untersuchen sein, wie sich der Aufbau der Komplexe im einzelnen gestaltet und inwiefern die chemischen und physikalischen Eigenschaften des kolloiden Bodenanteiles und damit des Bodens als Ganzes von der Kationenbelegung der Komplexe abhängig sind.

b) Die sorptiven Komplexe der Böden und ihre Eigenschaften unter dem Einfluß der angelagerten Kationen.

Wie es bereits in den vorhergehenden Abschnitten auseinandergesetzt und durch Zahlenbeispiele belegt ist, sind die sog. gesättigten Anteile der Komplexe in der Regel mit sämtlichen in den Böden überhaupt in Frage kommenden Kationen: Na, K, NH_4, Mg und Ca besetzt. Nur ganz ausnahmsweise kommen Böden vor, in welchen diese Sättigung nur entweder durch einwertige oder nur durch zweiwertige Kationen erfolgt, wobei man es als eine offene Frage betrachten muß, ob diese einseitige Art der Belegung nicht nur scheinbar ist. Da zur analytischen Bestimmung speziell der Alkalien mit den gewöhnlichen analytischen Methoden immerhin nicht unbetrachtliche Minimummengen des betreffenden Kations erforderlich sind, ist es keineswegs ausgeschlossen, daß minimale, der Analyse sich entziehende Mengen auch dort vorhanden sind, wo ein Nachweis mit den gewöhnlichen Methoden nicht mehr gelingt, *so daß tatsächlich überall die gesamte Skala der Bodenkationen in jedem Komplex sich findet.* Dieser Schluß wird fast zur Sicherheit durch die leicht zu machende Beobachtung, daß es praktisch unmöglich ist, sogar das besonders leicht aus Sorptionskomplexen zu verdrängende Na, gänzlich z. B. aus einem Permutit, zu entfernen. Nach monatelanger Behandlung von Na-Permutit mit z. B. KCl in Mengen von 50—75 kg je 100 g Permutitsubstanz, also ganz ungeheuren Überschüssen, und zwar unter ständigem Durchfluß der verdrängenden Lösung, also ständiger Entfernung der verdrängten Na-Ionen, ist das Ergebnis zwar ein sog. „reiner" K-Permutit. D. h. es ist nicht mehr möglich, im Ablauf mit den gebräuchlichen Analysemethoden mit Sicherheit Spuren von Na nachzuweisen. Untersucht man jedoch das erhaltene Produkt genau, was sich im Falle des Permutits durch Totalanalyse leicht bewerkstelligen läßt, so wird man stets noch durchaus bestimmbare Na-Mengen vorfinden und spektroskopisch gibt jedes „reine" Ca-, K- oder sonstige aus Na-Permutit hergestellte Präparat mit vollster Deutlichkeit die unverkennbare Na-Linie, zum Zeichen, daß immer noch Reste von Na unverdrängbar geblieben sind, wie die Austauschgleichung es fordert. Erst bei *unendlichen* einwirkenden Kationenmengen kann ja ein vollständiger Austausch oder eine vollständige Verdrängung erreicht werden, vorausgesetzt, daß keine „Anomalien" (JENNY) in den Prozeß hineinspielen. Die Einwirkung unendlicher Kationenmengen aber läßt sich wohl rechnerisch, niemals jedoch praktisch durchführen.

Gerade dieser Umstand, daß jede Verdrängung experimentell nur zu Zwischenwerten, niemals aber zu Endwerten führen kann, mögen die mit sehr großen Mengen Verdrängungsmittel gewonnenen Zwischenwerte sich den Endwerten auch merklich nähern, war der Grund zur Entwicklung der chemisch-mathematischen Verfolgung der Austauscherscheinungen, die uberhaupt erst das Spiel der Austauschprozesse in Böden voll zu ubersehen gestattet. Bei der Besprechung der Analysenmethoden wird auf diesen Punkt im einzelnen zurückzukommen sein.

Die Wahrscheinlichkeit, daß es einseitig zusammengesetzte Komplexe tatsächlich in keinem Boden in der Natur gibt und sogar, daß sich auch experimentell eine derartige einseitige Belegung, die teilweise die Grundlage von Untersuchungsmethoden bildet, wie z. B. bei den Methoden, die die Gesamtheit der angelagerten Kationen durch Ersatz durch Ba und seine Bestimmung erhalten wollen, nicht erzwingen läßt, ist jedenfalls sehr groß, ja geradezu als Sicherheit zu betrachten.

Immerhin hat diese Feststellung nur insofern praktische Bedeutung, als damit die vielfach auf Grund von Verdrängungsversuchen angestellten Spekulationen über Konstanz und Nichtkonstanz der Größe von S bzw. T, soweit es sich um geringe durch Verdrängungsmethoden aufgefundene Differenzen handelt, gegenstandslos werden. Denn keine Verdrängungsmethode bietet, weil sie niemals zu einem Endwert fuhren kann, die Möglichkeit, diese Frage überhaupt zu beurteilen. Die Antwort, die die chemisch-mathematische Analyse auf die Frage nach der Konstanz der T- bzw. S-Werte, d. h. nach der Konstanz der Sorptionskapazität eines gegebenen polaren polydispersen Systemes gibt, ist dafür durchaus eindeutig, aber keineswegs mit der gewöhnlich benutzten Formulierung: Die Verdrängung der an einen Komplex gebundenen Kationen durch andere erfolgt äquivalent, ohne weiteres identisch.

Elektrochemisch ist es an sich eine Selbstverständlichkeit, daß in einem gegebenen System die der Anionensumme entsprechende Ladungsgröße und damit die totale Sorptionskapazität T für Kationen eine Materialkonstante ist. Wie oben auseinandergesetzt ist, kann nur die weitere Zertrümmerung der Teilchen des Systemes die für Sorption verfügbare Ladungssumme ändern. Sie kann sie erhöhen, wenn die Zertrümmerung neue exponierte Ionen schafft, sie kann sie verringern, wenn durch Zerfall der Gitter in ihre Einzelbausteine, wie z. B. bei Behandlung der Komplexe mit starken Säuren oder Basen, das Gegenteil geschieht. Solche Fälle, die einen Wechsel der gesamten Zusammensetzung des Systemes bedeuten, sollen hier außerhalb der Betrachtung gelassen werden.

Auch dann bleibt, wie oben im theoretischen Teil bereits gezeigt ist, eine gewisse *Variationsbreite der angelagerten Kationenmenge bestehen.* Es erübrigt sich, die gegebenen Beispiele zu wiederholen. Sie zeigen, daß die Menge der von jeder Elementart angelagerten Kationen durchaus nicht ohne weiteres weder in Zwischenwerten noch im Grenzwert mit den ausgetauschten Kationen *genau* äquivalent ist, diese vielmehr übertreffen oder darunter bleiben kann. Denn die von einem Kation im Vergleich zu einem anderen eintauschbare Menge hängt von der *räumlichen Gestaltung der Kationen,* der *Deformierbarkeit ihrer Elektronenbahnen* und ihrer *Polarisierbarkeit,* ab, weitergehend von ihrer *Hydratation* und damit von der Konzentration der verwendeten Lösungen.

Es wäre aber ein Fehler, diese Tatsache so auszudrücken, daß etwa die Sorptionskapazität der Systeme, ohne daß Eingriffe in ihr Gefüge gemacht werden, irgendwelchen Schwankungen unterläge. *Für ein gegebenes System ist vielmehr, genau wie die elektrochemische Theorie es verlangt, die totale Sorptionskapazität T eine absolute Konstante, die keinen Änderungen unterliegt.* Was, wie es gezeigt ist, wechselt, ist nur, als Ergebnis individueller Strukturverhältnisse der in Frage kommenden Kationen, *die Art der Auswirkung der Anionenvalenzen, weil durch das Dazwischentreten des elektrochemisch keineswegs indifferenten, sondern sogar sehr aktiven Lösungsmittels Wasser mit seinem Dipolcharakter das Bild kompliziert ist.*

Stets muß die elektrische Neutralität des Systemes als Ganzes gewahrt bleiben, d. h. alle Valenzkräfte bleiben unter allen Umständen gesättigt. Je nach der Ionenart nimmt aber an dieser Sättigung das Lösungsmittel mit seinen Dipolen einen verschieden großen Anteil, sei es durch Anlagerung von Wassermolekülen an das träge Anion selber oder aber an das hydratationsstarke Kation.

In neuerer Zeit ist von russischen Autoren im Gegensatz zu dem soeben ausgeführten die Behauptung aufgestellt worden, daß die Sorptionskapazität oder Austauschkapazität der Böden keine konstante Größe sei, wofür als Beweis angeführt wird, daß bei Behandlung mit Basen ein Boden eine höhere Sorptionskapazität annähme. Nach den gemachten Ausführungen ist der bei dieser aus den Experimenten gezogenen Schlußfolgerung zugrunde liegende prinzipielle Irrtum von selbst in die Augen springend. Die Autoren haben übersehen, daß das in den Komplexen vorhandene H nur über eine Base, z. B. $Ba(OH)_2$, $Ca(OH)_2$, NaOH usw. gegen ein anderes Kation ersetzbar ist, d. h. durch Neutralisierung des Azidoids, und daß erst dann die Valenzbelegung am Basenumtausch bei der Behandlung mit Neutralsalzen teilnimmt. D. h. die Autoren verwechseln T mit S, welches letztere allerdings eine im Raum des T-Wertes variable Größe ist.

Ferner ist dabei die bereits mehrfach betonte Klammerwirkung der Hydroxyde oder hydrolytisch spaltenden Salze der zweiwertigen Kationen vernachlässigt, die in gewissem Sinne neue Sorptionskomplexe mindestens vorübergehend schafft. Leider ist es zur Zeit nicht möglich, diese Verhältnisse in vollem Umfange zu übersehen, weil in sie auf reinen Mineralböden die Bildung von Aluminaten unter

Zerstörung der Gitter, bei humosen Böden die Reaktion der in den Humusstoffen vorhandenen Phenole und sonst mit Basen reaktionsfähigen Gruppen weitgehend hineinspielen, ohne daß es möglich ist, die einzelnen Komponenten experimentell getrennt zu halten.

Hervorzuheben in dieser Hinsicht sind die Untersuchungen von ROHDE (266), der das Verhalten der hydrolytischen Azidität bei Behandlung von Boden mit Azetaten in der Wärme untersucht hat und auf diese Weise zu wesentlich höheren H-Gehalten des Bodens als in der Kälte kommt, die er als Endwerte für die Beurteilung des Kalkbedürfnisses betrachtet.

Tatsächlich hat es ROHDE aber durchaus nicht mit irgendwelchen charakteristischen Endwerten, sondern, wie sich experimentell sehr leicht zeigen läßt, mit undefinierten Zwischenwerten zu tun, die sich durch andere Wahl des Verhältnisses Boden-Lösung in sehr weiten Grenzen beliebig variieren lassen.

Da auch die Basenwirkung usw. nicht bis ins Unendliche gehen kann, besitzt auch sie *bei jeder Temperatur* einen bestimmten Endwert, der je nach dem angewandten Kation verschieden liegt. Daß diese theoretische Annahme sich experimentell erfüllt, zeigen die folgenden in der Landwirtschaftlichen Versuchsstation Lichterfelde ermittelten Ziffern, die sich beliebig vermehren ließen: (siehe nebenstehende Tabelle).

Boden-Nr.	50 g Boden, 125 und 250 cm³ n-Na-Azetat 2 Stunden geschüttelt				10 g Boden, 100 und 200 cm³ n-Na-Azetat 10 Minuten gekocht				50 g Boden, 125 und 250 cm³ n-Ca-Azetat 2 Stunden geschüttelt				10 g Boden, 100 und 200 cm³ n-Ca-Azetat 10 Minuten gekocht			
	y_1	y_2	H	q	y_1	y_2	H	q	y_1	y_2	H	q	y_1	y_2	H	q
013	4,95	5,80	6,99	14,8	14,0	16,0	18,66	17,8	5,85	6,80	8,13	11,9	17,6	19,6	22,12	11,6
014	4,90	5,90	7,41	17,3	13,4	15,2	17,54	17,6	5,50	6,70	8,55	16,3	17,6	19,0	20,66	8,4
315	4,80	5,70	7,01	16,4	13,3	15,0	17,18	17,0	5,60	6,70	8,33	14,7	16,4	18,4	21,01	13,4
015	5,70	6,60	7,81	11,9	14,0	16,4	19,76	20,8	6,40	7,40	8,77	10,5	17,8	19,6	21,83	10,4
022	5,00	5,80	6,90	13,8	13,8	14,9	16,21	10,8	5,10	6,10	7,57	16,1	15,6	17,6	20,20	14,6

Diese Beobachtungen lassen aber im Zusammenhange mit den Arbeiten GRUNERS (s. o. S. 145) noch eine andere Deutung zu, deren Richtigkeit sich allerdings erst an einem weit größeren Material als es heute vorliegt, beurteilen ließe: *Es kann sich vielleicht um höhere Dissoziationsstufen der Azidoide handeln, die erst mit der höheren Temperatur in Wirkung treten.* Gewisse Ausnahmen von der Regel der Proportionalität der p_H-Ziffern mit dem Sättigungsgrade der Komplexe scheinen in dieser Richtung zu weisen.

Es ist bereits oben betont worden, daß zwar bei Vorhandensein aktiver, gröberer Mineraltrümmer auch diese am Basenaustausch teilnehmen, besonders soweit es sich um Glimmerreste handelt, weitaus die Hauptmenge des Basenaustauschs aber durch die Tonfraktion $<0{,}002$ mm im Boden und durch die humosen Substanzen erfolgt. Es erhebt sich damit die Frage, ob zwischen den S- und T-Werten, bezogen auf die Tonfraktion bzw. bei humosen Böden den Humus, irgendwelche festen Gesetzmäßigkeiten bestehen, anders ausgedrückt, ob die Tonfraktion und der Humus in elektrochemischer Hinsicht eine gewisse Gleichmäßigkeit besitzen oder nicht.

Daß das für die S-Werte, als ganz von den lokalen Umständen der Bodenbildung und Diagenese abhängigen *Bruchteil* der totalen Sorptionskapazität, nicht der Fall sein kann, versteht sich von selbst. Es erübrigt sich, überhaupt Zahlenwerte dafür zu geben, da diese völlig regellos durcheinanderlaufen und sich nur für kleine Untersuchungsgebiete überhaupt diskutierbare Mittelwerte ergeben.

Für die T-Werte, d. h. die totale Sorptionskapazität der Tonfraktionen und der Humussubstanzen mit Ausschluß der sekundären nach GEHRING, HISSINK u. a. erfaßten Klammerwirkungen usw. sind andererseits sogar recht enge Grenzen der von 1 g Ton oder Humussubstanz festlegbaren Kationenmengen zu erwarten. *Für jedes Gebiet, dessen Böden aus den gleichen Gesteinen und unter den gleichen klimatischen und ökologischen Bedingungen sich entwickelt haben, ist anzunehmen, daß die Zusammensetzung des feinsten Bodenanteiles nur in verhältnismäßig engen Grenzen schwankt, bei großen Unterschieden zwischen den einzelnen Bodenprovinzen.*

Durchmustert man die Literatur in dieser Hinsicht, so läßt sich diese theoretisch zu erwartende Regelmäßigkeit im großen und ganzen nicht feststellen. Die von den einzelnen Autoren angegebenen bzw. aus den mitgeteilten Analysen zu berechnenden Werte schwanken zwischen 0,5 und 3,5 Milliäquivalent Kation je Gramm Ton bei Mineralböden. Aber diese großen Schwankungen haben eine einfache Erklärung. Sie sind nur scheinbar, weil die ermittelten Tonwerte zum großen Teil Zufallswerte sind und damit aus der Betrachtung ausscheiden.

Wie unten bei der Besprechung der Methoden der physikalischen Bodenuntersuchung im einzelnen zu erörtern sein wird, ist nämlich bei den meisten Tonbestimmungen und ganz besonders auch bei den nach der internationalen Methode ermittelten Daten eine vollständige Aufteilung der Tonsubstanz in die Primärteilchen entweder nicht erreicht oder aber das ganze Bild ist durch Säurebehandlung, Behandlung mit Oxydationsmitteln usw. wertlos gemacht. Ein sehr großer Bruchteil der in der Literatur zu findenden Tonwerte sind reine Zufallsprodukte und überhaupt nicht miteinander vergleichbar, wogegen es durchaus kein Argument ist, daß vergleichende Untersuchungen an denselben Böden durch verschiedene Institute sehr genähert zum gleichen Resultat führen, weil jeder gleiche Fehler auch im Endeffekt, möge er begangen sein wo er will, ungefähr dieselben Endziffern ergeben muß. Zuverlässige absolute Tonwerte, wenn man so sagen darf, d. h. eine der Vollständigkeit, von Ausnahmefällen abgesehen, nahekommende Aufteilung der Tonsubstanz, ergeben von den gebräuchlichen Methoden nur diejenigen, die, wie z. B. die Methoden von BEAM (268) GEDROIZ (l. c.) oder von VAGELER und ALTEN (12, Teil III), ohne Zerstörung kolloidaler Substanzen durch Säure oder sonstige Vorbehandlung die Dispersion der Bodenteilchen durch Behandlung mit hochhydratisierten Kationen, wie Na oder Li, aufs äußerste treiben, weil nur diese Kationen, aber unter keinen Umständen NH_4, das meistens in Form von NH_3 zur Peptisierung verwendet wird, tatsächlich durch Austausch gegen die klammernden, d. h. in diesem Falle koagulierenden, zweiwertigen Kationen die Sekundärteilchen möglichst vollständig zerlegen.

Beschränkt man den Vergleich der T-Werte der Tonsubstanzen logischerweise auf die nach diesen oder ihnen äquivalenten Methoden ermittelten Werte, so zeigen sich die oben gestellten theoretischen Forderungen in vollem Umfange erfüllt und die *T-Werte je Gramm Ton erscheinen als charakteristische Materialkonstanten der Bodenprovinzen.* Einige Beispiele mögen genügen:

Bodenprovinz	Bodenart	Zahl	Kation je Gramm Ton	Mittlere Abweichung
Gash	Glimmerreiche Feinerde und Tone	8	1,09	0,16
Weißer Nil	Schwere Tone bis Sande	11	0,79	0,04
Gezira	Schwere Tone	83	0,86	0,04
Oberägypten	Silt-Tonböden	20	1,01	0,13

Fortsetzung der Tabelle von Seite 196.

Bodenprovienz	Bodenart	Zahl	Kation je Gramm Ton	Mittlere Abweichung
Fayûm	Sand bis Tonboden	12	0,74	0,10
Unteragypten	Sand bis Tonboden	99	0,91	0,17
Sudan	Laterit. Roterde	4	0,46	0,04
Ostafrika	Rotlehm	17	0,67	0,11
Hawai	Rotlehm	8	0,43	0,02
China	Rotlehm	5	0,74	0,05
Palastina	Terra Rossa	4	0,50	0,04
Hannover	Sand bis Tonboden	5	0,80	0,10
Holland	Sand bis Tonboden	65	0,80	0,07

Sonstige in dieser Hinsicht vorliegende Untersuchungen, wie z. B. die sehr ausgedehnten Studien von MATTSON (269) lassen sich nur sehr bedingt zum Vergleich heranziehen, da dabei der Begriff der Sorptionskapazität nicht genügend scharf definiert ist. Der genannte Autor stellt die folgenden Sorptionskapazitäten fest: MATTSON bringt die Differenz im Sorptionsvermögen, und zwar grundsätzlich sicherlich mit Recht, mit der Änderung des Kieselsäure - Sesquioxydverhältnisses in Zusammenhang. Es ist aber wohl kaum als zweifelhaft zu betrachten, daß die teilweise extrem niedrigen Werte der Tabelle zum Teil auch auf die Nichtberücksichtigung vorhandener Azidoide zurückgehen.

	Kation je Gramm Kolloid	$\frac{SiO_2}{Al_2O_3 + Fe_2O_3}$
Bentonit Ardmore	1,102	3,81
Lehmboden Fallon	0,947	3,82
Tonboden Sharkey	0,796	3,18
Lehmboden Marshall	0,671	2,82
Lehmboden Sassafras	0,331	1,89
Lehmboden Norfolk	0,207	1,63
Tonboden Aragon	0,164	0,55

Für die Humussubstanz der Böden gibt HISSINK (270) als T-Wert in seinem Sinne 1,80 Milliäquivalent Kation, also je Gramm C-Gehalt rund 3 Milliäquivalent Kation als für holländische Böden gültig an.

Bei möglichster Vermeidung von Nebenreaktionen ergaben sich für das T von Humusstoffen, bezogen auf den C-Gehalt, die folgenden Werte nach Abzug der Tonsubstanzen:

Boden	C %	Kation je Gramm C	Boden	C %	Kation je Gramm C
B 1	10,08	3,00	C. 22	5,80	3,80
C 2	7,43	5,30	B 24	4,64	0,20
B 15	4,33	2,10	O. 24	5,66	3,10

Sie schwanken in bemerkenswerter Weise, wie es bei der großen Verschiedenheit der Humusstoffe je nach den Bildungsbedingungen auch zu erwarten war. Jedenfalls ist es unberechtigt, von einer allgemein gültigen Sorptionskapazität des Humus zu sprechen, da dieser in jedem Boden anders zusammengesetzt ist.

McGEORGE (304) kommt auf Grund umfangreicher Untersuchungen zu dem Schluß, daß zwischen der Sorptionskapazität organischer Böden und ihrem C-Gehalt eine direkte Proportionalität besteht, ebenso zwischen der organischen Substanz, die sich in Böden durch nasse Oxydation mit H_2O_2 zerstören läßt, und der dadurch zu beobachtenden Abnahme der Sorptionskapazität. Es ist ihm ferner der Nachweis gelungen, daß *Lignine* und *ligninähnliche Stoffe* in mindestens demselben Umfange wie Tonsubstanzen am Basenaustausch im Boden teilnehmen können, woraus er auf eine Beteiligung auch noch unzersetzter pflanzlicher Substanzen im Kationenaustausch schließt, die sich in der Tat experimentell erweisen ließ. Die zu beobachtenden Sorptionskapazitäten schwanken zwischen 0,38 Milliäquivalent für 1 g Lignin und 4,09 Milliäquivalent für „Lignohumat", den in wässerigem Alkali löslichen Anteil der organischen Bodensubstanz.

Hält man sich vor Augen, daß im großen und ganzen die Basen an die organischen Komplexe sehr viel lockerer gebunden sind, als an die anorganischen, so tritt die große Bedeutung des Humus mit seiner im Durchschnitt dreifach höheren Sorptionskapazität als Ton für die Nährstoffversorgung der Kulturpflanzen scharf in Erscheinung.

Welchen Anteil die Basen an den Komplexen einnehmen, d. h. wie groß die Sättigung V der Komplexe bei den einzelnen Bodentypen ist, ist in der obigen Tabelle bereits gezeigt. V ist unter dem Einflusse der Kulturmaßnahmen eine sehr veränderliche Größe. Wenn es nach den obigen Ausführungen noch eines besonderen Beweises bedürfte, daß man bei der Bestimmung der totalen Sorptionskapazitäten mit Hilfe von zweiwertigen Hydroxyden nicht nur das in den Komplexen vorhandene H (und etwaiges Al) erfaßt, sondern auch die gesamte einstweilen noch unkontrollierbare Klammerwirkung der zweiwertigen Kationen, die mit der Sättigung gar nichts mehr zu tun hat, so wird dieser Beweis dadurch geliefert, daß bei Sättigung eines Bodens bis zu rund 70% das sog. T nach GEHRING, HISSINK usw. *nur selten noch eine Restazidität aufzufinden ist* (271). Schon bei einer 70proz. Sättigung sind also die Azidoide verschwunden und die Differenz ($T_{\text{Hissink}} - T$) kann entsprechend mit Umtauscherscheinungen im strengen Wortsinn nichts zu tun haben, obwohl sie für die Bemessung der zur Melioration nötigen Kalkmenge sogar von erheblicher Bedeutung ist. Diese Überschußanlagerung von Kalk nimmt außerdem zum großen Prozentsatz am Austausch nicht mehr teil.

Die obige Bodentabelle zeigt, daß q um so mehr wächst, je kleiner der S-Wert ist. Je weniger Kationen je 100 g Bodensubstanz in sorptiv gebundener Form vorhanden sind, desto stärker werden sie also auch in ihrer Gesamtheit festgehalten, in Parallele zum oben erörterten Verhalten der einzelnen Kationen im Raum von S.

Daß bei der Verschiedenartigkeit der in den einzelnen Böden wirksamen Makroanionen eine strenge Regelmäßigkeit nicht besteht, kann nicht verwundern. Mit Rücksicht auf die praktische Auswertung der Nährstoffbilanz der Böden bei der Einwirkung der Pflanzen ist es von praktischem Interesse zu verfolgen, welche Kationenmengen verdrängt werden, *wenn gleichen Mengen einwirkenden Kations steigende Mengen der Substanz*, also letzten Endes ein gesteigertes S, gegenübersteht.

Wie sich die Verteilung des einwirkenden Kations in dem Fall gestaltet, daß sich die Gleichgewichte erst Schicht für Schicht im Boden einstellen, so daß auf die nächste Schicht jeweils nur der nicht verbrauchte Rest R des angewandten Kations einwirkt, ist oben (S. 70) bereits auseinandergesetzt. Die H-Ionen der Pflanzenwurzeln wirken aber nicht Schicht für Schicht, sondern gleichmäßig im ganzen Profil. Die Bedingungen der obigen Gleichung sind also dann nicht erfüllt, da sich Einzelgleichgewichte der Bodenschichten nicht völlig ausbilden können. Das Bodenmaterial kommt hier in größeren Mengen gewissermaßen gleichzeitig zur Wirkung. Auch dieser Fall läßt sich durch Näherungsrechnung erfassen.

Ganz allgemein besteht nach der Austauschgleichung, wenn man bei gegebenem x = einwirkende Kationenmenge, S und q, letztere bezogen auf 100 g Bodensubstanz, die behandelte Substanzmenge mit m als Vielfaches einer Einheitsmenge z. B. von 100 Tonnen Bodensubstanz bezeichnet, die Beziehung: ausgetauschte Kationenmenge

$$y = \frac{m \frac{x}{m} \cdot S}{\frac{x}{m} + qS} = \frac{x \cdot S}{\frac{1}{m} \cdot x + qS}.$$

Ist m im Verhältnis zur Einheit sehr groß — und das ist in der Natur stets der Fall —, so konvergiert $1/m$ schnell gegen 0. Man kann also ohne merklichen Fehler setzen:

$$y = \frac{x \cdot S}{q \cdot S} = \frac{x}{q}$$

oder in Prozenten von S, bezogen auf die Einheit, ausgedrückt, wird bei Einwirkung von x Milliäquivalent die freiwerdende Kationenmenge

$$y\,\% \text{ von } S = \frac{100 \cdot x}{q \cdot S}.$$

Das ist die Verallgemeinerung der von VAGELER und ALTEN (12, Teil IV u. VI) abgeleiteten Beziehung, die dort nur für den Fall $x << q \cdot S$ angewendet war.

Sie ist praktisch von großer Bedeutung, da sie es gestattet, unabhängig von der Kenntnis der mit den Wurzeln einer Pflanze in direkte Berührung kommenden Komplexe, d. h. ohne spezielle Kenntnis der Wurzelentwicklung der Kulturpflanzen, aus den Analysendaten genähert den Prozentsatz der einzelnen Basen zu berechnen, der aus den Komplexen im Maximum während einer Saison durch die Pflanzentätigkeit selbst verfügbar wird. Sie würde, wenn sich der Bruchteil der aus der Gesamt-CO_2-Produktion chemisch im Bodenwasser wirksam werdenden Kohlensäuremenge feststellen ließe, auch die genaue Berechnung der Regeneration der Bodenlösung gestatten. Leider liegt die Möglichkeit zu letzterem einstweilen noch nicht vor.

Da unter gleichen Bedingungen der q-Wert des Austausches eines Ions gegen Wasserstoffion sehr genähert die Hälfte des q-Wertes des Austausches gegen das analytisch verwendete NH_4 ist, sind die Nutzungskoeffizienten der im Boden vorhandenen sorptiv gebundenen Basen für jede wirksame Kationenmenge ohne weiteres aus den Analysentabellen zu entnehmen.

Die Gleichung $y = \frac{x}{q}$ illustriert in besonders eindringlicher Weise den bereits oben eingehend behandelten Einfluß des q-Wertes des Austauschs als Ausdruck der Bindungsfestigkeit der Kationen und damit die große Verschiedenheit der Nutzungskoeffizienten des von den Pflanzen zur Einwirkung gebrachten H je nach dem Bodentypus, d. h. je nachdem der q-Wert über oder unter der Einheit liegt. Nur für $q = 1$ wird aus den Komplexen des ganzen Profiles die dem einwirkenden H-Ion äquivalente Kationenmenge frei. Liegt q unterhalb von 1, wie es bei hoch gesättigten Böden der Fall sein kann, so findet eine Überschußverdrängung statt (s. o.); bei q-Werten größer als 1, wie sie für die wenig gesättigten Böden charakteristisch sind (s. Tabelle), ist die Wirkung des H-Ions um so geringer, je größer der q-Wert ist.

Die obige Gleichung zeigt aber noch etwas anderes, was praktisch von nicht geringerer Wichtigkeit ist. Wie oben erörtert ist, sind die q-Werte in ihrer Größe abhängig von der prozentischen Beteiligung des betreffenden Kations an der Kationensumme oder, da S (einschließlich Al) eine Gruppe bildet, die allein gegen Neutralsalze austauscht, an S (+Al).

Je kleiner der prozentische Anteil eines Kations ist, desto größer wird sein q-Wert, desto geringer also auch seine prozentische und absolute Nutzbarkeit. Anders ausgedrückt heißt das aber, daß *jedes Kation, das ein kleineres q besitzt, als ein anderes, diesem gegenüber als Verdrängungsschutz, gewissermaßen das angreifende Kation abschirmend, wirkt.* So kann z. B. die Mobilisierung von Al, d. h. der Austauschazidität, bei großen S nur in geringem Maße erfolgen. Tatsächlich werden von den Kulturpflanzen bei sorptionsstarken Böden recht erhebliche Mengen von Austauschazidität anstandslos vertragen, die bei geringerer Größe von S bereits lange verderblich wären. Andererseits ist die Nutzbarkeit gebundenen Kaliums oder in vielen Fällen Magnesiums bei gleichzeitig hohem Gehalt an Na oder auch Ca sehr gering (s. u.).

Die chemische Gesamtwirkung der Kationenbelegung eines Komplexes läßt sich aus den Eigenschaften der einzelnen Kationen als Schwarmbestandteil in den gegebenen Linien fast lückenlos ableiten. Ein gleiches gilt für die physikalischen Eigenschaften der verschieden belegten Komplexe im einzelnen und ihrer Gesamtheit. Wie sich in beiden Richtungen die einzelnen Kationen verhalten bzw. auswirken, wird nunmehr zu untersuchen sein.

α) *Na als Komplexkation.*

Trotz der Allgegenwart des Na in allen Bodenbildungen hat man sich, wenn man von den ariden Ländern der Erde absieht, wo dieser Bodenbestandteil sich der Aufmerksamkeit förmlich aufdrängt, im allgemeinen bisher recht wenig um das Na gekümmert. In den humiden Klimaten der Erde, und zwar in besonderem Maße in den gemäßigten Temperaturgebieten, wo Humussäuren den Gang der Verwitterung und der Diagenese der Böden beeinflussen, tritt in der Tat das Na als Komplexbestandteil weitgehend zurück, so daß diese Vernachlässigung zu verstehen ist. In heißen humiden Klimaten findet sich das Na in großen Mengen als Komplexbestandteil und entsprechend seiner großen Neigung zur Hydrolyse als Lösungsbestandteil wesentlich im Untergrunde der Böden, und zwar in großen Mengen in vielen Zersatzzonen von Bodenprofilen, die aus Na-reichem Gestein entstanden sind. Daß das Na in ariden Gebieten teilweise das Bild beherrscht, ist oben bereits auseinandergesetzt und durch die Tabelle der Bodentypen belegt.

Die Ansichten über die Notwendigkeit des Na für die Pflanzenernährung sind noch geteilt. KOSTYTSCHEW (272) schreibt als zusammenfassendes Ergebnis der bisherigen Forschungen:

„Natrium ist für die Landpflanzen durchaus unnötig, spielt aber eine wichtige Rolle im Leben der Seepflanzen, namentlich der Algen, desgleichen der Bewohner von Salzböden."

Dieser Schluß wird dadurch bestätigt, daß es möglich ist, bei Kulturversuchen die landwirtschaftlichen Nutzpflanzen ohne jeden Na-Zusatz nicht nur fortzubringen, sondern in normaler Ausbildung und großer Üppigkeit zu kultivieren. Auf der anderen Seite sind Erfolge mit Kochsalzdüngung bei Rüben bekannt, was wohl mit der Abstammung dieser Kulturpflanzen zusammenhängt.

Die in der untenstehenden Tabelle des Basengehalts der Kulturpflanzen aufgeführten Na-Mengen sind also nicht als lebensnotwendig, sondern nur als akzessorisch zu betrachten. Als Nährstoff ist das Na für die Kulturpflanzen jedenfalls kein zu beachtender Faktor und ein Na-Mangel kommt auch bei den an diesem Element ärmsten Böden wohl kaum jemals in Frage.

Die Bindungsfestigkeit des Na in den Komplexen ist im allgemeinen sehr gering, wie die q_{Na}-Werte in der Tabelle der Bodentypen zeigen. Nur wenn seine Beteiligung am Komplex sehr klein ist, kommen entsprechend den Austauschgesetzen große q-Werte vor. *Hoher Na-Gehalt der Komplexe wirkt wegen der Lockerheit der Bindung in ganz besonderem Maße hemmend auf die Ausnutzung der sonst in den Komplexen vorhandenen Basen.*

Die starke Na-Aufnahme der sog. Salzpflanzen ist unbeschadet einer möglichen Wirkung als Nährstoff jedenfalls dahin zu verstehen, daß diese Pflanzen nicht Na-reiche Standorte bevorzugen, weil sie das Na als Nährstoff brauchen, sondern weil sie es im Gegensatz zu anderen Pflanzen bei sonst kärglicher Basenernährung besser vertragen können und daher im Kampf ums Dasein siegen. Die Rolle des Komplex-Na als Vermittler des Auftretens von Soda in der Bodenlösung ist oben bereits eingehend behandelt.

Der im allgemeinen sehr geringen chemischen Bedeutung des Na in den Komplexen steht eine *physikalische* gegenuber, die das Na überall da, wo es in großen Mengen vorkommt oder auf der anderen Seite sehr stark in den Hintergrund tritt, zu einem der wichtigsten Bodenbestandteile macht, geradezu zu dem das Wohl und Wehe großer Gebiete in ariden Ländern entscheidenden Faktor.

Diese Wichtigkeit liegt begründet in dem sehr starken Hydratationsvermögen des Na und dem wenig steilen Druckgradienten im Schwarmwasser Na-gesättigter Komplexe.

Welchen großen Einfluß auf die Änderung der Teilchenvolumina und die Dicke der angelagerten Wasserhüllen bereits ganz allgemein die Ersetzung zweiwertiger Kationen durch einwertige in den Sorptionskomplexen ausübt, ist bereits S. 113 rechnerisch belegt. Es war dabei einstweilen nur das hygroskopische Wasser berücksichtigt, das, wie oben auseinandergesetzt ist, eine Sonderstellung insofern einnimmt, als seine Menge vom Druckgradienten unabhängig ist.

Als wahrscheinlichster Druckgradient im Schwarmwasser mit hochhydratisierten Kationen wie Li- und Na-gesättigter Komplexe ist oben die 1,5. Potenz bezeichnet. Der osmotische Druck des Schwarmwassers gestaltet sich also gemäß der Gleichung:

$$\pi = 50{,}0\left(\frac{\mathrm{Hy}}{W}\right)^{1{,}5}$$

bzw. bei gegebenem osmotischen Druck π der Wassergehalt des Systemes

$$W = \frac{\mathrm{Hy}}{\sqrt[1{,}5]{\frac{\pi}{50{,}0}}} = \frac{13{,}58\ \mathrm{Hy}}{\sqrt[1{,}5]{\pi}}.$$

Als vom Porenvolum eines Bodens in Abzug zu bringender Wassergehalt ist unter der Annahme eines allgemeinen Gradienten von der dritten Potenz die doppelte hygroskopische Wassermenge bezeichnet worden, entsprechend einem osmotischen Druck von 6,25 at. Legt man diesen Wert von π zugrunde, so berechnet sich die von 100 g Tonsubstanz mit reiner Na-Belegung gebundene Wassermenge zu

$$W = 4{,}0\ \mathrm{Hy}.$$

Für reine Tonsubstanz ist oben ein T-Wert von durchschnittlich 100 Milliäquivalent Kation je 100 g Trockensubstanz erfahrungsmäßig in Ansatz gebracht, was einer Hygroskopizität der nur mit Na gesättigten Tonsubstanz von 48 entspricht. Der vom Porenvolum für die Ermittlung des spannungsfreien Anteiles in Ansatz zu bringende Abzugsfaktor berechnet sich also zu $48 \cdot 4{,}0 = 192\ \mathrm{cm}^3$ je 100 g Tonsubstanz.

Das minimale Porenvolum reiner Tonsubstanz ist aber kaum jemals größer als 30 cm³ je 100 g, d. h *bereits bei nur 15% Sättigung der Komplexe eines Tones mit Na muß nicht nur die Wasserdurchlässigkeit auf Null sinken, sondern auch die Wasserbeweglichkeit bzw. die Steighöhe und die kritische Schichtdicke eines solchen Tones muß nahezu gleich Null sein.*

Selten ist in der Bodenkunde eine theoretische Folgerung in so vollem Maße durch die praktische Erfahrung bestätigt wie diese.

Qualitativ ist diese Wirkung des Na-Ions als Anteil der Komplexbelegung längst bekannt. GEDROIZ (l. c. S. 50) schreibt:

„Ist der adsorbierende Komplex mit Alkalien, besonders mit Li und Na, gesättigt, so ist er zu den hydrophilen Kolloiden zu rechnen, da er dann mit Wasser als Dispersionsmittel eine gelatineartige Masse bildet, die stark quillt und große Mengen Wasser einschließt. Wir hatten mit derartigen Produkten zu tun, die bis 1000 Gewichtsprozente Wasser enthielten."

GREENE (273) kommt, die zahlreichen Experimente zur Frage an den Versuchsstationen des Sudan zusammenfassend, zu dem Schluß:

"Investigations have shown that *permeability is largely dependent on the amount of sodium in chemical combination with the clay* and this lends great probability to the view, that where the soil profile is compact (d. h. Na-haltende Illuvialhorizonte flach unter der Bodenoberfläche liegen) not only is there greater concentration of subsoil salts but also a greater concentration of sodium in chemical combination with the clay of the surface soil. *The latter is directly related to permeability and thence to fertility*".

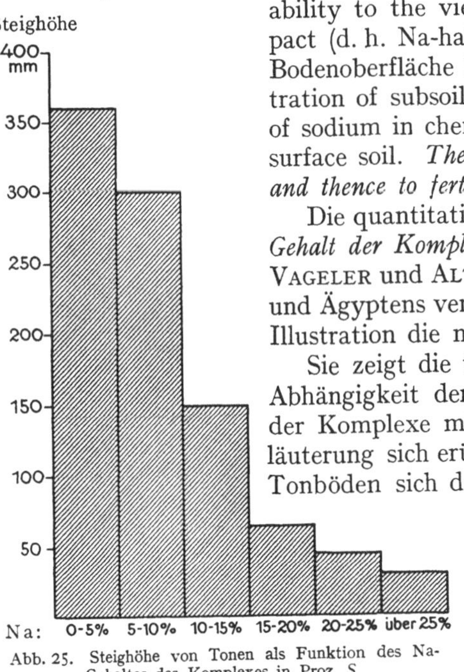

Abb. 25. Steighöhe von Tonen als Funktion des Na-Gehaltes des Komplexes in Proz. S.

Die quantitativen Zusammenhänge zwischen dem *Na-Gehalt der Komplexe* und der *Wasserbeweglichkeit* haben VAGELER und ALTEN bei den schweren Böden des Sudan und Ägyptens verfolgt. Ihrer Arbeit (12, Teil VI) sei zur Illustration die nebenstehende Abb. 25 entnommen.

Sie zeigt die theoretisch zu erwartende quantitative Abhängigkeit der Wasserbeweglichkeit vom Na-Gehalt der Komplexe mit einer solchen Schärfe, daß jede Erläuterung sich erübrigt. Es sei hinzugefügt, daß bei allen Tonböden sich das gleiche Bild wiederholt, wenn auch die absoluten Ziffern der Steighöhen, wie nicht anders zu erwarten ist, eine Verschiebung erfahren. Um Mißverständnissen vorzubeugen, ist beim Vergleich des Diagramms mit den obigen Rechnungsdaten zu berücksichtigen, daß die letzteren sich auf reine Tonsubstanz, die Daten des Diagramms auf Böden mit rund 50—60% Tonsubstanz $< 0{,}002$ mm beziehen. Für den Vergleich sind also die Rechnungsdaten zu verdoppeln.

Dabei sind zwei weitere Momente nicht zu vergessen.

Starke Hydratationsfähigkeit bedeutet starke Quellungsfähigkeit und als Gegenstück dazu starke Schrumpfung.

Eine starke Schrumpfung wirkt einerseits günstig, indem sie durch das *tiefe Reißen* des viel Na-Ton enthaltenden Bodens für die Austrocknung und Durchlüftung bis in große Bodentiefen sorgt. Sie bringt aber auf der anderen Seite die Gefahr von *Wurzelzerreißungen* in großem Umfange mit sich, die für die Kulturpflanzen unter Umständen sehr gefährlich werden können.

Weiter führt die hohe Hydratationsenergie von Na-Ton zwangsläufig zu einem sehr weitgehenden *Ausschluß von Luft* aus dem Boden, ganz allgemein zur Verringerung der für den Gasaustausch verfügbaren Hohlräume und damit zur *Anhäufung schädlicher Mengen von Kohlensäure*, auf deren Bedeutung für den Ackerbau bereits oben hingewiesen ist. Man geht kaum fehl, wenn man das eigenartige Versagen an sich physikalisch guter und auch reicher Böden bei der Irrigation, sobald sie viel Na-Ton enthalten, wie die sog. „Senkenböden" der auf S. 184 mitgeteilten Tabelle, im wesentlichen auf die Behinderung der Bodenatmung zurückführt.

Der Schluß, daß das Na der gefährlichste Feind schwerer Irrigationsböden ist und die Landwirtschaft derartiger Gegenden im wesentlichen einen Kampf mit diesem Element führt, ist unter diesen Umständen als berechtigt und durch die praktische Erfahrung belegt zu betrachten. Das meistens bei der Bodenanalyse übersehene und bei der Beurteilung von Düngemitteln oft völlig vernachlässigte Na rückt mit dieser Erkenntnis bei allen Meliorations- und Düngungsfragen in den Vordergrund des Interesses.

Es hieße aber das Kind mit dem Bade ausschütten, wenn man dem Na als Bodenbestandteil *nur* negativen Wert zuschreiben wollte. So unleugbar es diesen bei allen schweren Böden mit geringer Wasserdurchlässigkeit und Wasserbeweglichkeit hat, die es beide sehr scharf in ungünstiger Richtung beeinflußt, *so günstig kann sich seine hohe Hydratationsenergie bei leichten Böden auswirken,* die eine zu geringe Wasserbeweglichkeit bei zu großer Durchlässigkeit besitzen. Hier muß die Einführung von Na in die Komplexe durch die Verwendung Na-haltiger Düngemittel den Wasserhaushalt des Bodens unter Umständen recht erheblich *verbessern* können, was aus den oben mitgeteilten Daten von selbst folgt. In der Tat sind Beobachtungen in dieser Richtung bei Verwendung von Na-Salpeter und Na-haltigen Kalirohsalzen auch bereits in großem Umfange gemacht. Allerdings ist bei leichten Böden bei einem derartigen Vorgehen stets zu bedenken, daß bei der meist geringfügigen Größe der im Boden vorhandenen sorptionsfähigen Komplexe die ohne Nachteil anwendbaren Salzmengen sich in bescheidenen Grenzen halten müssen, um nicht auf eine hohe Konzentration der Bodenlösung und damit eine große *Salzgefahr* (12 a. m. o.) zu kommen, d. h. einen bedenklichen Überschuß der Na-Menge über die totale Sorptionskapazität *T*, die durch Erhöhung des Betrages an totem Wasser im Boden, auf welche die Na-Salze mit ihrer leichten Löslichkeit und starken Dissoziation in besonderem Maße wirken, bedenkliche Folgen haben kann.

Ganz allgemein ist beim Na als Bestandteil der Komplexe noch ein weiterer Punkt zu beachten: Das Na-Ion besitzt als einwertiges hochhydratisiertes Kation nicht nur keinerlei Klammerwirkung, sondern eine sehr stark dispergierende Wirkung, solange es nicht in verhältnismäßig sehr großen Konzentrationen vorhanden ist. Ganz besonders stark ist die dispergierende Wirkung bei alkalischer Reaktion. Bei nennenswerter Teilnahme von Na an den Komplexbelegungen entstehen bei der gleichzeitigen hohen Dissoziation des Na in sorptiver Bindung und damit starker Teilchenladung sehr stabile *Sole*, d. h. *kolloidale Lösungen*, und zwar sowohl der anorganischen wie der organischen Bodensubstanz. *Das Na mobilisiert einen Teil der Bodensubstanz und versetzt ihn in die Lage, der Wasserbewegung im Boden zu folgen.*

So entstehen bei Na-haltigen Böden in besonderem Umfange mit Leichtigkeit *Illuvialhorizonte*, die bei den oben skizzierten physikalischen Eigenschaften des Na-Tones schon bei geringer Dicke vollständig undurchlässig für Wasser und Luft und bei gleichzeitigem Fehlen verfügbaren Wassers auch für Wurzeln sind. Derartige Horizonte beschränken also in einschneidender Weise den verfügbaren Wurzelraum und können, wenn ihre Entfernung nicht auf irgendeine Weise möglich ist, unter Umständen große Bodenflächen völlig entwerten.

An solchen Illuvialhorizonten nehmen neben anorganischen Stoffen auch die Humusstoffe weitgehend Anteil, und zwar sowohl im humiden wie im ariden Gebiet. Im letzteren gehört z. B die färbende Substanz der sog. „Grauen Lagen" der Irrigationsgebiete des Sudan hierher, für die JOSEPH (274) die folgende Zusammensetzung angibt:

Anorganische Substanz 39,2%	SiO_2		21,4%
	Al_2O_3	usw.	6,5 ,,
	Fe_2O_3		7,9 ,,
	CaO		1,1 ,,
	MgO		1,9 ,,
Organische Substanz 60,8%	C		36,4 ,,
	H		3,1 ,,
	O		21,3 ,,

Ferner gehören dazu zum großen Teil die *zementierenden Substanzen tropischer sandiger Tone,* die diese oberflächlich bis in etwa 10 cm Tiefe zur Trockenzeit so energisch verkitten, daß die Bodenoberfläche eine fast betonartige Festigkeit bekommt.

Alkalihumate bilden ferner den färbenden Bestandteil der Oberflächenschichten sog. „schwarzen Alkaliböden" der ganzen Welt.

Als verhärtete Illuvialhorizonte sind ohne jede Frage in warmen Klimaten sehr viele sog. „*Hardpans*" zu betrachten, wobei allerdings zu beachten ist, daß dieser Name auf die verschiedensten Sorten harter Lagen, z. B. auch auf Krustenbildungen aus Kalk usw., angewandt wird, die mit Illuvialhorizonten nichts zu tun haben. Ferner gehört zur Klasse der verhärteten Illuvialhorizonte der „*Padas*" der niederländisch-indischen Bodenkundler und Pflanzer, der sich sehr häufig um dünne vulkanische Aschenlagen entwickelt, die besonders reich an zweiwertigen Kationen sind. Auch diese Bezeichnung wird keineswegs konsequent gebraucht, sondern häufig auch auf die Zersatzschichten des Muttergesteines angewandt.

Im humiden Klima geht in den Tropen bestimmt (303), im gemäßigten Klima sehr wahrscheinlich, wenigstens ein Teil der *Ortsteinbildungen,* auf die Ausfällung von Na-Humat durch zweiwertige Kationen des Untergrundes zurück.

Die geringe Bindungsfestigkeit des Na in den Komplexen legt den Gedanken nahe, daß seine Verdrängung und damit die endliche Meliorierung zu stark mit Na in den Komplexen gesättigter Böden eine verhältnismäßig leichte Sache sein müßte. Soweit es um die Verdrängung als solche geht, ist das in der Tat der Fall. D. h. jedes andere Kation, abgesehen vom Li, entfernt Na leicht und weitgehend aus den Komplexen, vorausgesetzt, daß nicht die Bodenlösung sehr große Na-Mengen enthält, denen gegenüber die zur Verdrängung angewandten Kationen so stark in den Hintergrund treten, daß ihre Auswirkung dadurch weitgehend beeinträchtigt wird.

Von einer endgültigen Meliorierung eines zuviel Na in sorptiver Bildung enthaltenden Bodens kann aber erst dann die Rede sein, wenn das ursprünglich in der Bodenlösung befindliche und durch die Behandlung mit anderen Kationen in sie übergehende Na entfernt ist, ganz besonders dann, wenn die Melioration, wie dies meistens der Fall ist, durch Kalk stattgefunden hat.

Diese Entfernung aber ist gerade bei der großen *Undurchlässigkeit* der Na-Ton in größeren Mengen enthaltenden Böden die Kardinalschwierigkeit. Der Erfolg der chemischen Melioration setzt also eine gleichzeitige physikalische voraus, d. h. starke Entwässerung, die andererseits wieder erst nach vorhergehender chemischer in vollem Umfange zur Wirkung kommt. So ergibt sich bei vielen Meliorationsfragen in gewissem Sinne ein Circulus vitiosus, den zu vermeiden oder unschädlich zu machen nicht immer leicht ist, und Maßnahmen, wie energische Auswaschung nach oben, erfordert, die heute zum Teil noch als unrationell betrachtet werden, ohne es jedoch in der Tat zu sein.

Mobilisierung von Na in den Oberflächenschichten eines viel Na-Ton enthaltenden Bodens durch irgendein stark verdrängendes Kation, sei es Ca, sei es K, bedeutet bei gleichzeitiger Senkung des Grundwasserspiegels durch tiefe Abzuggräben oder Drainage unter allen Umständen zunächst das langsame Absinken der gebildeten Na-Lösung nicht etwa bis zur Abfuhr durch das Grundwasser — dazu ist die Wasserbewegung in solchem Boden viel zu langsam, da sie höchstens Dezimetern je Jahr entspricht —, sondern in tiefere Bodenschichten. *In diesen tieferen Bodenschichten aber wird dadurch das Gleichgewicht vollständig zugunsten des Na verschoben, und es muß mit großer Intensität Na-Ton sich bilden,* der peptisiert tiefer dringt, bis er an etwaigen Gips- usw. Schichten zum Ausflocken kommt.

Gerade in Sumpf- und Lagunenböden, die vielfach Gegenstand der Melioration sind, fehlt Gips in tieferen Bodenhorizonten kaum jemals und fast stets sind, namentlich in Sümpfen des gemäßigten Klimas, Kalklagen vorhanden. Wenn also derartige Ländereien auch ursprünglich keine *Illuvialhorizonte* der oben skizzierten Art enthalten, so werden sie durch unvorsichtige Senkung des Wasserspiegels und gleichzeitige chemische Melioration der Krumenschichten, die in großem Umfange, namentlich in warmen Ländern, angewandt zu werden pflegt, mit Sicherheit sekundär *gebildet*

In der Bodentiefe, in der sie entstehen, meistens 5 und mehr Dezimeter unter der Bodenoberfläche, sind sie aber sehr schwer, wenn überhaupt und dann nur mit ganz enormen Kosten zu beseitigen. *Der schlechte Zustand vieler derartiger Meliorationsböden,* die z. B. in Ägypten sich in großen Teilen des nördlichen Deltas finden, ist also *durchaus nicht primär, sondern sekundär,* nämlich das *Ergebnis unrationeller zu schneller Entwässerung.*

Diese dürfte erst einsetzen, nachdem die evtl. durch Gips- oder Kalkbehandlung mobilisierten Na-Salze mit dem vorher schon sich findenden, regelmäßig in der obersten Bodenschicht konzentrierten Salzgehalt durch *Auswaschen nach oben* entfernt waren.

β) NH_4 als Komplexkation.

Unter den Kationen des Bodens nimmt das Ammoniumion NH_4 nach heutiger Überzeugung eine ausgeprägte Sonderstellung ein. Es gilt als ein sehr schwer erfaßbares Etwas, wie ein englischer Autor sich drastisch ausdrückt: „elusive like glycerine soap in a hot bath." Der Grund ist, daß das NH_4 wie kein anderes Kation durch Nitrifikation dem *Übergang ins Anion* NO_3 ausgesetzt ist, wenn nicht gar durch Denitrifikationsvorgänge dem Übergang in elementaren Stickstoff, sobald es sich in der Bodenlösung findet.

Daß es daher im Bodenwasser nur in so verschwindenden Spuren unter normalen, nicht durch Ammonsalzdüngung usw. beeinflußten Verhältnissen auftritt, daß sie quantitativ oft nicht mehr mit Sicherheit zu erfassen sind, ist bereits oben betont. In gelöster Form findet sich weit überwiegend der Stickstoff im nicht zu sauren Boden in den Oberflächenschichten in Form von Nitrat, in Mengen, die nicht nur von Boden zu Boden, sondern im gleichen Boden je nach der Intensität der Tätigkeit der nitrifizierenden Bakterien, man kann fast sagen, von Stunde zu Stunde, schwanken. Die Entnahme der vorhandenen Nitrate durch die Wurzeln der Kulturpflanzen, eventuelle Denitrifikationsvorgänge und Zufuhr durch Regenfälle kommen als weitere die Schwankungen des Nitratgehaltes der Bodenlösungen bedingende Momente dazu (275).

Es liegt abseits des hier behandelten Themas, die Frage der Nitratbildung in Böden eingehend zu behandeln. Es muß daher genügen, nur die wichtigsten die Nitrifikation regulierenden Umstände kurz zu erwähnen.

Die Frage, ob eine *direkte Nitrifikation des atmosphärischen Stickstoffes im Boden durch katalytische Wirkungen kolloidaler Sesquioxyde,* und zwar speziell des Eisens, mindestens in den obersten, dem Licht ausgesetzten Bodenschichten anzunehmen ist, ist trotz sehr vieler ablehnender Stimmen wohl noch als durchaus offen zu betrachten. Die von einer ganzen Reihe älterer Autoren beobachtete Erscheinung, daß bei Sorptionsversuchen von atmosphärischer Luft durch $Fe(OH)_3$ stets gewisse, oft sogar nicht unbeträchtliche Mengen von Salpetersäure auftreten, wird durch den Umstand, daß Nachprüfungen teilweise kein derartiges Ergebnis zeigten, durchaus nicht aus der Welt geschafft. Denn die Wirksamkeit von Katalysatoren ist ganz allgemein an ganz bestimmte Versuchsbedingungen und Zustandsbedingungen des Katalysators gebunden, auf die bei diesen Experimenten keinerlei Rücksicht genommen war. Gerade in neuester Zeit weisen die Beobachtungen über eine außerordentliche und auf biologischem Wege schwer zu erklärende Nitratanreicherung arider, viel $Fe(OH)_3$ enthaltender, Böden, über welche KHALIL (276) berichtet, erneut auf die Ungeklärtheit der Lage hin. In Anbetracht der Tatsache, daß sich technisch Eisenpermutite neben kolloidalem $Fe(OH)_3$ als sehr wirksame Katalysatoren für den Umsatz von NH_3 in HNO_3 erwiesen haben, verdient auch die Frage der Nitratbildung aus Ammoniumsalzen auf anorganischem Wege eine erneute Bearbeitung.

Sieht man von den in jedem Falle wohl ausnahmsweisen, d. h. auf bestimmte Böden und Klimabedingungen beschränkten, Möglichkeiten der Entstehung von Nitrat auf anorganischem Wege ab, so rührt mindestens die Hauptmenge aller im Boden zu findenden Nitrate fraglos von der *Tätigkeit der nitrifizierenden Bakterien* her.

Die *Nitritbakterien* setzen das vorhandene Ammonium bzw. NH_3 zu salpetriger Säure um:

$$NH_3 + 3\,O = HNO_2 + H_2O$$

und die *Nitratbakterien* vollenden die Oxydation:

$$HNO_2 + O = HNO_3.$$

Schon aus diesen Gleichungen folgt, daß die Nitratbildung ein Prozeß ist, der auf *reichlichen Sauerstoff* angewiesen ist. Sie ist dementsprechend auf die Oberflächennähe des Bodens in der Hauptsache beschränkt, wo sich in der Regel auch der meiste Stickstoff befindet. Ganz besonders stark ist, namentlich in warmen Klimaten, die Nitratbildung in Pflanzkämmen, z. B. der Baumwolle (277) und allgemein durch Bodenbearbeitung stark steigerbar (278). Daß, wie alle lebenden Wesen, auch die nitrifizierenden Bakterien an einen genügenden, aber nicht zu großen *Wassergehalt* des Bodens gebunden sind, liegt auf der Hand. Besonders instruktiv sind zur Illustration dieses Zusammenhangs die von TRAAEN (279) mitgeteilten Ziffern:

Wasser in Proz. der Erde bei 27,4% Wasserkapazität	mg Nitrat-Stickstoff in 100 g Erde bei 25° nach Tagen 26	66	100
3	1,0	1,0	0,6
5	0,6	0,9	0,9
10	13,6	19,1	32,9
15	30,1	41,9	40,7
17,5	36,3	40,1	41,6
20,0	29,2	40,5	40,4
25,0	7,3	20,3	24,2

Alle nitrifizierenden Bakterien gedeihen *schlecht oder gar nicht bei saurer Reaktion.* Daraus erklärt sich das Zurücktreten bzw. Fehlen der Nitratbildung in stark sauren Wald- und Hochmoorböden, ferner allgemein die die Nitratbildung steigernde Wirkung der Kalkung saurer Böden. Die untere Wachstumsgrenze ist etwa bei p_H 4,2—4,5 zu setzen.

Der Nitratgehalt „normaler" Böden, wie RIPPEL (278) sich ausdrückt, schwankt zwischen Bruchteilen eines Milligramms bis etwa 10 mg je 100 g Bodentrockensubstanz. Von einzelnen Autoren, wie HASELHOFF und HANN (280), LOEHNIS (l. c.) u. a. wird eine Periodizität der Nitratbildung im Laufe des Jahres behauptet, von anderen, wie LEMMERMANN und WICHERS (281), bestritten.

In sauren Böden und in größerer Bodentiefe überwiegt auch in der Bodenlösung der Gehalt an Ammonium den Nitratgehalt, wie es nach den kurz skizzierten Lebensbedingungen der Nitratbildner nicht anders zu erwarten ist. Die Gewächse dieser Böden scheinen folgerichtig auch mehr an die Aufnahme des Stickstoffs in Form von Ammonium als in Form von Nitrat angepaßt zu sein.

RIPPEL (l. c. S. 621) weist mit Recht darauf hin, daß leider in natürlichen Böden nur sehr selten bisher das Ammonium neben Nitrat bestimmt ist. Ein noch viel größeres Manko ist das, daß bei den wenigen vorliegenden Bestimmungen kaum jemals darauf geachtet ist, mit vollkommen kohlensäurefreiem Wasser zu arbeiten. Denn es versteht sich von selbst, daß bei der Unterlassung dieser Vorsichtsmaßregel keineswegs das in Lösung befindliche Ammonium, sondern ein unkontrollierbarer Teil des sorptiv gebundenen Ammoniums daneben mitbestimmt ist.

Daß das von NEHRING (282) als bedeutsam betrachtete Verhältnis zwischen NH_4 und NO_3 unter Umständen für die Beurteilung der Nitrifikationskraft des Bodens von Bedeutung sein kann, ist anzunehmen, nur ist der Wert der bisherigen Feststellungen durch die Ungenauigkeit der Bestimmung des löslichen NH_4-Anteiles stark eingeschränkt. Die in Lösung befindlichen Mengen NH_4 sollen sich bis etwa 8 mg je 100 g Bodentrockensubstanz bewegen, bleiben jedoch in der Regel weit hinter diesem Wert zurück. In neutralen und vor allem in alkalischen Böden scheint, wie oben bereits bemerkt ist, in der Bodenlösung NH_4 nur in Spuren vorzukommen.

Über den Anteil des NH_4 an den Komplexbelegungen existieren Untersuchungen, die die ganze Menge des sorbierten NH_4 umfassen, d. h. seinen Grenzwert ergeben, bisher anscheinend nur bezüglich der Böden Niederländisch-Indiens (283). Bei N-reichen Böden geht die Beteiligung des NH_4 bis zu 10% und mehr der totalen Sorptionskapazität, um bei ärmeren Böden bis unter 1% zu sinken. Der absoluten Menge nach geht im Durchschnitt der Gehalt der Komplexe an NH_4-Ion nicht über 0,3—0,4 Milliäquivalent hinaus. Die Bindungsfestigkeit, also der q-Wert des Austauschs, entspricht numerisch ziemlich genau der Bindungsfestigkeit des K-Ions, das sich in seinem ganzen Verhalten dem NH_4-Ion sehr ähnlich erweist.

In europäischen Böden hat man die Stickstofffrage, was bei der großen Beteiligung der Mikroflora an dem N-Umsatz im Boden sehr nahe lag, auch experimentell im wesentlichen von der biologisch-physiologischen Seite her behandelt. Man hat die *Mitscherlich-Methode,* eine von WAGNER (284) modifizierte *Neubauer-Methode,* vor allem aber die Messung der *Nitrifikationskraft* der Böden (278, S. 36) zur Beurteilung ihres Stickstoffgehaltes herangezogen, ohne ein endgültiges *allgemein* brauchbares Ergebnis, trotz guten Erfolges in einzelnen Bodengebieten, erreicht zu haben.

Chemische Methoden zur Bestimmung des für die Pflanzen verfügbaren Stickstoffs haben bei der biologischen Orientierung der Forschung noch wenig Verbreitung gefunden, wenn man von der für praktische Zwecke nur einen sehr unsicheren Anhalt gebenden Bestimmung des totalen Stickstoffgehaltes im Boden absieht. Es muß als sehr fraglich bezeichnet werden, ob diese Vernachlässigung des chemischen Studiums der Stickstofffrage zu Recht erfolgt ist.

Wohl liegt die Stickstofffrage im Boden komplizierter, als es für alle anderen Kationen der Fall ist, weil der relativ schnelle Abbau der organischen Substanz dauernd das Bild verschiebt. Aber von dieser Verschiebung abgesehen, muß letzten Endes das NH_4 genau denselben Gesetzmäßigkeiten unterliegen, wie jedes andere Kation auch, und es tut das bei allen Untersuchungen im Laboratorium in jedem Falle. Es ist also anzunehmen, daß bei Berücksichtigung des N-Gehaltes der Bodenlösung und der Komplexe gemäß den Gesetzen des Basenaustauschs sich wertvolle Fingerzeige hinsichtlich der Stickstoffversorgung der Pflanzen ergeben.

Die bisher zur Bestimmung des aufnehmbaren Stickstoffs verwendeten Methoden: 1. Methode des *Agrogeologischen Laboratoriums Buitenzorg*, mit $^n/_{20}$-HCl arbeitend (283), 2. Methode KÖNIG (285), mit 1% KCl als Auszugsmittel arbeitend und 3. Methode NĚMEC (286), mit 0,5 n-NaCl-Lösung als Auszugsmittel arbeitend, genügen allerdings den zu stellenden Ansprüchen einstweilen noch nicht. Die erstere Methode liefert zwar Grenzwerte, aber einschließlich des Gehaltes der Bodenlösung an Nitrat und Ammoniakstickstoff, die auf jeden Fall zu trennen sind, um eine Aufstellung der momentanen Bilanz zu ermöglichen. Die Methode von KÖNIG bestimmt ebenfalls Lösung und Komplex zusammen, ohne einen Endwert zu liefern. Die Methode von NĚMEC bestimmt zwar den Stickstoffgehalt der Lösung gesondert, dafür aber wieder nur einen, wie aus den Austauschgesetzen ohne weiteres folgt, gänzlich unkontrollierbaren Zwischenwert des NH_4-Gehaltes der Komplexe. Die Ergebnisse der holländischen Methode, nach welcher bereits rund 20000 Böden untersucht sind, werden einstweilen nur als Material betrachtet, dessen Verwertung bisher für praktische Zwecke noch nicht erfolgt. KÖNIG nimmt als Grenzwert des Stickstoffgehaltes 140—150 mg N je Kilo Boden, also 1,2—1,3 Milliäquivalent NH_4 je 100 g Bodentrockensubstanz an. NĚMEC begeht den merkwürdigen Irrtum, das von ihm mit Hilfe von NaCl-Lösung gefundene NH_4 als „wasserlöslich“ zu betrachten, was es mit Sicherheit, wenn überhaupt, so nur zu einem verschwindenden Teil ist. Er ist der Ansicht, daß 0,6 Milliäquivalent Nitrat- und Ammonium-N je 100 g Boden genügen, um einen Boden als nicht stickstoffbedürftig zu charakterisieren. Die Tatsache, daß die Methode von KÖNIG sowohl wie die von NĚMEC in vielen Fällen, wo sie für die Beurteilung des Stickstoffgehaltes der Böden benutzt wurden, eine bemerkenswert gute Übereinstimmung mit der Erfahrung und den Resultaten von Versuchen ergeben, läßt hoffen, daß auch für den Stickstoff bei Verfolgung des gewiesenen Weges, der die Gefahr der sowohl von KÖNIG wie von NĚMEC verwendeten Grenzzahlen vermeidet, sich praktische Resultate ergeben werden.

Die Frage, wie „mineralisierter Stickstoff“, d. h. als Vorstufe der Nitratbildung das NH_4-Ion, im Boden entsteht, ist eines der in den letzten Jahrzehnten meist bearbeiteten Probleme der Bodenkunde, das die gesamte Frage der Stall- und Gründüngerumsetzung im Boden umfaßt. Es sind neben vielen anderen besonders die Namen LEMMERMANN (287) und seine Mitarbeiter, GERLACH (288), WAKSMAN (289) und AALTONEN (290) zu nennen, von welchen sich der letztere in erster Linie mit Waldböden beschäftigt hat.

Abgesehen von etwa gegebenen NH_4-haltigen Düngemitteln sind die *Quellen der Ammoniakbildung im Boden potentiell alle organischen stickstoffhaltigen Reste einschließlich der Humussubstanzen.* Die Stärke der Ammoniakbildung hängt bei den einzelnen sehr wesentlich von dem *Verhältnis C:N* ab. Je *weiter* dieses Verhältnis ist, *desto mehr Stickstoff tritt statt in Form von Ammoniak als organischer Baustein der Bakterienleiber auf*, eine schon von LIPMAN und seinen Mitarbeitern gemachte Beobachtung (291), deren praktische Tragweite in neuerer Zeit LEMMERMANN (292) durch eingehende Untersuchung der Zersetzung organischer Materiale in Böden in Abhängigkeit von dem Verhältnis C:N gewürdigt hat.

LIPMANN (291) teilt die folgenden Zahlen für einige der wichtigsten an der NH_3-Bildung in Böden beteiligten Organismen mit:

Bakterienart	Behandlung		Gebildet in 400 cm³ mg NH_3 in 6 Tagen	
	Kasein	Glukose	Kasein	Glukose
Bacillus subtilis			43,0	11,9
„ proteus			13,6	2,6
„ mycoides			64,9	14,3
„ megatherium			20,8	10,5
„ vulgatus			32,0	16,7
Sarcina lutea			28,4	9,2

Für die Ammoniakbildung, oder besser die maximale Lebenstätigkeit der sie hervorrufenden Organismen, gelten im großen und ganzen dieselben Gesichtspunkte wie für die Nitratbildung, d. h. sie wird begünstigt durch gute Durchlüftung, mittleren Feuchtigkeitsgehalt und neutrale bis alkalische Reaktion. In jeder Hinsicht, vom Wassergehalt abgesehen, sind die Ammoniakbildner aber weniger anspruchsvoll als die Nitratbildner. Einzelne von ihnen kommen auch *bei Ausschluß von Luft* fort und die Entwicklungsmöglichkeit und Fähigkeit zur Ammoniakbildung bleibt teilweise bis zu weit niedrigeren p_H-Ziffern bestehen, als es für die Nitratbildung galt. So fand nach Versuchen von AALTONEN (290) mit Waldböden noch bei einer Reaktion von p_H 4,2 eine sehr intensive Ammoniakbildung bei bereits fast völliger Unterbindung der Nitratbildung statt und selbst bei p_H 3,6 war bei völligem Aufhören der Nitratbildung eine Ammoniakbildung noch nachweisbar.

Man geht wohl kaum fehl mit der Vermutung, daß diese größere Unempfindlichkeit der Ammoniakbildner gegenüber höheren Wasserstoffionenkonzentrationen zu einem Teil auf die *alkalische Natur ihrer Stoffwechselprodukte* zurückzuführen ist, die die saure Reaktion des Mediums mindestens örtlich abstumpfen und damit die Wachstumsbedingungen der Bakterien verbessern können. Im Boden muß sich diese Wirkung nicht allein auf die Bodenlösung, sondern auch auf die Komplexe erstrecken, indem die basischen Stoffwechselprodukte sich dem ungesättigten Teil der Komplexe anlagern und dadurch den *S*-Wert der Böden, also die Sättigung, erhöhen.

Das bedeutet, da außer durch Alkalien das H der Komplexe, mindestens soweit es sich um anorganische sorbierende Substanzen handelt, nicht angreifbar ist, eine erneute Einschaltung entstandener Azidoide in den Basenaustausch und damit gewissermaßen eine allgemeine Verjüngung des Bodens, abgesehen von der eventuellen Stickstoffwirkung. Es erscheint nicht ausgeschlossen, daß in diesem Vorgang mindestens einer der Gründe der besonders guten Wirkung organischer Düngemittel auf Böden zu sehen ist, die sich häufig in einer Vermehrung der *S*-Werte auch ohne nachhaltige Vermehrung des Humusgehaltes bemerkbar macht.

γ) *K als Komplexkation.*

Bei der Besprechung der Zusammensetzung der Bodenlösungen ist bereits darauf hingewiesen, daß sich in diesen das Kalium entsprechend seiner großen Verdrängungsenergie und seiner Haftfestigkeit in den Komplexen im großen und ganzen nur in Mengen findet, die Bruchteile eines Milliäquivalenten K je 100 g Bodentrockensubstanz nur ausnahmsweise überschreiten. Wie sich bei verschiedenen Bodentypen der Kaliinhalt der Bodenlösung zum Kaliinhalt der Komplexe verhält, zeigen als Beispiel in Ergänzung der Ziffern der Bodentabelle die folgenden Zahlen:

Bezeichnung	K in Losung	K im Komplex	$K_{Komplex}$ zu K_{Losung}
Wüstensand	0,14	1,4	10,0
Europ. Sand	0,01	0,30	30,0
Lehm.	0,02	1,05	52,5
Ton	0,02	2,60	130,0
Humusboden	0,18	2,16	12,0

Es wird bei der Erörterung der Basenbilanz der Böden im einzelnen zu begründen sein, daß trotz des geringen Gehaltes der Bodenlösung an Kali dieses dennoch mindestens bei neutralen und alkalischen Böden den Hauptanteil der Kaliversorgung der Kulturpflanzen zu decken hat. Es liegt aber auf der Hand, daß, je ärmer die Bodenlösung als Gleichgewichtslösung an K ist, desto mehr die praktische Bedeutung der Komplexe als direkte Kalilieferanten und vor allem als *Quelle der Regeneration der Bodenlösung* hinsichtlich ihres K-Gehaltes in den Vordergrund tritt, was in ganz besonderem Maße bei sauren Böden der Fall ist. Bei der großen Wichtigkeit des K als Pflanzennährstoff, die nicht begründet zu werden braucht, ist mithin ein besonders detailliertes Eingehen auf die Frage des Verhaltens des Komplexkalis erforderlich.

Das ist um so mehr der Fall, als, von der Phosphorsäure abgesehen, für kaum einen anderen Pflanzennährstoff so widersprechende Anschauungen, trotz sehr zahlreicher und gründlicher Arbeiten zur Frage, bestehen, wie für den Kaligehalt der Böden. Seine Bestimmung ist im letzten Jahrzehnt Gegenstand einer ganzen Reihe von *Schnellmethoden* geworden, die nach dem Prinzip der qualitativen Grenzzahlen arbeiten und die Unmöglichkeit, auf diese Weise zu allgemein gültigen Gesichtspunkten zu kommen, gut illustrieren.

Wie die oben mitgeteilten Analysen zeigen, sind die absoluten in sorptiv gebundener Form im Boden vorhandenen Kaliummengen im großen und ganzen gering. Gehalte von mehr als 2 Milliäquivalent je 100 g Trockensubstanz bilden bereits Ausnahmen, was nicht ausschließt, daß besonders bei Böden mit geringer Sorptionskapazität prozentisch damit das Kalium in den Komplexen oft sogar recht erheblich in den Vordergrund tritt.

Es ist wiederholt betont, daß die Gehaltsziffern an sich für ein sorptiv im Boden gebundenes Kation noch nichts besagen, da es aus den Komplexen nur im Umtausch gegen ein anderes Kation, für die Pflanzenwurzel und die Regeneration der Bodenlösung gegen H, freikommen kann, ein Umstand, der bei der folgenden kritischen Betrachtung der bisher üblichen Bestimmungs- und Bewertungsmethoden der Böden hinsichtlich ihres Kaligehaltes noch eine wichtige Rolle spielen wird. *Der Wert des in den Komplexen vorhandenen Kaliums für die Pflanzenernährung hängt ganz und gar von seiner Bindungsfestigkeit ab.*

In dieser Hinsicht nun nimmt, wie die oben mitgeteilten Analysen der Bodentypen zeigen, das Kalium im Boden eine sehr ausgesprochene Sonderstellung ein. *Es ist in weitaus der Mehrzahl der Böden, wie die sehr hohen q_K-Werte des Austauschs zeigen und auch aus dem ungemein niedrigen Hydrolysewert mit enormem q hervorgeht* (s. o. S. 82), *sehr fest gebunden und rückt damit fast in die Nähe des Wasserstoffions.*

Bei der Abhängigkeit des q-Wertes vom prozentischen Anteil des K im Komplex könnte man geneigt sein, die hohen q-Werte des Austauschs nur auf die geringe prozentische Beteiligung zurückzuführen. Es ist daher nicht überflüssig, sich wenigstens genähert zu vergegenwärtigen, wie sich ungefähr die Komplexe bei *völliger* Sättigung mit K im Vergleich mit den übrigen Kationen unter den gleichen Bedingungen verhalten würden.

Als allgemeine Beziehung zwischen q und der prozentischen Beteiligung des Kations am Komplex ist oben die allerdings rohe Näherungsgleichung gegeben,

$$q = \left(\frac{100}{x} - 1\right) + k,$$

worin k sinngemäß den q-Wert bei Sättigung der Komplexe bis zu 100% bedeutet.

Legt man diese Gleichung zugrunde, so berechnet sich für beliebig herausgegriffene Böden verschiedener Klimate der k-Wert des Kaliums, Kalziums und Magnesiums vergleichsweise wie folgt:

Bodenherkunft	Bezeichnung	Klima	k_K	k_{Ca}	k_{Mg}
Sudan	Siltboden	arid	201	0,01	8,7
,,			131	0,02	8,6
Ägypten	Tonboden	,,	145	1,50	4,0
,,	,,	,,	150	0,80	7,5
Holland	Humusboden	humid	34,5	0,80	15,76
,,	,,	,,	1,5	0,3	2,00
,,	Lehmboden	,,	400,0	0,80	0,01
,,	Hum. Sandboden	,,	22,3	0,50	0,02

Wie betont ist, hat diese Art der Berechnung nur einen sehr rohen Vergleichswert, weil der gemachte Ansatz ohne Berücksichtigung der Multiplikationsfaktoren nur sehr bedingt zulässig und nicht überall durchführbar ist. Sie zeigt aber in Bestätigung der analytisch ermittelten q-Werte die große Verschiedenheit der theoretischen Minimal-q-Werte des K gegenüber den zweiwertigen Kationen, aus denen es sich auch ohne weiteres erklärt, warum z. B. im Meere Glaukonite, ein gut austauschendes Material, mit hohem Kaligehalt, trotz des enormen Na-, Ca- und Mg-Überschusses des Meerwassers sich finden können.

Man ist in Anbetracht dieser Verhältnisse berechtigt, von einer ganz ausgesprochenen *Selektivität der Bindung des K-Ions an die anorganische Bodensubstanz* zu sprechen. Wie die obige Tabelle ferner zeigt, besteht diese *selektive Sorption des K offenbar für die organischen Substanzen des Bodens nicht.* Hier ist das K der Komplexe verhältnismäßig leicht beweglich, in Übereinstimmung mit allen in dieser Richtung vorliegenden praktischen Erfahrungen, die auf die leichte Löslichkeit des Kalis in Humus- und Moorböden hinweisen.

Die aus diesen Verhältnissen zu ziehende theoretische Folgerung ist, daß von allen im Boden vorhandenen Kationen mit Ausnahme des H-Ions das Kalium am schwächsten der Auswaschung und Fortführung im Sicker- oder Drainwasser unterliegen muß.

Die praktischen Erfahrungen über die Zusammensetzung der Drainagewasser sowie die Ergebnisse von Lysimeterversuchen bestätigen diese Folgerung in vollem Umfange.

Um aus dem reichen Beobachtungsmaterial nur einige wenige besonders gut begründete Ziffern anzuführen, seien die Mittelwerte der in den Jahren 1906 bis 1918 von GERLACH (294) für die Auswaschung von Basen aus einer Reihe Böden ermittelten Zahlen zitiert, umgerechnet auf Kiloäquivalent je Hektar und Jahr. Die Auswaschung an den Basen K, Ca und Mg betrug bei den ungedüngten Parzellen:

	K	$Ca/_2$	$Mg/_2$
Lojewo	0,4	39,0	18,5
Pentkowo	0,8	11,4	1,8
Bromberg	0,9	11,0	1,8
Mocheln	0,3	5,0	1,0
Kaisersfelde	0,4	10,8	2,2

Weitere Zahlen, die alle im gleichen Sinne verlaufen, anzuführen, erübrigt sich.

Für die Verdrängung eines Kations durch ein einwirkendes anderes bei praktisch unendlich großer Menge Boden ist oben als Näherungsgleichung der Wert

$$y = \frac{x}{q}$$

abgeleitet, was in % der im Komplex der Einheitsschicht vorhandenen Menge die Gleichung

$$y\% = \frac{100\,x}{qK}$$

ergibt, worin x für den hier vorliegenden Fall die einwirkende Menge H-Ion in Kiloäquivalent je Hektar, q den Austauschmodul des K des Bodens gegen H, also genähert die Hälfte der in den Analysentabellen angegebenen q-Werte für den Austausch gegen NH_4 und K die totale Menge des sorptiv gebundenen K bedeutet. Berechnet man nach dieser Gleichung für einige typische Böden die prozentische Nutzbarkeit des Komplexkalis für den mittleren H-Wert $x = 10$ je Saison, so ergeben sich beispielsweise die folgenden Ziffern *für die Einheitsschicht* von 1 cm Dicke[1]:

Bodenart	S_K	q_K für NH_4	Nutzbarkeit %	Totale Kiloäquivalent	Gehalt der Krume von 30 cm	Total erschöpft in rund Jahren
Wüstensand	0,80	40,0	62,5	0,50	24,0	48
Steppenboden	1,28	38,4	40	0,52	51,2	100
Tropischer Ton	2,60	98,5	7,8	0,20	104,0	520
Rotlehm	0,40	400,0	12,5	0,05	12,0	240
Europäischer Ton	1,29	131,0	11,8	0,15	51,6	344
„ Lehm . . .	0,80	375,0	6,6	0,05	32,0	640
„ Sand . . .	0,20	29,3	(350)	(0,70)	8,0	11
Humusboden	2,19	50,5	18,2	0,40	87,6	220

Diese Tabelle scheint Unmöglichkeiten in großer Zahl zu enthalten und mit jeder praktischen Erfahrung im denkbar schärfsten Widerspruch zu stehen. Tatsächlich ist aber das Gegenteil der Fall.

Was zunächst die Ausnutzung der Einheitsschicht des Sandes von 350% anbetrifft, so ist diese natürlich nicht möglich. Die durch die obige Formel gegebene Ausnutzung in absoluten Ziffern bezieht sich aber auch durchaus nicht auf die Einheitsschicht allein, sondern auf eine im Verhältnis zu den 100 g der analytischen Grundeinheit unendlich große Bodenmenge, also das ganze Profil. Die Ziffer besagt also nur, daß bei dem K-armen Sande erst 3,5 Einheitsschichten soviel K enthalten, wie schon durch eine einzige Ernte mit einer wirksamen H-Produktion von 10 Kiloäquivalent im Boden beweglich gemacht werden. Dadurch wäre, wenn die Ausnutzung sich alljährlich in derselben Weise wiederholte und die produzierte Pflanzensubstanz entfernt würde, eine Krumenschicht von 30 cm Tiefe in nur 11 Jahren vollständig erschöpft und jedes Pflanzenwachstum unmöglich.

Die bei den übrigen Böden sehr großen Zeitspannen, die bis zur totalen Erschöpfung des sorptiv gebundenen Kalis schon in der Krumenschicht verstreichen müßten, wenn die Ausnutzung alljährlich im selben Tempo erfolgte, beleuchten grell die bei der statischen Betrachtung des Bodenvorrates auftretenden Schwierigkeiten. Nur kleine Bruchteile von Prozenten des Krumenvorrates sind alljährlich für die Pflanzen aus den Komplexen verfügbar. Erst nach sehr langen Zeiträumen, die noch sehr viel länger werden, wenn man mit größeren Bodentiefen rechnet, kann also, abgesehen von leichten Böden, die Möglichkeit bestehen, *analytisch* eine Kaliabnahme für den Boden als Ganzes zu konstatieren, wenn allerdings auch schon lange vorher das auftreten muß, was man eine *Erschöpfung des Bodens*

[1] Ohne Berücksichtigung des Volumgewichtes des Bodens.

an Kali nennt. Das ist genau das, was bei Versuchen, den Kaligehalt von Böden von Versuchsfeldern statisch zu verfolgen, sich nahezu ausnahmslos zeigt und was nicht zum wenigsten zu dem Vorurteil der Praktiker gegen die Bodenanalyse beigetragen hat. Erst durch außerordentlich viele Ernten muß es ferner möglich sein, einigermaßen nennenswerte Bodenmengen selbst im Versuch in Töpfen zu erschöpfen, wie ebenfalls die Erfahrung lehrt.

Der Kalibedarf der Kulturgewächse während einer Saison je 100 kg produzierter Trockensubstanz beläuft sich im großen und ganzen auf 0,02—0,03 Kiloäquivalent je Hektar. Auch wenn wasserlösliches Kali in den aufgezählten Böden nicht vorhanden wäre und keinerlei Zufuhr erfolgte, würden *aus den Komplexen heraus, wenn K als Minimumfaktor zu betrachten ist, viele Jahre lang minimale Ernten von wenigen 100 kg Trockensubstanz möglich sein, die sich sehr lange auf ziemlich gleicher Höhe halten*, wie es sich in der Natur bei *extensiver Wirtschaft* überall beobachten läßt. Aus dem Boden heraus durch Bearbeitung ohne K-Zufuhr hohe Ernten zu erzielen, ist völlig unmöglich. Die scheinbar paradoxen Ziffern der Tabelle spiegeln also die praktischen Verhältnisse in vollkommener Weise wider.

Die Tabelle zeigt aber des weiteren, warum alle mit Grenzzahlen, also statischen Gehaltszahlen, arbeitenden Untersuchungsmethoden, die die Beurteilung des Kalibedarfes der Böden zum Gegenstand haben, häufig versagen und notgedrungen versagen müssen.

Sieht man von der wirklich physiologischen Methode von MITSCHERLICH ab, die hier, da auf einem ganz anderen Gebiete liegend, nicht zur Debatte steht, so lassen sich sämtliche auf die Feststellung des aufnehmbaren Kalis gerichteten Methoden in zwei Gruppen teilen: die erste Gruppe umfaßt die im vollen Wortsinne *chemischen Methoden*, die mit schwachen oder verdünnten Säuren bzw. Auslaugung des Bodens mit Neutralsalzlösungen, Elektrodialyse usw. arbeiten (296), die zweite Gruppe die *sog. physiologischen Methoden* von NEUBAUER (295) auf der einen und NIKLAS-POSCHENRIEDER-TRISCHLER (293) auf der anderen Seite.

Unter den Methoden der ersten Gruppe nehmen die mit *CO_2-haltigem Wasser* arbeitenden Untersuchungsverfahren eine Sonderstellung ein. Die gründlichste Bearbeitung hat die Frage durch MITSCHERLICH (296a) erfahren, der feststellen konnte, daß vielfach die Ergebnisse des CO_2-Auszuges der Böden mit den Resultaten von Düngungsversuchen im Laboratorium gut übereinstimmten, zu welchem Resultat auch BIÉLER (296b) gelangt. Den Methoden kommt heute wesentlich nur noch historische Bedeutung zu, da im großen und ganzen die Resultate bei Nachprüfungen im Felde nicht befriedigten (296c). *Warum* die Resultate der CO_2-Methoden nur teilweise mit den praktischen Erfahrungen sich deckten, ist vom hier vertretenen Standpunkt aus leicht zu übersehen. Einmal macht keine der ausgearbeiteten CO_2-Methoden einen Unterschied zwischen wasserlöslichen und sorptiv gebundenen Nährstoffen, was, wie bereits gezeigt ist und bei der Erörterung der Basenbilanz der Böden weiter bewiesen werden wird, völlig unzulässig ist, weil für die Beurteilung des *wasserlöslichen Kalianteils* die Kenntnis der *Wasserbeweglichkeit* im Boden Vorbedingung jeder Auswertung ist, für das *Komplexkali* aber *nicht*. Ferner nimmt keine der Methoden auf die *individuelle Löslichkeit des Komplexkalis*, das durch das CO_2-haltige Wasser, also das durch die Kohlensäurebildung aktivierte H, aus den Komplexen verdrängt wird, die geringste Rücksicht. Die obige Tabelle zeigt aber sehr deutlich — und die Reihe der Beispiele läßt sich leicht beliebig vermehren —, daß die individuelle Löslichkeit des Komplexkalis in den weitesten Grenzen schwankt. *Ein Einzelwert, selbst wenn er ein Endwert ist, besagt also über den praktischen Wert des Kalis gar nichts*, wobei es noch zweifelhaft ist, ob die nach BIÉLER oder MITSCHERLICH erhaltenen Werte tatsächlich Grenzwerte sind. Die

Resultate der Kohlensäuremethoden können also nur zufällig einmal mit den praktischen Erfahrungen einigermaßen übereinstimmen, wie es sich denn auch herausgestellt hat.

Genau der gleiche Einwand gilt nun aber auch für die viel benutzten Methoden, das für die Pflanzen verfügbare Kali mit Hilfe von verdünnter (1 oder 2%) Zitronensäure oder von sonstigen organischen oder anorganischen Säuren zu bestimmen. *Auch diese Methoden vernachlässigen prinzipiell das wasserlösliche Kali und seine Beweglichkeit im Boden und bestimmen die Summe (wasserlösliches + sorptiv gebundenes Kali) nur an einem Punkt.* Nur ganz ausnahmsweise kann das ein Endwert sein. Selbst wenn er es einmal ist, ist auch hier die individuelle Löslichkeit vollkommen vernachlässigt. Wenn daher z. B. DYER (296d) die Grenzzahl des Kalibedürfnisses der Böden bei 0,005% in einprozentiger Zitronensäure löslichen Kalis sehen zu müssen glaubte, war das Ergebnis von Nachprüfungen, wie sie in sehr großer Menge vorgenommen sind, ohne weiteres vorauszusehen. Bei allen Böden, die denen, an welchen DYER seine Methode entwickelte, genetisch und strukturell ähnlich waren, mußte sich die DYERsche Methode bewähren, bei allen anderen aber mehr oder weniger versagen. Genau das ist in der Tat der Fall gewesen, wie z. B. HALL und PLYMEN (296e) u. a. eingehend nachgewiesen haben. Bemerkenswert ist der Hinweis von SJOLLEMA (296f), der schon 1902 auf den Umstand hinweist *daß eine einmalige Extraktion des Bodens ihn in keiner Weise erschöpft,* man also in moderner Ausdrucksweise dadurch nur unkontrollierbare Zwischenwerte, aber keine Endwerte erhält, ein Gedanke, den LEMMERMANN (296g) und seine Mitarbeiter ihrer Methode der *kontinuierlichen Extraktion der Bodenmuster* zugrunde legten.

In neuerer Zeit ist die Methode des Zitronensäureauszuges besonders von KÖNIG und seinen Mitarbeitern (296h) weiter verfolgt worden, wobei als neue „Grenzzahlen" sich 16 mg K_2O je 100 g Boden ergaben. In englischen Gebieten wird vielfach noch in großem Umfange nach der etwas modifizierten Methode DYERS gearbeitet.

Da der Grund des oftmaligen Versagens aller Grenzzahlen, sie mögen ermittelt sein wie sie wollen, bereits in der Vernachlässigung der löslichen Kalianteile und ihrer Beweglichkeit sowie der individuellen Löslichkeit des Komplexkalis erkannt ist, erübrigt sich ein weiteres Eingehen auf die Einzelheiten der Methoden.

Ein gleiches gilt für die mit Neutralsalzen oder ganz verdünnten Säuren als Verdrängungsmittel arbeitenden Methoden, die auf die Feststellung des q-Wertes im Einzelfalle und das lösliche Kalium keine Rücksicht nehmen wie die Methode von GEDROIZ (296i) und erst recht für alle diejenigen Methoden, die mit irgendwelchen Lösungsmitteln weder das lösliche Kali und die Wasserbeweglichkeit berücksichtigen, noch einen definierten Endwert für das sorptiv gebundene Kali bestimmen und trotzdem mit „Grenzzahlen" arbeiten. Diese hängen völlig in der Luft, sobald man sie auf anders als am Untersuchungsort geartete Bodenverhältnisse anwenden will.

Eine der eigenartigsten Erscheinungen der letzten Jahre ist die sog. *Aspergillusmethode von* NIKLAS, POSCHENRIEDER und TRISCHLER (293), die, kritiklos angewandt, zu für die Praxis folgenschweren Fehlurteilen über die Kaliversorgung der Böden führen kann und ganz besonders deswegen bedenklich ist, weil sie durch Einfachheit und die Verwendung einer Pflanze als Indikator besticht.

Das Prinzip der Methode besteht darin, daß in zitronensaurer Nährlösung bestimmter Zusammensetzung, der der zu untersuchende Boden beigemengt ist, *Aspergillus niger* eingeimpft wird. Die Myzelproduktion des Pilzes soll dann dem nutzbaren Kaligehalt des Bodens proportional sein. Eine eingehende experimentelle Nachprüfung der Grundlagen dieser bereits in großem Umfange eingeführten Methode haben neuerlich VAGELER und ALTEN gegeben (12, Teil IV):

„Die von NIKLAS, POSCHENRIEDER und TRISCHLER vorgeschlagene Methode zur Bestimmung der Dungerbedürftigkeit der Ackerböden mit Hilfe des Aspergillus stellt eine Kombination zwischen einer chemischen und physiologischen Methode dar. Der Aufschluß des Bodens erfolgt chemisch durch die in der Nährlösung vorhandene 1 proz. Zitronensaure, während der physiologische Effekt des aufgeschlossenen Nahrstoffkapitals sich im Myzelgewicht des Aspergillus widerspiegelt. Bei Verwendung dieser Methode muß man sich daher auch von vornherein darüber im klaren sein, daß diese nur Werte liefern kann, die in erster Linie von der aufschließenden Energie der Wasserstoffionen der 1 proz. Zitronensäure abhängig sind.“

Wie sich nach den Umtauschgleichungen von vornherein ubersehen läßt, müssen sich bei Verwendung kleiner Bodenmengen gegenuber großen Mengen 1 proz. Zitronensäurelösung die gefundenen K-Mengen in Böden sehr nahe mit der Summe Wasserlösliches + Komplex K decken, wenn Aspergillus tatsächlich nur auf K anspricht.

In vielen Fällen stimmten bei vergleichenden Untersuchungen die durch Aspergillus gefundenen K-Werte mit den chemisch ermittelten in der Tat sehr gut überein. Noch häufiger aber ergaben sich zunächst ganz unerklärliche Abweichungen, namentlich nach oben, in denen bis zum Drei- und Vierfachen mehr Kali durch Aspergillus ermittelt wurde, als überhaupt im Boden vorhanden war.

„KIESSLING (297) hat festgestellt, daß auf Niederungsmoorböden die Werte nach der Aspergillusmethode sehr oft zu hoch liegen. Er hat dann den Aspergillusnährlösungen verschiedene Huminpräparate zugefuhrt und gezeigt, daß bei Anwesenheit einer bestimmten Kalimenge durch Huminpräparatzusatz die Aspergillusgewichte bis uber 50% gesteigert werden. Da es sich bei den vorliegenden Untersuchungen um fast reine Mineralböden handelte, kommt diese Ursache hier nicht in Frage; dagegen war die Frage zu klären, ob nicht etwa außerdem K noch andere Kationen das Wachstum des Aspergillus so beeinflussen können, daß dadurch eine K-Wirkung vorgetäuscht wird. Um diese Frage zu prüfen, wurden Aspergilluskulturen zunächst nur mit steigenden Kaligaben von 0—10 Milliäquivalent, auf 100 g Boden berechnet, in der vorschriftsmäßigen Nährlösung angesetzt:

Beeinflussung des Myzelgewichtes von Aspergillus niger durch steigende Zugaben verschiedener Kationen und des Anions SO_4:

Spalte a zugegebene Milliaquivalente Base, auf 100 g Boden berechnet,
Spalte b Myzelgewichte fur 4 Gefaße,
Spalte c aus dem Myzelgewicht berechnete Milliaquivalente K,
Spalte d Änderung des berechneten K-Wertes in % der K-Gabe

	Reihe 1 K_2SO_4			Reihe 2 K_2CO_3			Reihe 3 Na_2CO_3	Reihe 4 $MgCO_3$	Reihe 5 $CaCO_3$
a	b	c	d	b	c	d	b	b	b
0,0	0,264	0		0,268	0	—	0,268	0,268	0,268
0,05	0,440	0,04	80,0	0,416	0,03	60,0	0,212	0,216	0,264
0,1	0,600	0,12	62,0	0,584	0,10	100,0	0,244	0,216	0,275
0,2	0,856	0,25	125,0	0,844	0,24	120,0	0,224	0,236	0,279
0,4	0,236	0,43	107,5	6,172	0,40	100,0	0,236	0,220	0,265
0,6	1,632	0,62	103,3	1,660	0,63	105,0	0,248	0,212	0,273
0,8	2,020	0,79	98,7	1,980	0,77	96,2	0,240	0,196	0,284
1,0	2,564	0,99	99,0	2,240	0,88	88,0	0,228	0,248	0,287
2,0	3,312	1,24	62,0	3,268	1,22	61,0	0,224	0,208	0,272
4,0	3,804	1,40	35,0	3,892	1,42	35,5	0,232	0,196	0,280
6,0	3,784	1,40	23,3	4,108	1,49	24,8	0,232	0,284	0,293
8,0	3,824	1,41	17,6	4,048	1,47	18,2	0,244	0,240	0,275
10,0	3,840	1,41	14,1	4,576	1,61	16,1	0,232	0,232	0,260

Dabei zeigte sich, daß das Myzelgewicht bis ca. 1,3 Milliäquivalent beinahe geradlinig anstieg. Von da nimmt die Wachstumsenergie des Aspergillus ab, so daß die anfängliche genäherte Proportionalität zwischen Kaliaufnahme und Myzelgewicht nicht mehr besteht. Von ca. 2,1 Milliäquivalentzusatz an ist der Zuwachs sehr gering, um dann bei 3,8 Milliäquivalent vollkommen aufzuhören, so daß bei Anwesenheit dieser Menge von Kali unter den von NIKLAS vorgeschriebenen Wachstumsbedingungen kein Mehrertrag vom Myzelgewicht erwartet werden kann.

Um auch gleichzeitig festzustellen, ob das Myzelgewicht auch in einer gewissen Abhängigkeit vom Anion ist, wurden für die Aufstellung der Kaliumwachstumskurven sowohl Kaliumkarbonat als auch Kaliumsulfat verwandt. Ein Vergleich der Zahlen zeigt, daß die Beeinträchtigung durch das Anion SO_4 nur so geringfügig ist, daß daraus keine weiteren Schlußfolgerungen gezogen werden sollen.

Versuche mit reinen Na-, Ca- und Mg-Salzen zeigten, daß keines dieser Anionen Aspergillus zum Wachstum veranlaßt, wenn kein K in der Nährlösung vorhanden ist."

„Ganz anders aber werden die Verhältnisse bei Anwesenheit schon geringer Spuren von Kali. Hier zeigt sich, daß selbst schon bei 0,05 Milliäquivalent K bei Zusatz von 0,6 Milliäquivalent Na das Myzelgewicht des Aspergillus einen Wert angibt, der 0,1 Milliäquivalent K entspricht. Von 0,2 Milliäquivalent K an steigen die Myzelgewichte kontinuierlich mit dem Na-Gehalt und erreichen Werte, die bis zu 230% über den richtigen Kaliwerten liegen.

Bei Anwesenheit hoher Kalimengen in der Nährlösung ist die Beeinträchtigung durch Natriumzusatz geringfügiger, *aber gerade in der Größenordnung der Kaliwerte, die vor allem bei Bodenuntersuchungen für die landwirtschaftliche Praxis maßgebend sind, ist die Überhöhung des Myzelgewichtes teilweise so stark, daß sie die NIKLASschen Grenzzahlen der Kalibedürftigkeit weit überschreitende Kalimengen, also Kalireichtum des Bodens, anzeigen, während in Wirklichkeit nur geringe Mengen vorhanden sind, bei denen unbedingt eine Kalidüngung erforderlich wäre.*

Während der Zusatz von Natrium sich einigermaßen kontinuierlich auf das Myzelwachstum auswirkt, liegen die Verhältnisse bei Anwesenheit von überschüssigem Magnesium in der Nährlösung noch weit bedenklicher, *weil von 0,2 Milliäquivalent K an schon ein geringfügiger Zusatz von Magnesium momentan die Wachstumskurve hochschnellen läßt.* Es sei hier ausdrücklich bemerkt, daß in der Nährlösung die von NIKLAS vorgeschriebene Menge an Magnesium vorhanden war. Bei Anwesenheit von 0,4 Milliäquivalent K springt durch Zugabe von 0,05 Milliäquivalent Magnesium der Wert für Kalium auf 0,7 Milliäquivalent, während er bei Anwesenheit von 0,6 Milliäquivalent K auf 1,0 Milliäquivalent sich erhöht, d. h. *in diesem Falle würde auch wiederum gerade im Bereiche, wo unbedingt die Kulturpflanzen gedüngt werden müssen, ein Kaliwert angezeigt werden, der besagt, daß eine Düngung keinen Erfolg verspricht,* der also völlig irreführend ist.

Für *Kalk* liegen die Verhältnisse etwas günstiger, denn die Überhöhungen, die bei Anwesenheit von 0,4 Milliäquivalent Kalk durch gesteigerten Kaliumzusatz erreicht werden, gehen nur etwa bis zu 119% und halten sich auch bei der Reihe 0,6 Milliäquivalent noch etwa auf gleicher Höhe. Gerade in diesem Bereiche aber macht sich eine erhebliche *Streuung* der Aspergillusmyzelgewichte bemerkbar, während bei Anwesenheit von über 0,8 Milliäquivalent K spontanes Heraufschnellen des Aspergilluswertes eintritt.

Die Prüfungen erstreckten sich weiter auch auf die Frage, ob durch *gleichzeitige Anwesenheit mehrerer Kationen* neben dem Kalium gegebenenfalls die Verfälschung der Kaliwerte durch die einzelnen Kationen durch ihr Zusammenwirken abgeschwacht wurde. *Aber auch hierbei zeigte sich, daß starke Überhöhungen in jedem Falle auftreten, die teilweise bis zu 265% den wirklichen Kaliwert übersteigen.*

Die Aspergillusmethode kann also nur auf solchen Boden richtige Kaliwerte anzeigen, bei denen durch die 1proz Zitronensaure der Nahrlosung keine anderen Kationen als K in Lösung gebracht werden."

Da es derartige Böden aber nicht gibt, muß notwendigerweise, ehe man berechtigt ist, diese Untersuchungsmethode anzuwenden, für jeden Bodentyp erst regional festgestellt werden, was die ermittelten Werte für den Einzelfall eigentlich bedeuten, eine kaum zu lösende Aufgabe, die dadurch nicht reizvoller wird, daß die erzielten umgerechneten Resultate letzten Endes dann mit den durch Zitronensaureauszug erhältlichen Resultaten identisch sind und alle ihre Mängel teilen. Diese lassen sich allerdings durch gesonderte Bestimmung des wasserlöslichen Kalis und des q-Wertes des K-Austauschs gegen das H der Zitronensäure vollkommen beseitigen, soweit wenigstens nicht ein Karbonatgehalt des Bodens das analytische Bild trübt.

Wesentlich anders ist die Sachlage bei der sog. *Keimpflanzenmethode von Neubauer* (294), die *junge Roggenpflanzen* als Aufschlußmittel für den Boden benutzt und in sehr großem Maßstabe praktisch angewendet wird.

NEUBAUER betrachtet seine Methode als eine physiologische, sozusagen als einen Gefäßversuch im kleinen, bei welchem durch die Nährstoffaufnahme der Keimpflanzen geprüft wird, welche Mengen Phosphorsäure oder Kali ein Boden in aufnehmbarer Form enthalt *Tatsächlich hat die Neubauer-Methode durchaus keinen Anspruch, eine physiologische Methode genannt zu werden.* Der Anspruch auf diese Bezeichnung wäre begrundet, wenn auf Grund der Nährstoffaufnahme aus dem Boden eine *Produktion* von organischer Substanz stattfände. Es findet aber bei den jungen Neubauer-Pflanzen nicht nur keine Produktion von organischer Substanz statt, sondern das genaue Gegenteil, nämlich ein *Substanzverbrauch*, und zwar ein sehr erheblicher, der im Durchschnitt pro 100 Roggenkörnern 2—2,4 g organischer Substanz, also rund 1,2—1,5 g C, entspricht. Die Oxydation von 1,2—1,5 g C, und zwar wesentlich zugunsten des in den ersten Wachstumstagen sehr stark sich entwickelnden Wurzelsystemes ist aber gleichbedeutend mit der *Aktivierung von rund 200 Milliäquivalent H-Ion je 100 g Boden,* die bei der Neubauer-Methode verwendet werden.

Anders ausgedruckt heißt das: *Die Neubauer-Pflanzen sind durchaus kein physiologisches, sondern ein recht kompliziertes und kapriziöses, weil weitgehend* von der Reaktion des Mediums abhängiges, *chemisches Lösungsmittel* und was sie aus dem Boden herausholen, ist nichts anderes, als was dieselbe H-Ionenmenge in Form einer beliebigen Säure auch aus dem Boden herausholen würde, dann allerdings der Mystik des „Lebens" entkleidet und mit größerer Sicherheit. Auf Grund der Austauschgesetze läßt sich fur jeden Boden, vorausgesetzt, daß seine Reaktion, weil entweder zu sauer oder zu alkalisch, das Wachstum der Roggenpflanzen, die als Indikator dienen, nicht behindert, recht genau angeben, wieviel der Neubauer-Versuch ergeben wird, wenn man uber eine Bodenanalyse mit den nötigen S- und q-Werten verfügt. 200 Milliäquivalent H-Ion, einwirkend auf 100 g Boden, ist eine sehr große Menge Lösungsmittel. Sieht man von den wasserlöslich vorhandenen K-Verbindungen im Boden ab, so muß in den Fällen, wo die q-Werte des Austauschs des sorptiv gebundenen Bodenkalis nicht sehr hoch liegen und infolge saurer Reaktion der Nutzungskoeffizient des H nicht zu klein ist (s. o.), die *Neubauer-Analyse sehr genähert die Summe des wasserlöslichen und sorptiv gebundenen Kalis* im Boden ergeben

Daß das der Fall ist, zeigen die nachstehenden Ziffern, die sich beliebig vermehren ließen:

Boden-Nr.	Milliaquivalent				NEUBAUER-K		p_H
	K wasserlöslich	K sorbiert	q_K	ΣK	Milliaquivalent	ΣK %	
K 60	0,02	1,05	68	1,07	1,03	99	7,6
K 56	0,05	1,28	19	1,33	1,37	103	7,6
JN	0,02	0,98	47	1,00	1,04	104	8,0

Weicht die Reaktion stark vom p_H-Spielraum des Roggens ab, so muß die Neubauer-Methode nur „arme" Böden finden, d. h. nur Bruchteile des vorhandenen Kalis nachweisen, trotzdem die Böden reich sind:

Bogen-Nr.	Milliaquivalent				NEUBAUER-K		p_H
	K wasserloslich	K sorbiert	q_K	ΣK	Milliaquivalent	ΣK %	
PU	0,18	2,62	54	2,80	0,78	27	8,4
AU	0,16	1,20	7	1,36	0,51	36	8,4
G 22.	0,02	1,05	71	1,07	0,35	34	9,6

Auch hier lassen sich die Beispiele beliebig vermehren.

Wo die Reaktion das Bild nicht trübt, muß je nach der Größe des q-Wertes des K-Austauschs die *Erschöpfung des Bodens durch einmaligen Neubauer-Ansatz,* wie es aus den Austauschgesetzen folgt, völlig verschieden sein, *und zwar muß im großen und ganzen* mit den durch das kapriziöse Verhalten der lebenden Substanz zu erwartenden Seitensprüngen, *die Erschöpfung der Böden durch mehrfachen Neubauer-Ansatz,* soweit sich ein solcher mit Rücksicht auf die Infektion des Bodens mit Algen durchführen läßt, *den Austauschgesetzen folgen,* wenn man den Ansatz als x-Wert wählt.

Daß das der Fall ist, hat durch ausgedehnte, liebenswürdigerweise zur Verfügung gestellte Versuche LEMMERMANN nachgewiesen: (Siehe Längstabelle Seite 219.)

Übersicht der T- und q-Werte: x = NEUBAUER-Ansatz.

Boden-Nr.	T	q	
1	49,02	0,0135	Je kleiner der q-Wert ist, desto weitgehender ist die Erschöpfung des Bodens schon durch einmaligen Ansatz.
2	34,65	0,059	
3	60,90	0,0140	
4	38,00	0,0033	
5	70,20	0,0164	
6	70,20	0,0197	
7	52,00	0,0100	
8	37,95	0,0117	
9	14,95	0,0505	
10	93,40	0,0189	

Vergegenwärtigt man sich, daß CO_2 zwar bei weitem die Hauptmenge der von den Pflanzenwurzeln ausgeschiedenen Säure ausmacht, daß aber daneben noch mit Sicherheit eine ganze Reihe zum Teil sehr starker Fettsäuren, wenn auch in kleinen Mengen, von der Pflanze produziert werden, so ist es geradezu eine Selbstverständlichkeit, daß bei der enormen Häufung von Pflanzenindividuen auf kleiner Bodenmenge, die der *Neubauer-Versuch* bedeutet, etwa vorhandene *Mineralien* stark angegriffen werden müssen. Sie müssen über ihren normalen Kationenaustausch hinaus in ihrer Gitterstruktur gestört und zerlegt werden. Ähnliche Vorgänge kommen auch in der Natur vor, aber bei der unverhältnismäßig geringeren *Wahrscheinlichkeit des Zusammentreffens der Wurzeln im Felde mit einem zerlegbaren Mineral* im Verhältnis zum *Neubauer-Versuch* so selten, daß sie praktisch nur in sehr mineralreichen Böden eine Rolle spielen können.

Daß dieser Standpunkt berechtigt ist, beweisen die von VAGELER und ALTEN (12, Teil II, S. 35) mitgeteilten Versuchsziffern, die die Ausnutzung des K von Mineralen durch einmaligen *Neubauer-Ansatz* und *Aspergillus*, also durch 1% Zitronensäure, vergleichen.

Mineral	% Nutzung vom Mineralien durch NEUBAUER	Aspergillus
Kainit . . .	100	100
Polyhalit . . .	94	12,8
Phlogopit . .	7,65 15,52	3,05
Muskowit-Biotit .	7,1 - 18,6	1,95
Biotit	4,0 - 18,8	3,85
Serizith	2,8	-
Leucit (frisch) . .	0,54 4,0	3
Grünsand . .	4,78 8,13	4
Orthoklas (frisch) .	4,75	0,92
Pegmatit.	7,25 14,62	2
Quarzitschiefer mit Serizithhäutchen	26,75 29,9	1

Aus diesen Zahlen folgt, daß überall da, wo ein Boden an noch mehr oder weniger unzersetzten Kalimineralien reich ist, die zwar nur in sehr zurücktretendem Grade für die Pflanzen auf dem Felde, wegen der Konzentration der Wurzelmassen aber wohl für den Neubauer-Versuch, stark angreifbar sind, die Neubauer-Methode teilweise um Hunderte von Prozenten zu hohe Werte ergeben und selbst extrem kaliarme Böden kalireich erscheinen lassen muß.

Daß auch diese Folgerung in vollem Maße zutrifft, zeigen die folgenden Ziffern, die sich ebenfalls beliebig vermehren ließen (s. Tabelle S. 220 oben.) *Nur unter sehr günstigen Umständen, die sich abseits des Bodengebietes, in welchem die Neubauer-Analyse entwickelt ist, im voraus schwer übersehen lassen, kann also die Neubauer-Analyse insofern richtige Werte geben, als diese mit der Summe des wasserlöslichen und sorptiv gebundenen Kalis übereinstimmen.* Auch in diesem günstigsten Falle gibt sie nur einen Grenzwert, der als Grenzzahl im Sinne der

Mehrfacher Ansatz von Keimpflanzen. Vergleich von Rechnung und Versuch

(Nach NEUBAUER $n \cdot y = \frac{x \cdot S}{x + q \cdot S}$).

Boden	y_1 gef	y_1 ber	Abweichung in % +	Abweichung in % −	y_2 gef	y_2 ber.	Abweichung in % +	Abweichung in % −	y_3 gef.	y_3 ber	Abweichung in % +	Abweichung in % −	y_4 gef	y_4 ber.	Abweichung in % +	Abweichung in % −
1. Kottenforst . . .	30	29,5		1,695	37	36,9		0,271	39	40,2	2,985	5	41,9	42,1	0,475	
2. Dahlem	11	11,35	2,91		17	17,1	0,585		22	20,8		5,75	22,7	22,95	1,09	
3. Schurig II . . .	33	32,9		0,304	42	42,8	1,87		48	47,5		1,05	50	50,3	0,595	
4. Kiel	33	33,7	2,080		36,2	35,7		1,40	36,8	36,4		1,10	36,9	36,9	0,00	0,000
5. Steinberg . . .	42	40,4		3,960	50	51,3	2,535		55	56,4	2,48		59	59,2	0,338	
6. Wuhden	29	29,5	1,70		41	41,4	0,966		50	48,2		3,74	52	52,2	0,383	
7. Rettgen	34	34,7	0,585		41,5	41,2		0,728	44,5	44,3		0,451	46,2	46,0		0,434
8. Schurig I . . .	26	26,25	0,95		32	31,1		2,90	33	33,5	1,49		34	34,2	0,585	
9. Boche	8,4	8,5	1,175		10,9	10,85		0,460	12,1	11,95		1,255	12,6	12,6	—	—
10. Cöthen	35	33,8		3,55	48	49,7	3,42		58	58,8	1,36		64	64,9	1,385	
Summe der Abweichungen:			9,400	9,509			9,376	5,759			8,135	13,346			4,851	0,434

Boden-Nr.	% Gehalt an		Milliäquivalent wasserlöslich sorbiert ΣK	NEUBAUER-K	
	Glimmer	Orthoklas		Milliäquivalent	% ΣK
O	20	15	0,13	0,35	270
K 61	40	?	0,21	0,78	372
K 58	30	?	0,19	0,91	479
C	20	25	0,18	0,57	317

Statik nur eine beschränkte, lückenhafte Anwendbarkeit besitzt, hier allerdings, wie schließlich die Grenzzahlen anderer Methoden auch, nützlich sein kann. Die Meinung, daß die *Neubauer-Methode* in irgendeiner Richtung einen höheren Wert besitzt als irgendeine andere Grenzzahlenmethode und etwas Tatsächliches über die Löslichkeit des Kalis im Boden aussagt, ist eine in nichts begründete Annahme, ganz besonders dann, wenn sich die Untersuchung, wie es die Regel ist, nur auf Muster der Bodenkrume beschränkt. Nur die quantitative dynamische Auswertung ganzer Profile ergibt für die Beurteilung der Kalilieferung der Böden an die Pflanzen unmittelbar brauchbare Resultate.

In neuester Zeit hat GEHRING in Anlehnung an seine Untersuchungen über den Kalksättigungsgrad auf die Bedeutung des *Kalisättigungsgrades* für die Beurteilung der Kaliversorgung der Böden hingewiesen (298). Er findet, daß die Löslichkeit des Bodenkalis mit zunehmendem Kalisättigungsgrad steigt, ohne daß jedoch in allen Fällen zwischen dem Kalisättigungsgrad und der Kaliversorgung der Pflanzen eine enge Parallele besteht. Ferner ergaben seine Versuche, daß bei hoher Kalisättigung gleichzeitige Sättigung mit Kalk bzw. Behandlung mit doppeltkohlensaurem Kalk größere Kalimengen löslich macht.

Nach der obigen Erörterung über die Verringerung der Bindungsfestigkeit aller Kationen bei zunehmender Beteiligung am Komplex, also höherem Sättigungsgrad an dem betreffenden Kation, sind diese Versuchsresultate nur das, was gemäß den Austauschgesetzen von vornherein als selbstverständlich zu erwarten war.

Die GEHRINGsche Auffassung der Bedeutung des Sättigungsgrades ist ebenso wie das von LEMMERMANN (299) aufgestellte *Prinzip der relativen Löslichkeit der Phosphorsäure* als eine erfreuliche Annäherung der statischen an die dynamische Betrachtungsweise der Probleme des Basenhaushaltes der Böden zu betrachten.

Die damit angeschnittene Frage, inwiefern durch *Meliorationsmittel, wie Kalk usw., Kali aus dem Boden verdrängt* und damit, soweit es nicht durch die Pflanzen sofort aufgenommen wird, der *Auswaschungsgefahr* ausgesetzt wird, ist generell dahin zu beantworten, daß bei der großen Bindungsfestigkeit des K-Ions, die erst bei hohem K-Gehalt der Komplexe sich unter nennenswertem Sinken des q-Wertes des Austauschs fühlbar verringert, die Gefahr der Kaliverluste der Böden durch Mobilisierung des sorptiv gebundenen Anteils im großen und ganzen sehr gering ist. Solange die Komplexe noch andere leichter abspaltbare Kationen enthalten, treten diese schützend für das K der Komplexe ein. Bei sauren Böden ist durch Zufuhr von basischen Stoffen, z. B. Kalk oder Magnesia als Hydroxyde oder Karbonate, durch Abfangen der H-Ionen der Bodenlösung und besonders bei Verwendung von Hydroxyden durch Neutralisierung der Azidoide und damit Vergrößerung des S-Wertes des Bodens unter Zurückdrängung der prozentischen Beteiligung des K, die ein Steigen des q-Wertes des Austauschs, also eine Verfestigung der Bindung, bedeutet, sogar geradezu eine *K-sparende Wirkung* zu erwarten. Lysimeterversuche von MAC INTYRE (300) bestätigen, worauf schon JAKOB (301) hinweist, diesen Schluß durchaus. Der Autor stellte aus 2000000 lbs Böden die folgenden Auswaschungsverluste an K_2O in lbs fest:

Behandlung	lbs ausgewaschenes K_2O
Ungekalkt . . .	9,2
2000 lbs Cal als Kalkstein .	8,5
2000 „ „ „ Dolomit .	7,0
2000 „ „ CaO . .	8,4
3750 „ „ „ . .	7,1
2000 „ MgO . .	6,4
3750 „ „ . .	7,7

Die Abnahme der K-Verluste bei Kalkung und Magnesiabehandlung führt er ebenfalls auf die erörterten Gründe zurück.

An eine nennenswerte Mobilisierung von K ist nur bei Verwendung von Gips oder Säuren bzw. Schwefel als Meliorationsmittel zu denken, wo sie sich nach den Austauschgleichungen berechnet. Nur bei sehr großen Gipsgaben kommen nennenswerte K-Mengen aus den Komplexen frei, können aber durch unter dem Einfluß der Ca-Wirkung neu entstehende Komplexe sofort wieder abgefangen werden, und zwar in einem Grade, daß die Bodenlösung an K verarmt, statt reicher zu werden.

Nicht weniger wichtig wie die Frage des Verhaltens des K-Ions als Bestandteil von Bodenlösung und Komplexen ist die Frage, *wie sich in der Düngung in Form von Salz zugeführtes K-Ion im Boden verhält.* Schon lange hat die Untersuchung von Drainwasser mit Kaliumsalz gedüngter Felder ergeben, daß in Bestätigung von Untersuchungen in Töpfen und in Lysimetergefäßen bei den meisten Böden eine Auswaschung des in der Düngung gegebenen K entweder gar nicht oder doch nur in einem sehr geringen Grade stattfindet. D. h. das in der Düngung gegebene K wird offensichtlich vom Boden in sehr hohem Grade festgehalten, wie es seiner großen Haftfestigkeit entspricht.

Zu dem gleichen Schluß führt nahezu jede Untersuchung von Bodenprofilen in der Natur. *Fast ausnahmslos*, wo nicht eine Störung der Schichtenfolge stattgefunden hat oder eine Infiltration der Böden erfolgt ist, *findet sich der größte Kalireichtum in den obersten Bodenschichten*, sehr häufig besonders in der Ackerkrume und setzt oft sprunghaft gegen einen niedrigen K-Gehalt des Untergrunds ab. WOEHLBIER (305) führt diese Erscheinung auf die Erschöpfung der tieferen Horizonte der Hauptwurzelverbreitung durch die Pflanzen und das Aufsteigen kalihaltiger Bodenlösung und ihre Fixierung in den Oberflächenlagen in Trockenperioden zurück. Ohne Zweifel trifft in weitem Maße diese Anschauung zu. Noch einflußreicher dürfte aber mindestens bei natürlichen Pflanzenbeständen, wo man diese Erscheinung besonders scharf ausgeprägt findet, der Umstand sein, daß sich an der Oberfläche des Bodens die kalihaltigen Reste der Vegetation häufen und dort zersetzen, wodurch das dem Untergrund entzogene K in der Bodenoberfläche in großem Umfange wieder freikommt. In ganz besonderem Umfange ist diese Erscheinung folgerichtig in Steppengegenden zu beobachten, in denen jährlich große Grasbrände die trockene Vegetation vernichten. Um welche Differenzen des Kaligehaltes es sich dabei handelt, zeigen die nachfolgenden Ziffern:

	Tiefe	Milliäquivalent K in Lösung	Milliäquivalent K im Komplex	Summe
Tonboden der Ruwanasteppe (Ostafrika) .	0–30	0,18	3,20	3,38
	30–60	0,10	0,50	0,60
Zentral-Persische Steppe	0–30	0,10	3,65	3,75
	30–60	0,07	1,10	1,17
Sudansteppe	0–30	0,04	0,54	0,58
	30–60	0,01	0,22	0,23

Diese Ziffern geben natürlich keinen Durchschnitt, der bei der großen Variation der Böden gerade in scheinbar gleichmäßigen Steppengebieten ohnehin gegenstandslos ist, sie illustrieren aber das prinzipielle Verhalten des K sehr deutlich. *Nebenbei weisen sie darauf hin, wie verhängnisvoll bei Bodenuntersuchungen nur aus der Zusammensetzung der Krume gezogene Schlußfolgerungen für die Beurteilung des Bodens als Ganzes sein können.*

Was für das aus Pflanzenresten und Aufstieg von Bodenlösung an die Oberfläche gebrachte K gilt, gilt in gleichem Maße für das in der Düngung zugeführte K. Auch dieses ist, auch wenn man von allen Untersuchungen seines Verhaltens als Ausfluß der Basenaustauschvorgänge im Boden absieht, schon lange als sehr stark durch den Boden sorbierbar bekannt.

Einen trotz der Anwendung der relativ ungenauen *Neubauer-Methode* sehr deutlichen Hinweis geben schon die Untersuchungen WAGNERS (306) über die Verteilung des K über das Bodenprofil eines diluvialen Lehmbodens von 23 Jahre lang durchgeführten Düngungsversuchen zu Obstbäumen. Hier ergeben sich die folgenden Ziffern:

Tiefe in cm	mg K_2O je 100 g Boden nach NEUBAUER bei Düngung mit		
	0	2 NPK	2 NP
0— 25	32,5	74,1	32,5
25— 55	20,8	20,2	22,1
55— 85	27,5	26,8	21,0
85—115	22,7	28,4	24,0

Trotz der langjährigen Düngung zeigen nur die obersten 25 cm eine Anreicherung, während die tieferen Bodenschichten praktisch nicht beeinflußt worden sind. Über durchaus ähnliche Resultate: eine weitgehende Festlegung des in der Düngung zugeführten Kalis in flachen Bodenschichten, berichten zahlreiche Autoren, wobei die Tiefe der Verteilung des K naturgemäß je nach dem verwendeten Boden wechselt. JAKOB macht mit Recht darauf aufmerksam, daß in dieser Hinsicht nicht etwa alle Böden gleichmäßig beurteilt werden dürfen.

Dieser Schluß ist in der Tat das, was aus den Austauschgesetzen der Basen sich als Folgerung ergibt.

Es ist bereits wiederholt darauf aufmerksam gemacht worden, daß K und NH_4 sich bezüglich ihres Verhaltens beim Basenumtausch so sehr gleichen, daß man ohne ernstlichen Fehler die bei der Analyse festgestellten Konstanten des NH_4 zur Berechnung des Verhaltens des K anwenden darf. Es ist dabei allerdings einem Punkte Rechnung zu tragen: NH_4 ist mindestens praktisch ein als bodenfremd zu betrachtendes Ion. D. h. die für NH_4 ermittelten Konstanten T bzw. S und q umfassen auch den vom K belegten Komplexanteil im Boden mit. Wie oben (S. 62) gezeigt ist, verhält sich aber gegenüber jedem neu zugeführten Kation der bereits von diesem in Anspruch genommene Anteil des Komplexes mit mindestens sehr großer Näherung so, als ob er nicht vorhanden wäre. Bei großen Komplexen, bei welchen K prozentisch nur wenige Prozent ausmacht, ist dieser Unterschied des S-Wertes zu vernachlässigen. Bei kleineren Komplexen kann bei einigermaßen hoher Kalisättigung der dadurch bedingte Rechnungsfehler aber recht erheblich werden und es ergibt sich die Frage, wie ihm mindestens näherungsweise Rechnung getragen werden kann. Die Frage ist von VAGELER und ALTEN (12, Teil VI, S. 301) eingehend behandelt. Sie schreiben:

„Da das K- und NH_4-Ion praktisch gleichwertig sind, muß für genäherte Rechnung bei Vorhandensein von Bodenkali aus der Düngung soviel weniger angelagert werden, als NH_4 seinerseits vorhandenes Bodenkali verdrängen würde. Diese Menge ist also vom nach den Austauschgleichungen berechneten Betrage in Abzug zu bringen.

Der Korrektur-Abzugsfaktor A ergibt sich aus den Analysendaten zu

$$A = \frac{x \cdot \mathrm{K}}{x + \mathrm{K} \cdot q\mathrm{K}}.\text{“}$$

Diese Rechnung ist, wie die Autoren betonen, eine Annäherung, die aber bei Komplexen von nicht mehr als 50—60 Milliäquivalent Sorptionskapazität und relativ geringer prozentischer K-Sättigung zu brauchbaren Resultaten führt. Für praktische Zwecke ist das darum ausreichend, weil Böden mit höherem S und prozentisch hoher K-Sättigung in der Natur kaum in Frage kommen. Eine allgemeine Lösung der Frage auch fur große Komplexe mit hoher K-Beteiligung ist einstweilen nicht zu sehen. Im allgemeinen wird man den K-Gehalt größerer Bodenkomplexe einfach vernachlässigen können, ohne merkliche Fehler zu begehen.

Maßgebend fur den Umfang der Festlegung des K im Boden und seine Verteilung über das Profil ist der q-Wert des Eintauschs. Es ist nun oben (S. 55) bereits darauf hingewiesen, daß in dieser Hinsicht der Wert $q = 1$ eine praktisch sehr wichtige Grenze bedeutet. Sinkt der q-Wert unter die Einheit, so wird bis zur einwirkenden Kationenmenge $x = S\,(1 - q)$, d. h. bis zum Äquivalenzpunkt sämtliches zugeführte K in den Komplexen festgelegt und kommt aus diesen gemäß der durch die prozentische K-Anreicherung der Komplexe bedingten Abnahme seines Austausch-q nur durch die Aktivität der Pflanzenwurzel zur Wirkung. *Von einer Verteilung dem Äquivalenzpunkt nicht erreichender Gabe K kann nur durch Zufall eine Rede sein, da, wie leicht nachzurechnen, der in der Lösung verbleibende Rest R Null oder gar negativ wird.* In Lösung bleibt nur der minimale durch *Hydrolyse* von den Komplexen abgespaltene K-Anteil, auf dessen geringe Größe bereits S. 82 aufmerksam gemacht ist.

Ist der q-Wert des K-Eintauschs größer als die Einheit, so bleibt je nach seiner Größe ein mehr oder weniger großer Anteil des zugeführten K in Lösung und damit fur die Pflanzen ohne Arbeitsleistung aufnehmbar.

Für die *Einheitsschicht* von 1 cm Dicke wird ohne Berücksichtigung des Volumgewichtes des Bodens die festgelegte Menge genau berechnet:

$$y = x\left(\frac{S}{x + qS \cdot S} - \frac{\mathrm{K}}{x + q\mathrm{K} \cdot \mathrm{K}}\right)$$

und der in Lösung verbleibende Rest $R_1 = x - y$.

Für den Fall einer praktisch meist überflüssigen noch genaueren Berechnung, bei welcher dem Volumgewicht des Bodens Rechnung zu tragen wäre, geben VAGELER und ALTEN als Näherungslösung an, daß der gefundene y-Wert noch mit dem Volumgewicht zu multiplizieren wäre.

Es ist damit die allgemeine, oben nur gestreifte *Frage der Funktionsbeziehungen zwischen steigenden Mengen Sorbens bei gleichen Mengen Sorbendums hinsichtlich der Kationenanlagerung* berührt. Die KROEKERsche Gleichung, die sich als erste mit diesem Problem befaßt, ist bereits oben (S. 70) erwähnt.

Die *Einwirkung einer gleichen Kationenmenge auf steigende Mengen eines Sorbens mit gleichbleibender Sorptionskapazität S* läßt sich praktisch so auffassen, daß eine gegebene Kationenmenge D als Grenzwert durch steigende Mengen m des Sorbens in asymptotischem Verlauf allmählich festgelegt wird. Nennt man die festgelegte Menge fur den Einzelfall F, so muß, da alle asymptotisch verlaufenden Prozesse irgendeiner Hyperbelgleichung der allgemeinen Form folgen, auch dieser Prozeß nach einer Gleichung

$$F = \frac{m \cdot D}{m + p \cdot D}$$

sich abspielen. Da m als Vielfaches der Einheitsmenge, z. B. Zentimeter Bodentiefe oder Vielfaches von 100 ts Bodensubstanz und unabhängige Variable, D als angewendete Kationenmenge, im praktischen Fall als Düngermenge, gegeben ist, enthält die rechte Seite der Gleichung als einzige Unbekannte nur noch den Modul p. *Dieser läßt sich aus der Analyse der Böden berechnen.*

In den Analysendaten sind gegeben der Grenzwert S und der Eintauschmodul qS, der, wie auseinandergesetzt ist, im allgemeinen mit genügender Annäherung auch als Eintauschmodul von K verwendet werden kann. Er ist in der Regel etwas kleiner als das q des K, ergibt also Maximalwerte, was praktisch ausreichend ist. Für die Einheitsmenge Sorbens ergibt sich bei Anwendung der Kationenmenge D nach obigem die Gleichung:

festgelegte Menge $y = \frac{D \cdot S}{d + q_S \cdot S} = F = \frac{1 \cdot D}{1 + pD}$, woraus sich ergibt

$$p = \frac{D + q_S \cdot S - S}{DS} = \frac{D + S(q_S - 1)}{D \cdot S}$$

p ist, wie nicht anders gemäß den Umtauschgesetzen zu erwarten ist, eine Funktion der angewendeten Ionenmenge. Durch Einsetzen des Wertes von p in die obige Gleichung ergibt sich

$$F = \frac{m \cdot D \cdot S}{S(m + q_S - 1) + D}$$

Der von beliebigen Vielfachen der Einheitsmenge Sorbens von einer bestimmten angewendeten Kationen- oder Düngermenge festgelegte Anteil F ist also aus den Analysendaten zu ermitteln, und damit für den Fall der schnellen Einwirkung einer Düngung infolge großer Durchlässigkeit des Bodens bis in größere Tiefen des Profiles, mit guter Näherung die *Verteilung der Düngung auf Komplexe und Bodenlösung in den einzelnen Bodenschichten*. Denn R, der in einer Bodenschicht in Lösung verbleibende Rest, ist einfach

$$R = D - F,$$

was nicht weiter erläutert zu werden braucht.

Der experimentelle Beweis für die mindestens sehr genäherte Richtigkeit des gegebenen Ansatzes ist durch die *Versuchsstation Lichterfelde* erbracht worden. 100, 200, 300 und 400 g eines Permutits mit $S = 284$ und $q_S = 0{,}66$ wurden mit 2000 Milliäquivalent NH_4 als NH_4Cl behandelt. p berechnet sich im Mittel zu 0,0031. Die Resultate gibt die nachfolgende Tabelle:

Permutitmenge g	F berechnet	F bestimmt	Δ %
100	277	268	3,3
200	478	484	0,8
300	652	660	1,2
400	785	822	4,6

Die Übereinstimmung von Berechnung und Beobachtung ist sehr befriedigend. Die Berechnung der Anlagerung gegebenen Kalis nach der entwickelten Gleichung stellt auch die experimentell in der Natur bei durchlässigen Böden zu beobachtenden Verhältnisse mindestens prinzipiell richtig dar, wie weiter unten zu zeigen sein wird.

p nimmt, wie die obige Gleichung zeigt, positive Werte nur an, wenn $(D + q_S S) > S$ ist. Das ist, wenn D nicht sehr groß ist, nur bei Böden mit $q > 1$ stets der Fall. Bei $(D + q_s S) = S$ geht p durch den Nullpunkt, als Ausdruck der Tatsache, daß damit von der Einheitsmenge gerade die gesamte gegebene Düngung festgelegt wird, weil dann $D = S(1 - q_s)$, d. h. gleich dem Äquivalenzwert des betreffenden Bodens, ist. Negative p-Werte, die bei $(D + q_S \cdot S) < S$ entstehen, besagen, daß durch die gegebene Düngung noch nicht einmal die Einheitsschicht bis zum Äquivalenzpunkt gesättigt ist, also von einer Verteilung des K theoretisch keine Rede ist, wenn praktisch auch natürlich durch Risse, Wurzelhöhlungen usw. eine gewisse Verteilung der gegebenen K-Düngung unter dem Einfluß von Regen oder Irrigationswasser erfolgt.

Die für eine gegebene Bodenschicht bis zur Sättigung zum Äquivalenzpunkt gebrauchte K-Menge ergibt sich mit praktisch genügender Annäherung allgemein zu

$$D = m \cdot S(1 - q_S).$$

Da in jeder Hyperbelgleichung das Produkt von Modul und Grenzwert, also $q_S \cdot S$ bzw. $p \cdot D$, identisch mit dem *Halbwert* ist, ergibt sich allgemein, daß die *Festlegung von 50% der gegebenen Düngermenge in einer Schicht oder einem Vielfachen von 100 ts $m = p \cdot D$ erfolgt.*

Das Einsetzen beliebiger Werte in die Gleichungen zeigt, daß Böden mit q-Werten nahe 1 und auch nur einigermaßen großer austauschbarer Basenmenge S, also mittlere und schwere Böden, unter Umständen ganz riesige Kalimengen festlegen müssen, ehe das Kalium in Lösung zur Wirkung kommt.

Nimmt man z. B. für einen strengen Lehm, wie er in dem obigen Versuch von WAGNER verwendet ist, schätzungsweise einen S-Wert von 20 Milliäquivalent und einen q-Wert von etwa 0,8 bei 20 cm Krumentiefe an, so ergibt sich als relativ wirkungslos festgelegte K-Menge bei einem Volumgewicht des Bodens von 1,3

$$x = 1{,}3 \cdot 20 \cdot 20\,(1 - 0{,}8) = 26 \cdot 4 = 104 \text{ Kg-Äquivalent}$$

entsprechend rund 10 ts K_2SO_4 je Hektar, d. h. eine Düngermenge, die erst in Jahren gegeben werden kann. Es ist also kein Wunder, daß in dem zitierten Versuche das während 23 Jahren gegebene Kali nicht weiter als 25 cm in den Boden eingedrungen ist, namentlich wenn man die Entnahme durch die Pflanzen bedenkt.

Wie oben nachgewiesen ist, kommt von dem in den Komplexen festgelegten Kali nur ein relativ geringer Prozentsatz pro Jahr zur Wirkung. *Böden mit q-Werten unter 1 müssen also, bis die Anreicherung bis zum Äquivalenzpunkt getrieben ist, eine relativ schwache, bei kleinen Gaben sogar unter Umständen gar keine sofortige Kaliwirkung bei Feldversuchen ergeben, bei einer durch die allmähliche Regeneration der Bodenlösung (s. o.) meist bemerkenswert guten Nachwirkung der Düngung. Im Gegensatz dazu muß bei Böden mit q-Werten über 1 eine sehr befriedigende momentane Wirkung der Düngung unter großem Verbrauch des Düngerkalis, also bei schwacher Nachwirkung, eintreten.*

VAGELER und ALTEN (12, Teil VI, S. 297) haben dementsprechend, je nachdem q_S größer oder kleiner als 1 ist, *düngungs-, in vorliegendem Falle Kali-, aktive und inaktive Böden unterschieden.*

Dieser früher nicht gemachte Unterschied ist für die richtige Beurteilung von Versuchsresultaten mit Kali und sonstiger Düngung bei Böden als grundlegend wichtig zu betrachten. Wenn bis heute eine Kalidüngung bei einem Boden zu geringem oder keinem Erfolge führte, war der zwangsläufig im Vertrauen auf das Ergebnis des Topf- oder Feldversuches gezogene Schluß der, daß der betreffende Boden an Kali ausreichende, für die Pflanze verfügbare Mengen, besitze. Wenn gleichzeitig, wie es sehr häufig der Fall war, die Untersuchung des Bodens im Laboratorium einen solchen Vorrat nicht nachwies, schien ein neues Argument gegen die Zuverlässigkeit der chemischen Bodenbeurteilung geschaffen.

„*Tatsächlich kann ein negativer Ausfall eines Düngungsversuches mit irgendeinem Pflanzennährstoff aber sowohl auf genügendem Reichtum an diesem Nährstoff in verfügbarer Form beruhen,* worüber die bisherigen Analysen gar nichts aussagen und ihrem Wesen nach auch gar nichts aussagen können, *als darauf, daß trotz potentiellen Reichtums an dem betreffenden Nährstoff die Reserve nicht nur sehr langsam fließt, sondern der Boden die gegebene Düngung zunächst einmal seiner Reserve einfügt und damit in ihrer Auswirkung paralysiert.*

Zur Erkennung dieser letzteren, außerordentlich verbreiteten Fälle, die, wie wohl nicht besonders betont zu werden braucht, bei dem bisherigen Vorgehen aus Düngungsversuchsresultaten vollkommen *falsch* beurteilt werden, zum Schaden des zu beratenden Landwirts, gibt nun zum ersten Male die hier befolgte Untersuchungs- und Auswertungsmethode die sichere Möglichkeit (12, Teil VI, S. 295)."

Wie großen Einfluß schon scheinbar kleine Verschiebungen des q_S-Wertes in dieser Hinsicht für die Festlegung des K ausüben, zeigt besser als jede Er-

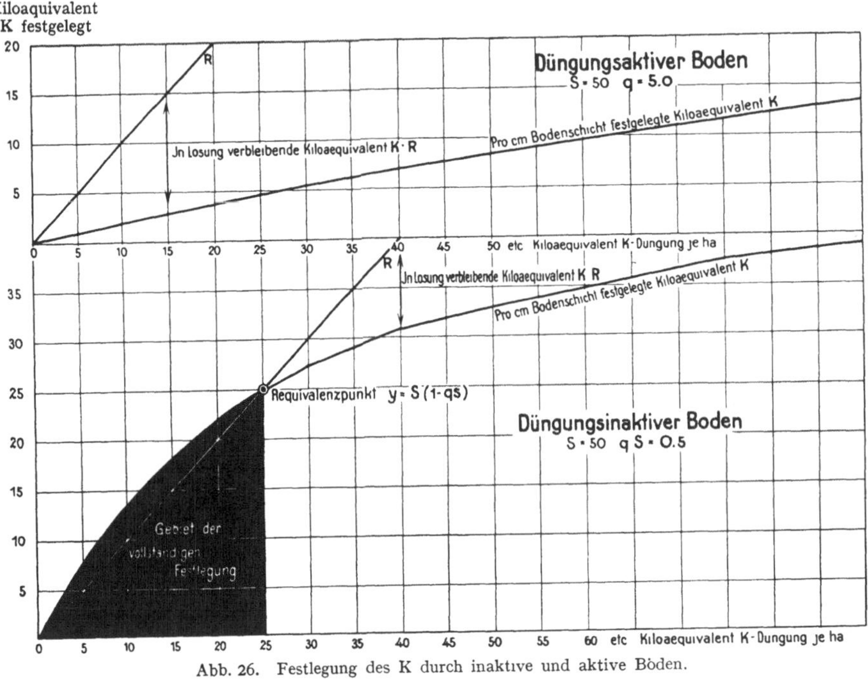

Abb. 26. Festlegung des K durch inaktive und aktive Böden.

läuterung in Ergänzung der obigen Beispielsrechnung das in Abb. 26 wiedergegebene Diagramm, das der zitierten Arbeit von Vageler und Alten entnommen ist.

Eine besondere Erörterung erübrigt sich, da die Unterschiede drastisch ins Auge treten.

Bei der praktischen Bedeutung der gewonnenen Auffassung, *die zu einer weitgehenden Revision der landläufigen Vorstellungen von der Düngerwirkung im allgemeinen zwingt,* erwächst die Pflicht, die gezogene Folgerung durch Laboratoriums- und Feldversuche zu belegen. Es ist sowohl experimentell die Festlegung des K bis zum Äquivalenzpunkt zu beweisen wie das Festlegen sehr großer aus der Analysenrechnung sich ergebender K-Mengen und das Versagen ihrer Wirkung im Felde.

Den ersteren Nachweis haben Untersuchungen der *Versuchsstation Lichterfelde* in vollem Umfange erbracht.

Daß zunächst die Kalianlagerung an Böden sich mit ausreichender Genauigkeit unter Zugrundelegung des q_S-Wertes der mit NH_4Cl als Verdrängungsmittel ausgeführten Analyse berechnen läßt, zeigt die nachfolgende Tabelle. Es wurden dabei, um möglichst viel möglicherweise störende Momente mit einzuschließen, Böden mit sehr verschiedenem Gehalt an löslichen Salzen verwendet, da von diesen in erster Linie, wenn überhaupt, ein nennenswerter Einfluß zu erwarten war.

Boden Nr.	Lösliche Base Milliäquivalent	S	q_S	Kalianlagerung aus 100 Milliäquivalent berechnet	gefunden	Δ	Kalianlagerung aus 200 Milliäquivalent berechnet	gefunden	Δ
D 27 . . .	1,23	30,58	1,04	22,1	21,8	0,3	24,9	23,6	1,3
D 28 . .	1,57	33,67	1,00	24,8	25,0	0,2	28,4	27,4	1,0
D 37 .	7,89	43,86	0,64	33,5	33,6	0,1	37,4	37,0	0,4
Nu . .	12,02	38,17	0,58	30,0	30,9	0,3	33,6	33,1	0,5

Die Übereinstimmung von Rechnung und Beobachtung ist so vollkommen, wie sie unter so differenten Bodenverhältnissen nur erhofft, aber kaum erwartet werden konnte. Der Beweis der Zulässigkeit des Rechnungsverfahrens dürfte damit in vollem Umfange einwandfrei geliefert sein.

Immerhin bedurfte die Frage, ob sich auch beim Kalium *die totale Festlegung des gegebenen K bis zum Äquivalenzpunkt bei Böden mit* $q < 1$ bis auf den Hydrolyserest bewährte, einer besonderen Untersuchung, obwohl die Versuche mit H-Ion (s. o.) bereits ein eindeutig positives Resultat ergeben hatten.

Eine derartige Feststellung im Laboratorium stößt auf große technische Schwierigkeiten, weil bei nicht sehr verdünnten Lösungen mit Rücksicht auf die anzuwendenden K-Mengen die verfügbaren Mengen Flüssigkeit, die auf den Boden zur Einwirkung kommen, so klein sind, daß die Gewinnung genügender Mengen Filtrat zur Bestimmung kaum möglich ist. Auf der anderen Seite ist starke Verdünnung der einwirkenden Kationen, wie oben gezeigt ist, stets mit einer Steigerung der q- und einem Sinken der T- oder S-Werte verbunden, die das Bild stark zu fälschen in der Lage sind. Daß aber selbst bei einer Verdünnung von $^n/_{50}$-K die Folgerungen über die K-Festlegung aus den analytischen Daten der Böden mit großer Annäherung erfüllt sind, zeigen die folgenden Ziffern:

K-Anlagerung aus $^n/_{50}$-KCl-Lösung je 100 g Boden.

Boden	q	Äquivalenzpunkt für $^n/_{50}$ KCl	4 gefunden	4 berechnet	Δ	8 gefunden	8 berechnet	Δ	12 gefunden	12 berechnet	Δ
B 25 . .	0,99	0,1	2,84	2,86	0,02	4,65	4,44	0,21	5,46	5,45	0,01
D. 22 . .	0,71	3,7	3,37	3,90	0,53	5,91	6,20	0,29	7,50	7,68	0,18
G. 29	0,77	8,5	3,89	4,00	0,11	7,57	8,00	0,43	10,60	10,86	0,26
G. 53 .	0,82	0,5	3,79	4,00	0,21	7,27	7,78	0,51	10,29	10,50	0,21

Ist damit der Laboratoriumsbeweis gegeben, so bleibt es noch übrig, diesen Beweis auch im freien Felde zu liefern. Geeignete *Feldversuche* hat die Versuchsstation *Wad Medani* der Sudanregierung im Irrigationsgebiet der Gezira in liebenswürdiger Weise zur Verfügung gestellt.

Bei schwerem Ton mit rund 60% totaler Tonsubstanz $< 0{,}002$ mm läuft dort seit 2 Jahren ein Meliorationsversuch, bei welchem im Vergleich zu einer unbehandelten Parzelle *5 ts* K_2SO_4 je Hektar gegeben waren, *ohne daß, außer einer durchschlagenden Meliorationswirkung (s. u.) ein nennenswerter Düngungserfolg der K-Gabe bei Baumwolle zu verzeichnen war,* die im übrigen aber in keiner Weise Beeinträchtigungen durch die kolossale Düngungsgabe zeigte. Die Analyse des Profiles ergab die folgenden, hier interessierenden Werte:

Milliäquivalent je 100 g Trockensubstanz.

Boden	Behandlung	Tiefe cm	S	q_S	Kalium wasserlöslich	Kalium im Komplex	q_K	% K im Komplex
G. 37	O	0—30	52,08	0,74	0,04	1,40	110,5	2,7
		30—60	53,19	0,66	?	1,28	110,7	2,4
G. 34 ...	5 ts K_2SO_4	0—30	47,85	0,82	0,03	2,34	54,3	4,9
		30—60	50,50	0,66	?	1,75	118,2	3,5

Schon die auf 100 g Trockensubstanz berechneten Werte zeigen mit aller Deutlichkeit eine sehr starke Anreicherung der Krumenschicht an K bei gleichzeitigem Steigen des q_S und sehr erheblichem Sinken des q_K-Wertes in der besonders stark angereicherten Krume, wie es nach den oben erörterten Beziehungen zwischen dem prozentischen Anteil eines Kations im Komplex und dem q-Wert zu erwarten war.

Trotz der ganz enormen Düngergabe ist von einer Erhöhung des wasserlöslichen K im Boden hier keine Rede. Das K ist vollständig von den Komplexen, wie die Theorie es verlangt, festgelegt, mithin weitgehend von der Wirkung ausgeschaltet. Rechnerisch gestaltet sich die K-Bilanz folgendermaßen: Nimmt man an, daß im Ausgangszustande Boden 34 dem Boden 37, der in seiner unmittelbaren Nachbarschaft liegt und keinerlei ins Auge fallende Unterschiede weder im Aussehen noch in der Profilbildung zeigt, völlig gleich war, so würde sich als maximal festzulegende Kalimenge berechnen bei 1,3 Volumgewicht des Bodens:

für die Krumenschicht 0—30 cm: $x = 1,3 \cdot 48\,(1-0,8) \cdot 30 = 375$ Kiloäquivalent K je Hektar
„ den Untergrund 30—60 „ : $x = 1,3 \cdot 50\,(1-0,7) \cdot 30 = 585$ „ K „ „
in Summa 960 Kiloäquivalent K je Hektar

Die gegebenen 5 ts K_2SO_4 entsprechen rund 55 Kiloäquivalent K. Sie reichen also nicht entfernt zur Erreichung des Äquivalenzpunktes aus, so daß es verständlich ist, daß auch keine Spur des gegebenen K in der Lösung, sondern nur in den Komplexen vorhanden ist.

Trotz des Umstandes, daß diese schweren tropischen Tone tief reißen und damit örtlich dem eindringenden Bewässerungswasser offene Wege geben, auf welchen gelöste Düngesalze ohne Zweifel vor Ausgleich mit der Krumenschicht in den Untergrund gelangen, ist immerhin zu erwarten, daß sich das gesamte Kali der gegebenen Düngung restlos in den beiden betrachteten Schichten, und zwar, worauf schon die Analysenwerte weisen, hauptsächlich in der Krume des Bodens findet. Das ist denn auch in der Tat der Fall, wie die nachfolgende Tabelle lehrt:

K-Totalgehalt der Schichten in Lösung und Komplex (Kiloäquivalent je Hektar).

Boden	Behandlung	Tiefe cm	In Lösung	Im Komplex	Summe	Differenz gegen O
G. 37	O	0—30	1,37	48,0	49,37	—
		30—60	?	48,6	48,60	—
			Gehalt des Profils:		97,97	—
G. 34	5 ts K_2SO_4	0—30	1,12	87,0	88,12	38,75
		30—60	?	73,5	73,50	24,90
			Gehalt des Profils:		161,62	63,65

Wie die Theorie es fordert, ist also das gesamte in der kolossalen Düngung zugeführte Kali, und zwar wesentlich in der Krumenschicht, vorhanden. Es ist sogar mehr vorhanden, als gegeben war, was sich aber daraus erklärt, daß der mit

K_2SO_4 behandelte Boden das gegebene Irrigationswasser wegen seiner starken Strukturverbesserung (s. u.) in sehr viel höherem Maße (rund dreimal so stark) aufgenommen hat, als der nichtbehandelte Boden, was ziemlich genau bei dem K-Gehalt des Nilwassers für die Differenz aufkommt. Die in zwei Jahren durch die Mehraufnahme an Irrigationswasser bei der meliorierten gegenüber der nichtmeliorierten Parzelle erfolgte K-Zufuhr ist nämlich auf rund 6—7 Kiloäquivalent je Hektar zu schätzen.

Leider liegen in der Literatur keinerlei hinsichtlich der praktischen Verteilung von Kalidungemitteln in Böden mit q_S-Werten größer als 1 auswertbare Feldversuche vor. Da aber sowohl im kleinen wie im großen bei Laboratoriumsversuchen in derartige Böden sich die Anlagerung des K als genau den Umtauschgleichungen folgend erweist und damit auch der in Lösung verbleibende Anteil, ist ein Zweifel, daß sich dieselbe Verteilung auch im großen auf dem Felde einstellt, kaum möglich.

Obwohl oben bereits Beispiele der Verteilung eines Kations im Boden gegeben sind, ist es bei der Wichtigkeit des Gegenstandes nicht überflüssig, diese Beispiele noch für einige Bodentypen zu ergänzen, wobei von der Korrektur für bereits vorhandenen K-Gehalt der Komplexe wegen ihrer Geringfügigkeit abgesehen werden kann. Ursprungsland der aufgeführten Böden ist Holland. Die angenommene Düngermenge K = 10 Kiloäquivalent entspricht einer dort üblichen Volldüngung von etwa 1 t K_2SO_4 je Hektar.

Von einer Düngung von 10 Kiloäquivalent K je Hektar werden festgelegt in Bodenschicht

Boden	S	q_S	p	1—10 cm Kiloäquivalent	1—10 cm %	10—20 cm Kiloäquivalent	10—20 cm %	20—30 cm Kiloäquivalent	20—30 cm %	Total in Krume Kiloäquivalent	Total in Krume %
B. 6 (Sand. Lehm)	13,1	1,14	0,09	9,2	92	0,3	3	0,2	2	9,7	97
B. 1 (Humusbod.)	40,2	1,70	0,094	9,1	91	0,3	3	0,2	2	9,6	96
B. 13 (Sand)	3,38	7,42	0,94	5,1	51	1,7	17	0,8	8	7,6	76
O. 15 (Sand)	1,32	15,2	2,2	3,1	31	1,7	17	1,0	10	5,8	58

Aus den wenigen Ziffern der Tabelle geht mit aller Deutlichkeit hervor, daß der heute geführte Streit, ob gegebene Düngemittel sich über das Bodenprofil verteilen oder in der Krume oder dem obersten Teil der Krume bleiben und durch Regen ausgewaschen werden oder nicht, vollkommen müßig ist. Sowohl WOEHLBIER (305), der die weitgehende Verteilung der Nährstoffe verficht, wie ROEMER (307), der für die Unbeweglichkeit gegebener Düngemittel eintritt, haben beide recht, aber jeder nicht überall. *Es gibt sowohl Böden, bei denen die Düngemittel sich gut verteilen, wie solche, wo ohne tiefes Unterbringen an gute Verteilung nicht zu denken ist.* Daß bei großen Niederschlagsmassen ursprünglich in der Krume festgelegte Nährstoff- und speziell Kalimengen ausgewaschen werden, ist eine Selbstverständlichkeit. *Die große Frage ist aber, ob diese Auswaschung gerade in dem richtigen Zeitabschnitt erfolgt, wenn die Kulturgewächse in der Wurzelschicht die Nährstoffe am nötigsten gebrauchen: in der ersten Jugend.* Das wird entgegen der Ansicht WOEHLBIERS unter den meisten praktischen Umständen *nicht* der Fall sein, und man kann für Böden, die alles oder den größten Teil des gegebenen K schon in den obersten Zentimetern festhalten, weil sie ein sehr kleines q besitzen, das, wie die Tabelle zeigt, mit der allgemeinen Sorptionsstärke herzlich wenig zu tun hat und sich keinem Boden ohne weiteres ansehen, sondern nur bestimmen läßt, ROEMER bei seiner *Mahnung zur tiefen Unterbringung auch der Kalisalze* nur beistimmen.

Es kann nach allen praktischen Erfahrungen, die durch die theoretische Rechnung Punkt für Punkt belegt werden, gar keinem Zweifel unterliegen, daß sehr häufig ein *Ausbleiben der Wirkung von K-Düngemitteln* bei analytisch nachweisbarem Kalimangel nur auf die *ungenügende Verteilung des K über das Profil* zurückzuführen ist, die es verhindert, daß das K *rechtzeitig* in das Bereich der aufnehmenden Wurzeln kommt. Ganz besonders gilt das für *tiefwurzelnde Dauerkulturen* wie Obstbäume, Tee, Kakao und viele Waldbäume, die sehr häufig, wenn nicht für tiefes Unterbringen der gegebenen Düngung Sorge getragen wird, jahrelang vielleicht gar nichts oder sehr wenig von einer gegebenen Düngung haben können, ganz besonders dann, wenn ein Boden q_S-Werte kleiner als die Einheit und damit für die praktisch in Frage kommende Düngermenge negative R-Werte besitzt. Man geht kaum fehl mit der Annahme, daß die bekannte starke Wirkung der Kalidüngung zu Hackfrüchten nicht nur auf deren besonders starkem Kalibedürfnis beruht, sondern zum sehr großen Teil darauf, daß ihre Wurzelverbreitung sich hauptsächlich, trotzdem einzelne Wurzeln sehr tief gehen, in der durch die Bearbeitung gelockerten Krume abspielt, speziell in den Kämmen, wo sich auch der größte Teil der gegebenen Düngung für die Wurzeln greifbar konzentriert. Das muß um so mehr dann der Fall sein, wenn die Niederschläge nicht genügend hoch sind, um überhaupt in größere Bodentiefen zu dringen.

In den bisherigen Ausführungen sind nur die Fälle behandelt, wo das K als alleiniges einwirkendes Kation, z. B. in sog. konzentrierten Kalisalzen: KCl, K_2SO_4 usw. zur Anwendung kommt. Es bleibt die Frage zu beantworten, was im Boden hinsichtlich der Verteilung des K auf Lösung und Komplex geschieht, wenn Kalium zusammen mit anderen Kationen, z. B. Mg in der schwefelsauren Kalimagnesia oder mit irgendwelchen sonstigen Substanzen, wie Phosphatdüngern, gemengt, zur Anwendung kommt.

Beide Fälle lassen sich übersehen. Um den letzteren zuerst zu nehmen: *besitzt das dem Kalidünger beigemengte Düngemittel oder die sonstige Substanz die Fähigkeit zur Sorption oder zum Basenaustausch, so muß dadurch von vornherein ein großer Teil der Wirkung der Kalidüngung paralysiert werden.* Es scheint das theoretisch ein Bedenken zu sein, das für manche Thomasschlacken z. B. vielleicht in Betracht kommt, die für K eine durchaus nennenswerte Sorptionskapazität $\pm 1-3$ Milliäquivalent je 100 g Trockensubstanz besitzen. Die in den letzten Jahren aufgetauchten Ideen, Kali in sorptiv gebundener Form als Düngemittel zu verwenden, z. B. angelagert an Torf oder Tonsubstanz, haben ihre Berechtigung allenfalls auf den allerleichtesten Sandböden ohne Sorptionskapazität, werden sich bei mittleren und schweren Böden dagegen mit Sicherheit als Versager herausstellen, da es hier eher darum ginge, das K beweglicher, als es unbeweglicher zu machen.

Diesen Effekt, den in Lösung bleibenden Anteil des K zu erhöhen, muß dagegen, wie sich aus der Abhängigkeit des q-Wertes des Eintauschs vom Anteil des betreffenden Kations an der angewendeten Ionenmenge ergibt, *jede Begleitung des K durch andere Kationen in der Düngung haben.*

Diese Wirkung muß um so ausgeprägter sein, je kleiner das q des Eintauschs der Begleitkationen ist, d. h. die Wirkung, das K in Lösung und damit voll wirksam im Boden zu erhalten, muß bei Na enthaltenden Rohsalzen zwar merklich, aber doch relativ gering, bei Kalimagnesia dagegen sehr ausgeprägt sein und gleichzeitige Kalkung muß die K-Wirkung erhöhen. Letzteres ist eine bekannte Tatsache.

Für den ersteren Fall teilen Vageler und Venema (308) die folgenden Untersuchungsergebnisse mit:

Um im Bereich praktischer Düngermengen zu bleiben, wurden auf je 100 g von drei chemisch und physikalisch sehr verschiedenen Böden 0,4—0,8 bzw. 1,6 Milliäquivalent K als KCl oder als Kalirohsalz zur Einwirkung gebracht. Die in den einzelnen Fällen in Lösung verbleibende Menge R gibt im Vergleich von analytischer Bestimmung und Rechnung die folgende Tabelle:

R in Milliaquivalent

Boden	K		K		K	
A W I . . .	0,4 Milliaquiv KCl		0,8 Milliaquiv. KCl		1,6 Milliaquiv. KCl	
	R gefunden	0,030	R gefunden	0,050	R gefunden	0,110
	R berechnet	0,024	R berechnet	0,048	R berechnet	0,123
	do Rohsalz		do Rohsalz		do. Rohsalz	
	R gefunden	0,022	R gefunden	0,042	R gefunden	0,130
	R berechnet	0,024	R berechnet	0,048	R berechnet	0,123
M 6 . . .	do. KCl		do KCl		do. KCl	
	R gefunden	0,080	R gefunden	0,150	R gefunden	0,310
	R berechnet	0,064	R berechnet	0,140	R berechnet	0,320
	do Rohsalz		do. Rohsalz		do. Rohsalz	
	R gefunden	0,096	R gefunden	?	R gefunden	0,387
	R berechnet	0,084	R berechnet	0,176	R berechnet	0,384
C I	do KCl . .		do KCl		do. KCl	
	R gefunden	0,080	R gefunden	0,168	R gefunden	0,410
	R berechnet	0,076	R berechnet	0,168	R berechnet	0,384
	do Rohsalz		do Rohsalz		do. Rohsalz	
	R gefunden	0,079	R gefunden	0,213	R gefunden	0,502
	R berechnet	0,088	R berechnet	0,192	R berechnet	0,532

In Anbetracht der sehr geringen Mengen Kation, die die genaue analytische Bestimmung sehr erschweren, ist die Übereinstimmung von Rechnung und Beobachtung gut zu nennen Die größere Löslichkeit des K bei Verwendung als Rohsalz gegenuber seiner Verwendung als konzentriertes Salz, die die Theorie fordert, geht aus den Ziffern mit Deutlichkeit hervor, ebenso aber auch, daß beim Rohsalz dieser Effekt, wie es theoretisch nicht anders zu erwarten war, da Na sehr eintauschschwach ist, praktisch relativ belanglos ist.

Immerhin muß diese Erhöhung der Löslichkeit sich bei Versuchen mit Pflanzen auf einzelnen Böden als *Steigerung des* MITSCHERLICH*schen Wirkungsfaktors* des K durch gleichzeitige Na-Gabe äußern, wie es in der Tat, bezogen auf K-Dünger, als Ganzes vielfach praktisch beobachtet ist, ohne daß man dieses Resultat verallgemeinern dürfte, wie MITSCHERLICH es tut. Die Berechtigung der letzteren Behauptung zeigen in neuester Zeit LEMMERMANN und JESSEN (336), die bei den von ihnen untersuchten Böden keinerlei Änderung des K-Wirkungsfaktors durch NaCl-Zugabe erzielen konnten.

Wie sich der Einfluß des Mg als das K begleitendes Kation auf seine Anlagerung auswirkt, zeigen die folgenden Ziffern (s. Tabelle S. 232).
Hier ist die Vergrößerung des R-Wertes, wie eine Nachrechnung zeigt, sogar sehr erheblich und *man geht kaum fehl, die vielfach, namentlich bei sorptionsstarken Böden, zu beobachtende besonders gute Wirkung der Kalimagnesia mindestens zum Teil auf diesen Umstand der weitgehenden Verhinderung des Eintretens des K in die Komplexe durch die gleichzeitige Anwesenheit von Mg zurückzuführen.* Welche physikalischen Momente ferner fur die Verbesserung der K-Wirkung durch Mg in Frage kommen, wird bei der Besprechung dieses Kations zu erörtern sein.

Auf Böden mit regem Bakterien- oder uberhaupt pflanzlichem Mikroorganismenwachstum, also in erster Linie auf humusreichen Böden,nehmen naturgemäß diese Organismen einen Teil des im Boden vorhandenen oder in der Düngung zugeführten K fur ihre Lebenstätigkeit in Anspruch. STOKLASA (309) hat für

Boden-Nr.		$y_{1\,K}$	$y_{2\,K}$	$y_{1\,Mg}$	$y_{2\,Mg}$	$y_{1\,K+Mg}$	$y_{2\,K+Mg}$	S_K	q_K	S_{Mg}	q_{Mg}	S_{K+Mg}	q_{K+Mg}
O. 22 .	50 u. 100 Milliäquiv. K ($^n/_{10}$-KCl-Lösung)	17,51	20,68					25,32	0,88				
	50 ,, 100 ,, K ($^n/_{10}$-K_2SO_4-Lösung)	19,07	21,90					25,71	0,68				
	50 ,, 100 ,, K ($K_2SO_4 \cdot MgSO_4$-Lösung, $^n/_{10}$ K)	14,71	15,25	1,78	3,59	16,49	18,84	15,84	0,24	?	?	21,93	1,50
B. 25 .	50 ,, 100 ,, K ($^n/_{10}$-KCl-Lösung)	11,33	13,24					15,92	1,27				
	50 ,, 100 ,, K ($^n/_{10}$-K_2SO_4-Lösung)	11,16	14,40					20,25	2,00				
	50 ,, 100 ,, K ($K_2SO_4 \cdot MgSO_4$-Lösung, $^n/_{10}$ K)	11,50	9,62	6,43	8,68	17,93	18,30	?	?	13,35	4,03	18,73	0,24
G. 29 .	50 ,, 100 ,, K ($^n/_{10}$-KCl-Lösung)	29,80	37,87					52,08	0,72				
	50 ,, 100 ,, K ($^n/_{10}$$K_2SO_4$-Lösung)	30,05	40,46?					61,95?	0,86?				
	50 ,, 100 ,, K ($K_2SO_4 \cdot MgSO_4$-Losung, $^n/_{10}$ K)	26,54	31,18	10,36	7,98	36,90	39,16	37,77	0,56	?	?	41,84	0,32
G. 53 .	50 ,, 100 ,, K ($^n/_{10}$-KCl-Lösung)	31,23	42,11					64,52	0,83				
	50 ., 100 ,, K ($^n/_{10}$-K_2SO_4-Lösung)	33,47	43,15					60,61	0,67				
	50 ,, 100 ,, K ($K_2SO_4 \cdot MgSO_4$-Lösung, $^n/_{10}$-K)	31,93	39,22	15,36	11,71	47,29	50,93	50,76	0,58	?	?	55,25	0,30

y = Eintausch in Milliäquivalent pro 100 g Boden. S auf 100 g Boden berechnet.

diesen Vorgang den Ausdruck „*biologische Adsorption*“ geprägt. GEDROIZ (310) spricht von einem „*biologischen Festhaltungsvermögen*“ der Böden und geht so weit, die in der Regel zu beobachtende Anreicherung der Krume an K auf diesen Umstand zurückzuführen. Die biologische Festlegung von K muß um so energischer sein, je energischer die Entwicklung der Bakterienflora ist, die Reichtum an Kohlehydraten neben dem notwendigen Stickstoff und den Basen zur Voraussetzung hat. Folgerichtig findet EDELMANN (311), daß durch Zufuhr von Stärke die Festlegung des löslichen Bodenkalis durch Bakterien von 12,5—20,3% auf 16,4—30,1% sich steigert.

Daß eine unter Umständen sogar recht merkbare Festlegung von K durch die Mikroorganismentätigkeit erfolgt, kann keinem Zweifel unterliegen. In Anbetracht der stets, auch in den bakterienreichsten Böden, sehr geringen Masse *lebender* Bakteriensubstanz ist es aber als eine noch offene Frage zu betrachten, ob diese Anschauungen den Umfang der in strengem Wortsinne biologischen Festlegung von K und Nährstoffen überhaupt nicht wesentlich überschätzen. Es erscheint sehr viel wahrscheinlicher, daß die Festlegung von K in der Hauptsache durchaus nicht in den *lebenden* Bakterien- und sonstigen Mikroorganismenleibern erfolgt, wo die Nährstoffe, solange die Zelle lebt, für die Pflanzenwurzel unangreifbar sind, sondern im *toten Material* und vor allem in den Abbauprodukten der organischen Substanzen, deren Bedeutung für den Kationenhaushalt oben erörtert ist. Die bereits erwähnten Untersuchungsresultate von McGEORGE (304) scheinen entschieden in dieser Richtung zu weisen. Weitere Untersuchungen über den Umfang der biologischen Festlegung des K unter Berücksichtigung der letztgenannten Gesichtspunkte sind jedenfalls angezeigt, ehe man sich eine endgültige Anschauung bilden kann.

Da dem Boden zugeführtes Kalium nur unter *Austausch anderer Kationen* in die Komplexe eintreten kann, versteht es sich von selbst, daß die verdrängten Kationen in die Bodenlösung und damit evtl. bei durchlässigen Böden zur Auswaschung gelangen. Zwei Punkte sind in dieser Hinsicht seit langer Zeit Gegenstand einer ausgedehnten wissenschaftlichen Diskussion und zahlreicher Versuche gewesen, da beide, Diskussionen wie Versuche, zu den einander widersprechendsten Ansichten und Resultaten geführt haben. Diese beiden Punkte sind die *Mobilisierung des Ca und eventuelle Entkalkung der Böden durch K* und die *Mobilisierung des Al, also der „Austauschsäure"*, unter Veränderung der Bodenreaktion und des Aziditätszustandes überhaupt.

Wie kaum in einem anderen Punkte dürfte gerade hier die elektrochemische Auffassung der Austauschvorgänge und die ihre praktische Auswertung ermöglichenden Gleichungssysteme berufen sein, den praktisch-wissenschaftlichen Streit zu schlichten. Die erste Folgerung aus den Umtauschgleichungen und der unendlichen Variabilität der Umtauschkonstanten der einzelnen Kationen in den einzelnen Böden lautet nämlich, *daß je nach dem in die Untersuchung einbezogenen Boden der Einfluß des zugeführten K ein ganz verschiedener sein muß. Es ist schlechterdings kein Resultat experimenteller Prüfung denkbar, das nicht auf irgendeinem Boden möglich sein sollte.* Ja es ist geradezu eine Selbstverständlichkeit, daß der eine Autor keine Spur einer entkalkenden Wirkung der K-Zufuhr und keine Spur einer nachweisbaren Mobilisierung von Austauschsäure oder Beeinflussung der Reaktion des Bodens findet, während der andere mit denselben guten Gründen auf einem anderen Boden genau das Gegenteil davon zu konstatieren in der Lage ist.

Es erübrigt sich, auf die sehr umfangreiche Literatur zur Frage einzugehen, die die heterogensten Einzelbeobachtungen umfaßt, da sich aus den Umtauschgleichungen für jeden Einzelfall sowohl der Einfluß des K auf den Bodenkalk wie auf das etwa vorhandene Al und die Bodenreaktion mit praktisch ausreichender Genauigkeit übersehen läßt.

Auf S. 199 ist als Gleichung des maximal möglichen Austauschs eines in dem Komplex vorhandenen Kations y gegen eine bestimmte Menge eines einwirkenden Kations die einfache Beziehung

$$y_{\max} = \frac{x}{q}$$

gegeben, worin für praktische Fälle x die Menge des einwirkenden Kations in Kiloäquivalent je Hektar, q den Austauschmodul des interessierenden Komplexkations gegen NH_4, der praktisch mit dem gegen K identisch ist, bedeutet.

Aus dieser Gleichung ergibt sich, daß die Menge zunächst des mobilisierten Ca vollständig von der Bindungsfestigkeit des Ca in den Komplexen abhängt, d. h. von der Größe seines q-Wertes des Austauschs. In welchen Größenanordnungen sich diese q-Werte bei den einzelnen Bodentypen bewegen, zeigt die Tabelle der Bodenarten im Anhange. Nur bei ganz hoch mit Ca gesättigten Böden sinkt der q-Wert des Ca-Austauschs in die Nähe der Einheit und nur ausnahmsweise sogar etwas darunter, wobei es noch fraglich ist, ob diese Ausnahmen nicht durch unvermeidliche Analysenfehler bedingt sind. D. h. *von ganz extremen Fällen abgesehen wird maximal nur soviel Ca verdrängt, wie dem zugeführten K entspricht, bei weniger hoch mit Ca gesättigten Böden aber sogar nur ein oft kleiner Bruchteil.*

Widersprechende Untersuchungsergebnisse, daß in einem Falle nahezu äquivalente Mengen Ca durch K mobilisiert werden, worüber z. B. schon ZOELLER 1858 berichtet und im anderen Falle, daß in 31 Jahren fortgesetzter Kalidüngung der Gehalt an Kalk nur von 1,61 auf 1,52% bei den Kaliparzellen sich verringert hatte, wie SCHOLLENBERGER und DREIBELBIS (312) berichten, sind also eine an der Hand der Gleichungen vorauszusehende Selbstverständlichkeit. Man kann JAKOB (301) nur zustimmen, wenn er meint, daß im Verhältnis zu den übrigen unvermeidlichen Kalkverlusten des Bodens, die aus der Lösung von $Ca(HCO_3)_2$ durch die Atmosphärilien und der Kalkverdrängung aus den Komplexen durch

H_2CO_3 und sonstigen Säuren im Boden resultieren, die Kalkverluste durch Kalidüngung überhaupt nicht ins Gewicht fallen. Sie tun dies um so weniger, als sich, wie oben gezeigt ist, die hauptsächliche Kalianlagerung in den obersten Krumenschichten vollzieht, wobei der dort mobilisierte Kalk notwendigerweise im tieferen Untergrunde weitgehend wieder in die Komplexe eintauschen muß.

Die vielfach ausgesprochene Befürchtung, daß Kalisalze die *Azidität* des Bodens erhöhen, also H-Ionen in Freiheit setzen können und damit die p_H-Zahl auch dann heruntersetzen, wenn keine Austauschazidität besteht, ist theoretisch betrachtet vollkommen abwegig. Eher muß das Gegenteil der Fall sein, d. h. *die p_H-Ziffer eines nichtaustauschsauren Bodens muß bei Behandlung mit K-Salzen steigen.* Denn die Verdrängung von H aus den Komplexen erfolgt durch K nur in völlig unwesentlichen Spuren. Andererseits aber sind die K-gesättigten Komplexanteile im Verhältnis zu den mit zweiwertigen Kationen gesättigten Anteilen stärker hydrolysiert, was die Mobilisierung von OH-Ion bedeutet. *Die erhöhte K-Sättigung muß also notwendigerweise entgegen der landläufigen Meinung über die „Säure" der Kalisalze eine Steigerung der p_H-Zahl gegenüber kalkgesättigten Komplexen zur Folge haben.*

Daß diese aus den Umtauschgesetzen sich ergebende Folgerungen tatsächlich erfüllt sind, zeigen Versuche von BAVER (313) mit Ton, die das folgende, durchaus zu erwartende Resultat ergaben:

Ion	Milliaquivalent per 100 g Ton	p_H
Sättigung mit K	14,25	5,03
	28,50	5,52
	42,75	5,96
	57,00	6,50
	67,00	7,34
Sättigung mit Ca	14,25	4,36
	28,50	4,79
	42,75	5,28
	57,00	5,95
	67,00	6,95

Daß *austauschsaure Böden*, bei welchen durch K das im Komplex anwesende Al, genau so wie alle anderen Kationen auch, verdrängt wird, so daß es als Al-Salz und damit hydrolytisch unter Säurebildung gespalten in der Bodenlösung erscheint, *durch K-Düngung eine Erniedrigung der Reaktionsziffern* erfahren müssen, versteht sich von selbst. Auch hier läßt sich das Resultat von vornherein rechnerisch übersehen. Wie die obige Tabelle zeigt, sind die Austauschmoduln des Al im allgemeinen sehr hoch, d. h. die durch normale Düngergaben von K-Salzen mobilisierten Al-Mengen sind, wenn man von ganz extrem austauschsauren Böden absieht, wie sie sich nur in den humiden Tropen finden, von fast verschwindender Größe.

Einige typische Beispiele gibt die nachfolgende Tabelle für eine hohe Durchschnittsdüngung mit 5 Kiloäquivalent K je Hektar:

Boden	Herkunft	Austauschazidität nach intern. Skala	Al	q_{Al}	Maximal mobilis. Al Kiloäquivalent/Hektar
B. 15	Holland	4,0	0,99	370,0	0,0185
B. 14	,,	0,9	0,31	198,4	0,0250
O. 14	,,	7,5	1,19	123,3	0,0405
C 13	,,	7,5	1,12	111,0	0,0450
O. 13	,,	13,0	1,98	66,0	0,0755
J 3	Java	82,0	8,80	2,0	2,5000

Die Grundlosigkeit der Befürchtungen einer starken Mobilisierung von Austauschazidität bei weitaus der Mehrzahl der vorkommenden Böden wird durch die Ziffern der Tabelle illustriert. Selbst bei einem Gehalt von rund 2 Milliäquivalent Al je 100 g Boden und einem für Al schon recht kleinen q von 66 werden durch 5 Kiloäquivalent K erst 75 Grammäquivalent Al je Hektar im Maximum mobilisiert, d. h. eine Al-Menge, die vielleicht eben die Grenzen beobachtbarer schädlicher Wirkung berührt. Bei dem Boden J. 3 aus den humiden Tropen, der bei dem extrem hohen Gehalt von 8,8 Al den minimalen q-Wert 2 besitzt, ist die Sache allerdings wesentlich anders. Hier werden 2,5 Kiloäquivalent Al mobilisiert, die jedes Pflanzenwachstum ausschließen müssen, wie es in der Praxis auch der Fall war.

Die Tabelle, der die Austauschaziditätsziffern nach internationaler Skala beigefügt sind, illustriert gleichzeitig, *daß diese international angenommenen Zwischenwerte* (s. *Analysenmethoden*) *ein recht fragwürdiges Mittel zur Beurteilung des tatsächlichen Aziditätszustandes der Böden sind*, worauf in neuester Zeit VENEMA (314) an Hand zahlreicher Beispiele hingewiesen hat. Der internationale Wert, ermittelt bei einem Verhältnis von 250 Milliäquivalent K je 100 g Boden, bildet, wie schon die wenigen obigen Ziffern zeigen, einen ganz undefinierten Punkt der Austauschkurve, der je nach der Größe des q-Wertes sehr verschiedenen prozentischen Anteilen des vorhandenen Al entsprechen kann, so daß auch der sog. *Daikuhara-Faktor* (315) 3,5 zur Berechnung der Gesamtazidität aus der Austauschazidität nur ausnahmsweise zutrifft. Die widerspruchsvollen Ergebnisse zur Beseitigung der Austauschazidität gegebener Kalkdüngungen, auf welche unten im einzelnen zurückzukommen sein wird, sind unter diesen Umständen kein Wunder.

Die bisherigen Ausführungen über die Mobilisierung der Austauschazidität bezogen sich auf die Verwendung von reinen K-Salzen als Düngemittel. Liegen im Dünger begleitende Kationen vor, so nehmen diese gemäß ihren Modulen und ihrer Menge an den Austauscherscheinungen teil, was bei der Beurteilung der einzelnen Düngemittel zu beachten ist.

Die mit dem K verbundenen Anionen sind für den Ablauf der Austauschvorgänge im Boden verhältnismäßig belanglos; jedenfalls sind die durch verschiedene Anionbindung des K auftretenden Differenzen für die in Frage kommenden Säuren so gering, daß sie innerhalb der Fehlergrenzen der analytischen Bestimmung fallen. Diese chemische Indifferenz der verschiedenen Anionen beim Umtauschvorgang berechtigt allerdings nicht dazu, die Anionen als für die *Pflanze* indifferent zu betrachten.

Zum Schluß bleibt noch die Betrachtung der *physikalischen Einwirkung* der Änderung der K-Belegung der Komplexe auf die *Wasserhaushaltung des Bodens* übrig.

Da das K-Ion sehr erheblich weniger hydratisiert ist als das Na-Ion, ferner mit sehr großer Wahrscheinlichkeit einen steileren Gradienten des Druckabfalles im Filmwasser als dieses besitzt — er ist oben auf die zweite Potenz geschätzt — und das K-Ion sehr fest an den Komplexen haftet, ergibt sich als Folgerung, *daß das K-Ion in ähnlicher Weise wie das Ca oder die zweiwertigen Ionen überhaupt zwar nicht die Krümelung der Böden günstig beeinflussen muß, wohl aber stark die Hydratation ihrer Teilchen.* Bei seiner praktisch unbegrenzten Löslichkeit muß es diese Wirkung, die sich in einer *Vergrößerung des spannungsfreien Porenvolumens* äußert und damit in einer *Vermehrung der Wasserbeweglichkeit und Wasserdurchlässigkeit*, auch noch bei verhältnismäßig geringen Wassergehalten des Bodens ausüben können, *allerdings ausschließlich bei Böden, die mit hoch hydratisierten Na-Ionen weitgehend gesättigt sind.*

Diese theoretischen Folgerungen sind unabhängig voneinander von JOSEPH und AARNIO gezogen (12), die darauf hinweisen, *daß K-Ion für Na-tonhaltige Böden möglicherweise ein wertvolles Meliorationsmittel sein muß.*

Nimmt man, wie es oben bei der Besprechung des Na-Ions auseinandergesetzt ist, als Druckgrenze des als Flüssigkeit unbeweglichen, die Wandung des spannungsfreien Porenvolumens bildenden Filmwassers 6,25 at und einen Druckgradienten von der zweiten Potenz an, so berechnet sich im Vergleich zum Na-Ton mit 192% der Wassergehalt desselben Tones bei K-Sättigung zu 136%. Es ist also bei der Einwirkung von K auf Na-haltige Komplexe eine recht erhebliche meliorierende Wirkung zu erwarten.

Im Laboratorium gestaltet sich die *Beeinflussung der Steighöhen von Na-Ton* durch Behandlung mit steigenden K-Mengen, ausgedrückt in Prozenten der ursprünglichen Steighöhe, wie folgt:

Meliorationswirkung des K-Ions.

Milliäquivalent K pro 100 g Boden	1. Ablesung	2. Ablesung	S (Totale Steighöhe)	Melioration %	$1000 \cdot q$	Zusatz
0	11	20	25		1022	
5	35	55	64	256	260	KNO_3
10	70	130	169	676	168	
20	250	420	500	2000	40	
5	30	47	55	220	300	K_2SO_4
10	70	105	120	480	120	
20	400	570	667	2668	20	
0	15	35	52		952	
5	25	55	79	152	546	KNO_3
10	28	58	79	152	462	
20	45	100	145	279	306	
5	30	75	120	231	500	K_2SO_4
10	40	115	217	417	408	
20	50	120	185	356	292	

Die Ziffern machen die stets große Meliorationswirkung des K-Ions hinsichtlich der Beweglichkeit des Bodenwassers deutlich, die sich in Zunahme der Steighöhe und Abnahme des q-Wertes ausdrückt. Sie zeigen gleichzeitig, wie verschieden sich verschiedene Böden dabei verhalten und ferner, daß der Anioneneinfluß bei diesen Vorgängen nicht zu vernachlässigen ist. Das SO_4 ist dem NO_3-Ion im vorliegenden Falle nicht unerheblich überlegen.

In feldmäßigem Umfange sind Meliorationsversuche mit K_2SO_4 zum ersten Male auf Veranlassung von JOSEPH durch GREENE in der Versuchsstation *Wad Me-*

Zeichen und Nummer der Probe	In % Trockensubstanz. Mechanische Zusammensetzung								Bodenart		Strukturfaktor % des Tones I in natürlicher Lagerung koakuliert	Benetzungswärme	Hygroskopisches Wasser	Minimale Wasserkapazität
	Grobsand I	Feinsand I	Silt I	Ton I	Grobsand II	Feinsand II	Silt II	Ton II	Vulgärname	Index				
G. 34	6,3	20,6	12,3	60,8	8,1	24,2	43,0	24,7	Badob	SiT/LSi	60	806	12,0	47,9
G. 34 U . .	8,4	12,1	16,4	63,1	9,0	21,8	39,3	29,9	,,	SiT/TSi	53	852	13,1	49,8
G. 35	7,3	20,2	12,0	60,5	7,6	24,5	32,7	35,2	,,	,,	42	832	12,8	51,8
G. 35 U . . .	6,7	13,7	16,0	63,6	7,1	17,5	32,4	43,0	,,	,,	32	949	14,6	62,3
G. 36	7,3	20,5	11,2	61,0	7,1	36,1	31,8	25,0	,,	,,	60	858	13,2	49,4
G. 36 U . . .	7,1	13,5	15,0	64,4	7,8	19,3	36,1	36,8	,,	,,	43	917	14,1	56,3
G. 38	7,7	20,3	14,2	57,8	6,6	52,4	36,8	4,2	,,	SiT/Si	93	806	12,4	47,4
G. 38 U . . .	6,1	12,2	17,6	64,1	6,8	21,7	36,7	34,8	,,	SiT/TS	46	923	14,2	44,6
G. 37	8,4	18,0	11,4	62,2	8,6	26,4	35,0	30,0	,,	SiT/TSi	52	897	13,8	56,4
G. 37 U . . .	6,2	12,9	16,7	64,2	7,0	16,2	33,2	43,6	,,	SiT/TL	32	936	14,4	64,4

dani bei KHARTUM angestellt, deren Auswirkung auf die Bodeneigenschaften von VAGELER und ALTEN (12, Teil VI) untersucht worden ist. Verwendet wurde bei einem schweren Ton, um sofort greifbare und deutliche Ausschläge zu erhalten, die kolossale Menge von 5 ts K_2SO_4 je Hektar (s. o.). Das Resultat der Behandlung geht aus den Tabellen hervor, in welchen auch Vergleichsziffern mit sonstiger Behandlung: Gips usw., mitgeteilt sind.

Die Wasserbilanz der Böden des Meliorationsversuches Wad Medani.

Boden Nr.	Schicht	Behandelt	Minimum Porenvolumen	Mögliches Wasser W %	Mögliches Wasser M W m³ pro Schicht	Mögliches Wasser Summe	Statisch verfügbares Wasser St %	Statisch verfügbares Wasser St W m³ pro Schicht	Statisch verfügbares Wasser Summe	Dynamisch verfügbares Wasser ohne Einrechnung der Verdunstung m³ pro Schicht	Dynamisch verfügbares Wasser ohne Einrechnung der Verdunstung Summe	Effektiv verfügbares Wasser mit Einrechnung der Verdunstung m³ pro Schicht	Effektiv verfügbares Wasser mit Einrechnung der Verdunstung Summe
G. 37	0—30	Unbehandelt	17,6	49,0	1689	3222	24,0	827	1422	480	531	237	280
	30—60		16,0	39,7	1533		15,4	595		51		43	
G. 35	0—30	5 ts Gips/ha	17,6	45,3	1632	3150	23,7	854	1412	854	925	434	492
	30—60		16,4	38,9	1518		14,3	558		71		58	
G. 38	0—30	30 ts Gips	19,6	42,1	1575	2877	20,8	778	956	778	846	358	388
	30—60		14,5	29,2	1302		4,0	178		68		30	
G. 34	0—30	5 ts K_2SO_4	16,6	41,9	1572	2952	21,8	818	1223	818	1123	398	628
	30—60		15,7	32,4	1380		9,5	405		305		230	
G. 36	0—30	4,5 ts Na_2SO	19.6	43,7	1605	3069	18,8	691	1168	575	696	225	321
	30—60		17,0	36,2	1464		11,8	477		121		96	

Als zweite Tabelle ist den späteren Erörterungen vorgreifend die Wasserbilanz der behandelten Böden beigefügt. Der Erfolg der Behandlung auf die Verbesserung des Wasserhaushaltes des Bodens ist als durchschlagend zu bezeichnen. Bei Tonböden des in Frage stehenden Typus ist eine hohe minimale Wasserkapazität sehr unerwünscht und wird von den Irrigationsfachleuten geradezu als ein Indizium eines schlechten Bodens betrachtet. Ihre Reduktion durch die K-Behandlung erreicht im Versuch nahezu die durch 30 ts Gips hervorgebrachte Verringerung dieser Größe. Die *Vermehrung der Wasserbeweglichkeit bzw. der kritischen Schichtdicke* übertrifft den Effekt des Gips um nahezu 90% in der Krumenschicht und über 100% im Untergrund. Das wirkt sich praktisch aus in einer *220 proz. Verbesserung des Wasserhaushaltes* des so behandelten Bodens, in dem sich das verfügbare Wasser (s. u.) von 280 m³ auf 628 m³ erhöht hat, also noch um 136 m³ mehr als durch die optimale Gipsgabe.

Diese Erhöhung kommt aber, und das ist der springende Punkt, durchaus nicht wie beim Gips in der Hauptsache der Krumenschicht, sondern der Hauptwurzelschicht von 30—60 cm Tiefe zugute, deren effektiv verfügbares Wasser sich von 43 auf 230 m³ erhöht, also nahezu versechsfacht hat. Durch verteilte Gipsgaben während

Vom Wasser nicht aufnehmbar für: Mais	Baumwolle	Weizen	Bersium	Kritische Schicht cm	Wasserbeweglichkeit	Steighöhe nach 5 Stunden	Steighöhe nach 25 Stunden	Steighöhe Total	Steighöhe 1000 × q	Bei Ausgang von feste Teile %	Bei Ausgang von Wasser %	Bei Ausgang von Luft %	Bei Ausgang von Lineare Schrumpfung %	Bemerkungen
	20,1		23,4	34,2	6,3	68	200	385	61	44	54	2	14,5	Meliorat. 5 ts K_2SO_4/ha
	22,9		26,9	11,3	1,88	47	95	128	68	44	55	1	15,0	
	21,6		25,3	22,1	5,5	78	172	244	44	41	57	2	16,0	,, 5 ts Gips/ha
	24,6		28,7	1,9	0,07	9	19	26	365	39	60	1	18,0	
	24,9		29,7	12,5	2,9	60	110	139	48	41	53	6	15,0	,, 4,5 ts Na_2SO_4/ha
	24,4		28,6	3,8	0,32	20	36	45	139	40	54	6	17,0	
	21,3		24,9	21,4	3,4	55	145	244	71	41	53	6	15,0	,, 30 ts Gips/ha
	25,2		29,7	5,8	0,54	25	51	69	128	45	52	3	15,0	
	25,0		29,6	8,7	0,96	32	71	102	106	41	50	9	16,0	,, unbehandelt
	24,3		28,4	1,3	0,03	5	13	22	770	40	55	5	17,5	

14 Jahren ist dieser Effekt einer einmaligen K-Zufuhr in noch nicht ganz einem Jahre auch nicht entfernt erreicht, wie andere Versuche beweisen (12).

Die Ansicht JOSEPHS, *daß für schwere, Na = Ton enthaltende, Böden K-Salze ein sehr beachtenswertes Meliorationsmittel sind, ist also als durchaus zutreffend zu betrachten.*

Diese Ansicht läßt sich dahin präzisieren, daß die bodenverbessernde, weil die Komplexe dehydratisierende Wirkung des K-Ions der weiter unten zu behandelnden Wirkung der zweiwertigen Kationen überall da überlegen sein muß, *wo bei hohem Na-Gehalt von Bodenlösung und Komplexen die im Boden zur Lösung der zugefügten Meliorationsmittel zur Verfügung stehende Wassermenge* — und zu dieser gehört, wie oben auseinandergesetzt ist, mindestens der hygroskopische Wassergehalt nicht — *eine beschränkte ist.* Das ist meistens der Fall in den tieferen Schichten schwerer Tonböden, die infolge der Kompression durch die aufliegenden Schichten nur einen beschränkten möglichen Wassergehalt haben, der oft nicht sehr wesentlich das $1^1/_2$—2fache hygroskopische Wasser übersteigt (s. u.). Durch geringe Wassermengen ist infolge seiner geringen Löslichkeit das zweiwertige Ca-Ion in diesem Boden schon von vornherein durch einen etwaigen Na-Gehalt der Bodenlösung weitgehend zur Untätigkeit verdammt, worin wohl auch der Grund zu sehen ist, daß so häufig *große Gipsmengen in ausgesprochenem Na-Ton sich in Kristallform* finden, wie es Abb. 22 zeigte. Für das K-Ion gilt diese Beschränkung nicht, da es praktisch ebenso lösliche Salze wie das Na-Ion bildet, dem es an Eintauschenergie und Haftfestigkeit rund 3—5fach je nach der Konzentration überlegen ist. *K-Salze bei tiefer Unterbringung* erscheinen damit — und das ist ein neuer Gesichtspunkt von großer praktischer Tragweite für alle schweren an Na-Illuvialhorizonten im Untergrunde krankenden Böden — als das gegebene, weil, außer allenfalls Mg-Salzen, die aber aus pflanzenphysiologischen Gründen nur einen beschränkten Anwendungsbereich haben, einzige *Meliorationsmittel der Untergrundschichten schwerer Na-Tone.*

Daß auf *Böden, die sehr viel zweiwertige Kationen* in ihren Komplexen enthalten, das K bei starker Anwendung, weil die mit K gesättigten Komplexe immerhin doch noch erheblich stärker hydratisiert sind als Ca- oder Mg-Komplexe und dem K als einwertigem Kation gegenüber solchen Komplexen eine aufteilende Wirkung zukommt, *den gegenteiligen Effekt entfalten kann,* wie es als *Verkrustungserscheinungen* usw. aus der Praxis in Ausnahmsfällen bekannt ist, ist als Ergebnis der Austauschgesetze so selbstverständlich, daß ein Eingehen sich erübrigt. Die dynamisch-quantitative Betrachtungsweise gibt aber das sichere Mittel zur individuellen Beurteilung jedes Falles an die Hand, indem sie Verallgemeinerungen und „Rezepte" allgemeingültiger Natur ausschließt.

δ) *Die zweiwertigen Komplexkationen: Mg und Ca.*

Mit der Behandlung der zweiwertigen Kationen Mg und Ca als Bestandteil der Komplexbelegungen im Boden und ihres Verhaltens in chemischer und physikalischer Richtung ist das komplizierteste Gebiet der bodenkundlichen Chemie betreten. Man kann sagen, seit Jahrtausenden ist die Bedeutung des *Kalkes* als *direktes und indirektes Düngemittel* und in letzterem Sinne vor allem als *Meliorationsmittel* bekannt. Im Zusammenhang mit der Frage der Bodenversauerung und ihrer Heilung hat in den letzten beiden Jahrzehnten die Kalkfrage eine so intensive Bearbeitung nach allen Richtungen erfahren — deren sich die Mg-Frage noch bei weitem nicht erfreuen kann —, daß man annehmen sollte, daß nach so gründlichem Studium die Anschauungen bezüglich des Ca weitgehend sich geklärt haben. Aber gerade das Gegenteil ist der Fall. In jedem Lande fast wird nicht nur eine, sondern mehrere Methoden zur Bestimmung des

Kalkbedürfnisses der Böden verwendet, deren jede auf große praktische Erfolge hinweisen kann und von jeder anderen als unzulässig befehdet wird. Die Zahl der verschiedenen Umrechnungsfaktoren der analytisch festgestellten Azidität auf Kalkgaben geht in die Dutzende und als Menetekel droht die alte Bauernregel: *Kalk schafft reiche Väter, aber arme Söhne,* die auf vielhundertjähriger praktischer Erfahrung basiert.

Es wäre ein geradezu aussichtsloses Unternehmen, der gesamten, die Kalk- und in neuerer Zeit auch Magnesiafrage behandelnden Literatur auch nur angenähert erschöpfend gerecht zu werden. Es soll vielmehr versucht werden, vollkommen objektiv vom physikalisch-chemischen Standpunkt aus das Problem der zweiwertigen Kationen als Komplexanteil zu behandeln, wobei auf die Literatur nur so weit zurückgegriffen werden soll, wie es zur Belegung aus der physikalisch-chemischen Behandlung gewonnener Gesichtspunkte unbedingt notwendig ist, um zum Schluß das Gesamtresultat der Betrachtungen mit den anderweitig gewonnenen wichtigsten Standpunkten der bodenkundlichen Forschung zu vergleichen.

Trotz gewisser nicht unbeträchtlicher Verschiedenheiten in ihrem Verhalten sollen dabei Mg und Ca gemeinsam behandelt werden, da ein großer Teil der Eigenschaften dieser beiden Elemente beim Kationenhaushalt des Bodens keineswegs aus ihren individuellen Qualitäten, sondern aus der bloßen Tatsache resultiert, daß es sich um *zweiwertige* Kationen handelt, d. h. daß eine Korpuskel über zwei mehr oder weniger gerichtete Ladungseinheiten verfügt und weitgehend die Tendenz zur Bildung schwer löslicher Verbindungen hat, und zwar speziell von schwer löslichen Hydroxyden und Karbonaten, während die Bikarbonate mit dem Partialdruck des CO_2 im System in engem Zusammenhange stehen.

Wie die Tabelle der Ionendurchmesser auf S. 24 zeigt, entspricht das Mg-Ion hinsichtlich seines Durchmessers ungefähr dem Li-Ion, während das Ca-Ion sich in seiner Größe nicht wesentlich vom Na-Ion unterscheidet. Die doppelte Ladung der zweiwertigen Kationen entspricht also im großen und ganzen einer doppelten Feldstärke gegenüber den vergleichbaren einwertigen, die in der Distanz eines Wasserdipols von der Ionenoberfläche auf rund 11 Millionen Volt/cm beim Mg und 8 Millionen Volt/cm beim Ca zu veranschlagen ist, gegenüber 5,3 Millionen Volt/cm beim Li und 4,1 Millionen Volt/cm beim Na. Trotzdem sind die zweiwertigen Kationen, wie ebenfalls oben gezeigt ist (S. 33), durchaus nicht etwa höher hydratisiert, wie man zunächst vermuten sollte, sondern niedriger als die der Größe nach zu vergleichenden einwertigen Kationen, ein Umstand, der sich vielleicht aus der Richtung der Valenzkräfte, der verschiedenen Polarisierbarkeit und Deformierbarkeit der Elektronenschalen und dem dadurch gegebenen Einfluß der räumlichen Korpuskelgestaltung erklärt. Von vornherein legt dies „*anomale*“ Verhalten der zweiwertigen Kationen gegenüber dem Dipol des Wassers die Wahrscheinlichkeit nahe, daß ähnliche von JENNY sog. *Anomalien* sich auch *bei ihrer polaren Sorption* bemerkbar machen werden, wobei zunächst nur Neutralsalze wie Chloride, Sulfate usw. ins Auge gefaßt seien.

Es läßt sich mit ziemlicher Sicherheit vermuten, in welcher Richtung sich diese Anomalien bewegen müssen. Die Doppelladung weist auf sehr große Verdrängungsenergie hin, die sich in kleinen q-Werten des Austauschs und großen des Austauschs bemerkbar machen muß. Die geringe Hydratation trotz doppelter Ladung auf der anderen Seite läßt vermuten, daß aus räumlichen Gründen an einem gegebenen, die sofort besonders zu behandelnde Klammerwirkung ausschließenden Komplex, wie ihn z. B. Permutite bilden, der T-Wert der Anlagerung zweiwertiger Kationen *kleiner* sein muß als der T-Wert der Anlagerung der einwertigen Kationen. Um sich trivial auszudrücken: *es kann wegen seiner räumlichen Gestaltung und der beschränkten Deformierbarkeit der Elektronenschalen ein zweiwertiges Kation unmöglich überall zwei einwertige Kationen ersetzen,* sondern nur da, wo die kombinierte Feldgestaltung der sorbierenden Teilchen es zuläßt. Das Ergebnis einer äquivalentmäßig niedrigeren Anlagerung muß dementsprechend in einem mit einwertigen Kationen gesättigten Komplex das *Zurückbleiben mehr oder weniger großer durch die zweiwertigen Kationen nicht verdrängbarer Reste von Na, K usw. sein.* Auf der anderen Seite besteht dafür aber die Möglichkeit, daß unter Umständen durch zweiwertige Kationen überäquivalente Mengen leicht verdrängbarer einwertiger Ionen, wie Na, freigemacht werden. Der geringen Hydratation entsprechend muß der Konzentrationseinfluß bei den zweiwertigen Kationen erst bei großen Konzentrationen, dann aber sehr steil einsetzen.

Daß diese theoretischen Annahmen in vollem Umfange erfüllt sind, zeigten bereits die Tabelle der relativen *T*-Werte der einzelnen Kationen auf S. 59 und 61, Abb. 9. Wegen der Übersichtlichkeit seien die wichtigsten Ziffern wiederholt:

	Li	Mg	Na	Ca
T	230	149	345	241
q	5,98	0,50	1,82	0,46

Da ein niedriges *q* des Eintauschs einem großen *q* des Austauschs, also einer großen Haftfestigkeit, entspricht, ist auch diese Forderung erfüllt, die sich aus der DUCLAUXschen Formel (S. 88) ergibt. Zur weiteren Illustration dienen die folgenden im *Institut für Agrikulturchemie und Bodenkunde* der Landwirtschaftlichen Hochschule *Berlin* ermittelten Ziffern.

Ein Permutit mit 379 Milliäquivalent Na und 88,7 Milliäquivalent Ca je 100 g Gerüstsubstanz wurde mit Normallösungen der Chloride verschiedener Kationen je 24 Stunden behandelt. Es ergaben sich dabei die folgenden Endwerte des Ein- und Austauschs (s. Tabelle unten).

Die sehr geringe Vollständigkeit des Eintauschs von Ca und ganz besonders Mg und die *völlig fehlende Äquivalenz zum ausgetauschten Na* ist deutlich. Ca hat zwar das gesamte Na im Endwert aus den Komplexen verdrängt, aber nur rund 100 Milliäquivalent weniger sind an die Stelle des Na getreten. Mg ergibt sogar nur einen Grenzwert von 143 an Stelle von 468, hat aber auch bedeutend mehr Na-Ionen, als der Äquivalenz entspricht, verdrängt. Die sehr starke Haftfestigkeit des Ca, auf welche schon JENNY (316) als allgemeines Charakteristikum der zweiwertigen Kationen hinweist, dokumentiert sich deutlich in dem sehr großen *q*-Wert des Ca-Austauschs gegen sämtliche einwertigen Kationen, wobei allerdings zu berücksichtigen ist, daß *q* in seiner Größe von der Teilnahme des Ca im Komplex abhängig ist. Beim Austausch gegen Na fällt dieser Umstand allerdings fort. Auch hier ist mit 46,2 der *q*-Wert des Ca-Austauschs enorm, d. h. Haftfestigkeit des Ca-Ions sehr groß. Durch Mg-Behandlung ist das sorptiv gebundene Ca sehr bemerkenswerterweise in diesem Falle überhaupt nicht angetastet, wie dieser und der umgekehrte Austausch sich überhaupt außerordentlich schwierig vollzieht. Die starke Haftfestigkeit der zweiwertigen Kationen harmoniert aufs beste mit ihrer geringen Dissoziation an den kolloidalen Komplexen und ihrer praktisch gänzlich fehlenden Hydrolyse.

	Analyse		H				NH_4				Eint
			Eint.	Austausch			Eint.	Austausch			
	Na	Ca	H	Na	Ca	Σ	NH_4	Na	Ca	Σ	Na
T	379	88,7	441	375	89	464	513	365	93,5	458,5	90
q . . .	—	—	0,53	0,51	22,3		0,98	0,82	45,2		46,2

JENNY führt diese sehr starke Haftfestigkeit der zweiwertigen Kationen auf die *Bildung von Hydroxyden* zurück, indem er von der HELMHOLTZ*schen Theorie der elektrischen Doppelschicht* ausgehend sich vorstellt, daß die Innenschicht die dem Teilchen die negative Ladung gibt, aus OH-Ionen besteht und das so gebildete $Ca(OH)_2$ bei der hohen Konzentration an der Grenzfläche unlöslich werde.

Vom elektrochemischen Standpunkt aus ist die Vorstellung einer elektrischen Doppelschicht eine überflüssige und den Verhältnissen nicht voll Rechnung tragende Komplizierung des Bildes Die sehr starke Haftfestigkeit der zweiwertigen Kationen bedarf bei der doppelten Konzentration ihrer Ladung und der daraus folgenden notwendigerweise stets doppelten Bindung durch riesige Feldkräfte durchaus keiner Hilfshypothese ad hoc zu ihrer Erklärung, sondern ist eine logische Folgerung aus den elektrostatischen Feldgesetzen wie die Lückenhaftigkeit der Komplexbelegung durch zweiwertige Kationen auch. Entweder können diese nicht angelagert werden, wenn die räumlichen Distanzen der exponierten Anionen im sorbierenden Teilchen dieses verbieten oder aber, wenn sie angelagert werden, mussen sie sehr festgehalten werden. Es ist überflüssig, dabei an die Bildung von Hydroxyden zu denken. Das schließt allerdings in keiner Weise aus, daß diese in gewissem Umfange trotzdem entstehen. Eine gewisse Hydroxydbildung ist wegen des ampholytischen Charakters aller Gittergrenzflächen und damit ihrer Fähigkeit zur Bindung von OH als Ergebnis sogar sehr wahrscheinlich. Sie durfte speziell bei den nunmehr zu betrachtenden Klammererscheinungen bei Neutralsalzen zweiwertiger Kationen sogar eine recht erhebliche Rolle spielen, die sich wohl bis ins Gebiet der stets vorhandenen apolaren Sorption erstreckt.

Diese *Klammerwirkungen, die allgemein als Absättigung der Restfelder zweier räumlich getrennter exponierter Anionen zu definieren sind,* müssen je nach der Struktur der sorbierenden Substanz sich in der verschiedensten Weise äußern können.

Betrachtet man zunächst ein nichtelastisches Gelgerust, wie es z. B. die Permutite bilden, so kann man sich vorstellen, daß in sehr vielen Fällen zweiwertige Kationen durch zwei an einer Porenöffnung sich gegenüberstehende exponierte Anionen, die also zum gleichen Gerüst gehören, zweiseitig gehalten, das Innere sehr vieler Mikroporen äußerst wirksam abriegeln konnen. Denn es ist nicht einzusehen, wie in einem solchen Falle, wo grob sinnlich gesprochen, unter doppelter Bindung ein zweiwertiges Kation mit seinem enormen Kraftfeld gewissermaßen wie ein Deckel den Poreneingang verschließt, ein anderes ins Innere der Poren dringen könnte. *Die Diffusion der einwirkenden Kationen ins Innere des Gels muß auf diese Weise sehr wirksam gehemmt werden* und erst in unendlich langer Zeit, die auch das Unwahrscheinliche in den Bereich der praktischen Möglichkeit rückt, muß ein wenigstens genähertes Endgleichgewicht bei der Behandlung starrer polar sorbierender Gele mit zweiwertigen Kationen sich einstellen können. Anders ausgedrückt: *Die starren Gele, wie Permutite, müssen bei der Einstellung der Endgleichgewichte gegen zweiwertige Kationen eine sehr ausgeprägte Zeitfunktion besitzen.*

Na		K				Mg				Ca		
Austausch		Eint.	Austausch			Eint	Austausch			Eint	Austausch	
Ca	Σ	K	Na	Ca	Σ	Mg	Na	Ca	Σ	Ca	Na	Σ
90	90	470	375	94,2	469,2	143	178	?	178	284	386	386
46,2	46,2	1,25	0,87	45,1		3,01	3,12	?		0,92	2,4	

Daß das tatsächlich der Fall ist, haben bereits mehrfach die oben mitgeteilten Tabellen über die Anlagerung zweiwertiger Kationen gezeigt, wo auf diesen Umstand auch bereits hingewiesen ist. Die Einstellung der Gleichgewichte muß sogar unendlich lange Zeit erfordern, womit sich die *schlechte Eignung zweiwertiger Kationen als analytisches Hilfsmittel,* wie es namentlich in Rußland gebräuchlich ist, erneut ergibt. Man geht kaum fehl, die meist sehr beträchtlichen beim Ersatz eines einwertigen Kations in Permutiten durch zweiwertige verbleibenden Reste der alten Insassen, die sich technisch z. B. sehr deutlich in der *Unmöglichkeit* äußern, *Permutite als Mittel der Wasserenthärtung bis zum äußersten ihrer Sorptionskapazität auszunutzen,* mit den skizzierten Umständen in Verbindung zu bringen.

In der Regel wird in der Literatur von einer äquivalenten Verdrängung einwertiger Kationen auch durch zweiwertige gesprochen, und die stets zu beobachtenden Abweichungen von der Äquivalenz werden auf unvermeidliche Analysenfehler zurückgeführt. Diese Auffassung entbehrt der Begründung. Sie konnte nur entstehen, weil man sich bisher um die *Grenzwerte* des Kationenumtauschs nicht gekümmert hat, in welchen die Äquivalenzverhältnisse erst deutlich zutage treten, während sie bei den bisher meistens nur bestimmten Zwischenwerten oft, wie aus den Austauschgleichungen folgt, so gering sein können, daß sie in der Tat ins Bereich der Analysenfehler zu fallen scheinen.

Es ist theoretisch als ausgeschlossen zu bezeichnen, daß die völlige Verdrängung eines einwertigen Kations durch ein zweiwertiges bei Gelen allgemein auch nur angenähert äquivalent verläuft. Um das zu können, müßte ja die räumliche Anordnung der exponierten Anionen an jedem Teilchen und an den Einzelteilchen untereinander zufällig gerade so sein, daß durch ein zweiwertiges Kation der Feldausgleich in genau der gleichen Weise wie durch zwei einwertige Kationen eintritt. Daß ein derartiger Fall bei Gelgerüsten mit ihrer weitgehenden Starrheit und damit Fixierung der Anionenabstände anders als unter ganz seltenen Zufallsbedingungen möglich ist, bedarf einer näheren Auseinandersetzung nicht.

Weitaus günstiger für den äquivalenten Ersatz einwertiger durch zweiwertige Kationen liegen die Verhältnisse bei Systemen, die keine Gelgerüste sind, sondern wesentlich aus zwar mehr oder weniger trägen, aber immerhin *beweglichen* und damit in ihren Abstandsverhältnissen elastischen *Einzelteilchen* bestehen, wie es im Boden wohl als Regel zu bezeichnen ist. Hier besteht von vornherein die Möglichkeit, daß sich die Teilchen unter dem Zug der Feldkräfte der einwirkenden zweiwertigen Kationen entsprechend einer äquivalenten Ersetzung von zwei einwertigen durch ein zweiwertiges Kation anordnen, *das nunmehr zwei vorher einzelne bewegliche Teilchen unter Vertreibung von z. B. zwei Na-Ionen zu einem Sekundärteilchen* oder einem Sekundär- und einem Primärteilchen, zwei Sekundärteilchen untereinander usw. *zusammenklammert.*

Es ist kaum ein Zweifel möglich, daß die nahezu ausnahmslos bei Bodenmaterial zu beobachtende mindestens ungefähre Äquivalenz des Ersatzes einwertiger durch zweiwertiger Kationen, die in einem scharfen Gegensatz zu dem Verhalten der starren, polar sorbierenden, Gele steht, auf diesen Umstand zurückzuführen ist.

So wird bei aus Einzelteilchen oder wesentlich aus Einzelteilchen bestehenden Systemen Koagulation oder bodenkundlich ausgedrückt: *Krümelbildung* bei der Behandlung mit den zweiwertigen Kationen Mg und Ca in gewissem Sinne ihrem Wirkungsgrade nach mit der Äquivalenz des Kationenaustauschs verknüpft. Auf die physikalischen Folgen dieses Vorgangs, die die Wirkung der sog. *Bodenmeliorationsmittel* begründen, wird weiter unten einzugehen sein.

Hier ergibt sich zunächst die Frage nach den quantitativen Zusammenhängen des Kationenaustauschs von Bodensubstanz gegen zweiwertige Kationen, die gleichbedeutend ist mit der Frage, inwiefern es möglich ist, *die zur Meliorierung eines Na-tonhaltigen Bodens nötige Menge von Neutralsalzen der zweiwertigen Kationen mindestens genähert zu berechnen.* Um Mißverständnissen vorzubeugen, sei ausdrücklich betont, daß die nachfolgenden Betrachtungen nicht etwa auf hydrolytisch spaltende Salze der zweiwertigen Kationen oder Karbonate und Hydroxyde übertragen werden dürfen, die ganz anderen Gesetzmäßigkeiten folgen, sondern eben nur für die Neutralsalze gelten, die ein, wie man sich vielleicht ausdrücken kann, „tragendes" Anion gleichzeitig mit dem Kation dem Boden zuführen.

Die bisherige Behandlung dieser für schwere Irrigationsböden aller Klimate, die fast geregelt größere Mengen Na-Ton enthalten, fundamentalen Frage ist außerordentlich luckenhaft. HAGER (317) beschränkt sich bei der Behandlung des Problems im Rahmen der indirekten Düngung auf wenige Zeilen, die in der Feststellung gipfeln.

„Die Hauptverwendung findet der Gips als Verbesserungsmittel der Sodaböden. Durch die Umsetzung

$$Na_2CO_3 + CaSO_4 \longrightarrow CaCO_3 + Na_2SO_4$$

wird die Soda- und damit die der Bodenstruktur schädliche stark alkalische Reaktion des Bodens beseitigt." Eine etwas eingehendere zusammenfassende Darstellung gibt EHRENBERG (318), ohne im einzelnen zur Frage Stellung zu nehmen. v. SIGMOND (319) gibt eine Reihe beachtenswerter Einzeldaten. Die Versuchsstationen des *Sudan*: das *Gordon College* in *Khartum* und besonders die Versuchsstation *Wad Medani* (320) sowie die ägyptischen Versuchsstationen beschäftigen sich seit langem intensiv mit der Frage, ohne zu einer abschließenden Lösung gekommen zu sein.

Im großen und ganzen scheint praktisch der Ausweg betreten zu sein, daß man gemäß den Feststellungen von LOUGHRIDGE rund die doppelte Menge Gips oder eines sonstigen Neutralsalzes des Kalziums, z. B. $CaCl_2$, verwendet, als dem Sodagehalt der Alkaliböden für die zu meliorierende Bodenschicht entspricht. In neuerer Zeit wird in Ägypten, wo eigentliche Sodaböden nicht in nennenswertem Umfange vorkommen, wohl aber in außerordentlichem Maße Böden mit viel Na-Ton, die einfache bis doppelte Menge des totalen Na in Form von Gips usw. zu Melioration verwendet, ohne daß der Erfolg jedoch immer befriedigt. Daß das nicht der Fall sein *kann*, wenn nicht der sorptiven Individualität der Böden Rechnung getragen wird, ist eine Selbstverständlichkeit.

Zwei Wirkungen des Ca-Ions sind in aller Scharfe auseinander zu halten. Die erste besteht in der Unschädlichmachung der vorhandenen Soda und des niemals fehlenden $NaHCO_3$. Diese Reaktion verläuft praktisch quantitativ nach den bekannten chemischen Gesetzen, soweit sich durch die schwere Löslichkeit des Gipses in der Natur die Verhaltnisse durch die Gestaltung der Niederschläge oder die Irrigation nicht komplizieren. Man kann mit Sicherheit annehmen, daß der Vorschlag von LOUGHRIDGE in der Form, daß es genügen musse, die doppelte Menge des als Karbonat oder Bikarbonat vorhandenen Na als lösliches Ca-Salz zu geben, zweckentsprechend ist.

Die Annahme, daß nur die alkalische Reaktion das Bodengefüge verschlechtert, soweit sie durch Sodagehalt hervorgerufen ist, ist aber ein sehr großer Irrtum, wie bereits oben nachgewiesen ist. Der wesentliche Grund der schlechten Bodenstruktur ist durchaus nicht allein die etwa vorhandene Sodamenge, sondern der *Gehalt an Na-Ton. Hier kann jedoch von einer allgemeinen Vorschrift für die anzuwendende Menge Ca-Ion genau so wenig eine Rede sein, wie für irgendein anderes Kation, da die* zur Erzielung eines bestimmten Ersatzes von Na durch

Ca in den Komplexen, worauf es letzten Endes hinauskommt, *anzuwendende Ca- (oder Mg-) Menge vollkommen von dem individuellen Komplexbau des betreffenden Bodens abhängig sein muß.* Daß über den Effekt der Kalkdüngung in Form von Neutralsalzen so sehr widersprechende Anschauungen vorliegen, ist also durchaus kein Wunder, weil die Chance, mit irgendeinem allgemeinen Rezept für einen individuellen Boden gerade das Richtige zu treffen, im günstigsten Falle etwa 0,5 ist.

Erfreulicherweise läßt sich vom elektrochemischen Standpunkt aus ohne Schwierigkeit eine für praktische Zwecke ausreichende Näherungslösung finden.

Nimmt man die vorhandenen Na-Karbonate als nach den obigen Grundsätzen durch Ca- oder evtl. Mg-Zufuhr beseitigt an, so ergibt sich zunächst die Frage, bis zu welchem Umfange das Na aus den Komplexen verdrängt werden muß, um nicht mehr schädlich zu wirken. Eine vollständige Verdrängung kommt praktisch überhaupt nicht in Frage, da dazu, wie die Austauschgesetze von vornherein übersehen lassen, *unendliche* Ca-Mengen erforderlich wären, die eine Unmöglichkeit sind. Feststellungen über diese Frage haben VAGELER und ALTEN (12) an den Böden des Sudan und Ägyptens gemacht. Abb. 25 gab das allgemeine Resultat dieser Untersuchungen wieder. Eine Beteiligung von Na am Komplexbau schwerer Böden bis zu 5% kann als gänzlich, bis zu 10% als relativ unschädlich für die Wasserbeweglichkeit der Böden und damit im Gebiet der schweren Tone auch für ihre Durchlässigkeit betrachtet werden.

Zwischen 5 und 15% Na-Gehalt der Komplexe liegt das kritische Gebiet, wo jede Steigerung des Na-Gehaltes zu einer unverhältnismäßig großen Bodenverschlechterung in physikalischer Hinsicht führt.

Diese Untersuchungen stehen in bemerkenswerter Übereinstimmung mit Feststellungen von MATTSON (321), der für Tonsubstanz, die in verschiedenem Grade mit Ca und Na gesättigt wurde, folgende Änderungen der Dispersibilität feststellte:

Ca %	Na %	Volumen je Gramm	Dispersibilität	Ca %	Na %	Volumen je Gramm	Dispersibilität
100	0	1,86	2,3	60	40	3,20	88,4
90	10	2,00	2,1	50	50	5,08	97,1
80	20	2,10	13,2	25	75	6,50	98,7
70	30	2,30	52,6	0	100	7,10	99,4

Der Sprung in der Dispersibilität zwischen 10 und 20% Na beträgt rund 660% entsprechend 600% Verschlechterung der Wasserbeweglichkeit im gleichen Intervall nach VAGELER und ALTEN.

Die Autoren weisen darauf hin, daß für praktische Meliorationszwecke die inversen Ziffern der Verschlechterung des Wasserhaushaltes durch steigendes Na, d. h. die prozentisch mögliche Verbesserung eines Na-Tonbodens, durch Entzug des sorptiv gebundenen Na und dessen Ersatz durch Ca besondere Beachtung verdienen. Die, wenn man sich so ausdrücken darf, Erfolgschancen dieses Ersatzes, ausgedrückt in der prozentischen Zunahme der Wasserbeweglichkeit der Böden im nichtbehandelten Zustande, stellen sich wie nebenstehend.

Reduktion des Na-Gehaltes	Zunahme der Steighohe
von 25 auf 22,5%	17%
„ 22,5 „ 17,5 „	86 „
„ 17,5 „ 12,5 „	146 „
„ 12,5 „ 7,5 „	100 „
„ 7,5 „ 2,5 „	12 „

Nach diesen Ziffern muß es als unwirtschaftlich erscheinen, mit der Na-Verdrängung über einen Gehalt von 5—7,5% der Komplex ehinauszugehen, da eine weitere Verdrängung nur noch eine praktisch kaum ins Gewicht fallende Verbesserung des Wasserhaushaltes zur Folge hat, aber große Ca-Mengen erfordert. *Die obige Frage präzisiert sich mithin zu der Frage: wieviel Ca-Ion in Form eines löslichen Neutralsalzes ist nötig, um den gegebenen Inhalt einer gegebenen Bodenmenge an sorptiv gebundenem Na auf 5% der Komplexe zu reduzieren?*

Die Antwort ist bereits in der oben für die Verteilung von K auf ein Bodenprofil aufgestellten Gleichung

$$F = \frac{m \cdot D}{m + p \cdot D}$$

enthalten, die allerdings hinsichtlich des Wertes p hier noch einer Diskussion bedarf.

F bedeutet in dieser Gleichung die von der Bodenmenge m in Vielfachem von 100 ts oder genähert cm Schichtdicke von der Düngung D in Kiloäquivalenten je Hektar festgelegte Menge Kation, die bei einseitiger Komplexbelegung ungefähr dem verdrängten Kation entspricht.

Sie ist für den hier interessierenden Fall von vornherein gegeben. Es wird, wenn man eine Verdrängung alles 5% der Komplexe übersteigenden Na durch zweiwertiges Kation in der Bodenmenge m beabsichtigt:

$$F = m\left(\text{Na} - \frac{S}{20}\right),$$

m ist die von Na zu befreiende Schichtdicke oder Bodenmenge, also eine gegebene Größe. D wird als anzuwendende Ca-Menge zur gesuchten Unbekannten.

Setzt man diesen Wert in die obige Gleichung ein, so ergibt sich, wenn man der Einfachheit halber $\left(\text{Na} - \frac{S}{20}\right)$ mit Na_1 benennt:

$$\text{Na}_1 = \frac{D}{m + p \cdot D}$$

oder die erforderliche Menge zweiwertiges Kation, im vorliegenden Falle Ca,

$$D = \frac{m}{\frac{1}{\text{Na}_1} - p}.$$

Fur p ist oben die folgende Beziehung abgeleitet:

$$p = \frac{D + q_S \cdot S - S}{D \cdot S}.$$

Für die Anlagerung von Ca kommt praktisch nur der mit einwertigen Kationen außer H besetzte Teil der Komplexe in Frage, da Ca gegen Ca gar nicht und Mg gegen Ca praktisch gar nicht austauscht und auch das ausgetauschte H zu vernachlässigen ist. K und NH_4 nehmen bei den großen Komplexen, um die es sich allein handelt, einen so geringen Prozentsatz ein, daß man auch diese beiden Kationen ohne merklichen Fehler für die Näherungsrechnung vernachlässigen kann. Das gleiche gilt mutatis mutandis für angewandtes Mg. *In der Gleichung für p ist also als S der Grenzwert des Na und für q_S der Eintauschmodul des Ca gegen Na zu setzen,* der mit q_E bezeichnet sein soll. Setzt man mit dieser Maßgabe den gefundenen p-Wert in die Gleichung für D ein, so ergibt sich:

$$D = \frac{\text{Na} \cdot \text{Na}_1 \,(m + q_E - 1)}{\text{Na} - \text{Na}_1}$$

oder unter Einsetzen des Wertes von Na_1:

$$D = \frac{\text{Na}\,(20\,\text{Na} - S)\,(m + q_E - 1)}{S}.$$

Als Eintauschmoduln q_E für Ca ergaben bei verschiedener Größe von Na Versuche in der Landwirtschaftlichen Versuchsstation Lichterfelde die nebenstehenden Werte.

Na je 100 g Substanz	gef. q_E	bes. q_E	Δ
23,04	1,05	1,05	0,00
43,67	0,77	0,80	0,03
63,69	0,69	0,72	0,03
84,03	0,67	0,67	0,00
103,09	0,65	0,65	0,00

Die Werte folgen mit bemerkenswerter Annäherung der einfachen Gleichung

$$q_E = \frac{12,0}{\text{Na}} + 0,53\,.$$

Für Näherungsrechnung erscheint es daher zulässig, den q_E-Wert allgemein nach dieser Gleichung zu ermitteln. *Die zur Reduktion des Na-Ions auf 5% benötigte Gips- oder sonstige Ca-Salzmenge wird damit mit praktisch ausreichender Genauigkeit aus den Analysendaten berechenbar.*

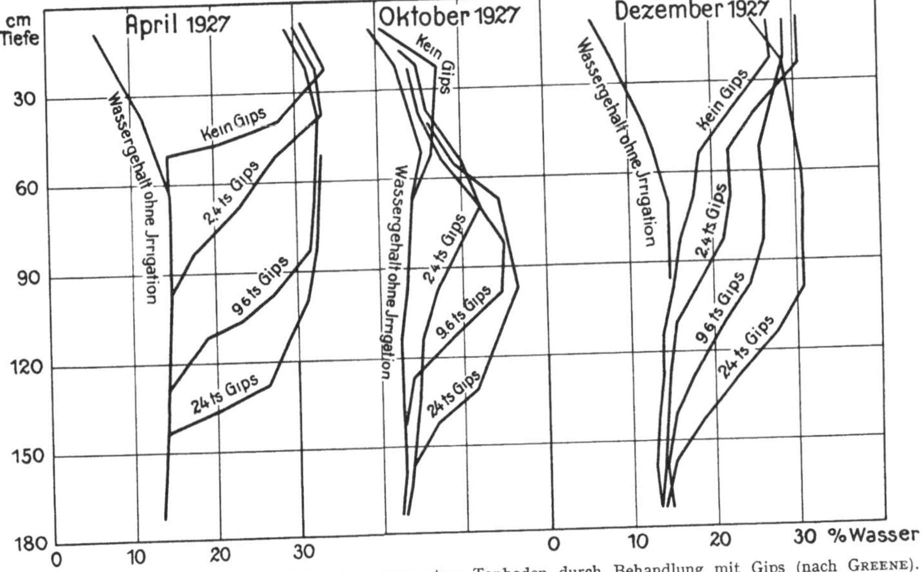

Abb. 27. Änderung des Wassergehaltes von irrigiertem Tonboden durch Behandlung mit Gips (nach GREENE).

Für den Fall eines Bodens mit 10 Milliäquivalent Na bei $S = 50$ und $m = 30$ cm ergibt sich z. B. $q_E = 1,73$ und $D = 930$ Kiloäquivalent Ca entsprechend einer nötigen Gabe von rund 93 ts Gips je Hektar[1], was eine mit den praktischen Erfahrungen in einem derartigen Falle sich vorzüglich deckende Gabe ist. Wie die Gipsdüngung auf Na-Ton sich im Wasserhaushalt auswirkt, zeigt die Abbildung 27.

Die *Mobilisation von Komplexkationen,* speziell von K durch zugeführte zweiwertige Kationen, hat, wenn auch nicht für Neutralsalze, sondern für Karbonate und Hydroxyde, bereits den Gegenstand eingehender Untersuchungen verschiedener Autoren gebildet. Auf Einzelheiten wird nach Behandlung der Karbonate der alkalischen Erden einzugehen sein. Hier sei nur soviel bemerkt, daß durch Neutralsalze des Mg und Ca gemäß den für sie geltenden Austauschkonstanten eine entsprechende Mobilisierung des K erfolgen muß, die sich in ihrem Endeffekt nach den oben gegebenen Prinzipien genähert berechnen läßt.

[1] 100 kg Gips ≡ 1 Kiloäquivalent Ca.

Da erst bei starker K-Sättigung der q-Wert des K-Austauschs eine deutliche Senkung zeigt, ist auch erst bei einem erheblichen Sättigungszustande mit einer nennenswerten Mobilisation des K durch die Zufuhr zweiwertiger Kationen in Form von Neutralsalzen zu rechnen.

Die Frage der *Verdrängung zweiwertiger Kationen aus den Komplexen* ist oben für den Fall des K als einwirkendes Kation bereits eingehend erörtert. Sie gestaltet sich für andere Kationen, z. B. NH_4 und Na entsprechend, so daß auf die obigen Ausführungen, um Wiederholungen zu vermeiden, verwiesen werden kann.

Die Anwendung von Neutralsalzen der alkalischen Erden als Meliorationsmittel stellt, so bedeutungsvoll sie für aride Irrigationsgebiete ist, dennoch immerhin nur einen Ausnahmefall vor gegenüber der Verwendung der Hydroxyde und ganz besonders der Karbonate der alkalischen Erden und von diesen wiederum in erster Linie des Kalkes als *direktes und indirektes Düngungs- und Meliorationsmittel.* Im gemäßigten humiden Klima mit seinen meist sauren Böden ist es sogar kaum übertrieben, wenn man die Kalkfrage als eine der wichtigsten Tagesfragen des rationellen Ackerbaues bezeichnet, die die bodenkundliche Literatur der letzten beiden Jahrzehnte fast souverän beherrscht. Die bodenverbessernde Wirkung des Kalkes ist so allbekannt, daß eine Betonung der Berechtigung dieses Interesses sich erübrigt

Der Zwang der sich verschlechternden Wirtschaftslage der Landwirtschaft führte namentlich nach Aufdeckung der Aziditätsverhältnisse der Böden dazu, nach Mitteln und Wegen zu suchen, das *Kalkbedürfnis der Böden* mit möglichster Exaktheit zu bestimmen, um auf diese Weise sowohl falsche Sparsamkeit wie Verschwendung mit Kalkdungestoffen zu vermeiden.

Dieser Begriff des Kalkbedürfnisses der Böden ist zunächst genau zu definieren, weil erst auf einer solchen Definition die Erörterung der elektrochemischen Verhältnisse aufbauen kann.

Wenn man sonst von einem Bedürfnis der Böden an irgendeinem Kation spricht, ist damit gemeint, daß der Boden dieses Kation in größerer Menge, als es vorhanden ist, zur Ernährung auf ihm angebauter Kulturpflanzen gebraucht. Beim Kalk liegt die Frage vollständig anders.

Es gibt nur verhältnismäßig sehr wenige Böden, z. B. Hochmoorböden und ganz saure Humusböden, die nicht noch ein Vielfaches der Menge leicht zugänglichen Kalkes enthalten, die für die Verwendung als Pflanzennährstoff überhaupt in Jahren und oft Jahrzehnten und Jahrhunderten in Frage kommt. Anders ausgedrückt: die Frage nach einem Kalkbedürfnis der Böden, soweit es sich um den Kalk als Pflanzennährstoff handelt, stellt sich nur in den seltensten Fällen. Sie stellt sich wahrscheinlich sehr viel häufiger, als man geneigt ist anzunehmen, beim Mg. Doch kann diese Frage hier außer Berücksichtigung bleiben.

Der praktische Land- und Forstwirt und der Theoretiker betrachtet als *Hauptfunktion der Kalkzufuhr zu einem Boden eine Verschiebung seiner Reaktion nach der alkalischen Seite,* d. h. die Ersetzung von Al und H in den Komplexen durch Ca, wobei gleichzeitig eine meliorierende, d. h. den Boden physikalisch verbessernde Wirkung angestrebt wird. Tatsächlich ist also der Ausdruck Kalkbedürfnis der Böden in viel höherem Sinne richtig, als es sonst für den Ausdruck Nährstoffbedürfnis gilt, da es sich beim Kalk wirklich um eine Beeinflussung der Bodensubstanz handelt und nicht bloß um eine Beeinflussung des Pflanzenwachstums.

Es ist nun eine alte Beobachtung, daß die Entsäuerung des Bodens durch Düngung mit Kalk zwar meistens mit seiner physikalischen Änderung Hand in Hand geht, aber durchaus nicht immer Hand in Hand gehen muß. Die reaktionsändernde Wirkung des Kalkes und die Struktur verbessernde oder meliorierenden Wirkungen müssen also gesondert betrachtet werden. Die erstere ist wesentlich ein Ergebnis der Verdrängung von Al und H, wenn man von der Neutralisation freier Säuren im Boden absieht, die letztere ein Ergebnis der Klammerwirkung des Ca-Ions, die zur Krümelung des Bodens führt und seiner dehydratisierenden Wirkung auf die Komplexe.

Läßt man das Magnesium einstweilen beiseite, da für seine Reaktionen praktisch die gleichen Verhältnisse wie für die Reaktionen des Kalziums gelten, so ist zunächst die Frage zu beantworten, in welcher Form eigentlich das Kalziumion im Boden zur Wirkung kommt, dem es praktisch sowohl als $Ca(OH)_2$, ganz besonders aber als $CaCO_3$ zugeführt wird.

Ersteres geschieht entweder direkt bei Verwendung von Löschkalk oder indirekt bei der Anwendung von Branntkalk oder als Kalkasche, die zwar ursprünglich CaO enthalten, aber sehr schnell, wenn sie nicht in zu groben Stücken verwendet werden, unter dem Einfluß der Feuchtigkeit in $Ca(OH)_2$ übergehen.

In Form von $CaCO_3$ wird der Kalk verwendet als Mergel, Kalkstein, Dolomit, Scheideschlamm, Leunakalk, Endlaugenkalk usw.

Darüber, in welcher Form der Kalk im Boden wirkt, ist durch die Form der Anwendung aber keineswegs etwas ausgesagt. Es ist möglich, daß für kurze Zeit bei der Verwendung von Löschkalk $Ca(OH)_2$ in der Bodenlösung sich findet. In der Regel wird durch die CO_2 des Bodens aller Kalk schnell in die Form der $CaCO_3$ übergehen und wie es oben auseinandergesetzt ist, teilweise als solches und teilweise als $Ca(HCO_3)_2$ in Lösung bleiben.

Es könnte scheinen, als wenn damit die gleichmäßige Wirkung der verschiedenen Kalkform im Gegensatz zur praktischen Erfahrung postuliert wäre. Tatsächlich ist das aber durchaus nicht der Fall. Bei der geringen Löslichkeit des $Ca(HCO_3)_2$ und $CaCO_3$ muß jeder Unterschied in der *Feinheit des Dispersionsgrades*, der die Angreifbarkeit der Kalkteilchen für die lösende Wirkung des Wassers und der CO_2 bedingt, sich in einem großen Unterschiede der Wirkungsgeschwindigkeit des Kalkes äußern. Auch die feinste Mahlung kohlensauren Kalkes, wie sie besonders von TACKE (322) als Vorbedingung der guten Wirkung nachdrücklichst gefordert wird, eine Forderung, in welcher sämtliche Fachleute ihm beistimmen (317), kann niemals die Feinheit der Verteilung erzeugen, die das aus CaO entstehende $Ca(OH)_2$ und weitergehend $CaCO_3$ als Ergebnis des chemischen Bildungsprozesses automatisch besitzt. Die stärkere, vor allem schnellere Wirkung der basischen Kalkformen ist also trotz der Gleichheit der wirksamen Verbindung im Boden sowohl bei der Verwendung von basischem wie von kohlensaurem Kalk vollkommen verständlich.

Die Mischung $CaCO_3 + Ca(HCO_3)_2$ ist nun kein Neutralsalz, sondern entsprechend der Reaktion p_H 8,3–8,4 im Gleichgewicht mit 0,03 Vol.% CO_2 der Bodenluft, wenn $CaCO_3$ als Bodenkörper vorhanden ist, in seiner Lösung hydrolytisch gespalten. Im Gegensatz zu den Neutralsalzen ist es also in der Lage:

1. aus den Komplexen andere Basen auszutauschen und mit ihnen natürlich, wo es vorhanden ist, Al,
2. das H der Komplexe auf dem exothermen Umweg über die Wasserbildung gegen Ca auszuwechseln, wozu Neutralsalze nicht fähig sind,
3. mit dem hydrolytisch abgespaltenen $Ca(OH)_2$ mit den Phenolgruppen der Humussubstanzen zu reagieren,
4. mit Hydroxyden der Erdalkalien und speziell des Al evtl. unlösliche Aluminate zu bilden.

Das ergibt eine *Vielseitigkeit der Reaktionen*, wie sie keinem Neutralsalz zukommt. Es ist daher bei der Kompliziertheit der schon im einfachsten Boden vorliegenden Verhältnisse kein Wunder, daß die Ansichten der einzelnen Forscher über die zu allen oder einem Teil der Reaktion nötigen Kalkmengen oft weit auseinandergehen, auch wenn man dabei die Frage der Löslichkeit als Funktion des Feinheitsgrades des angewendeten Kalkdüngers noch ganz außer Ansatz läßt.

Wie bereits erwähnt ist, ist die am meisten im Vordergrunde des Interesses stehende Frage bei der Kalkung die *Änderung der Reaktion.* Es lag nichts näher, als daß zur Zeit der höchsten p_H-Begeisterung, als man teilweise versuchte, noch die zweite Dezimale der p_H-Ziffern als wertvoll zur Beurteilung der Bodenverhältnisse und insbesondere als entscheidend für das Pflanzenwachstum hinzustellen, auf die Idee kam, zu versuchen, *die Bodenreaktion auf Grund von Ermittlungen im Laboratorium auf dem Felde genau auf ganz bestimmte p_H-Ziffern bringen zu wollen.* Die Mode ist heute erfreulicherweise abgeklungen. Was übriggeblieben ist, wird am besten mit den Worten KAPPENS, dem die Frage der Bodenazidität eine besonders weitgehende Klärung verdankt, wiedergegbeen (323):

„Wer mit der Kalkdüngung in der Praxis Bescheid weiß, der weiß auch, daß es ein *unerreichbares Ideal* bleiben wird, die Bodenreaktion an das Bedürfnis der anzubauenden Pflanzen genauer anzupassen. Der Effekt der Kalkdüngung ist nämlich in einem ganz außerordentlich hohem Maße abhängig von der Vermischung des Kalkes mit dem Boden. In der Praxis kann die Vermischung niemals eine so vollkommene sein, daß man es in der Hand hätte, eine gewünschte Reaktion auch nur mit einiger Sicherheit durch eine berechnete Kalkmenge zu erreichen. Abgesehen jedoch davon, daß es auf unuberwindliche Schwierigkeiten stößt, eine bestimmte Reaktion auf einem Boden einzustellen, ist die Erfüllung dieser Forderung aber auch gar nicht notwendig. Man kann praktisch mit einer wesentlich bescheideneren Forderung auskommen, und zwar kann man das deshalb, weil die Gesamtheit der landwirtschaftlichen Kulturpflanzen sich in zwei große Gruppen mit ziemlich übereinstimmenden Reaktionsansprüchen einteilen läßt. Man kann nämlich einmal die nur wenig gegen die Bodenazidität empfindlichen Kulturpflanzen unterscheiden, und zu diesen gehören in der Hauptsache der Mais, der Hafer, der Roggen, der Buchweizen, der Rüpsen, der Spörgel, die Kartoffel und die Lupine. Davon kann man andererseits die Gruppe der empfindlichen Pflanzen abgrenzen, zu denen der Raps, die Luzerne, die Zucker- und Futterrube, der Senf, die Gerste, der Rotklee, die Bohne, die Erbse und der Weizen zu rechnen sind. Für die erste Gruppe genügt es zumeist, dem sauren Boden eine Reaktion zu erteilen, die nahe bei dem p_H-Wert 6,0 liegt, für die zweite, empfindliche Pflanzengruppe genügt es dann, den p_H-Wert des Bodens auf 7,0 zu heben."

Fur tropische Verhältnisse läßt sich noch hinzufügen, daß es für die ausgesprochen an saure Böden angepaßten, aus dem Urwald stammenden Kulturgewächse wie Tee, genügt, die zu saure Reaktion auf etwa 5,5 p_H zu bringen, wo sich diese Maßnahme als nötig erweist.

Auch dieses bescheidene Programm bietet tatsächlich bereits Schwierigkeiten genug. Beteiligte sich das Ca im Boden außer an der Verdrängung der Kationen aus den Komplexen nicht noch an allen möglichen Nebenreaktionen, so wäre das Exempel der Berechnung einfach. Aber leider kommen überall, von den von KAPPEN bereits betonten Schwierigkeiten der vollkommenen Mischung von Boden und Kalk und den bei der geringen Löslichkeit des Ca-Bikarbonats äußerst wichtigen Niederschlagsverhältnissen abgesehen, in jedem Boden solche zusätzlichen Reaktionen vor, die das reine Bild der Austauschvorgänge verfälschen. *Wenn es wirklich einmal auf ganz genaue Reaktionseinstellung ankommt — und auch das immer in den von* KAPPEN *scharf umrissenen moglichen Grenzen —, wird man daher zur speziellen Bestimmung der p_H-Kurve der Sättigung mit Ca greifen* *müssen, am besten in Form der elektrometrischen Neutralisation.* Im allgemeinen dürfte man für praktische Zwecke die Nebenreaktionen aber doch soweit vernachlässigen können, daß die Berechnung aus den analytischen Daten direkt zu einem befriedigenden Ergebnis führt.

Die Forderung der Einstellung einer Reaktion p_H 5,5—6,0 ist gleichbedeutend mit der Forderung der Verdrängung von Al aus den Komplexen und seiner Ausschaltung als $Al(OH)_3$ oder Kalziumaluminat, d. h. der Beseitigung der Austauschazidität, die DAIKUHARA (324) als erster kennenlehrte und eingehend untersucht hat.

DAIKUHARA ermittelt die Austauschazidität, d. h. bei Mineralböden das durch KCl verdrängbare Al der Komplexe an einem Punkt bei 250 cm³ KCl-Lösung gegenüber 100 g Boden und rechnet mit einem Faktor 3,5 auf Gesamtazidität um. Daß diese Art der Umrechnung nur noch historisches Interesse beanspruchen kann, was dem Wert der DAIKUHARAschen Feststellungen keinerlei Abbruch tut, hat besonders gründlich VENEMA (325) in neuester Zeit nachgewiesen. Die DAIKUHARA*sche Gesamtazidität ist nur ein Näherungswert des Al der nach den hier vertretenen Grundsätzen durchgeführten Bodenanalyse.* KAPPEN (l. c. S. 418) berechnet aus der Gesamtazidität den Kalkbedarf in Doppelzentnern je Hektar für 3000000 Kilo Boden, also die ungefähre Krumentiefe, durch einfache Multiplikation der Gesamtazidität mit dem Faktor 0,84 für CaO und 1,5 für $CaCO_3$. *Das verzehnfachte Al der Bodenanalyse entspricht, da Al in Milliäquivalenten ausgedrückt ist, dem Betrage der Gesamtazidität in internationaler Ausdrucksweise. Die als nötig betrachtete Kalkgabe ist also das Äquivalent des Al-Gehaltes der Komplexe.*

Die Anschauung, daß die Zufuhr einer dem Al *äquivalenten* Kalkmenge genügt, um die Reaktion in das Gebiet 5,5—6,0 p_H zu drücken, hat zur Voraussetzung, *daß der Austausch von Al gegen Ca stöchiometrisch verläuft.* Davon könnte nach den Austauschgesetzen keine Rede sein.

Trotzdem werden im allgemeinen im Laboratorium die genannten p_H-Werte sehr genähert erreicht.

Daß das der Fall ist, zeigen die folgenden p_H-Ziffern, nach Zusatz dem Al äquivalenter Mengen Ca als CaOH in Lösung:

Boden	Al	p_H unbehandelt	p_H behandelt nach ½ Stunde	p_H behandelt nach 24 Stunden
O. 13	2,01	4,6	6,1	5,7
B. 14	1,21	5,1	5,6	5,4
B. 15	1,68	4,9	5,7	5,5
O. 15	1,89	4,9	6,0	5,6

Auf dem Felde sind die gemachten Erfahrungen sehr widersprechend, was nicht wundernehmen kann, da hier schon allgemein die Schwierigkeit, die aus der notwendigen Berücksichtigung des Feinheitsgrades des CaO oder $CaCO_3$ erwächst, in Anrechnung zu bringen ist, von der Schwierigkeit der Mischung von Kalk und Boden noch ganz abgesehen. Hinzu kommt dann noch bei schweren Böden die Schwierigkeit der geringen Beweglichkeit des Bodenwassers und damit der Bodenlösung.

Faßt man die Gesamtlage zusammen, so muß man schließen, daß die Berechnung der zur Erreichung der Reaktion 5,5—6,0 nach DAIKUHARA-KAPPEN nötigen Kalkgabe jedenfalls auf leichteren Böden mit großer Wasserbeweglichkeit und nicht zu hohem Humusgehalt zu befriedigenden praktischen Ergebnissen führen, bei schweren Böden dagegen nur ganz ausnahmsweise einmal die Berechnung sich als zutreffend erweisen kann. Die praktische Erfahrung bestätigt diese Schlußfolgerung durchaus. Je schwerer der Boden ist, desto mehr bleibt die Auswirkung einer nach den obigen Prinzipien bemessenen Kalkgabe auf die Bodenreaktion hinter der berechneten zurück. Das ändert nichts an der Tatsache, daß im Laboratorium die Reaktion nahezu stöchiometrisch verläuft. Der Widerspruch zu den Austauschgesetzen ist eklatant.

Die zunächst verlockende Möglichkeit, auf Grund der *Austauschgleichungen* zu einem genauen Resultat zu kommen, muß also verneint werden. Denn hier sieht sich die Theorie einem bei keinem anderen Nährstoff bestehendem Problem gegenüber, die zur Erreichung eines Grenzwertes, nämlich die zur *vollständigen* Verdrängung von Al aus den Komplexen nötige Ca-Menge angeben zu sollen. Da die Annäherung der Verdrängungskurve an die Asymptote ganz allmählich verläuft, um erst in der Unendlichkeit in sie einzumünden, ist für die Willkür bei der Annahme eines als genügend betrachteten verdrängten Prozentsatzes Tür und Tor geöffnet. Je nach dem Boden, vor allem je nach seiner Schwere, werden sich für jeden speziellen Ansatz gleich viel Beweise für wie gegen finden lassen, weil jeder einzelne Boden verschieden reagieren muß, wobei noch im Auge zu behalten ist, daß wirksam ja nur das gelöste Ca-Ion ist, daß also die Gesamtwirkung einer Kalkung auf dem Felde von den Niederschlags- oder Irrigationsverhältnissen weitgehend abhängig sein und mit diesen sich ändern muß. Jede Berechnung nach den Austauschgleichungen müßte auf enorme Kalkmengen führen, die offensichtlich nicht nötig sind. Das Problem, warum diese sonst zuverlässigen Gleichungen hier offenbar nicht ohne weiteres anwendbar sind, löst sich aber einfach genug.

Wegen der Verschiebung der Reaktionsverhältnisse durch das Ausfallen des Al in der Lösung wäre es nämlich müßig, was an sich möglich ist, den q-Wert des Al-Austauschs gegen hydrolytisch abgespaltenes Ca-Ion berechnen zu wollen. Ganz abgesehen davon, daß schon der zugrunde zu legenden hydrolytischen Aziditätsbestimmung als Summe von (Al + H) wegen der möglichen Nebenreaktionen des Ca im Boden etwas Konventionelles anhaftet, kann dieser Wert für den in der Praxis verwendeten Kalk schon aus dem Grunde nicht gelten, *weil im Boden das bei der Verwendung von Azetat im Laboratorium tragende Azetat-Anion fehlt.*

Es läßt sich vielmehr unschwer aus der Gleichung der Umtauschvorgänge ableiten, *daß für Laboratoriumsverhältnisse der Ansatz nötige Ca-Menge = Al-Menge mindestens genähert richtig ist.*

Das Ausfallen des $Al(OH)_3$ und damit das Verschwinden des verdrängten Kations aus der Lösung und damit aus der Konkurrenz ergibt zwangsläufig, daß der Eintauschmodul q für Ca in diesem Falle zwar nicht 0, aber doch recht klein wird. Ist das der Fall, so heißt das, daß *der Äquivalenzpunkt* $x = Al(1 - q)$ *sehr nahe an die Asymptote rückt, weil* $Al\,(1 - q) = Al = x$ *wird. Das aber ist das Charakteristikum der stöchiometrischen Reaktion.*

Genau die gleiche Beziehung gilt nun auch für die ganze Menge $(Al + H)$, *d. h. die sog. hydrolytische Azidität.* Wohl hat das aus den Komplexen gegen CaOH freiwerdende H im OH sein tragendes Anion, *aber das Wasser ist sehr wenig dissoziiert,* d. h. es wirkt im Gleichgewichtssystem als Konstante. *Auch für die hydrolytische Azidität als Ganzes gilt also der Ansatz* $x = (Al + H)$.

Das ist der Grund, warum die vollständige Entfernung der hydrolytischen Azidität durch Kalkbehandlung, wie z. B. VON SCIKY (326) es zur Grundlage seines Verfahrens macht, überhaupt *praktisch* gelingt. Praktisch insofern, als nur sehr geringe Reste von H in dem mit dem Äquivalent der Totalmenge (Al+H) behandelten Boden zurückbleiben und zurückbleiben müssen. *Das ist letzten Endes auch der Grund, warum überhaupt eine Methode der Kalkberechnung nach dem Sättigungsgrad, wie die Methoden von* HISSINK (327), HUDIG (328), GEHRING *und* WEHRMANN (329) *oder nach der hydrolytischen Azidität wie die Methoden* KAPPEN (330), VON SCIKY *u. a. zu praktisch brauchbaren Resultaten führen kann.*

Mit dieser Erkenntnis vereinfacht sich die Frage, wie zweckmäßig die zur *ungefähren* Erreichung eines Reaktionsgebietes nötige Kalkmenge sich berechnen läßt, zu welcher für den Feldverbrauch noch die nach Feinheit des Kalkdüngers usw. zu bemessende Zuschläge kommen, sehr wesentlich.

Ganz im Sinne von KAPPEN ist nämlich unter diesen Umständen für die Kalkberechnung die Summe (Al + H), also der *Grenzwert* der hydrolytischen Azidität im alten Wortsinne zugrunde zu legen, durch deren stöchiometrisch bemessene Absättigung durch Ca, wie KAPPEN und VON SCIKY mit Recht betonen, ein Reaktionsgebiet über 8,0 p_H erreicht werden muß, wenn auch selbstverständlich in keiner Weise die restlose Beseitigung des letzten H im Komplex dadurch bedingt wird. Al und H sind für die Neutralisation durch Kalk also als gleichartig zu behandeln. Während KAPPEN die internationale hydrolytische Azidität mit 3 vervielfältigt, um so mit guter Annäherung bei einer entsprechenden Ca-Gabe die Reaktion p_H 7,00 zu erreichen, läßt sich die Auswertung vom neu gewonnenen Standpunkt aus sehr viel weiter treiben und *mit praktisch jedenfalls genügender Annäherung jede beliebige Reaktionsspanne von der Weite von etwa 0,50 p_H bei Böden durch Kalkung einstellen.*

Die von BRAY und DE TURK gemachte und oben erörterte Feststellung, daß zwischen dem Sättigungsgrade der Böden und der Reaktion, ausgedrückt in p_H-Werten, zwar nicht sehr enge, aber doch bemerkenswerte Proportionalität besteht, läßt sich unter Zugrundelegung des umfangreichen in der Literatur vorhandenen Materials durch die folgende Gleichung wenigstens für das Reaktionsgebiet zwischen 4,8 und 8,5, d. h. zwischen 20 und 100% Sättigung der Komplexe, in guter Annäherung ausdrücken:

$$p_H = \frac{1{,}4\,(V - 20)}{131 - V} + 4{,}8\,,$$

worin V die prozentische Sättigung der Komplexe im hier verwendeten Sinne bedeutet (s. o.).

Wie sich die nach dieser Gleichung aus dem Sättigungsgrad V berechneten p_H-Werte mit den beobachteten decken, zeigen als Beispiel die folgenden Ziffern, die wahllos nur nach der Sättigungsgröße herausgegriffen sind.

Boden-Nr.	V	T	p_H berechnet	p_H gefunden
B. 15	26	9,95	4,88	4,9
B. 17	37	6,10	5,05	5,6
B. 4	73	12,32	6,1	5,8
O. 4	85	10,93	6,8	6,5
O. 18	95	8,38	8,5	8,6

Die Übereinstimmung der berechneten und der beobachteten p_H-Werte ist als um so befriedigender zu bezeichnen, als es sich um Böden handelt, die aus dem zur Ermittlung der obigen Gleichung verwendeten Material von rund 500 Böden, das wesentlich aus amerikanischen, afrikanischen und holländischen Böden bestand, absichtlich zur Probe aufs Exempel ausgeschieden waren.

Zur angenäherten Erreichung einer bestimmten p_H-Ziffer genügt es also, die Sättigung V auf ein bestimmtes Maß zu erhöhen.

Es entspricht:

p_H 5,5–6,0 einer Basensättigung V von 60%
„ 6,5–7,5 „ „ „ „ 88 „
„ 7,8–8,3 „ „ „ „ 98 „

Für die praktische Berechnung des Kalkbedarfes ergibt sich bei noch weiterer Kürzung in Kiloäquivalent Ca (100 kg $CaCO_3$ = 2 Kiloäquivalent) als nötig für die Schichtdicke des Bodens a in Zentimeter:

zur Erreichung von p_H 5,75 · $(0{,}6\,T - S) \cdot a$ Kiloäquivalent Ca
„ „ „ 7,00 · $(0{,}9\,T - S) \cdot a$ „ „
„ „ „ 8,00 · $(1{,}0\,T - S) \cdot a$ „ „
} als $Ca(OH)_2$ oder $CaCO_3$

Bei gewünschter Berücksichtigung des Volumgewichtes des Bodens sind die Ziffern noch mit dem betreffenden Gewicht zu multiplizieren.

Eine Nachrechnung zeigt sofort, daß die nach diesen einfachen Gleichungen direkt aus den Analysendaten sich ergebenden Kalkmengen im großen und ganzen recht genau ins Gebiet der nach anderen komplizierteren Verfahren ermittelten Mengen fallen. Insbesondere ist die zur Erreichung der Reaktion 7,0 p_H sich ergebende Kalkmenge $(0{,}9\,T - S) \cdot a$ praktisch identisch mit der von KAPPEN (l. c. S. 419) durch Multiplikation der internationalen hydrolytischen Azidität (y_1 für $a = 250$ Milliäquivalent) mit dem Faktor 3 ermittelten Kalkmenge, da dieser Faktor im großen Durchschnitt mit allerdings großen Schwankungen 90% des Endwertes der hydrolytischen Azidität entspricht.

Daß auch bei dieser Art der Berechnung Abweichungen wie bei jeder anderen vorkommen, liegt auf der Hand, weil sich im Laboratorium die Verhältnisse des Bodens auf dem Felde in ihrer von Jahr zu Jahr wechselnden klimatischen Abhängigkeit eben nicht nachahmen lassen. Der Versuch, auf exakte Resultate im Felde zu kommen, ist, wie KAPPEN sehr richtig betont, ein Versuch am untauglichen Objekt. Er ist auch schon darum gegenstandslos, weil, wie obenauseinandergesetzt und durch Beispiele belegt ist, die einzelnen Pflanzen sehr große Spielräume der Reaktionstoleranz besitzen, so daß *es hieße, in gänzlicher Verkennung praktischer Möglichkeiten mit Kanonen nach Spatzen schießen, wenn man versuchen wollte, eine Reaktion mit einer größeren Genauigkeit als 0,5* p_H *erreichen zu wollen.* Daß die Abweichungen des erzielten Erfolges zum theoretisch in der Praxis zu erwartenden Erfolge um so größer werden müssen, je schwerer der Boden ist, ist bereits oben auseinandergesetzt. Bei solchen Böden kommt nämlich außer dem zusätzlichen Verbrauch von Ca durch Substanzen im Boden, die mit der Säurewirkung aber nichts mehr zu tun haben, ein weiteres oben bereits erwähntes Moment hinzu, auf welches als erster JENNY (l. c.) aufmerksam gemacht hat: die mögliche *Ausfällung eines Teiles des Ca als* $Ca(OH)_2$ bei Berührung mit den Komplexen, eine Möglichkeit, die genau so auch für das Mg gilt.

Diese Nebenreaktion läßt sich noch weniger übersehen wie die weitgehend von der Temperatur abhängige Klammerwirkung und der eventuelle Einfluß höherer Dissoziationsstufen der Azidoide. Wo solche vorkommen, was sich durch Bestimmung der hydrolytischen Azidität bei Siedetemperatur feststellen läßt, muß bei der Kalkberechnung die so ermittelte H-Ziffer und Sättigung V zugrunde gelegt werden.

Die Kalkberechnung wird, sobald man sie über Näherungswerte hinaus steigern will, stets einen großen Unsicherheitsfaktor enthalten, auf dessen Überwindung nicht zu hoffen ist.

Hinzu kommt noch ein anderes Moment. Die stark humuszehrende Wirkung des Kalkes bei humushaltigen sauren Böden ist bekannt. Man kann durch Kalkgaben, die in Anbetracht der vorhandenen Azidität durchaus nicht übertrieben hoch sind, einen leichten humosen Boden in wenigen Jahren, da sich bei der Reaktionsänderung nach der alkalischen Seite die Tätigkeit der Mikroflora vervielfältigt, mit Leichtigkeit seiner sämtlichen organischen Substanz nahezu quantitativ berauben, eine schmerzliche Erfahrung, die schon mancher Landwirt am eigenen Leibe gemacht hat. *Bei derartigen Böden wird man also mit der Verwendung des Kalkes besondere Vorsicht walten lassen müssen* und lieber auf schnelle Erreichung einer gewünschten Reaktion durch hohe einmalige Kalkgabe von vornherein verzichten, auch wenn sich theoretisch solche Kalkgabe als richtig ergab. Die theoretische Rechnung kann leider auf diese biologische Nebenwirkung keinerlei Rücksicht nehmen.

Die Frage, *inwiefern eine Kalkung im gewöhnlichen Wortsinne, also in alkalischen Kalkformen, auf die sorptiv gebundenen Basen verdrängend, also* nach dem Sprachgebrauch *die Löslichkeit erhöhend wirkt,* ist von verschiedenen Autoren sehr verschieden beantwortet worden. Es wird sowohl über ein Löslichwerden von Bodenkali (s. o.) und Magnesia, wie über das Gegenteil berichtet. In der Tat ist je nach den individuellen Eigenschaften des Bodens elektrochemisch sowohl der eine wie der andere Vorgang zu erwarten.

Im *Gebiet der relativ sauren Reaktion,* wo also $Ca(HCO_3)_2$ in der Bodenlösung eine große Rolle spielt, kann das Ca-Ion genau wie es bei Verwendung von Gips der Fall ist, gegen andere Kationen austauschen, muß also deren *Löslichkeit erhöhend* wirken, wenn auch auf das Mg in sehr geringem Maße. *Bei alkalischer Reaktion* durch Kalkung kann von einem Austausch von anderen Kationen als H und Al nicht in nennenswertem Grade die Rede sein, da kein tragendes Anion vorhanden ist. Hier ist im Gegenteil *eine scheinbare Abnahme der Löslichkeit* von vornherein zu erwarten, weil durch Klammerwirkung neue temporäre, austauschfähige Komplexe entstehen, die sich unter Festlegung von Kationen aus der Bodenlösung mit dieser ins Gleichgewicht setzen müssen und in den gebildeten Krümeln Nährstoffe okkludiert werden.

Daß diese theoretische Forderung zutrifft, zeigen Untersuchungen von LEMMERMANN und FRESENIUS (331), ferner von HAGER (332), der die folgenden den Einfluß des Ca gut illustrierenden Ziffern mitteilt:

400 g Boden mit 1600 cm^3 H_2O gaben in die Lösung ab mg:

	0	mit 666 mg CaO	mit 1233 mg CaO	mit 2466 mg CaO
CaO	78,0	112,0	164,0	344,0
MgO	12,4	7,6	6,0	7,6
K_2O	20,0	20,0	12,0	11,2
Na_2O	12,8	19,2	4,8	8,4

Im Vergleich zu der des Gipses wird die basenverdrängende Wirkung der basischen Kalkdüngemittel stets sehr gering sein und kann praktisch wohl immer vernachlässigt werden, soweit nicht die durch die Verbesserung der Lebensbedingungen durch Kalkung stark angeregte CO_2-Produktion der Mikroorganismen das Bild der Basenverdrängung kompliziert.

Es bleibt nunmehr die *physikalische Einwirkung der Zufuhr von Ca-Ion oder allgemeiner zweiwertigen Kationen auf die Bodensubstanz* zu betrachten. Als Ausgangspunkt diene die Formulierung der heute gültigen Ansichten:

Für *Böden mit alkalischer Reaktion,* und zwar ganz besonders diejenigen, bei welchen infolge eines mehr oder weniger hohen Na-Gehaltes der Komplexe die alkalische Reaktion der Bodenlösung $> 8{,}4\, p$H durch Alkali-Karbonate hervorgerufen wird, unterliegt die *nur günstige Wirkung der Ca-Zufuhr,* und zwar im wesentlichen in Form von Gips, keinerlei Meinungsverschiedenheiten (12). *Im Gebiete zwischen 6,5 und 8,4 p_H sind die Ansichten,* welche Form der Kalkung bei physikalisch ungünstig gestalteten Böden anzuwenden ist, bereits erheblich *geteilt.* Die Zweckmäßigkeit der Maßnahme wird sogar bereits stellenweise in Zweifel gezogen, weil günstige und ungünstige Resultate sich so ziemlich in der Praxis die Waage halten. *Im sauren Reaktionsgebiet* wird der *Zwiespalt der Meinungen* am besten durch die eigenen Worte der Autoren beleuchtet:

HAGER (332, S. 276) schreibt: „Von größter Bedeutung für die Landwirtschaft ist die Eigenschaft der basischen Kalkdüngemittel, die Struktur der Böden zu verbessern. Durch eine sachgemäße Kalkdüngung in Verbindung mit einer Humusanreicherung erhält der Boden den für die Bestellung, die Wurzelentwicklung, die Wasserversorgung und die Tätigkeit der nutzlichen Kleinlebewesen notwendigen Garezustand. Die Entstehung der Gare ist ein rein kolloid-chemischer Vorgang, bei dem die Bakterien und sonstigen Mikroorganismen nur insofern eine Rolle spielen, als sie die für die Bildung des $Ca(HCO_3)_2$ nötige Kohlensäure erzeugen." „Zur Erzeugung einer guten Krumelstruktur des besseren Mineralbodens sind notwendig: 1. ein genügender Kalkgehalt und eine neutrale oder schwach alkalische Reaktion des Bodens; 2. ein gewisser Gehalt des Bodens an mildem Humus; 3. eine tätige Kleinlebewesenflora zur Erzeugung von Kohlensäure."

Im gleichen „Handbuch der Bodenlehre" schreibt KAPPEN (333): „Allgemein verbreitet ist die Auffassung, daß ein Boden bei der Versauerung eine Verschlechterung seiner physikalischen Eigenschaften erleidet. Sucht man aber in der Literatur nach Versuchen, die diese Annahme stutzen, so muß man feststellen, daß es uberhaupt keine gibt, die eine bundige Schlußfolgerung zulassen. Der Ersatz des Saure-Wasserstoffes in den Bodenkolloiden durch Kalzium hat (bei einer Reihe sorgfaltiger Versuche) keinen erkennbaren Einfluß auf die physikalische Beschaffenheit des Bodens ausgeubt, wenn man als Kennzeichen dafür das Verhalten des Bodens bei der Sedimentation benützt. Die Gesamtheit der von H. KAPPEN angestellten Untersuchungen weist also darauf hin, daß der Ersatz des Wasserstoffes in den Bodensilikaten durch Kalzium keineswegs zu einer Krumelung und damit zu einer physikalischen Verbesserung des Bodens Veranlassung gegeben hatte."

Der Autor konnte bei Sickerversuchen mit H-gesättigten Böden nicht nur keine Verbesserung, sondern eine Verschlechterung des Wasserdurchlaufes beobachten, sobald das H durch Ca ersetzt war, wobei sich große Unterschiede ergaben, je nachdem das Ca als Hydroxyd oder Karbonat verwendet war.

So taucht beim näheren Studium der Frage der physikalischen Einwirkung des Ca-Ions auf die Böden, die mit HAGER wohl die Mehrzahl der Forscher und Praktiker als mindestens hinreichend gelöst betrachtet, wiederum die alte Pilatusfrage auf: Was ist Wahrheit? Daß sowohl die HAGERsche wie die KAPPENsche Ansicht durch Experimente und praktische Erfahrungen in jeder Weise gestützt werden kann, unterliegt keinem Zweifel; ebensowenig aber, daß schärfere Gegensätze, als sie in den Schlußfolgerungen dieser Autoren vorliegen, kaum zu denken sind.

Und wiederum scheint die elektrochemische Theorie berufen, die Gegensätze zu versöhnen. *Schon eine oberflachliche Betrachtung zeigt, daß je nach der Komplexbelegung der Boden durch Einfuhrung von Ca die widersprechendsten Resultate von vornherein zu erwarten sind, so daß Bodenverbesserung durch Kalk und Bodenverschlechterung durch Kalk keine Gegensatze sind, sondern nur die entgegengesetzten Enden der gleichen luckenlosen Reihe gesetzmaßiger Erscheinungen repräsentieren.*

Bei der Einwirkung des Ca-Ions auf ein irgendwie, nunmehr im elektrochemischen Sinne, gesattigtes System disperser Teilchen gehen stets zwei Faktoren untrennbar Hand in Hand. Der eine Faktor ist die *geringe Hydratation* des Ca-Ions, die mit seinem Eintritt in die Komplexe diese Eigenschaft für das Kolloidsalz zur Wirkung bringt. Der zweite Faktor ist die *doppelte Ladungsgröße* und die dadurch gegebene *Fahigkeit*, präformiertes *Anionenmaterial* und, wenn man sich so ausdrücken darf, die etwa vorhandenen noch lockeren Bausteine potentieller Anionen *aneinander zu klammern.*

Mit dieser Präzisierung der Eigenschaften des Ca-Ions und in gewissem Maße auch des Mg-Ions scheint sofort die boden*verbessernde* Wirkung, die diese Ionen ausüben müßten, ein für allemal postuliert. Denn Dehydratation der Bodenteilchen heißt unter allen Umständen Vermehrung der Durchlässigkeit und Verbesserung der Lufthaushaltung der Böden, Klammerwirkung auf aktuelle und potentielle Bodenmakroanionen bedeutet unter allen Umständen, sollte man meinen, die *Entstehung von Bodenkrümeln* und damit eine weitere Hebung der Bodenqualität.

In dieser Form wird die Schlußfolgerung in der Tat meistens gezogen. *Aber leider ist sie falsch*, und zwar ganz gründlich falsch, aus dem sehr einfachen Grunde, *weil weder in seiner dehydratisierenden Wirkung noch in seiner Klammerwirkung das Ca- und Mg-Ion an einem Ende der Ionenreihe steht*, sondern nur nahe dem Ende, *so daß ein Spielraum nach beiden Seiten bleibt*. Sowohl an Klammerwirkung wie an dehydratisierender Wirkung sind nämlich die dreiwertigen Kationen den zweiwertigen weitgehend überlegen, weil sie nicht nur über zwei, sondern über drei freie Ladungen verfügen.

Hinsichtlich der *Klammerwirkung* liegt die Situation so klar, daß ein Eingehen darauf sich erübrigt. Es sei nur auf die oben mitgeteilten Untersuchungsergebnisse über die Verschiedenheit der flockenden Wirkung der zwei- und dreiwertigen Kationen und die Bestandfestigkeit der gebildeten Koagele und „Krümel“ verwiesen.

Hinsichtlich der *dehydratisierenden Wirkung* scheint die hier aufgestellte Behauptung der leicht zu konstatierenden Tatsache zu widersprechen, daß z. B. mit Al gesättigte Permutite fast ausnahmslos einen ganz erheblich gesteigerten Wassergehalt gegenüber z. B. Ca-Permutiten gleichen Charakters zeigen, was gerade auf eine *hohe* Hydratation hinzuweisen scheint. Tatsächlich wird bei dieser Folgerung aber die durch jeden Versuch leicht zu konstatierende Tatsache übersehen, auf welche TRÉNEL (l. c.) verschiedentlich mit Nachdruck aufmerksam gemacht hat, *daß bei der Anlagerung von Al an Komplexe stets ein großer Teil des Al nicht in die Komplexe eintritt, sondern als $Al(OH)_3$ in Gelform*, also mit einer sehr großen Hydratationsenergie *zur Ausfällung gelangt*, eine Tatsache, auf welche oben (S. 171) an Hand von Untersuchungsdaten über die Austauschbarkeit von angelagertem Al bereits hingewiesen ist. Der hohe Wassergehalt von Al-Permutiten hat also mit der Hydratation des Al recht wenig zu tun. Wohl ist nach den Ladungsverhältnissen die Bindungsfestigkeit des Al-Ions an das Wassermolekül enorm, aber das bedeutet keineswegs einen hohen Hydratationsgrad, weder des Al an sich und noch viel weniger der Komplexe, *weil bei den dreiwertigen Kationen der Druckgradient im Schwarmwasser sehr wahrscheinlich mindestens von der 4. Potenz*, wenn nicht gar von einer noch höheren ist.

Mit dieser Erkenntnis verschwinden restlos sämtliche bei der Einwirkung des Ca auf Bodensubstanz sich zeigenden Widersprüche, daß je nach den Boden- und den Versuchsbedingungen das Ca- (und Mg-) Ion bald in der bodenkundlich günstigen, bald in der entgegengesetzten Richtung wirkt. Das wird besonders deutlich, wenn man sich die bei alleiniger Sättigung von Tonsubstanz mit einer Gattung Kationen an der Druckgrenze 6,25 at von 100 g Tontrockensubstanz gehaltene Wassermenge, d. h. im lentokapillaren Punkt und beim Drucke 0,5 at also der minimalen Wasserkapazität, vergleichend vor Augen hält. Es ergibt sich für Ton mit $T = 100$ die folgende Tabelle:

Bei Sattigung mit:

	Na	NH_4 K	H	Mg Ca	Al
Prozent Wassergehalt bei 6,25 at . . .	192	136	111	48	26
„ „ „ 0,5 „ . . .	1032	479	303	111	50

Das Ca-Ion oder Mg-Ion muß nach den Daten dieser kleinen Tabelle energisch entwässernd wirken nur auf mit Na und K gesättigte Komplexe, den Wassergehalt vermehrend dagegen bei allen mit dreiwertigen Kationen gesättigten Makroanionen. Auch die Azidoide müssen dehydratisiert werden, vorausgesetzt, daß sie jemals allein vorliegen. Tatsächlich ist das aber durchaus nicht der Fall, ganz besonders nicht bei sauren Böden. *Je saurer der Boden ist, einen desto größeren Anteil des angeblichen H im Komplex nimmt, wie sich analytisch ohne weiteres nachweisen laßt, nicht H, sondern Al ein,* so weitgehend, daß, wie bereits oben erwähnt ist, bei ganz sauren Böden die Endwerte der hydrolytischen und der Austauschazidität zusammenfallen, d. h. nur noch Al die ungesättigten Komplexanteile besetzt. *Derartige Böden aber müssen eben durch Ca oder Mg in ihrer Durchlässigkeit nicht verbessert, sondern verschlechtert werden, genau wie* KAPPEN *u. a. es beobachtet haben.* Die ganze Schwierigkeit, diesen Vorgang zu verstehen, ist künstlich durch die Annahme geschaffen worden, daß eben nur H und nicht Al in die Komplexe eintritt, eine Annahme, gegen die nicht nur alle Beobachtungsdaten, sondern in noch viel stärkerem Grade auch theoretische Gründe sprechen.

Was für die hydratisierende Wirkung des Ca- oder Mg-Ions bei sauren, hohe Austauschazidität besitzenden Mineralböden gilt, gilt nun aber auch, und zwar in noch höherem Grade für das praktische Resultat der *Klammerwirkung.* Es versteht sich geradezu von selbst, daß bei sog. Wasserstoffton, der stets zu einem nicht unbeträchtlichen Prozentsatz nicht mit H, sondern mit Al gesättigt ist, was sämtliche Versuche über das Auftreten von Austauschazidität bei der Entbasung von Permutiten und Böden zeigen, *zweiwertige Kationen gegenüber den dreiwertigen genau so dispergierend,* d. h. die Flocken zerstörend *wirken müssen, wie es die einwertigen Kationen gegenüber den zweiwertigen tun.* Die dahin gehenden Befunde BAVERS (313) haben also nicht das mindeste Überraschende, sobald man die durch nichts begründete komplizierte Annahme fallen läßt, daß Al, das nachweislich im sauren Gebiet als Kation im Boden vorhanden ist, sich entgegen aller Wahrscheinlichkeit und theoretischen Möglichkeit anders verhalten soll, als alle übrigen Kationen, um auf Kosten dieser Unwahrscheinlichkeit zu einer noch viel größeren zu kommen, daß nämlich auch das H-Ion sich in seinen verschiedenen Anteilen im Boden grundsätzlich *verschieden* verhält.

Eine gewisse Verschiedenheit im Verhalten der verschiedenen Anteile des H-Ions ist allerdings, wie die GRUNERschen Untersuchungen zeigen, in der *stufenweisen Dissoziation* der permutitischen Azidoide begründet. Diese Verschiedenheit geht aber keineswegs so weit, daß etwa die erste und zweite Dissoziationsstufe des H zum Austausch gegen Neutralsalze befähigt ist. Es ist darum kein Grund einzusehen, warum das im Boden der Fall sein sollte. Das Vorhandensein der höheren Dissoziationsstufen (s. o. S. 145) erklärt andererseits mindestens zum Teil den *hohen Temperaturkoeffizienten der Reaktion vieler Bodensubstanzen mit Azetaten,* der sich bei samtlichen Untersuchungen mit voller Deutlichkeit zeigt.

Es bleibt nunmehr die Frage der *Klammerwirkung der zweiwertigen Kationen auf das Bodenmaterial als Grundlage der Krümelbildung* im Boden, die aufs engste mit der sog. *Bodengare* verknüpft ist, in einigen Einzelheiten zu erörtern. LANG (334), der sich mit diesem Problem in neuerer Zeit eingehend befaßt hat, schreibt:

„Der Begriff Krümelung bezeichnet im modernen Sinne die Vereinigung von kleinsten Einzelteilchen des Bodens zu größeren Komplexen durch einen physikalisch-chemischen Vorgang von höchster Eigenart, der erst in den letzten zwei Jahrzehnten im Anschluß an die Entwicklung der Kenntnis von Bodenkolloiden schärfer aufgeklärt werden konnte. Es zeigt sich nämlich, daß alle tonigen Einzelteilchen, die ohne Beeinflussung durch Elektrolyte in Einzelkornstruktur dicht nebeneinander im Boden lagern, dann ihre Lage gegenseitig verändern und sich zu größeren Komplexen zusammenballen, wenn Kationen, z. B. Kalium-, Natrium-, Kalzium-, Magnesiumionen, in mehr oder minder großen Mengen in der Bodenlösung enthalten sind. Die Kationen von im Bodenwasser gelösten Salzen sind es also, die die Zusammenballung der vorher in Einzelkornstruktur befindlichen Teilchen zu größeren Komplexen herbeiführen. Die Komplexe lassen sich insbesondere auch im Experiment herstellen.

Diese Bodenkomplexe erreichen, wie als erste WIEGNER und TUORILA zeigten, eine Größe von etwa 0,01—0,03 mm. Da nun die Grenze zwischen den Sanden und den Tonen bei 0,02 mm liegt, so bekommen die Bodenkrümel eine äußere Umgrenzung, die an die Größenordnung der Feinsande heranreicht, so daß also ein Ton durch Krümelung sich in eine Art „Feinsand" verwandelt, wobei jedoch zu berücksichtigen ist, daß die Krümel von Sandgröße selbst keine Einheiten sind, sondern aus zahllosen kleinsten durch die Wirkung der Kationen zusammengehaltenen Tonpartikelchen zusammengesetzt sind. Ich bezeichne daher derartigen „Feinsand" als Krümelfeinsand. Da die Krümelwirkung durch die ein- und zweiwertigen Basen nicht wesentlich über 0,02 mm hinausreicht, so ergibt sich, daß gewöhnliche, aus Quarzeinzelindividuen aufgebaute Sande niemals gekrümelt sein können, und daß die Krümelstruktur bei tonigsandigen Böden ausschließlich auf die Tonpartikelchen beschränkt bleibt.

Durch die Krümelung wird eine vollkommene Änderung der Porosität des Bodens erzeugt. Zwar bleiben innerhalb der einzelnen Krümel die bei Einzelkornstruktur vorhandenen kleinsten Hohlräume zwischen den Einzelteilchen, die ich als Einzelkornporen bezeichnen möchte, in ähnlicher Weise bestehen, es entwickeln sich aber hinzu wesentlich größere Hohlräume zwischen den Bodenkrümeln, die ich als Krümelporen bezeichne und welch letztere ähnlich der Größe sind, wie sie die Poren der Feinsande aufweisen.

Durch die Bodenkrümelung findet also eine Lockerung des ganzen Bodens von innen heraus statt. Eine weitere notwendige Folge dieser Erscheinung ist, daß das Volumen des Bodens entsprechend zunimmt, da nunmehr zu den Einzelkornporen der Einzelkornstruktur die durch die Bodenkrümelung hervorgerufenen Krümelporen hinzutreten.

In den tieferen Bodenlagen kann die Krümelporenbildung dadurch gehemmt werden bzw. die Krümelbildung nicht genügend zur äußeren Auswirkung kommen, daß der Druck der obersten Bodenschichten auf ihnen lastet. Die Lockerheit auch bei gekrümelten Böden nimmt daher nach unten ab.

Das Ausmaß der Krümelung ist nicht nur von der Menge der anwesenden Salze, sondern auch von ihrer Art abhängig. Und zwar hat sich gezeigt, daß die Ionen zweiwertiger Basen, also von Kalzium und Magnesium, eine ungefähr um das 15—20fache größere koagulierende Kraft haben, als die einwertigen Ionen.

Im Zusammenhang mit der weiten Verbreitung des kohlensauren Kalkes in der Natur ist dieser die weitaus wichtigste Substanz, die die Krümelung der Böden herbeiführt. Wo Kalk (bzw. Magnesia) fehlt, fehlt bei uns auch die Bodenkrümelung. Zur Erzielung von Krümelwirkung ist es daher, wo nicht in genügendem Ausmaß vorhanden, erforderlich — und wird von der Landwirtschaft in ausgedehntestem Maße geübt —, daß dem Boden Kalk zugeführt wird."

Es scheint von besonderem Interesse, die Richtigkeit dieser Anschauungen durch Beispiele aus der Natur zu belegen. Die von WIEGNER (20) und TUORILA (335) experimentell gemachten Feststellungen, daß die Bodenkrümel nur ausnahmsweise über die Größenordnung von 0,01—0,03 mm hinausgingen, bedeutet, daß bei einer vergleichenden Bestimmung der mechanischen Zusammensetzung des Bodens *ohne* kunstliche Dispergierung der festen Krümel und unter *vollständiger* Dispergierung, sich im ersteren Falle eine der Krümelung entsprechende Abnahme des Totaltongehaltes $<0{,}002$ mm unter entsprechender Zunahme der Fraktion des Silts oder Schluffs 0,02—0,002 mm und einer Steigerung der Feinsandfraktion 0,2—0,02 mm ergeben muß. Diese Folgerung wird durch jede Untersuchung in dieser Richtung in vollem Umfange bestätigt. Aus einem Material von mehr als 500 Bodenanalysen der landwirtschaftlichen Versuchsstation Lichterfelde seien wahllos die folgenden mitgeteilt (12, Teil VI):

Nr.	Nicht dispergiert %				Dispergiert %			
	Grobsand	Feinsand	Silt	Ton	Grobsand	Feinsand	Silt	Ton
28	10,8	20,2	43,2	26,6	9,2	15,9	14,9	60,0
29	7,2	17,3	43,5	32,0	6,6	15,8	33,5	44,1
30	7,0	27,5	54,1	11,4	6,5	14,9	16,5	62,1
31	4,5	13,5	72,0		4,0	12,8	19,7	63,5
32	5,1	29,8	65,1	—	4,3	31,0	17,3	47,4
33	4,2	32,4	63,4		3,7	21,0	23,2	52,1

VAGELER und ALTEN weisen darauf hin, daß in Übereinstimmung mit den Anschauungen englischer Autoren: JOSEPH, GREENE, PETO u. a. eine enge *Symbathie zwischen dem Koagulationszustande der Böden in der Natur und dem Ca/Na-Verhältnis im Boden besteht,* die nur gelegentlich durch das Vorhandensein großer Mengen zweiwertiger Kationen als lösliche Salze insofern überdeckt wird, als bei der mechanischen Analyse bei Verwendung größerer Wassermengen das Ca stark zur Wirkung kommt und damit auch mit Na gesättigte Komplexe angreift und koaguliert, wodurch ein in der Natur nicht bestehender Zustand vorgetäuscht wird.

Die Klammerwirkung der zweiwertigen Kationen wird dadurch deutlich belegt.

In humusreichen Boden können, wie oben auseinandergesetzt ist, durch die Einwirkung der humosen kolloidalen Substanzen, die sowohl als Schutzkolloide wie als klammerndes Material wirken können, je nach ihrer Natur im Einzelfall, die *Verhältnisse kompliziert* werden. Hinzu kommt in derartigen Böden noch ein anderer Umstand.

HAGER sieht, wie oben zitiert ist, die Rolle der Mikroorganismen im wesentlichen in der Lieferung von CO_2. Tatsächlich trifft diese Auffassung wohl nur in Einzelfällen zu. Mikroskopische Untersuchungen von Bodensubstanzen durch VAGELER zeigten, daß in Böden mit reicher Mikroorganismen- und ganz besonders Aktinomyzetenflora zwar vielleicht nicht Primärteilchen, aber in sehr weitgehendem Grade Sekundarteilchen durch den Bakterienschleim usw. zu Krümeln höherer Ordnung zusammengefügt werden können, in Übereinstimmung mit den Feststellungen von LANG. Besonders auffallig ist diese sekundäre Krümelung durch die Mikroorganismentätigkeit bei der Gruppe der zementierenden tropischen sandigen Tone, wo im Gegensatz zur Einzelkornstruktur des umgebenden Bodens die Zone des Maximums der Mikrofloraentwicklung zwischen 10 und 30 cm Tiefe eine vorzügliche Krumelstruktur zeigt, die, wie jeder Blick ins Mikroskop lehrt, mindestens in der Hauptsache der Verkittung der Partikeln durch die Mikroorganismentätigkeit ihren Ursprung verdankt.

Diese Krümel fallen unter den von LANG geschaffenen Begriff der *Garekrümel,* wie sie einen garen Boden charakterisieren und bei mit Kalk reichlich behandelten Ackerboden allgemein auftreten, obwohl auf solchen Böden sehr wahrscheinlich nicht Aktinomyzeten, sondern Azotobakterien mit ihrer starken Schleimausscheidung die erste Rolle spielen dürften, wie LANG es betont.

Das Endergebnis der Bodenkrümelung, sei sie direkt oder indirekt durch zweiwertige Kationen erfolgt, ist in jedem Falle eine starke Vermehrung des Porenvolumens und damit eine wirksame Lockerung der Böden, auf deren Bedeutung weiter unten näher einzugehen sein wird.

Ob zwischen Mg und Ca, von ihren sehr verschiedenen physiologischen Wirkungen abgesehen, nennenswerte Unterschiede der physikalischen und chemischen Wirkung im Boden bestehen, ist zur Zeit an der Hand des vorliegenden Untersuchungsmaterials noch nicht mit Sicherheit zu entscheiden.

V. Wasserlieferung und Wasserbilanz der Böden.

Vielleicht der überraschendste Eindruck, den ein bodenkundlich interessierter Theoretiker bei der Unterhaltung mit praktischen Landwirten der gemäßigten Klimate und noch mehr mit Pflanzern der warmen Klimate empfangen kann, ist der folgende: Obwohl sich jeder Praktiker selbstverständlich vollständig darüber klar ist, daß ohne das nötige Wasser kein Gewächs, möge es heißen wie es wolle, irgendwie gedeihen, geschweige denn irgendwelche Ernte bringen kann, obwohl Be- und Entwässerungsmaßnahmen anerkanntermaßen zu den wichtigsten Kulturmaßnahmen der intensiven Landwirtschaft nicht nur in regenarmen Ländern, sondern in steigendem Umfange auch im feuchten gemäßigten Klima gehören, gähnen wohl auf keinem Gebiete landwirtschaftlichen Wissens in Praktikerkreisen so große Lücken, wie gerade hinsichtlich des Wasserhaushaltes der Kulturpflanzen und des Bodens. Daß dürre Jahre, d. h. *extremer Wassermangel, die Auswirkung auch der besten Bearbeitung und Düngung auf den Ernteertrag paralysieren,* wird allgemein als selbstverständlich betrachtet. Aber nur ein ganz verschwindender Teil der Praktiker ist sich darüber im klaren, daß *auch in sog. normalen Jahren das für die Kulturpflanzen verfügbare Wasser in weitaus der Mehrzahl der Fälle der Minimumfaktor ist, der die Erträge begrenzt* und Maßnahmen, die unter besseren Verhältnissen der Wasserversorgung rentabel wären, in ihr Gegenteil verkehrt. Saat- und Pflanzweiten, d. h. die Zahl der pro Hektar mit dem vorhandenen Wasser zu versorgenden Individuen, werden gewöhnlich in keinerlei Beziehung zu dem tatsächlichen Bedarf gesetzt, wie man namentlich bei tropischen Pflanzungsanlagen in ganz besonderem Maße beobachten kann, mit dem Ergebnis, daß die durch zu starke gegenseitige Konkurrenz Mangel an ihrem Hauptlebenselement, dem Wasser, leidenden einzelnen Pflanzenindividuen zu einer befriedigenden Produktion innerhalb der Grenze der Rentabilität nicht in der Lage sind.

1. Die Pflanze als Wasser verbrauchendes System.

Schon im Jahre 1887 hat Kreussler (180) die Wichtigkeit des Wassergehaltes der Pflanzen, d. h. also, der Wasserversorgung, für die Assimilation und damit die Stoffproduktion scharf präzisiert: „Der Wassergehalt der Pflanzen als der augenscheinlich zumeist dominierende — weil schon bei geringen Schwankungen energischst eingreifende — Faktor der Assimilation beansprucht von seiten der Praxis nicht weniger wie für die Methoden der wissenschaftlichen Forschung die größte Beachtung und man wird schwerlich mit der Annahme fehlgreifen, daß mancherlei unrentable Maßnahmen des ausübenden Landwirtes, mancherlei Widersprüche der experimentierenden Forscher sich lediglich aus der Vernachlässigung einer im Grunde trivialen, in ihrer vollen Tragweite aber noch kaum nach Gebühr gewürdigten Tatsache herleiten."

Eine große Anzahl von Einzelfaktoren spielt oft die ausschlaggebende Rolle bei der Wasserbilanz des Ackerfeldes, von welchen sich zwar heute eine ganze Reihe der Bodenfaktoren erfassen und richtig einschätzen läßt, andere, mit der

Individualität der Pflanzen als lebende und darum anpassungsfähige Individuen verknüpfte, Umstände sich aber noch der Beherrschung entziehen.

Das gilt bereits für die von den einzelnen Pflanzenarten zur Produktion der Gewichtseinheit Trockensubstanz verbrauchten Wassermengen oder wie ALEXANDROW (181) sich ausdruckt, „*die Produktivität der Transpiration*".

Es kann hier nicht die Aufgabe sein, die in dieser Hinsicht vorliegenden Beobachtungs- und experimentellen Daten auch nur genähert vollständig zu erörtern, vielmehr muß dieserhalb auf die Spezialliteratur verwiesen werden, die bis zum Jahre 1920 BURGERSTEIN (182) erschöpfend gewürdigt hat und die in neuester Zeit namentlich durch englische und amerikanische Forscher eine große Bereicherung erfahren hat

Als Gesamtergebnis läßt sich im Anschluß an BRIGGS und SCHANTZ (183) sagen, daß nicht nur jede Pflanzenart und Sorte einen verschiedenen Produktivitätskoeffizienten des Wassers besitzt, d. h. zur Erzeugung von 1 g Trockensubstanz verschieden viel Wasser im Transpirationsstrome verbraucht, sondern daß dieser Verbrauch auch bei der einzelnen Pflanze je nach den äußeren Bedingungen stark variiert.

WALTER (184) schreibt:

„Beschattung, die eine Assimilationshemmung nach sich zieht, ruft eine Steigerung des Wasserverbrauchs hervor. Dasselbe tritt sowohl bei einem Zuviel an Bodenwasser, wie auch bei einem Zuwenig ein. Ebenso hat eine verstärkte Transpiration in trockener Luft niemals eine entsprechende Steigerung der Trockensubstanzbildung zur Folge. Es kommt eben bei der Pflanze nicht nur auf die sie durchströmenden Wassermengen an, sondern vor allen Dingen auf den Zustand, in dem sich die Pflanze in bezug auf die Wassersättigung befindet. Leidet die Pflanze Wassermangel, so wird der Schaden der Transpiration den Nutzen bei weitem übertreffen. Steht aber der Pflanze genügend Wasser zur Verfügung, dann kann eine stärkere Transpiration, die keine Herabsetzung des Sättigungszustandes der Pflanzen hervorruft, durch Anregung der verschiedenen Stoffwechselvorgänge entschieden von Nutzen sein."

Daß unter diesen Umständen, denen sich noch eine ganze Reihe anderer den Wasserverbrauch der Pflanzen beeinflussender Faktoren hinzufügen ließe, die Angaben der einzelnen Forscher über *die zur Produktion der Gewichtseinheit Trockensubstanz notwendigen Wassermenge* weit auseinandergehen, kann nicht verwundern. Die Angaben für landwirtschaftliche Kulturpflanzen schwanken zwischen 250 und über 1000 l Wasser je Kilo produzierter Trockensubstanz, wobei die höchsten Werte, d. h. also die am wenigsten ökonomische Wasserhaushaltung, im Gegensatz zu lange herrschenden Anschauungen gerade bei den Pflanzen der Trockengebiete zu finden ist, die an xerophytische Bedingungen des Standortes angepaßt sind.

Trotz der zahlreichen auf die Feststellung des effektiven Wasserverbrauches der Pflanzen für die Mengeneinheit Trockensubstanz während der Vegetationsperiode gerichteten Untersuchungen (184) kommt allen Mittelwerten nur der Charakter erster Näherungswerte zu, die aber auch als solche praktisch von Nutzen sind. Es werden als zur Produktion von 1 g Trockensubstanz während einer Vegetationsperiode erforderlich die folgenden Wassermengen in Kubikzentimeter angegeben:

Gräser	471—699 cm^3
Halmfrüchte	289—424 ,,
Getreidearten	411—520 ,,
Mais und Hafer	142—315 ,,
Kleegewächse	403—514 ,,
Hackfrüchte	298—314 ,,
Baumwolle	350—600 ,,

Für Baumarten fehlen leider irgendwelche zuverlässigen Angaben ganz. Der Bedarf dürfte sich aber schätzungsweise in etwa derselben Größenordnung bewegen. Für alle blattreichen Gewächse dürfte ein Ansatz von 400 cm³ je Gramm Trockensubstanz ungefähr zutreffen. Zur Produktion von je 100 kg marktfähigem Ernteerzeugnis je Hektar sind demnach in runden Ziffern etwa die folgenden Wassermengen nötig unter Einrechnung des Verbrauchs sämtlicher Pflanzenteile:

Halmfrüchte (Körner):	m³ je Hektar
Winterweizen	84,5
Sommerweizen	86,7
Winterroggen	90,0
Sommerroggen	89,9
Gerste	70,9
Hafer	54,0
Mais	51,0
Hirse	90,0
Sumpfreis	120,0
Bergreis	70,6
Leguminosen (Körner):	
Erbsen	101
Bohnen	108
Sojabohne	90,0
Lupine	101,0
Erdnüsse	100,0

Hackfruchte (Knollen):	m³ je Hektar
Kartoffel	9,7
Zuckerrüben	14,0
Futterrüben	5,4
Yams	5,3
Bataten	11,2
Futterpflanzen (als Heu):	
Gräser	50,0
Kleearten	38,0
Mais	42,5
Industriepflanzen (Körner):	
Lein	82,3
Hanf	133,0
Kümmel	88,8
Mohn	112,0
Raps	82,2
Sonnenblume	180,0
Sesam	110,0
Rizinus	176,0

Industriepflanzen (Fasern):	m³ je Hektar
Lein	190
Hanf	170
Baumwolle	600
Sisal	130,0
Ramie	170
Genußmittel:	
Tee (Blätter)	300
Kaffee (Bohnen)	400
Maté (Blätter)	500
Kakao (Bohnen)	700
Tabak (Blätter)	80
Waldbäume:	
Kiefer	70
Eiche	60
Buche	60
Teak	70

Der Wasserbedarf für Waldbestände zur Produktion von 100 kg Holz ist nach möglichst vorsichtigen Schätzungen beigefügt. Er ist bei dem Mangel genauer Einzelmessungen mit ihren sehr großen experimentellen Schwierigkeiten besonders unsicher und auch größenordnungsgemäß nur als eine ganz rohe Annäherung zu betrachten.

Die außerordentlichen Unterschiede des *praktischen Nutzungskoeffizienten* des Wassers gehen schon aus der mitgeteilten Tabelle hervor. Sie werden noch deutlicher, wenn man das Nutzungsergebnis in Kilo Marktware für die einzelnen Nutzpflanzengruppen je 10 m³ oder 1 mm Regen oder Irrigationswasser pro Hektar in Kilo berechnet:

Getreidearten	12,4 kg	Ölfrüchte	8,3 kg
Leguminosen	10,0 „	Faserpflanzen	4,0 „
Hackfrüchte	111,0 „	Genußmittel	2,5 „

Hält man sich vor Augen, daß 1000 m³ Wasser je Hektar eine Niederschlagshöhe oder Bewässerungsmenge von 100 mm entspricht und vergegenwärtigt sich die vom Hektar im großen Durchschnitt geerntete Gesamtmenge Trockensubstanz, die im gemäßigten Klima sehr selten über 5000 kg, im humiden Tropenklima oder in Bewässerungsgebieten der warmen Zone selten über 10000 kg hinausgeht, so erscheinen alle Verbrauchsziffern der Kulturgewächse sehr klein und werden scheinbar schon durch einen Bruchteil der in den ackerbaulich genutzten Gegenden fallenden Niederschläge gedeckt. Denn nach den mitgeteilten Daten entspricht der Wasserverbrauch zur Produktion von 5000 kg Trockensubstanz nur 200 mm, der von 10000 kg Trockensubstanz nur 400 mm Niederschlag. Wenn sich trotzdem nachweislich selbst in sehr regnerischen Gegenden der Erde, mit Niederschlagshöhen von 3000 mm und mehr, das *Wasser fast regelmäßig im Minimum* befindet, so ist dafür offensichtlich nicht der Wasserhaushalt der Pflanzen, sondern der Wasserhaushalt des Bodens verantwortlich zu machen und die außerordentliche praktische Bedeutung der genauen Kenntnis und damit Beherrschungsmöglichkeit dieser Komponenten der Wasserversorgung der Kulturgewächse leuchtet ein.

Denkt man sich den Wasserverbrauch der Kulturgewächse gleichmäßig über ihre jährliche Wachstums- und Reifungsperiode verteilt, wobei im gemäßigten Klima die Zeit des Winters praktisch außer acht gelassen werden kann, so ergibt sich als durchschnittlicher *stündlicher Wasserverbrauch von Maximalernten in Kubikmeter Wasser je Hektar* das folgende Bild:

Pflanzenart	Angerechnete Vegetationszeit	Verbrauch in m³ je Hektar und Stunde
Getreidearten	100 Tage	0,8
Leguminosen	100 ,,	0,9
Hackfrüchte	120 ,,	0,7
Ölfrüchte	100 ,,	0,9
Baumwolle	100 ,,	1,2

Diese Mittelzahlen haben nur als *Minimalzahlen* Wert. Denn tatsächlich ist der Verbrauch wachsender Bestände durchaus nicht gleichmäßig, wie wohl nicht weiter erläutert zu werden braucht.

Das Wasser in der Pflanze wird nicht sowohl zum Aufbau der organischen produzierten Substanz, als vor allem für den Transpirationsstrom in der Pflanze benutzt, also an den überirdischen Organen und vor allem den Blättern verdunstet. Mit der Entwicklung der jungen Pflanze steigt sowohl die Stoffproduktion wie die Entwicklung verdunstender Oberflächen rapide, d. h. solange ein Zuwachs an Blattoberfläche besteht, muß auch der Wasserverbrauch für den Transpirationsstrom sich entsprechend steigern. Er muß zur Zeit des üppigsten Wachstumes ein Vielfaches des obigen Mittelwertes betragen, um mit dem Einsetzen der Reifeperiode allmählich auf Null abzuklingen, wenigstens bei den einjährigen Nutzgewächsen, während bei den mehrjährigen Kulturpflanzen besonders der warmen Klimate ohne Winterruhe sich der Bedarf viel gleichmäßiger über das ganze Jahr verteilt.

Wie hoch der *Maximalbedarf je Tag und Hektar* sich steigern kann, ist leider erst für wenige Kulturpflanzen bekannt.

Als Maximalbedarf (185) europäischer Kulturpflanzen errechnen sich Ziffern, die zwischen 40 und 70 m³ je Tag und Hektar liegen. Für Baumwolle in voller Vegetation haben BALLS (187) und GREENE (188) in Übereinstimmung mit älteren Versuchen von AUDEBEAU BEY in Ägypten Transpirationsverluste von 50—55 m³ Wasser je Hektar und Tag, also 2—2,5 m³ je Stunde in Feldversuchen beobachtet, was sich den soeben mitgeteilten Daten sehr gut anschließt.

Wie hoch sich bei *Wildpflanzen* das *Verhältnis der Oberfläche der transpirierenden Organe zu ihrem Volum* gestaltet, teilt WALTER (190) nach Untersuchungen von HUBER (191) mit, ausgedrückt in Quadratzentimeter je Kubikzentimeter:

Chelidonium majus	190	Erica carnea	66
Buche (Schattenblatt)	153	Helleborus	50
,, (Sonnenblatt)	123	Genista radiata	40
Eichenarten	84—88	Spartium (unbelaubt)	20
Primula	42—44	Opuntia	3
Picea excelsa	30	Euphorbia canadensis	1,5

Die Verdunstung in Gramm Wasser je Flächeneinheit stellte sich nach den Messungen von MAXIMOW (192) bei den verschiedenen Pflanzengruppen wie folgt:

Pflanze	Temperatur °C	Relative Feuchtigkeit %	Verdunstung Gramm je cm²/Stunde
Mesophyten:			
Sisymbrium Loeselii	22,2	52	0,62
Lactuca scariola	19,4	25	0,95
Geranium ciconium	17,0	45	0,70
Hirschfeldia adpressa	?	?	0,41
Papaver strigosum	19,6	36	0,40
Xerophyten:			
Zygophyllum tabago	22,4	46	0,44
Gypsophila acutifolia	23,6	33	0,72
Alcea ficifolia	25,2	37	1,02
Schattenpflanzen:			
Lamium album	23,8	47	0,15
Lactuca muralis	23,0	49	0,28
Viola odorata	24,8	43	0,38
Sonchus oleraceus	21,8	50	0,42
Vinca major	23,8	46	0,44
Campanula rapunculoides	22,8	53	0,57

Die praktische Bedeutung dieser Ziffern wird erst bei der Behandlung des Bodens als Wasserlieferant in vollem Umfange deutlich werden. *Die Verschiedenheit der Ansprüche aller Kulturpflanzen an die Leistungsfähigkeit des Bodens als Wasserlieferant geht aber als wichtiges Moment der Bodenbeurteilung schon aus diesen Ziffern hervor.* Sie beleuchten scharf die Tatsache der überragenden Wichtigkeit nicht nur der *Anwesenheit* von verfügbarem Wasser im Boden, sondern auch der *Schnelligkeit seiner Zuleitung* zu den aufnehmenden Pflanzenwurzeln, die nur dadurch eine gewisse Kompensation erfährt, daß das Wurzelwachstum selbst für die Ausdehnung des für die Wasserlieferung in Frage kommenden Bodenvolums zur Zeit der intensivsten Entwicklung der Pflanzen ausgiebig sorgt.

Die Ausbildung des *Wurzelsystems der wildwachsenden Pflanzen* hat im letzten Jahrzehnt besonders durch amerikanische Forscher: WEAVER und Mitarbeiter (193) eingehende Bearbeitung erfahren.

Das *Wurzelsystem der Kulturpflanzen* ist von vielen Forschern seit langem untersucht, und zwar in Abhängigkeit von den verschiedenen Wachstumsfaktoren als Ausfluß der schon 1883 von HELLRIEGEL (228) klar formulierten Überzeugung:

„Das gesamte Wachstum der oberirdischen Pflanzen ist streng abhängig von dem Entwicklungsgrade, den die Wurzel erreicht, und nur wenn die letztere sich zu ihrer höchsten Vollkommenheit auszubilden vermag, kann sich die oberirdische Pflanze in aller Üppigkeit entfalten. Es ist nicht möglich, das Wachstum der Wurzel zu beschränken, ohne die Entwicklung des Stammes und der Zweige zugleich zu hemmen. Es wird erlaubt sein zu vermuten, daß jede Pflanzenart bei der Anlage ihrer Wurzel so gut eine besondere und eigentümliche architektonische Idee verfolgt, wie bei der Anlage ihres oberirdischen Teiles. Ist aber diese Vermutung richtig, so wird man jeden Umstand, der geeignet ist, die Pflanze in der Verfolgung dieser Idee wesentlich zu hindern, als nachteilig für die Vegetation derselben zu betrachten haben; man wird schließen müssen, daß jede Pflanzenart so gut ihr bestimmtes Bodenvolum verlangt, um den höchsten Grad ihrer Ausbildung zu erlangen, wie ihre bestimmte Menge von Kali und Phosphorsäure, ja, daß sogar die Form des ihr zur Ausnutzung verfügbaren Bodenkörpers nicht ganz gleichgültig ist."

Die großen Schwierigkeiten, die Wurzelmasse in der Natur unverletzt oder wenigstens in vollem Umfange zu gewinnen, haben erst verhältnismäßig spät, d. h. im ersten Jahrzehnt des 20. Jahrhunderts, zu vergleichenden Messungsdaten über die Wurzelentwicklung geführt, die in besonderem Maße SCHULZE (229) für die verschiedenen Entwicklungsstadien deutscher Kulturpflanzen ermittelt hat. Er gibt zusammenfassend für den Tiefgang der Wurzeln bei lockeren Böden in den einzelnen Perioden des Wachstums die folgenden Daten an (cm):

	Junge Pflanze	In der Bestockung	Beim Schossen	Ende der Blute	Milchreife	Vollreife
Winterroggen	53,7	101,9	199,4		178,0	194,0
Winterweizen	52,7	133,9	277,2		235,0	186,4
Hafer . .	66,6	79,5	284,3		234,4	247,3
Gerste .	62,1	95,1	259,0		244,3	220,6
Erbse .	25,6		63,8	175,5		208,6
Pferdebohne . .	32,1		78,3	123,8		168,0
Weiße Lupinen	40,4		71,3	100,1		205,2
Raps . . .	190,4		264,0	259,0		291 2

Der sehr verschiedene Rhythmus der Wurzelentwicklung der verschiedenen Pflanzenarten wird durch diese Ziffern gut beleuchtet.

Besonders eingehende Untersuchungen über die *schrittweise Entwicklung des Wurzelsystemes* in allen Richtungen des Raumes hat ROTMISTROFF (189) für eine Reihe wichtiger Kulturpflanzen angestellt, dessen Arbeiten die nachfolgende Tabelle (S. 266 u. 267) entnommen sei.

Bei allen Pflanzen ist der tägliche Zuwachs zur Zeit der Hauptentwicklungsperiode fast genau von der Größenordnung der Geschwindigkeit, mit welcher in mittleren und leichteren Böden das absinkende Sickerwasser sich nach unten bewegt.

Bei sehr durchlässigen Böden mit einer größeren Geschwindigkeit der Abwärtsbewegung des Wassers muß die junge Pflanze diesen Wettlauf verlieren. Auf schweren Böden mit sehr geringer Durchlässigkeit muß die wachsende Pflanze das absinkende Bodenwasser gewissermaßen unterlaufen. Daß auch in solchen Böden das Wurzelwachstum mit ähnlicher Schnelligkeit verläuft, haben bisher noch nicht veröffentlichte Versuche von BALLS im *Cotton Research Board* in *Kairo* gezeigt

Der zweite interessante Punkt ist der folgende. *Die Ausbreitung des Wurzelsystems erfolgt bei den meisten Kulturpflanzen, wie aus der nahezu gleichen Tiefen- und Seitenentwicklung der Wurzeln hervorgeht, genähert raumsymmetrisch.* Auf dem Felde ist der Abstand der einzelnen Pflanzenindividuen fast immer wesentlich geringer, als es dem Seitenwachstum der Wurzeln entspricht. Es ergibt sich also für den durchwurzelten Boden von Kulturpflanzenbeständen das Bild eines dichten Gitterwerkes von Wurzeln, das auf gleichmaßigen Böden diesen bis zur größten Wurzeltiefe durchsetzt, wobei die Häufungsstellen bei dem radialen Ausstrahlen der Wurzeln von der Einzelpflanze etwa in $^1/_3$—$^1/_2$ der größten Wurzeltiefe liegt, die, wie gezeigt ist, bei den verschiedenen Klassen der Kulturgewächse sehr verschieden ist. *Jedes Kulturgewachs hat also, immer gleichmäßige Bodenverhältnisse vorausgesetzt, eine ganz bestimmte Bodentiefe, die für die Wasserlieferung in erster Linie in Anspruch genommen wird.*

Nun erfolgt die Wasseraufnahme der Wurzeln nicht etwa in der ganzen Ausdehnung ihrer Länge Wie bekannt und durch die gründlichen Untersuchungen von URSPRUNG und BLUM (230) erneut bestätigt ist, *nimmt nur der mit Wurzelhaaren besetzte Teil der Wurzelspitze Wasser auf*, das in den Kreislauf des Pflanzenleibes gelangt. *Die Wasseraufnahme erfolgt also punktformig* und die Pflanzenwurzel ist kein gewöhnlicher Drainstrang, in welchen allseitig Wasser eintreten

Wurzelentwicklung der wichtigsten

Zuwachs der Wurzeln in Zentimeter	Winterweizen		Wintergerste		Gerste 6zeilig	
	tief	breit	tief	breit	tief	breit
Beim Durchbruch der Saat	—	—	—	—	—	—
7 Tage später	—	—	6	6	25	22
14 Tage später	—	—	12	8	30	22
21 Tage später	—	—	20	10	46	24
Bei Beginn der Bestockungsperiode des Getreides	44	30	50	12	46	24
Bei Beginn der Schoßperiode des Getreides	82	60	115	100	98	66
Bei Beginn der Blüteperiode	100	78	120	110	100	72
Bei Beginn der Reifeperiode (Milchreife bei Getreide)	116	126	120	110	110	72
Der Koeffizient des Wurzelsystems (Produkt aus Tiefe und Breite des Wurzelsystems)	14616		13200		7920	
Zuwachs der Wurzeln wahrend 24 Stunden in Zentimeter						
Vom Durchbruch der Saat bis zur Bestockung	—	—	—	—	2,2	0,6
Von Bestockung bis Schossen	1,8	1,3	—	—	2,1	0,8
Vom Schossen bis zur Blüte	0,8	0,0	0,3	0,3	0,3	0,3
Von Blüte bis zur Reife	0,0	0,0	0,0	0,0	0,0	0,0

kann, sondern, wie VAGELER und ALTEN sich ausdrücken, ein „vollaufender Drainstrang mit nur einer sich ständig verschiebenden Stoßfuge", in den nur an jeweils *einem* Punkt Wasser eindringt, wobei die Verschiebung, wie aus der mitgeteilten Tabelle der ROTMISTROFFschen Messungen hervorgeht, bis zu 1 mm pro Stunde beträgt. Als Mittel der gesamten Wachstumsperiode berechnet sich roh genähert ein stündlicher Zuwachs von 0,2—0,4 mm.

Man kann diese Beziehung, wenn man sich die gesamte Wurzelmenge eines Feldes in einer Schicht ausgebreitet denkt und sie als stationär betrachtet, auch so ausdrücken, daß der Wasserzustrom zur Wurzel mit einer Geschwindigkeit von 0,2—0,4—1 mm je Stunde erfolgen muß, d. h. *0,2 mm ist der zur Ermittlung der kritischen Schichtdicke als Bruchteil des osmotischen Wirkungsradius* in die oben entwickelte Gleichung der Steiggeschwindigkeit

$$\frac{dy}{dx} = \frac{q \cdot T^2}{(x + qT)^2}$$

für dy/dx einzusetzende Wert.

Als *maximale kritische Schichtdicke* Kr_{max} ergibt sich daraus:

$$\mathbf{Kr_{max} = T(1 - 0{,}447\sqrt{q})}$$

und für $\frac{dy}{dx} = 1$ *die minimale kritische Schichtdicke* Kr_{min}, die für Pflanzenbestände in voller Vegetation in Anrechnung zu bringen wäre:

$$\mathbf{Kr_{min} = T(1 - \sqrt{q})}.$$

Zu demselben Wert für *Kr max* kommen durch eine wesentlich andere Ableitung aus dem stündlichen durchschnittlichen Wasserbedarf eines Feldes und der Leitfähigkeit des Bodens für Wasser VAGELER und ALTEN (12, Teil IV).

Da, wie oben gezeigt ist, die Wasserbewegung unter dem Einfluß der osmotischen Kräfte von der Richtung im Raum unabhängig ist, kann in einer Bodenschicht für die Wurzeln eines geschlossenen Feldbestandes nur der Wassergehalt für die Aufnahme verfügbar sein, der sich im doppelten Betrage der kritischen Schichtdicke vorfindet. In welcher Weise bei nicht einheitlichen, d. h. aus verschiedenen Bodenschichten zusammengesetzten, Profilen die Näherungsrechnung anzusetzen ist, wird im nächsten Abschnitt zu untersuchen sein.

SEKERA (231) hat das durch seine Beweglichkeit im Boden den Pflanzen verfügbare Wasser sehr treffend als *dynamisch nutzbares Bodenwasser* bezeichnet. Es schreibt:

Kulturpflanzen (nach ROTMISTROFF).

Sorghum-Hirse				Mais		Weiße Bohnen		Luzerne		Rizinus		Baumwolle		Kartoffel	
schwarz		gelb													
tief	breit	tief	breit	tief	breit	tief	breit	tief	breit	tief	breit	tief	breit	tief	breit
—	—	—		—	—	—		—	—	35	14	10	4	—	—
10	—	15		10	—	15		10	—	46	32	—	—	20	20
—	—	24		24	8	28	—	10	—	50	36	20	22	25	22
30	20	30	20	35	30	35	12	25	—	58	54	44	50	30	28
64	76	63	60		—	—	—	—		—	—	—	—	—	—
110	80	106	110		—	—	—	—	—	—	—	—	—	—	—
110	80	106	110	112	134	62	60	92	76	105	100	72	90	60	100
110	80	106	110	113	134	85	60	125	76	120	100	95	104	60	100
8800		11660		15342		5100		9500		12000		9880		6000	
1,6	1,0	1,6	0,6					—	—	—	—	—	—	1,2	—
1,4	0,1	1,4	0,9		—	—	—	—	—	—	—	—		0,0	—
0,0	0,0	0,0	0,0	1,5	0,8	1,1	0,5	1,0	1,7	2,3	1,0	1,0	0,7	—	1,0
0,0	0,0	0,0	0,0	0,0	0,0	2,0	0,0	0,3	1,3	1,1	2,8	0,9	0,3	1,1	0,0

„Eine direkte Bestimmung des dynamisch nutzbaren Wassers (‚Pflanzenwassers‘) ist bisher nicht restlos geglückt. Doch kann man auf Grund der Erfahrungen sagen, daß rund 75% des statisch nutzbaren Wassers auch dynamisch, d. h. für die Pflanzen nutzbar sind.“

Diese allgemeine Annahme trifft bei mittleren Böden durchaus zu, aber nicht in den namentlich im ariden Klima häufigen extremen Fällen. Durch Anwendung der gegebenen Gleichungen läßt sich der dynamisch nutzbare Teil des Bodenwassers jedoch in guter Übereinstimmung mit der praktischen Erfahrung genähert berechnen.

Es bleibt hier nun noch die Frage zu erörtern, wie sich der *Mechanismus der statischen Wasseraufnahme der Pflanzen* aus dem Boden gestaltet, was gleichbedeutend ist mit der Frage, wieviel Wasser im Boden als *statisch* nicht verfügbar, also als *totes Wasser* zu betrachten ist. Die allgemeinen Gesichtspunkte für die Beurteilung des „toten Wassers“ eines polydispersen Systems und der zu seiner Auffindung führende Rechnungsgang sind bereits oben dargelegt.

Tot ist alles Bodenwasser für eine Pflanzenart, das als Schwarmwasser oder Salzlösung einen höheren osmotischen Druck besitzt, als er der Pflanzenwurzel zuzüglich des für die Aufnahme notwendigen Druckgefälles zukommt.

Das für die Pflanzen nötige *Druckgefälle* zwischen Wurzel und Boden liegt im allgemeinen *zwischen den Grenzen 2 und 5 at*, die dem osmotischen Wurzeldruck abzurechnen sind

Die Frage *dieser osmotischen Wurzeldrucke oder der Saugkräfte der Pflanzenwurzeln* hat im letzten Jahrzehnt eine sehr eingehende Bearbeitung erfahren, da die grundlegende Wichtigkeit dieses Faktors für die Sortenwahl der Kulturpflanzen und die Selektion heute in vollem Umfange erkannt ist.

In welchen Grenzen sich die Wurzeldrucke der Pflanzen überhaupt bewegen, zeigen die nachfolgenden Durchschnittsziffern:

Es werden entwickelt von

Schimmelpilzen und Steinalgen	bis 158 at
Wüstenpflanzen	17—100 at
Meerespflanzen	15— 50 „
Kulturpflanzen des gemäßigten Klimas	5— 35 „
der Trockengebiete	15— 35 „

ohne daß etwa diese Ziffern den Anspruch erheben können, bereits Maximalziffern zu sein.

Als allgemeingültigen Gesichtspunkt gibt WALTER (194) an, daß Pflanzen von Standorten, die einem *schnellen Wechsel ihres Feuchtigkeitsgehaltes* unterworfen sind, wo also die Pflanzen zeitweise sehr große Saugkräfte des Bodens zu überwinden haben, in der Regel auch die *höchste Wurzelsaugkraft* zu entwickeln vermögen.

Der Wurzeldruck ist das Ergebnis einer *Anpassung der Pflanzenarten an die Eigenschaften des Bodens in osmotischer Hinsicht,* worauf FOSCHUM (195) hinweist, wenn er das Auftreten von Pflanzen mit hohen Wurzeldrucken speziell bei Lehm und Ton hervorhebt.

Einen weiteren allgemein wichtigen Gesichtspunkt zur Beurteilung der Frage gibt EIBL (196), wenn er schreibt:

„Es kann fast als ein Gesetz gelten, daß die Saugkraft der Sorten einer Art um so höher ist, je kürzer die Vegetationsdauer der Sorte ist, je schneller also ihr Vegetationsrhythmus abläuft.“

Aus Anpassungserscheinungen oder wenn man will Auslesevorgängen erklärt sich auch der eigenartige von OPPENHEIMER (197) festgestellte Zusammenhang der bei den einzelnen Pflanzenarten zu beobachtenden Saugkraft der Wurzeln mit der *Herkunft der Pflanzen.* Er gibt die folgenden Mittelwerte für Kulturpflanzen, geordnet nach Herkunftsländern, an:

Nordische Pflanzen	9 at	Ostindien	15 at
Tropisches, feuchtes Süd- und Mittelamerika	9 „	Trockneres Mittel- und Südamerika	15 „
Mittelmeergebiet	10 „	Kaukasus	12—16 „
Ägypten	14 „	Westasien	20 „

Der Zusammenhang der Größe der Saugkräfte der Pflanzenwurzeln mit dem durchschnittlichen Bodensalzgehalt der Gebiete ist unverkennbar.

Für die einzelnen Kulturpflanzenarten werden in der Literatur (198) die folgenden Werte angegeben, die gemäß den obigen Ausführungen als großen Schwankungen im Einzelfalle unterliegende Mittelwerte zu betrachten sind:

Pflanze	at Wurzelsaugdruck	Autor
Grasarten	6,7 —17,7	PAMMER (201)
Winterroggen	9,58—14,3	EIBL (196)
Winterweizen	6,7 —11,1	„
Sommerroggen	8,13	„
Sommerweizen	5,3 — 8,13	„
Sommergerste	6,7 —15,99	„
Sommerhafer	6,7 — 8,13 bis 25,5	„ und FOSCHUM (195, 196)
Spelt	5,1 —11,1	„ (196)
Mais	16,0 —27,0	FOSCHUM (195)
Kleearten	12,7 —16,0	PAMMER (201)
Medicago sativa	27,0 —29,5	„ (201)
Medicago Lupulina	8,13	„ (201)
Hulsenfrüchte	17,8 —23,8	OPPENHEIMER (197)
Rüben	12,7 —16,0	HAFEKOST (199)
Mohren	7,0	OPPENHEIMER (197)
Rote Rüben	8,4	„ (197)
Lein	16,7	„ (197)
Hanf	16,0	„ (197)
Cucurbitaceen	12,4 —14,8	„ (197)
Zwiebeln	15,9 —17,1	„ (197)
Sonnenblumen	14,3	„ (197)
Mohn	8,1 —11,7	„ (197)
Ägyptische Baumwolle	13,3—15,3 bis 35,0	TASCHDIAN, VAGELER, ALTEN (200, 12)

Fortsetzung der Tabelle von Seite 268.

Pflanze	at Wurzelsaugdruck	Autor
Amerikanische Baumwolle . . .	5,1 – 15,6	TASCHDIAN
Tabak	4,75 – 11,1	,,
Tomaten	5,5	OPPENHEIMER (197)
Citrus nobilis . .	40,5 – 58,0	VAGELER und ALTEN (12)
,, medica . .	26,0 – 47,0	,, ,, ,,
Bersim	15,0 – 20,5	,, ,, ,,
Ägypt. Mais. . . .	17,0 – 28,0	,, ,, ,,
,, Weizen . . .	13,0 – 28,0	,, ,, ,,

Die weiten Schwankungen der osmotischen Wurzelsaugdrucke sind nach den obigen Ausführungen verständlich. Teilweise sind sie vielleicht auch durch die bei den verschiedenen Autoren verwendete Methodik bedingt.

Von welchen Faktoren sie sonst noch abhängen, läßt sich in vollem Umfange noch nicht übersehen. A priori wäre zu erwarten, daß die Gewächse sich einer Steigerung des osmotischen Druckes im Boden auch als Individuen anzupassen vermögen.

Daß dem in der Tat aber nicht so ist, haben Versuche von VAGELER und ALTEN (12, Teil VI, S. 269) gezeigt.

Sie teilen die folgenden Ziffern mit:

Änderung des mittleren osmotischen Druckes in at bei Steigerung der Konzentration der löslichen Salze.

Düngung	Baumwolle TW	Baumwolle VW	Baumwolle OD	Mais TW	Mais VW	Mais OD	Bersim TW	Bersim VW	Bersim OD
O	–	340	15,0	–	340	17,0	–	340	15,0
Volldung. (0,1 K)	18	322	15,0	14	326	19,0	18	322	15,0
Volldung. + je 0,1 Milliäquivalent Na, Mg, Ca.	11	329	35,0	14	326	28,0	16	324	20,5
Volldung. + je 10 Milliäquivalent Na, Mg, Ca.	233	107	35,0	249	91	28,0	(340)	–	20,5
Volldung. + je 25 Milliäquivalent Na, Mg, Ca.	nicht oder mangelhaft aufgegangen								
Volldung. (1,2 K) . . .	49	291	13,0	34	306	19,0	42	298	15,0
Volldung. + je 0,1 Milliäquivalent Na, Mg, Ca.	22	318	31,5	29	311	24,0	37	303	19,0
Volldung. + je 10 Milliäquivalent Na, Mg, Ca	245	95	30,0	(340)	–	20,5	(340)	–	20,5
Volldung. + je 25 Milliäquivalent Na, Mg, Ca	nicht oder mangelhaft aufgegangen								

TW = Totes Wasser. VW = Verfügbares Wasser. OD = Osmotischer Druck in at

Eine Steigerung des Wurzeldruckes durch die zunehmende Konzentration der Bodensalze findet nicht nur nicht statt, sondern eher ist eine Abnahme der Druckkräfte bei hohen Konzentrationen zu konstatieren. Von einer individuellen Anpassung der Kulturpflanzen an den Salzgehalt des Bodens ist nicht einmal andeutungsweise eine Rede, was zu der Tatsache paßt, daß bestimmten osmotischen Bodendrucken eben nur ganz bestimmte Arten oder Sorten der Kulturpflanzen gewachsen sind.

Fehlt also eine Variationsbreite des Wurzeldruckes gegenüber wechselnder Salzkonzentration, so ist sie dafür in einem sehr bemerkenswerten und praktisch wichtigem Ausmaß gegenüber der *qualitativen Zusammensetzung der Bodenlösung* vorhanden, wobei der Einfluß der Anionen hier zunächst außer Ansatz bleiben soll:

Änderung der mittleren osmotischen Drucke in at beim Wechsel der qualitativen Zusammensetzung des Ionengemisches.

Dungung in Milliaquivalent pro 100 g Boden	Totes Wasser cm³	Verfugbares Wasser cm³	Baumwolle at	Mais at	Weizen at	Bersim at
0	—	340	15,0	17,0	13,0	15,0
Grunddüngung			15,0	19,0	17,0	15,0
Grunddüngung + 0,1 K	10—15	325—330	15,0	19,0	20,5	15,0
Grunddüngung + 0,1 K + 0,1 Na	10—15	325—330	22,0	20,5	20,5	19,0
Grunddüngung + 0,1 K + 0,1 Na + 0,1 Mg	10—15	325—330	30,0	24,0	24,0	20,5
Grunddüngung + 0,1 K + 0,1 Na + 0,1 Mg + 0,1 Ca	10—15	325—330	37,0	28,0	28,0	20,5

Die qualitative Komplettierung des Ionengehaltes der Bodenlösung auch in einem Maße, das den ständigen Gehalt an verfügbarem Wasser praktisch noch in keiner wesentlichen Weise beeinflußt, läßt bei sämtlichen untersuchten Gewächsen den Wurzeldruck, der praktisch mit dem osmotischen Druck zusammenfällt, in die Höhe schnellen, wobei sich die einzelnen Ionen nicht nur, sondern auch die einzelnen Pflanzen gegenüber den einzelnen Ionen recht verschieden verhalten.

Diese Verschiedenheit ist wohl kaum als spezifisch zu betrachten, sondern ein Ergebnis der bei dem Versuch gewählten Reihenfolge des Kationenzusatzes.

Das Ergebnis läßt sich so formulieren, daß jeweils die am vollständigsten zusammengesetzte Bodenlösung die höchste Entwicklung osmotischen Saugdruckes in den Pflanzenwurzeln innerhalb der individuellen Variationsbreite der Pflanzen zur Folge hat.

Damit eröffnet sich ein neuer Gesichtspunkt für das Verständnis der speziellen Wirkungen des *Kalkes* und der *Kalkdüngung* in Böden mit hohen osmotischen Drucken. *Das Auftreten von Ca in der Bodenlösung erhöht den Wurzelsaugdruck, ohne gleichzeitig auch bei großen Gaben den Anteil des toten Bodenwassers zu vermehren,* weil die praktisch wichtigen Kalksalze sämtlich sehr wenig löslich sind, also als Bodenkörper verbleiben, die osmotisch ohne Einfluß sind. *Die Kalksalze bilden also, wenn sie nicht in ausreichendem Maße in der Bodenlösung vertreten sind — s. die obige Tabelle —, ein Mittel nicht nur zur Bodenmelioration, sondern auch zur direkten Erhöhung des nutzbaren Wasservorrates im Boden durch Vermehrung der Saugkraft der Pflanzenwurzeln.*

Wie verschieden je nach dem Wurzeldruck der angebauten Pflanzen der verfügbare Wasservorrat eines Bodens sich gestaltet und wie unzulässig es ist, wie bisher mit einem bestimmten *Durchschnittswert* des „*Welkungskoeffizienten*“, d. h. einem mittleren Vielfachen der Hygroskopizität oder sonst irgendwie festgelegten mittleren Prozentsatz des vorhandenen Bodenwassers als totes Wasser zu arbeiten, wird durch die mitgeteilten Zahlen schlagend illustriert.

Stets muß der osmotischen Individualität der angebauten Pflanzen zur Beurteilung des toten Bodenwassers Rechnung getragen werden, da sonst Fehlurteile nicht zu vermeiden sind.

Das gilt für die erwachsenen Pflanzen. Es gilt, und das ist ein sehr wichtiger Gesichtspunkt, aber auch für die *Keimung ihrer Samen.* Nach den Feststellungen HAFEKOSTS (198), die sich allgemein weitgehend bestätigt finden, ist *nämlich der osmotische Maximaldruck einer erwachsenen Pflanze auch der osmotische Maximaldruck, bei welchem der Samen der betreffenden Pflanze in einem Boden noch keimen kann. D. h. es ist dadurch der zur Keimung einer Saat und ihrer Entwicklung nötige minimale Wassergehalt eines jeden individuellen Bodens gegeben.*

Es wird nunmehr zu untersuchen sein, wie sich der Boden als Gegenspieler der Pflanzen hinsichtlich seiner Wasserlieferung an sie in der Natur verhält.

2. Wasserlieferung und Wasserbilanz der Böden.

SEKERA (337) faßt seine Anschauungen über die Bedeutung des Bodens als Wasserlieferant der Pflanzen in den folgenden Worten zusammen:

„Zur Ermittlung des nutzbaren Wasserdepots im Boden bedarf es zunächst der Bestimmung der Wasserkapazität im natürlich gewachsenen Boden. Von diesem Gesamtwasser ist aber nur ein Teil biologisch nutzbar, und zwar von den Bodenmikroben mehr als von der Pflanze. Die Wassernutzung der Mikroben ist ein statischer Vorgang und an ein Gleichgewicht zwischen Bodenfeuchtigkeit und Plasmaquellung gebunden. Die Wassernutzung der Pflanzen dagegen ist ein dynamischer Vorgang, denn die Saugkräfte der Pflanzenwurzel haben nicht nur die Wasserbindung im Boden, sondern auch noch jenen Widerstand zu überwinden, der aus dem Nachfließen des Wassers — der Wasserbeweglichkeit — erwächst. Das statisch nutzbare Wasser (‚Mikrobenwasser') ermitteln wir durch Trocknen des Bodens bei 96% relativer Luftfeuchtigkeit, d. h. durch Bestimmung der hygroskopischen Feuchtigkeit. Eine direkte Bestimmung des dynamisch nutzbaren Wassers (‚Pflanzenwasser' ist bisher nicht restlos geglückt, doch kann man auf Grund der Erfahrung sagen, daß rund 75% des statisch nutzbaren Wassers auch dynamisch, d. h. fur die Pflanzen nutzbar sind. Das für die Wasserversorgung der Pflanzen in Betracht kommende Bodenvolum ist durch den Wurzeltiefgang festgelegt (338)."

Die Summe des in einem Bodenprofil vorhandenen „Pflanzenwassers" bis zur Tiefe der Bewurzelung bezeichnet SEKERA als *Regenkapazität*, d. h. als „jene in Millimeter ausgedruckte Regenmenge, die der durchwurzelte Boden in nutzbarer Form aufzuspeichern vermag".

Ohne den grundsätzlichen in dieser Ansicht SEKERAS liegenden Fortschritt zur sachgemäßen Beurteilung der Wasserhaushaltung der Böden zu verkennen, muß festgestellt werden, daß der Formulierung mit der generellen Feststellung, daß erfahrungsgemäß 75% der statisch verfügbaren Wassermenge, die sich als Differenz des total möglichen und des hygroskopischen Wassers ergibt, im durchwurzelten Bodenvolum für die Pflanze nutzbar sein sollen, immer noch ein konventioneller und qualitativer Charakter anhaftet. Wie oben bereits eingehend auseinandergesetzt ist, kann gar keine Rede davon sein, daß für jede Pflanze auf jedem Boden statisch stets die Differenz vorhandenes oder mögliches Wasser weniger hygroskopisches Wasser verfügbar wäre. Vielmehr ist bei gleichem Wassergehalt der fur jede Pflanze und jeden Boden verfügbare Wasseranteil je nach dem Saugdruck der Wurzeln der Pflanzenart und den individuellen Bodeneigenschaften, die den Betrag des toten Wassers bedingen, ganz verschieden. Ferner trifft die Annahme, daß stets 75% des statischen Wassers im Wurzelraum auch für die Pflanze dynamisch verfugbar wäre, wie VAGELER und ALTEN (12, Teil IV—VIII) an vielen Beispielen gezeigt haben, in keiner Weise allgemein zu. Er ist weitgehend zutreffend nur für mittlere Böden des gemäßigten Klimas, wo er bei Salzböden allerdings auch bereits versagt, in keiner Weise aber für die schweren Böden der Tropen und Subtropen, wo teilweise nur ganz verschwindende Anteile des statisch verfügbaren Wassers auch dynamisch für die Pflanzen nutzbar sind.

Die oben gegebenen Ausführungen über das Verhalten polydisperser Systeme zum Wasser geben jedoch das Mittel an die Hand, die prinzipiell sehr wertvollen Formulierungen SEKERAS weitgehend zu verfeinern und zu einer praktisch für alle Böden, gleichgultig, welches ihre individuellen Eigenschaften sind, ausreichenden Beurteilungsgrundlage zu machen.

VAGELER und ALTEN haben in Übereinstimmung mit SEKERA drei Bestimmungsstücke des Wassers im Boden unterschieden:

1. das im Profil eines Bodens mögliche Wasser W_M,

2. das im Profil eines Bodens bis zur Bewurzelungstiefe statisch verfügbare Wasser W_{St}, das außer vom Boden von der Pflanzenart abhängt,

3. das im Profil eines Bodens bis zur Bewurzelungstiefe dynamisch verfügbare Wasser W_D,

die sämtlich durch die *Verdunstung des Bodens* modifiziert werden, da naturgemäß nur das Wasser im Boden für die Pflanzenwurzeln in Frage kommt, das ihn nicht als Wasserdampf in die Atmosphäre verläßt.

Das mögliche Wasser eines Bodenprofiles, W_M, ist scheinbar identisch mit dem, was SEKERA als Wasserkapazität des betrachteten Bodenvolums bezeichnet. Diese Wesensgleichheit geht aber nur bis zu einem gewissen Grade. Auch wenn man den viel umstrittenen älteren Begriff der Wasserkapazität an laboratoriumgemäß präpariertem Boden völlig außer Betracht läßt, und mit SEKERA unter Wasserkapazität das Wasserhaltungsvermögen des gewachsenen Bodens betrachtet und dieses in ohne Störung der Struktur des Bodens bestimmt, decken sich die Begriffe nicht vollkommen, mindestens nicht in allen Fällen. Mag man nämlich die zu untersuchende Bodensäule so lang machen, wie man will — und technische Schwierigkeiten setzen hier sehr schnell eine nicht zu überschreitende Grenze —, *so muß stets die durch Wassersättigung einer Bodensäule ermittelte Wasserkapazität einen Zufallswert umschließen, der sie bald zu groß, bald zu klein gegenüber den Verhältnissen in der Natur erscheinen läßt.*

Dieser Zufallswert ist das im strengen Wortsinne kapillar gehaltene Wasser, das als solches im spannungsfreien Porenvolum dem Einfluß der Schwere unterliegt. ZUNKER (l. c. S. 131) sagt mit Recht, daß die *Methode der Bodensäulen* als Normalmethode zur Bestimmung der Wasserkapazität eines Bodens *in der Natur unbrauchbar* ist und im natürlich gelagerten Boden je nach dessen Feuchtigkeitsgehalt ganz verschiedene Zufallswerte ergibt. Denn das kapillar gehaltene Wasser ist im Boden in der Natur alles andere als eine stationäre Größe, vielmehr ständig in mehr oder weniger langsamer Bewegung nach unten, falls eine solche Bewegung möglich ist. Das letztere hängt einmal ab von der *Anwesenheit undurchlässiger Lagen,* auf welchen das Wasser staut oder wo solche nicht vorhanden sind, vom *Feuchtigkeitsgehalt der Untergrundschichten* und ihrer Wasserbeweglichkeit, der *Höhe der hydrostatischen Drucke* im Boden usw. Tragen schon diese Umstände eine Unsicherheit in den Begriff der Wasserkapazität als Wasserfassungsvermögen nicht nur einer Bodenschicht, sondern sogar eines ganzen Profiles, so wird diese Unsicherheit noch erheblich vermehrt, wenn es sich um quellbare Böden handelt und etwa beim Stauen auf einer undurchlässigen Bodenlage ein *Auftriebseffekt* des Wassers in Frage kommt.

Die *Wasserkapazität im gewöhnlich gebrauchten Wortsinne* als die Wassermenge, die ein bestimmtes Bodenvolum zu fassen vermag, ist, auch wenn sie im gewachsenen Boden bestimmt wird, durchaus keine physikalische Bodenkonstante, wie KOPECKY will (339), sondern, man mag sie bestimmen wie man will, *ein Zufallswert* von vorübergehendem Charakter, wie ZUNKER es bereits klar auseinandergesetzt hat.

Die Wasserkapazität im gewöhnlichen Wortsinne bemüht sich, einen *Maximalwert* des Bodenwassers, nämlich die Summe des unter dem Einfluß der Bodensubstanz und des zwischen ihr bestehenden, kapillar gehaltenen, Wassers zu erfassen, ohne zu bedenken, daß Quellung und gegenseitige Bewegung der Teilchen, auch wenn man von dem Absinken des Wassers im spannungsfreien Porenvolum absieht, die ermittelbaren Werte ständig ändern müssen. Die Erkenntnis dieser Tatsache hat, zur Einführung des Begriffs der *Minimalen Wasserkapazität,* gleichbedeutend mit dem „*moisture equivalent*“ von BRIGGS und MCLANE (340) und der „*Maximalen molekularen Wasserkapazität*" LEBEDEFFS (341) geführt, die oben bereits als *diejenige Wassermenge* definiert ist, *die ein polydisperses System unabhängig von der Lagerung seiner Teilchen durch die ihm eigenen Kraftfelder entgegen dem Einfluß der Schwere unter allen Umständen festzuhalten vermag* (S. 111):

$$C_{\min} = 2{,}2\,\Sigma K$$

bei Zugrundelegung eines allgemeinen Druckgradienten der dritten Potenz, der für die meisten praktischen Zwecke genügt.

Die der minimalen Wasserkapazität im definierten Sinne entsprechende Wassermenge ist das Minimum an Wasser, das eine gegebene Bodenmenge ohne Einwirkung äußeren Drucks festhält, sie ergibt aber, und das ist vielfach übersehen, durchaus nicht die *mögliche Wassermenge* eines Bodenprofils in der Natur.

Das könnte nämlich nur dann der Fall sein, wenn das auf 100 g Trockensubstanz bezogene Porenvolum genau der minimalen Wasserkapazität numerisch entspricht. Wegen der verschiedenen Lagerungsfestigkeit der Böden als Ergebnis ihrer mechanischen Zusammensetzung und im Profil wegen des durch die Bodentiefe bedingten Druckes wird das aber nur ganz ausnahmsweise der Fall sein.

Grob disperse Böden, also im üblichen Sprachgebrauch sog. leichte Böden, haben im allgemeinen ein ihre minimale Wasserkapazität übersteigendes Porenvolum und damit einen höheren möglichen Wassergehalt. Hier bedeutet die minimale Wasserkapazität in der Tat das *im Minimum* nach Wasserzufuhr mögliche Wasser, das durch Einbeziehung des verbleibenden Porenvolums zeitweise bei starker Wasserzufuhr zum Boden überschritten werden kann. *Fein disperse Böden dagegen werden in tieferen Bodenschichten bei geringem Porenvolum und großer minimaler Wasserkapazität die dieser entsprechende Wassermenge unter dem Druck der oben liegenden Schichten gar nicht mehr aufnehmen können.* Das im Boden mögliche Wasser ist also im ersteren Falle größer, im letzteren Falle kleiner als die minimale Wasserkapazität, wenn man es auf das gesamte Profil rechnet. Nur wenn ein *Auftriebseffekt* beim Vorhandensein einer undurchlässigen Lage in Wirkung tritt, kann auch bei schweren Böden das mögliche Wasser weit die minimale Wasserkapazität überschreiten: der Boden verwandelt sich dann in Schlamm und verliert seinen Bodencharakter. Das mögliche Wasser wird in dem Fall fein disperser Böden dann praktisch ∞ und hört auf, ein Objekt der bodenkundlichen Betrachtung zu sein.

Sieht man von dem *Luftgehalt* der Böden zunächst ab, der weiter unten seine Behandlung erfahren wird, so ist bei einem keinen Auftrieb auf undurchlässiger Schicht zeigenden Profil auf jeden Fall das als Dauerzustand unabhängig von der Wasserbewegung im spannungsfreien Porenvolum mögliche Wasser im Maximum gleich der minimalen Wasserkapazität $C_{\min}$, so lange diese das minimale Porenvolum $P_{\min}$ des Bodens in festester Lagerung nicht übersteigt, wie es oben (S. 109) definiert ist. Ist das minimale Porenvolum kleiner als die minimale Wasserkapazität, beide Größen auf 100 g Trockensubstanz bezogen, so wird allgemein als Ergebnis der Quellungsdrucke auf 100 g Boden bezogen

$$\boldsymbol{W_m = P_{\min} + k \cdot (C_{\min} - P_{\min})}, \qquad \text{(XVIII)}$$

in welcher Gleichung sich die Konstante k erfahrungsgemäß mit guter Annäherung an die Verhältnisse in der Natur unter Zugrundelegung der Zunahme nach der zweiten Potenz des Abstandes von der in ungefähr 150 cm Bodentiefe liegenden Schicht mit minimalem Porenvolum bei Mineralböden berechnet. Für Humusböden gelten diese Ableitungen nicht oder doch nur sehr roh genähert.

Die für die verschiedenen Bodentiefen in Frage kommenden Werte von k sind aus der nebenstehenden Abb. 28 zu entnehmen.

Für praktische Zwecke erfolgt die Bodenprobenahme gewöhnlich (s. Anhang) in der Weise, daß bei gleichmäßigen Böden von 30 zu 30 cm, bei kompliziertem

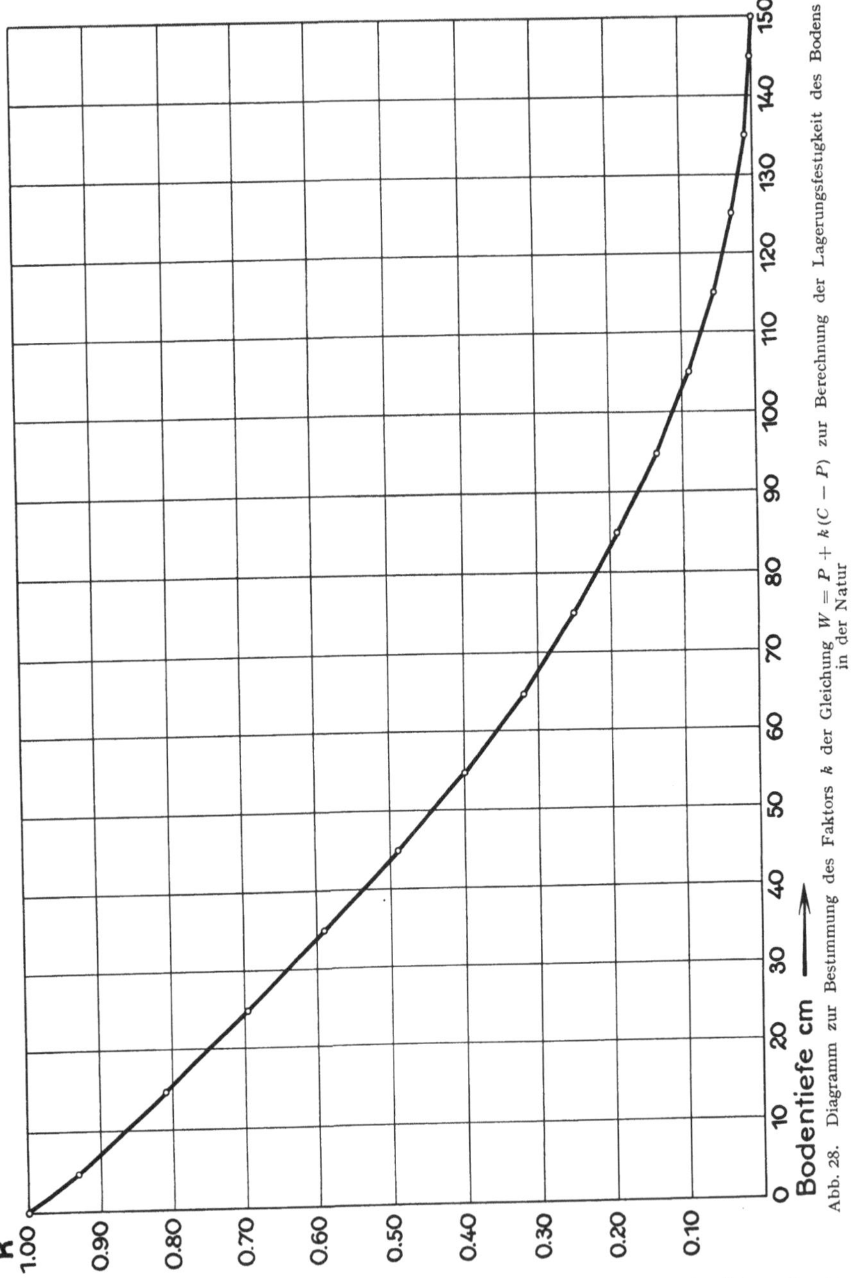

Abb. 28. Diagramm zur Bestimmung des Faktors k der Gleichung $W = P + k(C - P)$ zur Berechnung der Lagerungsfestigkeit des Bodens in der Natur

Profilbau von jeder Schicht ein Schichtmuster genommen wird. Für die Berechnung des möglichen Wassers jeder Schicht ist dann zweckmäßig, wenn diese nicht dicker als 30 cm ist, *das k der mittleren Schichttiefe* von der Oberfläche aus gemessen unter Benutzung des für die Schicht geltenden minimalen

Porenvolums und der minimalen Wasserkapazität zugrunde zu legen. Dickere Schichten sind rechnerisch zu unterteilen. Bei genauer Rechnung wird man bis auf 10 cm-Schichten herunterzugehen haben.

Den Übergang von den auf 100 g Trockensubstanz bezogenen Analysenwerten auf m^3 Wasser oder Porenvolum und 100 ts Bodensubstanz je Hektar geben die folgenden Gleichungen, wenn m das Vielfache der Einheit von 100 ts Boden in trockenem Zustande ist:

$$\textbf{Mögliches Wasser:}\quad W_M = m \cdot W_m \ \mathrm{m^3/ha}. \qquad \text{(XIX)}$$

Nennt man v das leicht zu bestimmende Volumgewicht des Bodens in natürlicher Lagerung und bezieht m statt auf Vielfache von 100 ts Trockensubstanz auf cm Bodentiefe, so wird:

$$W_M = m \cdot v \cdot W_m \ \mathrm{m^3/ha}. \qquad \text{(XX)}$$

Kennt man das Volumgewicht des Bodens in den einzelnen Schichten nicht, sondern nur das Volumgewicht bei festester Lagerung, das bei jeder Analyse ermittelt wird (s. Untersuchungsmethoden), so muß das Volumgewicht der Schichten, wo es um eine genaue Rechnung geht, rückwärts aus den gegebenen Formeln ermittelt werden. Da es sich stets nur um eine Näherungsrechnung handelt, wird man unbedenklich bei Mineralböden im Durchschnitt mit $v = 1{,}3$ rechnen können, ohne ernsthafte Fehler zu begehen.

Es leuchtet ein, daß sich an der Hand der gegebenen Gleichungen die *Wasserverteilung im Boden* und die totale Aufnahmefähigkeit eines Profiles für Wasser angenähert ermitteln läßt. Daß fur nichtbearbeitete Böden Rechnung und Beobachtung sich so befriedigend decken, wie es dem Näherungscharakter des Vorgehens entsprechend nur erwartet werden kann, zeigen die folgenden im Sudan ermittelten Ziffern:

Von der Versuchsstation Wad Medani wurde ein leider nur in der Nachbarschaft genau auf seinen Profilbau untersuchter Boden mit einem Überschuß Irrigationswasser behandelt bis zur vollen Aufnahmefähigkeit.

In Anbetracht des Umstandes, daß für das bewässerte Profil die Daten des benachbarten Profils eingesetzt sind, ist die Übereinstimmung als gut zu bezeichnen.

Tiefe	C_{min}	P_{min}	Wassergehalt nach Bewässerung	
			gefunden	berechnet
cm	%	%	%	%
0— 30	55	14,9	45	45
30— 60	59	17,4	30	38
60— 90	48	21,8	22	28
90—120	55	19,5	23	23
120—150	46	20,4	26	21
150—180	51	20,4	22	20

Die Tabelle zeigt aber außer dieser Übereinstimmung noch etwas anderes. Als spannungsfreies Porenvolum ist oben (S. 124) die Differenz

$$\text{Porenvolum} - 0{,}96\,\Sigma K = P - \frac{1{,}76 \cdot \Sigma K}{\sqrt[3]{6{,}25}}$$

bezeichnet, also, da unter Vernachlässigung des Luftgehaltes das Porenvolum im Profil schwerer Böden mit $C_{min} > P_{min}$ identisch mit der Größe W_m ist, für die einzelnen Profillagen

$$\text{Spannungsfreies Porenvolum} = W_m - 0{,}96\,\Sigma K = W_m - 2\,\mathrm{Hy}.$$

Das obige Profil hat nun im Durchschnitt aller Bodenlagen eine Hygroskopizität von = 12%.

Ein Blick auf die Tabelle lehrt, daß unterhalb 1 m Bodentiefe überhaupt kein spannungsfreies Porenvolum mehr existiert, d. h. es muß praktisch unmöglich sein, daß Wasser, und sei seine angewendete Menge noch so groß, tiefer als 1 m in einen derartigen Boden eindringt, sobald die Untergrundschichten bis zum möglichen Wassergehalt gesättigt sind.

In voller Übereinstimmung mit den theoretischen Ableitungen ist das im ganzen Gebiete tatsächlich der Fall. Überall herrscht, wo eine ähnliche Profilbildung vorliegt, in ± 1 m Tiefe der gleiche konstante Wassergehalt von der ungefähren Größe des möglichen Wassers und langdauernde Überstauung führt zwar zur Verschlammung der Oberflächenschichten, hat jedoch kein tieferes Eindringen des Wassers in den Boden zur Folge, *der dementsprechend auch undrainierbar ist.*

Die große praktische Bedeutung der besprochenen Feststellungen für viele Fragen der Kulturtechnik auf schweren Böden leuchtet ohne weiteres ein. Nur eine Vermehrung des W_m oder, was dasselbe ist, des Porenvolums der unteren Schichten kann zu einer Vermehrung des möglichen Wassers im ganzen Profil und zur Drainierbarkeit führen. *Eine solche aber ist dauernd nur möglich durch Änderung der Materialkonstanten der Bodensubstanz in den tieferen Schichten, speziell des Betrages der Hydratation, die sich nur durch Einführung wenig hydratisierter Ionen in die Komplexe erzwingen läßt. Eine mechanische Lockerung kann zwar vorübergehend Wandel schaffen, muß aber in ihrem Effekt in verhältnismäßig kurzer Zeit zurücklaufen, wie es jede Erfahrung mit Tiefkultur schlagend lehrt.* Die bisher gründlichsten Versuche in dieser Richtung sind, wie bereits oben S. 246 erwähnt ist, von der Versuchsstation *Wad Medani* mitgeteilt, deren Ergebnis Abbildung 27 wiedergab, die bezüglich der Wirkung des Ca keiner Erläuterung bedarf.

In den Krumenschichten von Ackerböden, die einer vielmaligen Lockerung unterworfen sind, herrschen naturgemäß Verhältnisse, die sich der allgemeinen Berechnung entziehen. Hier ist das Porenvolum *künstlich* vermehrt, d. h., der Boden ist künstlich leichter gemacht und kann seiner Lockerung entsprechend *mehr* Wasser enthalten, als den Gleichungen entspricht. Unterhalb der Pflugtiefe dagegen dürften alle Böden die erörterten Verhältnisse zeigen, vorausgesetzt, daß unbeschränkt Wasser vorhanden ist.

Das ist nun allerdings selbst in Irrigationsgebieten, in welchen das Wasser einen sehr wesentlichen Kapitalaufwand bedeutet, nur ausnahmsweise der Fall. In Regenfallgebieten kommt ein Wasserüberschuß allenfalls in den regenreichsten Gegenden der Tropen in Frage. Wie sich die einzelnen Regenfälle auf das Profil verteilen, ist nach den obigen Gleichungen einfach zu berechnen, wenn man bedenkt, daß unter dem Zug der bisher nicht berücksichtigten osmotischen Kraftfelder das Wasser das Bestreben haben muß, sich mindestens bis zur Sättigung des Bodens bis zum lentokapillaren Punkt, also bis zu einem Wassergehalt von rund dem Doppelten der Hygroskopizität im Boden zu verteilen und daß im übrigen bei freiem Abzug nach unten als Dauerzustand nicht mehr als die minimale Wasserkapazität, also das 4—5fache der Hygroskopizität, im Boden gehalten werden kann. *Bei trockenerem Untergrunde ist also auch die Sättigung bis zur minimalen Wasserkapazität kein Dauerzustand.*

Damit ist nunmehr die mit dem möglichen Bodenwasser in engstem Zusammenhang stehende Frage der *Luftkapazität* der Böden berührt.

Bei der Parallelität von osmotischem Druck und Quellungsdruck wird man kaum in der Annahme fehl gehen, daß Luft im Boden nur im spannungsfreien Porenvolum nach der hier benutzten Definition möglich ist, mindestens soweit sie sich nicht im Bodenwasser in Lösung befindet oder evtl. an den Teilchen sorbiert ist.

Kopecky (342) gibt in Volumprozenten des Bodens als für das normale Gedeihen verschiedener Kulturpflanzen nötig die folgenden Ziffern des Luftgehaltes an, denen die auf 100 g Trockensubstanz berechneten Kubikzentimeter beigefügt sind:

für Sumpfgräser .	6—10 Vol.-%	4— 5,5 cm³ je 100 g
„ Weizen	10—15 „	6,5— 7,0 „ „ 100 „
„ Hafer .	10—15 „	6,5—10,0 „ „ 100 „
„ Gerste .	15—20 „	10,0—13,3 „ „ 100 „
„ Zuckerrüben	15—20 „	10,0—13,3 „ „ 100 „

Unterhalb 6 Vol.-% Luft im nassen Boden entsprechend rund 4 cm³ je 100 g Trockensubstanz sind nach diesem Autor in bester Übereinstimmung mit der praktischen Erfahrung Meliorationsmaßnahmen unbedingt erforderlich.

Dieser Zusammenhang läßt sich auch so ausdrücken, daß unterhalb eines luftgefüllten Porenvolums von 4 cm³ je 100 g im Boden eine normale Lebenstätigkeit der Pflanzenwurzeln nicht mehr möglich ist.

Mit der obigen Feststellung zusammengehalten, daß nur im spannungsfreien Porenvolum ein Luftgehalt möglich ist, ergibt sich die Folgerung, daß alle Böden und Bodenschichten für die Pflanze nicht nutzbar sind, die nicht mindestens 4 cm³ spannungsfreies Porenvolum je 100 g Trockensubstanz enthalten.

Diese Folgerung wird, man darf sagen, in überraschend weitgehender Weise, durch Erfahrungen in ariden Irrigationsgebieten bestätigt, wo die Kulturpflanzen trotz sonst großer Bodengüte mit keinem Mittel zum Gedeihen zu bringen sind, sobald der Untergrund viel Na-Ton mit entsprechend geringem spannungsfreiem Porenvolum enthält. So scheiden z. B. in der *Gezira* riesige Strecken des Bewässerungsgeländes als „Senkenböden“ von der Kultur als wertlos aus, *weil trotz guten Wasserhaushaltes auch der tieferen Schichten die Wurzeln nicht in die Tiefe dringen,* die als Hauptunterschied zu benachbarten sog. Höhen-Böden ein spannungsfreies Porenvolum nicht besitzen. Leider reicht das zur Zeit vorliegende Beobachtungsmaterial zur Frage noch nicht aus, um zu einem völlig abschließenden Urteil zu kommen.

Sehr ungeklärt ist vorläufig die Frage der *Wasserverdunstung der Böden,* die die Menge des Bodenwassers in um so einschneidenderer Weise beeinflußt, je wärmer das Klima ist. Daß seit SCHÜBLER (343) die zahlreichen Untersuchungen vieler namhafter Forscher: ESER (344), EBERMAYER (345), WOLLNY (344), RAMANN (348), um nur einige ältere Autoren zu nennen, KRUEGER (346), HELBIG (347), MITSCHERLICH (349), LEBEDEFF (350) u. a. und in neuester Zeit namentlich die Arbeiten der amerikanischen Versuchsstationen noch zu keinerlei abschließenden Ergebnissen geführt haben, so daß die ganze Frage noch durchaus im Fluß ist, kann nicht überraschen.

Die Verdunstung des Wassers aus dem Boden hängt ja nicht allein von den ständig wechselnden klimatischen Faktoren, insbesondere dem Sättigungsdefizit der Luft, ab, sondern in sehr hohem Maße von den individuellen Eigenschaften des Bodens selbst, die wiederum durch etwa vorhandene Pflanzenbestände weitgehend modifiziert werden, indem diese einmal die Bodenoberfläche vor Verdunstung schützen, auf der anderen Seite aber die tieferen Bodenschichten durch Wasserentnahme durch ihre Wurzeln erschöpfen.

Als feststehendes Resultat der Versuche wurde es lange Zeit betrachtet, daß Bodenlockerung die Verdunstung des Bodens wirksam herabsetzt. Auch gegen diese Anschauung mehren sich die Stimmen der Gegner, die den wassersparenden Einfluß der Lockerung viel weniger in der Unterbrechung der Wasserleitung in der gelockerten Krume als vielmehr im Fernhalten des wasserverbrauchenden Unkrauts sehen.

Es würde zu weit vom Thema abführen, auf die umfangreiche Literatur über diese wichtige Frage einzugehen. Es muß vielmehr genügen, die vom hier vertretenen Standpunkt aus geltenden Gesichtspunkte zu fixieren und zu, wenn auch äußerst rohen, Schätzungswerten der Bodenverdunstung zu gelangen.

Nimmt man einen wassergesättigten Boden ohne Pflanzenbestand als gegeben an, der sich unter beliebigen klimatischen Bedingungen befinden möge, so läßt sich die Frage, welche Faktoren seine Wasserverdunstung beeinflussen, allgemein vielleicht wie folgt beantworten:

Aus der engen Beziehung von Dampfdruck und osmotischem Druck folgt ganz allgemein, *daß ein Boden um so mehr verdunsten muß, je nasser er ist,* d. h. je geringere osmotische Kräfte im Bodenwasser und im Schwarmwasser für die die Verdunstung bewirkenden Agentien zu überwinden sind. Ist die Oberfläche erst einmal ausgetrocknet, was bis zum Gleichgewicht des Dampfdruckes des Bodens mit dem Dampfdruck der Atmosphäre im äußersten Falle erfolgen kann, so muß die *Verdunstung des Bodens als Ganzes abhängig sein von der Schnelligkeit der Wasserzuleitung zur Oberfläche,* also von seiner Wasserbeweglichkeit, die ihrerseits eine Funktion des sich ausbildenden *osmotischen Druckgefälles* und der *Lagerungsdichte* ist. An der Bodenoberfläche werden allerdings die Verhältnisse durch den Gasaustausch weitgehend kompliziert. Im großen und ganzen müssen Böden mit großer Wasserbeweglichkeit am tiefsten und schnellsten austrocknen, Böden mit geringer Wasserbeweglichkeit am wenigsten und am langsamsten. Tatsächlich kann man unter sonst gleichen Verhältnissen den größten Wasserverlust bei Lehm mit hoher Wasserbeweglichkeit und den geringsten bei Sanden und Ton mit geringer Wasserbeweglichkeit beobachten, welches letztere so weit geht, daß in ariden Irrigationsgebieten eine oberflächliche Tonschicht bei leichterem Untergrunde geradezu als die ideale Bodendecke betrachtet wird.

Jede Maßnahme, die die Wasserbeweglichkeit der Krumenschicht herabsetzt, muß für das Profil wassersparend wirken und umgekehrt muß eine Vermehrung der Wasserbeweglichkeit der Krumenschicht zum Wasserverlust führen. Eine *Herabsetzung der Wasserbeweglichkeit in der Krumenschicht* kann durch ihre Umwandlung in einen trockenen, durch Lufthüllen der Einzelteilchen hohen Benetzungswiderstand bietenden *Mulch* geschehen, weil dadurch die enge Berührung der Bodenteilchen wirkungsvoll vermindert und die Zahl der Brücken, wenn man so sagen darf, auf welchen das Wasser von einem Teilchen zum andern wandern kann, stark reduziert wird. Ein ähnlicher Gesichtspunkt gilt für *tote Bodendecken* und ihre bekannte Wirksamkeit.

Das, was man gewöhnlich unter Bodenlockerung versteht, *kann* zu diesem Erfolge führen, braucht es aber durchaus nicht immer zu tun, woraus sich wohl die widersprechenden Ansichten über den wassersparenden Erfolg der Bodenbearbeitung ungezwungen erklären. Wird nämlich die vollendete Mulchung nicht erzielt, sondern der Boden nur gelockert, so wirkt das nicht etwa erniedrigend, sondern erhöhend auf die Wasserbeweglichkeit ein, weil zwar durch die Lockerung in jedem Falle die Zahl der Wasserbrücken vermindert wird, aber in noch sehr viel höherem Grade auch die der Wasserbewegung entgegenstehende Reibung des Wassers im Boden. Das läßt sich experimentell einfach demonstrieren:

Boden-Nr	Steighohe	q	Charakter
B. 12 sehr locker	699	27	Lehm
B. 12 „ fest	505	79	„
O. 14 „ locker	353	11	Sand
O. 14 „ fest	416	32	„
O. 22 „ locker	118	100	Ton
O. 22 „ fest	92	727	„

Der q-Wert ist überall stark durch die Lockerung erniedrigt, d. h. die Schnelligkeit der Wasserbewegung ist durch den Wegfall vieler Reibungswiderstände auf allen Böden erhöht. Die Steighöhe aber ist sehr bezeichnenderweise nur bei den mittleren und schweren Böden durch die Lockerung merklich, wenn auch keineswegs in dem gleichen Maße wie die Geschwindigkeit der Wasserbewegung gestiegen. Beim Sand, in welchem Reibungswiderstände von vornherein bei der Wasserbewegung keine Rolle spielen, hat das feste Zusammenpressen, das ja einer Konzentration der osmotisch wirksamen Substanzen gleichkommt, die totale Steighöhe erhöht, wie es entsprechend auch beim Zusammenpressen eines gemulchten Bodens mit der Walze geschieht.

Welche Maßnahmen für den einzelnen Boden anzuwenden sind, um ihn auf das Minimum des Wasserverlustes durch Verdunstung zu bringen, muß vollständig von den individuellen Eigenschaften des Bodens abhängen, so daß sich hierfür ebensowenig allgemeingültige Vorschriften geben lassen wie für irgendeine andere Maßnahme.

Aus allem geht hervor, daß selbst genaue Messungen der Verdunstung des Bodens nicht mehr als momentanen örtlichen Wert haben können, weil sich die Unzahl der mitwirkenden Faktoren nicht nur nicht übersehen läßt, sondern diese selbst in ständigem Wechsel begriffen sind. Es kommt daher auch den rohesten Schätzungswerten der Bodenverdunstung nur ein sehr beschränkter Wert zu. Als solche Schätzungen sind mittlere Wasserverluste vegetationsfreier Böden im ariden Klima bei mittlerem Wassergehalt von 20—30 m^3 pro Tag und Hektar und 2—5 m^3 je Tag und Hektar im gemäßigten Klima zu betrachten. Mehr wie eine Andeutung einer Größenordnung sind diese Zahlen nicht und können sie nicht sein.

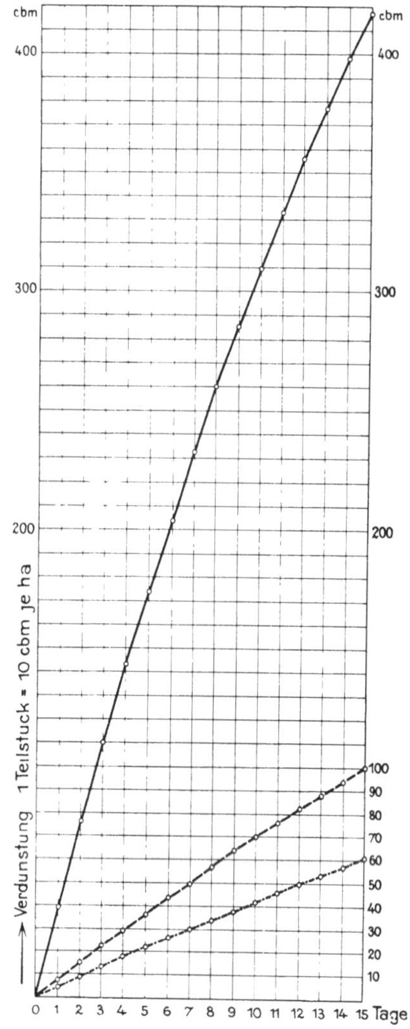

Abb. 29. Verdunstung von Tonboden nach voller Wassersättigung

Die Frage, *wie sich dieser Wasserverlust auf die einzelnen Schichten des Bodens verteilt*, ist unter Benutzung des Materials der Sudanversuchsstationen von VAGELER und ALTEN zu beantworten versucht (12, Teil VI). Die Verdunstung der Schichten 0—30, 30—60 und 60—90 cm verhielt sich je nach der Ausgangsfeuchtigkeit des Bodens sehr verschieden, für unendlich lange Zeiträume aber ungefähr wie 13 : 7 : 5,0, wobei die Verdunstung jeder Schicht der allgemeinen Hyperbelgleichung $y = \frac{x \cdot T}{x + qT}$ für die Zeit x als unabhängige Variable mit guter Annäherung folgte. Den Verlauf der Verdunstung während des Irrigationsintervalles von 15 Tagen gibt Abb. 29.

Welche Menge des möglichen Wassers eines Bodens als Verlust durch die Verdunstung in Anrechnung zu bringen ist, kann nur von Fall zu Fall unter sorgfältiger Würdigung aller Umstände entschieden werden.

Wie bereits mehrfach betont ist, ist konform mit den Anschauungen SEKERAS nun nicht etwa das sämtliche im Boden mögliche Wasser nach Abzug der Verdunstung auch für die Pflanzen nutzbar. Vom Betrag des nach dem obigen Grundsatze errechneten möglichen Wassers ist zunächst einmal der Betrag des „*toten Wassers*“ abzuziehen, welcher Begriff oben eingehend erläutert ist (S. 98).

Bezogen auf 100 g Bodentrockensubstanz berechnete sich bei Annahme eines Druckgradienten von der dritten Potenz im Schwarmwasser das tote Wasser

$$W_t = 1{,}76\,\Sigma K \cdot \pi^{-\frac{1}{3}} + 24{,}0\,\Sigma K_{\text{gelöst}} \cdot \pi^{-1}.$$

Bei Böden des gemäßigten Klimas ohne nennenswerten Salzgehalt ist der letzte Ausdruck der rechten Seite ohne Fehler zu vernachlässigen. Bei Böden mit mehr als 2—3 Milliäquivalent löslicher Base muß er dagegen berücksichtigt werden, und zwar um so mehr, je leichter die Böden sind. Was als ΣK_{gelost} d. h. als Summe der osmotisch wirksamen Korpuskeln in der Bodenlösung zu betrachten ist, hängt, wie oben bereits betont ist, vom Dissoziationsgrad der Bodensalze ab, der seinerseits mit dem Wassergehalt zusammenhängt. Für die meisten praktischen Zwecke wird es genügen, von den löslichen Salzen des Bodens nur Na, dieses aber völlig dissoziiert, also doppelt zu rechnen, so daß sich für Näherungsrechnung

$$\boldsymbol{W_t = 1{,}76\,\Sigma K \pi^{-1/3} + 48 \cdot \mathrm{Na}_{\text{gelöst}} \cdot \pi^{-1}} \qquad \text{(XXI)}$$

ergibt. π ist in der Gleichung der Wurzelsaugdruck des anzubauenden Gewächses, vermindert um das nötige Druckgefälle, das man im allgemeinen zu 3 at annehmen kann.

Bezeichnet man das statisch verfügbare Wasser mit W_{St}, so berechnet sich die absolut je Hektar verfügbare Menge zu

$W_{\text{St}} = m \cdot (W_m - W_t)$ m³ auf das Vielfache m von 100 ts bzw.

$W_{\text{St}} = m \cdot v \cdot (W_m - W_t)$ m³ auf m Zentimeter Schichtdicke bezogen.

Es liegt auf der Hand, daß bei sehr sorptionsstarken Böden bei Sättigung mit einwertigen Basen und speziell Na und auch bei hohem Salzgehalt der Klammerausdruck leicht Null oder gar negativ werden kann.

Wo das der Fall ist, ist, da der betreffende Boden oder die betreffende Bodenschicht dann physiologisch vollständig trocken ist, weil die Pflanzen kein Wasser daraus aufnehmen können, ein Pflanzenwachstum oder ein Eindringen der Wurzeln unmöglich, eine Annahme, die sich durch die Beobachtungen in der Natur ausnahmslos bestätigt. So liegt sie z. B. dem von Greene geprägten Begriff der „*Dichte des Profiles*“ zugrunde, d. h. der Annäherung derartiger Horizonte ohne statisch verfügbares Wasser an die Oberfläche, die den Wurzelraum wirkungsvoll nach unten begrenzen und damit weite Flächen arider Irrigationsgebiete entwerten. *Der Begriff des statisch verfügbaren Wassers ist also ein Kardinalwert der Bodenbeurteilung im allgemeinen und der Beurteilung von Irrigationsgebieten im besonderen,* dem die größte Aufmerksamkeit bei der Begutachtung von Profilen zu schenken ist.

Sekera nimmt als endgültig *dynamisch nutzbar* im Durchschnitt 75% des statisch verfügbaren Wassers an, das nach seiner Definition, die $(W_m - \mathrm{Hy}) = W_{\text{St}}$ entspricht, allerdings einen größeren Betrag ausmacht, als das hier definierte W_{St}. Es ist oben schon auseinandergesetzt, daß das zwar für die meisten mitteleuropäischen Verhältnisse, aber keineswegs allgemein zutrifft, weil im äußersten Falle, also im Maximum, von einer Bodenschicht nicht mehr nutzbar sein kann, als dem doppelten osmotischen Wirkungsradius Kr entspricht. Das bei voller Sättigung eines Profiles bis zum möglichen Wassergehalt effektiv verfügbare Wasser berechnet sich also in Verfeinerung des Sekera'schen Ansatzes für die einzelne Bodenschicht von m Zentimeter Dicke:

$$\boldsymbol{W_D = 2\,Kr \cdot m \cdot v\,(W_m - W_t)}, \qquad \text{(XXII)}$$

wo Kr in Zentimeter gerechnet ist.

Ist die Schichtdicke m in der Natur kleiner als der Wert $2\,Kr$, so ist natürlich nur die effektive Schichtdicke und ihr statisch verfügbarer Wasserinhalt als dynamisch verfügbar anzurechnen.

Einer besonderen Erörterung bedarf noch die Frage der *Auswertung eines Profiles.* Im allgemeinen wird man, wo eine scharfe Schichtung vorhanden ist, so daß die einzelnen Profilproben den Schichten entsprechen, die in jeder Einzelschicht verfügbaren Wassermengen bis zur Tiefe der Hauptwurzelverbreitung zu addieren haben, d. h. bis rund 1 m Tiefe, wobei für die tiefste Schicht, wenn diese sich unverändert nach unten fortpflanzt, das Doppelte der kritischen Schichtdicke auch dann in Ansatz zu bringen ist, wenn die Probe weniger Zentimeter als der doppelten kritischen Schichtdicke entspricht, umfaßt. Bei ungeschichtetem oder wenig geschichtetem Boden dürfte im allgemeinen eine Auswertung der zwei Schichten 0—30 und 30—60 cm mit der genannten Maßgabe ausreichend sein. Daß Schichten, die kein statisch verfügbares Wasser haben, stets die Grenze der Auswertung bedeuten, auch wenn darunter wieder Schichten mit verfügbarem Wasser kommen, versteht sich von selbst.

Die so gefundene Menge des dynamisch, evtl. unter Berücksichtigung der Verdunstung und des Luftgehaltes verfügbaren Wassers entspricht als *minimale nutzbare Wasserkapazität* dem, was SEKERA für den Spezialfall der Regenfallgebiete, allerdings unter Einrechnung des vorübergehend möglichen Kapillarwassers, die „*nutzbare Regenkapazität*" der Böden nennt, die dementsprechend im Gegensatz zur gegebenen Definition der minimalen nutzbaren Wasserkapazität einen *Maximalwert* bedeutet, der aus der minimalen nutzbaren Wasserkapazität durch einfache Zurechnung des noch verfügbaren Porenvolums erhältlich ist. Für schwere Böden fallen aus den erörterten Gründen die Regenkapazitat und die minimale nutzbare Wasserkapazität zusammen.

Die praktische Bedeutung der nutzbaren Regenkapazität zeigt das nebenstehende aus den Arbeiten SEKERAS entnommene Diagramm in Abb. 30.

Wie sich praktisch eine Wasserbilanz nach den vertretenen Gesichtspunkten gestaltet, zeigt die nebenstehende, von VAGELER und ALTEN übernommene Tabelle für drei aride Irrigationsprofile

Die Tabelle zeigt gleichzeitig, wenn man sich den Wasserbedarf der Kulturpflanzen vor Augen hält, wie er im vorhergehenden Kapitel erläutert ist, dreierlei:

Bodentiefe	Minimales Porenvolumen			Mögliches Wasser						Statisch verfügbares Wasser						Dynamisch verfügbares Wasser ohne Einrechnung der Verdunstung m³			m³ effektiv verfügbares Wasser nach Abzug der Verdunstung		
				Hohenboden I		Hohenboden II		Senkenboden		Hohenboden I		Hohenboden II		Senkenboden							
cm	Hohenboden I	Hohenboden II	Senkenboden	W_m %	W_M (pro Schicht)	W_m %	W_M (pro Schicht)	W_m %	W_M (pro Schicht)	W_{st} %	W_{st} (pro Schicht)	W_{st} %	W_{st} (pro Schicht)	W_{st} %	W_{st} (pro Schicht)	Hohenboden I	Hohenboden II	Senkenboden	Hohenboden I	Hohenboden II	Senkenboden
0—30	18,3	14,9	18,4	46,8	1656	45,3	1631	45,3	1631	23,3	824	22,9	824	23,2	835	618	511	835	310	251	435
30—60	15,5	17,4	21,0	39,5	1529	37,9	1498	37,9	1498	13,2	511	12,8	506	14,3	565	116	134	203	93	106	167
60—90	23,7	21,8	22,7	34,8	1434	28,3	1281	36,4	1468	6,6	272	2,9	131	11,9	480	53	97	54	41	53	48
90—120	17,6	19,5	25,0	21,8	1094	22,7	1122	29,5	1311	—	—	—	—	4,7	209	—	—	31	—	—	(31)
120—150	18,6	20,4	22,2	19,1	1004	20,7	1058	22,7	1122	—	—	—	—	—	—	—	—	—	—	—	—
150—180	21,9	20,4	20,8	21,9	1097	20,4	1048	20,8	1061	—	—	—	—	—	—	—	—	—	—	—	—
Summe der Kubikmeter pro Profil:					7854		7638		8091		1627		1461		2089	787	642	1123	444	410	681

1. daß es an der Hand derartiger Bilanzen möglich ist, in Irrigationsgebieten die *Menge des Irrigationswassers und die Größe der Irrigationsintervalle auf objektiver Grundlage* in sehr viel weitergehendem Maße den tatsächlichen Bedürfnissen der Pflanzen anzupassen, als es meistens selbst nach langjährigen und kostspieligen Versuchen der Fall ist, eine Möglichkeit, die praktisch von großer Bedeutung ist;

2. daß mit einer derartigen Wasserbilanz ein wertvoller *Maßstab zur objektiven Beurteilung von Irrigationsobjekten* gegeben ist, da sich im voraus in bisher nicht erreichter Weise übersehen läßt, ob ein Boden sich überhaupt zur rentablen Irrigation eignet oder nicht;

3. wo der *Hebel für die Melioration* anzusetzen ist.

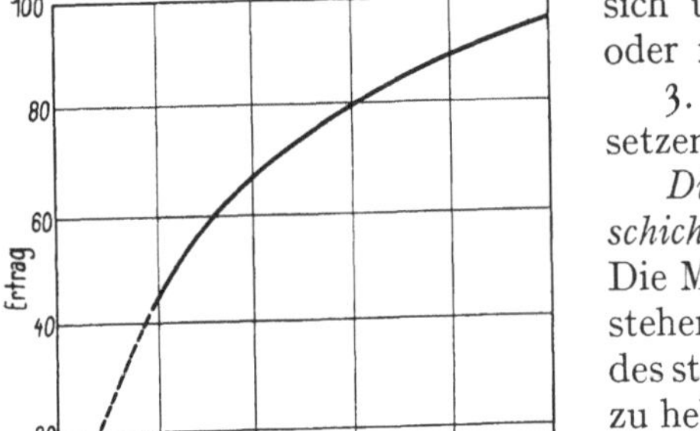

Abb. 30. Abhängigkeit des Ertrages von Gramineen von der Regenkapazität (nach SEKERAS).

Dieser Ansatzpunkt liegt in der Hauptwurzelschicht der Kulturpflanzen und im Untergrunde. Die Meliorierung kann sachgemäß nur darin bestehen, in der Hauptwurzelschicht den Betrag des statisch und dynamisch verfügbaren Wassers zu heben und den Untergrund zur Ermöglichung des Eindringens von Luft und etwaiger Dränage zu lockern.

Die Notwendigkeit der besonderen Berücksichtigung der Hauptwurzelzone und des tieferen Untergrundes für die Meliorierung leitet sich dabei aus dem Umstand her, daß der Wassergehalt der obersten 1—2 dm des Bodens in besonderem Maße den *Verlusten durch Verdunstung* unterliegt, die Wasserversorgung der Pflanzen also mit Sicherheit in der Hauptsache aus der Wurzelzone und dem anschließenden Untergrund erfolgt. Dieser Zusammenhang wird besonders deutlich in trockenen Gegenden, wo man in den obersten zwei Dezimetern des Bodens stets nur verhältnismäßig sehr wenige Wurzeln der natürlichen Flora findet, wie es sich nach dem ausgeführten auch von selbst versteht.

Meliorierung des Untergrundes durch chemische Mittel setzt bei der weitgehenden Festlegung aller meliorierend wirkenden Kationen in den Oberflächenschichten nun aber *die tiefe Unterbringung der Meliorationsmittel voraus,* um sie ihre Wirkung nicht bereits in den Krumenschichten verpuffen und durch starke Vermehrung der Wasserbeweglichkeit evtl. in ihr Gegenteil verkehren zu lassen.

Zu dieser letzteren direkten Gefahr der flachen Unterbringung der Meliorationsmittel kommt noch eine indirekte von nicht geringerer Bedeutung hinzu. Aus einer mit mehrwertigen Kationen behandelten Oberflächenschicht gelangen in erster Linie zum zu meliorierenden Untergrund zwar auch die Reste der angewendeten meliorierenden Kationen, falls solche vorhanden sind, *vor allem aber auch das an der Oberfläche mobilisierte Alkali. Bei wenig durchlässigen, Na-reichen Böden kann also eine unvorsichtige zu oberflächliche Unterbringung z. B. von Gips nicht nur keine Verbesserung des Profiles als Ganzes, sondern unter Umständen das genaue Gegenteil, nämlich eine Entstehung neuer oder Vermehrung bereits bestehender Na-reicher Illuvialhorizonte erzeugen.* Es unterliegt nur geringem Zweifel, daß zahlreiche auf den ersten Anblick unverständliche Mißerfolge chemischer Meliorationsmaßnahmen in ariden Ländern auf diesen Umstand zurückzuführen sind.

Diese Gefahr liegt dann in besonderem Maße vor, wenn auf einem Irrigationsboden eine Dränage fehlt oder wegen der Undurchlässigkeit der tieferen Horizonte praktisch nicht durchführbar ist. In diesem Falle kann jede Melioration chemischer Natur nur zu einem vorübergehenden Erfolge führen, der erst dann zu einem dauernden werden kann, wenn die Struktur des Untergrundes so weit verändert ist, daß eine Dränage in irgendeiner Form möglich ist.

Voraussetzung dazu ist, wenn man auch die Zusammenhänge zwischen dieser Größe und der zweckmäßigen Dränage oder Verbesserung im allgemeinen noch lange nicht in vollem Umfange übersehen kann, mit Sicherheit *die Erzwingung eines spannungsfreien Porenvolums im Untergrunde*, die sich nur durch Ersatz der Alkalien in den Komplexen durch mehrwertige Kationen erreichen läßt. Eine allgemeine Entscheidung, welche zwei- oder dreiwertigen Kationen dafür zweckmäßig in Frage kommen, laßt sich bei der Verschiedenheit der Böden nicht geben, wohl aber läßt sich diese unter Berucksichtigung der Komplexbelegung usw. des individuellen Bodens ohne Schwierigkeit fallen und nach den obigen Prinzipien die benötigte Menge an Meliorationsmitteln unter Berucksichtigung der erforderlichen Tiefenwirkung berechnen.

Wie verschieden sich die einzelnen Kationen hinsichtlich ihrer meliorierenden Wirkung auf verschiedenen Böden untereinander verhalten, zeigen die folgenden Ziffern:

Nr. 1 Boden behandelt mit 20 Milliaquivalent Kation als Chlorid.

	O	Na	K	Mg	Ca	Ba	Al	Fe
Endsteighohe *T*	46	58	108	120	115	149	188	68
Endsteighohe Prozent	100	127	237	264	253	328	414	150
1000 q	132	825	467	567	832	832	867	332
Kr	24	34	75	80	68	88	110	51

Nr. 2 Boden behandelt mit 20 Milliaquivalent Kation als Chlorid

	O	Na	K	Mg	Ca	Ba	Al	Fe
Endsteighohe *T*	50	83	80	54	39	53	73	82
Endsteighohe Prozent	100	106	160	108	78	106	146	164
1000 q	712	626	356	580	402	626	636	422
Kr	32	34	56	35	28	34	48	57

Es ist dabei im Auge zu behalten, daß die Meliorationswirkung jedes Kations eine relative, d. h von dem Bau der individuellen Komplexe abhängig ist, wie oben eingehend erörtert ist. *Ferner sind die physiologischen Wirkungen der einzelnen Kationen nicht zu vergessen*, auf welche hier, da die Behandlung dieser Frage nicht zum Thema gehört, nicht eingegangen werden kann. Das gilt in ganz besonderem Maße fur die drei- und mehrwertigen Kationen, bei welchen auch noch zu berucksichtigen ist, *daß ihre Salze nur bis zu bestimmten Reaktionsgrenzen moglich sind*, so daß unter Umstanden z. B. die meliorierende Wirkung von Aluminiumsalzen bei alkalischer Bodenreaktion nicht nur ausbleibt, sondern sich in ihr Gegenteil verkehren kann. Eine Andeutung davon zeigt schon die obige Tabelle in der relativen Wirkungslosigkeit des leicht ausfallenden Fe gegen Al. Der Forschung bleibt auf diesem Gebiete, dessen Wichtigkeit mit der Inangriffnahme schwerer Irrigationsböden in steigendem Maße sich von Tag zu Tag vermehrt, noch sehr viel zu tun

Da, wie oben auseinandergesetzt ist, das Fehlen von spannungsfreiem Porenvolum in einer Bodenschicht gleichbedeutend ist mit dem Fehlen von Luft, bedeutet jede, spannungsfreies Porenvolum erzeugende oder vermehrende Maßnahme eine Vermehrung der fur die Wurzeln nutzbaren Krumenschicht und damit des ackerbaulichen Wertes des Bodens in einem Maße, wie sie durch kein anderes Mittel zu erzielen ist.

Damit sie zur Wirkung kommt, ist allerdings die *Abfuhr der Alkalien und des uberschussigen Wassers durch Entwässerung* erforderlich, mag diese nun durch offene Gräben oder durch Drains geschehen.

Für beide Arten der Entwässerung ergibt sich die Frage, in welchem *Abstande* und in welcher *Tiefe* die Gräben oder Drainstränge zweckmäßig anzuordnen sind.

Qualitativ ist die Antwort einfach: *Draintiefe und Drainabstand bzw. Sohlentiefe und Grabenabstand sind so zu wählen, daß das Wurzelsystem des in Frage kommenden Gewächses oberhalb der Zone des geschlossenen Kapillarwassers seine volle natürliche Entwicklung finden kann.* Für Ackerkulturen werden heute, und zwar recht übereinstimmend in den verschiedensten Wirtschaftsgebieten der Erde, 1,25—1,50 m, für Wiesen und Weiden 60—80 cm als das praktische Optimum betrachtet (351). Flache Drains führen leicht zu großen Nährstoffverlusten, wie nach den obigen Ausführungen nicht mehr besonders begründet zu werden braucht.

Wie oben durch Abb. 19 illustriert ist, wölbt sich das geschlossene Kapillarwasser als oberster Teil des Grundwassers zwischen zwei freien Wasseroberflächen im Maximum um etwa zwei Drittel der Steighöhe in der Mitte über den „Grundwasserspiegel" empor. Der Anstieg zum Maximum der Steighöhe ist um so steiler, je undurchlässiger der Boden ist. Um eine wirksame Entwässerung auch in der Mitte zwischen zwei Dränsträngen oder Gräben zu erzielen, dürfen dementsprechend diese nur einen ganz bestimmten von der Durchlässigkeit des Bodens abhängigen Abstand haben.

Wie auseinandergesetzt ist, gibt es zur Zeit noch kein Verfahren, die Durchlässigkeit eines Bodens im Laboratorium, geschweige denn in der Natur auch nur mit einiger Genauigkeit richtig zu bestimmen. Es kann daher nicht wundernehmen, daß trotz aller Untersuchungen zur Frage die Bestimmung der im einzelnen Falle sachgemäßesten Drainentfernung zu den zur Zeit noch meist umstrittenen Aufgaben der Kulturtechnik gehört. Von den sog. „gefühlsmäßigen" Schätzungen der zweckmäßigen Drain- oder Grabenentfernungen, die nebenbei bemerkt bei verschiedener Beurteilung des gleichen Objektes nach einer Rundfrage des Commitee on Drainage bei 257 praktischen Drainagetechnikern von Ruf bei schwereren Böden bis 342% auseinandergingen, führt die Linie der Entwicklung über die *Bemessung der Drainabstände nach dem Gehalt an abschlämmbaren Teilen* $< 0{,}01$ mm durch KOPECKY (352), CANZ und FAUSER (346) über ZUNKER (353), der die *spezifische Oberfläche des Bodens* als Berechnungsgrundlage benutzt, zu den Versuchen, die *Hygroskopizität und Benetzungswärme* der Böden *als Maßstab der zweckmäßigen Dränentfernung* heranzuziehen.

Dieses zuerst von MITSCHERLICH (354) angeregte Verfahren hat neuerdings durch JANERT (355) eine erneute Nachprüfung gefunden. Dieser Autor gibt für europäische Böden die folgende Formel für die Drainentfernung E in Meter bei einer Draintiefe von 1,25 m an:

$$E = 30 - 10{,}96 \sqrt[3]{\cdot W_W},$$

in welcher W_w die Benetzungswärme von 1 g Boden bedeutet. Da 65 cal 1% Hy entsprechen, läßt sich die Gleichung auch schreiben:

$$\boldsymbol{E = 30 - 6{,}1 \sqrt[3]{\Sigma K}} \qquad \text{(XXIII)}$$

und damit auf die Komplexbelegung zurückführen.

In Anbetracht des Umstandes, daß die Durchlässigkeit des Bodens, wie ZUNKER bemerkt und sich aus den obigen Erörterungen ergibt, in erster Linie von der Größe des spannungsfreien Porenvolums im Boden abhängig sein muß, das zwar mit der Hygroskopizität in einem engen Zusammenhang steht, aber, da mit durch die individuelle Lagerung des Bodens bedingt, ihm nicht proportional ist, kann diese Gleichung bei aller Anerkennung ihres guten Zutreffens bei nicht extremen Böden als eine allgemeine Lösung noch nicht bezeichnet werden.

Allerdings wäre es verfehlt die Berechnung zu fein zu gestalten. Die Wirksamkeit der Drainage hängt außer von der Entfernung und Tiefe der Stränge noch so weitgehend vom Gefälle der Örtlichkeit und dem Material der Rohre usw. ab, daß es unmöglich erscheint, allen Faktoren gerecht zu werden. Man kann sich also mit Näherungswerten fur praktische Zwecke begnügen, wie sie die JANERTsche Formel in befriedigendem Maße zu liefern scheint.

Die Möglichkeit, Drains und Gräben statt zur Entwässerung zur *Bewässerung* durch Hebung des Grundwasserspiegels zu benutzen, was häufig vorteilhaft sein kann, sei nur erwähnt.

Die Hebung des Grundwassers wird in ariden Ländern gelegentlich auch zur *Entfernung von Bodensalzen* nach oben benutzt. Man kann mit Sicherheit sagen, daß ein solches Verfahren, Wasser von unten aus dem Boden zu pressen, wo es sich anwenden läßt, namentlich im Zusammenhange mit der Anwendung chemischer Meliorationsmittel in tieferen Schichten eine sehr viel weitere Anwendung verdient, als es heute der Fall ist. *Denn es kann nur geringem Zweifel unterliegen, daß ein sehr großer Teil der Schwierigkeiten und Mißerfolge bei ariden Bewässerungsböden, die durch Illuvialhorizonte, Verdichtung des Bodenprofils usw. eintreten, durchaus nicht in der Natur der Böden begründet, sondern durch unüberlegte Melioration und unzweckmäßige Versuche, die Salze nach unten zu entfernen, überhaupt erst geschaffen sind.*

Typische Beispiele dafür sind viele Gegenden des Nildeltas, in welchen durch die Bewässerung mit seiner zweiwertigen Basen beraubtem Wasser in großen Mengen und gleichzeitige starke Anwendung Na-haltiger Düngemittel usw. eine ernste Bodenfrage geradezu gezüchtet ist (12).

Die *sorgfältige Prufung der direkten und indirekten Auswirkung aller Düngungs- und Meliorationsmittel auf den Wasserhaushalt als Ergebnis der Basenaustauscherscheinungen ist jedenfalls bei allen Irrigationsanlagen zur Vermeidung späterer Verluste in ganz besonderem Maße anzuraten.*

VI. Der Boden als Nährstofflieferant und Nährstoffträger.

Grundsätzlich haben die zur Beurteilung des Bodens als Nährstoff- und speziell Basenlieferant gültigen Gesichtspunkte bereits in den vorhergehenden Kapiteln eine ins einzelne gehende Behandlung erfahren. Um zu einem einheitlichen Überblick über die Frage zu gelangen und insbesondere praktische Schlußfolgerungen zu ziehen, soll sie nunmehr noch im Zusammenhange behandelt werden.

Zuerst ist dabei, da *der absolute Nährstoffbedarf der Pflanzen bei der dynamischen Betrachtungsweise den einzigen Maßstab der Bodenleistung* abgibt, insofern, als nach diesem Nährstoffbedarf die Bodenlieferung zu beurteilen und die Düngung zu bemessen ist, die Frage zu beantworten, wie sich der totale Nährstoffbedarf der Pflanzen gestaltet. Hierüber existiert in den Aschentabellen und sonstigen tabellarischen Werken (356) ein so ausgiebiges Erfahrungsmaterial, daß es scheinbar genügen könnte, darauf zu verweisen. Leider haben die üblichen Tabellen jedoch einen großen Nachteil. Sie sind in Gewichtsprozent angegeben, einer Einheit, die für die Behandlung der hier vorliegenden Fragen denkbar ungeeignet ist, da sich sämtliche zwischen den Kationen bestehenden Beziehungen bei Verwendung dieser Bezugseinheit für den Boden ins Unübersehbare komplizieren und ihre verhältnismäßig große Einfachheit weitgehend verlieren würden.

In den nachstehenden Tabellen ist daher für eine Reihe wichtiger Kulturpflanzen der Nährstoffentzug in Kiloäquivalent der einzelnen Basen (unter Mitberucksichtigung von $PO_{4/3}$ und N) mitgeteilt, um einen direkten Vergleich mit der Lieferung des Bodens zu ermöglichen. In *Tabelle 1* ist der Gehalt *je 100 kg Trockensubstanz* enthalten. *Tabelle 2* gibt den Nährstoffentzug *je 100 kg Trockensubstanz marktfähiger Ware,* und zwar unter Einrechnung des Nährstoffentzuges durch Stroh usw. *Tabelle 3* schließlich gibt den *Nährstoffentzug durch Höchsternten einer Reihe wichtiger Kulturgewächse in Kiloäquivalent je Hektar,* wie er als Maßstab der Beurteilung der Bodenlieferung zugrunde zu legen ist.

Tabelle 1. Nährstoffentzug verschiedener Kulturpflanzen.

Name der Pflanze	Kiloaquivalente in 100 kg Trockensubstanz					
	N	PO	K	Ca	Mg	Na
Wintergerste, Korn	0,140	0,032	0,016	0,004	0,009	0,003
,, Stroh	0,050	0,009	0,030	0,021	0,006	0,019
Sommergerste, Korn	0,125	0,042	0,014	0,004	0,009	0,004
,, Stroh	0,041	0,010	0,025	0,014	0,006	0,019
Winterroggen, Korn	0,116	0,042	0,015	0,004	0,007	0,002
,, Stroh	0,038	0,013	0,025	0,012	0,006	0,004
Winterweizen, Korn	0,134	0,042	0,012	0,003	0,009	0,002
,, Stroh	0,038	0,010	0,022	0,012	0,007	0,002
Hafer, Korn	0,150	0,042	0,012	0,007	0,010	0,002
,, Stroh	0,067	0,006	0,011	0,052	0,009	0,011
Mais, Korn	0,134	0,028	0,009	0,001	0,011	0,0003
,, Stroh	0,063	0,015	0,041	0,021	0,015	0,002
,, Grünmais	0,104	0,024	0,046	0,029	0,032	0,010
Kartoffel, Knollen	0,091	0,024	0,051	0,004	0,012	0,003
,, Laub	0,093	0,027	0,079	0,155	0,050	0,014
Luzerne, grün	0,192	0,032	0,024	0,088	0,014	0,004
Bohnen, Ackerbohne	0,334	0,060	0,032	0,006	0,013	0,001
,, Stroh.	0,106	0,015	0,049	0,051	0,015	0,003
,, Gartenbohne	0,328	0,048	0,030	0,006	0,012	0,002
,, Stroh.	0,111	0,019	0,032	0,047	0,015	0,013
,, Sojabohne	0,381	0,049	0,030	0,007	0,014	0,001
,, Stroh.	0,100	0,015	0,012	0,061	0,029	0,003
Erbsen, Korn	0,304	0,049	0,031	0,004	0,007	0,001
,, Stroh	0,111	0,018	0,013	0,078	0,016	0,007
Gurken, ungeschalt	0,046	0,046	0,092	0,021	0,019	0,012
Wein, Traube	0,071	0,035	0,062	0,015	0,011	0,002
,, Rebholz	0,065	0,013	0,019	0,031	0,002	0,010
Zuckerruben, Rüben	0,057	0,014	0,021	0,009	0,010	0,009
,, Blatt	0,130	0,026	0,064	0,037	0,033	0,059
Futterrüben	0,113	0,025	0,074	0,009	0,017	0,040
,, Laub	0,225	0,036	0,056	6,060	0,073	0,170
Mohrenhirse, Korn	0,122	0,051	0,010	0,001	0,018	0,002
Zuckerhirse, ,, ...	0,126	0,021	0,006	0,001	0,013	0,005
Orangen	0,372	0,016	0,031	0,025	0,008	0,003
Bananen	0,362	0,009	0,038	0,001	0,009	0,003
Ananas	0,223	0,008	0,034	0,014	0,014	0,020
Olive	0,153	0,039	0,058	0,048	?	?
Erdnuß, Korn	0,369	0,042	0,021	0,003	0,002	0,001
,, Stroh.	?	0,033	0,007	0,004	0,010	0,004
Reis	0,011	0,0004	0,003			

Ein besonders bemerkenswerter Zug der mitgeteilten Werte ist, daß nicht nur die aus den auf Gewichtsprozente berechneten Aschenanalysen vertrauten großen Unterschiede im Bedarf an den einzelnen Basen sich weitgehend ausgleichen, sondern mit großer Schärfe auch in weitgehender Bestätigung der LOEWschen Anschauungen ein sehr markanter Unterschied im Kalk- und Magnesiabedarf der einzelnen Pflanzen hervortritt. Ein Umstand, der im Zusammenhange mit den entsprechenden Resultaten von LEMMERMANN, (398) ECKSTEIN, JESSEN, JAKOB, ALTEN u. a. (18) über die Verbreitung des Mg-Mangels und der Mg-Wirkung ein erheblich größeres Interesse verdient, als diese Frage bisher

Tabelle 2. Nährstoffentzug durch 100 kg Trockensubstanz marktfähiger Ware.

Name der Pflanze	Kiloäquivalente					
	N	PO_4	K	Ca	Mg	Na
Wintergerste	0,200	0,044	0,055	0,031	0,016	0,027
Sommergerste	0,182	0,056	0,049	0,024	0,017	0,031
Winterroggen	0,184	0,065	0,060	0,025	0,018	0,009
Winterweizen	0,201	0,060	0,051	0,033	0,021	0,006
Hafer	0,250	0,052	0,029	0,085	0,023	0,018
Mais	0,218	0,047	0,060	0,027	0,030	0,003
Kartoffel	0,122	0,033	0,077	0,056	0,029	0,008
Bohnen (Ackerbohne)	0,516	0,086	0,116	0,093	0,029	0,006
„ (Gartenbohne)	0,467	0,072	0,070	0,065	0,031	0,018
„ (Sojabohne)	0,501	0,067	0,044	0,080	0,049	0,004
Erbsen	0,482	0,078	0,052	0,121	0,033	0,012
Zuckerrüben	0,155	0,033	0,069	0,036	0,035	0,053
Futterrüben	0,166	0,033	0,087	0,023	0,034	0,080

Tabelle 3. Nährstoffentzug durch Höchsternte.

Frucht	Höchsternte dz/ha	Entzug Kiloäquivalent						Gesamtentzug Kiloäquivalent					
		N	PO_4	K	Ca	Mg	Na	N	PO_4	K	Ca	Mg	Na
Wintergerste.													
Korn	44	5,27	1,20	0,60	0,15	0,34	0,11						
Stroh	60	2,57	0,46	1,54	1,08	0,31	0,98	8,84	1,66	2,14	1,23	0,65	1,09
Sommergerste													
Korn	40	4,29	1,44	0,48	0,14	0,31	0,14						
Stroh	60	2,11	0,51	1,29	0,72	0,31	0,98	6,40	1,95	1,77	0,86	0,62	1,12
Winterroggen													
Korn	43	4,27	1,55	0,55	0,15	0,26	0,07						
Stroh	87	2,83	0,97	0,86	0,89	0,45	0,30	7,10	2,52	2,40	1,04	0,71	0,37
Winterweizen.													
Korn	48	5,51	1,73	0,49	0,12	0,37	0,08						
Stroh	85	2,77	0,73	1,60	0,87	0,51	0,15	8,28	2,46	2,09	0,99	0,88	0,23
Hafer													
Korn	50	6,00	1,68	0,48	0,28	0,40	0,08						
Stroh	83	4,99	0,55	0,81	3,57	0,82	0,75	10,99	2,23	1,29	3,85	1,02	0,83
Mais													
Korn	72	8,26	1,73	0,55	0,06	0,68	0,02						
Stroh	90	4,82	1,15	3,14	1,61	1,15	0,15	13,08	2,83	3,69	1,72	1,83	0,17
Grün	900							16,00	3,69	7,08	4,46	4,92	1,54
Kartoffeln													
Knollen	320	7,28	1,92	4,08	0,32	0,96	0,24						
Laub	100	2,14	0,62	1,82	3,57	1,15	0,32	9,42	2,54	5,90	3,89	2,11	0,56
Luzerne.													
Grün	480							23,96	3,99	3,00	10,99	1,75	0,50
Bohnen:													
Ackerbohne	28	8,00	1,44	0,77	0,14	0,31	0,02						
Stroh	48	4,27	0,60	1,98	2,06	0,60	0,12	12,27	2,04	2,75	2,20	0,91	0,14
Gartenbohne	24	6,69	0,98	0,61	0,12	0,24	0,04						
Stroh	30	2,80	0,48	0,81	1,18	0,38	0,33	9,49	1,46	1,42	1,30	0,62	0,37
Sojabohnen													
Bohne	25	8,57	1,10	0,68	0,16	0,32	0,02						
Stroh	30	2,58	0,39	0,31	1,57	0,75	0,07	11,15	1,49	0,99	1,73	1,07	0,09
Erbsen													
Korn	20	5,21	0,84	0,53	0,07	0,12	0,02						
Stroh	32	2,98	0,48	0,35	2,10	0,43	0,19	8,19	1,32	0,88	2,17	0,55	0,21
Zuckerrüben													
Rüben	500	7,12	1,75	2,63	1,12	1,25	1,12						
Laub	400	8,58	1,72	4,22	2,44	2,18	3,89	15,70	3,47	6,85	3,56	3,43	5,01
Futterrüben													
Rüben	1000	10,30	2,50	7,40	0,90	1,70	4,00						
Laub	250	8,60	0,30	2,84	1,60	2,02	4,87	18,90	2,80	10,24	2,50	3,72	8,87

gefunden hat. Allgemein ist zu diesen Tabellen hinsichtlich der *Höhe des Nährstoffbedarfs* noch eines zu bemerken: Die Zahlen stammen von Analysen *durchschnittlicher* Produkte. Es kann keinem Zweifel unterliegen, daß damit unbedingt auch teilweise die sogenannte „*Luxuskonsumption*" der Pflanzen an Nährstoffen erfaßt ist, und die Bedarfsziffern im strengen Wortsinne vielleicht nicht bezüglich der stets ganz auffallend für die einzelne Plfanze konstanten *Basensumme* aber bezüglich der *einzelnen* Basen wesentlich tiefer liegen. Die Forschung steht hier erst an der Schwelle eines großen Gebietes, das sicher noch viele Überraschungen, auch von volkswirtschaftlicher Bedeutung, birgt und zwar nicht nur hinsichtlich der pflanzlichen Produktion sondern auch der Auswirkung der Produkte auf den tierischen und menschlichen Organimus.

Wie deckt nun die Pflanze ihren Bedarf an Nährstoffen aus dem Boden? Drei Quellen stehen ihr zur Verfügung: Die *Bodenlösung*, die *Bodenkomplexe* und die im Boden vorhandenen *Mineralien*, soweit diese Nährstoffe enthalten.

Der *Mechanismus der Nährstoffaufnahme* durch Pflanzenwurzel ist mit TRUOG als ein *Sorptionsvorgang* aufzufassen, der allerdings durch Nebenreaktionen der lebenden Substanz vielfach verschleiert wird. VON WRANGELL (356) konnte nachweisen, daß die Aufnahme von P_2O_5, NH_4 und NO_3 in befriedigender Annäherung nach der FREUNDLICHschen Sorptionsisotherme erfolgt. KUNDE (357) konnte denselben Nachweis für das K-Ion liefern. Beide Autoren geben sehr charakteristischer Weise an, *daß nur bei nicht zu weit auseinanderliegenden Konzentrationen Berechnung und Beobachtung sich befriedigend decken*, wie es oben als typisch für die Konzentrationsbeziehung hervorgehoben ist. Leider sind, wie so häufig bei Sorptionsversuchen, keine hinreichenden Angaben in den sehr interessanten Arbeiten gemacht, um die Resultate nach Ionenmengen auszuwerten, was in Parallele zu Sorptionsversuchen mit totem Material jedenfalls den engen Anschluß des Aufnahmevorgangs an den Sorptionsvorgang nach den oben verwendeten Gleichungen ergeben würde. An der prinzipiellen Natur der Kationenaufnahme durch die Pflanze als Sorptionsvorgang ist jedenfalls nicht zu zweifeln.

Daraus folgen als logische Konsequenzen die von einer ganzen Reihe von Forschern als besonders bemerkenswert hervorgehobenen experimentellen Tatsachen:

1. eine hohe absolute, aber verhältnismäßig geringe prozentische Kationenaufnahme aus konzentrierten und geringe absolute, aber hohe prozentische Aufnahme aus verdünnten Lösungen;

2. scheinbare Konzentrationszunahme sehr konzentrierter Lösungen, über die besonders HOAGLAND (358) berichtet als Ergebnis des Hydratationsbestrebens der lebenden Substanz, d. h. Wasserentziehung aus der konzentrierten Lösung;

3. geringe K-Aufnahme aus sehr verdünnten Lösungen und unter Umständen eine durchaus merkliche K-Ausscheidung der Wurzeln, weil sich die Wurzeln bezüglich ihres Kationengehaltes mit der Lösung ins Gleichgewicht setzen müssen.

Damit ist die *Konzentrationsfrage der Bodenlösungen* berührt, die bisher trotz vieler darüber geleisteten Arbeiten eine vollständige Klärung noch nicht gefunden hat.

Der gewöhnliche Ansatz ist der, daß man den Gehalt des Bodens an löslichen Salzen auf das gesamte Bodenwasser bezogen errechnet. Hat z. B. ein Boden einen löslichen Basengehalt von 0,5 Milliäquivalent je 100 g Trockensubstanz, so ist die geläufige Annahme, daß dann bei 10% Wassergehalt eben auf die Basen bezogen, 0,5 Milliäquivalent Kation auf 10 cm^3 Wasser kommen, die Lösung also im Boden $^1/_{20}$ normal sei.

Dieser Ansatz ist ohne jede Frage falsch. Es ist oben ausgeführt, daß vom elektrochemischen Standpunkt gar keine Rede davon sein kann, daß im Schwarmwasser sich gelöste Salze befinden, wie TROFIMOFF (359) mit der Schaffung des Begriffs der „*salzfreien Wasserhaut*" der Teilchen es als erster postuliert hat, nicht ohne von THOMAS (360) Widerspruch zu finden. Aber diese salzfreie Wassermenge kann nun nicht etwa, was ein naheliegender Gedanke ist, z. B. dem hygroskopischen Wasser oder einer sonstigen bestimmten Wassermenge ein für allemal gleichgesetzt werden.

VAGELER und ALTEN (12) wiesen bereits darauf hin, „daß die Dicke dieser salzfreien Wasserhaut, präziser ausgedrückt, des nur die Schwarmionen enthaltenden Hydratationswassers, eine Funktion der Salzkonzentration der Außenlösung bzw. des in dieser herrschenden osmotischen Drucks sein muß. D. h. bei steigendem Salzgehalt der Böden muß die Dicke des Schwarmwasserfilmes gegen 0 konvergieren, ohne diesen Endwert, solange überhaupt noch Wasser vorhanden ist, jemals zu erreichen."

Anders ausgedrückt: *Bodenlösung und Schwarmwasser müssen unter allen Umständen in der Grenzschicht isotonisch sein.* Vorhandenes Bodenwasser muß sich also in der Weise auf die Schwarmionen und die löslichen Salze verteilen, daß diese Bedingung erfüllt ist. Es muß also sein, wenn man mit Gradienten der dritten Potenz rechnet:

$$\frac{24 \cdot \Sigma K_{gel}}{W_L} = \frac{5{,}5\,(\Sigma K)^3}{W_J^3} = \pi,$$

worin W_L das freie Bodenwasser, W_J das Schwarmwasser bedeutet (vgl. S. 95). Da stets $W_L + W_J = W$ der Wassergehalt des Bodens ist, läßt sich die Verteilung jedes gegebenen Wassergehaltes, wenn die löslichen Salze und die Komplexbelegung bekannt sind, berechnen. Die Rechnung führt allerdings über Hyperbel- und Kreisfunktionen und ist recht umständlich. Es ist daher vorzuziehen, umgekehrt vom osmotischen Druck als unabhängiger Variabler auszugehen und für bestimmte Wassergehalte die Verteilung zu interpolieren. Um ein Beispiel zu geben, gestaltet sich die Wasserverteilung und der gesamte Wassergehalt eines Bodens mit $\Sigma K_L = 5$ und $\Sigma K = 50$, z. B. eines Na-reichen, schweren Tonbodens, wie folgt für 100 g Bodensubstanz berechnet auf ganz dissoziiertes Chlorid:

	W_L cm³	W_J cm³	W cm³	Kationennormalität der Lösung	W_J/W_L
$\pi = 50$ (Hy)	2,4	24,0	26,4	1,0	12
$\pi = 25$	4,8	30,0	34,8	**0,5**	7,5
$\pi = 10$	12,0	41,0	53,0	**0,2**	3,4
$\pi = 5$	24,0	50,0	74,0	**0,1**	2,1
$\pi = 1$	120,0	86,1	206,1	**0,02**	0,72

Für einen sandigen Lehmboden mit $\Sigma K = 10$ und $\Sigma K_L = 0{,}5$ Milliäquivalent berechnen sich die folgenden Daten:

	W_L cm³	W_J cm³	W cm³	Kationennormalität der Lösung	W_J/W_L
$\pi = 50$	0,24	4,8	5,04	1,0	20
$\pi = 25$	0,48	6,0	6,48	**0,5**	12
$\pi = 10$	1,20	8,4	9,60	**0,2**	7
$\pi = 5$	2,40	10,3	12,70	**0,1**	4,3
$\pi = 1$	12,0	17,0	21,0	**0,02**	1,5

Je größer der Wassergehalt des Bodens ist, desto mehr wird der osmotische Druck des Systems vom Gehalt an löslichen Salzen beherrscht. Im für die Pflanze wichtigsten Gebiet zwischen 5 und 25 at Druck, d. h. beim Vorhandensein von funikulärem und pendulärem Wasser, liegt allerdings das Schwergewicht noch durchaus bei dem Hydratationswasser der Komplexe.

Die beiden Tabellen zeigen gleichzeitig noch etwas anderes. *Seit den ersten Untersuchungen verdrängter Bodenlösungen ist von sämtlichen Autoren (361) wieder und immer wieder auf die auffallende Konstanz der Totalkonzentration der Bodenlösungen hingewiesen worden, die sich namentlich dann bemerkbar macht, wenn man die Böden beim für das Pflanzenwachstum optimalen Wassergehalt untersucht.* Selbst in den physikalisch und chemisch verschiedensten Böden finden sich stets Normalitäten der gleichen Größenordnung von 0,1—0,3 auf den Preßsaft bezogen, ohne daß es bisher möglich war, den Grund dieser eigentümlichen Konstanz irgendwie zu erkennen.

Ein Vergleich der beiden mitgeteilten Tabellen löst das Rätsel. Trotzdem die beiden zugrunde gelegten Böden: ein extrem schwerer ägyptischer Na-Ton und ein leichter sandiger Lehm aus Holland sich in ihrem Basengehalt sowohl in den Komplexen wie in der Lösung in außerordentlichem Maße unterscheiden, *ist bei beiden bei hinsichtlich des Materials vergleichbarem Wassergehalt, so sehr dieser auch absolut verschieden ist, die Normalität der Bodenlösung die gleiche, wie sie es als Ergebnis des Gleichgewichts zwischen Bodenlösung und Schwarmwasser auch gar nicht anders sein kann.*

Nur auf Salzböden müssen sich die Verhältnisse verschieben, und nur hier begegnet man daher Vertretern der Pflanzenwelt, die sich höheren Normalitäten der Bodenlösung durch Steigerung ihres osmotischen Wurzeldruckes angepaßt haben.

Die Frage, *wieviel von den löslichen Salzen eines Bodens den Kulturpflanzen zur Verfügung stehen,* beantwortet sich nach den obigen Erörterungen sehr einfach. *Sie können im Maximum nur diejenigen Kationenmengen aufnehmen, die in dem für sie dynamisch, sei es durch eigenes Wachstum, sei es durch Zuleitung, verfügbaren Wasser gelöst sind.* D. h. *verfügbar von dem Salzinhalt einer durchwurzelten Bodenschicht kann unter keinen Umständen mehr sein, als dem Inhalt der doppelten kritischen Schichtdicke entspricht. Sie ist daher als Berechnungsbasis der Nährstofflieferung in Form von in der Bodenlösung enthaltenen Salzen zugrunde zu legen, und die Summe über das Profil bis zur größten Wurzeltiefe mit den für das dynamisch verfügbare Wasser erörterten Rechnungsmaßnahmen zu bilden. Die Vernachlässigung dieses geradezu selbstverständlichen Gesichtspunktes bei der Berechnung der wasserlöslichen Nährstoffe durch einfache Angabe von Grenzzahlen ist der Grund, warum nicht längst die Bodenuntersuchung in dieser Richtung zu abschließenden quantitativen Resultaten geführt hat.*

Ebenso leicht löst sich die Frage nach der Ergiebigkeit der Komplexe als Nährstofflieferanten: *Aus den Komplexen können nur die Mengen im Laufe der Vegetationsperiode verfügbar werden, die durch das an den Wurzelspitzen in Berührung mit den Bodenteilchen ausgeschiedene H aus diesen verdrängt werden können.* Wie diese Menge zu berechnen ist, ist oben bereits auseinandergesetzt (S. 167). Da der Pflanze nicht für jede Bodenschicht, sondern nur für ihr ganzes Wurzelsystem zusammen eine gewisse H-Ionenmenge als Verdrängungsmittel zur Verfügung steht, dürfen die für die einzelnen Profilschichten *nunmehr bis zur größten Wurzeltiefe* sich ergebenden Basenmengen natürlich nicht addiert werden, sondern es ist als Minimalwert der Basenlieferung des Bodens aus den Komplexen das *Schichtenmittel zu bilden,* wie VAGELER und ALTEN (12, Teil IV) es ausgeführt haben. Damit klärt sich die längst bekannte Erscheinung, daß Topfversuche mit Böden stets eine vielfach bessere Ausnutzung der im Boden vorhandenen oder ihm zugeführten Basen ergeben, als sie im Felde zu beobachten ist, so daß sich Topfversuchsresultate nur mit großer Vorsicht auf das Feld übertragen lassen. Während im Felde, wo die Wurzeln sich weit durchs Profil verbreiten, auf die Einheit der Bodenmenge eine sehr kleine H-Ionenmenge zur Wirkung kommt, ist im Topf diese Menge relativ vervielfacht, mit dem Ergebnis, daß die Komplexe in einem Umfange angegriffen werden, wie es auf dem Felde nie der Fall sein kann. D. h. *es gelten, wenn auch abgeschwächt, gegen den praktischen Wert der Resultate von Topfversuchen dieselben Bedenken, wie sie Seite 218 gegen die Neubaueranalyse geltend gemacht waren.*

Ohne jede Frage ist der angegebene Rechnungsgang nur eine grobe Annäherung, die sich noch sehr erheblich verfeinern ließe. Ob eine solche Verfeinerung aber zweckmäßig ist, ist eine andere Sache. Jede Nachrechnung zeigt nämlich, daß nur zweiwertige Kationen in nennenswerten Mengen, und zwar mehr als aus der Bodenlösung, aus den Komplexen freikommen, während auf Durchschnittsböden, wie oben bereits ausgeführt ist, die Kalilieferung sich in sehr bescheidenen Grenzen bewegt. *Für dieses Kation ist im großen und ganzen die Bodenlösung zweifellos der Hauptlieferant. Daß trotz dieser Wichtigkeit des löslichen K die Methoden, auf seiner Bestimmung die Beurteilung der Kalibedürftigkeit der Böden zu basieren, nur teilweise erfolgreich gewesen sind, beruht einzig und allein auf der Annahme einer Grenzzahl ohne Berücksichtigung der Wasserbeweglichkeit des Bodens, wie andererseits die Erfolge solcher Grenzzahlen für mittlere Bodenverhältnisse darin begründet sind, daß unter solchen mittleren Bodenverhältnissen eben auch die Wasserbeweglichkeit im großen und ganzen keinen sehr großen Schwankungen unterliegt.*

Am schwierigsten zu beurteilen ist die dritte und letzte Quelle der Basen im Boden: *Die Ausnutzbarkeit der Mineralien.* Ihre Zersetzbarkeit hängt so weitgehend von der Feinheit ihrer Dispergierung und dem Verwitterungszustande, also der Festigkeit ihrer Gitter, ab, daß nur ganz grobe Schätzungen einstweilen möglich sind. Für die Beurteilung der Kalilieferung schlagen VAGELER und ALTEN den folgenden Weg vor (12, Teil IV):

„Daß die Mineralien nur bei direktem Kontakt mit der Wurzelmasse nennenswert angegriffen werden können, kann kaum bezweifelt werden. Es ist also auf jeden Fall nur die Mineralmenge der Rechnung zugrunde zu legen, die sich in der unmittelbaren Rhizosphäre der Pflanzen befindet. Als Schicht betrachtet dürfte diese Rhizosphäre auch im äußersten Falle niemals stärker sein als 2 bis 3 cm entsprechend einer Menge von rund 300 ts Boden pro Hektar.

Der Gehalt an Mineralien ist für die Sandfraktionen genähert zahlenmäßig aus der Mineralanalyse bekannt. Die viele Tausende von Bodenproben umfassenden Niederl.-Indischen Mineralanalysen haben gezeigt, daß die Siltfraktion im großen und ganzen eine ähnliche Zusammensetzung hat, wie die Feinsandfraktion, während in der Tonfraktion unzersetzte Mineralien kaum mehr vorkommen. Es läßt sich also der Mineralinhalt von 300 ts Boden roh genähert berechnen.

Aus den mitgeteilten Ausnutzungsversuchen von Mineralien durch *Neubauer-Pflanzen* ist ferner der maximale Prozentsatz bekannt, der vom Kaligehalt der Mineralien bei der Wahrscheinlichkeit 1 des Zusammentreffens von Wurzel und Mineral, d. h., wenn das Medium der Rhizosphäre nur aus dem betreffenden Mineral besteht, ausnutzbar ist.

Der im Boden ausnutzbare Kalianteil ist also in erster Annäherung gleich der vom Mineralgehalt in 300 ts Bodensubstanz maximal (durch Neubauer-Ansatz) nutzbaren Kalimenge zu setzen, multipliziert mit der Wahrscheinlichkeit des Zusammentreffens von Wurzel und Mineral, die man grob genähert als gleich dem prozentischen Mineralgehalt des Gesamtbodens geteilt durch 100 annehmen kann."

Eine Tabelle der durch die *Neubauer-Pflanzen* aus Mineralien freiwerdenden Kalianteile ist oben gegeben (S. 219). Tatsächlich wichtig sind von Kalimineralien durch nennenswerte Lieferungsmöglichkeit nur die Glimmer und Glaukonite (Grünsande). Letzteren kommt nur lokale Bedeutung zu. Für Glimmer dürfte ein allgemeiner Ansatz von 0,17 Kiloäquivalent K in aufnehmbarer Form je Tonne in 10 cm Bodenschicht und Saison im großen und ganzen von der Wahrheit nicht zu weit entfernt bleiben.

Leider fehlen entsprechende Untersuchungen über die anderen Basen noch durchaus. Die Magnesiamineralien der Amphibol-Pyroxengruppe scheinen verhältnismäßig sehr schwer angreifbar zu sein. Kalkmineralien und ganz besonders Karbonate gehen dafür sehr leicht in Lösung und das gleiche gilt für die Na-Mineralien. Da in Böden, die viel Na- und Ca-Mineralien und von letzteren speziell Karbonate enthalten, die Komplexe sowohl wie die Bodenlösungen gewöhnlich an beiden Basen reich sind, stellt sich die Frage der Ausnutzung des Ca- und Na-Gehaltes der Mineralien durch die Pflanze in der Regel nicht. Für Mg wird man wahrscheinlich die Lieferung durch die Mineralien, es sei denn, daß es sich um Glimmer handelt, als sehr geringfügig anzusetzen und damit zu vernachlässigen haben.

Wie sich nach allem eine Nährstoffbilanz eines Bodens gestaltet, zeigt als Beispiel die Auswertung der Analyse eines Bodens des auf keine Düngung reagierenden Baumwollrekordfeldes des *Gash-Deltas* und zum Vergleich eines hochgradig düngungsbedürftigen Bodens des *holländischen Versuchsfeldes Groenlo*.

Basenbilanz des Rekordprofiles des Gash-Deltas (Volumgewicht 1,3).

Boden	Tiefe	2 · Kr	Losliche Basen				Sorbierte Basen									Glimmer %
			Na	K	Mg	Ca	Na	q_{Na}	K	q_K	Mg	q_{Mg}	Ca	q_{Ca}	q_S	
K 60 . .	0—10	88,6	?	0,02	?	0,77	0,52	7,8	1,05	137	4,08	9,3	31,2	0,82	0,76	20
61 . .	10—?	128,0	?	0,01	?	0,52	0,29	>200	0,20	>200	2,41	17	17,2	0,95	0,90	40

Für Baumwolle mit $H = 10$ in Profilkiloäquivalent je Hektar.

	Verfugbares Na	Verfugbares K	Verfugbares Mg	Verfugbares Ca
aus Losung . . . . . . 0—30	?	0,26	?	17,0
aus Losung . . . . . . 30—?	?	1,66	?	110,7
,, Komplex	0,68	0,12	1,6	(20,0)
,, Mineral	(1,00)	7,50	(7,5)	?
in Summa:	1,68	9,54	9,1	138,4
Bedarf der Baumwolle	0,90	5,00	3,8	12,5
Differenz	+0,78	+4,54	+5,3	+125,9

In sämtlichen Nährstoffen besteht also ein teilweise sehr beträchtlicher Überschuß, selbst für eine Maximalernte von 1000 kg Lint je Hektar, die praktisch nur ganz ausnahmsweise einmal erzielt werden kann. Die Nährstofflieferung hinsichtlich des Kalis erfolgt hier wesentlich durch die Mineralien.

Wesentlich anders gestaltet sich das Bild der

Basenbilanz des Holländischen Versuchsfeldes Groenlo (bei 1,3 Volumgewicht gerechnet).

Boden	Tiefe	2 · Kr	Lösliche Basen				Sorbierte Basen									Mineral
			Na	K	Mg	Ca	Na	q_{Na}	K	q_K	Mg	q_{Mg}	Ca	q_{Ca}	q_S	
B. 16 . .	0—25	74	0,12	0,01	?	0,17	0,11	>300	0,19	645	?	?	1,40	> 50	?	?
O. . . .	25—50	72	0,13	0,03	?	0,13	0,30	333	0,15	192	0,14	?	0,18	>100	?	?
C. . . .	50—?	20	0,13	0,01	?	0,09	0,16	>300	0,06	726	?	?	0,18	>100	?	?

Für Rüben mit $H = 20$ in Kiloäquivalent je Hektar.

		Verfügbares Na	Verfügbares K	Verfügbares Mg	Verfügbares Ca
aus Lösung	0–25	3,9	0,32	?	5,4
	25–50	3,9	0,96	?	3,9
	50–?	6,8	0,52	?	4,6
„ Komplex		0,1	0,11	?	0,4
„ Mineral		?	?	?	?
	in Summa.	14,7	1,91	?	14,3
Bedarf der Rüben . . .		5,1	6,85	3,4	3,6
Differenz .		+9,6	−4,14	−3,4	+10,7

Es besteht auf diesem Boden also ein absolutes Nährstoffdefizit von rund 4 Kiloäquivalent K und 3,5 Kiloäquivalent Mg zur Hervorbringung einer vollen Rübenernte.

Tatsächlich ergab die Düngung mit 20% Kalisalz ein ganz durchschlagendes Ergebnis, und zwar bis zu einer angewendeten Menge von 1500 kg 20proz. K-Salz entsprechend 6 Kiloäquivalent K je Hektar, wie es nach der Analyse zu erwarten war. Sehr wahrscheinlich wäre bei Verwendung von schwefelsaurer Kalimagnesia der Erfolg, der zahlenmäßig leider nicht verfügbar ist, noch größer gewesen, da der Mg-Mangel auf diesem Felde noch ausgeprägter ist, als der K-Mangel für die sehr anspruchsvolle Rübe. Für die meisten Gramineen reicht dagegen die K-Lieferung, allerdings nicht die Mg-Lieferung aus, und in der Tat ist bei diesen Früchten die Düngerwirkung des Kalis allein sehr gering.

Die Prinzipien, nach welchen die zu gebende Düngung zu berechnen ist, sind bei der Besprechung der einzelnen Nährstoffe bereits im einzelnen auseinandergesetzt. Da stets nur der Anteil der gegebenen Düngung sofort zur Ausnutzung kommen kann, der in löslicher Form im durchwurzelten Bodenprofil verbleibt und von dieser Menge wiederum nur der Anteil, der der Summe der kritischen Schichtdicken der einzelnen Horizonte entspricht, ergibt sich ganz allgemein für die Berechnung der nötigen Düngermenge der folgende Ansatz:

Das aus dem Vergleich der Bodenlieferung und dem Bedarf der anzubauenden Pflanzen sich ergebende Defizit, das der in verfügbarer Form zuzuführenden Menge des betreffenden Kations entspricht, muß für den idealen Fall, d. h. den *Maximaleffekt* bei sonst optimalen Bedingungen, der sich besonders aus dem vorhandenen *Wasser* als möglich ergibt, offenbar gleich dem gesamten von der Düngung im Profil unter Berücksichtigung der kritischen Schichtdicken verbleibenden Kationenrest in der Lösung R sein.

Für die einzelne Schicht beträgt nach den obigen Ableitungen (S. 224) die aus der Düngung D festgelegte Menge F, wenn m das Vielfache von 100 ts Bodensubstanz ist,

$$F = \frac{m \cdot D}{m + pD} = \frac{m \cdot D \cdot S}{S(m + q_s - 1) + D},$$

worin q_s der *Eintausch*modul des betrachteten Kations ist.

Was für die Düngung zunächst interessiert, ist die *Differenz* $R = D - F$, *die durch das Nährstoffdefizit nach Abzug der vorhandenen Nährstoffe gegeben ist.* Die gesuchte Düngung D, die im Bodenmassiv m den löslichen Rest R läßt, ergibt sich danach, wenn man den aus den Analysen auswertbaren Ausdruck $S(m + q_s - 1)$ mit a bezeichnet, die Gleichung:

$$D = \frac{m \cdot D \cdot S}{a + D} + R,$$

$$Da + D^2 = m \cdot D \cdot S + Ra + RD$$

oder

$$D^2 + D(a - R - mS) - Ra = 0$$

Durch Einsetzen des Wertes von a wird daraus:

$$D^2 + D \cdot [S(q_s - 1) - R] = RS(m + q_s - 1) \qquad \text{(XXIV)}$$

welche Gleichung durch Einsetzen der quadratischen Ergänzung $\left(\frac{S(q_s - 1) - R}{2}\right)^2$ auf beiden Seiten einfach zu lösen ist. Zu achten ist dabei auf den Wechsel des Vorzeichens, wenn $S(q_s - 1) < R$ wird.

Für praktische Zwecke wird im allgemeinen die Berechnung für die Schicht 0—30 cm genügen, da damit die in die Hauptwurzelzone versickernde Gleichgewichtslösung erhalten wird, bei welcher natürlich der bereits vorhandene verfügbare Bestand an K oder des sonst betrachteten Kations in Anrechnung zu bringen ist. Wird das Düngemittel tief untergebracht, so ist die Berechnung für die in Frage kommenden Schichten aufzumachen. Für Böden mit q_S-Werten oder den Eintauschwerten des betrachteten Kations unter 1 führt die Rechnung auf sehr hohe Düngungsgaben. *Bei derartigen Böden, und dazu gehören eine sehr große Anzahl schwerer Böden, ist dementsprechend nur von sehr hohen, tief bis in die Wurzelschicht untergebrachten Düngergaben eine befriedigende Wirkung zu erwarten,* wie es die Praxis auch lehrt. Die Lieferung aus den Komplexen, die durch die Anlagerung vergrößert und damit mobiler werden, läßt sich rechnerisch sehr schwierig erfassen, wohl aber durch zurückrechnen interpolieren und mit ausreichender Genauigkeit veranschlagen.

Welche q-Werte bei Verwendung eines zur Düngung gegebenen Kations einzusetzen sind, wenn dieses nicht in reiner Form, sondern zusammen mit anderen Kationen angewendet wird, ist oben bereits bei der Besprechung der Kalidüngemittel, für welche eine solche Rechnung in erster Linie in Frage kommt, erörtert. Auf einen Punkt muß noch mit ganz besonderem Nachdruck hingewiesen werden.

Die Wirkung einer gegebenen Düngung, soweit es sich um eine sofortige Wirkung handelt, hängt nicht sowohl davon ab, was in Lösung verbleibt, als vor allem auch von der Mächtigkeit der kritischen Schichtdicke, also der Wasserbeweglichkeit im Boden. Wie oben gezeigt ist, wird diese physikalische Größe in der entscheidendsten Weise je nach der Individualität des Bodens durch jedes ihm zugeführte Kation beeinflußt. *In sehr viel höherem Grade, als es bisher geschieht, ist daher vom elektrochemischen Standpunkt aus bei jeder Düngung den indirekten, physikalischen Wirkungen Rechnung zu tragen, die sich nach den gegebenen Gesichtspunkten mit großer Annäherung schätzen lassen, um auf diese Weise zu einer möglichst vollständigen Übersicht der zu erwartenden Wirkung im voraus zu gelangen.*

Es hieße die Genauigkeitsgrenze aller Rechnungen ungebührlich dehnen, wenn man diese Rechnungen bis in alle Einzelheiten durchführen wollte. Für jeden Boden bieten sich je nach seinen individuellen Konstanten stets Möglichkeiten wesentlicher, aber das Endresultat nicht merklich beeinflussender, Kürzungen. Eine Überschlagsrechnung wird in den meisten Fällen vollkommen den praktischen Ansprüchen genügen und auf jeden Fall, nach den erörterten Prinzipien angestellt, zu Resultaten führen, denen unmittelbarer praktischer Wert, auch hinsichtlich der Beurteilung bereits erzielter Ergebnisse und besonders der richtigen Deutung von Feldversuchsresultaten zukommt, und die kostspielige Fehlgriffe mit Sicherheit vermeiden lassen.

Die anfängliche Schwierigkeit der durch die elektrochemische Behandlungsweise geforderten Umstellung des Denkens auf den Funktionsbegriff schwindet, wenn man die Zusammenhänge erst einmal überblickt, in kurzer Zeit, und läßt die tatsächlich große Einfachheit der Grundgesetze hervortreten, die nichts sind als logische Folgerungen der *Wahrscheinlichkeit*, die das Geschehen in Atomkernen und in nach Millionen Sonnen zählenden Sternenwelten, im Mineral und im Menschenhirn in gleicher Weise beherrscht.

VII. Untersuchungs- und Analysenmethoden.

1. Die Profilaufnahme und die Entnahme der Bodenproben.

Wie aus den vorstehenden Erörterungen hervorgeht, hängt fast der gesamte Wert einer Bodenuntersuchung im Laboratorium von der sorgfältigen *Aufnahme der Profilgestaltung* der Böden in der Natur und der entsprechend gewissenhaften *Entnahme der Bodenproben ab* Im Zeichen der Schnellmethoden, die sich in dem letzten Jahrzehnt namentlich in Deutschland weitgehend eingebürgert haben, hat man die Probenahme in sehr vielen Fällen auf eine Entnahme von Proben der Ackerkrume beschränkt. Es ist gezeigt worden, daß zwar die Eigenschaften der Ackerkrume fur das Gedeihen der Kulturpflanzen weitgehend von Wert sind, aber schon bei europäischen Kulturgewächsen durchaus nicht der einzige wertbestimmende Faktor des Bodens. Das gilt in verschärftem Maße für alle perennierenden Gewächse mit tiefgehender Bewurzelung, also im gemäßigten Klima fur alle Obstbäume, Reben, Waldbestände usw. und im tropischen Klima für die Mehrzahl der Kulturgewächse. Wenn man das Wurzelsystem derartiger Pflanzen untersucht, so wird man finden, daß zwar alljährlich ein gewisser Prozentsatz der Wurzeln sich neu in der Bodenkrume, speziell in den humosen Schichten, wenn solche vorhanden sind, entwickelt, ein sehr großer Prozentsatz aber das ganze Profil des Bodens bis zu einer äußersten Zone, die für jede Pflanzenart auch bei günstigen Bodenverhältnissen in verschiedener Tiefe liegt, durchsetzt. Die völlige Unhaltbarkeit der vielfach gemachten Annahme, daß, abgesehen vom Humusgehalt, die Zusammensetzung des Untergrunds der der Krume entspräche, ist in den vorhergehenden Ausführungen nachgewiesen. Gerade im Gegenteil dazu beeinflußt die chemische und physikalische Gestaltung des Untergrundes: Das Auftreten aus irgendeinem Grunde *undurchlässiger Illuvialhorizonte oder Schichten* oder die *physiologische Trockenlegung* des Untergrundes durch zu hohe Beträge toten Wassers wie beim Vorkommen von Salzanhäufungen, das Auftreten von nicht ohne weiteres erkennbaren Lagen mit besonders großer oder besonders kleiner Wasserbeweglichkeit, entscheidend den an jeder Örtlichkeit für die Nutzpflanzen verfugbaren Wurzelraum. *Die sorgfältigste Berücksichtigung der Gestaltung des Untergrundes bei jeder Bodenuntersuchung, mag diese nun ökologische oder ackerbauliche Zwecke verfolgen, ist also eine unbedingte Notwendigkeit,* deren Vernachlässigung jede, auch die kostspieligste, Bodenuntersuchung praktisch wertlos macht, wenn nicht zufällig einmal die Annahme der Gleichheit von Krume und Untergrund den von der Natur gegebenen Tatsachen entspricht.

Damit ergibt sich als wichtigste Forderung für die Probenahme die genaue *Feststellung des Bodenprofiles am Ort.* Die erste dabei sich erhebende Frage ist, *wo* ein solches Profil auf einem gegebenen Gelände zu nehmen ist. Ihre Beantwortung hängt völlig von dem besonderen Zwecke der Untersuchung ab.

Handelt es sich um die Aufnahme eines *unbekannten* Geländes zum Zweck der Begutachtung von Landkonzessionen usw., womöglich eines solchen mit natürlicher Vegetation, so kann die Auswahl der Profilpunkte, die in diesem Falle bei praktisch nicht zu großer Zahl eine den Tatsachen entsprechende Bewertung großer Areale ermöglichen sollen, nicht sorgfältig genug getroffen werden. Bodenkundliche Landesaufnahmen gehen in der Regel in der Weise vor, daß ein Netz von Aufnahmepunkten in bestimmtem Abstand uber das Land verteilt wird. So liegen z. B. in der *Gezira*, dem Irrigationsgebiet des Sudan, die Stellen der einzelnen

Profilaufnahmen je eine bzw. zwei geographische Minuten voneinander entfernt. Mit noch geringeren Abständen ebenfalls regelmäßiger Natur arbeitet die geologische Landesaufnahme, die im hier interessierenden Sinne bodenkundliche Zwecke allerdings nicht verfolgt, trotzdem aber in ihren Resultaten von sehr erheblichem Werte für die Bodenbeurteilung ist, da sich bei vorsichtigem Vorgehen auch aus den meist nur gemachten Bauschanalysen sehr viel mehr herauslesen läßt, als man zunächst anzunehmen geneigt sein sollte.

Dieses *Verfahren der regelmäßigen Netzpunkte*, das sich durch Einfachheit zunächst empfiehlt, hat, wo es sich um eine bodenkundliche Aufnahme für die Landbeurteilung zu praktischen Zwecken handelt, eine Berechtigung nur bei sehr gleichmäßigem Gelände, wie es kaum außerhalb von Lößländereien oder Schwarzerdegebieten in der ganzen Welt existiert. Schon für das Auge sogar bei Berücksichtigung des Profilbaues gleichmäßige Alluvialböden weisen gewöhnlich auf kurze Abstände krasse Unterschiede nicht nur der chemischen, sondern sogar der physikalischen Zusammensetzung und damit aller praktisch wichtigen Eigenschaften auf. Über derartiges Gelände, wie es in steigendem Maße mit der Ausbreitung der Irrigationskultur Gegenstand des wirtschaftlichen Interesses wird, ein Punktnetz zu breiten und schematisch an geographisch festgelegten Örtlichkeiten Profile festzustellen und Bodenproben zu entnehmen, heißt sich dem Zufall mit gebundenen Händen ausliefern, wenn man nicht eine zu der meist verfügbaren Zeit und den verfügbaren Mitteln in keinem rationellen Verhältnis stehende große Menge von Profilpunkten berücksichtigen will. In erhöhtem Maße gilt das für eluviale Böden.

Um die Berechtigung dieser vielfach abgeleugneten Bedenken einzusehen, braucht man sich durchaus nicht einmal sehr extreme Fälle, sondern nur solche, wie sie bei der Feldarbeit jeden Tag vorkommen, vor Augen zu halten. Bei trockengelegtem Sumpf- und Seegelände in Gebieten, die als Versickerungsfächer eines Flusses entstanden sind — und dazu gehört ein sehr großer Teil der wichtigsten Weltwirtschaftsgebiete der Zukunft —, findet sich sehr häufig eine, wenn man so sagen darf, rhythmische Bodenverteilung in horizontaler Richtung in der Art, daß in ziemlich regelmäßigen Abständen leichte und schwere Böden miteinander abwechseln, von welchen die ersteren den alten Uferwällen, die letzteren den sie begleitenden Randsümpfen entsprechen. Etwas durchaus Ähnliches findet sich da, wo altes Wüstengelände später von Flüssen durchzogen ist und diese ehemalige Dünentäler aufgefüllt haben. Das grandioseste Beispiel dieser Art dürfte das Gebiet des oberen Okawango sein, wo die Breite der hundertfach sich wiederholenden Wüstenböden und Alluvionen der Dünentäler noch kaum um Hunderte von Metern schwankt. Es bedarf durchaus keiner besonders regen Phantasie, sich vorzustellen, daß, wenn die bodenkundliche Aufnahme „nebenbei" der geographischen Aufnahme mit übertragen wird, ohne daß, wie es meistens bisher der Fall gewesen ist, bodenkundlich geschultes Personal dabei zur Verfügung steht, die Netzpunkte, an welchen die Profile aufgenommen werden, alle entweder auf die Dünen oder in die Täler geraten. Im ersteren Falle würde das Land als eine Wüste, im letzteren als ein Kulturgebiet erster Ordnung erscheinen.

Diese Möglichkeit ist natürlich grotesk. Auch der bodenkundlich nicht geschulte Landmesser wird in diesem Falle, wo die Unterschiede klar zutage liegen, aus eigener Initiative regulierend eingreifen und an Zwischenpunkten mindestens Hilfsprofile entnehmen und damit das Schema durchbrechen. In vielen Gebieten der Erde liegen bei prinzipiellen Unterschieden der Bodenarten von durchaus derselben Größenordnung wie zwischen Dünental und Dünenkamm, die Verhältnisse aber nicht so, daß der bodenkundlich nicht speziell geschulte Probenehmer sie ohne weiteres feststellen kann. In Alluvialgebieten mit durchweg schweren Böden machen *Dezimeter* Höhenunterschied bereits wegen der verschiedenen Salzanhäufung in den Böden Differenzen kulturell und wirtschaftlich gleich einschneidender Art aus, ohne daß an der Bodenoberfläche auch nur das Geringste, außer allenfalls einer abweichenden Nuance der Vegetation, zu erkennen ist. Es ist jede Wette gewonnen, daß in solchen Gebieten die schematische bodenkundliche Aufnahme nach einem Gradnetz zu vollkommen falschen oder doch wenigstens nur sehr bedingt richtigen Resultaten führt, da sie ganz einfach nur ein zufälliges Bild liefern *kann*, wie wohl nach dem Gesagten nicht besonders erläutert zu werden braucht.

Bei allem Werte für theoretisch-geologische Zwecke ist also die Profilaufnahme nach Gradnetzen in unbekannten Geländen, mögen sie so gleichmäßig erscheinen wie sie wollen, aufs dringendste zu widerraten.

Daß alle Profilpunkte an ein bereits bestehendes oder zu legendes Gradnetz sich *anschließen* mussen, versteht sich aus kartographischen Gründen von selbst. *Aber diese Profilpunkte sind unbedingt nach bodengenetischen Gesichtspunkten zu wählen, da nur dann die Verallgemeinerung der Beobachtungen ohne die Aufnahme sehr großer Mengen von Profilen zulassig und berechtigt ist.*

In Alluvialgebieten ist das wichtigste zu beobachtende Moment das Kleinrelief der Bodenoberfläche, dem ausnahmslos, wo eine solche noch vorhanden ist, eine ganz typische Verteilung der natürlichen Vegetation entspricht.

Prinzip muß sein, drei Gruppen von Böden zu erfassen:

1. Die Böden der oft ganz minimalen Höhen.
2. Die Böden der ebenso minimalen Senken.
3. Die Böden der Übergangszonen.

Die erste Bodengruppe repräsentiert als *Rückstand der Flächenspülung* gewöhnlich den leichtesten Typ, die zweite den schwersten, die dritte die Mischböden mit in der Mitte zwischen der beiden ersten Klassen stehenden Eigenschaften.

Bei der oft nur Dezimeter, ja Zentimeter betragenden Höhendifferenz zwischen den Bodenwellen und den Senken könnte die Notwendigkeit der Unterscheidung derartiger Böden als Übertreibung erscheinen und wird vielfach auch als solche betrachtet. Aber wenn „Großzügigkeit" bei der Bodenaufnahme irgendwo nicht am Platze ist, so ist es hier.

Ein typisches Beispiel dieser Art, dem sich viele andere an die Seite stellen lassen, bieten die bereits erwähnten Bodenverhältnisse des Irrigationsgebietes der *Gezira* im anglo-ägyptischen Sudan. Trotzdem die Höhenunterschiede zwischen Bodenwellen und -tälern sich vollkommen dem Auge entziehen, und nur durch verschiedene Ausbildung der Vegetation kenntlich sind, indem in den Senken entweder nur eine sehr spärliche Stachelkrautflora oder Hochgras, auf den Übergangsböden Cymbopogonarten und auf den „Höhen-Rücken" Niedergrassteppen mit Dornbusch gedeihen, sind nur die „Höhenböden" zur Baumwollkultur geeignet. Die Übergangsböden sind ausgesprochene Domäne des Körnerfruchtbaues, während die „Senken" zum großen Teil überhaupt keinen Kulturwert besitzen, weil sämtliche Kulturpflanzen darin aus Luftmangel im Untergrunde versagen.

Ein durchaus ahnlicher Wechsel der Verhältnisse findet sich auch in *humiden Urwaldgebieten*. Auch hier ist *der einzig verläßliche Führer das Relief und der Wechsel der Vegetation*, wobei besonders auf das Überwiegen einzelner Baumarten und die Vielgestaltigkeit des Unterholzes zu achten ist. Ersteres ist ein Warnungssignal erster Ordnung, letzteres ein gutes Zeichen. Daß dabei offenkundiger *Wechsel der anstehenden Gesteinsarten* die Berücksichtigung durch eine Profilaufnahme zwingend macht, bedarf keiner besonderen Betonung.

Es würde den Rahmen des Buches weit überschreiten, auf Einzelheiten hier einzugehen, die in der pflanzenökologischen und bodenkundlichen Fachliteratur zum Teil sehr eingehend behandelt sind, da die Pflanze als Indikator von Bodeneigenschaften längst erkannt ist. Zusammenfassend kann man als unverletzliche Regeln für das praktische Vorgehen bei der Aufnahme unbekannter Ländereien die folgenden feststellen:

1. Gründlichste Begehung des Geländes und Aufnahme einer Relief- und Vegetationskarte.

2. Aufnahme der Profile nur an genetisch *typischen Punkten*, d. h. auf Höhen, Hängen und Senken und jeweils dabei nach Möglichkeit dort, *wo eine typische Vegetation in charakteristischer Weise entwickelt ist.* Ist eine natürliche Vegetation nicht mehr vorhanden, so wird der *verschiedene Stand der angebauten Früchte* einen wichtigen Fingerzweig liefern.

Man wird, wie erfahrungsgemäß gesagt werden kann, bei einem derartigen Vorgehen mit verhältnismäßig wenigen Profilen ein sehr viel besseres Bild der tatsächlichen Bodenverhältnisse eines Gebietes bekommen, als es ein Vielfaches von Profilen bei schematischer Anlage jemals zu liefern in der Lage ist. Der mit der vorhergehenden Begehung und Aufnahme des Reliefs und der Vegetation verbundene Zeitaufwand wird durch die Güte der Ergebnisse mehrfach aufgewogen.

Zweckmäßig wird man sich mit Hilfe eines geeigneten Erdbohrers schon bei der Geländebegehung ein oberflächliches Bild auch der Untergrundverhältnisse verschaffen. Leider ist das jedoch ohne einen unverhältnismäßigen Zeitaufwand in der Regel nur in humiden Gebieten möglich. Es existiert zur Zeit noch kein Erdbohrer, der es gestattet, in trockenen Gebieten auch nur einen Meter Bodentiefe zu erreichen. Es ist auch höchst unwahrscheinlich, daß ein solcher jemals konstruiert werden wird. Die Lagerungsfestigkeit besonders der schwereren ariden Böden ist so groß, daß nur vollwertige Bohrmaschinen zu einem Resultat auch nur für den obersten Meter des Bodens führen und solche schon bei der Begehung mitzuführen, wird meistens nicht möglich sein.

Zur Aufnahme der, wenn man so sagen soll, maßgebenden, zur Untersuchung gelangenden Profile ist ein Bohrer, mag er sein wie er will, vollständig ungeeignet, weil er entweder die natürliche Struktur des Bodens zerstört oder nur einen minimalen, vielen Zufälligkeiten unterworfenen, Bodenausschnitt liefert. Das einzig zuverlässige Mittel zur seriösen Profilaufnahme ist das Aufwerfen einer Profilgrube.

Wenn irgend möglich, sollte diese Profilgrube 1 m im Quadrat und 2 m Tiefe nicht unterschreiten; bei tiefwurzelnden in Frage kommenden Kulturen wird man sogar über diese Tiefe noch hinauszugehen haben.

Drei Wände der Profilgrube sind so sauber wie möglich glatt zu stechen, während die vierte als Zugangsweg treppenartig ausgestaltet werden kann.

Was ist nun bei der Profilaufnahme in erster Linie zu beachten? *Man ist versucht zu sagen, daß es nichts gibt, was nicht zu beachten wäre.* Es ist unmöglich, eine vollständige Aufzählung aller bemerkenswerten Momente zu geben. Nur das Wichtigste kann hier erwähnt werden, da sich *Beobachtungsgabe, die die erste Vorbedingung erfolgreicher bodenkundlicher Arbeit ist,* nicht theoretisch lehren, sondern nur durch lange Praxis erwerben läßt.

Selbstverständlich zu sammelnde Daten sind die *Angabe der natürlichen Vegetation,* wo solche nicht mehr vorhanden ist, die Art und der Stand der angebauten Früchte, ferner alle irgendwie greifbaren *klimatischen Daten und Daten über Bewässerung, gegebene Düngung, Melioration usw.* Photographische Aufnahmen können diese Angaben in wirkungsvoller Weise unterstützen. *Von ganz besonderem Wert sind in diesem Zusammenhange stets alle Angaben der ansässigen*

Ackerbauer, und zwar nicht auch dann, sondern ganz besonders dann, wenn es sich um Eingeborene handelt.

Der in fremden Ländern arbeitende europäische Bodenkundler ist namentlich dann, wenn er noch keine ausreichenden Erfahrungen besitzt, nur zu leicht geneigt, vom hohen Piedestal seines theoretischen Wissens die bodenkundlichen Angaben der ansässigen Praktiker zu unterschätzen oder, wenn es sich um Eingeborene handelt, als der Beachtung unwert zu betrachten. Genau das Gegenteil ist der Fall. Die Ansichten der ansässigen Landwirte und ganz besonders der Eingeborenen mögen oft in eine Ausdrucksweise gekleidet werden, die den Unerfahrenen zum Spott reizt. Das ist eine Selbstverständlichkeit, denn man kann z. B. von einem Beduinen nicht verlangen, daß er mit der bodenkundlichen Nomenklatur vertraut ist und sich wissenschaftlich richtig ausdrückt. *Aber gerade in den Angaben der eingeborenen Bauern, die von ihrem Boden seit Jahrtausenden leben und uber eine Naturbeobachtungsgabe verfügen, der gegenüber die eines Europäers, wenn er nicht sehr lange Schulung hat, geradezu kindlich ist, ruht ausnahmslos ein Schatz uralter praktischer Erfahrung, der sehr wertvolle Fingerzeige bietet, die man nicht ungestraft über die Achsel ansehen darf.*

Es wäre eine sehr dankenswerte Aufgabe für einen ethnographisch veranlagten Bodenkundler, gerade die Frage der *Bodenbewertung durch die Eingeborenen* einmal näher zu studieren und in ihren Prinzipien aufzuklären. Es ist sehr stark zu vermuten, daß diese Art der Bodenbewertung eine außerordentliche Bereicherung auch des modernsten bodenkundlichen Wissens in praktischer Hinsicht bedeuten würde. Denn es ist eine immer wieder festzustellende Tatsache, daß ein eingeborener Bauer sich mit seiner Bodenwahl, die wegen des Fehlens der Düngung in der Mehrzahl der Eingeborenen-Betriebe, soweit es sich um wenig besiedelte Länder handelt, alle paar Jahre einmal akut wird, nur ganz selten irrt. Mit fast untrüglicher Sicherheit kann man erfahrene eingeborene Bauern bei Aufnahmearbeiten die durch die Untersuchung als solche sich erweisenden geeignetsten Landstrecken herausgreifen sehen, wobei ihnen ganz unauffällige Pflanzen in erster Linie als Leitpflanzen zu dienen scheinen, die als solche der Wissenschaft meistens noch gänzlich unbekannt sind. Ererbte örtliche Erfahrung wiegt alles theoretische Wissen auf, und nichts ist bei bodenkundlichen Feldarbeiten in fremden Ländern falscher, als die leider sehr oft zu beobachtende Überheblichkeit des Europäers auf Grund von Weisheit vom grünen Tisch. *Einzig zuverlässige Lehrmeisterin ist nur die Natur und ihre Beobachtung und alle Theorie ist letzten Endes, wenn sie richtig ist, nur das in handliche Formen gebrachte Ergebnis beobachtender Praxis.*

Sind auf diese Weise alle erreichbaren Daten zusammengestellt, so ist die nächste Aufgabe die genaue *Feststellung der Wurzelverbreitung* im Profil. Auch hier werden photographische Aufnahmen von wesentlichem Nutzen sein können. Nach den obigen Erörterungen braucht auf diesen Punkt nicht näher eingegangen werden.

Der nächste Schritt ist eine genaue *Untersuchung und Beschreibung der Bodenoberfläche.* Zu achten ist in erster Linie auf etwaige oberflächlich herumliegende Gesteins- oder Mineralstücke, ganz besonders auf etwaige Kalk- oder Eisenkonkretionen, ebenso natürlich auf die Art der Oberflächenausbildung: ob gleichmäßig, in Spalten gerissen usw. Daß auf Gipseffloreszenzen und Salzausblähungen in ariden Ländern besondere Aufmerksamkeit zu verwenden ist, versteht sich von selbst.

Sind auch diese Beobachtungen sorgfältig erledigt, so folgt die Untersuchung des Profiles auf das *Vorkommen von Schichten* (362). „Eine Bodenschicht ist der Ausdruck der Bildungsbedingungen eines Bodens ohne jede Rücksicht auf die

Eigenschaften dieser Schichten." „Wo Gestein oder Gesteinstrümmer am Ort verwittern und meistens scharfe Grenzen zwischen dem, was noch als Gestein und schon als Boden bezeichnet werden kann oder umgekehrt, nicht bestehen, spricht man von ungeschichteten Böden. Ein sehr unglücklicher Ausdruck, da die Verwitterungslage in diesem Falle die einzige vorhandene Schicht repräsentiert.

In umgelagerten Böden sind dagegen die einzelnen Schichten als Ausdruck der Entstehungsbedingungen oft mit aller Schärfe zu erkennen. Eine Schicht ist hier das Ergebnis einer in sich abgeschlossenen Zuwachsetappe des Bodens. So liegen z. B. vulkanische Aschen und Sande schichtweise übereinander, wie sie den einzelnen Ausbrüchen entsprechen. In vom Wasser transportierten Böden kann man häufig eine sehr deutliche Schichtung der in jeder Zufuhrperiode zum Absatz gekommenen Bodenmaterialien erkennen, wobei sich innerhalb der Schicht in der Regel noch eine Abstufung der Korngrößen von unten nach oben insofern zeigt, als in den unteren Schichtlagen sich, der bei Hochwasser größeren Transportkraft der Überstauungsgewässer entsprechend, die gröberen Kornklassen finden, die nach oben zu feiner und feiner werden, wobei das gröbere Material oft mit feinerem infiltriert ist.

Häufig sind solche Schichten dezimeter- bis meterstark, besonders wo es sich um Absätze in Wasseransammlungen handelt, die Absatzperiode also oft lange Zeiträume umfaßt. Oft ist, besonders bei überstauten Böden und in Flußfächern, ein Überschneiden einzelner Schichten zu erkennen, das bis zur ausgesprochenen Kreuzschichtung geht.

Ist die Masse des periodischen Absatzes gering und die Absatzperiode kurz, so sinkt damit natürlich die Schichtdicke. Die Böden weisen *Mikroschichtung* auf, wie viele Senkentone der heißen Zonen und lassen dann bei mikroskopischer Untersuchung eine recht genaue Beurteilung des Bodenalters zu. Sinkt die periodische Zufuhr unter ein gewisses Maß und wird damit zu einem kontinuierlichen langsamen Zuwachs gleichmäßigen Materials, so entzieht sich die Schichtung schließlich auch der mikroskopischen Konstatierung, da die einzelnen Absätze ineinander verfließen. Der umgelagerte Boden erscheint ungeschichtet wie der langsam wachsende Löß und die Flächentone der Tropen und Subtropen."

Da Schichten sehr verschiedene physikalische und chemische Eigenschaften mindestens haben können und mit Sicherheit haben, sobald sie schon mit bloßem Auge als verschiedenartig sich deutlich unterscheiden, muß *aus jeder etwaigen Schicht des Bodens bis zur Profiltiefe ein Muster* entnommen werden. Ob es die ganze Schicht umfassen kann, hängt von dem Vorhandensein von *Horizonten* im Bodenprofil ab.

„Der Horizont im Boden bzw. die Gesamtheit der Horizonte am Ort ist der Ausdruck der lokalen klimatischen und besonders bodenklimatischen Bedingungen. Die als Horizonte zu bezeichnenden Bodenlagen sind das Ergebnis der Umwandlung der gegebenen Bodenmaterialien und ihrer Verlagerung am Ort als Ausdruck der Tätigkeit der örtlichen Verwitterungsprozesse."

Zu den Horizonten, und zwar den illuvialen Horizonten gehören auch die als Ergebnis der oberflächlichen Bodenbearbeitung auftretenden *Pflugsohlen* älterer Kulturböden.

Die Horizonte sind oft an *verschiedener Färbung des Bodens*, z. B. Ortsteinbildungen und Bleichsand, oder an für sie charakteristischen Konkretionen: Eisen- oder Kalkkonkretionen, oder Kristallbildungen: Gips, leicht zu erkennen. Das ist aber durchaus nicht immer der Fall. Gerade die gefährlichen illuvialen Horizonte besitzen sehr häufig nur ganz geringe Dicken und unterscheiden sich bei oberflächlicher Betrachtung in nichts von der Nachbarschaft. Zur grundlegend wichtigen, sicheren Feststellung derartiger Horizonte gibt es aber zwei Mittel, die nicht versagen. SEKERA (l. c.) hat sie prägnant zusammengefaßt: *Das wichtigste Indizium für die Anwesenheit eines illuvialen Horizontes ist eine Hemmung des Wachstums des Wurzelsystems der Pflanzen,* die sich in ihrer Verdichtung der Wurzelentwicklung an bestimmten Stellen des Bodens und evtl. einem plötzlichen Aufhören der Wurzelentwicklung in einer der normalen Längenentwicklung der Wurzeln noch nicht entsprechenden Bodentiefe charakterisiert.

Abb. 31 gibt nach SEKERA eine Übersicht der möglichen Fälle. Fig. 1 zeigt die normale Tiefenverbreitung einer Halmfrucht in einem keine illuvialen Hori-

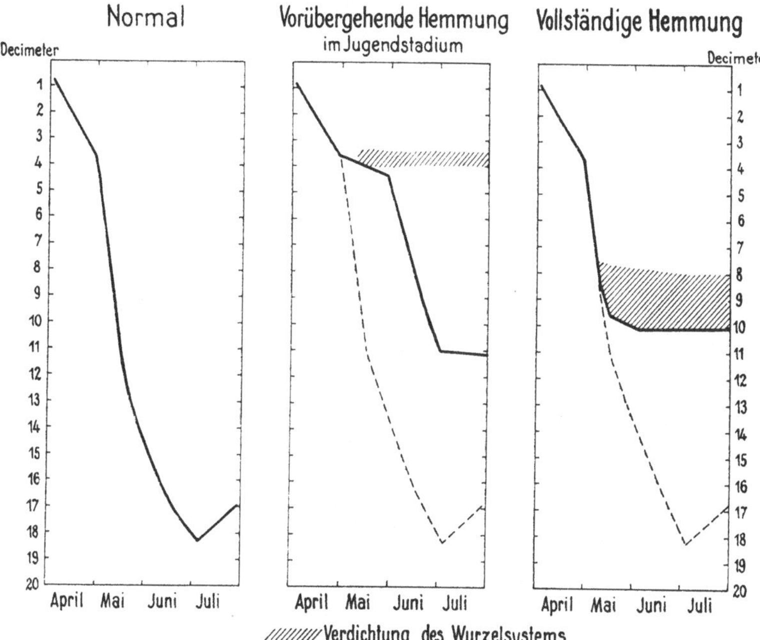

Abb. 31. Hemmung der Wurzelentwicklung durch Horizonte (nach SEKERA).

zonte enthaltendem Boden. Fig. 2 zeigt den Fall einer bloßen *Hemmung* der Wurzelentwicklung in geringer Bodentiefe durch einen irgendwie ungünstig für das Wachstum gestalteten Horizont, der erst für die sich anpassenden schon weitgehend herangewachsenen Pflanzen überwindbar wird, wobei die Gründe auch vorübergehender Natur sein können, wie z. B. eine vorübergehende Ansammlung von Oberflächenwasser im Frühjahr, die den Lufthaushalt in tieferen Schichten zeitweise verschlechtert hat. Fig. 3 zeigt den sehr häufig zu beobachtenden Fall der totalen Hemmung des Wurzelwachstums schon bei der Hälfte der normalen Wurzeltiefe durch einen ausgeprägt ungünstigen illuvialen Horizont.

Im Falle von Fig. 2 ist für die Pflanzen nur rund 75% des Bodenvolums wie bei normaler Entwicklung nutzbar. Im Falle von Fig. 3 sogar nur ungefähr 50%. Die Wichtigkeit, derartige Horizonte besonders zu bemustern und zu untersuchen, leuchtet ein.

Unterstützt kann die Unterscheidung derartiger Horizonte durch das Auge am Wurzelwachstum werden durch ein „Abklopfen der Profilwand mit einem geeigneten Gegenstand, etwa dem Holzgriff eines Werkzeuges. Aus der Tonhöhe und Tondauer vermag man bei einiger Übung deutliche Unterschiede der Bodendichte zu erkennen, ohne daß sich dieselben äußerlich wahrnehmen ließen (SEKERA)."

Die Hemmungszone liegt stets unmittelbar unter der Verdichtung des Wurzelsystems und kann, wie gesagt, zuweilen eine sehr geringe Mächtigkeit haben. So kann z. B. 1—2 cm Schichtdicke eines Illuvialhorizontes mit sehr geringer Wasserbeweglichkeit sich bereits als unübersteigliches Hindernis der normalen Wurzelentwicklung erweisen und einen scheinbar wertvollen Boden wegen der geringen durch die Schicht bedingten Mächtigkeit des Wurzelraumes tatsächlich fast wertlos machen.

Im Falle des Vorkommens von Schichten und Horizonten läßt sich die Zahl der je Profilgrube zu entnehmenden Bodenproben nicht allgemein angeben, sondern hängt von den Umständen ab, wiewohl nicht näher erläutert zu werden braucht, weil jede wichtige Schicht und jeder wichtige Horizont bemustert werden müssen. Recht deutlich markiert sich meistens als Einheit die sog. „*Krumenschicht*" schon durch ihren in der Regel meist höheren Humusgehalt und damit ihre dunklere Färbung. An ihrer Basis ist auf Illuvialhorizonte besonders zu achten.

Zeigt ein Bodenprofil außer allenfalls der Krumenschicht keine Segmentierung durch Schichten oder Horizonte, so genügt es in der Regel, bis zu 1 m Tiefe drei Bodenmuster zu entnehmen, von welchen das erste die Krumenschicht umfaßt, wenn eine solche deutlich entwickelt ist, sonst zweckmäßig den Boden bis 30 cm Tiefe. Die beiden anschließenden Muster sind gleichmäßig über die Strecke vom unteren Ende der Krumenschicht bzw. 30 cm Tiefe bis 1 m Tiefe zu verteilen. Nur wenn der tiefere Untergrund sich schon makroskopisch als wesentlich verschieden vom Untergrund in 1 m Tiefe repräsentiert, ist auch dieser zu bemustern.

Die entnommene Probe soll für den Ort eine möglichst *gute Durchschnittsprobe* sein. D. h. man wird bis zur für die Einzelprobe markierten Tiefe zweckmäßig rings an den stehenden Wänden der Grube eine Schicht senkrecht abschneiden, diese Einzelproben sorgfältig mischen und daraus seine endgültige Probe entnehmen, die auf keinen Fall unter $1-1^1/_2$ kg Boden betragen sollte. Da besonders humide Böden sich beim Trocknen ziemlich stark in ihren physikalischen und chemischen Eigenschaften verändern und besonders Untergrundproben solcher Gebiete nach dem Trocknen kaum wiederzuerkennen sind, empfiehlt es sich im allgemeinen, die Bodenprobe, wie sie aus der Grube kommt, in eine saubere Weißblechschachtel zu füllen und zum Versand sofort zu verlöten.

Daß bei der Profilaufnahme *alle Beobachtungen über die Gestaltung des Profiles einzutragen* und die *Probe sorgfältig* zur Vermeidung von Verwechslungen *zu nummerieren und zu bezeichnen* ist, versteht sich von selbst. *Dringend zu widerraten ist die häufig geübte Methode, der Bodenprobe selbst irgendwelche Notizen auf Papier, Pappe usw. beizupacken.* Derartige Beipackungen, die immerhin einige Gramm organischer Substanz ausmachen, zersetzen sich bei längerem Transport fast vollständig und können unter Umständen das analytische Bild erheblich verfälschen.

Außerordentlich wünschenswert, weil zur Ausfüllung einer heute noch höchst bedauerlichen Lücke der Kenntnisse erforderlich, ist die Entnahme von *Strukturproben* der einzelnen Bodenschichten und Horizonte, von deren Untersuchung in großem Umfange eine erhebliche Förderung der praktischen Anwendbarkeit bodenkundlicher Untersuchungsergebnisse zu erwarten ist.

Es ist schon vielfach auf die große Wichtigkeit derartiger Strukturproben hingewiesen worden (Gedroiz, Glinka u. a.). Die zu ihrer Entnahme gemachten Vorschriften sind zwar sehr zweckmäßig und genau, aber fast ausnahmslos auch so umständlich, daß bei praktischer, nicht theoretischen Zwecken dienender, Feldarbeit ihre Befolgung ohne unrationelle Zeitverluste nicht durchführbar ist. Nach den Erfahrungen des Verfassers führt das nachfolgende Vorgehen, wenn es auch nicht den Anspruch auf absolute Genauigkeit erheben kann und will, in praktisch genügender Weise zu dem Ziele, sich ein Bild von der Lagerungsdichte und der Wasser- und Luftverteilung in den verschiedenen Bodentiefen zu machen.

Man läßt sich am besten aus *Nirostastahl* 2 cm hohe Ringe von 11,3 cm genauem Durchmesser herstellen, die an einer Seite von außen her scharf angeschliffen sind. Ein jeder solcher Ring faßt genau 200 cm^3 Boden. Die Oberfläche der auf ihre Lagerungsfestigkeit zu untersuchenden Schicht wird genau horizontal sauber geglättet und der Ring mit Hilfe eines Brettchens und hölzernen Hammers senkrecht in den Boden getrieben, bis ein letzter, leichter, *federnder* Hammerschlag ihn etwa 1 mm unter die Bodenoberfläche versenkt. Dann untersticht man den Ring mit einem breiten Messer, hebt ihn vorsichtig nebst Inhalt heraus und glättet die obere und untere Fläche der ausgestochenen Bodenscheibe, ohne diese aus dem Ring zu entfernen oder sie irgendwie zu zerstören. Bis auf die leichtesten Sande bietet bei geschicktem Arbeiten dieses Vorgehen keinerlei Schwierigkeiten, da namentlich im leicht feuchten Zustande die Böden sich sehr gut in ihrer Struktur im Ringe erhalten.

Das so gewonnene Praparat wird dann sofort auf einer auf $^1/_{10}$ g genauen Waage mit dem Ringe gewogen. Nach der Wägung wird der gesamte Ringinhalt in ein mitgebrachtes luftdicht zu verschließendes Gläschen unter sorgfältiger Vermeidung aller Verluste eingefüllt. Im Laboratorium wird der Gläscheninhalt nach beliebiger Zeit bei 105° getrocknet und gewogen sowie nötigenfalls das spezifische Gewicht der Substanz bestimmt.

Nennt man das Gewicht des nassen Bodens g_n, das Gewicht der Trockensubstanz g_{tr}, das spezifische Gewicht s, das Gewicht des Ringes r, das Porenvolum bezogen auf 100 g Trockensubstanz P, das Wasser je 100 g Trockensubstanz w, Luft je 100 g Trockensubstanz als Volum ausgedrückt L, das Gewicht von 1 cm Schichtdicke des trocknen Bodens je Hektar in Tonnen G_{tr}, das je Schicht von 1 cm je Hektar vorhandene Wasser in Kubikmeter W, das mögliche Wasser W_m, so ist

1. Totalgewicht $- r = g_n$.

2. $0{,}5\,(g_n - g_{tr}) =$ Wasser je 100 cm^3 nasser Boden in natürlicher Lagerung in Volumprozent.

3. $\frac{g_{tr}}{2\,s} =$ Feste Substanz je 100 cm^3 Boden in Volumprozent.

4. $100 - g_{n/2} + \frac{g_{tr}}{2}\left(1 - \frac{1}{s}\right) =$ Luft in je 100 cm^3 Boden in Volumprozent.

Daraus ergibt sich

5. $P = 100\left(\frac{200}{g_{tr}} - \frac{1}{s}\right)$ cm^3 Porenvolum je 100 g Trockensubstanz.

6. $w = \frac{100\,(g_n - g_{tr})}{g_{tr}}$ cm^3 Wasser je 100 g Trockensubstanz.

7. $L = P - w$ cm^3 Luft je 100 g Trockensubstanz.

8. $G_{tr} = 0{,}5\,g_{tr}$ Tonnen Trockensubstanz je Zentimeter und Hektar.

9. $W = 0{,}5\,(g_n - g_{tr})$ m^3 vorhandenes Wasser je Zentimeter und Hektar.

10. $W_m = 100 - \frac{g_{tr}}{2\,s}$ m^3 mögliches Wasser je Zentimeter und Hektar oder Totalraum des vorhandenen Porenvolums.

Die einfache, wenig zeitraubende Messung gibt also eine ganze Reihe bodenkundlich wichtiger Werte und dürfte in vielen Fällen, da sich alle Alluvialhorizonte auch wenn sie mikroskopisch kaum feststellbar sind, sehr scharf in den erhaltenen Ziffern kennzeichnen, eine Lösung anders unerklärlicher Verhältnisse der Wurzelverbreitung geben.

Bisher ist nur die Probenahme für den Fall behandelt worden, daß es sich um die allgemeine Charakterisierung eines bodenkundlich unbekannten Geländes handelt. Dieser stellt sich mit gleicher und in alten Kulturgebieten mit größerer Wichtigkeit die andere an die Seite, *ein Gelände kleineren Ausmaßes für die Beurteilung einer Meliorations- oder Düngungsmaßnahme zu bemustern.* Das kann nicht durch eine Stichprobe an einer typischen Stelle geschehen, vielmehr muß das Vorgehen erheblich modifiziert werden. In Frage kommt nur eine *Sammelprobe.*

Man scheidet zweckmäßig zunächst nach dem Augenschein die makroskopisch gleichartigen Bodenkomplexe aus, wobei das Relief und der Stand der Kulturgewächse oder -bäume wichtige Fingerzeige gibt. In jedem so ausgeschiedenen Stück orientiert man sich durch eine auszuhebende Profilgrube gründlich über den allgemeinen Profilbau, wobei man in diesen Gruben Strukturproben, wie oben empfohlen ist, entnimmt. Dann bohrt man die als gleichartig erkannten Ackerstücke oder Bestände systematisch mit einem Erdbohrer ab und vereinigt die von jeder Bohrung sich ergebenden Schichtproben zu je einer für das betreffende Stück charakteristischen Sammelprobe. Man vereinigt also alle Krumenproben, die man aus dem gleichartig nach Aussehen und Stand der Kulturen ausgeschiedenen Stück entnommen hat, zu einer gemittelten Krumenprobe, alle Proben der zweiten Schicht miteinander zu einer Mittelprobe der zweiten Schicht usw.

Die Zahl der je Hektar zu erbohrenden Proben wird sich nach der Gleichartigkeit des Geländes richten. MITSCHERLICH schreibt 50 Probenahmestellen je Hektar vor. Hat man die Ausscheidung der gleichartigen Stücke sorgfältig getroffen, so kann man erfahrungsgemäß, ohne praktisch wichtige Fehler befürchten zu müssen, die Anzahl der Bohrstellen je Hektar sehr wesentlich beschränken, oft sogar schon mit 5—6 auskommen. Allgemeine Vorschriften lassen sich darüber nicht geben, sondern es hängt alles von der Geländegestaltung und der Beobachtungsgabe des Untersuchenden ab.

Die schließlich erhaltenen Sammelproben werden, natürlich jede Kategorie für sich, d. h. die Krumenproben gesondert und die einzelnen sich entsprechenden Untergrundproben gesondert, gründlichst durchgemischt und daraus die endgültig als charakteristisch für je ein ausgeschiedenes gleichartiges Stück zu betrachtenden Durchschnittsproben des Durchschnittsprofiles entnommen, und zwar in der oben angegebenen Größe und Art und Weise.

Verfährt man auf diese Weise, so beschränkt sich auch für große Areale die Zahl der endgültig zu entnehmenden Proben ungemein. Bei sorgfältigem Arbeiten kommt man auch unter komplizierten Bodenverhältnissen mit sehr wenigen Profilen aus, die ein den Tatsachen sehr nahekommendes und praktisch jedenfalls zur Beurteilung völlig ausreichendes analytisches Bild ergeben. Das oft erhobene Bedenken, daß in derartigen Mischprofilen die Bodeneigenschaften sich so stark verwischen, daß man nichts aus den Analysendaten entnehmen könne, ist gegenstandslos, wenn man den leider oft begangenen Fehler vermeidet, ungleichartige Proben miteinander zu vereinigen. Es kommt alles darauf an, daß nicht nur selbstverständlich nur die entsprechenden Schichten zur Gesamtprobe der Schicht oder Horizontes vereinigt werden, sondern vor allem, daß nicht kritiklos dem Profilbau nach sich unterscheidende Proben zusammengeraten, wobei man bei der Beurteilung dieses Punktes keineswegs kleinlich zu sein braucht, aber auch den Mut haben muß, offensichtlich abweichende Bohrstellen auszuschalten und ihr Ergebnis zu verwerfen.

Von der Mühe, die man sich bei der Probenahme gibt und die bei großen Objekten nicht gering ist und niemals und unter keinen Umständen bodenkundlich nicht ge-

schultem Personal überlassen werden sollte, hängt der ganze Wert der anzufertigenden Analysen ab. Man glaube nicht, aus Bequemlichkeitsgründen mit Krumenproben sich begnügen zu können. Die bloße Untersuchung von Krumenproben bedeutet in den meisten Fällen weggeworfenes Geld. Nachlässiges Arbeiten bei der Probenahme gefährdet das gesamte Untersuchungsresultat, von dem doch wirtschaftliche Entschlüsse unter Umständen in weitem Maße abhängig sind.

Die starke Betonung der Notwendigkeit sorgfältigster Probenahme könnte übertrieben erscheinen. Sie ist es in der Tat erfahrungsgemäß durchaus nicht. Wer viel Bodenproben zu untersuchen und zu begutachten hat, weiß aus trüber Erfahrung, in wie ganz unverantwortlicher Weise hier, und zwar gerade vielfach von Leuten gesündigt wird, denen man etwas Besseres ihrer Vorbildung nach zutrauen sollte. Menschliche Bequemlichkeit ist nirgends ein so gefährlicher Feind, wie bei der Entnahme von Bodenproben und macht sehr häufig das erzielte Resultat wertlos, wenn sie zur Vernachlässigung der Probenahmearbeiten führt. Es ist sicher nicht zuviel gesagt, daß ein sehr großer Teil der heute noch zwischen bodenkundlicher Theorie und der Praxis zu beobachtenden Widersprüche gar nicht die Schuld der Bodenkunde, sondern ganz einfach des nachlässigen Probenehmens ist, bei welchem für die Deutung der Resultate wichtige Tatsachen übersehen oder wie man gewöhnlich sagt, „großzügig", richtiger unverantwortlich leichtfertig, verfahren wurde.

Keine nicht mit größter Sorgfalt genommene Bodenprobe ist überhaupt die Untersuchung wert.

2. Die Vorbereitung der Proben im Laboratorium für die Untersuchung.

Man kann es als internationale Gewohnheit betrachten, die formell teilweise auch durch die Beschlüsse der Internationalen bodenkundlichen Gesellschaft geregelt ist, die genommenen Bodenproben zunächst *unter Ausschluß der Sonne lufttrocken* zu machen, und in dieser Form weiterzuverarbeiten. Für die Mehrzahl der Böden ist dieses Vorgehen auch durchaus unbedenklich. Nur in humiden Tropengebieten mit tiefgrundigem, eluvialen Böden kommen Verhältnisse vor, in welchen davon abgesehen werden muß, um nicht zu falschen Resultaten zu gelangen.

Die Böden, die ein Lufttrockenmachen vor der Untersuchung nicht vertragen, ohne sich so zu verändern, daß sie völlig andere physikalische und sogar weitgehend andere chemische Eigenschaften annehmen, sind in der Natur leicht zu erkennen. Es sind die *Zersatzzonen speziell der Alkalifeldspalte enthaltenden Gesteine,* die sich aus Pseudomorphosen des Zersetzungsmateriales nach den ursprünglichen Mineralien zusammensetzen. Sehr häufig ist in diesen Zersatz- und Fleckzonen, die oft bis dicht an die Bodenoberfläche reichen, die Gesamtstruktur des Ausgangsgesteines gewissermaßen schattenhaft erhalten. Im frischen Abstich zeigen sich die ehemaligen Mineralien in leuchtenden, meist ins Blau und Violett spielenden Farben, die allerdings an der Luft sehr schnell verblassen. Der ganze Boden solcher Schichten hat eine geradezu geleeartige Konsistenz und beim Trocknen zeigen sich entweder enorme Schrumpfungsverluste unter Zusammenschrumpfen des Ganzen zu steinharten Blöcken oder es bildet sich ein gänzlich zusammenhangloser lockerer Staub, was in der Natur beides auch bei Kultur in der entsprechenden Bodentiefe niemals der Fall sein würde.

Aus diesem Grunde mussen derartige Böden bodenfrisch untersucht und dürfen nicht getrocknet werden.

Das frische oder getrocknete, möglichst schonend zerkleinerte Bodenmaterial wird durch ein 2 mm-Sieb getrieben, etwa vorhandene Steine usw. werden sorgfältig gesammelt, gewaschen, gewogen und ihrem mineralogischen Charakter nach bestimmt. Ihre Menge wird gesondert auf den Boden in Anrechnung gebracht. Zur weiteren Untersuchung dient nur die sog. Feinerde, die das 2 mm-Sieb passiert hat.

3. Die physikalische Untersuchung der Böden.

Hält man als leitenden Gesichtspunkt aller Bodenuntersuchungen fest, daß sie dazu dienen sollen, praktische Wasser- und Nährstoffbilanzen in absoluten Ziffern für den Vergleich mit den Bedürfnissen der Kulturgewächse aufzustellen, so ergibt sich daraus eine Wahl notwendiger Bestimmungen im Laboratorium und für diese Bestimmungen notwendiger Methoden, die in mancher Hinsicht von den üblichen abweicht.

Eine selbstverständliche Forderung bleibt die *mechanische Klassifizierung* der Böden nach ihrer Korngrößenzusammensetzung, um überhaupt die Möglichkeit des Vergleichs mit dem riesigen international vorliegendem Material zu haben. Die mechanische Bodenanalyse ist also zweckmäßig im Anschluß an die oben gegebene, international anerkannte *Atterberg-Skala* durchzuführen. Doch auch diese Analyse bedarf der näheren Erörterung, wobei, um bei dem großen Umfang der darüber vorliegenden Literatur nicht ins uferlose zu geraten, nur die wichtigsten Punkte erörtert werden können, soweit sie auf die nachstehend empfohlenen Untersuchungsmethoden direkten Bezug haben (371).

Es bedarf nach den oben gemachten Ausführungen nicht mehr der besonderen Betonung, daß man es bei der Klassifizierung der Korngrößenzusammensetzung der Böden keineswegs mit so einfachen Problemen zu tun hat, wie die älteren Autoren es annahmen. Kämen in Böden die einzelnen Massenteilchen nur als scharf gesonderte Individuen, also als isolierte Primärteilchen, vor, die man wohl allgemein als Gitter, Gitterreste oder Gittervorstufen charakterisieren kann, so wäre die Aufgabe der mechanischen Bodenanalyse eindeutig bestimmt und ebenso die zu ihrer Lösung führenden Methoden. Es würde unter diesen Umständen genügen, den Boden einfach in Wasser gründlich aufzuschlämmen und die dispersen Teilchen gruppenweise sedimentieren zu lassen. Zwar würde man bei der Verschiedenheit des spezifischen Gewichtes und der Form der Teilchen, wie von vielen Autoren schon nachgewiesen ist, keineswegs innerhalb einer gewählten Korngrößengruppe Körner gleicher Größe erfassen, aber wenigstens, wie RAMANN sich ausdrückt (364), Teilchen gleichen „hydraulischen Wertes“, d. h. gleicher Fallgeschwindigkeit nach der sog. „STOKE*schen Formel*“

$$v = \frac{2r^2(D-d)g}{q\eta},$$

worin v die Fallgeschwindigkeit der Teilchen beim Sedimentieren in Zentimetersekunden, r den Teilchenradius in Zentimeter, D das spezifische Gewicht der Bodensubstanz, d das spezifische Gewicht der Flüssigkeit, η die innere Reibung der Flüssigkeit und g die Beschleunigung der Schwere bedeutet.

Tatsächlich besteht ein Boden aber durchaus nicht nur aus Primärteilchen, sondern es überwiegen, von ganz extremen Fällen abgesehen, in der Regel die Sekundärteilchen und Teilchen noch weit höherer Ordnung durchaus. Jeder Boden besitzt eine gewisse Krümelung, die, wie oben gezeigt ist, von der Kationenbelegung der Komplexe und den damit in Zusammenhang stehenden Faktoren abhängig und alles andere als eine Konstante ist.

Damit ergeben sich für die mechanische Bodenanalyse nach Korngrößen von vornherein *zwei durchaus verschiedene Gesichtspunkte.* Es kann einmal darauf ankommen, *um zu einer absoluten, stets reproduzierbaren Klassifizierung des Bodens nach Korngrößen zu gelangen, die Menge der* als letzte Einheiten zu betrachtenden *Primärteilchen* festzustellen. Dazu ist eine *vollständige Aufteilung* aller Aggregate im Boden erforderlich. Es kann aber auch Zweck der Untersuchung sein, den *momentanen Zustand der Krümelung des Bodens*, also relative Werte der Korngrößenzusammensetzung, zu erfassen. Daß diese beiden Gesichtspunkte nicht immer scharf im Auge behalten sind, ist der Grund für die Vielzahl der über die Vorbereitung des Bodens für die Schlämmanalyse bestehenden Vorschriften.

Will man den *momentanen Bodenzustand* erfassen, d. h. nicht die Primärteilchen des Bodens, bestimmen, sondern seine Krümel, wie sie sich als Ergebnis der gesamten physikalischen und chemischen Zustandsbedingungen vorfinden, so scheint die möglichst schonende Aufschlämmung in Wasser der gegebene Weg zu sein. Aber leider liegen die Verhältnisse dabei keineswegs einfach, wie Hager (365) und van Zyl (366) mit Recht betonen. Die Zusammenlagerung der Teilchen ist zum großen Teil äußerst locker, so daß sie schon durch die Beifügung von Wasser, wie sich nach den obigen Erörterungen als logische Forderung ergibt, weitgehend gelöst wird. Hydrolytische Spaltungen der Komplexbelegungen kommen hinzu und ferner der Einfluß geloster Ca-Salze usw. Jede geringfügige Änderung der Zeitdauer der Behandlung kann je nach dem in Untersuchung befindlichen Boden die Analysenresultate oft wesentlich ändern. Es ist kaum abzusehen, wie der momentane Krümelungszustand eines Bodens sich überhaupt auch nur konventionell erfassen lassen kann, weil auch der verschiedene Grad der Trocknung, dem die Bodenprobe vor ihrer Verarbeitung unterworfen worden ist, eine um so größere Rolle spielt, je reicher an sorptionsstarken Teilen ein Boden ist. Ganz unbrauchbare Resultate müssen alle sog. „schonenden Dispergierungen" mit schwachen Elektrolytlösungen, die ebenfalls zum Zwecke des Studiums der Krümelstruktur vorgeschlagen sind, für den vorliegenden Zweck ergeben. Denn mag der Elektrolyt so verdünnt sein, wie er wolle: seine Zufügung bedeutet unter allen Umstanden das Einsetzen des Basenaustauschs und somit eine noch viel stärkere Beeinflussung der momentanen Struktur, als sie die intensivste Behandlung mit reinem Wasser jemals hervorzubringen in der Lage wäre.

Um überhaupt zu vergleichbaren Strukturwerten eines Bodens zu kommen, d. h. zu solchen, die sich mit einiger Annäherung wenigstens reproduzieren lassen, scheint nach allem zur Frage vorliegendem Untersuchungsmaterial kein anderer Ausweg zu sein, als auf die Erfassung des momentanen Zustandes in vollem Umfange zu verzichten und sich als *Ziel die Erfassung wenigstens der widerstandsfähigen Bodenkrümel* zu setzen, *die durch alleinigen Wasserzusatz zum Boden nicht dispergierbar, also irreversible Koagele und Sekundarteilchen, sind.* Physikalisch-chemisch ausgedrückt bedeutet das, wie oben erlautert ist, *die Erfassung der irreversiblen Koagulation im Boden, d. h. der durch die Klammerwirkung der mehrwertigen Kationen und gegenseitige kolloide Fällung gebildeten Sekundär- und Vielfachteilchen*, die folgerichtig als Silt oder Feinsand bei der Analyse erscheinen müssen, je nachdem es sich um größere oder kleinere Aggregate handelt, während die Primärteilchen sich der Tonfraktion der Boden auch bei Behandlung nur mit Wasser einreihen

Bei der Starke der elektrostatischen Bindungskräfte zwei- und mehrwertiger Kationen ist zu erwarten, daß diese *„resistenten Krümel"* auch bei noch so energischer Behandlung eines Bodens mit Wasser nicht oder doch nur zum kleinsten Teil zerfallen. d. h. daß sich reproduzierbare Werte ergeben, sobald man die Behandlung mit Wasser intensiv genug gestaltet. Es ist ferner zu erwarten, daß die so erhaltenen Werte insofern eine enge Parallele zu der Zusammensetzung der Komplexbelegung zeigen müssen, als der auch bei Wasserbehandlung sich ergebende Tonanteil des Bodens, ausgedrückt in Prozent der absoluten Tonmenge, eine gewisse Übereinstimmung mit dem Prozentanteil der einwertigen Kationen am Komplexbau zeigen muß. Vollkommen genau kann die Übereinstimmung aus drei Gründen nicht sein: 1. weil jede energische Behandlung mit Wasser auch bei einem Bruchteil der durch zweiwertige Ionen aneinandergeklammerten Mehrfachteilchen durch die Reibung der Teilchen aneinander zwar nicht dispergierend, aber doch zertrümmernd wirken muß, 2. weil die sorptiven Komplexe sich nicht ausschließlich in der Tonsubstanz $< 0{,}002$ mm finden, obwohl sie darin bei weitem überwiegen, sondern sich auch auf alle anwesenden Mineraltrümmer beziehen, die sorbierend wirkende exponierte Ionen an Gitterecken und -kanten aufweisen, 3. weil lösliche Kalksalze des Bodens, wie oben erörtert ist, bei größerem Wasserüberschuß bei der Analyse wirksam werden.

Zunächst ist die Frage zu erörtern, was man denn unter *absolutem Tongehalt* eines Bodens zu verstehen hat, und wie sich eine Bestimmungsmöglichkeit dieser Größe eröffnet.

Als absoluter Tongehalt ist der Gehalt des Bodens an Teilchen $<0{,}002$ mm bei Aufteilung aller ohne Zerstörung der Grundsubstanzen dispergierbaren größeren Aggregate zu betrachten.

Es dürfte keinen Bodenkundler geben, der diese Definition nicht als selbstverständlich ansieht, aber sehr wenige, die bei aller theoretischen Anerkennung nicht bei ihren Untersuchungsmethoden aufs schwerste gegen das damit ausgesprochene Prinzip verstoßen. *Zur Vorbereitung des Bodens für die mechanische Analyse werden ganz allgemein zur Aufteilung der Bodensubstanz die verschiedensten Kombinationen von oxydierenden Mitteln und Säuren empfohlen, ohne zu berücksichtigen, daß jede derartige Behandlung eines Bodens zu Phantasieresultaten führen muß.* Denn wenn man z. B. durch Behandlung mit Wasserstoffsuperoxyd den Humusgehalt eines Bodens zerstört, vernichtet man von vornherein einen unter Umständen ganz erheblichen Anteil der kolloidalen Substanzen, dem man durchaus nicht dadurch Rechnung trägt, daß man den Humus extra als Bodenbestandteil aufführt. Wie jede darauf gerichtete Untersuchung zeigt, handelt es sich bei den humosen Substanzen des Bodens durchaus nicht etwa nur um labile Sekundärteilchen. Ein größerer Bruchteil der organischen Bodensubstanz liegt in noch organisierter Form vor in Größenordnungen, die weit über die Grenze 0,002 mm hinausgehen und die damit künstlich ausgeschaltet werden. Hinzu kommt, daß diese Behandlung mit Oxydationsmitteln weitgehend auch den Gehalt an niederen Oxydationsstoffen des Eisens in Mitleidenschaft zieht und unter Umständen schon dadurch zu einer Verfälschung der Resultate führt. Es werden dabei alle sehr verschiedenen Humussubstanzen (s. o.) über einen Kamm geschoren, wozu jede Berechtigung fehlt.

Das vielfach ins Feld geführte Argument, daß die Humussubstanzen die mechanische Analyse, wenn sie nicht vorher entfernt werden, stören, ist nicht stichhaltig. Denn störend treten sie nur bei größerer prozentischer Menge auf, d. h. dann, wenn die mechanische Analyse sowieso schon gegenstandslos geworden ist, wie am besten der Umstand beweist, daß es niemand einfallen wird, von ausgesprochenen Humusböden, wie z. B. Moorböden, im engeren Wortsinn, überhaupt eine mechanische Analyse anzufertigen.

Vollkommen unzulässig ist die Behandlung der Böden als Vorbereitung zur Schlämmanalyse mit Säuren oder Alkalien. Sowohl das OH-Ion, wie in ganz besonderem Maße das H-Ion, sind so energische Reagenzien, daß sie nicht nur dispergierend, d. h. die Klammerwirkung der zweiwertigen Kationen aufbrechend, sondern ausgesprochen *lösend* wirken, und zwar in ganz besonderem Maße da, wo freie Sesquioxyde oder freie Kieselsäure in kolloidaler Form oder wie es meistens der Fall ist, beides zusammen, in größerer Menge vorliegen. So würde z. B. ein typischer Laterit sich bei der international empfohlenen Säurebehandlung restlos auflösen, ebenso bis auf ganz geringe Reste viel aride Abkömmlinge von Kalkgesteinen, während beide Bodengruppen durchaus scharf umrissene physikalische, von ihrer Korngrößenzusammensetzung bedingte Eigenschaften zeigen.

Aus dieser Erkenntnis heraus werden in sehr großem Umfange harmlosere Dispergierungsmittel angewendet. In sehr großem Umfange dient der Zusatz von NH_3 zur Dispergierung (368). Die in den ariden Gebieten der englischen Kolonien viel verwandte Methode von BEAM (369) benutzt 0,2% Na_2CO_3 usw.

In welcher Richtung das Ziel der vollständigen Dispergierung der Primärteilchen sich erreichen läßt, ohne die Grundsubstanzen zu zerstören, ergibt sich prinzipiell aus den obigen Ausführungen über den Kationenumtausch.

Eine Dispergierung ist ihrem Wesen nach der Ersatz wenig hydratisierter, die Teilchen zu Einheiten höherer Ordnung zusammenklammernder, *zweiwertiger Kationen durch einwertige mit hohem Hydratationsgrad*, die gleichzeitig die Stabilität des sich bildenden Sols, wenn man als solches eine Dispersion der primären Einheiten bezeichnen will, durch Erhöhung des elektrokinetischen Teilchenpotentials herbeiführen. Je größer die Hydratationsenergie eines Kations ist, desto besser ist es zur Dispergierung der Bodensubstanz geeignet. Das von sämtlichen Kationen die größte Hydratationsenergie besitzende Ion ist das *Li-Ion*, das daher, worauf schon GEDROIZ u. a. aufmerksam machten (370), als Peptisationsmittel ganz besonders geeignet ist. Der heute billige Preis aller Lithiumsalze macht ihre allgemeine Anwendung für analytische Zwecke einfach. Es bleibt nur noch die Frage zu beantworten, in welcher Verbindung sie zweckmäßig Anwendung zu finden haben.

Diese Frage beantwortet sich von selbst, sobald man sich den Bau der Sorptionskomplexe des Bodens vor Augen hält, und zwar im Zusammenhange mit der relativ sehr niedrigen Verdrängungsenergie des Li (s. o.). Die Komplexe umfassen fast ausnahmslos außer den meistens 50% übersteigenden zweiwertigen Kationen (Mg, Ca), im Falle austauschsaurer Böden Al und Fe, die einwertigen Kationen K, Na und H. Von allen diesen Kationen liegt nur die Wirkung des Na in der gewünschten Richtung. Alle übrigen müssen so vollständig wie möglich durch das hochhydratisierte Li ersetzt werden. Als Neutralsalz verdrängt aber das Li die zweiwertigen Ionen und das K nur sehr teilweise, wenn man nicht die Böden mit sehr großen Mengen Li-Salzlösungen sehr lange auf dem Filter auswaschen will, und das H-Ion überhaupt nicht. Man könnte allenfalls auf die Verdrängung des letzteren verzichten und sich mit der Verdrängung der zweiwertigen Kationen begnügen. Aber leider steht auch dem, selbst wenn man die Notwendigkeit der Anwendung sehr großer Li-Salzmengen in Kauf nehmen wollte, entgegen, daß auch nur einigermaßen schwere Böden praktisch undurchlässig werden, sobald auch nur ein Teil ihrer Komplexe mit Li gesättigt ist. Der Erfolg der Behandlung des Bodens mit Neutralsalzen des Li ist also im höchsten Grade fraglich.

Die Schwierigkeiten verschwinden mit einem Schlage, sobald man zum Li_2CO_3 greift. Dieses Salz ist hydrolytisch gespalten. Durch die Einwirkung der Base wird also ohne weiteres das H-Ion verdrängt. Die zweiwertigen Kationen geben auf der anderen Seite mit H_2CO_3 unlösliche Verbindungen, die Karbonate, die damit auch diese Kationen weitgehend beseitigen und Li an ihre Stelle setzen. Die dann noch restierenden K- und sonstigen Ionen, außer Na, treten in allen Bodenkomplexen so stark zurück, daß sie praktisch für den Zweck der Dispergierung nicht mehr interessieren.

Li_2CO_3 ist also das ideale Dispergierungsmittel, mit welchem jeder Boden sich bei energischer Behandlung in seine Primärteilchen im obigen Sinne aufteilen läßt, wobei, was für die mineralischen Bestandteile gesagt ist, mutatis mutandis auch für die organischen Stoffe des Bodens gilt.

Es genügt aber nicht, die Bodensubstanz möglichst weitgehend in Li-Komplexe zu verwandeln. Um diese mengenmäßig erfassen zu können, ist es erforderlich, daß die Dispersion *stabil* ist, d. h. die Sedimentation ohne Störung durch Koagulationserscheinungen erfolgt. Wenn es möglich wäre, die durch das Li freigemachten Ionen zu entfernen, würde in dieser Richtung keine Schwierigkeit bestehen. Wie gesagt, ist das bereits bei Verwendung von neutralen Li-Salzen sehr schwierig, weil die Durchlässigkeit des Bodens sich rapide verringert. Bei Verwendung von Li_2CO_3 als Dispergierungsmittel ist ein jedes Arbeiten in dieser Richtung vollständig ausgeschlossen, weil, solange überhaupt noch etwas durchs Filter läuft, dieses eine hochdisperse Suspension von Li-Ton ist. Setzt man andererseits das Li_2CO_3 direkt dem Sedimentationswasser zu, so sind speziell bei ariden gipshaltigen Böden die Fälle keineswegs selten, wo bei anfangs vollständiger Dispergierung dennoch in kurzer Zeit eine sekundäre Koagulation stattfindet. Es bleibt also nichts anderes übrig, um zu absoluten Tonwerten, d. h. zur gewichtsmäßigen Feststellung der Primärteilchen nach ihrem hydraulischen Wirkungswert, zu gelangen, als *die Aufschlämmung künstlich zu stabilisieren.* Das erfolgt leicht durch *Zusatz* geringer Mengen *eines Schutzkolloides,* wofür *Wasserglas* sich sehr gut eignet.

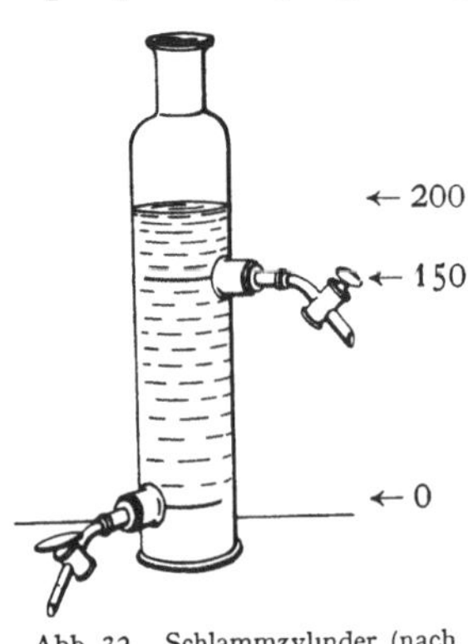

Abb. 32. Schlammzylinder (nach KOTTGEN).

Aus diesem Gesichtspunkte heraus ist durch vergleichende Untersuchung an rund 500 Bodenproben sämtlicher Typen einschließlich tropischer und subtropischer Böden durch VAGELER und ALTEN (12) das folgende analytische Vorgehen der mechanischen Bodenanalyse entwickelt, das sehr gut reproduzierbare Werte liefert:

25 g Bodentrockensubstanz, abgewogen unter Anrechnung des Wassergehaltes des zu untersuchenden Bodens, werden mit *500 cm³ 0,2proz. Li_2CO_3-Lösung* in *kohlensäurefreiem destillierten Wasser* in einem 1 l fassenden Stohmann-Kolben gründlich durchgeschüttelt und unter gelegentlichem Umschütteln 12 Stunden weichen gelassen. Dann wird die Masse anschließend im Rotationsapparat 6 Stunden geschüttelt und mit destilliertem kohlensäurefreiem Wasser in den von ALTEN modifizierten KOETTGEN*schen Schlämmzylinder* (12, Teil III) übergeführt unter Zusatz von *10 cm³ 6,00proz. Lösung von Wasserglas.* Die Mischung wird gründlich durchgeschüttelt und dann der Zylinder bis zur 200 mm-Marke, d. h. bis zu einer Gesamtflüssigkeitsmenge von 1 l mit destilliertem kohlensäurefreiem Wasser aufgefüllt.

Nach gründlichem Umschütteln wird die Suspension der Sedimentation überlassen. Nach genau 10 Minuten 30 Sekunden wird vorsichtig und langsam Ablauf 1 bei Marke 0 (vgl. die Abb. 32) eingeführt und bei genau 11 Minuten 10 cm³ der Suspension entnommen (Vol. I). Nach 4 Stunden 15 Minuten wird ebenso Ablaß 2 bei Marke 150 mm eingeführt und weitere 10 cm³ der Suspension in derselben Weise entnommen (Vol. II). Beide entnommenen Suspensionsmengen werden eingedampft, bei 105° getrocknet und gewogen.

Nach der zweiten Abzapfung wird der gesamte Inhalt des Sedimentierzylinders durch ein 0,2 mm-Sieb unter Nachwaschen mit destilliertem Wasser abgesiebt und der Siebrückstand getrocknet und gewogen.

Die Berechnung der *absoluten Fraktionswerte I* unter Einrechnung der für den Zusatz von Li_2CO_3 und Wasserglas sich ergebenden Korrekturen gestaltet sich dann wie folgt:

1. 4 × Siebrückstand = % Grobsand I.
2. 400 × (Rückstand von Vol. II—0,016) = % Ton I.
3. 400 × (Rückstand von Vol. I—0,016) = % (Ton I + Silt I).
4. % (Ton I + Silt I) — % Ton I = % Silt I.
5. 100—% Ton I — % Silt I — % Grobsand I = % Feinsand I.

Die *Bestimmung des momentanen Zustandes der Korngrößenverteilung* des Bodens oder der resistenten Krümel erfolgt zweckmäßig in der folgenden Weise, die gut reproduzierbare Werte liefert.

25 g Trockensubstanz des Bodens wie oben werden mit 500 cm³ kohlensäurefreiem destilliertem Wasser gut durchgeschüttelt und dann mindestens 12 Stunden lang stehen gelassen. Dann wird die Masse 6 Stunden im Rotationsapparat geschüttelt und ohne jeden Zusatz irgendwelcher Art wie oben weiterbehandelt. Die ermittelten Korngrößen werden zweckmäßig als Grobsand II, Feinsand II usw. bezeichnet.

Bei Böden ohne nennenswerten Salzgehalt der Bodenlösung, der koagulierend wirkt, entspricht das Resultat der Korngrößenzusammensetzung, wie man auch mikroskopisch kontrollieren kann, etwa der Krümelung des Bodens, deren Wichtigkeit für die Wasserbewegung oben erörtert ist. Enthält der Boden viele Salze, so kommt es meistens auch während des Absatzes noch zur Koagulation und man hat es im Endergebnis nicht sowohl mit den tatsächlich nach dem Schütteln noch vorhandenen Krumeln als allgemeiner mit der *Krümelungstendenz der Böden* zu tun. Es ist aber sehr bemerkenswert, wie genau auch in diesem letzteren Falle Paralleluntersuchungen übereinstimmen, so daß die Feststellung der Ton II- usw. Werte auch bei Salz- usw. Böden jedenfalls zur Beurteilung des Verhaltens gegen Wasser in der Natur einen wertvollen Fingerzeig liefert.

Um welche riesigen Unterschiede zwischen den Fraktionsklassen I und II es sich bei schwereren Böden handelt, zeigt die nachstehende Tabelle, deren Daten gleichzeitig in Abb. 33 in Dreieckskoordinaten wiedergegeben sind. Silt und Feinsand sind dabei in den Dreieckskoordinaten als Mittelfraktionen oder Silt in erweitertem Sinne zusammengefaßt.

Vergleich von Fraktionswerten I und II bei schweren Tonen.

Nr	Grobsand I	Feinsand I	Silt I	Ton I	Grobsand II	Feinsand II	Silt II	Ton II
D. 56. . . .	1,6	11,9	24,5	62	2,1	11,9	30,7	55,3
54. . . .	1,6	6,2	20,0	72,2	2,8	13,8	45,8	37,6
40. . . .	5,1	12,7	22,8	59,4	6,0	29,2	44,2	20,6
53. . . .	1,8	5,0	23,0	70,2	6,5	25,9	59,0	8,6
46. . . .	1,4	13,3	27,0	58,3	2,0	31,4	66,6	—

Daß durch die Behandlung mit Li_2CO_3 tatsachlich mindestens ein vergleichbares und konstantes Maximum der Dispergierung erreicht wird, geht sehr deutlich aus der Tatsache hervor, daß in jeder bodenkundlichen Region, in welcher daher ein gleichmäßiger Bau der sorbierenden Tonkomplexe anzunehmen ist, mit geringen Schwankungen die totale Sorptionskapazität in Milliäquivalenten bezogen auf 1 g Tonsubstanz I eine für die Gegend sehr charakteristische Konstante bildet, wie oben ausgeführt ist.

Mit der durch etwaigen hohen Kalk-Salzgehalt und seine sekundäre Flockungswirkung gebotenen Einschränkung kann man den Prozentgehalt des Tones, der sich durch Wasser ohne Anwendung von Peptisationsmitteln nicht dispergieren läßt, als einen charakteristischen *Strukturfaktor*, d. h. *als Maß der Krümelbildung im Boden* oder wenigstens der Tendenz dazu zu betrachten.

Seine Berechnung ergibt sich zu

$$6)\qquad \text{Strukturfaktor} = \frac{100\,(\text{Ton I} - \text{Ton II})}{\text{Ton I}}.$$

Der nahezu einzige Wert physikalischer Natur der Böden, der sich einer für praktische Zwecke ausreichend genauen Berechnung aus den chemischen Daten der Komplexbelegungen einstweilen entzieht, ist, wie bereits ausgeführt, die

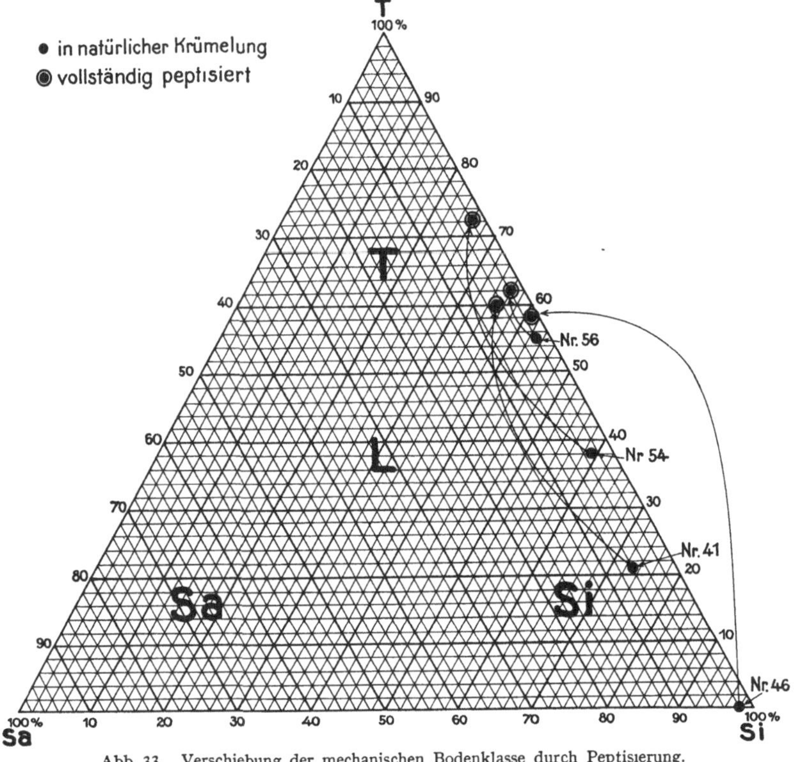

Abb. 33. Verschiebung der mechanischen Bodenklasse durch Peptisierung.

totale Steighöhe und damit die *kritische Schichtdicke* der Böden, die daher mit besonderer Sorgfalt experimentell zu bestimmen ist.

Es ist bereits ausführlich erörtert, welche geringe Klärung der Begriffe auf diesem vielleicht wichtigsten Gebiete der praktischen Bodenkunde herrscht und um Wiederholungen zu vermeiden, muß darauf verwiesen werden. Die totale Steighöhe in einem Boden ist die Resultante der osmotischen Saugkräfte und der Reibung längs des vom Wasser zurückgelegten Weges. Man kann sie also auf keinen Fall dadurch ermitteln, daß man nur *eine* Komponente mißt, wie es z. B. in sämtlichen sog. Kapillarimetern geschieht, von welchen VERSLUYS (372) und KORNEFF (373) recht brauchbare Typen angegeben haben, die aber weiter nichts feststellen als die osmotische Saugkraft der Böden und allenfalls die Tragkraft sich bildender, in ihrer Größe dem Zufall unterworfener Menisken.

Die daraus berechneten Steighöhen der Böden sind ohne reellen Wert für die Böden in der Natur, mit denen sie nur ausnahmsweise eine Übereinstimmung zeigen können, weil sie die Reibung des Wassers, also die hemmende Komponente überhaupt nicht berücksichtigen.

Einen Ausweg hat in neuester Zeit SEKERA (373) in der Form versucht, daß er *Schollen* des Bodens in natürlicher Ausbildung zur Untersuchung der Wasserbeweglichkeit heranzieht und damit auf recht brauchbare qualitative Daten kommt.

Zur praktisch ausreichend genauen Aufstellung der Wasser- und Nährstoffbilanzen reichen aber diese qualitativen Daten nicht aus, sondern eine wenigstens angenäherte quantitative Berechnung der Schichtdicken, durch welche sich unter dem Zuge der osmotischen Kräfte das Wasser bewegt, ist nicht zu umgehen. *Es läßt sich zur Zeit wenigstens kaum ein anderer Weg dazu angeben, als die übliche Bestimmung der kapillaren Steighöhe* in der Weise, daß man Glasröhren, die mit trockenem Boden gefüllt sind, an einem Ende mit einem Stoffgewebe verschließt, mit diesem Ende in Wasser stellt und den Stand des eindringenden Wassers beobachtet. Da bei mittleren und schwereren Böden der Endsteigpunkt, soweit er sich beobachten läßt, erst in sehr langen, theoretisch unendlichen Zeiträumen erreicht ist, muß die *Berechnung des Endwertes und daraus der kritischen Schichtdicken* (s. o.) die Beobachtung ergänzen.

Tatsächlich wird zur Bestimmung der kapillaren Steighöhe in weitaus der Mehrzahl der Fälle in dieser Weise verfahren. Man muß sich allerdings darüber nicht täuschen, daß diese Bestimmung stets nur eine angenäherte sein kann, was aber für praktische Zwecke auch genügt, wenn man sich über die unvermeidlichen Fehler des ganzen Vorgehens klar ist. Die in Betracht kommenden Momente sind die folgenden:

Daß der *Trocknungszustand* des Bodens die abzulesende Steighöhe beeinflussen muß, liegt auf der Hand. Denn von dem Wassergehalt des Bodens hängt die osmotische Saugkraft der Komplexe und damit die Größe der das Wasser bewegenden Kraft ab, wie KORNEFF (373) in besonders drastischen Ziffern mit seinem „Saugkraftmesser“ festgestellt hat, der im übrigen Werte ergibt und bei der Unzulässigkeit der Berechnung der Steighöhe aus den Druckdaten allein ergeben muß, die bei schwereren Böden durchschnittlich das Zehnfache dessen sind, was man in der Natur beobachten kann.

So gibt der Autor z. B. für

Tschernosiom	721—789 cm
schweren Ton	693—721 „
sandigen Lehm	530—585 „ usw.

an, während die tatsächlich bei direkter Messung zu beobachtenden Steighöhen noch nicht die Strecke in Millimetern betragen, wie man sich durch jeden Versuch sofort überzeugen kann.

Der zunächst sehr auffallende Widerspruch mit KORNEFFS und sonstigen Befunden, der in der schon von SCHUMACHER, WOLLNY u. a. beobachteten Erscheinung liegt, daß in feuchten Böden die Steighöhe bedeutend größer ist als in trockenen, erklärt sich sehr einfach dadurch, *daß sich die Endsteighöhe praktisch niemals beobachten läßt.* Die *Zwischenwerte*, wie sie von WOLLNY usw. festgestellt sind, müssen notwendigerweise in bereits feuchten Böden höher liegen als in trockenen, weil in den ersteren kein Wasser mehr auf dem Wege für die Bildung der ersten Hydrathülle verbraucht wird und keine Benetzungswiderstände entstehen. Tatsächlich ist also durchaus nicht die Steighöhe, wohl aber die Steiggeschwindigkeit in nassen Böden höher als in trockenen.

Dadurch wird die Möglichkeit, aus *kurzfristigen* Ablesungen den Endteil der Steigkurve, auf den es ankommt, zu berechnen, bei feuchten Böden noch weiter verringert, worauf neuerdings auch WADSWORTH (375) aufmerksam macht. Man wird die erste Ablesung möglichst bereits in dem hyperbolischen Kurventeil verlegen müssen. Die bei vielen Stationen übliche Ablesung nach 5 Stunden, die auch VAGELER und ALTEN im Anschluß an die Methode des *Gordon college* angewandt haben, ist zu früh, um ganz generell richtige Endwerte zu liefern (12). *Dahin gerichtete Untersuchungen zeigten, daß die erste Ablesung zweckmäßig nach 20, die zweite nach 100 Stunden zu erfolgen hat, wo dann der Endwert mit einer Annäherung von $\pm 4-5\%$ sich errechnen läßt.*

Die Untersuchungen des obengenannten Autors WADSWORTH zeigen in Bestätigung früherer Arbeiten über diesen Punkt, daß der *Durchmesser der* für die Beobachtung des kapillaren Aufstieges des Wassers in Böden für diese verwendeten *Röhren nicht ohne Einfluß auf das Resultat* ist (376). Der günstigste Röhrendurchmesser scheint bei etwa 6 cm zu liegen. Beeinflußt wird allerdings weniger die Steighöhe als die Steigezeit. *Jedenfalls sollte man mit dem Röhrendurchmesser nicht unter $1^1/_2$—2 cm heruntergehen.*

Die *Festigkeit der Lagerung* des Bodens im Steigrohr ist, wenn man nicht besondere Mittel zur gewaltsamen Einpressung anwendet, für die Endsteighöhe verhältnismäßig gleichgültig, worauf schon MITSCHERLICH u. a. aufmerksam gemacht haben. Das zweckmäßigste Vorgehen dürfte ein *gleichmäßiges Einfüllen der Bodensubstanz unter ständigem leichten Aufstoßen der Röhre* sein, da dadurch ungefähr ein Volumgewicht des trockenen Bodens sich erzielen läßt, wie es in der Natur vorliegt. Daß hier mit Rücksicht auf die Quellung, worauf BOUYOUCOS (377) aufmerksam macht, Fehlerquellen vorliegen, ist klar, doch sind diese nicht zu vermeiden. Die so erhaltenen Steigwerte sind jedenfalls nur als Maximalwerte zu betrachten.

Das gilt vor allem auch für die zu berechnenden kritischen Schichtdicken K_r, da lockere Lagerung des Bodens die Reibungswiderstände und damit den q-Wert der Zeitfunktion verringert.

Arbeitet man, wie es soeben auseinandergesetzt ist, so ergibt sich für die Berechnung des Endsteigwertes das folgende Gleichungssystem, wenn y_1 die Ablesung nach 20 Stunden und y_2 die Ablesung nach 100 Stunden bedeutet:

$$\left.\begin{array}{llll} y_1 = \dfrac{20 \cdot T}{20 + q \cdot T}; & b_1 = k + 50q & \text{worin} & b_1 = \dfrac{1000}{y_1} \\ y_2 = \dfrac{100 \cdot T}{100 + qT}; & b_2 = k + 10q & ,, & b_2 = \dfrac{1000}{y_2} \end{array}\right\} k = \frac{1000}{T},$$

$$q = \frac{b_1 - b_2}{40}, \tag{7}$$

$$k = \frac{5\,b_2 - b_1}{4}; \quad T = \frac{1000}{k}\,\text{mm} \tag{8}$$

und schließlich die maximale kritische Schichtdicke $K_{r_{\max}}$ für eine Geschwindigkeit von 0,2 mm je Stunde in Millimeter:

$$K_{r_{\max}} = T(1 - 0{,}447\sqrt{q}) \tag{9}$$

und die minimale für eine Geschwindigkeit von 1 mm je Stunde:

$$K_{r_{\min}} = T(1 - \sqrt{q}). \tag{10}$$

Um zu einer Berechnung der wichtigen *Lagerungsdichtigkeit des Bodens* (s. o.) zu gelangen, ist es erforderlich, das *minimale Volum* und das *spezifische Gewicht* des Bodens zu kennen, letzteres, soweit man mit der Annahme eines spezifischen Gewichtes von 2,6 für Mineralboden nicht auskommen kann.

Die *Bestimmung des Minimalvolums* erfolgt zweckmäßig in der Weise, daß man 100—200 g Boden mit 80—100% der minimalen Wasserkapazität entsprechendem Wasser, welche Wassermenge genügt, um ihn in einen knetbaren

Zustand zu versetzen, gründlich durcharbeitet und in einem geschlossenem Gefäß etwa 12 Stunden sich selbst überläßt. Dann wird der Boden so fest wie möglich in ein flaches Aluminiumschälchen von genau 100 mm lichter Weite mit genau senkrechten Wänden und bekanntem Volum V in Kubikzentimeter, das vorher leicht gefettet ist, eingepreßt und die Oberfläche sorgfältig in der Höhe des Randes geglättet. Das gefüllte Schälchen wird gewogen, bei 105° C unter langsamen Anheizen zur Gewichtskonstanz getrocknet und wieder gewogen. Ferner wird mit einer Kluppe der genaue Durchmesser der kontrahierten Bodenscheibe, die sich sehr leicht aus dem Schälchen auslösen läßt, bestimmt.

Bezeichnet man mit B_n das Gewicht des nassen Bodens, mit B_{tr} das Gewicht des trockenen Bodens, mit V_{min} das Minimalvolum von 100 g Trockensubstanz in der durch die vorherige Behandlung und die Schrumpfung beim Trocknen erzeugten festesten Lagerung und mit S_l den linearen Schrumpfungskoeffizienten bezogen auf 100, mit d den Durchmesser der trocknen Bodenscheibe in Millimetern, mit P_{min} das minimale Porenvolum von 100 g Boden im trockenen Zustande in Kubikzentimeter, mit s das spezifische Gewicht des Bodens, so ist

$$S_l = 100 - d\,\%, \tag{11}$$

$$V_{min} = \frac{V \cdot d^3 \cdot 10^2}{B_{tr} \cdot 10^6} = \frac{V \cdot d^3}{10^4 \cdot B_{tr}}, \tag{12}$$

$$P_{min} = V_{min} - \frac{100}{s} \text{ resp. für } s = 2{,}65 = V_{min} - 37{,}7\,\text{cm}^3 \cong V_{min} - 38\,\text{cm}^3. \tag{13}$$

Die *minimale Wasserkapazität* C_{min} der Böden, ferner die *Hygroskopizität* Hy und das tote Wasser wird mit für praktische Zwecke ausreichender Genauigkeit aus den oben mitgeteilten Gleichungen berechnet.

Will man die minimale Wasserkapazität direkt bestimmen, so empfiehlt sich dafür das folgende Vorgehen, das sehr gut reproduzierbare Werte liefert und eine Vereinfachung der ZUNKERschen Vorschriften (378) ist:

10 g Bodentrockensubstanz werden in einem Glas- oder Porzellanfiltertiegel gründlich mit überschüssigem Wasser angerührt. Der Tiegel wird sodann für mindestens 12 Stunden in eine Schale gestellt, die Wasser bis zur Höhe der Bodenschicht enthält, und weichen gelassen. Dann wird mit der Wasserstrahlpumpe unter Überleiten von wasserdampfgesättigter Luft das überschüssige Wasser abgesogen, bis kein Filtrat mehr erhältlich ist, bei 105—110° C getrocknet und wieder gewogen. Ist das Gewicht des nassen Bodens B_n, so ist dann:

$$C_{min} = 10\,B_n - 100 \text{ in g} \tag{14}$$

bzw. Kubikzentimeter je 100 g Bodentrockensubstanz.

Die so ermittelten Werte sind praktisch mit LEBEDEFFS (379) „*Maximaler molekularer Wasserkapazität*“ und dem amerikanischen „*moisture equivalent*“ nach BRIGGS und MCLANE (380) identisch. Bei Tonböden und namentlich Humusböden liegen sie oft zu hoch.

Wichtig ist bei Boden mit größerem Humusgehalt, die dadurch von dem durchschnittlichen spezifischen Gewicht der Bodensubstanz von 2,65 wesentlich abweichen, die Bestimmung des *spezifischen Gewichtes*. Von den zahlreichen guten, dafür vorgeschlagenen Methoden scheint die von JANERT (381) etwas modifizierte Methode von ALBERT und BOGS besonders einfach und darum zweckmäßig.

20 g völlig trockener Boden (bei 105—110°C getrocknet) werden in ein genau auf 50 cm³ geeichtes Kölbchen gebracht, welches man vorher aus einer ebenfalls genau 50 cm³ fassenden, mit automatischer Nullpunkteinstellung versehenen Bürette etwa zur Hälfte mit Methylalkohol gefüllt hat. Der Methylalkohol mit seinem hohen Dipolmoment verdrängt die Luft fast momentan praktisch voll-

ständig aus dem Boden, wenn man das gefüllte Kölbchen mehrmals umschwenkt. Dann füllt man das Kölbchen bis zur Marke auf. Der in der Bürette verbliebene Rest von Methylalkohol gibt das Volum V Kubikzentimeter von 20 g Boden an, woraus sich das spezifische Gewicht s berechnet zu:

$$s = \frac{V}{20}. \tag{15}$$

4. Die chemischen Untersuchungsmethoden.

Bei der großen Anzahl der die chemische Untersuchung der Böden behandelnder Werke (383) erscheint es als überflüssig, Methoden, die für den vorliegenden Zweck der quantitativen Aufstellung des Basenhaushaltes und der generellen Beurteilung der Böden keinerlei Modifikation brauchen, im einzelnen zu erörtern. Nach welcher Methode die p_H-Bestimmung in wässeriger Suspension (s. u.), die Humusbestimmung usw. der Böden durchgeführt wird, ist, wenn ihre Wahl allgemein richtig getroffen ist, vollkommen gleichgültig, da die Methodenwahl im wesentlichen dem subjektiven Befinden der Untersucher unterliegt. Die Darstellung soll sich daher auf diejenigen Methoden beschränken, die sich zur Ermittlung der Bestimmungsstücke des Basenhaushalts bisher bewährt haben, womit nicht gesagt sein soll, daß diese Methoden nicht etwa noch weitgehend verbesserungsfähig sind.

Die *Bestimmung der wasserlöslichen Basen des Bodens* oder besser der im Boden im Gleichgewicht mit den Komplexbelegungen befindlichen Salze, bildet seit langem ein viel bearbeitetes Problem. Zwei extreme Auffassungen stehen sich gegenüber: eine Reihe von Autoren, wie z. B. v. WRANGELL u. a., legen Wert darauf, die Bodenlösung, sei es durch Preßverfahren, sei es durch Verdrängung mit Wasser oder sonstigen Flüssigkeiten, wenn man sich so ausdrücken darf, in möglichst natürlichem Zustande zu gewinnen. Andere Autoren schlagen *wiederholte* Auslaugung des Bodens mit Wasser vor.

Daß das letztere Verfahren nicht zum Ziel führen kann, weil die Hydrolyse der Bodenkomplexe das Bild weitgehend verfälscht und Wassermengen, wie sie im Laboratorium verwendet werden, in der Natur niemals zur Einwirkung auf den Boden kommen, bedarf nach den obigen Ausführungen keiner näheren Erläuterung mehr. Gegen die Verfahren der Pressung bzw. der Verdrängung der Bodenlösung ist theoretisch in keiner Weise etwas einzuwenden, aber es fragt sich, ob diese meist recht komplizierten Verfahren praktisch notwendig sind, um brauchbare Analysenresultate zu erhalten.

Diese Frage ist zu verneinen. Der allen Methoden, die mit direkter Bodenlösung arbeiten, zugrunde liegende Gedanke ist, wenn man von einem Studium der tatsächlichen Konzentrationsverhältnisse der Bodenlösung absieht, die unter keinen Umständen eine charakteristische Konstante eines Bodens sein kann, da sie sich mit jedem Regen usw. weitgehend ändert, und nur deswegen häufig bei derartigen Untersuchungen als eine Konstante erscheint, weil die Böden sich nur innerhalb gewisser Feuchtigkeitsgrenzen zur Gewinnung direkter Bodenlösungen eignen (s. u.), offenbar der, auf diese Weise eine etwaige Hydrolyse der Bodenkomplexe und damit eine Verfälschung der Resultate zu vermeiden. Wie oben gezeigt ist, ist das innerhalb gewisser Grenzen auch tatsächlich möglich, da bei geringen Wassermengen das Ausmaß der eintretenden Hydrolyse sehr gering ist. Ganz läßt sie sich aber niemals vermeiden und nichts berechtigt a priori zu bestimmten Annahmen über ihre Größe, da diese ganz von der Art der Komplexbelegungen abhängt. Für eine zuzugebende Reduzierung des aus der Hydrolyse herrührenden Fehlers nimmt aber die Methode der Untersuchung direkter Bodenlösungen einen anderen, sehr viel größeren Nachteil mit in Kauf, der speziell bei der Untersuchung von ariden Böden häufig zu einer gänzlichen Verfälschung der Resultate führen muß. *Es bleiben dabei nämlich prinzipiell alle die löslichen Salze des Bodens unberücksichtigt, die bei dem gewählten Wassergehalt wegen der geringen Größe ihres Löslichkeitsproduktes als Bodenkörper vorliegen.* Dazu gehört neben gewissen Mg-Verbindungen in allererster Linie der *Gips*, der sich bei 30° C nur zu etwa 0,2% in Wasser löst. Arbeitet man mit geringen Wassermengen, so wird unter Umständen weitaus der größte Teil des Gipses im Boden sich der Feststellung entziehen. *Es wird sich eine Zusammensetzung der Bodenlösung ergeben, die nur ein Momentbild ist und ein Übergewicht der einwertigen Kationen vortäuscht, das tatsächlich nicht existiert.* Denn bei etwas größerer Wasserzufuhr muß sich in einem viel Gips enthaltenden Boden mit zunehmender Verdünnung der Bodenlösung die Zusammensetzung ihrer Basen zugunsten des Ca verschieben, weil immer neue Gipsmengen in Lösung gehen, während für die Alkalisalze ein langsam löslicher Bodenkörper nicht existiert. Die Feststellung, ob derartige Verhältnisse in einem Boden vorliegen, ist aber wichtig, weil, wie oben auseinandergesetzt ist, daraus sich erst der Flockungszustand des Bodens im vollen Umfange erklärt.

Es droht bei der Untersuchung der löslichen Salze des Bodens daher auf der einen Seite die Szylla mangelhafter Erfassung der zweiwertigen Basen, auf der anderen Seite die Charybdis der zu weit gehenden Hydrolyse. Keiner von beiden Störungsfaktoren läßt sich gänzlich ausschalten, so daß nichts als ein Kompromiß übrigbleibt. Als ein solcher *Kompromiß* erscheint die *Verwendung einer Wassermenge zur Extraktion*, die einmal noch *so gering* ist, *daß die Hydrolyse in erträglichen Grenzen* gehalten wird, *während* andererseits die *Wahrscheinlichkeit besteht*, wenigstens bei nicht extrem gipshaltigen Böden, *die totale Menge auch der schwerer löslichen Salze in Lösung zu bringen.* Daraus ergibt sich das folgende Verfahren:

50 g Bodentrockensubstanz werden mit 250 cm³ *kohlensäurefreiem* Wasser 2 Stunden geschüttelt, es wird also ein Boden: Wasserverhältnis 1:5 angewendet. *Es ist von äußerster, leider sehr häufig bei derartigen Untersuchungen vernachlässigter Wichtigkeit, daß das angewendete Wasser tatsächlich CO_2-frei ist. Ist das nämlich nicht der Fall, so arbeitet man nicht mit Wasser, sondern mit einer H_2CO_3-Lösung, in welcher das H-Ion mit seiner ganzen Austauschenergie zur Wirkung kommt. Die damit erzielten Resultate sind praktisch vollständig unbrauchbar, da sie ein unkontrollierbares Gemisch löslicher und verdrängter Kationen umfassen.* Man geht kaum fehl in der Annahme, daß manche eigenartigen Widersprüche, die sich beim Vergleich von Analysenresultaten von Bodenlösungen ergeben, auf die nicht genügende Berücksichtigung der unbedingten Notwendigkeit, die CO_2 aus dem angewendeten Wasser möglichst völlig auszuschließen, zurückzuführen sind.

Von der Aufschlämmung werden durch ein geeignetes Filter oder Saugfilter 150 cm³ abfiltriert, entsprechend einer Bodenmenge von 30 g Trockensubstanz und diese Lösung mit $^n/_{10}$-HCl zur Neutralität gegen Bromthymolblau nach CLARKE titriert. *1 cm³ $^n/_{10}$-HCL entspricht 0,33 Milliäquivalent Base, die sich als hydrolytisches Spaltungsprodukt oder Karbonat im Boden vorfindet.*

Daß diese Titration nur bei neutraler oder alkalischer Reaktion der gewonnenen Lösung in Frage kommt, versteht sich von selbst. Saure Böden enthalten ohnehin keine freien Karbonate in der Bodenlösung. Schwierigkeiten der Titration treten nur ganz ausnahmsweise durch Lösung von Alkalihumaten bei sog. „Schwarzen Alkaliböden" auf, wo die ganze Bestimmung ungenau wird und in extremen Fällen nicht möglich ist. Wie in solchen Fällen zu verfahren ist, ist trotz vielfacher Untersuchungen darüber (384) als eine noch keineswegs endgültig geklärte Frage zu bezeichnen, vielleicht sogar als eine Frage, die sich überhaupt nicht klären läßt. Eine Titration scheidet in diesen Fällen deswegen aus, weil dadurch auch die an den gelösten humosen Komplexen bzw. in den Alkalihumaten vorhandene Basen miterfaßt würden, die mit Karbonat oder abgespaltenen Kationen nichts zu tun haben.

Der einzige Ausweg scheint eine Bestimmung des sich bei Säurezusatz entwickelnden CO_2 wenigstens für den karbonatischen bzw. bikarbonatischen Anteil der Basen zu sein. Darauf des näheren einzugehen, würde zu weit führen.

Nach Erledigung der Karbonatbestimmung wird die Lösung, evtl. nach Zerstörung der etwa gelösten organischen Substanzen auf nassem Wege, zur Bestimmung der einzelnen Kationen weiterverwendet.

Die in Bodenlösungen vorkommenden Mengen von NH_4 sind in der Regel so gering, außerdem so schnellen Änderungen in Böden unterworfen, daß man sie ohne nennenswerte Fehler für praktische Zwecke vernachlässigen kann. In speziellen Fällen, wo die Bestimmung des NH_4 wünschenswert erscheint, wird man sie in einer weiteren Portion nach den gleichen Grundsätzen gewonnener Bodenlösung durchführen.

Für die übrigen Kationen geben auf Grund umfangreicher Untersuchungen ALTEN und VAGELER (395) die folgenden Vorschriften befriedigende Resultate:

a) *Kalziumbestimmung:*

Zu der titrierten Lösung werden (386) 50 cm³ gesättigte NH_4Cl-Lösung und eine zur hellen Gelbfärbung mit Bromthymolblau als Indikator genügende Menge Essigsäure gefügt. Die Lösung wird zum Kochen erhitzt und mit 25 cm³ gesättigtem Ammonoxalat versetzt. Man läßt den sehr groben Niederschlag absitzen, neutralisiert mit verdünntem NH_3 bis zur Blaufärbung des Indikators, um etwa vorhandenes Aluminium und Eisen zu fällen und filtriert. Der Niederschlag wird mit heißem Wasser ausgewaschen.

Der Niederschlag mit Filter wird in einem Becherglas mit 100—200 cm³ 1 proz. H_2SO_4 heiß bis zur vollständigen Lösung behandelt und nach Entfernung des Filters mit $^n/_{10}$-Kaliumpermanganat titriert.

Berechnung: cm³ $^n/_{10}$-$KMnO_4$ $\times$ 0,333 = Milliäquivalent Ca pro 100 g Trockensubstanz.

b) *Magnesiumbestimmung:*

Das Filtrat der Kalziumbestimmung wird mit einem Überschuß konzentriertem Ammoniak versetzt. Nach dem Erwärmen auf 60—70° wird das Magnesium nach R. BERG (387) unter allmählichem Steigern der Temperatur bis zum beginnenden Sieden mit einer 2proz. alkoholischen Oxychinolinlösung im geringen Überschuß gefällt. „Der Überschuß an Oxychinolin ist an der gelben Färbung der überstehenden Lösung, bewirkt durch die Bildung des intensiv gefärbten Ammonoxychinolins, leicht erkennbar. Nachdem sich der Niederschlag gesetzt hat, wird durch einen Asbestgoochtiegel oder Glasfiltertiegel (*PD 7*) filtriert Die mit heißem, schwach ammoniakalischem Wasser gewaschenen Niederschläge werden bei 100—105° getrocknet und gewogen.“

Berechnung: mg Niederschlag $\times$ 0,01915 = Milliäquivalent mg pro 100 g. *Trockensubstanz:*

Das Filtrat der Magnesiumbestimmung wird mit 2 g fester Na-freier Oxalsäure eingedampft und zur Vertreibung der NH_4-Salze scharf abgeglüht. Alkaliverluste sind, da die Alkalien als Karbonate vorliegen, nicht zu befürchten. Der Rückstand wird nach dem Erkalten mit 10 cm³ Wasser aufgenommen und durch ein kleines Filter filtriert.

Vom Filtrat dienen 5 cm³ = 15 g Bodentrockensubstanz zur *Kalium-* und 2 cm³ = 6 g Bodentrockensubstanz zur *Natriumbestimmung.*

c) *Kaliumbestimmung:*

Die zur Kaliumbestimmung dienenden 5 cm³ Lösung werden in einem Zentrifugiergläschen im Trockenschrank auf 1—2 cm³ eingedampft. Sodann wird mit 2 cm³ des unten angegebenen Reagens tropfenweise gefällt, wobei das Zentrifugiergläschen vorsichtig derart bewegt wird, daß die gründliche Mischung von Reagens- und Kalisalzlosung gewährleistet ist. Man läßt unter gelegentlichem Bewegen 1—$1^1/_2$ Stunden stehen, setzt 2 cm³ Wasser zu und zentrifugiert bei 3000 Touren etwa 5 Minuten. Alsdann wird die Flüssigkeit durch ein Mikrofilterstäbchen *B 2* abgesaugt und mit 2 cm³ Wasser der Niederschlag vorsichtig aufgerührt, wobei das Filterstäbchen im Zentrifugiergläschen bleibt. Dann wird wieder zentrifugiert und der Vorgang wiederholt, bis die überstehende klare Flüssigkeit vollständig farblos bleibt. Zwei- bis dreimaliges Auswaschen genügt hierzu in der Regel

Zur Verbindung von Saugflasche und Mikrofilterstäbchen dienen dünnes Glasrohr und Fahrradventilgummi.

Nach vollständiger Entfernung der Reagenzien wird der Niederschlag in ein Erlenmeyer-Kölbchen übergespült, in das auch das Filterstäbchen gelegt wird, und dazu 10 cm³ einer $^n/_{100}$-Permanganatlösung aus einer Mikrobürette gegeben, sowie 5 cm³ 20proz. Schwefelsäure. Es wird am besten in einem als Wasserbad dienenden Becherglase erhitzt und, falls Entfärbung eintritt, mehr Permanganatlösung hinzugefügt, bis eine deutliche Rotfärbung bestehen bleibt. Bei höheren Kaligehalten empfiehlt es sich, um große Flüssigkeitsmengen zu vermeiden, zunächst mit $^n/_{25}$-Permanganat als Vorlage zu arbeiten. Alsdann fügt man $^n/_{100}$-Natriumoxalatlösung bis zur Entfärbung hinzu und titriert mit $^n/_{100}$-Permanganatlösung, bis die auftretende Rotfärbung ca. $1^1/_2$ Minuten bestehen bleibt.

Berechnung: (cm³ $^n/_{100}$-$KMnO_4$ — cm³ $^n/_{100}$-$Na_2C_2O_4$) $\times$ 0,0121 = Milliäquivalent Kalium pro 100 g Bodentrockensubstanz.

Das *Reagens* (388) wird wie folgt bereitet:

a) 5 g Kobaltnitrat werden in 10 cm³ Wasser gelöst und der Lösung 2,5 cm³ Eisessig zugegeben.

b) 24 g kalifreies Natriumnitrit werden in 36 cm³ Wasser gelöst, was ca. 44 cm³ Lösung ergibt.

Für die Herstellung des fertigen Reagens werden zu der gesamten Lösung a) 42 cm³ der Losung b) hinzugefügt, wobei sich Stickoxyde entwickeln. Es wird zu ihrer Entfernung Luft durch die Lösung geblasen, bis kein Gas mehr entweicht

Das derartig hergestellte Reagens hält sich *im Eisschrank* wenigstens 1 Monat lang unverändert. *Vor Gebrauch ist es stets zu filtrieren.*

d) *Natriumbestimmung:*

Die zur Natriumbestimmung dienenden 2 cm³ Lösung = 6 g Bodentrockensubstanz werden in einer Schale aus *natriumfreiem Glase, Quarz* od. dgl. mit 30 cm³ einer gesättigten Lösung von Magnesium-Uranylazetat übergossen und mit einem Pistill aus natriumfreiem Glas gut durchgerührt. Natrium fällt vollständig als $NaMg(UO_2)_3(C_2H_3O_2)_9$. Der Niederschlag wird nach 2—3 Stunden durch einen Glasfiltertiegel G_3 abfiltriert und mit Alkohol ausgewaschen. Die Wägung erfolgt nach 2—3stündigem Trocknen bei 100—120° C.

Berechnung: mg Niederschlag $\times$ 0,012 = Milliäquivalent Na pro 100 g Bodentrockensubstanz.

Aus der Addition der einzelnen Milliäquivalente ergibt sich:

a) $Na + K + \frac{Mg}{2} + \frac{Ca}{2}$ = Milliäquivalent wasserlösliche Totalbasen pro 100 g Bodentrockensubstanz = L.

b) Totalbase-Karbonatbase = Basen in sonstiger Bindung (Sulfate, Chloride usw.).

Für die *Bestimmung der sorptiv gebundenen Kationen* ist der maßgebende Gesichtspunkt nicht sowohl die im Boden vorhandene Menge als vielmehr der zu jedem einzelnen Kation und ihrer Gesamtheit gehörige q-Wert als Ausdruck der Löslichkeits- und damit der Nachlieferungsverhältnisse im Boden zu bestimmen.

Es fallen mithin alle Methoden aus, die auf die Bestimmung dieses Wertes keine Rücksicht nehmen oder sie überhaupt nicht ermöglichen. Das gilt in erster Linie für alle Verfahren der *Elektrodialyse* und *Elektro-Ultrafiltration* (391), gilt aber auch für alle chemischen sog. Auslaugungsverfahren (392). Die mit den letzteren erzielten Resultate schließen sich, wie nicht anders zu erwarten ist, bei Fraktionierung der Austauschgleichung sehr befriedigend an, wie die nebenstehende Abb. 33 zeigt, die den Austausch von Na gegen NH_4 im Auslaugungsverfahren wiedergibt.

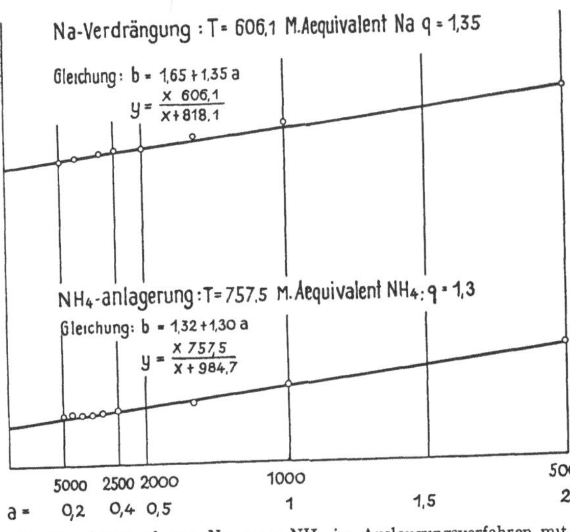

Abb. 34. Austausch von Na gegen NH_4 im Auslaugungsverfahren mit NH_4Cl bezogen auf 200 g Permutit.

Die bisher einzige Möglichkeit neben dem T- auch die q-Werte eines sorptiven Komplexes festzustellen, bietet das mit mathematischer Auswertung der Analysenergebnisse verbundene Verfahren, das von VAGELER im *Agrogeologisch Laboratorium van het Theeproefstation, Buitenzorg* ausgearbeitet (399) und später von demselben Autor und seinen Mitarbeitern ALTEN (395) und WOLTERSDORF wesentlich vervollkommnet ist (394).

In seiner ursprünglichen Form unter Verwendung von 0,05 n-HCl war das Verfahren nur auf *karbonatfreie Böden* anwendbar. Wie spätere Untersuchungen erwiesen, findet bei Verwendung von HCl eine praktisch allerdings nur ausnahmsweise belangreiche Anlagerung von H im Überschusse statt, auch ergibt die Berechnung der Endwerte der einzelnen Kationen aus nur einem Analysenwert in Parallele zur Erhöhung der Titrationswerte der Basensumme allerdings gute Näherungswerte, worauf auch ausdrücklich bei Einführung der Methode aufmerksam gemacht ist, aber keine ganz exakten Daten.

Allgemein anwendbar ist als Verdrängungsmittel nur ein Neutralsalz eines Kations, das beim Umtausch keine Anomalien aufweist und in dem in Frage kommenden Konzentrationsbereich einen geringen Konzentrationseffekt besitzt.

Außerdem müssen zweckmäßig mit Rücksicht auf das analytisch-technische Arbeiten die zur Verdrängung verwendeten Kationen möglichst bodenfremd sein oder doch nur in verschwindenden Mengen im Boden vorkommen. Ferner ist die Forderung der *möglichst äquivalenten Verdrängung* selbstverständlich, ebenso wie möglichst geringe apolare Sorption.

Der große Unterschied des Verhaltens der anorganischen und organischen Bodenkomplexe im allgemeinen und ihrer Peptisierbarkeit im besonderen, die bei starkem Auftreten bei Humusböden analytisch besondere technische Schwierigkeiten bieten, bringt es mit sich, daß sich nicht überall das gleiche Kation anwenden läßt. Die ausgesprochenen sauren Humusböden mit mehr als 5% C, denen die Neigung zur Peptisation in hohem Maße zukommt, bilden eine Sonderklasse und sind für sich zu behandeln, wobei allerdings das vorliegende experimentelle Material über ihr sorptives Verhalten noch recht spärlich ist. Es kann hier darauf nicht eingegangen werden.

Für alle Mineralböden mit einem 5% C nicht überschreitendem Humusgehalt, ferner für alle sog. gesattigten Humusböden mit neutraler bis alkalischer Reaktion, soweit es sich nicht um Blackalkali handelt, erfüllt die gestellten Bedingungen in ausreichender Weise das NH_4-Ion, bei dessen Anwendung allerdings der evtl. mit NH_4 besetzte Teil der Komplexe unberücksichtigt bleibt. Bei dem sehr geringen Umfange, in welchem NH_4 normalerweise an den Komplexen beteiligt ist — selten mehr als 0,3 Milliäquivalent —, bringt diese Vernachlässigung keine nennenswerten Fehler mit sich. Wünscht man NH_4 ebenfalls zu bestimmen, so ist nach denselben Prinzipien, wie sie für die anderen Ionen auseinandergesetzt werden, K_2SO_4 als Verdrängungsmittel zu verwenden.

Andeutungen, daß im Boden die von GRUNER (S. 145) bei Permutiten mit weniger als 3 $SiO_2 Al_2O_3$ festgestellten speziellen Reaktionsverhältnisse des NH_4-Ions vorliegen, sind bisher nicht bekannt. Immerhin liegen sie als Einzelfälle im Bereich der Moglichkeit und werden, wo etwas Derartiges beobachtet wird, zu berücksichtigen sein. Einstweilen sind nach den sehr vielseitigen, guten, mit dem NH_4-Ion als verdrängendes Kation bei Bodenuntersuchungen gemachten Erfahrungen irgendwelche Bedenken gegen seine Verwendung nicht zu sehen. *Als tragendes Anion ist Cl am besten geeignet.* Die in letzter Zeit propagierte Anwendung von NH_4-Azetat ermöglicht fraglos die direkte Bestimmung von T, nur ist leider, da es sich um ein hydrolysierendes Salz handelt, mit den q-Werten nichts anzufangen.

Die *Konzentrationsfrage* löst sich verhältnismäßig einfach. Von etwa 0,1 bis 0,2 n tritt ein Konzentrationseffekt nur noch in einem Maße auf, daß die dadurch bedingten Rechnungsfehler in den Bereich der unvermeidlichen Analysenfehler fallen. Diese Konzentration ergibt außerdem noch nicht so große Salzmengen, daß sie sich analytisch-technisch störend bemerkbar macht *und entspricht sehr nahe den tatsächlichen Konzentrationsverhältnissen der Bodenlösung* (s. o. Seite 289). *Es wird also zweckmäßig mit einer Konzentration von 0,2—0,1 n-NH_4 Cl zu arbeiten sein.*

Was das *Verhaltnis von Boden zu Flüssigkeit* an den zwei zur Bestimmung des gesamten Kurvenverlaufs nach der Gleichung

$$y = \frac{x \cdot S}{x + qS}$$

nötigen Bestimmungspunkte x_1 und x_2 anbelangt, so erscheint ein Verhältnis von $x_2 = 2x_1$, für alle Falle ausreichend. VAGELER und ALTEN (395) schreiben für die von ihnen untersuchten ariden Böden mit sehr großen S- bzw. T-Werten, als auf je 50 g Boden einwirkende Kationenmenge 50 bzw. 100 Milliäquivalent NH_4 in 0,2 n-Lösung vor. Generell ist diese Vorschrift nicht zu verwenden, weil bei ihrer Befolgung bei Böden mit sehr kleinen S bzw. bei Sandböden, die Werte y_1 und y_2 bereits nahezu auf der Asymptote liegen. Auch die kleinsten Analysenfehler, die praktisch nicht zu vermeiden sind, können also sehr erhebliche Berechnungsfehler bedingen.

Wie oben auseinandergesetzt ist, muß der Äquivalenzpunkt der Kurve, bei welchem der eventuelle gradlinige Teil beginnt, unter allen Umständen bei einem x-Wert liegen, der kleiner ist als S, da der Äquivalenzpunkt durch die

Abszisse $x = S\,(1 - q)$ charakterisiert ist. Auf der anderen Seite wird die Berechnung der Analysenresultate um so genauer, je größer die Differenzen von y_1 und y_2 sind oder, anders ausgedrückt, je näher x_1, y_1 der Kurvenkrümmung liegt. Die beste Lösung in analytisch-technischer Richtung, bei gleichzeitig völliger Sicherheit, nicht in den gradlinigen Teil der Kurve und damit in Fehlermöglichkeiten zu geraten, wird also die Verwendung von $x \cong S$ bieten, woraus sich als zweckmäßig $x_2 \cong 2\,S$ ergibt.

Erfahrungsmäßig liegen die S-Werte der einzelnen Bodentypen innerhalb der folgenden ungefähren Grenzen:

Sandboden	0—10	Niederungsmoorboden	50—75
Lehmboden	10—25	Hochmoorboden	0—25
Tonboden	25—75		

Daraus ergibt sich als zweckmäßig anzuwendende NH_4-Menge für Ton und Niederungsmoorboden je 50 g Trockensubstanz

$$x_1 = 250\ \text{cm}^3\ x_2 = 500\ \text{cm}^3\ {}^{n}/_{5}\text{-}NH_4 \cdot Cl$$

Lehmböden, Sandböden je 50 g Trockensubstanz

$$x_1 = 250\ \text{cm}^3\ x_2 = 500\ \text{cm}^3\ {}^{n}/_{10}\text{-}NH_4 \cdot Cl.$$

Es ist oben auseinandergesetzt worden, daß es mit keinem Neutralsalz gelingt, das H-Ion aus den Komplexen vollständig zu verdrängen, daß aber mit steigendem Humusgehalt der Böden steigende H-Mengen der Komplexe gegen NH_4 eintauschen. Auf diesem Umstand ist natürlich auch analytisch Rücksicht zu nehmen.

Das *praktische Vorgehen* ergibt sich danach wie folgt:

Je 50 g Bodentrockensubstanz werden mit 250 bzw. 500 cm³ einer NH_4Cl-Lösung geeigneter Konzentration, *die gegen Formaldehyd genau eingestellt ist,* 2 Stunden lang geschüttelt. Dann wird die Lösung durch ein geeignetes Filter, unter Umständen eine Filterkerze, völlig klar abfiltriert.

a) *Bestimmung von S:*

Von den beiden Filtraten dienen im Falle von ${}^{n}/_{5}$-NH_4Cl je 25 cm³ zur Bestimmung von S im Falle von ${}^{n}/_{10}$-NH_4Cl 50 cm³. Die erhaltene Lösung ist, je nachdem es sich um alkalische oder saure Böden handelt, alkalisch oder sauer. Sie wird im ersteren Falle mit ${}^{n}/_{10}$-HCl gegen Bromthymolblau als Indikator genau neutralisiert.

Man fügt zu der neutralen Lösung 10 cm³ genau gegen Bromthymolblau neutralisiertes konzentriertes Formaldehyd hinzu und titriert mit ${}^{n}/_{10}$-NaOH unter Verwendung von Phenolphthalein als Indikator. Die beiden Indikatorfarben stören sich nicht. Aus den erhaltenen Titrationswerten berechnet sich:

a) *Bei Verwendung von* ${}^{n}/_{5}\,NH_4Cl$	b) *bei Verwendung von* ${}^{n}/_{10}\,NH_4Cl$
$y_1 = 2\,[50 - \text{cm}^3\ \text{NaOH (total)}]$	$y_1 = 50 - \text{cm}^3\ \text{NaOH (total)}$
$y_2 = 4\,[50 - \text{cm}^3\ \text{NaOH (total)}]$	$y_2 = 2\,[50 - \text{cm}^3\ \text{NaOH (total)}]$

Gemäß der reziproken Gleichung $b = k + q \cdot a$, worin $a = \frac{1000}{x}$, $b = \frac{1000}{y}$ und $k = \frac{1000}{S}$ ist, ergibt sich dann:

$$k = 2\,b_2 - b_1$$

$$q = \frac{b_1 - k}{10} \qquad\qquad q = \frac{b_2 - k}{10}$$

woraus sich S, d. h. die Summe der sorptiv gebundenen, durch NH_4 verdrängten Basen als äquivalent mit dem angelagerten NH_4 ergibt.

Bei Böden mit einer Reaktion unterhalb 6 p_H, deren NH_4Cl-Ausschüttelung sauer reagiert oder sauer reagieren kann, was festzustellen ist, und zwar gegen Bromthymolblau, wenn nämlich ionogen gebundenes Aluminium mitverdrängt worden ist, *muß die Neutralisation des Chlorammoniumauszuges vor der Titration unterbleiben.* Die Titration wird, wie oben beschrieben ist, durchgeführt und die gefundenen Kubikzentimeter Natronlauge werden *ohne Korrektur* in die obige Gleichung eingesetzt.

b) *Die Bestimmung der Summe H + Al:*

Je 50 g Bodensubstanz werden mit 125 bzw. 250 cm^3 Normal-Natriumazetatlösung 2 Stunden geschüttelt. Von der abfiltrierten Lösung werden 25 bzw. 50 cm^3 entsprechend 10 g Bodentrockensubstanz mit $^n/_{10}$-NaOH titriert. Die Berechnung gestaltet sich wie folgt:

$y_1 = cm^3\ ^n/_{10}$-NaOH + wasserlösliche Base als Karbonat,

$y_2 = q cm^3$ NaOH + wasserlösliche Base als Karbonat, woraus sich der Grenzwert (H + Al) nach den obigen Gleichungen ergibt.

Der q Wert ist, wie oben ausgeführt, in diesem Falle bedeutungslos.

Es ist oben bereits bemerkt, daß die Bestimmung in gewissem Sinne konventionell ist. Vollkommen konventionell, weil ein Teil der Klammerwirkung des CaH-Ions miterfaßt wird, ist die international gebräuchliche Bestimmung mit Ca-Azetat, die notwendigerweise größere Werte als die Verwendung von Na-Azetat liefert (s. o.). Da es für die Kenntnis der Komplexe darauf ankommt, nicht die etwaigen Klammerwirkungen, sondern möglichst genähert den tatsächlichen Gehalt an Azidoiden und Al in seiner Gesamtheit zu erfassen, scheint das Natrium-Azetat den Vorzug zu verdienen, weil dabei Nebenwirkungen auf die etwaigen Phenolgruppen usw. zwar nicht ausgeschlossen, aber doch gegenüber dem Ca-Ion etwas beschränkt wird. Die Übereinstimmung der aus den T-Werten, d. h. der Summe (S + Al + H) berechneten Hygroskopizitäten bei Verwendung von Natrium-Azetat mit den experimentell bestimmbaren Hygroskopizitäten scheint zusammen mit dem Umstand, daß diese Werte bei Verwendung von Kalzium-Azetat in der Regel nicht unerheblich zu hoch ausfallen, in der gleichen Richtung zu weisen. Vermutet man *höhere Dissoziationsstufen von H* so ist die Bestimmung bei Siedetemperatur ohne Schütteln auszuführen, wobei siedend abzufiltrieren ist (Seite 145).

c) *Die Bestimmung des Aluminiums:*

Bei allen Böden mit einer Reaktion unterhalb 6 p_H ist, wie oben auseinandergesetzt, die Anwesenheit von Al möglich; unterhalb 5,5 p_H in wässeriger Ausschüttelung ist sie mit Sicherheit zu erwarten. Die Verwendung von p_H-Ziffern in KCl-Lösung kann als irgendwie wertvoll im Gegensatz zur üblichen Auffassung nicht betrachtet werden, da, wie oben gezeigt ist, Ionenverhältnisse der Art, daß sie jemals die diesem Vorgehen entsprechende Al-Menge im Boden mobilisieren, d. h. der Boden jemals durch eine noch so starke Düngung eine Reaktion annimmt, wie sie der Reaktion in n-KCl-Lösung entspricht, vollkommen ausgeschlossen sind. Höchstens wäre daran zu denken, daß an vereinzelten Stellen, an denen gerade ein Körnchen eines Neutralsalzes dauernd neben einem viel Al im Komplex enthaltenden Bodenteilchen liegt, ganz vorübergehend eine entsprechende Reaktionsziffer auftreten könne. Ein solches Vorkommnis ist aber praktisch wohl als belanglos zu bezeichnen. Wie reformbedürftig die Anschauungen hinsichtlich der Verwendung von p_H-Ziffern aus KCl-Ausschüttelungen im allgemeinen sind, hat neuerlich Trofimoff (397) gezeigt.

Das praktische Vorgehen für die Al-Titration ist dasselbe, wie es soeben für die Bestimmung der Summe (H + Al) angegeben ist, mit dem Unterschiede, daß an Stelle des Azetates *n-KCl-Lösung* verwendet wird.

Der q-Wert des Al ist praktisch genau so belanglos, wie der q-Wert der Summe (H + Al). Aus der Differenz (H + Al) — Al ergibt sich sinngemäß der *Grenzwert der Restazidität,* also der Gehalt an Azidoiden bzw. H.

Auf einen Punkt ist bei allen Aziditätsbestimmungen aufmerksam zu machen. Die Verdrängung des H-Ions durch Neutralsalze ist nachweislich außerordentlich gering nur bei anorganischen Azidoiden. Sie kann in Form der *Neutralsalzzersetzung* recht beträchtliches Ausmaß bei organischen Azidoiden erreichen, d. h. *je reicher ein saurer Boden an Humus ist, desto unsicherer wird die Unterscheidung zwischen H und Al, was,* wie oben gezeigt ist, praktisch allerdings bedeutungslos ist. Wünscht man aus theoretischen Gründen eine genaue Teilung, so wird man im Falle der Anwesenheit saurer Humussubstanzen die besondere analytische Bestimmung des verdrängten Al nach irgendeiner Methode nicht vermeiden können.

d) *Die Bestimmung von Na, K und Mg:*

In 150 resp. 300 cm^3 des Filtrates der Chlorammoniumausschüttelung der S-Bestimmung wird der vorhandene Kalk, wie bei der Bearbeitung der wässerigen Lösung beschrieben, gefällt und zusammen mit den Sesquioxyden entfernt. Zusatz von NH_4Cl ist natürlich hier überflüssig.

Eine Kalkbestimmung in dieser Lösung ist wertlos, da die darin auftretenden Kalkmengen ein unkontrollierbares Gemisch gelösten und verdrängten Kalkes vorstellen, besonders bei Anwesenheit von Gips im Boden. *Es wird also nur das Filtrat des Kalzium-Oxalat-Sesquioxydniederschlages* verarbeitet und darin wie oben, unter Zugrundelegung derselben Berechnungsgleichungen wie beim S-Wert, Na, K und Mg bestimmt.

Zu beachten ist, daß für diese Basen die ermittelten Milliäquivalentzahlen y_1 und y_2 nur Rohwerte darstellen, die um die wasserlöslichen Milliäquivalente zu vermindern sind, um zu den wahren Werten y_1 und y_2 zu kommen, die der Berechnung der Grenzwerte Na, K und Mg und ihrer zugehörigen q-Werte zugrunde zu legen sind.

e) *Die Bestimmung von Ca:*

Für *Ca* in sorptiver Bindung gilt:

$$\mathrm{Ca} = S - (\mathrm{Na} + \mathrm{K} + \mathrm{Mg})$$

und

$$y_1 = y_1 S - (y_1\mathrm{Na} + y_1\mathrm{K} + y_1\mathrm{Mg}),$$

$$y_2 = y_2 S - (y_2\mathrm{Na} + y_2\mathrm{K} + y_2\mathrm{Mg}),$$

woraus sich *Ca* und q_{Ca} berechnen[1].

Bei siallitischen humusreichen Roterden ohne $CaCO_3$ kommt es zuweilen vor, daß die aus der Differenz ermittelte Ca-Menge größer ist, als die direkt analytisch im Chlorammoniumauszug bestimmte Ca-Menge. Der Grund dieser Abweichung ist noch nicht geklärt. Es scheint sich zum Teil um das *Vorhandensein organischer Basen* zu handeln, ferner vielleicht um *Okklusionserscheinungen,* die im Innern nichtdispergierter Sekundärteilchen, wie sie bei solchen Roterden und Lateriten sehr häufig sind, merkbare Mengen von Chlorammoniumlösung ausschalten. Bei sonstigen Mineralböden kommen in der Regel solche Differenzen nicht vor, und wo sie auftreten, rühren sie nach den gemachten Erfahrungen zum größten Teil von der *Anwesenheit von Lithium* und sonstigen seltenen Basen her, die in Bö-

---

[1] Um Mißverständnissen vorzubeugen sei darauf aufmerksam gemacht, daß nicht etwa, wie es zuweilen angenommen wird, zwei beliebige Hyperbeln wieder zu einer neuen Hyperbel addierbar sind, sondern nur jeweils zwei ganz singuläre Hyperbeln, deren q und T in festem Verhältnis stehen (vgl. 10)!

den, speziell der Ursteinsgebiete, durchaus nicht so wenig vertreten sind, als man es anzunehmen pflegt. Auch *Beryllium* kann in berylliumreichen Gesteinsprovinzen zuweilen eine störende Rolle spielen. Im großen und ganzen sind aber die Abweichungen so gering, daß man ihnen praktisch kaum irgendwelchen Wert beizulegen braucht.

In einzelnen Fällen kann es erwünscht sein, sich vom *Totalbasengehalt des Bodens* Rechenschaft abzulegen. Für diesen Fall empfiehlt sich das folgende Vorgehen:

f) *Bestimmung des totalen Basengehaltes als Karbonat oder sorbierte Base des Bodens.*

5 g Bodentrockensubstanz werden mit 200 cm^3 n-HCl bis zum Verschwinden der Gasentwicklung in 250 cm^3-Kolben gekocht und nach dem Erkalten auf 250 cm^3 aufgefüllt.

125 cm^3 des Filtrates = 2,5 Boden werden mit n-NaOH gegen Bromthymolblau als Indikator titriert.

Berechnung: (100-cm^3 n-NaOH) $\times$ 40 = Milliäquivalent Totalbase pro 100 g Bodentrockensubstanz.

Literaturverzeichnis.

(1) NEUBAUER, H.: Z. Pflanzenernahrg. usw. B Bd. 8 (1929) S. 219ff. — Sammelreferat mit Literatur: Biedermanns Zbl., N. F. Bd. 1 (1931) S. 417. — (2) NIKLAS, H., POSCHENRIEDER u. J. TRISCHLER: Z. Pflanzenernahrg. A Bd. 18 (1930) S. 129 — (3) KÖNIG, J., u. J. HASENBÄUMER: Ebenda 1924 S. 497. — (4) DIRCKS, B., u. F. SCHEFFER: Landw. Jb Bd. 71 S. 73. — (5) NÊMEC, A.: Dtsch. Landw. Presse Bd. 53 S. 463. — (6) SCHÜTZE, W.: Z. Forst- u. Jagdwiss. Bd. 1 S. 500; Bd. 3 S. 367. — (7) WOHLTMANN: Nährstoffkapital westdeutscher Böden. Bonn 1901. — (8) RAMANN, E.: Bodenkunde, 2. Aufl. Berlin 1905. — (9) MITSCHERLICH, A. E.: *a*) Bodenkunde für Land- und Forstwirte, 1. Aufl., S. 5. Kiel 1905 — *b*) Die Bestimmung des Düngerbedürfnisses des Bodens, S. 105. Berlin 1925. — *c*) KLETSCHKOWSKY, W. M., u. P. A. SHELESNOW: Landwirtschaftl. Forschungen, 2. Reihe. 1931. — (10) VAGELER, P., u. J. WOLTERSDORF: Z. Pflanzenernährg. A Bd. 15 S. 329; A Bd. 16 S. 184. — (11) SEKERA, F.: Z. Pflanzenernährg. A Bd. 22 (1931) S. 87, 152. — (12) VAGELER, P., u. F. ALTEN: Böden des Nil und Gash Bd. 1—8 — Z. Pflanzenernährg. A Bd. 21—23 (1931/32). — (13) KAPPEN, H.: Die Bodenazidität. Berlin 1929. — BLANCK, E.: Handb. der Bodenlehre Bd. 1—7. Berlin 1929—1931. — (14) Rep. Government Chemist — Sudan Government Khartum 1920—1931. — (15) LOEW, O.: Die Lehre vom Kalkfaktor. Berlin 1914. — (16) EHRENBERG: Das Kalk-Kaligesetz. Berlin 1919. — (17) NOLTE, O.: Landwirtschaftl. Versuchsstationen Bd. 106 S. 1. — (18) ECKSTEIN, O., A. JACOB u. F. ALTEN: Arbeiten uber Kalidüngung. Berlin 1931. — (19) RUSSEL, E. J.: Boden und Pflanze. Dresden 1914. — (20) WIEGNER: Boden und Bodenbildung in kolloidchemischer Betrachtung. Dresden 1918. — (21) GEDROIZ, K.: Der adsorbierende Bodenkomplex. Dresden 1929 — Die Lehre vom Adsorptionsvermogen des Bodens. Dresden 1931. — (22) MITSCHERLICH, A. E.: Bodenkunde für Land- und Forstwirte, 2. Aufl., S. 6. Berlin 1913. — (23) GEIGER, H.: Handb. der Physik Bd. 24 S. 292. — (24) SCHERRER, P., u. R. ZSIGMONDY: Lehrbuch der Kolloidchemie. Leipzig 1927. — HERZOG, R. O., u. W. JANCKE: Naturwiss. Bd. 9 (1921) S. 320. — (25) KATZ, J. R.: Die Quellung Bd. 1 S. 324 — Ergebnisse d. exakten Naturwiss. Bd. 3. — (26) WEIMARN, P. P. v.: Zur Lehre von den Zuständen der Materie Bd. 1 u. 2. Leipzig 1914. — (27) VAGELER, P., u. F. ALTEN: Böden des Nil u. Gash Bd. 2 — Z. Pflanzenernährg. A Bd. 21 (1931). — (28) OSTWALD, Wo.: Die Welt der vernachlässigten Dimensionen, 4. Aufl., S. 98. Dresden 1920. — (29) ZUNKER, F.: Landwirtsch. Jb. Bd. 58 (1923) S. 159ff. — Kulturtechniker Bd. 29 (1926) S. 157. — (30) JOSEPH, F. A.: Soil Sci. Bd. 20. — (31) OSTWALD-LUTHER: Hand- und Hilfsbuch zur Ausführung physikochemischer Messungen, 4. Aufl., S. 272. Leipzig 1925. — (32) OSTWALD, Wo.: Grundriß der Kolloidchemie, S. 127. Dresden 1909. — (33) PAULI, W., u. E. VALKÓ: Elektrochemie der Kolloide, S. 90. Wien 1929. — (34) WEINBERG, B.: Z. physik. Chem. Bd. 10 (1892) S. 34. — (35) EDDINGTON, A. S.: The nature of the physical World, p. 11. Cambridge 1929. — (36) EGGERT, J.: Lehrbuch der physikalischen Chemie, S. 53. Leipzig 1929. — (37) GRIMM, H. G., u. H. GEIGER: Molekularvolumen, Ionengröße und Ordnungszahl. Handb. der Physik Bd. 22 S. 499ff. — (38) BRÜCHE, E.: Freie Elektronen als Sonden des Baues der Molekeln. Erg. exakter Naturwiss. 1929 S. 185. — (39) GERLACH, W.: Materie, Elektrizität, Energie, S. 35. Dresden 1926. — ESTERMANN, L.: Elektrische Dipolmomente von Molekülen. Erg. exakten Naturwiss. Bd. 8 (1929) S. 259. — (40) *a*) MICHAELIS u. RONA: Biochem. Z. Bd. 102 (1920) S. 268. — *b*) *Mattson*, S.: J. Agric. Res. Bd. 33 S. 553. — (41) WERNER, A.: Neuere Anschauungen auf dem Gebiete der anorganischen Chemie, 3. Aufl. 1913. — (42) DUCLAUX, J.: J. Chim. Phys. B. 5 (1907) S. 29. — (43) WIEGNER, G.: Kolloid-Z. Erg.-Bd. 36 (1925) S. 341ff. — (44) PAULI, W., u. E. VALKÓ: Elektrochemie der Kolloide, S. 45. Wien 1929. — (45) WASHBURN, E. H.: Jb. Radioakt. Bd. 6 (1909) S. 94. — (46) BORN, M.: Verh. dtsch. physik. Ges. Bd. 21 (1923) S. 679. — FAJANS, K.: Naturwiss. 1923 S. 165. — (47) VAGELER, P.: Landbouw 1928. — (48) TROFIMOFF, A. W.: Z. Pflanzenernahrg. A Bd. 9 S. 261 (Ref.) — (49) *a*) ORTH, A.: Landwirtsch. Versuchsstat. Bd. 16 (1873) S. 56. — *b*) EHRENBERG, P.: Die Bodenkolloide, 2. Aufl. Dresden 1922. — *c*) GEHRING, A.: Bodenadsorption, Basenaustausch und Bodenfruchtbarkeit, in Blancks Handb. der Bodenlehre Bd. 8 S. 183ff. Berlin 1931. — *d*) GEDROIZ, K. K.: Vgl. Nr. (21). — (49e) WIEGNER, G.: Boden- und Bodenbildung in kolloidchemischer Betrachtung. Dresden 1918. — (50) WAY, J. TH.: J. Roy. Agric. Soc. Bd. 11 S. 313; Bd. 13 S. 123; Bd. 15 S. 491. — (51) LIEBIG, J. V.: Annal. Chemie u. Pharmacie Bd. 105 (1858) S. 105.

— (*52*) BOEDECKER, C : J. Landwirtsch., N. F. III Bd. 7 S. 48. — (*53*) HENNEBERG, W., u. F. STOHMANN: Ann. Pharmacie Bd. 107 (1858) S. 152. — (*54*) FREUNDLICH, A.: Kapillarchemie. — (*55*) ODÉN, SVEN Proc. II. Comm. Intern. Soc. Soil Sc. 1927. — (*56*) JENNY, H.: Kolloid-chem. Beih. 1927 H 10—12. — (*57*) SVEN ODÉN: Proc. II. Comm. Intern. Soc. Soil Sc. 1927 S. 10. — (*58*) *a*) HISSINK: Z Pflanzenernahrg. A 1926 S. 133. — *b*) VAN BEMMELEN: Die Adsorption. — (*59*) VIGNON, L C. R Acad. Sci, Paris Bd. 151 (1916) S. 673. — (*60*) GANSSEN, R.. Jb. Kgl. Pr Geol Landesanst. f d J. Bd 26 (1905) S. 176ff. (1908). — (*61*) WIEGNER, G., u. PALLMANN: Z. Pflanzenernahrg. A 16, S. 1. — (*62*) VAGELER, P.. De Analysenmethoden v. h Agrogeologisch Laboratorium in Arch. voor de Theecultur. II. Batavia 1928. — (*63*) VAGELER, P · Landbouw Bd 3 Nr 3 S 11, Nr. 5 S 244. — (*64*) AARNIO: Z Pflanzenernahrg A Bd 1 S 320 — C R Groningen 1927. — (*65*) WIEGNER u PALLMANN: Erg. Agrikulturchem Bd 2 S 88ff — (*66*) MATTSON, S · Soil Sci Bd. 32 S 343ff. — (*67*) OSTWALD, Wo, u R. DE IZAGUIRRE: Kolloid-Z. Bd 30 S 278. — (*68*) KROEKER, K.: Über die Adsorption gelöster Stoffe durch Kohle Inaug-Diss Berlin 1898 — (*69*) OSTWALD, Wo · Kolloid-Z. Bd 43 S 259. — (*70*) SIMAKOW, W Ebenda Bd 45 H 3 — (*71*) TUORILA, P.: Kolloidchem. Beih. Bd. 24 S 1 — MATTSON, S Ebenda Bd 14 S. 227 — (*72*) OSTWALD, W Die Welt der vernachlassigten Dimensionen, 10 Aufl, S 112ff Dresden 1927 — (*73*) EGGERT, J.: Lehrbuch der physik. Chemie, 2 Aufl, S 196. Leipzig 1929. — (*74*) RABINERSON, A : Kolloid-Z. Bd. 48 S. 231 (*75*) PFEFFER, W Pflanzenphysiologie 1897. — (*76*) DUCLAUX, J · The osmotic pressure of colloidal solutions, in Colloid Chem, S 515. New York: T. Alexander 1926 — (*77*) ARRHENIUS, S Vgl J Eggerts Lehrbuch der physik. Chemie, 3 Aufl., S. 200. Leipzig 1929 — (*78*) Handb der Physik Bd. 22 S 425ff — (*79*) MITSCHERLICH, A.: Bodenkunde fur Land- und Forstwirte, 3 Aufl Berlin 1920 — (*80*) SEKERA, F · Z Pflanzenernahrg. A Bd. 22 S. 87ff (*81*) SHIVE, J., u B E LIVINGSTON: Plant World Bd 17 S 81. — (*82*) ZUNKER, F Landwirtsch Jb Bd 58 S 192. — (*83*) WALTER, H : Der Wasserhaushalt der Pflanzen in quantitativer Betrachtung Dresden 1925 — (*84*) OSTWALD, Wo · Kolloid-Z Bd 43 S 268 - (*85*) ZUNKER, F Kulturtechniker Bd 31 S 85, 535 — (*86*) KEEN, B.: The physical properties of the soil, S. 109ff London 1931. — (*87*) LANGMUIR, P : J. Amer. chem Soc Bd 38 S 2221; Bd. 40 S. 1361. — (*88*) GIESECKE, F.: Das Verhalten des Bodens zur Luft. in Blancks Handb. der Bodenlehre Bd 6 S. 327ff. Berlin 1930. — (*89*) POLANYI, A Ber. dtsch phys Ges Bd. 16 S 1012 — Z. Elektrochem. Bd. 26 S. 370. — (*90*) SPRING, W. Bull Soc belg. Géol Bd. 17 Mém. 23 — EHRENBERG, P.: Die Bodenkolloide, 3. Aufl., S 252 Dresden 1922 - (*91*) PUCHNER, H . Forschg. Agrikulturphys. Bd. 19 (1896) S. 12 - (*92*) FREUNDLICH, H . Kapillarchemie, 3. Aufl, S 920. Dresden 1923. — (*93*) MITSCHERLICH, A. E : Bodenkunde II. Aufl. — (*94*) NEUGEBOHRN. Vgl. Nr. (*12*). — (*95*) KATZ, J. R Kolloidchem Beih Bd 9 S 30 — (*96*) BLÜMNER: Technologie u. Terminologie der Gewerbe u Kunste bei Griechen u. Romern Bd 3 (1884) S. 72 — (*97*) JANERT, H.: Landwirtsch Jb. Bd 66 S 380ff. — (*98*) MIRTSCH, H · Bot Arch. Bd. 28 S 451. — (*99*) RODEWALD, H : Z physik. Chem. Bd 24 S 206; Bd 33 S. 593. — MITSCHERLICH, A.. Landwirtsch Jb. 1901 S 380 — (*100*) VAGELER, P, u F ALTEN: Vgl. Nr. (*12*) P .. Benetzungswarme - (*101*) ZUNKER, F . Das Verhalten des Bodens zum Wasser, in Blancks Handb der Bodenlehre Bd 6 S. 70ff. — MIRTSCH: Bot Arch. Bd. 28 S 451. — (*102*) JANERT, H : Landwirtsch. Jb. Bd 66 (1927) S 442 — (*103*) VAGELER, P.: Theearchief Bd. 2 (1928) — Report Gov Chemist 1930 (Khartum). — (*104*) VERSLUYS, J.: Int Mitt Bodenkde Bd. 7 S. 117—140. — (*105*) PUCHNER, H.: Forschg Agrikulturphys. Bd 19 S. 18 — (*106*) NOLTE, O.: Intern. Mitt. Bodenkde Bd. 6 S. 347 — (*107*) EHRENBERG, P : Vgl. Nr. (*89*), S 228. — EHRENBERG, P, u K SCHULTZE: Kolloid-Z Bd 15 S 183 — (*108*) KORNEFF, B. J : Ann. Sc. Agron. Bd. 43 S 353 (*109*) SLICHTER, C . U. S Geol. Surv. 19th Ann. Rep. Pt Bd. 2 S 301—384. — (*110*) HAINES, W. B.: J Agr Sci Bd. 17 S 264; Bd. 20 S. 97. — (*111*) KING, F H.: U S. Geol. Surv 19th Ann. Rep Pt Bd 2 S. 59 — The soil. London-New York 1895. — (*112*) HACKETT, F E, u J. S. STRETTAN J. Agric Sci Bd. 18 S. 671 — HACKETT, F.: Trans Faraday Soc Bd 17 (1922) S 260 — (*113*) KEEN, B. A : Ebenda Bd. 17 (1922) S. 228. — (*114*) LEBEDEFF. A. F.: Z. Pflanzenernahrg. A Bd. 10 S. 1 — Arbeiten uber landwirtsch. Meteorologie Bd 12 (1913) S. 125 — (*115*) PURI, A. N : J. Agr. Sci. Bd. 15 S. 272. — (*116*) ROBINSON, W O : J. physik. Chem Bd. 26 S 647. — *a*) ANDERSON, A., u. S MATTSON. U S Dept Agr. Bull. 1926 S 1452. — (*117*) WIDTSOE u. MCLAUGHLIN: Utah Agric. Coll Bull. Bd 115 (1912) — (*118*) VAGELER, P : Analysemethoden, Agrogeol Laborat. Arch. Theecultuur Bd. 2 (1928). — (*119*) SEKERA. Z. Pflanzenernahrg A Bd. 22 S 87, 152 — (*120*) MOHR, J : De Grond von Java en Sumatra. — (*121*) BRIGGS, L, u. M. LAPMAN. U. S. Dept Agr. Bull Bd 19 (1902) S 13. — ZUNKER, F : l c. S 117 — Reports of the government chemist Khartum 1920—1930. — (*122*) BEGER, K : Versuche zur Bestimmung der Wasserdurchlassigkeit Inaug-Diss Danzig 1922. — (*123*) ZUNKER, F.: Landwirtsch. Jb. Bd. 56 S 569; Bd 58 S 159. — (*124*) ROTHMUND u KORNFELD · Z anorg. allg. Chem. Bd. 103 S 129; Bd. 108 S 215, Bd 111 S 76 — (*125*) NERNST, W : Theoretische Chemie, 15. Aufl, S 600 Stuttgart 1926. — (*126*) ANDERSON, J . Z physik Chem. Bd. 88 S. 191. —

(128) ROTMISTROFF, W.: Das Wesen der Dürre, S. 25ff. Dresden 1926. — (129) GOLDSCHMIDT, V.: Kristallchemie. Fortschr. Mineral. Bd. 15 Teil 2 S. 110ff. — (130) HAZEN, A.: The filtration of public water supplies. New York 1895. — (131) SLICHTER: Ann. Rep. U. S. Geol. Surv. 19 Bd. 2 S. 301. — (132) HAGER, G.: Die Kolloidbestandteile d. Bodens usw., in Blancks Handb. der Bodenlehre Bd. 7 S. 45ff. — (133) EHRENBERG, P.: Die Bodenkolloide, 3. Aufl. Dresden 1921. — (134) GRUNER, E.: Z. anorg. allg. Chem. Bd. 202 S. 337ff. — (135) ROBINSON, W., u. R. HOLMES: The chemical composition of soil colloids, U. S. A. Dept. of Agr. Bull. S. 1311. — (136) GEDROIZ, K.: J. Exper. Landw. Bd. 22 S. 29. — FRY, W.: J. Agr. Res. Bd. 24 S. 879. — (137) JOSEPH, A.: Soil Sci. Bd. 20 S. 89. — JOSEPH, A., u. J. HANCOCK: Trans. Chem. Soc. Bd. 175 S. 1888. — (138) MELLOR, T.: Trans. Faraday Soc. Bd. 17 S. 354. — (139) MAIWALD, W.: Kolloidchem. Beih. Bd. 27 S. 251. — (140) ROBINSON, W.: J. physik. Chem. Bd. 26 S. 647. — (141) DOBRESCU: Chemie der Erde Bd. 2 S. 86. — (142) STREMME, H.: Landwirtsch. Jb. 1911 S. 338. — (143) HARRASSOWITZ, H.: Laterit. Berlin 1926. — (144) GRUNER, E.: Z. anorg. allg. Chem. Bd. 202 S. 337ff, 358. — (145) BRAGG, W.: The structure of silicates. Leipzig 1930. — (146) GEDROIZ, K.: Der adsorbier. Bodenkomplex. Dresden 1929. — (147) PATE, W.: Soil Sci Bd. 20 S. 329. — (148) BEMMELEN, J. VAN: Die Adsorption. Dresden 1910 — Z. anorg. allg. Chem. Bd. 59 S. 225; Bd. 18 S. 114. — (149) VAGELER, P.: Grundriß der tropischen und subtropischen Bodenkunde. Berlin 1931. — Ferner Nr. (142). — HARRASSOWITZ, H., in Blancks Handb. der Bodenlehre Bd. 3. — (150) HABER, F.: Naturwiss. Bd. 13 S. 1007. — (151) WIEGNER, G.: Boden und Bodenbildung, 4. Aufl. Dresden 1926. — (152) STREMME, H.: Zbl. Mineral., Geol., Palaont. 1908 S. 622, 661 — Monatsber. dtsch. Geol. Ges. 1910 S. 122 — Zbl. Mineral, Geol, Palaont. 1911 S. 207. — (153) WAKSMANN, S. A.: Z. Pflanzenernährg. A Bd. 19 S 1 — Arch. Mikrobiol. Bd. 2 S. 136 (Literatur). — (154) GEDROIZ, K.: Der adsorbierende Bodenkomplex, S. 11. Dresden 1929. — (155) ODÉN, SVEN: Die Huminsauren. Dresden 1919. — (156) GEHRING, A.: Bodenadsorption, Basenaustausch, Bodenfruchtbarkeit, in Blancks Handb. d. Bodenlehre Bd. 8, 12 S. 224ff. — (157) HISSINK: vgl. 171 u. 270. — (158) STADNIKOFF, G., u. P. KORSCHEFF: Kolloid-Z. Bd. 47 S. 136. — (159) VAGELER, P.: Vortrag Konigsberg. Bodenkundl. Ges. 1930. — VAGELER, P., u. J. WOTTERSDORF: Vgl. Nr. (10). — VAGELER, P., u. F. ALTEN: Vgl. Nr. (12). — (160) KAPPEN, H.: Die Bodenaziditat, S. 138ff. Berlin 1929. — (161) MUSIEROWICZ, A.: Roizn. nauk Roizn. i. Lesnysk Bd. 22 S. 129. — (162) ARKEL, A. v., u. J. DE BOER: Chemische Bindung als elektrostatische Erscheinung. Leipzig 1931. — (163) NOLL, W.: Chemie der Erde Bd. 6 S. 560. — (164) WIEGNER, G.: Kolloid-Z. Erg.-Bd. 36 S. 341. — (165) STOEBER, F.: Chemie der Erde Bd. 6 S 453. — (166) PAWLOW, P.: Kolloid-Z. Bd. 44 S. 134. — (167) TRÉNEL, M., u. J. WUNSCHIK: Z. Pflanzenernahrg. A Bd. 17 S. 257. — (168) ZOCH, J.: Über Basenaustausch kristallischer Zeolithe gegen neutrale Salzlosungen. Diss. Jena 1905. — (169) Vgl. Nr. (60). — (170) GOY, P. MUELLER u. O. ROOS. Z. Pflanzenernahrg. A Bd. 13 S. 66. — (171) HISSINK, J. D: Ebenda A Bd. 4 S. 137. — (172) GEHRING, A.: Ebenda A Bd. 13 S. 1. — (173) ASKINASI, D. L.: Ebenda A Bd. 8 S 198. — (174) TRÉNEL, M.: Die Wissensch. Grundl. der Bodensäurefrage, S. 19. Berlin 1927. — (175) WIEGNER, G., u. H. PALLMANN: Z. Pflanzenernahrg. A. Bd 19 S. 1ff. — (176) VAGELER, P.: Archief voor de Theecultur 1928 S. 2. — (177) GEDROIZ, K.: Der adsorbierende Bodenkomplex. Dresden 1929. — (178) HILGARD, E.: Soils. New York 1914. — RAMANN, E.: Bodenkunde. Berlin 1905 — Bodenbildung u. Bodeneinteilung. Berlin 1918. — SIBIRZEFF, N.: Not. Inst. Nowo Alexandria Bd. 11 (1898). — GLINKA, K.: Die Typen der Bodenbildung. Berlin 1914. — KOSSOWITSCH, P.: Verh. 2 P Intern. agrog. Konf. Stockholm 1910 S. 232. — LANG, R.: Zbl. Mineral., Geol., Paläont. 1914 a. m. O. — Int. Mitt. Bodenkunde Bd. 5 S. 312. — HARRASSOWITZ, H.: Laterit, vgl. Nr. (149). — VAGELER, P.: Vgl. Nr. (149). — WIEGNER, G.: Boden u. Bodenbildung. Dresden 1918. — BLANCK, E.: Handb. der Bodenlehre Bd. 3. Berlin 1930. — (179) KELLEY, W., u. S. BROWN: Soil Sci. Bd. 20 S. 484. — (180) KREUSSLER, N.: Landwirtsch. Jb. Bd. 16 S. 711. — (181) ALEXANDROW, W.: Arb. Bot. Garten Tiflis, Se. 2 (1920) S. 1. — (182) BURGERSTEIN, A: Transpiration der Pflanzen Bd. 1 u. 2 (1904 bis 1920. — (183) BRIGGS, L., u. H. SCHANTZ: U. S. A. Dept. Agr. Bureau of plant industry Bull. S. 284/285. — (184) WALTER, H.: Der Wasserhaushalt der Pflanzen in quantitativer Betrachtung. Samml. Naturwiss. u. Landwirtsch., Heft 6. München-Ereis. 1925. — (185) PFEIFFER, T.: Der Vegetationsversuch. Berlin 1918. — MITSCHERLICH, A.: Kulturtechniker Bd. 29 S. 44ff. — (186) Vgl. S. KOSTYTSCHEFF: Lehrbuch d. Pflanzenphysiologie. Berlin 1926. — (187) BALLS, W.: J. Agr. Sci. Bd. 5 S. 469. — (188) GREENE, H.: Ebenda Bd. 18 S. 536. — (189) ROTMISTROFF, W.: Das Wesen der Durre. Dresden 1926. — (190) WALTER, H.: Die Anpassungen der Pflanzen an Wassermangel. Freising-München 1926. — (191) HUBER, B.: Jb. wiss. Bot. Bd. 64 S. 1. — (192) Zitiert nach H. WALTER (190). — (193) WEAVER, J.: Carnegie Inst. Washington Publ. 286, 292. — WEAVER, J., C. FRANK u. J. CHRIST: Ebenda 316 — (194) WALTER, H.: Ber. dtsch. bot. Ges. Bd. 47 S. 243. — (195) FOSCHUM, B.: Fortschr. Landwirtsch. 1928 S. 1014ff. — (196) EIBL, A.: Ebenda 1927 S. 667. — (197) OPPENHEIMER, H.: Ebenda 1927 S. 215. — (198) SCHÜNEMANN, K., in Landwirtsch. Forschg. 2. Reihe

Acker- u Pflanzenbau 1931 H 43 — 12. a. m. O. — (*199*) HAFEKOST, G · Fortschr. Landwirtsch. 1930 S. 175 — (*200*) TASCHDIAN, E.: Ebenda 1928 S. 159. — (*201*) PAMMER, F : Ebenda 1928 S. 441 — (*202*) SOERENSEN, S. P. L.: Anorgan. Studien. II. Biol. Z. 1909. (*203*) ARRHENIUS, O Kalkfrage, Bodenreaktion und Pflanzenwachstum, S. 4 Leipzig 1926. — (*204*) KAPPEN, H · Die Bodenazidität, S. 23. Berlin 1929. — (*205*) MICHAELIS, L : Die Wasserstoffionenkonzentration. Berlin 1922. — (*206*) LIEBIG, J. v.: Die Chemie in ihrer Anwendung auf Agrikultur u Physiologie, 9. Aufl. Braunschweig 1876 — (*207*) NIELSEN, N. C : Unkrudsvegetationen som Vejledning ved Undersögelser over Mineraljordens Kalktrang. Stockholm. — (*208*) EICHINGER, A.: Die Unkrautpflanzen des kalkarmen Ackerbodens. Berlin 1927. — (*209*) WHERRY, E F : Vgl Nr. (*176*). — (*210*) WARMING-GRAEBNER. Pflanzenokologie. — (*211*) OLSEN, C C R. Lab Carlsberg Bd. 15 (1925). — (*212*) MEVIUS, W : Reaktion des Bodens, in Naturwiss u. Landwirtsch Heft 11 Freising-Munchen 1927. — LEMMERMANN, O . Z Pflanzenernahrg A Bd. 16 S. 297. — (*213*) WOLPERT, F. S.: Ann Missouri Bot Garden Bd. 11 S 43 — (*214*) LUNDEGARDH, H.: Klima u. Boden Jena 1925. — (*215*) Siehe KAPPEN Nr (*204*) S 250 — (*216*) MAGISTAD, O. L.: Soil Sci. Bd. 20 S. 181. — (*217*) GOY: Vgl Nr (*170*). — (*218*) VEITCH, T. B J. Amer chem Soc. 1904 S 637. — (*219*) KAPPEN, H.· Landwirtsch Versuchsstationen Bd 94 S 277. — (*220*) TRUOG, E.: Proc and Papers I Intern Congr Soil Sci. II Comm. Washington S. 199 — (*221*) GEDROIZ, K.: Dungung u. Ernte Bd 2 S. 464 — Soil Sci Bd. 51. — HOAGLAND, D R , u. T. C. MASSEN: Proc. and Papers I. Intern Congr Soil Sc IV Comm. Washington S 381 — KELLEY, W. P., u. S. M. BROWN: Cal. Agr Exp. Stat Techn Papers Bd 15 — (*222*) TRÉNEL, M · Z. Pflanzenernährg A Bd 17 S. 257, 296 — (*223*) JENNY, H : Kolloidchem Beih Bd 23 S 428. — (*224*) WIEGNER, G , u H. PALLMANN: Z. Pflanzenernahrg. A Bd 16 S. 1ff. — (*225*) BRAY, R. H , u. E. E. DE TURK. Soil Sci Bd 32 S. 329. — (*226*) BRENNER, W . Verh. 2 Komm. int. bodenkundl. Ges Groningen A 1926 S. 48 — (*227*) JENSEN, S T · Int Mitt Bodenkunde Bd 14 S 112 — (*228*) HELLRIEGEL Beitrage zu den Naturwissenschaftl. Grundlagen des Ackerbaus 1883 S. 118ff — (*229*) SCHULZE, B Wurzelatlas Berlin 1914 — (*230*) URSPRUNG, A., u. G. BLUM· Vjschr Naturf Ges Zurich Bd 73 — (*231*) SEKERA, F Z Pflanzenernahrg. A Bd. 22 S 152 — Ernahrg d Pflanze Bd. 28 S. 21ff — (*232*) LINOW Mitt Geol. L. Anst. — (*233*) WIEGNER, G · Anleitung zum quantitativen agrikulturchemischen Praktikum, S 152 Berlin 1926 — (*234*) LOEW, O Flora Bd 75 (1892) S 368 — (*235*) GIESECKE, F Die im Boden vorh. schadl Stoffe, in Blancks Handb der Bodenlehre Bd. 8 S 159 — (*236*) MOLLER, A · Z. f Forst- u. Jagdwesen 1904 S 745 — LEININGEN, GRAF: Forstwirtsch. Bodenbearbeitung, in Blancks Handb. der Bodenlehre Bd 9 S 398 Berlin 1931 — (*237*) KREYBIG, L v Dtsch. Landwirtsch. Presse 1928 S 400 — RUSSELL, E. J.: Boden u Pflanze, S. 86. Dresden 1914. — GERLACH, M · 2 Ver dtsch Zuckerindustrie Bd. 78 S 175 — (*238*) KELLEY, W. P , u. S. M BROWN: Soil Sci Bd 20 S. 484 — (*239*) SIGMOND, A. v Salzboden, in Blancks Handb. der Bodenlehre Bd 3 S 314 — (*240*) GEDROIZ, K.: U S. Dep Agr Washington 1923 (ubersetzt). — (*241*) KELLEY, W. P , u. A B CUMMINS· Univ Cal. Publ Techn. Paper Bd. 3. Berkeley 1923 — (*242*) CAMERON, F K U S Dep Agr Dis Soils 1900/01 Bull Bd 17. — (*243*) JOSEPH, A F Soil Sci Bd. 20 S 89 — (*244*) PARKER, F W Ebenda Bd. 17 S. 229, Bd. 20 S. 39. — (*245*) Reports Gov. Chemist Khartum 1920/31 — (*246*) GREENE, H J Agr. Sci Bd 18 Teil 3 S 518 — (*247*) JOSEPH, A T Ebenda Bd 15 S 407. — (*248*) PFEIFFER, T : Der Vegetationsversuch, S 76ff. Berlin 1918 — (*249*) JOHNSTON, S. Soil Sci Bd. 20 S 397ff. — (*250*) LIVINGSTON, B E . Div. Biol. a Agr of Natl Res Council. Baltimore 1919 — (*251*) JACOB, A Der Basenhaushalt des Ackerbodens — (*252*) SEELHORST, CREYDT u. WILMS J. Landwirtsch Bd 79 S. 251 — (*253*) BOGDANOW, A Exper Stat Report Bd. 12 S 726 — (*254*) WRANGELL, M v : Landwirtsch. Jb Bd. 71 S. 149. — (*255*) ROMELL, L G . Med Stat. Skogsforsoksanst 1922 S 343 — (*256*) GIESECKE, F Das Verhalten des Bodens gegen Luft, in Blancks Handb. der Bodenlehre Bd 6 S 282ff — (*257*) LUNDEGARDH, H : Der Kreislauf der Kohlensaure Jena 1927 — (*258*) WAKSMANN, S H. Soil Sci Bd 1 — Ferner Nr. (*255*). — (*259*) KIDD, F . Proc. Roy Soc , Lond B Bd. 87 S 408· Bd 89 S 136. — KIDD, F , u C WEST Ann of Bot Bd 31 S. 457. — (*260*) LAU, E.· Beitrage zur Kenntnis der im Ackerboden befindlichen Luft. Diss Rostock 1906. — (*261*) VAGELER, P : Mitt. Bayr. Moorkulturanst Bd 1 (1906) — (*262*) RUSSEL u. APLEYARD: J. Agric. Sci Bd. 7 S. 1; Bd 8 S. 385. — (*263*) WOLLNY, E : Forschg Agrikulturphys. Bd. 5 S. 302 — (*264*) PETTENKOFER Ebenda Bd 5 S 300 — (*265*) FODOR, J v.: Hyg Untersuch. uber Luft, Boden u. Wasser Bd 2 (1882) — (*266*) ROHDE, E . Archiv f. Landw. Bd. I 1929. — (*267*) GEHRING, A., u. O. WEHRMANN Landwirtsch Versuchstat. Bd 103 S 279 — Z. Pflanzenernahrg Bd 13 S 1 — (*268*) BEAM, W.: Cairo Sci J Bd 5 S 107. — (*269*) MATTSON, S : J. Amer. Soc Agron Bd. 18 S 458 — (*270*) HISSINK, D. J.: Z. Pflanzenernahrg. A Bd. 4 S 137. — (*271*) KAPPEN Ebenda A Bd 7 S. 16, A Bd 15 S. 5 — (*272*) KOSTYTSCHEFF, S Lehrbuch der Pflanzenphysiol Bd 1 S. 275. Berlin 1926. — (*273*) GREENE, H.: J. Agr. Sci. Bd. 18 S. 527. — (*274*) JOSEPH, F A. Rep. Gov Chemist, Khartum 1927 S. 15. — (*275*) LOHNIS, F. Vorlesungen uber landw Bakteriologie, 2 Aufl. Berlin 1926. — (*276*)

Khalil, F.: Zbl. Bakteriol. II Bd. 79 S. 93. — (277) Rep. Gov. Chemist, Khartum 1920/31. — (278) Rippel, A.: Bakteriol.-chem. Methoden der Fruchtbarkeitsbestimmung, in Blancks Handb. der Bodenlehre Bd. 8 S. 599ff. — (279) Traaen, A. E.: Zbl. Bakteriol. II Bd. 45 S. 119. — (280) Haselhoff, E., u. F. Hann: Landwirtsch. Versuchsstat. Bd. 102 S. 90. — (281) Lemmermann, O., u. L. Wichers: Zbl. Bakteriol. II Bd. 50 S. 33. — (282) Nehring, N.: Landwirtsch. Jb. Bd. 69 S. 105. — (283) Vageler, P.: Archief voor de Theecultuur Bd. 2 (1928). — (284) Wagner, R.: Arch. Pflanzenbau Bd. 5 S. 166. — (285) König, J.: Die Ermittlung des Dungerbedarfes des Bodens. Berlin 1929. — (286) Némec, A.: Z. Pflanzenernahrg. A Bd. 23 S. 140. — (287) Lemmermann, O.: Landwirtsch. Jb. Bd. 38 S. 319; Bd. 41 S. 217 — Zbl. Bakteriol. II Bd. 50 S. 33. — (288) Gerlach, M., u. A. Densch: Mitt. Kais.-Wilh.-Inst. Eisenforschg. Bromberg Bd. 4 S. 259. — (289) Waksman, S. A.: Soil Sci. Bd. 15 S. 49, 61. — (290) Aaltonen, V. T.: Comm. Inst. quaest. forestal. Fink. ed. Bd. 10 (1926) (Helsinki). — (291) Lipman, J. B., A. W. Blair, J. L. Owen u. H. C. McLean: N. Jersey Agr. Exp. Station Bull. Bd. 247 (1912). — (292) Jessen-Lemmermann: Z. Pflanzenernährg. B Bd. 10 S. 97. — (293) Niklas, H., H. Poschenrieder u J. Trischler: Ernahrung d. Pflanze, Heft 5 u. 15. 1930 — Z. Pflanzenernahrg. A Bd. 18 S. 129. — Niklas, H., u. G. Vilsmeier: Wiss. Arch. Landwirtsch. A Bd. 5 S. 152. — (294) Gerlach, M.: Landw. Jahrb. 1926 S. 701. — (295) Vgl. Nr. (2). — (296) a) Mitscherlich, A.: Landwirtsch. Jb. Bd. 36 S. 309. — b) Biéler, Th.: Ann. Agric. Suisse 1909 S. 161. — c) Gehring, A.: Bestimmung der im Boden leichtlöslich vorhandenen Nährstoffe, in Blancks Handb. der Bodenlehre Bd. 8 S. 130. — d) Dyer, B.: J. chem. Soc. 1894 S. 115. — e) Hall, A. D., u. F. J. Plymen: J. Roy. chem. Soc. Bd. 81 S. 117. — f) Sjollema, B.: Chem. Ztg. Bd. 25 S. 711. — g) Lemmermann, O., A. Giesecke u. L. Fresenius: Landwirtsch. Versuchsstat. Bd. 89 S. 81. — h) König, J., u. J. Hasenbäumer: Z. Pflanzenernahrg. B 1924 S. 97. — i) Gedroiz, K. K.: Chemische Bodenanalyse. Berlin 1926. — (297) Kiessling, L. E.: Z. Pflanzenernahrg. A Bd. 21 S. 86. — (298) Gehring, A., u. O. Wehrmann: Ebenda A Bd. 13 S. 18. — (299) Lemmermann, O.: Die Bestimmung der relativen Löslichkeit der Phosphorsäure im Boden, in Blancks Handb. der Bodenlehre Bd. 8 S. 174. — (300) McIntyre: Soil Sci. Bd. 16 S. 217. — (301) Jakob: Der Basenhaushalt des Ackerbodens. Journ. f. Landw. 1932. — (302) Sekera, F.: Ernährung der Pflanze Bd. 28 S. 50. — (303) Vageler, P.: Grundriß d. tropischen u. subtropischen Bodenkunde. Berlin 1931. — (304) McGeorge, W. T.: Univ. of Arizona, Techn. Bull. Bd. 31. — (305) Woehlbier, W.: Pflanzenbau 1932 S. 168. — (306) Wagner, F.: Arbeiten D. L. G. 377. — (307) Roemer, Th.: Das Superphosphat Bd. 6 (1930) S. 14. — (308) Vageler, P., u. K. C. W. Venema: Landbouwkundig T Bd. 43 Nr. 523. — (309) Stoklasa, J.: Fortschr. Landwirtsch. Bd. S. 55. — (310) Gedroiz, K.: Die Lehre vom Adsorptionsverm. d. Böden, S. 447. Leipzig 1931. — (311) Edelmann, S M.: Landwirtsch. Rdsch. 1931 S. 379. — (312) Schollenberger, C. J., u. F. R. Dreibelbis: Soil Sci. Bd. 28 S. 371. — (313) Baver, L. D.: Univ. Missouri Agr. Exp. Stat. Res. Bull. Bd. 199. — (314) Venema: Landbouwkundig T. 1931. — (315) Daikuhara, G.: Bull. Imp. Centr. Agric. Station Japan Bd. 2 S. 1. — (316) Jenny, H.: Kolloidchem. Beih. Bd. 23 S. 428. — (317) Hager, G.: Indirekte Düngung, in Blancks Handb. der Bodenlehre Bd. 9 S. 282. — (318) Ehrenberg, P.: Die Bodenkolloide, S. 367. Leipzig 1922. — (319) Sigmond, A v.: Int Mitt. Bodenkde. Bd. 1 S. 44. — (320) Reports of Government Chemist, Khartum 1920/31. — (321) Mattson, S.: J. Amer. Soc. Agr. Bd. 18 S. 458, 510. — (322) *Tacke*, B.: Mitt. D. L. G. Bd. 31 S. 708. — Siehe ferner Hager: Nr. (317). — (323) Kappen, H: Bodenaziditat und Fruchtbarkeitszustand, in Blancks Handb. der Bodenlehre Bd. 9 S. 411. — (324) Daikuhara, G.: Bull. Imp. Centr. Agr. Exp. Stat. Jap. Bd. 2 S. 31. — (325) Venema: Vgl. Nr. (314). — (326) Csiky, J. v.: Z. Pflanzenernahrg. A Bd. 14 S. 281. — (327) Hissink: Siehe (171). — (328) Hudig, J.: Verh. II. Komm. int. bodenkundl. Ges. Groningen 1926. — (329) Gehring, A., u. O. Wehrmann: Z. Pflanzenernährg. A Bd. 8 S. 321. — (330) Kappen, H.: Erg. Agrikulturchem. Bd. 1 (1929). — (331) Lemmermann, O., u. L. Fresenius: Z. Pflanzenernahrg. A Bd. 3 S. 5. — (332) Hager, G.: Indirekte Düngung, in Blancks Handb. der Bodenlehre Bd. 9 S. 276. — (333) Kappen, H.: Bodenaziditat und Fruchtbarkeitszustand, in Blancks Handb. der Bodenlehre Bd. 8 S. 377. — (334) Lang, R.: Forstwirtsch. Zbl. 1931 S. 309. — (335) Tuorila, P.: Kolloidchem. Beih. Bd. 24 S. 87. — (336) Jessen, W.: Z. Pflanzenernährg. A Bd. 23 S. 427. — (337) Sekera, F.: Ernährung der Pflanze Bd. 28 S. 21. — (338) Sekera, F.: Z. Pflanzenernahrg. A Bd. 22 S. 152ff. — (339) Kopecky, I.: Vortrag Prag Bd. 29 (1929) S. 6. — (340) Briggs, L. I., u. I. W. McLane: Proc. Amer. Coc. Agrom. Bd. 2 S. 138. — (341) Lebedeff, A. F.: Pedology Bd. 4 Nr. 1. — (342) Kopecky, I.: Int. Mitt. Bodenkde. G Bd. 4 S. 147. — (343) Schübler, G.: Grundsätze der Agrikulturchemie 1837. — (344) Eser, C.: Forschg. Agrik. Physik a. v. O. — Wollny: Ebenda a. o. O. — (345) Ebermayer, E.: Die gesamte Lehre der Waldstreu. Berlin 1876. — (346) Krüger, E.: Kulturtechnischer Wasserbau. Berlin 1921. — (347) Helbig, M.: Die Verdunstung des Wassers aus dem Boden, in Blancks Handb. der Bodenlehre Bd. 6. — (348) Ramann, E.: Bodenkunde. Berlin 1911. — (349) Mitscherlich, A. E: Ebenda 1923. — (350) Lebedeff, A. F: Z. Pflanzenernahrg. A Bd. 10 S. 1. —

(*351*) FRECKMANN, W Meliorationsmaßnahmen, in Blancks Handb der Bodenlehre Bd 6 S. 19 — (*352*) KOPECKY, I Die physikalischen Eigenschaften des Bodens. Wien 1914 — (*353*) ZUNKER, F Landwirtsch. Jb 1923 S 159. — (*354*) MITSCHERLICH, E. A.: Ebenda 1901 S. 380. — (*355*) JANERT, H.· Z. Pflanzenernahrg. A Bd. 19 S 306. — (*356*) WRANGELL, M. v : Z. physik. Chem Abt A. Haberband 1928. — (*357*) KUNDE, W : Über die Geschwindigkeit der Aufnahme von K-Ionen durch die Pflanze. Diss. Hohenheim 1932. — (*358*) HOAGLAND, DR. R Soil Sci 1923/26 — (*359*) TROFIMOFF, A. W : J Landwirtsch. Bd 2 S 613; Bd. 4 S 560 — (*360*) THOMAS, M D · Soil Sci Bd. 25 S. 409, 485 — (*361*) Siehe Literatur Nr. (*357*) Anhang — (*362*) VAGELER, P : Grundriß der tropischen und subtropischen Bodenkunde, S. 144ff. Berlin 1930. — (*363*) SEKERA, F.: Z. Pflanzenernahrg A Bd. 22 S. 152 — (*364*) RAMANN, E : Bodenkunde 2.Aufl Berlin 1905. — (*365*) HAGER, G : Die Kolloidbestandteile des Bodens und die Methoden ihrer Bestimmung, in BLANCKS Handb der Bodenlehre Bd 7 S 82. — (*366*) ZYL, J. VAN DER· J Landwirtsch Bd. 64 S 244 — Int Mitt Bodenkde. Bd. 7 S. 90. — (*367*) BLANCK, E , u. F ALTEN. J Landwirtsch Bd. 72 S 153. — (*368*) KAPPEN, H . Landwirtsch Versuchsstationen Bd 88 S. 43 — HISSINK, D J : Int. Mitt. Bodenkde Bd 11 S. 9 — ODÉN, SVEN Bull Geol Inst Upsala Bd 16 S 125. — VAGELER, P.: Theearchief Bd 2 (1928) — (*369*) BEAM, W : Cairo Sci J Bd 5 S 107 — (*370*) GEDROIZ, K. K · Die Lehre vom Adsorptionsvermogen der Boden Leipzig 1931 — (*371*) *Literatur zur mechanischen Bodenanalyse*: ATTERBERG, A : Über die Klassifikation der Bodenkorner. Kalmar 1910 — Int. Mitt. Bodenkde Bd 2 S 315. — GESSNER Die Schlammanalyse. Leipzig 1931 — HAHN, F. V v.: Dispersoidanalyse. Leipzig 1928 — SCHUCHT Bodenkunde Berlin 1931. — DENSCH, A.. Der mechanische Aufbau des Bodens, in Blancks Handb. der Bodenlehre Bd 6 S. 1ff. — (*372*) VERSLUYS, J : Int. Mitt. Bodenkde. Bd 7 S 125. — (*373*) KORNEFF, B.· Ann. Sci. agronom. Bd. 43 S 353. — (*374*) SEKERA: Z. Pflanzenernahrg. A Bd. 22 S. 152 — (*375*) WADSWRORTH, H. A : Soil Sci 1932 S. 117 — (*376*) WADSWRORTH, H. A., u. A. SMITH: Soil Sci. Bd. 22 S. 199. — (*377*) BOUYOUCOS, S. J.: Colloid Symposium Monogr. Bd. 2 S 126 bis 134. — (*378*) ZUNKER, F , in Blancks Handb der Bodenlehre Bd 6 S. 136 — (*379*) LEBEDEFF, A. F : Pedology Bd 4 (Rostov 1928) S. 49. — (*380*) BRIGGS, L. J., u. J. W. MCLANE: U. S. A. Dep. Agric Bur Soil Publ. Bd. 45 — Proc Amer. Soc Agr. Bd. 2 S. 138. — (*381*) JANERT, H.: Landwirtsch. Jb Bd. 66 S. 432 — (*382*) BLANCK, E . Handb. der Bodenlehre. Berlin 1930/31. — (*383*) GEDROIZ: Chemische Bodenanalyse Berlin 1926. — (*384*) HARRIS: Soil Alkali. New York 1920 — (*385*) VAGELER, P , u. F. ALTEN: Z. Pflanzenernahrg A Bd. 22 S. 47. — (*386*) LASSIEUR, A · Bull. Soc. chim France 1926 S 1750. — (*387*) BERG, R.: Z. anal. Chem. Bd 71 S. 27 — (*388*) PINCUSSEN: Mikromethode, S 98. — (*389*) KONIG, J. HASENBÄUMER u C HESSLER: Landwirtsch Versuchsstationen Bd 75 S. 410. — (*390*) HUSSFELD, H , u ALTEN I. Amer. Soc. Agron Bd. 19 S 984 — (*391*) KOTTGEN, P , u. R. DIEHL: Z Pflanzenernahrg. Bd. 14 S 65 — (*392*) GEHRING, A · Bestimmung der im Boden leichtloslich vor. Nahrstoffe, in BLANCKS Handb. der Bodenlehre Bd. 7. — (*393*) VAGELER, P.: Analysenmethoden v/n Agrogeologisch Laboratorium. Theearchief Bd. 2 (1928). — (*394*) VAGELER, P., u. J WOLTERSDORF. Vgl. Nr (*10*). — (*395*) VAGELER, P., u. F. ALTEN: Vgl. Nr. (*12*) — (*396*) GRUNER, E.: Z. anorg. allg. Chem Bd. 202 S. 337 — (*397*) TROFIMOFF, A N.: Z. Pflanzenernahrg A Bd 22 S. 332. — (*398*) JESSEN: Ebenda A Bd. 22 S. 129

Namenverzeichnis.

Sachverzeichnis.

Klima	Ort	Bodenart	Tiefe der Probe	Ton I	Ton II	Struktur-Faktor	Hygroskopizität	Minimale Wasserkapazität	Totale Steighöhe mm
Arid warm	Nildelta	Wüstensand	0—40	6,8	1,5	78	1,0	10	417
			150—170	2,3	1,0	57	0,4	5	278
			250—300	4,4	0,8	82	0,5	9	233
	Nildelta	Salzboden (alkalisch)	0—30	72,5	60,8	16	13,1	102,4	?
			30—60	89,7	4,5	95	11,1	78,4	?
			60—90	89,0	2,0	—	11,0	74,3	120
heiß	Gezira	Alkaliboden teilweise entsalzen (Solonetz)	0—30	60,0	26,6	56	13,3	55,5	119
			30—60	44,1	32,0	27	14,5	59,3	59
			60—90	62,1	11,4	82	13,3	47,8	122
			90—120	63,5	—	100	13,7	55,0	476
			120—150	47,4	—	100	11,5	46,3	400
			150—180	52,1	—	100	11,6	50,7	833
heiß	Gezira	Oberflächlich degradierter Alkaliboden (Solodj)	0—30	63,6	20,3	68	13,1	51,8	196
			30—60	62,2	27,1	56	14,1	55,5	67
			60—90	68,0	30,3	55	14,4	77,5	27
			90—120	68,5	30,8	55	14,4	75,0	28
			120—150	68,5	30,5	55	14,6	73,5	28
			150—180	69,1	32,1	53	14,7	71,7	31
Wechsel-feucht warm	Ost-afrika	Grauer Steppenboden	0—30	33,6	11,6	65	8,26	43,9	455
			30—90	29,9	9,6	68	8,39	50,9	312
heiß	Ost-afrika	Lateritische Roterde	0—30	39,4	16,4	58	4,1	22,5	500
			30—90	38,3	7,3	81	4,8	23,8	588
Humid (kalt, gemäßigt)	Holland	Podsol (sandig)	0—25	0,1	0,1	0	2,2	15,4	370
			25—50	0,4	0,4	9	1,9	11,5	357
			50—80	1,4	0,2	85	0,8	7,3	106
heiß	Ost-afrika	Alter Siallitischer Rotlehm	0—30	5,6	0,24	96	5,6	28,0	909
			30—60	36,4	5,8	84	5,4	27,0	769
			60—90	48,6	1,0	98	5,0	30,1	667

Übersichtstabelle wichtiger Bodentypen

1000 × q	Lineare Schrumpfung %	p_H	Lösliche Basen L Milliäquivalent					Kationen Proz. L				als Karbonate
			Na	K	Mg	Ca	Total	Na	K	Mg	Ca	
5	—	9,0	0,31	0,18	—	0,29	0,78	39,7	23,1	—	37,2	0,23
3	—	9,0	0,18	0,17	—	0,29	0,64	28,1	26,6	—	45,3	0,18
5	—	8,8	0,20	0,14	—	0,32	0,66	30,3	21,2	—	48,5	0,18
—	19,4	10,0	31,62	0,42	—	0,24	32,28	98,0	1,3	—	0,7	0,25
—	19,5	8,6	2,43	0,07	—	0,38	2,88	84,4	2,4	—	13,2	0,20
3	19,5	8,3	2,43	0,02	0,20	0,51	3,16	76,9	0,6	6,3	16,2	0,20
2	16,0	9,0	1,80	?	—	0,14	1,94	92,8	—	—	7,2	0,44
1	16,0	9,0	2,43	?	—	0,16	2,59	93,8	—	—	6,2	0,49
4	13,5	8,8	9,30	0,04	0,37	0,89	11,69	79,6	0,3	3,2	16,9	0,26
5	15,0	8,8	12,83	0,07	1,47	5,78	20,09	63,9	0,3	7,0	28,8	0,25
7	14,0	8,6	12,26	0,08	2,78	12,76	27,88	43,9	0,3	10,0	45,8	0,13
5	14,0	8,1	12,56	0,12	3,63	12,77	29,08	43,2	0,4	12,5	43,9	0,15
8	15,0	9,0	1,80	0,06	—	0,30	2,16	83,4	2,8	—	13,8	0,42
6	17,0	9,0	1,79	0,03	—	0,32	2,14	83,7	1,4	—	14,9	0,48
2	19,5	9,0	2,04	0,02	—	0,22	2,28	89,5	0,9	—	9,6	0,47
7	18,5	9,0	2,26	0,01	—	0,32	2,59	87,3	0,4	—	12,3	0,49
7	19,0	9,0	3,14	0,04	—	0,38	3,56	88,3	1,1	—	10,6	0,49
1	18,0	9,0	3,36	0,06	—	0,38	3,80	88,4	1,6	—	10,0	0,54
,0	8,0	7,6	0,29	0,05	—	0,52	0,86	34,0	6,0	—	60,0	0,19
,0	9,0	8,0	0,24	0,02	—	0,75	1,01	24,0	2,0	—	74,0	0,19
,5	5,0	7,0	0,23	0,04	—	0,29	0,56	41,1	7,1	—	51,8	0,05
,5	5,5	8,0	0,28	0,01	—	0,49	0,78	35,9	1,3	—	62,8	0,13
,0	—	5,2	0,12	0,01	—	0,17	0,30	40,0	3,3	—	56,7	—
,0	—	5,0	0,13	0,03	—	0,13	0,29	44,8	10,4	—	44,8	—
,0	—	5,4	0,13	0,01	—	0,09	0,23	56,6	4,3	—	39,1	—
,0	3,0	5,6	0,07	0,02	—	0,08	0,17	41,2	11,8	—	47,1	—
,0	7,5	5,4	0,04	?	—	0,08	0,12	33,3	—	—	66,7	—
,0	8,5	5,6	0,03	?	—	0,09	0,12	23,0	—	—	75,0	—

der Erde in Lösungs- und Komplexbau.

Bau der Komplexe (Milliäquivalent)												
H	q_H	Al	q_{Al}	Na	q_{Na}	K	q_K	NH_4	q_{NH_4}	Mg	q_{Mg}	Ca
0,31	159	—	—	0,25	83	0,57	32,0	?	—	0,77	?	1,2
?	?	—	—	0,30	(78)	0,24	90,9	?	—	0,38	?	0,2
?	?	—	—	0,29	(78)	0,32	139,9	?	—	0,45	?	0,
?	?	—	—	14,0	0,3	5,41	31,8	?	—	16,92	20,8	3,
0,67	193	—	—	3,5	0,4	1,28	18,1	?	—	17,82	2,8	21,8
0,80	176	—	—	3,4	0,4	1,29	18,1	?	—	17,82	1,9	21,8
0,82	127	—	—	7,58	1,2	0,96	80,5	?	—	7,94	4,5	34,
0,86	112	—	—	10,99	0,7	0,93	92,3	?	—	8,77	4,9	31,
0,65	274	—	—	6,25	1,3	1,34	163,7	?	—	10,42	4,6	33,
0,57	240	—	—	5,90	5,3	1,45	201,6	?	—	12,21	4,3	34,
0,53	568	—	—	5,65	11,3	1,12	161,0	?	—	13,14	7,4	24,
0,60	278	—	—	5,39	15,8	1,10	203,6	?	—	11,86	5,4	26,
0,82	127	—	—	4,43	9,4	3,57	100,2	?	—	8,69	3,7	33,
1,05	136	—	—	6,83	5,0	3,07	79,8	?	—	9,97	4,5	32,
1,11	136	—	—	7,91	3,8	2,22	66,0	?	—	10,63	4,4	32,
1,04	90	—	—	8,28	1,9	1,99	60,9	?	—	11,63	3,9	31,
1,06	116	—	—	8,87	3,4	2,38	78,4	?	—	12,66	4,4	29,
1,18	112	—	—	8,87	2,0	1,81	74,6	?	—	12,63	3,3	30,
1,92	99	—	—	0,04	>1000	1,28	38,4	?	—	6,67	2,8	24,
1,69	105	—	—	0,10	>700	0,51	55,6	?	—	7,09	6,4	26,
1,71	20	—	—	0,24	?	0,54	36,3	?	—	4,78	1,76	9,
0,58	324	—	—	0,15	?	0,22	123,8	?	—	6,25	1,80	13,
3,63	25,3	0,48	315	0,11	>300	0,19	645	?	—	?	?	1,
2,93	17,7	1,45	66	0,30	333	0,15	192	?	—	0,14	?	?
1,21	127	0,51	265	0,16	>300	0,06	726	?	—	?	?	0,
8,20	—	0,00	—	0,08	>500	0,33	10,1	?	—	0,23	?	4,
4,73	—	2,84	412	0,21	>300	0,37	71,8	?	—	0,46	52,3	5,
4,88	—	0,90	555	0,31	134	0,33	22,2	?	—	0,69	22,8	6,

q_{Ca}	S	q_S	T	Bau der Komplexe Proz. T							$\frac{S}{L}$	V
				H rd.	Al	Na	K	NH_4	Mg	Ca		
?	2,80	?	3,11	10,0	—	8,0	18,3	—	24,8	39,0	3,6	90
?	1,20	?	1,20	?	—	25,0	20,0	—	31,6	23,3	1,9	100
?	1,60	?	1,60	?	—	18,1	20,0	—	28,1	33,8	2,4	100
?	40,00	0,68	40,00	—	—	35,0	13,5	—	42,3	9,2	1,3	100
?	44,44	0,76	45,11	2,0	—	7,8	2,9	—	39,3	48,0	15,4	98
?	44,44	0,76	45,13	3,0	—	7,7	2,8	—	39,0	47,6	14,1	97
,14	50,50	0,66	51,32	2,0	—	14,7	1,9	—	15,4	66,0	26,0	98
,33	52,36	0,64	53,22	2,0	—	20,6	1,8	—	16,4	59,2	20,2	98
,99	51,55	0,66	52,20	1,0	—	12,0	2,5	—	19,9	64,6	4,4	99
,91	53,76	0,70	54,33	1,0	—	10,9	2,6	—	22,5	63,0	2,7	99
,93	44,64	0,62	45,17	1,0	—	12,5	2,5	—	29,2	54,8	1,6	99
,24	45,04	0,60	45,64	1,0	—	11,9	2,4	—	26,1	58,6	1,5	99
,35	49,75	0,66	50,57	2,0	—	8,7	7,0	—	17,2	65,1	22,6	98
,89	52,36	0,72	53,41	2,0	—	12,7	5,8	—	18,6	60,9	25,0	98
,99	53,19	0,70	54,30	2,0	—	14,6	4,1	—	19,6	59,7	23,1	98
,21	53,19	0,70	54,23	2,0	—	15,2	3,6	—	21,5	57,7	20,5	98
,83	53,19	0,66	54,25	2,0	—	16,4	4,4	—	23,3	53,9	14,8	98
,31	53,76	0,70	54,94	2,0	—	16,2	3,3	—	23,0	55,5	14,2	98
,18	32,23	0,84	34,18	6,0	—	?	3,7	—	18,8	71,5	37,5	94
,78	33,78	0,74	35,47	5,0	—	?	1,9	—	19,0	74,1	33,8	95
89	14,66	0,64	16,37	10,4	—	1,5	3,3	?	29,2	55,6	26,2	89
,01	20,53	0,68	21,11	2,7	—	0,7	1,1	?	29,6	65,9	26,3	97
?	1,70	(4,05)	5,81	62,4	8,3	1,9	3,3	?	?	24,1	5,8	29
?	0,59	(6,00)	4,97	59,0	29,2	6,0	3,0	?	2,8	—	2,0	11,9
?	0,40	(6,06)	2,12	57,1	24,1	7,5	2,8	?	?	8,5	1,7	19
?	5,02	0,91	13,22	62,0	—	0,6	2,5	?	1,7	33,2	29,5	38
?	6,43	0,85	14,00	33,8	20,3	1,5	2,6	?	3,3	38,5	53,6	46
?	7,55	0,89	13,33	36,6	6,8	2,3	2,5	?	5,2	46,6	63,0	56

Verlag von Julius Springer in Berlin.